데이터통신과 해양정보통신망

손주영 · 김정우 지음

GS인터비전

머리말

인터넷은 현대인에게 수많은 기회를 던져주고 있습니다. 일상에서 인터넷을 배제하고 사는 것이 거의 불가능할 지경에 이르렀고, 앞으로도 인간사 곳곳에서 더 깊숙이 들어와 더 많은 일이 더 수월하게 더 명확하고 빠르게 수행될 것이기 때문입니다. 가까운 미래에 인터넷은 지금과 같은 전세계를 커버하는 데이터 전달망으로서의 기능을 뛰어 넘어 하나의 컴퓨팅 시스템으로 작동할 것으로 예상됩니다. 집단지성으로서의 인공지능 기능을 수행하는 대규모 시스템으로 인터넷을 대하게 될 시기가 곧 올 것입니다.

이러한 시기에 인터넷을 정확하게 인식하는 것은 현재와 미래 사회의 기반 기술을 이해하는 데 매우 중요합니다. 인터넷을 이루는 기반 기술인 데이터통신과 컴퓨터네트워크 기술에 관해 컴퓨터공학 대학전공자를 포함하여 관련 전공자를 대상으로 내용을 구성하였습니다. 거기에 더하여 해양정보통신망의 사례를 구체적으로 살펴 조선·해양 분야에서 점차 커지는 데이터통신망의 기술적 요구사항과 미래를 조망할 수 있습니다. 데이터통신망이 작동하는 구체적인 메커니즘을 명확하게 이해하는 데 중심을 두었지만, 이를 좀 더 직관적으로 이해할 수 있도록 저의 30년의 경험을 바탕으로 가능한 쉽게 기술하였습니다.

지금, 이 순간까지 우리 모두에게 어려운 환란의 시기가 계속되고 있습니다. 이러한 때 만약 인터넷이 없었다면 이런 환란을 어떻게 헤쳐나갈 수 있을까 상상이 되지 않습니다. 인터넷을 비롯한 데이터통신망은 이렇게 어려운 시기에 더욱더 큰 진가를 내고 있습니다. 환란이 끝난 후 일상도 이 시기에 드러난 인터넷 기반의 새로운 형태(뉴노멀)로 크게 진화할 것이 틀림없습니다. 이러한 미래 세계에 대한 도전으로 이 책을 쓰는 데 계기를 만들어 주신 한국해양대학교 여러분께 감사 말씀을 드립니다. 무엇보다도 선뜻 책을 낼 기회를 주시고, 책이 완성되기까지 적극적으로 지원을 아끼지 않으신 도서출판 GS인터비전의 송기수 대표님을 비롯한 여러분께 깊은 감사를 표합니다. 그리고 해양정보통신 환경을 구축하는 현장의 목소리를 평소 아낌없이 들려준 현대중공업 김정우 부장님에게 감사와 병마로부터 빠른 쾌유를 빕니다. 마지막으로 늘 언제나 변함없이 힘찬 응원을 아낌없이 보내고 있는 아내와 두 아들에게 이 책을 바칩니다.

2021년 8월

손주영

차례

1
CHAPTER

컴퓨터 네트워크 소개

과연 여러분들은 지금 우리나라에서 인터넷 없이 사는 것이 가능할까? 인터넷은 전기와 물과 같이 사람들이 일상생활을 하는 데 없어서는 안 되는 필수품이 되어 버린 지 오래다. 2000년대 들어 우리나라 초고속 인터넷 가입자 수는 급격히 늘어난 이후 2015년부터 현재까지 2,100만 내외의 가입자 수를 유지하고 있다. 10명 가운데 4~5명이 초고속 인터넷에 가입하여 이용하는 셈이 된다 (그림 1.1). 이는 우리나라가 인터넷 이용률 (2018년 기준 95.9%), 전체 가입자 수(2018년 기준 21,286천명) 그리고 인구 100명당 초고속 인터넷 가입자 수 (2018년 기준 41.6%) 측면에서 세계 최고를 이르는 상황이다. 인구 100명당 가입자 수가 44.8명이고, 전체 가입자 수가 29,097천명이 되는 프랑스가 인터넷 이용률 측면에서 82%인 점을 고려하여도 우리나라의 초고속 인터넷 현주소를 잘 읽을 수 있다.

이렇게 초고속 인터넷의 이용자가 늘면서 일상생활에서 인터넷을 활용하여 이루어지는 서비스가 거의 전 생활 영역을 커버하는 형태를 띠고 있다. 정보의 일상적 보편화로 인해 더욱 활발한 정보의 생산과 소비 그리고 그것들을 이어주는 정보 흐름 메커니즘이 요구되고 있다. 기술적 수요는 점차 고속화, 실시간화와 더불어 유무선 접속 기술의 다양성으로 질적 변화를 요구하는 방향으로 심화되고 있다. 육상에서의 일반적인 초고속 인터넷 서비스는 속도에는 차이가 있으나 해상의 환경에도 점차 범위를 넓히고 있다. 해상의 선박에서 인터넷을 활용하는 사례와 빈도는 육상보다는 아직 현격한 차이를 보이고 있지만 짧은 미래에 육상의 기술적인 측면뿐만 아니라 실질적인 활용의 경향에 대한 추적이 매우 빠르게 이루어질 것으로 예상된다.

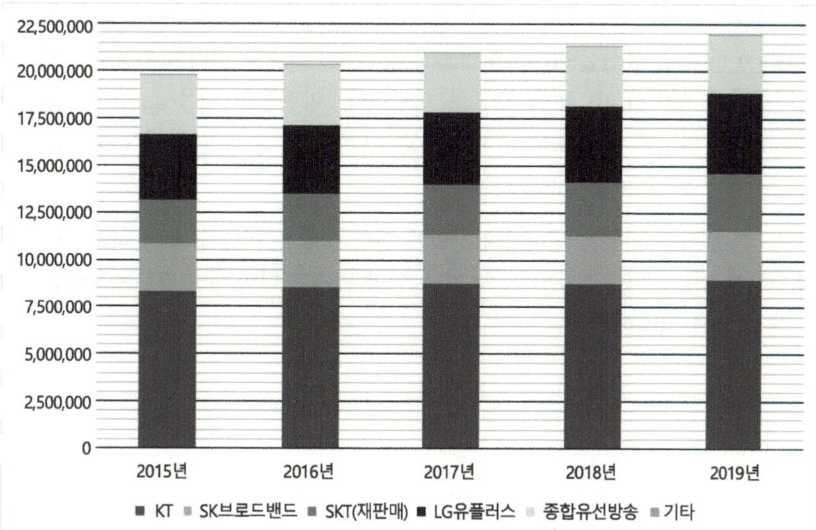

그림 1.1 연도별 초고속인터넷 가입자 수 현황

이러한 육상과 해양을 모두 아우르는 인터넷을 위시한 컴퓨터 네트워크의 질적 변화에 대해 적극적으로 대응하기 위하여 컴퓨터 네트워크가 작동하는 기본적인 원리와 그 바탕에서 현재 지구를 덮고 있는 인터넷의 기술 그리고 이를 수용하고 있는 해양통신망에 관한 이해를 넓히는 데 도움을 주고자 한다. 특히 컴퓨터 네트워크는 벌써 대략 50년의 역사를 쌓으면서 거대한 인터넷 통신 서비스를 위한 하부구조로 매우 중요한 세계적 공유자원으로서 현재 작동하고 있다. 이 컴퓨터 네트워크가 어떻게 작동하는가에 대한 정확한 이해는 앞서 언급한 인터넷이 작동하는 메커니즘을 이해하는 데 매우 중요하다. 특히 컴퓨터 시스템 제조회사 개별적으로 제안되고 설치되어 작동되던 회사별 컴퓨터 네트워크의 폐쇄성을 허무는 작업이 중요한 이슈가 되었다. 통신에는 언제나 상대방이 있어야 하기 때문에 통신을 위한 네트워크는 이러한 상대방과의 차이를 극복하거나 하나로 일원화하는 일이 매우 중요한 사안인 것이다. 따라서 자연스럽게 표준을 세우는 작업이 이루어졌고 그 결과물에 따라 현재 세계를 작동하는 컴퓨터 네트워크 나아가 인터넷이 만들어졌다.

인터넷에 관해 일반적으로 가지고 있는 인식은 인터넷의 기술에 대한 올바른 인식을 가지는 데 상당한 방해가 되고 있다. 이러한 일반적인 인식의 오해를 바로잡는 것도 올바른 인터넷 기술 이해의 출발점으로 매우 중요하다. 일반적으로 우리가 인식하고 있는 인터넷은 전 세계를 망라하는 거대한 하나의 정보통신망으로 알고 있다. 이점이 대표적인 인터넷에 대한 오해이다. 인터넷은 하나의 단일 통신망으로 구성되어 있지 않다. 지구상에는 엄청난 수의 다양한 규모 컴퓨터 네트워크가 존재하고 이 네트워크들이 상호 연결(inter-connected)되고 연동(inter-operating)하여 대규모로 형성된 통신망이 인터넷이다.

실제 여러 형태와 방식으로 컴퓨터와 컴퓨터가 서로 연결되어 작동하게 하는 전송매체(transmission media), 통신장비(communication device) 그리고 거기서 작동하는 통신규약(protocol) 등은 그 종류를 헤아릴 수 없을 정도로 다양하다. 이것들을 이음새 없이 연결(seamless inter-connection)하여 연동할 수 있도록 구성한 가상의 단일 통신망 가운데 가장 광범위하게 널리 쓰이는 데이터 통신망이 인터넷(the Internet)이다.

컴퓨터 네트워크를 비롯한 데이터 통신망에 관한 올바른 이해를 우선 하고, 현재 지구상에서 가장 광범위하게 널리 활용되는 인터넷의 작동 원리 그리고 나아가 그것들을 수용하는 해상정보통신망에 대해 자세히 기술한다.

1.1 네트워크 기능

통신(communication)은 "어느 한 지점에서 선택된 메시지(정보)를 다른 지점에서 정확하게 혹은 유사하게 재생(retrieve)하는 일"로 정의된다. 여기서 한 지점과 다른 지점은 지리적인 차원에서의 지점(a place)인 경우가 대부분이나 반드시 지리적으로 떨어져 있는 두 지점을 대상으로 하는 것은 아니다. 어떤 경우에는 하나의 기계 혹은 시스템에서 특정 응용 프로그램이 한 지점이 되고 다른 응용 프로그램이 다른 지점이 되기도 한다. 응용 프로그램이 아니더라도 시스템 내부의 특정 기능을 담당하는 부품들이 지점으로 고려대상이 될 수 있다. 예를 들어, 연산처리를 하는 MPU(Main Process Unit)와 주기억장치인 메모리(memory) 사이의 데이터 전달 과정도 통신의 일환으로 보는 것이다. 따라서 통신의 용어가 미치는 범주는 매우 짧고 미시적인 것에서부터 상당히 멀고 거시적인 상황까지를 모두 포함하는 것이다.

구체적인 예를 들어 보자. 우리가 일반적으로 사용하는 스마트폰에서 쓰고 있는 카카오톡과 같은 메신저 서비스를 보자. 카톡에 입력된 메시지(문자 정보)를 다른 스마트폰에서 작동하는 카톡에 정확하게 동일한 메시지(문자)로 표출하는 것이다. 이는 통신의 정의에서 기술한 "정확한 정보의 재생"의 예이다. 유사하게 다른 예를 보면, 요즘 정보를 검색하는 수단으로 핫하게 쓰이고 있는 유튜브 동영상 클립 서비스를 생각하자. 유튜브를 통해 '통신규약' 이라는 표제어를 써서 통신에 필요한 규칙에 관한 정보를 파악하고자 한다. 이때 유튜브 서버에서는 표제어에 대응되는 여러 개의 동영상 클립 파일의 리스트를 보여준다. 그 가운데 하나를 선택하여 스트리밍 방식으로 동영상을 재생하는 경우, 서버에서 내 단말기까지 통신의 기능이 작동하고 그 결과 단말기에서 선택한 동영상이 재생된다. 이때 재생되는 동영상은 한 지점(서버)에서 다른 지점(내 단말기)까지 전달된 동영상 데이터가 단말기 내의 동영상 재생 플레이어에 의해 표출되는 것이다. 이 동영상은 서버에 저장되어 있는 동영상과 정확하게 일치하는 것일 수도 있지만, 일반적으로는 정확하게 동일한 데이터에 의한 동영상이 아니라 스트리밍으로 서버에서 단말기로 전송되어 오는 과정을 포함하여 실제 재생 플레이어에 의해 재생되는 마지막 순간까지 어떤 이유로 오류가 포함되고 그것이 재생되어 표출되는 경우도 적지 않다. 이 경우에는 위의 통신의 정의 가운데 "유사하게 재생"되는 경우이다.

이렇듯 통신에서는 정보전달과정에서 발생하는 오류를 포용력 넓게 수용하는 경우와 그렇지 않고 하나의 비트(bit) 오류도 허용하지 않아 매우 깐깐한 경우가 모두 가능하다. 인터넷을 이용하여 은행 업무를 보는 경우에는 어떠한 오류도 허용되어서는 안 되는 기술로 처리되어야 한다. 반면 위의 예와 같이 동영상을 보거나 인터넷 방송을 청취하는 경우에는 부분적인 오류는 수용되는 기술로 처리되어도 되는 것이다.

통신의 예스러운 예를 하나 추가로 들면, 봉화를 들 수 있다. 높은 산꼭대기에 봉수대를 설치하고 다른 산꼭대기에서 정찰 중인 병사들에게 봉화를 피워 어떤 메시지를 전달하는 경우이다. 이것도 엄연히 통신의 범주에 딱 들어맞는 사례이다. 그렇다면 이러한 통신이 가능하려면 어떤 수단들이 필요할까?

1) 통신수단

통신을 하는 데 필요한 장비와 방법 그리고 정보 등을 모두 통신수단(communication methods)이라고 한다. 통신의 사례로 언급한 위의 3가지 경우를 다시 한 번 살펴보자.

첫 번째 사례인 카톡을 활용하여 이루어진 통신을 보자. 카톡에서 입력된 메시지(문자)를 다른 스마트폰의 카톡에 정확하게 동일한 메시지(문자)를 표출하는 데 필요한 수단들은 무엇이 있을까? 우선 생각할 수 있는 것이 단말장치인 스마트폰이 필요할 것이다. 카톡 메신지 서비스를 수행하는 카톡 애플리케이션 프로그램도 필요하다. 그 프로그램이 실행될 수 있는 환경을 조성하는 안드로이드나 iOS와 같은 운영체제가 필수적이다. 그리고 앱에서 카톡을 이용하기 위하여 카톡 서비스에 회원으로 가입하고 그때 생성된 자신의 카톡 계정이 필요하다. 이를 이용해서 카톡 서비스에 접속할 수 있기 때문이다. 그것이면 카톡이 가능할까? 추가적으로 필요한 것은 없는지 생각하자.

실질적으로 인터넷이 가능한 통신망에 접속이 되어야 한다. 매우 중요한 요구사항이다. 그리고 실제 여러 절차와 단계를 거쳐 카톡 서비스가 실제 수행되는 상황에서는 문자정보를 입력하고 전송 개시를 시키는 수단, 예를 들어 사용자의 손가락이 필요할 것이고, 수신하는 지점에서는 화면에 표출되는 문자를 확인하는 수단, 예를 들어 화면의 문자를 보는 시력 혹은 소리를 감지하는 청력이 필요하다. 또 다른 예로 든 유튜브 동영상 검색과 재생의 경우, 단말기로서의 PC 혹은 스마트폰이 기본적으로 필요하다. 그리고 앱 기반으로 서비스를 이용한다면 유튜브 애플리케이션이 설치되어야 한다. 웹 기반으로 서비스를 이용한다면 웹 서비스를 받을 수 있는 웹 브라우저가 있어야 한다. 그리고 어떤 경우에는 유튜브 계정으로 로그인을 해야 할 수도 있다. 그런 다음, 앞선 사례와 유사하게 손가락 혹은 목소리 등을 이용하여 원하는 제시어를 입력하고 그 결과로 표출되는 동영상을 보는 것이다. 이를 위한 시력과 청력 등이 요구된다. 마지막 사례로 든 봉화인 경우에도 봉수대, 봉화를 피우기 위한 나무 등의 재료, 불꽃을 지피는 수단(불쏘시개 등) 그리고 봉화를 확인할 수 있는 시력 등의 수단이 필요하다.

이렇듯 통신의 목적을 달성하기 위해서는 매우 다양하고 복잡한 수단들이 복잡하고 다양한 방식에 의해 활용되어야 한다. 그런데 여기서 다시 한 번 통신을 위한 수단으로 요구되는 것으로 과연 이것들만 있으면 충분한지 생각하여 보자.

그림 1.2 카톡 서비스 통신망

첫 두 사례는 서로 많은 유사성을 가지기 때문에 한꺼번에 다시 한 번 생각하면 우선 카톡 앱에서 '전송' 버튼을 누른 이후 그 앱 내부에서 일어나는 일련의 일들을 생각할 필요가 있다. 물론 일반적인 사용자 입장에서는 이런 것까지 고려하면서 쓸 필요는 없을 것이다. 그러나 통신과 네트워크를 공부하는 차원이라면 이런 것을 고려해야 하는 것이다. 그리고 혹시 향후 IT 분야에 전문적인 업무를 수행하는 직업을 가지는 경우 특히 통신 기능이 포함되는 앱을 기획하거나 개발하는 업무를 가지는 경우에는 반드시 이에 대해 각별한 고민을 하게 될 것이다. 그러면 어떤 일들이 스마트폰 내부에서 벌어지는지를 생각하자. 좀 더 나아가면 스마트폰과 연동하는 기기들도 심도 있게 고려할 필요가 있다. 예를 들면, 멀리 떨어져 있는 누군가와 정보(문자)를 주고받는 일을 하는 것이므로 멀리 있는 누군가에게 정보를 전달하고 전달받는 일련의 일을 수행하는 기기들이 반드시 있을 것이다. 그러면 이들이 구체적으로 어떤 순서로 어떤 일들을 수행하는 것인지를 생각해야 하는 것이다.

봉화의 경우에도 앞서 언급한 봉수대, 봉화재료, 불쏘시개 등의 수단 이외에 어떤 것이 더 필요할까? 우선 특정 형태의 봉화가 어떤 의미를 가지는 것이라는 것을 실질적으로 봉화로 의사소통을 하기 전에 약속해야 하지 않을까? 그리고 실질적으로 봉화를 피울 때 전송하고자 하는 정보에 맞는 봉화를 피우고, 먼 산 위 군졸은 이 봉화를 보고 정확하게 상대방이 의도하는 정보를 파악하여야 한다. 이 과정이 매우 중요한 점이다. 통신에서 상대방에게 전하고자 하는 정보를 어떤 형태와 방식으로 전달하고 예외적으로 발생할 수 있는 오류와 특이 상황에 대비하여 이를 극복하는 방법을 마련하고 적절하게 구사해야 한다.

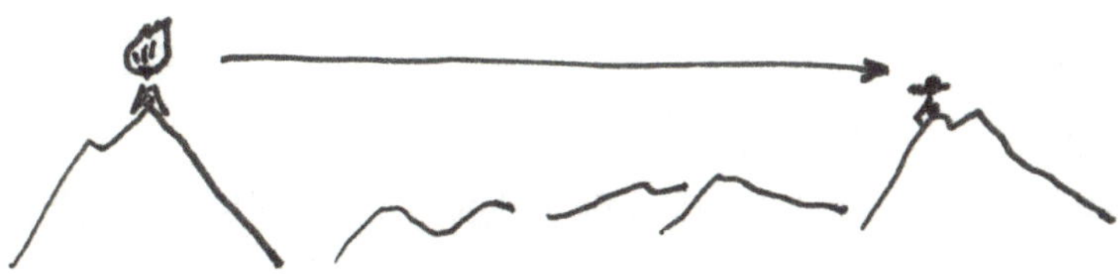

그림 1.3 봉화로 의사소통 모습

이런 일들이 오늘날 인터넷을 비롯한 모든 컴퓨터 네트워크를 포함하는 데이터 통신망에서 일어나는 작업들이고 이런 일련의 작업을 매우 구체적이고 실질적으로 정의하고 질서 정련하게 수행하는 집합체가 데이터 통신망이다.

그러면 통신이 이루어지는 데는 전형적인 어떤 형태(model)가 있지 않을까? 다시 말하면 실질적으로 보이는 장비와 방식 그리고 기술들이 매우 다양하게 적용되어 작동되는 통신망들을 통찰하여 보면 어떤 하나의 전형적인 형태를 따라서 통신 기능을 수행하고 있는 것으로 볼 수 있다.

2) 통신 모델(communication model)

통신을 하는 모든 주체들은 하나의 일관된 형태를 띠면서 작업을 수행한다. 여기서 주체들이란 통신을 가능하게 하는 기기, 장비 혹은 장치들을 일컫는다. 물론 통신을 최종적으로 이용하는 주체는 일반적으로 사람이다. 요즘은 AI가 대신하는 경우나 IoT 기기가 최종적인 이용 주체가 되는 경우도 점차 많아지고 있는 추세이긴 하다.

일반적으로 통신하는 일관된 하나의 형태를 통신 모델이라고 한다. 이 모델에는 크게 두 종류의 주체가 작동한다. 그 첫째가 송수신자(transceiver)이고, 둘째가 전송 시스템(transmission system)이다(그림 1.4).

송수신자는 주고받는 정보(메시지)의 생성자(source)이자 소비자(sink)이다. 즉, 통신을 이용하는 이유가 되는 전달하고자 하는 정보를 만들어내는 주체이고, 보통은 상대방으로부터 정보를 받아서 활용하는 역할도 동시에 함께 수행한다. 구체적으로는 메시지를 생성하고 소비하는 단말장치이고, 대표적인 예가 스마트폰, 노트북 혹은 PC 등이다. 그리고 좀 더 나아가면 단말장치 내에 메시지 송수신을 담당하는 통신 장치이다. 예를 들면, 스마트폰 내에 장착되어 작동하고 있는 Wi-Fi 모듈, LTE 통신모듈, 블루투스 통신모듈 등이다.

전송 시스템은 생성자와 소비자를 잇는 전송 회선 또는 네트워크를 통칭한다. 보통은 통신을 이용하는 사용자에게 명시적으로 보이지 않는 형태 내지는 위치에 놓이거나 작동하는 장비들과 그들을 잇는 선로로 구성된다. 예를 들면, 가정마다 설치되어 있는 공유기와 그 공유기가 뒤쪽으로 연결되는 통신사들이 설치해둔 통신장비들 그리고 그 통신장비들을 상호 연결하는 선로들을 모두 포함한다. 그림 1.4는 인터넷을 전송 시스템의 한 예로 보여주고 있다.

양쪽 가장자리에 공유기가 무선으로 카톡이 작동하고 있는 스마트폰과 연결된 모습을 볼 수 있다. 여기서 인터넷의 내부에는 사실상 어마어마한 수의 다양한 기능을 수행하는 다양한 종류의 통신장비와 복잡하게 얽히고설키게 연결된 선로들이 자리를 잡고 있다. 그것을 자세하게 들여다보면 매우 복

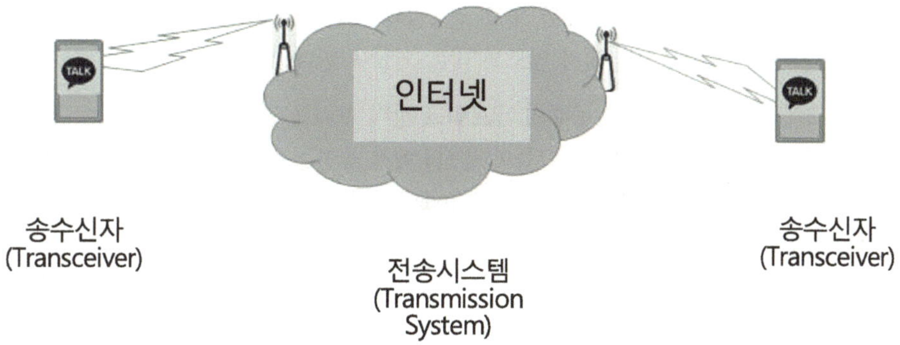

그림 1.4 통신 모델

잡하여 어지러울 지경에 빠진다. 그래서 전송 시스템을 기술할 때 그림 1.4와 같이 전송 시스템의 내부에 잠복하고 있는 복잡성을 모두 가리면서 단순하게 표현하기 위하여 구름 모양으로 그린다.

좀 더 자세하게 통신 모델의 요소인 송수신자와 전송 시스템을 들여다보자. 송수신자는 일반적으로는 통신 서비스를 이용하는 사람인 경우가 대부분이다. 그러나 앞서 언급한 대로 요즘은 사람의 기능을 대신하는 AI와 같은 기계가 대신하는 예도 많다. 데이터를 생성하고 소비하는 데 필요한 단말장치를 포함한다. 이 단말장치는 송신기(transmitter) 기능과 수신기(receiver) 기능을 모두 수행하는 기기인 경우가 대부분이다. 집에서 라디오 방송을 수신하는 라디오와 같이 수신만 하는 기기이거나 비콘(beacon)과 같이 송신만 하는 기기도 있기는 하나 일반적이지는 않다. 송신기는 데이터를 전자기 혹은 빛 신호(signal)로 변환하고 이 신호를 유선 혹은 무선으로 전송 시스템에 전송한다. 수신기는 전송 시스템을 통해 전달되는 신호를 수신하고 이를 데이터로 재변환한다. 거기에 추가적으로 송수신기를 사용하는 사람을 위한 사용자 인터페이스를 가진다. 이는 송신기는 사람이 생성하는 소리, 문자, 그림, 동영상 등의 정보를 데이터로 변환하고, 다시 데이터를 신호로 바꾼 후 유무선 전송 매체를 통해 전송 시스템으로 전송한다. 수신기는 신호로 수신되는 데이터를 사람이 인식할 수 있는 앞서 언급한 형태의 정보로 변환하여 보여주거나 들여준다.

전송 시스템은 통신할 수 있게 하는 네트워크 장비 (통신망 장비)와 물리적인 선로로 구성된다. 이때 망 장비를 통칭하여 보통 노드(node)라고 부르고, 선로를 링크(link)라고 부른다. 따라서 전송 시스템은 수많은 노드와 링크의 집합체이다. 망 장비는 수행하는 기능이 매우 다양하고 복잡하다. 그래서 보통은 하나의 장비가 네트워크에서 이루어져야 하는 모든 기능을 모두 수행하는 경우는 드물다. 개별적인 장비는 특정 기능만을 수행하는 장비로 만들어진다. 예를 들어, 하나의 망에서 다른 망을 서로 이어주는 다리 역할만을 수행하는 브리지(bridge)가 있다. 이 브리지는 복잡한 통신 서비스를 위한 기능 가운데 극히 부분적인 기능만을 수행한다. 양편에 있는 두 네트워크 사이에 넘나드는 데이터만을 상대망으로 건너가도록 하고 전송자와 수신자가 동일한 네트워크에 있는 데이터인 경우에는 다른 네트워크로 전달되지 않도록 막는 역할을 한다.

이렇듯 전송 시스템은 수많은 종류의 네트워크 장비 그리고 장비와 장비를 잇는 다양한 형태의 링크로 되어 있는 것이다. 장비들은 그들이 통신망에서 놓이는 위치에 따라 나누어 지칭한다. 통신망의 가장자리에 있는 장비들을 가장자리 장비(edge device)와 통신망에서 가장자리 장비를 제외한 장비들을 중심 장비(core device)라 한다. 위치에 따라 이렇게 나누는 것은 송수신자와 연결 여부가 장비의 기능 측면에서 서로 다르기 때문이다. 가장자리 장비들은 송수신자와 연결이 되는 장비들이고, 중심 장비들은 송수신자와 연결이 되지 않고 장비와 장비끼리만 연결되는 장비들이어서 서로 기능 측면에서 많은 차이를 보인다.

송수신자와 가장자리 장비 사이의 연결에서 이루어지는 통신을 사용자-네트워크 인터페이스(UNI User-Network Interface)라고 하고, 송수신자와 연결하지 않는 장비와 장비의 연결에서 이루어지는 통신을 네트워크-네트워크 인터페이스(NNI Network-Network Interface)라고 한다. 통신을 수행하는 통신 모델에서 전송 시스템은 UNI와 NNI 기능을 수행하는 네트워크 시스템으로 인식된다.

그러면 좀 더 세분해서 통신을 위하여 통신 모델에서 수행되어야 하는 기능들은 어떤 것들이 있어야 하는지 궁금하다. 이에 대해 자세하게 설명하는 것이 이 책의 내용이다. 여기서는 간략하게 수행되는 일에 대해 알아보자.

3) 통신 기능(communication functionality)

데이터를 송수신자 사이에 주고받기 위하여 통신망에서 수행되어야 하는 통신 기능을 크게 다음과 같이 구분한다.[1)]

(1) 주소 지정(addressing)

그림 1.5와 같은 통신망이 있다고 가정할 때 송수신자는 통신하고자 하는 상대방을 지정할 필요가 있을까? 또 데이터를 수신하였을 때 어떤 송수신자가 보낸 것인지를 어떻게 알 수 있을까?

이 경우에는 두 송수신자가 데이터를 송신하면 망에 연결된 상대방이 유일하기 때문에 굳이 상대방을 지정할 필요가 없다. 그리고 선로를 통해 데이터를 수신하였을 때 그것을 보낸 송신자를 굳이 파악할 필요도 없다. 데이터를 보낼 상대방이 하나 밖에 통신망에 존재하지 않기 때문이다. 그렇다면 그림 1.6의 경우는 어떠한지 살펴보자.

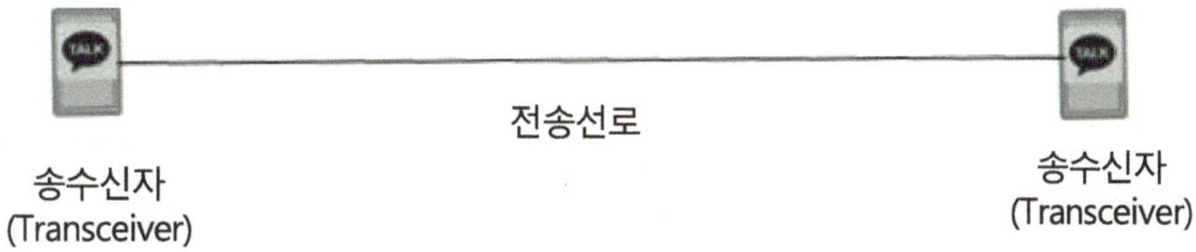

그림 1.5 주소 지정이 필요 없는 통신망 예

세 송신자가 연결되어 있는 망이다. 동일한 질문에 답은 그림 1.5의 경우와 동일하다. 데이터를 송신할 때 굳이 수신자를 지정할 필요가 없고, 데이터를 수신하였을 때 송신자를 파악할 필요 없이 어떤 송수신자가 보낸 것인지를 즉각적으로 알 수 있다. 예를 들어, 왼편의 송수신자가 오른편의 송수신자에게 데이터를 보내려고 하면 자신이 연결되어 있는 전송선로 가운데 오른편 송수신자와 연결되어 있는 선로(왼편 송수신자에 연결되어 있는 전송선로 가운데 위의 선로)에 데이터를 실어 보내면 그 선로는 오른편 송수신자와 연결이 되어 있어 그 송수신자에게 바로 직접 전송된다. 그러면 오른편 송수신자는 그 데이터를 자신과 연결된 전송선로 가운데 위의 선로를 통해 수신하기 때문에 데이터의 송신자가 왼편 송수신자임을 바로 알 수 있는 것이다.

이 두 경우에는 전송선로 (전송 시스템) 측면에서 공통점이 보인다. 두 경우 모두 모든 송수신자가 다른 송수신자와 전용선로(dedicated circuit)로 연결되어 있다는 점이다. 따라서 어떤 송수신자도 다른 송수신자와 데이터를 주고받을 때 두 송수신자를 직접 연결한 선로를 쓸 수 있다. 이는 특정 선로를 통해 송수신되는 데이터는 그 데이터의 송신자와 수신자를 명시하지 않더라도 명백하다는 점을 의미한다. 이는 결국 이러한 통신망에서는 송수신자를 식별하기 위한 수단이 필요 없는 것이다.

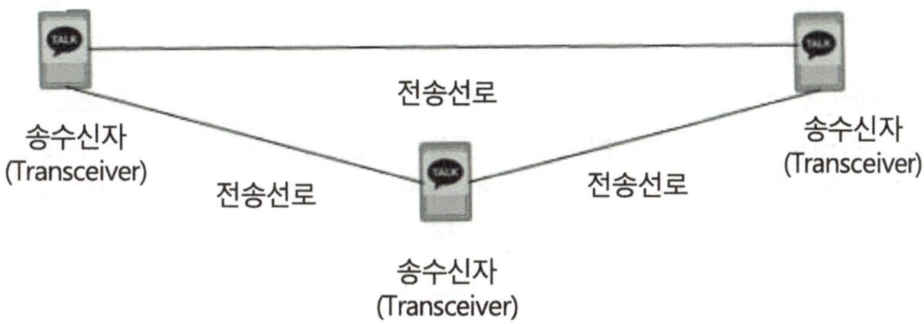

그림 1.6 주소 지정이 필요 없는 통신망 다른 예

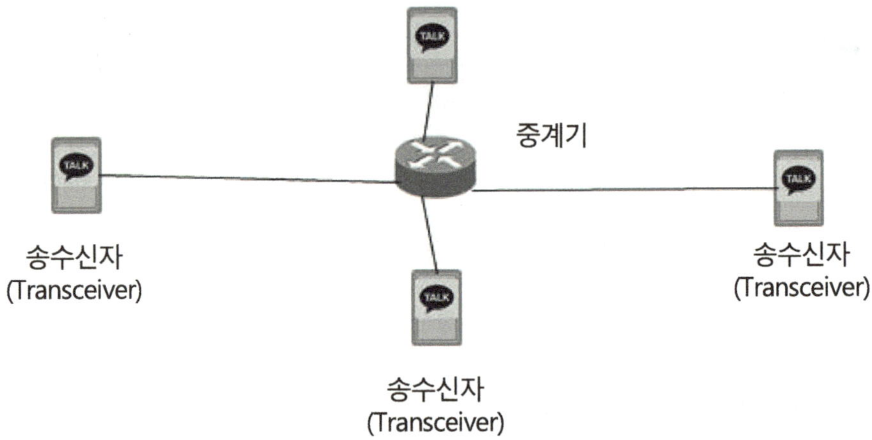

그림 1.7 주소 지정이 필요한 통신망 예

이제 그림 1.7의 경우를 생각해보자. 이 경우와 앞선 두 경우와 다른 점을 찾아보자. 앞선 두 경우와는 달리 송수신자들이 직접 연결되어 있지 않고 가운데에 중계기라는 그림이 보인다.

위에서 설명한 두 경우는 통신망이 최초로 등장하여 아주 적은 수의 송수신자들끼리 통신할 때 그들을 모두 직접 연결하는 형태이다. 그러나 현재를 생각하여 보면, 인터넷에 연결되어 있는 송수신자의 수가 얼마나 될까? 수억 개의 노드가 연결되어 있을 것이다. 그런 경우 각 노드를 다른 모든 노드와 전용선로로 연결하는 것이 가능할까? 비용이 우선 고려될 것이다. 그뿐만 아니라 그 많은 선로를 연결하기 위한 송수신자(장비)의 물리적 공간의 문제도 해결해야 한다. 즉, 현실적으로 그러한 전송 시스템은 불가능한 것이다.

그에 따라 현재 인터넷을 비롯한 모든 데이터통신망(컴퓨터 네트워크)을 구성하는 전송 시스템은 그림 1.7과 유사하게 송수신자들을 직접 연결하지 않고 그 가운데에 중계 역할을 하는 망 장비를 둔다. 그리고 송수신자들을 이 중계기에 모두 연결하는 것이다. 물론 이 경우에도 하나의 중계기에 연결되는 송수신자의 수가 늘어나 수용할 수 있는 한계를 넘어서는 경우 또 다른 중계기를 추가하고 다른 중계기에 추가되는 송수신자들을 연결한다. 물론 이 두 중계기도 상호 연결시켜 망에 연결된 모든 송수신자들은 연결된 중계기와 상관없이 다른 송수신자와 통신할 수 있다.

이 경우 왼편의 송수신자가 오른편의 송수신자에게 데이터를 보내려고 하면 앞선 방식대로 특정 전송선로(전용선로)를 선택할 수 없다. 자신이 망에 연결되어 있는 선로가 단 한 선로이기 때문이다. 그러면 어떻게 데이터의 목적지인 오른편 송수신자에게 데이터를 보낼 수 있을까? 이때부터는 데이터를 보낼 때마다 데이터의 목적지를 반드시 명시적으로 지정을 해야 한다. 그래야 데이터를 중계하는 중계기가 데이터를 수신했을 때 어느 송수신자를 향하여 내보내어야 할지를 결정할 수 있는 것이다. 그뿐만 아니라 데이터가 목적지인 오른편 송수신자에 도착한 경우 데이터를 보낸 송신자가 누구인지를 알 수 있을까? 그 데이터를 직접 전달한 장비는 망의 중간에 있는 중계기이기 때문에 실질적으로 그 데이터를 생성해서 보낸 송수신자를 알 길이 없다. 따라서 송신자를 파악하기 위해서도 데이터를 보낼 때 송신자를 명시적으로 알리는 방법이 적용되어야 한다.

이와 같이 일반적으로 데이터를 보내고 받을 때 송수신자를 지정하여야 한다. 따라서 송수신자는 서로를 식별할 수 있는 고유 식별자(identifier)를 가져야 한다. 이 식별자를 주소(address)라고 부른다. 일상생활에서 집집마다 고유의 주소가 부여되어 있는 것과 동일하다. 데이터통신망에서 주소는 매우 중요하다. 우리가 평소에 수도 없이 접속하는 인터넷의 경우를 보더라도 3 단계의 주소체계를 활용하고 있다. 그 가운데 우리가 가장 흔하게 접하는 주소가 IP(Internet Protocol) 주소라는 것이다. 우리가 직접 이 주소를 지정하거나 변경하는 일은 거의 없지만 인터넷에 접속하는 데 반드시 필요한 것이라는 것은 잘 알고 있다.

주소는 숫자로 만들어지는 것이 보통이다. 그러나 인간은 숫자로 구성되는 이 주소들을 기억하거나 활용하는 데 어려움을 가지고 있다. 이런 점을 극복하기 위하여 숫자로 된 주소 대신에 사람들이 숫자보다 기억하거나 공유하는 데 더 편한 문자로 구성된 이름(name)을 사용하는 경우도 많다. 대표적인 것으로 인터넷을 통해 접속할 수 있는 웹 사이트의 주소는 문자로 되어 있는 도메인 네임(domain name)으로 더 많이 알려져 있다. 예를 들어, 포털 사이트 네이버에 접속하기 위한 주소는 숫자로 된 210.89.160.88로 기억되거나 쓰이는 것이 아니라 www.naver.com으로 알고 쓰고 있다. 이렇게 주소를 표현하는 방법은 여러 가지이다.

(2) 메시지 형식 지정(message formatting)

컴퓨터에서 사람이 생산하여 저장하거나 공유하는 정보를 표현할 때 이진수(binary number)로 되어 있고 미리 약속되어 있는 특정 코드(code)를 사용한다. 예를 들면, 영문자나 숫자 그리고 간단한 기호를 표현할 때 사용하는 세계표준 코드가 아스키(ascii) 코드이다. 이런 경우와 유사하게 송수신자 사이에 혹은 네트워크 장비와 장비 사이에 정보를 송수신하기 위해서는 서로 미리 약속한 정보 표현 방식이 있어야 한다. 그리고 통신 모델에서 일을 수행하는 송수신자를 포함하는 모든 노드는 한 번에 연속적으로 송수신할 수 있는 데이터의 크기도 일정 크기로 약속을 정해 따른다.

이렇게 한번에 연속적으로 송수신할 수 있는 데이터를 일반적으로 메시지(message)라고 한다. 예를 들어, 현재 사용되는 문자 메시지(text message)는 한글은 70자까지, 영문은 160자까지 한 번에 보낼 수 있다. 이것보다 큰 메시지는 MMS(Multimedia Messaging System)로 처리된다. 이 메시지라는 명칭은 통신 기능이 수행되는 지점(point)과 단계(layer)에 따라 여러 이름으로 달리 불린다. 예를 들어, 데이터가 신호로 바뀌어 물리적으로 선로(링크)를 통해 송수신되는 단계에서는 프레임

(frame)이라는 용어를 쓴다. 또 다른 예를 들면, 데이터통신망에서 데이터는 특정 크기로 잘게 나누어 송수신되는데 이때 나뉜 데이터를 전반적으로 패킷(packet)이라고 부른다. 위의 메시지는 일반적으로 사람들이 직접 인터페이스를 가지는 응용 프로그램 내지는 서비스 차원에서 언급되는 송수신 데이터를 일컬을 때 사용된다. 이렇게 데이터를 분할하여 송수신하는 것은 데이터통신망이 가지는 독특한 특성이다. 이런 이유로 데이터통신망을 통상적으로 패킷 통신망이라 부른다.

메시지의 크기뿐만 아니라 형식(format)도 지정한다. 송수신하는 메시지가 상용하는 문자, 문자를 표현하는 코드를 포함하고 더 나아가서 메시지를 주고받는 데 필요한 추가적인 정보도 포함한다. 예를 들면, 앞서 설명한 송신자, 수신자 주소 정보, 송수신하는 과정에서 발생할 수 있는 오류에 대비하는 데이터, 큰 메시지를 작은 패킷으로 쪼개어 송수신할 때 패킷들 사이의 순서를 제대로 파악하기 위한 순서번호 등이 있다. 이들은 실질적으로 전송하고자 하는 메시지에 부가하여 패킷에 포함되어 전달된다. 주로 전송 시스템과 송수신자 내의 통신 서비스를 담당하는 모듈에서 생성되고 처리되는 데이터들이므로 일반 사람들은 이들이 통신망에서 흘러 다니는 것을 전혀 알지 못한다.

정리하면 통신 모델에서 노드들은 패킷(메시지)의 크기와 형식(format)을 상호 약속하고 이를 준수하는 형태의 패킷을 서로 주고받는 것이다.

(3) 전송 시스템과의 인터페이스(Interface)

전송 시스템을 이루는 노드와 링크는 어떤 방식에 의해 연결되어 있다. 그 연결점에는 특정 형태의 접속자(커넥터 connector)가 있어 연결이 체결되어 있는 상태에서는 신호가 끊김 없이 흐를 수 있고, 물리적으로 연결을 떼어낼 수도 있는 구조를 가진다. 이때 커넥터의 기구적인 모양과 크기, 연결되는 선로의 개수, 선로의 의미, 선로에서 신호 방식 등을 지정해야 한다. 눈에 실제 보이는 유선으로 연결되는 경우는 주변에서 흔히 찾아볼 수 있다. 가장 흔한 예가 스마트폰과 다른 기기(충전기를 포함)에 유선으로 연결할 때 사용하는 USB(Universal Serial Bus) 인터페이스이다. (그림 1.8)

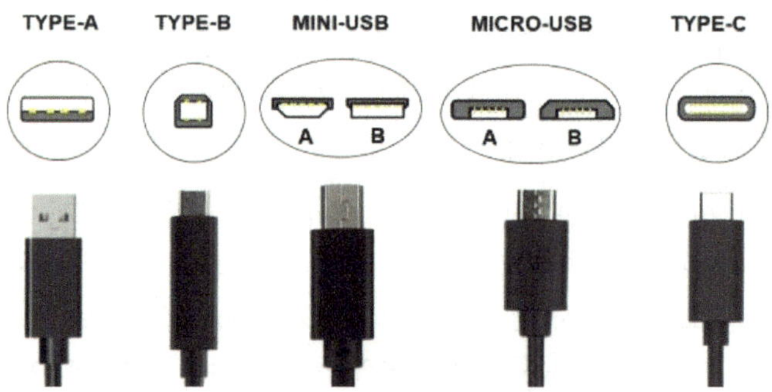

그림 1.8 USB 인터페이스[2)]

(4) 전송방식 지정(transmission method)

기본적으로 서로 지리적으로 떨어져 있는 송수신자 사이에 데이터를 주고받기 위해서는 전송방식에 관련된 사항들을 서로 약속하고 지켜야 한다. 여기서 전송방식에는 시간, 한순간에 보내는 데이터 신호의 수, 동시 송수신 가능 여부 등의 여러 기준에 따라 다양한 방식이 있다.

시간이 기준인 경우, 단위 시간에 송신하는 데이터의 양을 지정해야 한다. 여기서 단위 시간은 보통 1초(sec)를 말한다. 데이터의 양의 단위는 이진수 하나를 의미하는 비트(bit)가 쓰인다. 따라서 예를 들어 1200 bps(bits per second)로 송수신한다고 가정하면 1초에 1,200개의 이진수를 송수신하는 것을 의미한다.

한순간에 전송하는 데이터 신호의 수가 기준인 경우, 송수신자 사이를 잇는 선로(링크)가 몇 가닥인가라는 것과 관련이 있다. 만약 한순간에 1개의 비트만을 전송 가능하다고 지정하면 선로는 데이터용으로 1가닥이면 된다. 그리고 한순간에 8개의 비트(1바이트(byte))를 한꺼번에 동시에 전송이 가능하게 지정하면 데이터 용도로 8가닥의 선로가 필요하다. 물론 이 선로 가닥들은 실제 물리적으로 눈에 띄게 8가닥이어야 할 필요는 없다. 물리적인 한 가닥의 선로를 쓰고도 논리적으로 8가닥의 선로 설정이 가능하기 때문이다. 이것은 집에 연결된 케이블 TV 시청을 위해 TV 수상기에 연결된 케이블이 하나이지만 TV 수상기를 통해 볼 수 있는 채널은 수백 개가 넘는 경우를 생각하면 이해가 빠르다.

동시 송수신 기준의 경우, 송수신자 사이에 송신과 수신이 모두 가능(이중 방식 duplex)하게 설정할 수도 있고, 특정 송수신자는 송신만 가능하고(이러면 이 송수신자는 엄격하게 말하면 송신자가 임) 다른 송수신자는 수신만 가능한 수신자 역할만을 할 수(단일방식 simplex) 있다. 간단한 예를 들면, 케이블 TV는 방송국의 프로그램 송출 단말장치가 송신자이고 집에 있는 TV 수상기가 수신자가 되는 것이다. 송수신이 모두 가능한 경우에도 송수신이 동시에 되는 경우(전이중방식 full-duplex)와 번갈아 가면서 가능한 경우(반이중방식 half-duplex)가 있다. 이 두 방식도 통신이 이루어지는 특정 지점(point) 혹은 단계(layer)에서 결정된다.

예를 들어, 우리가 스마트폰으로 전화를 친구에게 한다고 할 때, 내가 말을 할 때는 친구는 듣고, 반대로 친구가 말할 때는 나는 듣는 것이 일반적이다. 물론 특이한 경우에는 통화하는 두 사람이 동시에 말을 하는 경우도 있다. 격앙된 상황에서 서로 언성을 높여 뭔가 주장을 하는 상황이라면 그럴 수 있는 것이다. 그러나 일반적으로는 번갈아 가면서 말을 하고 듣는다. 이를 두고 보면 전화는 최종적인 사람에게는 반이중방식으로 통신하는 것이라 볼 수 있다. 그러나 전화 통신을 위한 스마트폰과 전화통신망(요즘은 인터넷망과 구분이 되지 않지만)에서 두 사람 간의 데이터 흐름은 어떨까? 앞서 말한 것처럼 두 사람이 동시에 말을 해도 서로의 말이 상대방에게 전달되지 않는 것은 아니다. 따라서 전화 통신을 위한 단말장치와 통신망 측면에서는 전이중방식으로 송수신이 이루어지는 것을

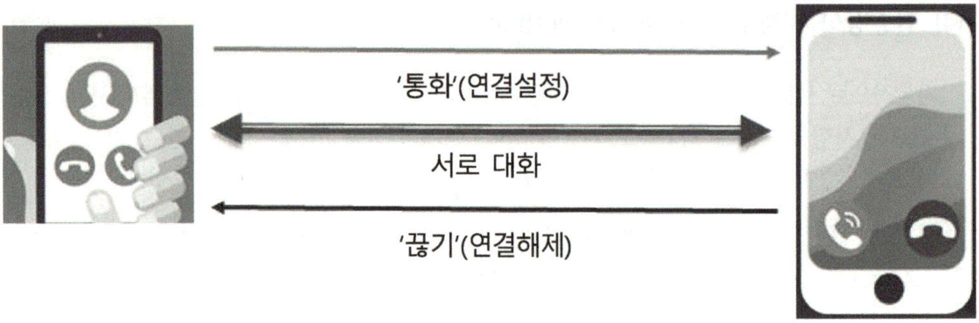

그림 1.9 전화로 통화할 때 송수신 방식

알 수 있다. 이렇듯 특정 하나의 통신 서비스를 위해서도 특정 지점과 단계에 따라 송수신 방식이 다를 수 있다. (그림 1.9)

여기서 지정되어야 하는 송수신 방식으로 송수신을 시작하는 방법도 있다. 송수신을 시작할 때 실질적으로 데이터를 주고받기 전에 상대방을 지정하고 상대방과 데이터 송수신에 관한 구체적인 약속을 주고받는 경우이다. 이 경우, 데이터 송수신 이전에 행해지는 일련의 절차를 연결설정(connection establishment)이라고 한다. 그리고 이 경우에는 데이터 송수신을 다 마친 후에는 연결을 명시적으로 해지(connection tear-down)하는 절차도 밟는다. 서로 송수신하면서 사용한 데이터 임시 저장소인 버퍼를 정리하는 시간을 서로 가질 수 있다. 송신 버퍼에 데이터가 남아 있으면 마지막으로 모두 송신하여 송신 버퍼를 완전히 비우거나 수신 버퍼에 아직 처리하지 못한 데이터가 남아 있는 경우 이를 처리하여 상대방이 전송한 데이터를 완전하게 사용자에게 전달하는 과정을 수행한다. 이렇게 연결을 설정하고, 데이터를 주고받고, 마지막으로 연결을 해지하는 일련의 과정을 거치면서 데이터 송수신이 이루어지는 방식을 연결위주(CO Connection-Oriented) 전송방식이라 한다.

그렇지 않고 데이터 송수신 이전과 이후에 연결에 관한 절차를 전혀 수행하지 않는 방식도 있다. 보낼 데이터가 있으면 연결설정을 하지 않고 바로 데이터를 전송 시스템으로 전송하는 방식이다. 인터넷에서 목소리나 음악, 영화 동영상 등을 실시간 스트리밍으로 전송할 때 주로 쓰이는 UDP(User Datagram Protocol)에서 이 방식을 쓴다. 이런 방식을 비연결(CL Connectionless) 전송방식이라 한다.

(5) 신호 생성(Signalling)

송수신자를 연결하는 선로(링크)는 유선인 경우와 무선인 경우가 있다. 유선인 경우는 물리적으로 눈에 띄는 전송매체(transmission media)를 쓴다. 인터넷을 PC에 연결하는 유선으로 랜선(LAN cable)이라 하는 매체를 흔히 본다. 이런 선로를 이용하여 데이터를 송수신하기 위해서는 전송매체를 통과하는 전자기적 신호 또는 빛 신호에 의한다. 신호는 모양과 크기 등의 특성을 가지면서 전송 시스템을 통하여 전파되고 수신기가 이를 데이터로 해석한다. 전송매체를 통해 전송되는 신호를 크게 구분하면 아날로그(analog) 신호와 디지털(digital) 신호로 나눈다. (그림 1.10 아날로그 신호와 디지털 신호 예)

그림 1.10은 두 형태 신호의 예를 보이는 것인데 시간(가로축)이 흐르면서 그 세기(세로축)가 변하는 모습을 그린 것이다. 그림 1.10의 위 그림에 있는 아날로그 신호는 그 세기가 아주 다양하게 변화한다. 그 세기값을 측정하면 세기값의 종류는 셀 수 없을 정도로 많다. 반면 그림 1.10의 아래 그림에 있는 디지털 신호는 그 세기 변화가 단 두 가지 경우만 보인다. 그림에 나타난 예에서 0 값을 표현하는 것으로 되어 있는 높은 세기와 1 값을 표현하는 것으로 보이는 낮은 세기뿐이다. 다시 말하면 이 신호는 단 두 가지 신호 값만을 가지는 신호이다. 이렇듯 아날로그 신호와 디지털 신호를 구분하는 대표적인 것이 그 신호가 가지는 세기값(신호값)의 종류가 무한한가 아니면 유한한가에 따른다. 무한한 신호값 종류를 가진 신호를 아날로그 신호, 유한한 신호값 종류를 가진 신호를 디지털 신호라 하는 것이다.

아날로그 신호로 데이터 송수신이 이루어지는 통신망을 아날로그 통신망이라 하고, 디지털 신호로 데이터 송수신이 이루어지는 통신망을 디지털 통신망이라 한다. 그렇다면 현재 전세계에서 실제 작동하고 있는 수많은 통신망은 어떤 통신망일까? 아날로그 통신망으로 남아 있는 통신망은 100년 이상의 역사를 자랑하는 기존의 전화망(PSTN Public Switched Telephone Network)이 거의 유일하다. 그 외 거의 모든 통신망은 디지털 통신망으로 작동하고 있다.

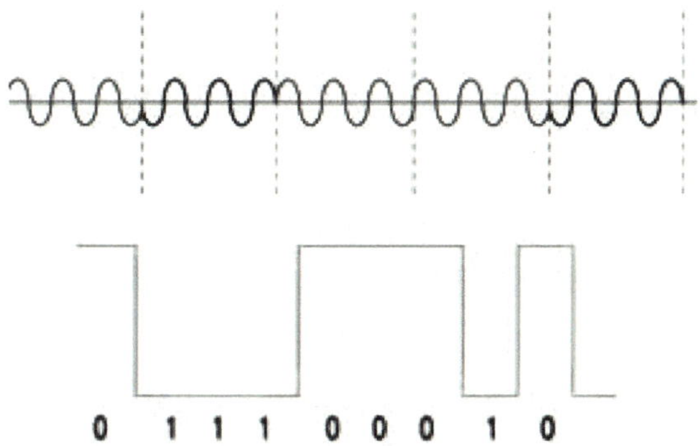

그림 1.10 아날로그 신호와 디지털 신호 예

(6) 시간 동기화(Time Synchronization)

통신 작업에서 시간 개념을 항상 염두에 두어야 한다. 시간에 대한 개념이 불분명할 때는 통신이 근본적으로 불가능해진다. 통신에서의 시간은 두 가지 관점에서 언급이 된다.

첫째는 통신에 참여하는 당사자들 사이에 주고받는 메시지(패킷)가 지켜야 하는 순서(sequence order)라는 관점이다. 그림 1.11에 그 예로서 전화를 통해 송수신자 간에 오고가는 통화를 위한 정보와 메시지가 있다. 여기서 주목해야 할 사항은 통화를 위하여 지켜야 하는 규약(약속)이 두 가지가 있다는 점이다.

첫째는 앞서 설명한 연결위주(CO) 서비스의 대표적인 예로서의 전화 서비스가 지켜야 하는 규칙을 잘 지켜 수행하고 있음을 볼 수 있다. 즉, 통화 이전에 (사실상 상대방의 전화번호를 눌러 지정하는 과정이 있겠지만 최근에서 명시적으로 번호를 일일이 눌러 상대방을 지정하는 경우보다는 주소록에 있는 이름 등으로 지정하고) '통화' 버튼을 눌러 연결을 설정하는 과정을 수행한다. 연결이 성공적으로 되면 상대방과 목소리(혹은 동영상)를 통한 전화가 가능해진다. 이때부터 목소리를 주고받으면서 통화를 한다. 통화를 마치면 '종료' 버튼을 눌러 통화를 마무리한다. 이 과정이 연결위주 서비스인 전화가 반드시 수행하는 절차로서의 규약이다.

두 번째는 연결이 된 이후 목소리를 통해 상대방과 주고받는 대화에 주의를 집중하면 또 다른 차원의 규약(약속)이 찾아진다. 우리가 일상생활에서 어떤 사람과 대화할 때 자연스럽게 이루어지는 대화의 순서는 상호 인사 나누기 - 본론 - 마무리 인사 로 이루어져 있다. 이러한 대화에서 묵시적으로 지켜서 수행하는 순서가 그림 1.11 통화의 예에서도 보인다.

목소리 메시지 "여보세요"를 통해 상대방과의 통화 성공 여부를 확인하고, 바로 상대방의 신원을 확인한다. 그리고 그림에서는 생략되어 있지만 인사말이 오고갈 것이다. 그리고 통화를 하는 본론을 언급하고 마지막에서 메시지 "수고하세요"와 "들어가세요"를 상호 주고받음으로써 대화가 마무리되는 것이다. 이러한 대화를 할 때 지켜야 하는 순서를 지키지 않을 경우에는 원활한 통신(전화 통화를 통한 대화)이 불가능할 것이다.

이 예에서는 두 가지 차원의 '순서'라는 관점에서의 시간 개념의 예를 볼 수 있다. 하나는 특정 서비스(연결위주 서비스)를 위한 절차상의 순서 그리고 통화(대화)를 위한 주고받는 메시지의 순서이다. 이렇듯 통신에서는 여러 차원에서 준수해야 하는 '순서' 시간 개념이 있다.

두 번째 통신에서 고려해야 하는 시간 개념은 송수신자 간에 주고받는 신호의 시작과 끝을 정확하게 파악하는 것이다. 그러기 위해서는 하나의 신호의 길이를 알고 있어야 한다. 송수신자 사이에 송신한 신호의 시작 시점과 수신한 신호의 시작 시점, 송신한 신호의 끝 시점과 수신한 신호의 끝 시점은 항상 일치해야 한다. 그림 1.12에 송신된 디지털 신호가 수신될 때 어느 시점에서 앞뒤 신호가 서로 구분되는지가 보인다.

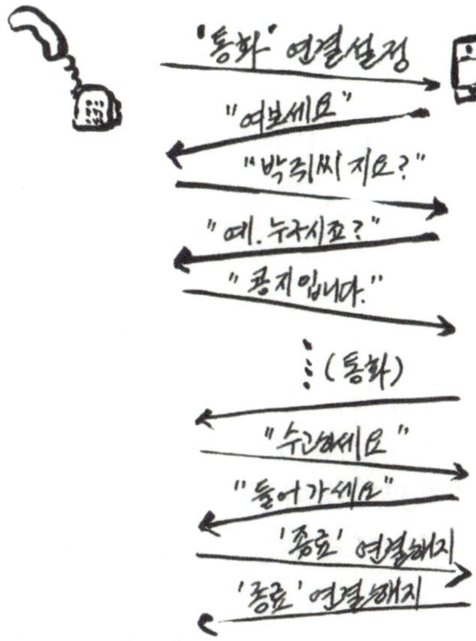

그림 1.11 '순서' 시간 개념의 예

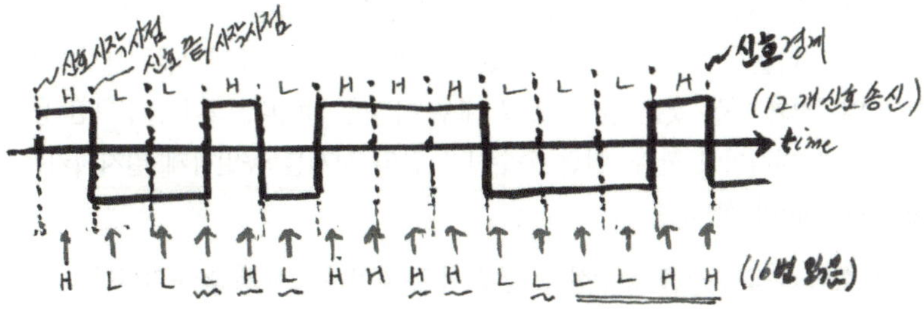

그림 1.12 '신호 시작과 끝' 시간 개념의 예

그림의 예에서 신호는 12개 송신되었다. 신호를 수신할 때 신호의 크기가 높은 값(H)인지 낮은 값(L)인지를 읽어서 송수신자가 보내는 메시지를 파악한다고 하자. 송수신자가 보낸 메시지는

H L L H L H H H L L L H

이다. 그런데 수신 측에서 그 신호를 읽을 때 송신 측이 보낸 신호 길이(한 신호값이 유지되는 시간) 정보를 미리 파악하고 있음(으로 가정하자)에도 불구하고 수신 측이 가지고 있는 시계(clock)가 송신 측의 시계보다 빠르게 가는 상황이라면 신호를 읽을 때의 주기가 보낼 때의 주기보다 짧다. 그림

1.12의 예에서는 12개의 신호를 보내는 동안 수신 측에서는 16번의 신호 감지(읽기)가 일어난 것으로 보인다. 그러면 실제 읽은 결과 신호값은

H L L L H L H H H H L L L L H H

로 파악하게 된다. 그러면 송신한 메시지와 수신한 메시지가 서로 달라 통신의 기본적인 기능이 상실된다.

이 현상이 발생하는 요인은 무엇일까? 우선 수신되는 신호의 시작 시점은 수신 측에서는 최초로 신호값이 감지되는 시점으로 파악이 가능하다. 그 시점부터 신호가 미리 파악된(사실은 송신 측과 사전에 약속하여 둔 신호 전송속도 (전송률)에 의거) 시간 주기로 신호를 읽게 된다. 그리고 신호를 수신하는 입장에서는 신호를 감지(읽기)할 때 신호 길이의 중앙지점에서 읽는 것이 잘못 읽을 가능성이 가장 낮을 것이다. 따라서 첫 신호를 읽는 시점은 첫 신호값을 감지한 시점에서 미리 약속한 신호 길이의 절반 시간이 흐른 시점이 된다. 그 시점이 그림 1.12에서 첫 신호를 읽은 화살표 시점이다. 그리고 그 시점 이후에 다음 신호를 읽는 시점은 약속된 신호 길이만큼 시간을 더한 시점이 된다. 그러나 그림에서 실제 그 이후 읽는 시점을 보면 보내는 주기보다 점점 이른 시점에서 읽어서 급기야 송신 신호 하나를 두 번 읽는 상황도 발견된다.

그러면 이러한 현상의 요인은 무엇으로 생각되는가? 그것은 신호를 보내는 송수신자가 가지고 있는 시계와 수신하는 송수신자가 가지고 있는 시계가 가는 정도가 서로 다르기 때문이다. 이를 서로 정확하게 일치하게 하는 것은 현실적으로 매우 어려운 일이다. 그러나 정확한 통신을 위해서는 이를 어떻게 하든 일치시켜야 한다. 이런 송수신자 간의 시계를 동일하게 일치시키는 일을 시간 동기화(synchronization)라 한다.

이런 신호의 시작과 끝을 송수신자 간에 서로 일치시키는 시간 동기화를 하는 방식은 크게 두 가지가 있다. 첫째는 데이터 (신호)를 처음 수신할 때만 수신자의 시계를 송신자의 시계에 맞추는 방식이다. 그림 1.12의 예가 이 방식에 의하여 전송하는 예를 보인 것이다. 그러면 앞서 설명과 같이 앞 몇 개의 신호를 (예에서는 3개 신호) 제외하고는 잘못 전달되는 이런 방식을 어떻게 실제 사용할 수 있는지 궁금할 것이다. 위의 예에서 보았듯이 첫 신호를 감지하는 순간 수신자의 시계는 송신자의 시계와 일치되는 효과(동기화)를 얻는다. 그 순간이 송신자가 첫 신호를 보냈음을 수신자가 파악할 수 있기 때문이다. 그러나 그 이후는 수신자의 시계에 의존하여 신호를 읽어낸다. 그러나 수신자의 시계로 인하여 어긋하게 읽기가 되는 시점은 첫 신호 이후 몇 개의 신호를 읽은 후가 된다. (이 예에서는 3개 신호 이후 잘못 읽게 됨) 그러면 이렇게 첫 신호 수신 이후 제대로 읽는 몇 개의 신호만을 수신하게 하고, 그 이후에는 다시 첫 신호 수신 상태가 되어 수신자의 시계를 송신자의 시계에 동기화하는 과정을 거치게 한다면 이 방식에 의한 데이터 신호 송수신 방식도 오류 없이 작동할 수

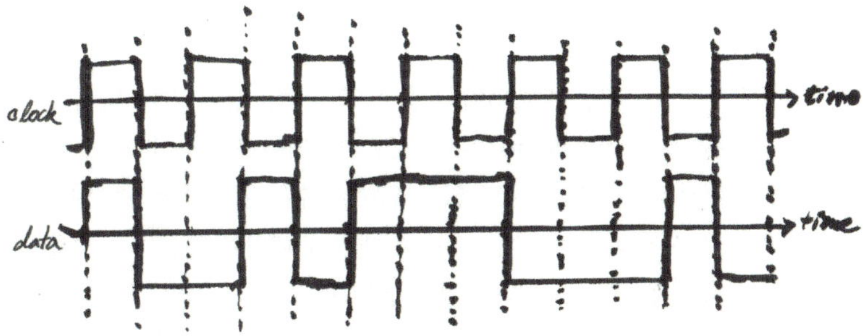

그림 1.13 시계 신호와 데이터 신호가 같이 송수신되는 예

있을 것이다. 이렇게 많지 않은 개수의 신호를 수신자 고유의 시계에 의존하여 데이터 신호를 수신하는 방식을 비동기 통신(asynchronous communication) 방식이라 한다.

두 번째는 데이터 (신호)를 송신할 때 데이터 신호만 보내는 것이 아니라 시계 신호도 같이 보내는 방식이다. 그러면 수신자 입장에서는 자신의 시계에 의존하지 않아도 신호마다 시간 정보가 따라오니 그 시간 정보에 의거하여 데이터 신호를 감지하면 신호값을 엉뚱한 시점에서 읽는 일은 일어나지 않을 것이다.

그림 1.13에 그림 1.12의 예에서 시계 신호가 데이터 신호와 같이 전송되는 모습이 보인다. 그림에서 보이듯이 시계 신호는 일정한 시간마다 신호값이 변하는 신호이다. 신호값이 변하는 시점만을 계속 추적하면 그 시점이 데이터 신호의 시작 시점 혹은 끝 시점이기 때문에 신호의 시작과 끝을 정확하게 알 수 있게 되는 것이다.

이렇게 데이터 신호를 보낼 때 시계 신호도 같이 보내는 방식을 동기 통신(synchronous communication) 방식이라 한다. 동기 통신 방식은 모든 데이터 신호에 대해 시계 신호를 보내기 때문에 데이터를 읽는 시점이 잘못되어 수신에 오류가 발생하는 경우는 없다. 그러나 시계 신호를 추가로 보내야 하므로 이 신호를 전송하기 위한 전송매체가 추가로 필요하다. 물론 실제에는 물리적으로 별도의 전송매체를 이 신호를 위해 추가적으로 포설하는 경우는 없다. 하나의 매체에 논리적으로 여러 채널을 열 수 있기 때문이다. 그럼에도 불구하고 어떤 형태이든 하나의 전송매체 혹은 채널을 데이터 신호가 아닌 시계 신호 용도로 써야 하니 전송 시스템 측면에서는 낭비적인 요소로 보인다.

이를 극복하는 기술이 연구되었고 그 결과로 데이터 신호에 시계 신호가 내포되도록 하는 신호 만드는 기법 (신호 인코딩 기법)이 개발되었다. 이렇게 데이터 신호를 만들어 전송하면 물리적으로 하나의 신호만을 하나의 전송매체(채널)를 써서 보낼 수 있게 되므로 두 신호를 위한 두 전송매체(채널)가 필요 없게 된다.

(7) 경로탐색(Routing)

데이터통신망의 초기에는 전송 시스템이 그림 1.5와 그림 1.6과 같이 망에 연결된 송수신자(노드)들이 각자 다른 노드와 전용선(dedicated link)으로 연결되어 작동하였다. 이런 환경에서는 송신자가 수신자를 굳이 명시적으로 지정할 필요도 없이 원하는 수신자와 연결되어 있는 링크로 데이터를 송신하면 바로 원하는 통신이 가능하였다. 이 경우 데이터 패킷이 전달되는 경로(route)는 송신자에서 수신자까지 직접 하나의 전송매체로 되어 있는 단일 링크이다. 그러므로 패킷을 보내는 데 있어 경로를 선택할 필요도 없다. 그야말로 가장 단순한 망 운영 형태인 것이다.

그림 1.7과 같은 전송 시스템으로 구성된 통신망인 경우에는 어떨까? 이 경우에는 앞서 주소 지정에서 설명한 바와 같이 중계기와 모든 노드가 직접 연결되어 있고 각 노드는 실질적으로 간접적으로 연결된 통신망 형태를 가진다. 따라서 송신자가 패킷을 보낼 때 수신자에 대한 정보를 중계기에게 알려줘야 제대로 중계가 가능해진다. 그러면 이 경우에 패킷이 전송되는 경로에 대해 생각하여 보자. 송신자 노드가 수신자 노드를 정하면 그 패킷을 일단 중계기로 보내야 한다. 사실은 수신자가 누구이냐에 상관없이 패킷은 모두 중계기로 일단 전송되어야 한다. 그 이후 중계기는 수신자 노드 정보를 패킷에서 찾아서 그 수신자 노드와 연결되어 있는 링크로 패킷을 내보내면 된다. 이 경우 패킷 전송 과정에서 전송에 이용되는 다른 경로를 선택할 수 있는가? 답은 없음이다. 즉, 이 경우를 포함하여 앞선 그림 1.5와 1.6 경우 모두 각 노드에서 다른 노드로 가는 경로가 유일한 단일 경로인 경우이다.

그러면 그림 1.14와 같은 통신망이 있다고 가정할 때, 만약 노드 A가 노드 F로 패킷을 보내고자 할 때, 패킷이 전송될 수 있는 경로는 선택할 수 있는가? 직관적으로 봤을 때도 여러 경로가 선택이

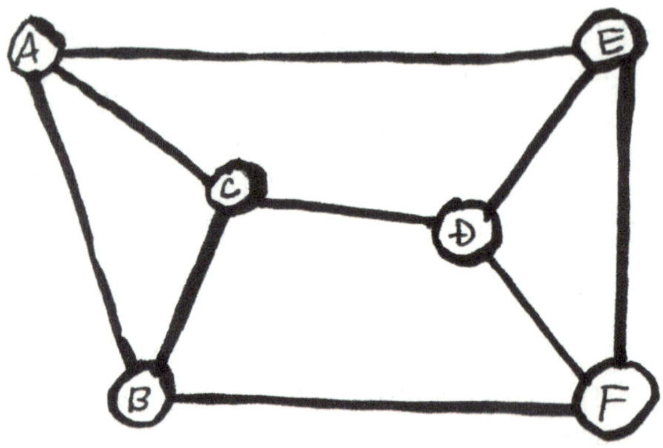

그림 1.14 경로탐색(routing)이 필요한 네트워크 예

가능함을 알 수 있다. 이런 경우 어떤 경로를 타고 원하는 패킷을 보낼 것인가가 관건이 된다. 이를 두고 경로탐색 혹은 경로배정(routing)이라 한다. 이때 상식적으로 송신자 노드에서 수신자 노드까지 가장 짧은 경로를 선택하여 전송하는 것이 최선일 것이다. 데이터통신망에서도 근본적으로 마찬가지 기준으로 선택할 수 있는 여러 경로들 가운데 최단 거리 경로를 선택한다. 그러나 실제적으로 지리적인 거리의 개념은 통신망에서는 의미가 미미하다. 그것보다 그 경로에 포함되는 링크의 개수 혹은 링크로 쓰인 전송매체의 종류와 그것의 전송특성에 따라 경로를 선택한다. 예를 들어, 갈 수 있는 경로 가운데 구리(copper) 매체로 되어 있는 것과 유리섬유(fiber optic) 매체로 되어 있는 것이 있을 때 유리섬유 매체를 쓰는 경로를 선택하면 오류가 날 가능성을 낮출 수 있다. 따라서 유리섬유 매체의 경로를 선택하는 것이다.

오늘날과 같이 복잡한 전송 시스템으로 되어 있는 데이터통신망에서는 경로탐색이 전송속도와 망성능을 결정하는 중요한 통신기술이다. 인터넷이 여러 소규모 통신망(컴퓨터 네트워크)이 상호 연결되어 형성된 통신망이라고 설명하였다. 이 경우 송신자 노드에서 출발하여 어떤 소규모 통신망들을 통과하여 원하는 수신자 노드로 패킷을 전달하는가를 결정하는 작업이 필수적이다.

(8) 오류탐지와 복구(Error Control)

송신자 노드가 보낸 데이터가 수신자 노드의 통신장비에 수신되었을 때 송신한 데이터와 같지 않다면 일반적으로 수신자 노드는 그 데이터를 활용하지 못할 것이다. 데이터통신망에서 송수신자 사이에 전송 중에 오류가 발생하는지 여부를 파악하는 것이 반드시 필요하다. 이를 위한 통신망에서 이루어지는 일련의 작업을 오류제어(error control)라 한다. 이 오류제어에는 두 가지 세부 작업이 수행되어야 한다. 첫째가 우선 송수신된 데이터가 정확하게 일치하는지를 파악하는 것이 우선이다. 즉, 송신자가 보낸 데이터를 수신자가 보낸 그대로 온전하게 잘 수신하였는지를 살펴보는 것이다. 이를 오류탐지 혹은 오류검출(error detection)이라 한다. 수신한 데이터에 오류가 났음을 발견하는 방법은 보내는 데이터에 추가적으로 오류탐지 내지는 검출을 위한 데이터를 덧붙여 보낸다. 그러면 수신자는 데이터와 추가적으로 수신한 탐지를 위한 데이터를 이용하여 원래 송신자가 보내고자 한 데이터에 오류가 있는지 여부를 판단하는 것이다. 예를 들어, 보내는 데이터가 8개의 비트라고 하자. 이때 보내는 8개의 비트값 가운데 1의 개수를 세어서 짝수개이면 오류탐지를 위한 데이터로 한 비트(parity bit)를 추가적으로 보내는데 그 값을 0으로 보낸다. 반대로 보내는 8개의 비트값 가운데 1의 개수가 홀수개이면 추가적으로 보내는 오류탐지용 데이터 비트값을 1로 해서 보낸다. 그러면 두 경우 모두 송신자가 보내는 데이터 비트 9개 가운데 1의 개수를 세면 항상 짝수개가 된다. 마찬가지로 수신자 노드에서도 오류가 없이 수신한 경우는 동일한 조건으로 수신한 비트 9개 가운데 1의 개수가 짝수개인 경우이다. 만약 홀수개이면 수신된 데이터에 오류가 있음으로 판단하는 것이다.

오류탐지 결과 오류가 발생하였음을 발견한 경우 이 오류를 정정하는 과정이 필요하다. 오류정정(error correction) 과정은 여러 방식으로 이루어지나 가장 흔하게 쓰는 방식이 오류를 발견한 수신자가 송신자에게 방금 수신한 데이터에 오류가 났음을 알리고, 송신자는 오류가 났다는 수신자의 회신을 받으면 오류가 난 데이터를 한 번 더 보내는 재전송 방식(retransmission)이다.

(9) 흐름제어(Flow Control)

송수신자 노드는 통신을 통해 주고받는 데이터를 위하여 어느 정도 크기의 기억공간을 버퍼로 미리 확보하고 통신을 시작한다. 이 버퍼는 주고받는 데이터를 임시로 저장하고 있다가 완전하게 송수신이 된 이후 삭제하고 다른 데이터를 저장하는 방식으로 작동한다. 그런데 만약 송신자 노드가 보내는 데이터가 수신자 노드에 새로운 데이터를 담을 수 있는 버퍼 크기보다 더 많다면 수신된 데이터를 다 버퍼에 담지 못하고 버려지는 사태(buffer overflow)가 발생할 수 있다.

이런 경우 버려진 데이터에 대해서는 일반적으로 송신자가 재전송하는 과정을 거쳐서 수신자에게 전달될 수밖에 없다. 이렇게 되면 송신자 노드에서 재전송을 위해 송신자 노드의 버퍼도 그 데이터를 삭제하지 못하고 남겨두고 있어야 하고, 전송 시스템도 동일 데이터를 여러 차례 반복적으로 전송해야 하니 새로운 데이터 전송이 늦어지는 현상이 발생할 수 있다. 이런저런 이유로 이렇게 수신자 노드가 감당하지 못할 정도의 송신자가 더 많이 보내는 현상을 막는 것이 통신망 기능으로 수행되어야 한다. 이를 흐름제어(flow control)라 한다.

흐름제어는 요약하면 수신자의 수신능력에 맞게 송신자가 송신하도록 조절하는 것이다. 그런데 버퍼 오버플로우 현상은 송신자 노드 처지에서 보았을 때 데이터를 보내면서 수신자 노드에 현재 남아 있는 버퍼의 크기를 알 수 없어 어느 정도 크기의 데이터를 보내는 것이 적절한지를 모르기 때문에 발생한다. 이런 요인을 없애는 것이 흐름제어이고 대표적인 방법이 수신자 노드에서 버퍼 오버플로우 현상이 발생하였거나 발생할 상황이 곧 일어날 것으로 예상될 때 송신자 노드에게 보내는 데이터의 크기를 줄이거나 아니면 다음 송신 재개 요청 패킷을 받기 전까지는 데이터 전송을 중지할 것을 요청하는 패킷을 송신자 노드에게 보내는 것이다. 그러면 송신자 노드는 요청 패킷에 따라 적절히 송신 데이터 크기를 조정하여 전송하거나 다음 송신 재개 요청 패킷을 수신할 때까지 전송을 중단한다. 이렇게 흐름제어는 수신자 노드가 주도적으로 데이터 송신량을 조절하는 것이 일반적이다. 결국 단위 시간(sec) 동안 송수신하는 데이터 크기가 조절되는 결과가 되니 전송률(transmission rate)을 제어하는 셈이 된다.

흐름제어와 유사한 통신 기능으로 혼잡제어(congestion control)가 있다. 이는 본질적으로는 흐름제어와 같이 송수신자 사이에 데이터 전송률을 조절하는 기능이나 그 제어가 일어나는 지점(point)이 다르다. 흐름제어와 동일한 기능이 전송 시스템 내부에서 일어날 때 각 전송 시스템 내부에서 작동하는 통신장비가 흐름제어 기능을 수행해야 한다. 이렇게 통신망 양 끝단(송수신자)이 아니라 통신망 내부(edge 혹은 core)에서 일어나는 흐름제어를 혼잡제어라고 한다. 여기서는 통신망 내부에서 작동하는 각종 통신장비 내부에 있는 데이터 버퍼 제어라 할 수 있다.

(10) 보안(Security)

통신망 서비스에서 보안을 고려하지 않는 것은 이제 상상도 하지 못 할 일이 되었다. 인터넷에서의 각종 보안 침해 사고는 현실적으로 아주 심각한 결과를 초래하기 때문에 송수신자 노드와 전송 시스템을 구성하는 모든 통신장비는 보안 대책을 철저하게 수립하고 수행하여야 한다.

통신 보안은 간단하게 다음 세 가지 측면을 보장하는 것이다. 첫째, 송신자가 의도하는 수신자만이 데이터를 수신하여야 한다. 의도된 수신자 이외 제삼자는 그 데이터에 접근하여 훔쳐보거나 변형시키지 못하게 해야 하는 것이다. 둘째, 수신자는 수신된 데이터가 전송되어 오는 과정에서 전혀 변형이 되지 않았음을 보장받아야 한다. 송신자가 보내는 그 내용과 정확하게 일치하는 데이터를 수신하였음을 보장받아야 하는 것이다. 셋째, 수신자는 수신된 데이터가 실제 받고자 하는 송신자로부터 송신된 데이터이기를 보장받아야 한다. 즉, 수신된 데이터가 원하는 송신자가 보냈다고 파악했으나 실제로는 그 송신자가 아닌 노드가 보낸 경우가 있어서는 안 되는 것이다. 이를 보장하기 위하여 쓰이는 기법은 의도된 송수신자 노드들 사이에 주고받는 데이터를 암호화하고 그 암호화된 메시지를 서로만이 아는 방식과 키(key)로 해독할 수 있게 하는 암호화(encryption) 방식이다.

(11) 망 관리(Network management)

통신망은 작게는 개인이나 법인이 개별적인 목적으로 자체적으로 통신장비를 구해 설치하는 것과 망사업자가 통신망을 깔아 놓고 상업적으로 일반인을 대상으로 통신망 서비스를 제공하는 것이 있다. 어떤 것이든 통신망의 원활한 동작을 보장하기 위해서는 유지보수(maintenance)를 비롯한 지속적이고 적절한 관리가 요구된다.

특히 망사업자의 상업적 통신망인 경우 이용자의 실수 내지는 의도에 의해 통신망의 기능이 저하되거나 작동불능 사태가 발생할 수 있다. 이런 상황들을 사전에 방지하는 것은 상업적 통신망 관리에 중요한 사안이다. 그리고 망사용량을 주기적으로 기록하여 사용 요금을 부과하는 데 활용하여야 한다.

1.2 네트워크 계층구조

통신망은 다양한 기능을 수행하여 멀리 떨어져 있는 사람들 사이에 정보를 교환하거나 의사소통할 수 있게 만든다. 물론 요즘은 사람들 사이뿐만 아니라 기계와 기계들도 통신망을 이용하는 사례가 늘어나고 있다. 통신망은 기본적으로 전송 시스템과 그 끝에 송수신자들이 연결된 형태를 가진다. 그러나 그것을 좀 더 면밀하게 보면 여러 형태로 파악된다.

1) 통신망 형태(Network Topology)

통신망의 형태(topology)는 앞서 소개한 통신 모델에서 전송 시스템이 구체적으로 어떻게 구성되어 있는가를 설명한다. 그림 1.5와 그림 1.6과 같이 송수신자 사이에 전용선로가 깔려 있는 형태가 가장 단순한 형태이다. 이 경우에는 송수신자가 송수신자와 1:1 로 연결되어 있다. 이를 단대단(point-to-point) 연결이라 한다. 송수신자끼리 1 대 1로 직접 하나의 전송선로(link)로 연결되어 있다는 뜻이다.

이렇게 단대단 연결로 되어 있는 통신망은 다음과 같은 장점을 가진다. 앞서 설명한 바와 같이 통신하는 상대를 지정(식별)할 필요가 없다. 이를 위한 주소 지정도 필요 없다. 동시에 여러 상대와 통신이 가능하다. 그리고 통신을 하기 위하여 사전에 연결을 설정하거나 통신 이후에 연결을 해지하는 작업을 할 필요가 없어 통신 초기 지연시간이 짧다.

반면 자신을 제외한 모든 송수신자와 개별적인 전송선로를 가져야 하므로 초기 선로 포설 비용이 많이 든다. 물리적인 공간 이유로 노드에 연결할 수 있는 전송선로 개수에 한계를 가진다. 따라서 통신망에 노드의 수를 늘리는 데 한계를 가진다. 이런 단점들을 극복하기 위하여 송수신자 사이에 전송선로를 공유하는 형태가 등장하였다. 그러면 송수신자 노드들은 공유선로(shared link)에 연결되는 통신망 형태가 만들어진다. 송수신자 노드가 많아지면서 이런 통신망 형태가 일반화되었다. 구체적인 형태들을 소개한다.

(1) 직선 전송선로(bus topology)

하나의 선로가 길게 펼쳐져 있고 그것에 모든 노드가 연결되는 형태가 있다. 대표적인 예가 그림 1.15와 같은 버스 형태이다.

여기서는 연결되어 있는 노드가 전송하는 모든 데이터 패킷은 버스를 타고 다른 노드에게 전달된다. 이런 형태의 통신망은 개인이나 회사에서 소규모로 설치하여 쓰는 통신망으로 시작하였고, 대표

그림 1.15 버스 형태(bus topology) 통신망

적인 예가 이더넷(ethernet)이다. 만약 공유선로가 한순간에 한 신호만을 실을 수 있도록 설계된 경우에는 특정 한 노드가 데이터를 송신하는 순간에는 다른 모든 노드는 보낼 데이터가 있을지라도 그 송신이 종료될 때까지 기다려야 한다. 기다리면서 계속해서 선로상에 데이터가 흐르지 않는 순간을 포착해서 전송을 시도한다.

이때 만약 전송하고자 시도하는 노드가 하나 이상인 경우 그 가운데 하나만이 전송할 수 있다. 이렇게 여러 전송을 시도하는 노드 가운데 전송할 수 있는 노드 하나를 선택하는 일을 전송매체 접근제어(MAC Media Access Control)라고 한다. '맥'이라고 영어 약어를 일반적으로 부른다. 이 MAC은 버스 형태 통신망뿐만 아니라 기본적으로 전송선로를 공유하는 형태의 통신망에서 모두 작동해야 하는 기능이다. 다음에 소개되는 원형(환형) 형태 통신망인 경우에도 해당된다.

그런데 버스 형태는 중간에 선로가 끊어지거나 연결된 노드와의 연결자가 단절되어 선로가 중간에 끊어지는 상황이 발생하면 통신망 전체가 먹통이 된다. 이런 현상을 막기 위하여 원형 형태가 등장하였다.

(2) 원형(환형) 전송선로(ring topology)

원형 혹은 환형 형태는 앞선 버스 형태에서 공유선로 양끝을 맞물리게 한 형태이다. 그림 1.16이 대표적인 예이다. 이런 형태로 된 대표적인 통신망이 토큰링(token ring) 네트워크이다.

여기서는 데이터 패킷이 특정 방향(시계방향)으로만 흐른다. 연결되어 있는 노드 가운데 한 노드가 데이터를 전송하고자 하면 앞서 버스 형태와 마찬가지로 공유선로에 현재 다른 노드가 보내고 있는 데이터 패킷이 존재하지 않아야 한다. 즉, 선로가 비어(empty) 있어 놀고(idle) 있어야 한다. 그리고 여기서는 한 가지 더 비어있다고 무조건 바로 패킷을 보내는 것이 아니라 선로에 패킷을 보낼 수 있는 권한을 의미하는 토큰(token)을 얻어야 한다. 토큰은 특이한 내용의 매우 짧은 패킷으로 데이터 패킷이 전송되고 있지 않은 상태에서는 항상 원형 선로를 따라서 옆 노드에서 옆 노드로 순차

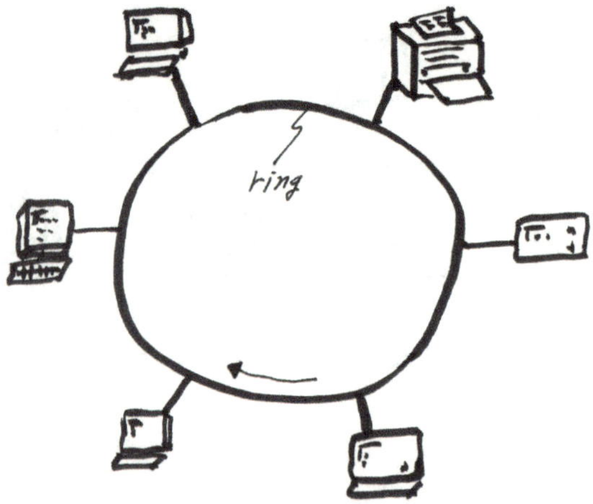

그림 1.16 원형(환형) 형태(ring topology) 통신망

적으로 전달되어 원형 형태 망을 빙글빙글 돌아 전달된다. 전송할 데이터가 있는 노드에 토큰이 수신되면 그 노드는 토큰을 이웃 옆 노드에 전달하는 대신 자신이 보내고자 하는 데이터를 담은 패킷을 이웃 옆 노드로 보낸다. 그 패킷은 다시 돌아 돌아 결국 자신에게 오게 되어 있는데, 이를 감지한 노드는 그 패킷을 대신해서 자신이 가지고 있던 토큰을 이웃 옆 노드에게 전송한다. 이는 자신이 한 번의 전송 기회를 활용하였고, 전송 기회를 이웃 옆 노드에게 준다는 의미가 있다.

앞서 원형 형태는 버스 형태의 단절로 인한 통신망 먹통 현상을 막기 위한 것이라고 했는데 그림 1.16으로 파악해 볼 때는 그것이 이해가 되지 않을 것이다. 그런데 그림 1.17을 보면 완전하게 납득

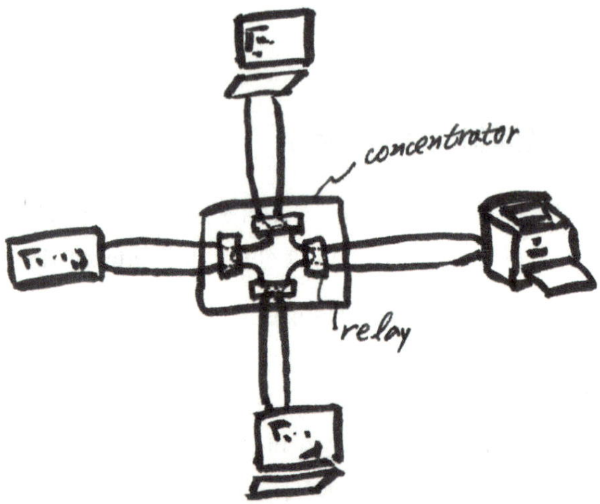

그림 1.17 집중기로 연결된 원형 형태의 토큰링 네트워크

이 될 것으로 보인다.

실제 토큰링은 논리적으로는 1.16과 같은 원형 형태의 공유선로를 쓰고 있으나 물리적으로는 그림 1.17과 같이 생기게 제작되었다. 다시 말하면 그림 1.17에서 특정 노드에 연결된 선로가 단절되더라도 그 노드만이 통신 서비스가 안 되게 되고, 다른 노드들은 그것과 상관없이 작동하는 구조이다. 이것이 가능한 것이 가운데에 있는 집중기(concentrator)라는 장비 덕분이다. 집중기 내에는 릴레이(relay)라는 소자가 있어 특정 단말이 작동하고 있을 때는 그 릴레이가 작동하여 선로와 단말이 연결되도록 하여 그 단말은 원형 형태의 한 구성원이 된다. 그러나 단말이 꺼져 있거나 선로에 문제가 발생하여 전류가 흐르지 않는 경우 릴레이는 그 선로를 바이패스(bypass) 시켜 선로가 바로 연결되게 한다. 따라서 문제가 되는 선로 내지는 단말은 원형 형태의 선로를 형성하는 것에서 모두 배제가 된다. 이로써 원형 선로는 정상적으로 형성되고 통신망도 정상적으로 작동하게 되는 것이다.

(3) 하나의 통신장비를 공유하는 별 형태(star topology)

원형 형태의 통신망의 구체적인 예인 토큰링의 통신망 형태(그림 1.17)에서 영감을 얻어 아예 논리적이고 물리적인 선로의 형태를 그림 1.7과 같이 형성한 통신망이다. 이 형태는 물리적인 토큰링 통신망과 동일하다. 그러나 중앙에 있는 통신장비가 단순한 릴레이가 있는 집중기가 아니라 들락날락하는 데이터 패킷을 연결된 선로로 중계하는 기능을 가진다. 중계기의 기능도 크게 둘로 나눌 수 있다. 첫째는 중계기로 들어오는 데이터 패킷을 그 패킷이 들어온 선로를 제외하고 나머지 연결되어 있는 모든 선로에 패킷을 모두 일괄적으로 전송하는 방식(repeater)이다. 둘째는 들어온 패킷을 분석하여 패킷을 수신해야 하는 노드가 연결되어 있는 선로로만 패킷을 전달하는 방식이다. 이 방식으로 작동하는 통신장비로는 브리지(bridge)와 라우터(router) 등이 있다.

(4) 여러 통신장비를 공유하는 폭포 형태(cascade topology)

그림 1.7과 같은 별 형태의 통신망에서 공유되는 하나의 통신장비에 연결할 수 있는 노드의 수에 한계가 있다. 그 수를 늘리는 방법으로 제시된 것이 그림 1.18과 같이 여러 개의 별 형태 통신망의 통신장비를 연결 선로로 이어 큰 형태의 통신망을 형성하는 것이다.

이는 별 형태의 통신망이 위에서 아래로 계속해서 연결되어 마치 별이 하늘에서 쏟아져 내리는 듯한 형태를 띤다고 하여 폭포 형태(casecade topology)라 한다. 그림 1.18의 예는 상호 연결되는 통신장비들이 동일한 기능을 수행하는 통신장비인 경우이다. 즉, 예를 들어 상호 연결되는 통신장비가 모두 리피터인 경우이다.

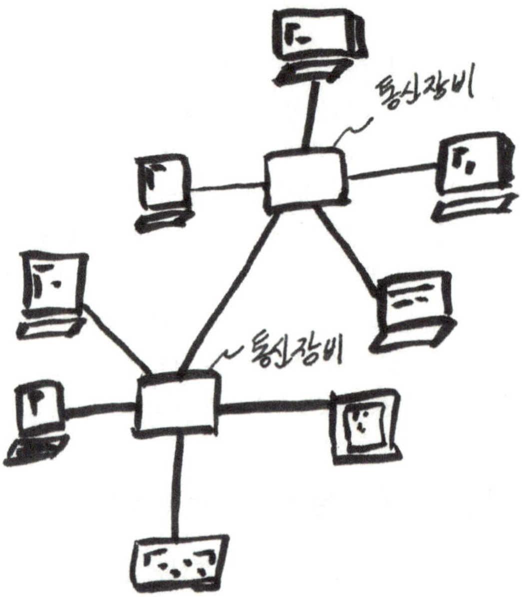

그림 1.18 여러 통신장비를 공유하는 폭포 형태(cascade topology) 통신망

(5) 다양한 여러 통신장비에 연결된 복합 형태(mixed topology)

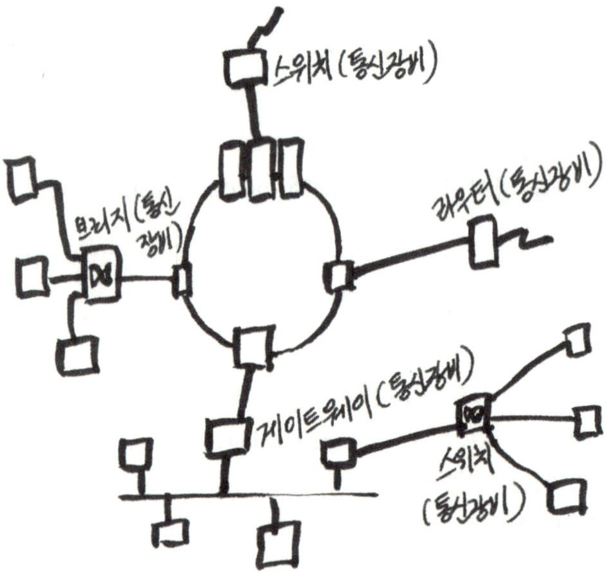

그림 1.19 다양한 통신장비에 의해 연결된 복합 형태(mixed topology) 통신망

그런데 현실적으로 통신망을 꾸미다 보면 항상 동일 기능 통신장비끼리만 연결시키는 경우만 있는 것이 아니다. 서로 다른 기능을 수행하는 통신장비끼리 상호 연결되는 경우도 발생하고 하나의 노드가 여러 통신장비에 동시에 연결되기도 하면서 그 통신장비들의 기능이 서로 다른 경우도 생긴다. 그림 1.19와 같이 이렇게 다양한 통신장비가 여러 통신망을 상호 연결하는 복잡한 복합 형태로 형성되는 경우가 현실적이다.

2) 통신 프로토콜(Communication Protocol)

통신은 상대가 있어야 가능하고 반드시 상대와 서로 뭔가가 약속이 되어 있어야 가능하다. 예를 들어, 전화를 거는 경우 상대방의 전화번호를 사전에 알고 있어야 하고 전화를 걸어 우선 "통화가 지금 가능한지?" 등으로 상황에 대한 상대방과 양해를 구하는 등의 작업이 필요하다. 물론 실질적으로 전화를 거는 과정에서도 반드시 절차와 방법을 준수하는 일련의 작업이 이루어져야 문제없이 원하는 통화가 이루어지는 것이다.

데이터통신에서도 이러한 상대방과의 약속은 여러 측면에서 수립되어야 한다. 메시지를 표현하는 언어는 한국어를 쓸지 일본어를 쓸지 등으로 결정해야 한다. 메시지 포맷(형식)의 크기, 주소, 필요한 제어정보 등에 대해서 약속이 사전에 있어야 한다. 전송매체도 어떤 소재로 할 것인지 인터페이스는 어떤 모양으로 몇 개의 핀(pin)으로 된 것으로 할 것인지 등도 함께 결정해야 한다. 그 외에도 앞서 설명한 통신 기능을 수행하는 데 상호 약속이 필요한 사항은 모두 사전에 약속되어야 한다.

이렇게 통신을 위해 송수신자 간에 서로 맞추어야 하는 것들은 통틀어 통신을 위한 규약이라고 하고 이에 대해 보편적으로 많이 쓰이는 용어로써 영어 표현인 통신 프로토콜(communication protocol)이라 한다. 예를 들어 현재 지구상에서 가장 널리 쓰이고 있는 인터넷에 관해 공부하는 것은 인터넷을 위한 표준 프로토콜인 TCP/IP(Transmission Control Protocol / Internet Protocol)를 이해하는 것이다. 통신을 공부하는 것을 한 마디로 집약하면 프로토콜을 공부하는 것이라 할 수 있다. 구축되어 있는 통신 프로토콜을 얼마나 체계적으로 이해하고 활용하는가가 관건이다.

모든 통신 프로토콜은 세 가지 주요 요소(elements)를 가지고 있다. 구문(syntax), 의미(semantics) 그리고 타이밍(timing)이다. 이들 가운데 어느 하나라도 누락되거나 설정되어 있지 않으면 프로토콜로서 작동할 수 없다.

(1) 구문(syntax)

송수신되는 대상(객체 object)으로서의 데이터는 반드시 어떤 방식으로든 표현(representation)이 되어야 한다. 예를 들어, 한글 메시지를 송수신하는 경우 한글은 한 글자가 16비트를 써서 표현하고, 표현할 때 쓰는 코드는 유니코드(unicode UTF-8)를 쓴다.

주고받는 개별적인 데이터의 크기와 코드뿐만 아니라 데이터를 주고받는 순서도 결정한다. 위의 예에서 16비트(2바이트) 한글 코드와 같이 하나의 데이터가 1바이트 이상의 크기를 가지는 경우, 여러 바이트들을 송수신하는 순서를 결정하는 것이다. 구체적으로 예를 들면, 한글 '가'를 표현하는 16비트 유니코드는 16진수로 표기하면 0xAC00이다. 즉, 0xAC와 0x00 두 개의 바이트로 구성되어 있다. 그런데 통신망에서 이 두 바이트를 상대방에게 전송할 때 0xAC 0x00 순서로 보낼지 아니면 반대로 0x00 0xAC 순서로 보낼지를 결정하는 것이다. 인터넷에서는 전자와 같은 순서로 보낸다. 이렇게 데이터를 표현하는 경우 자릿수를 고려하면 값이 더 중요한 바이트가 왼편에 있는 바이트이다. 왜냐면 위의 예 '가'를 표현하는 0xAC00에서 가장 오른편에 있는 0x0은 그 값을 10진수로 계산하면 0x0 * 16^0이다. 그런데 가장 왼편에 있는 0xA의 값은 0xA(= 10) * 16^3이다. 따라서 만약 가정하기를 0xAC00를 단순 숫자라고 보면 가장 오른편에 있는 0x0이 1 증가되어 0x1이 되었을 때 변경된 값의 크기와 가장 왼편에 있는 0xA가 1 증가되어 0xB가 되었을 때 변경된 값의 크기는 비교할 수 없을 정도이다. 즉, 자릿수가 왼편에 있을수록 값 전체에서 그 바이트가 차지하는 중요성이 커지는 것이다. 그래서 가장 왼편에 있는 바이트를 최고 중요한 바이트(MSB Most Significant Byte)라고 하고, 가장 오른편에 있는 바이트를 최저 중요한 바이트(LSB Least Significant Byte)라고 한다. 위의 예에서는 0xAC가 MSB이고, 0x00이 LSB이다.

그런데 인터넷의 경우 데이터를 송수신할 때 데이터가 여러 바이트로 표현이 되는 경우 MSB를 가장 먼저 송신하고, 가장 뒤에 LSB를 송신한다. 수신하는 순서도 동일한 순서로 인지하고 수신해야 한다. 이런 송수신 순서를 빅엔디안 순서(big endian order)라고 한다. 참고로 인텔 계열의 MPU를 쓰는 윈도우즈 운영체계에서는 데이터를 기억장치에 쓰고 읽을 때는 LSB를 가장 낮은 주소에, MSB를 가장 높은 주소에 쓰고 읽는다. 이런 순서를 리틀 엔디안 순서(little endian order)라고 한다. 이 순서는 인터넷에서 데이터를 송수신하는 순서와 완전히 정반대이므로 유의해야 한다.

하나의 전송단위를 형성하는 크기도 결정한다. 보통 전송단위를 패킷이라고 한다. 패킷의 크기는 그 안에 담기는 보내고자 하는 데이터의 크기와 그 외 데이터 전송을 위해 부가적으로 필요한 정보들의 종류와 크기가 결정되어야 한다. 부가적으로 필요한 정보로 예는 앞서 설명한 주소 지정, 오류 제어 등을 위한 것들이다. 이 패킷은 앞서 설명한 바와 같이 어떤 통신 기능이 수행되는 지점(point)에 따라 프레임, 데이터그램, 메시지 등 다른 이름으로 불리기도 한다. 그럴 때마다 이름에 해당하는 크기도 함께 지정되어 그 크기 단위로 송수신이 이루어진다. 예를 들어 집에서나 학교에서 현재 가장 많이 쓰이는 유선 통신망의 하부구조는 이더넷(ethernet)이다. 이 이더넷 프로토콜에서 규정하는 프레임이라는 전송단위에서의 최대 크기는 1,500바이트이다.

(2) 의미(semantics)

하나의 전송단위를 보통 패킷이라고 한다고 위에서 여러 차례 언급한 바 있다. 그러나 표준 통신 프로토콜 문서에는 이를 PDU(Protocol Data Unit)라 한다. 참고로 통신기술에서는 동일한 내용에 대해 여러 용어가 서로 섞여 사용되기도 한다.

여기서 우리는 패킷이라는 용어를 일반적인 용어로 쓴다. 패킷이 현장(field)에서 가장 흔하게 쓰이는 용어이기 때문이다. 패킷의 내부에는 여러 정보가 들어있다고 설명하였다. 그림 1.20에 아주 단순하게 표현한 패킷의 예가 있다. 여기서 패킷 내의 가장 왼편에 있는 주소, 그 오른편의 제어 그리고 가장 오른편에 있는 오류제어 등이 그 가운데 있는 데이터를 보내기 위해 부가적으로 필요한 정보들이다. 이 예와 같이 패킷 내에 갖가지 목적으로 담는 각종 정보들이 담긴 영역을 필드(field)라고 부른다. 이 예에서는 주소 필드, 제어 필드, 데이터 필드 그리고 오류제어 필드가 패킷 내에 있다.

패킷 내에 설정되는 필드들이 어떤 의미를 가지는지 규정하는 것을 의미(semantics)라 한다. 패킷의 특정 위치에 있는 특정 필드의 값을 어떻게 해석하고 이를 기반으로 어떤 동작을 할 것인가를 결정하는 것이다. 예를 들어, '주소 필드는 송수신자와 전송되는 망 내의 통신장비를 식별하는 식별자로서 4바이트를 써서 표현한다'라는 식이다. 또 다른 예로 제어 필드는 통신을 위해 반드시 수행해야 하는 특정 임무에 대한 구체적인 동작 방식을 지정한다.

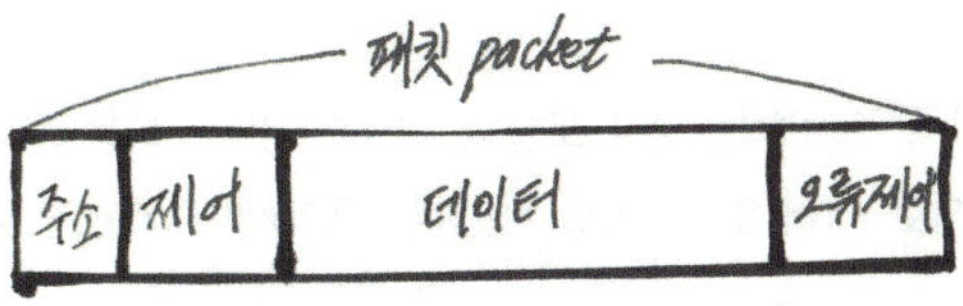

그림 1.20 단순한 패킷(packet)의 예

(3) 타이밍(timing)

통신 프로토콜에서 위의 두 가지를 규정하는 것으로 실질적으로 통신이 어떤 데이터를 대상으로 어떻게 작동하는지를 모두 설명할 수 있다. 그러나 이 동작들이 어떤 단계에서 이루어지고 어떤 시점에 이루어지는가에 대해서도 함께 규정되어야 한다. 예를 들어, 전화를 거는 과정(프로토콜)을 다시 생각하여 보자. 전화를 걸 때 맨 먼저 하는 일이 상대방의 전화번호를 누르는 것인데 보통 11개의 수로 되어 있는 번호를 누를 때 한 번호 누르고 5분 뒤에 또 한 번호 누르고 5분 뒤에 한 번호 누르는 식으로 전화번호를 누르는 과정을 수행하기는 하지만 그 수행시간이 길다면 전화를 거는 데 너무 많은 시간이 소요되는 현상이 생긴다. 따라서 전화 프로토콜에서는 전화번호를 누르는 데 걸리는 시간을 제한하는 규정을 둔다.

이같이 통신 프로토콜에서는 송수신자 상호 간에 지켜야 하는 데이터 송수신 순서와 시간을 규정하고 있다. 그 외에도 데이터가 전송되는 시점, 전송속도 혹은 전송률을 규정한다. 연속적으로 전송되는 데이터 내에 문자 혹은 비트 구분자를 식별하기 위해 어떻게 시간을 동기화할 것인지에 관한 규정이 있다.

3) 네트워크 계층구조(Layered Architecture)

통신 프로토콜은 송수신자들이 약속한 통신 기능의 집합체로 볼 수 있다. 만약 여러분들이 특정 프로토콜에서 수행해야 하는 통신 기능들을 컴퓨터 소프트웨어로 작성한다고 하면 이를 어떻게 만드는 것이 좋은 방법일까? 당연하게 여러 통신 기능을 하나의 프로그램으로 완성하기보다는 기능별로 분리하여 모듈(module)화해서 모듈 단위로 개발한다면 개발과정과 향후 유지관리와 기능 업그레이드 작업에 매우 유리할 것이다. 실제 지구상에서 작동하고 있는 통신 프로토콜은 세부 기능에 따라 모듈로 분리하여 개별적으로 설계하고 구현한 것들이다.

문제는 모듈을 분리할 때 모듈과 모듈 간의 관계를 규정하는 인터페이스를 어떻게 설정하는가 하는 점이다. 예를 들어 그림 1.21처럼 모듈화를 하고 모듈 간에 인터페이스를 규정한 경우를 생각하여 보자.

이 경우는 모듈들 사이에 주고받는 대상 모듈과 내용이 많다. 모든 모듈이 다른 모든 모듈과 인터페이스가 이루어지는 형태로 되어 있다. 이럴 때 만약 오류제어 모듈에 변화가 생기면 그 변화에 대

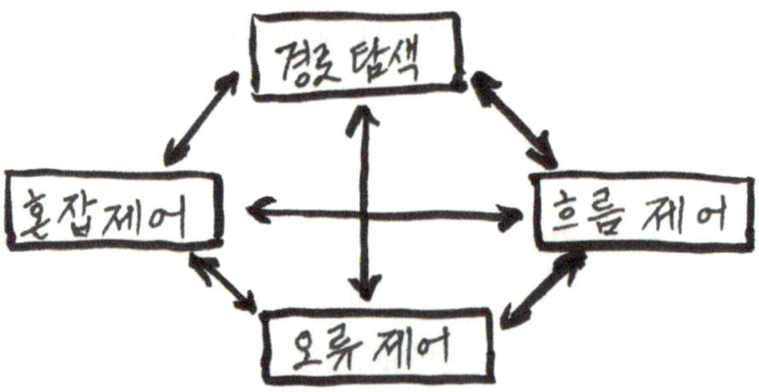

그림 1.21 통신 기능 모듈들의 그래프(graph) 구조

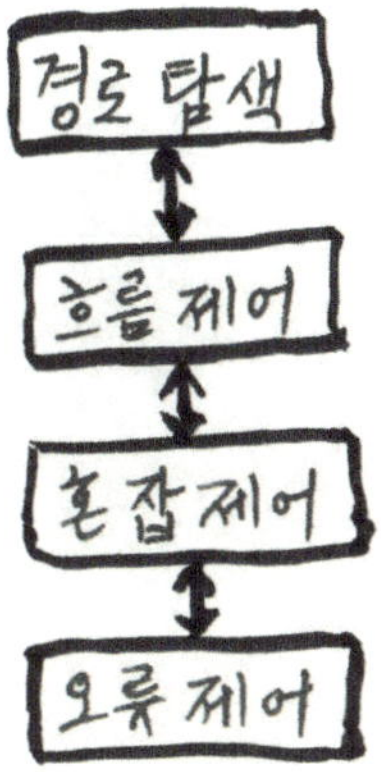

그림 1.22 통신 기능 모듈들의 계층(layer) 구조

해 다른 세 가지 모듈이 모두 영향을 받게 된다. 따라서 이런 모듈화와 인터페이스 형태는 유지관리와 기능 개선, 새로운 기능추가 등의 차후 작업에 상당한 어려움을 초래할 것이다.

반면 그림 1.22와 같이 모듈화를 하고 모듈 사이의 인터페이스를 규정한다면 어떨까? 그림 1.21의 예와 다른 점은 특정 모듈이 인터페이스하는 모듈이 많게는 두 모듈, 적게는 하나의 모듈뿐인 점이다. 이는 앞서 설명한 단점을 최소화할 수 있는 최적의 모듈 인터페이스 방식인 것이다. 실제 지구상에서 작동하고 있는 통신 프로토콜의 대부분은 이렇게 모듈화된 방식으로 설계되고 구현되어 동작하고 있다. 이 방식을 직관적으로 쳐다보면 마치 4층 건물이 세워져 있고 각 층에서 각기 다른 일(통신 기능)들이 수행되고 그 결과물을 위와 아래에 있는 층으로 주고받는 것으로 보인다. 이러한 이유로 이런 구조를 계층구조(layered architecture)라고 하고, 통신 프로토콜이 이런 계층구조로 표현된다.

2
CHAPTER

표준 통신 프로토콜

통신 프로토콜은 통신을 하기 위한 규약으로 상대방과 사전에 약속을 하고 꼭 준수하여야 하는 것이다. 통신 프로토콜에는 1장에서 설명한 통신이 수행하는 여러 기능을 모두 담고 있어서 복잡하다. 따라서 통신 기능들을 모듈로 세분화하여 설계하고 구현한다. 모듈들 간의 인터페이스를 단순하게 하고 유지관리와 업그레이드를 할 때 부담(overhead)을 최소화하기 위하여 계층구조로 구성한다.

이런 프로토콜 계층 구조의 역사는 1970년대로 거슬러 올라간다. 당시에는 컴퓨터 제조회사들이 각자 자기 회사의 제품들끼리 연결하기 위하여 컴퓨터 네트워크를 구성하였다. 그러면서 개별 회사 고유의 통신 프로토콜을 개발하여 그것을 자사의 컴퓨터 네트워크에 적용하였다. 가장 대표적인 예가 당시 컴퓨터 제조회사의 왕자인 IBM이 자사의 컴퓨터 네트워크에 적용한 SNA(Systems Network Architecture) 프로토콜이다. SNA 프로토콜의 구조를 보면 그림 2.1과 같이 7개의 계층구조(7 layered architecture)로 되어 있다. 각 계층이 동작하는 내용과 방법을 설명하는 프로토콜의 집합체를 네트워크 구조(network architecture)라고 부른다.

이후 당시 히다찌(Hitachi)를 비롯한 여러 컴퓨터 제조회사에서도 독자적인 통신망 모델을 가지고 있었고 고유의 통신 프로토콜을 개발하고 적용하였다. 이들의 공통된 특징은 통신 기능을 다루기 쉬운 모듈의 집합체로 작성하고 그들을 계층구조로 서로 연관을 지은 것이다. 그러나 개별 회사마다 개발된 초기 컴퓨터 네트워크 구조는 자사의 컴퓨터끼리만 통신이 가능하고 다른 회사의 컴퓨터와는 서로 통신할 수 없는 폐쇄적인 구조이었다. 컴퓨터 네트워크를 쓰는 사람들은 초기에는 자신들이 쓰고 있는 컴퓨터들끼리의 통신망을 벗어나는 통신 수요를 가지고 있지 않아 불편함을 느끼지 못하였으나 차츰 다른 네트워크와 연동할 필요성이 생겨나게 되었다. 이런 요구에 따라 통신 가능성을 최대로 확대하기 위하여 통신 프로토콜의 복잡하고 다양한 특성을 표준화할 필요가 생겨났다. 표준화를 통해 상호 운용성(interoperability)을 확보하는 작업이 이루어졌다.

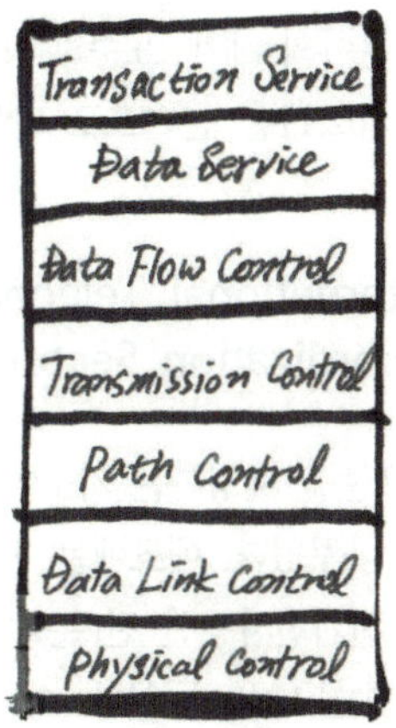

그림 2.1 IBM SNA 프로토콜

2.1 표준 네트워크 구조

1970년대부터 개방형 시스템 상호연결 구조(OSI Open System Interconnection)에 대한 요구가 대두되었다. 상호 통신이 가능한 컴퓨터 네트워크를 설계하는 발단이 되었다. 이에 그 이후 세계적인 통신 프로토콜 표준화 작업을 하는 세계적인 기구가 활동을 시작하였고 각기 독자적으로 혹은 다른 기구와 협력하여 통신 프로토콜 세계 표준을 제정하여 왔다. 통신 프로토콜 표준화 작업을 한 대표적인 기구는 다음과 같다.

(1) ISO(국제표준화기구 International Standard Organization)

여러 나라의 표준 제정 단체들의 연합체라고 할 수 있다. 산업 전 분야를 포함하여 우리가 생활하는 데 필요한 거의 모든 분야에 걸친 다양한 표준을 제정한다. 그 가운데 컴퓨터 네트워크의 세계 표준으로 제정한 ISO OSI 7계층 참조모델(Open System Interconnection 7 Layer Reference Model)은 인터넷을 비롯한 오늘날 지구상에서 작동하고 있는 거의 모든 컴퓨터 네트워크의 기본적인 모델로 활용하고 있다.

(2) IEEE(미국전기전자공학회 Institute of Electrical and Electronics Engineers)

미국의 전기전자공학 전문가들의 조직으로 출발하였으나 지금은 전세계의 관련 전공자들이 회원으로 참여하는 세계적인 공학회이다. 주로 관련 분야의 논문집을 발간하고, 매년 회원들의 논문들을 발표하는 수많은 학술대회를 주관한다. 뿐만 아니라 전기전자 분야의 기술에 대한 표준을 제정하는 작업도 병행한다. 컴퓨터 네트워크 분야의 세계 표준의 대표적인 예로 일상생활에 흔히 이용하는 Wi-Fi가 IEEE에서 표준화한 IEEE 802.11을 근간으로 만들어졌다.

(3) ITU-T(국제전기통신연합 International Telecommunication Union Telecommunication Standardization Sector)

UN 산하 기구로서 통신 분야의 표준을 제정하는 기구이다. 전신은 1956년에 창설된 CCITT이었고, 이것이 1993년 ITU-T로 이름을 바꾸었다. 애초에는 전화 통신에 관한 표준과 요금 책정 및 회계 원칙 등을 규정하였으나 지금은 전기전자통신 전 분야에 걸쳐 세계 표준을 제정하고 공포하고 있다. 제정한 표준의 한 예로 ITU-T X.1242가 있다. 이 표준은 사용자가 설정한 룰에 기반하여 SMS 스팸을 필터링하는 시스템에 관한 것이다.

(4) IETF(국제 인터넷 표준화 기구 Internet Engineering Task Force)

우리가 일상생활에서 쓰고 있는 인터넷이 작동하기 위하여 필요한 모든 프로토콜과 구조에 관한 내용을 연구하고 표준 작업을 하는 기구이다. 그 상위 기구로 인터넷 구조 위원회(IAB Internet Architecture Board)가 있다. 여기에는 세계 각국으로부터 인터넷 기술에 관심이 있는 설계자, 연구원, 기술자, 사업자들이 참여하고 있다. 이 기구에서 제정한 인터넷 관련 세계 표준은 RFC(Request For Comments)라는 독특한 접두어를 붙인 기술문서표준 식별번호를 가진다. 예를 들어 IETF RFC 791은 1981년에 제정되었는데, 인터넷이 전세계를 아우르는 지구촌 데이터 통신망으로 작동하는 데 가장 중요한 프로토콜인 IP(Internet Protocol)를 규정한다.

2.2 ISO OSI 7계층 참조모델

국제표준화기구 ISO가 주도적으로 추진하여 개방형 시스템 간 상호 연결 통신(OSI open system interconnection)을 위한 참조모델(RM reference model)을 구축하였다. 여기서 '개방형'이라 함은 다음의 뜻을 가진다. 앞에서 언급한 바와 같이 이 시기에 구축된 컴퓨터 네트워크는 개발 회사 특유의 프로토콜에 의해 제각기 작동하는 통신망이었고 서로 다른 회사에 의해 개발되고 작동되는 컴퓨터 네트워크는 서로 연결되어 연동되지 않았다. 즉, 폐쇄적 통신망(closed networks)이었는데 이를 제조 회사를 불문하고 모든 컴퓨터가 서로 연결되어 통신할 수 있는 통신 구조로 바꾸는 것을 지향하고 있음을 뜻하는 것이다.

여기에 세계 표준(global standard)라는 용어를 쓰지 않고 '참조모델'이라는 용어를 쓴 것도 의아한 점이다. 2.1절에서 소개한 관련 기술에 관한 세계 표준을 제정하는 표준화 기구들의 표준을 보면, 한결같이 '세계 표준'이라는 용어를 쓰지 않고 그 대신에 '참조모델' 또는 '권고사항' 내지는 '코멘트요청문서' 등으로 표현하고 있다. 그것은 실질적으로 현장에서 빠짐없이 이 기술들을 정확하게 적용해서 제품이나 서비스를 개발하고 판매하는 것을 강제하지는 않는다는 의미를 가진다. 예를 들어, 경로를 탐색하는 통신장비인 라우터(router)를 개발하여 판매하는 통신장비회사에서 반드시 IETF의 세계 표준 기술인 RFC791을 준수하지 않아도 되는 것이다. 그러나 그 회사가 만든 라우터가 인터넷에서 다른 회사가 만든 통신장비와 서로 연결되어 완전하게 상호운영이 되려면 그 표준을 준수하는 라우터를 제조, 판매하여야 한다. 따라서 여기서 '참조모델'이라는 용어도 엄격한 적용을 강제하는 것이 아니라 적어도 특정 통신망에 다른 기기와 문제없이 서로 통신이 가능한 통신 장비를 개발할 때는 적어도 이 표준을 따르는 장비로 개발하고 판매해야 하는 것이다.

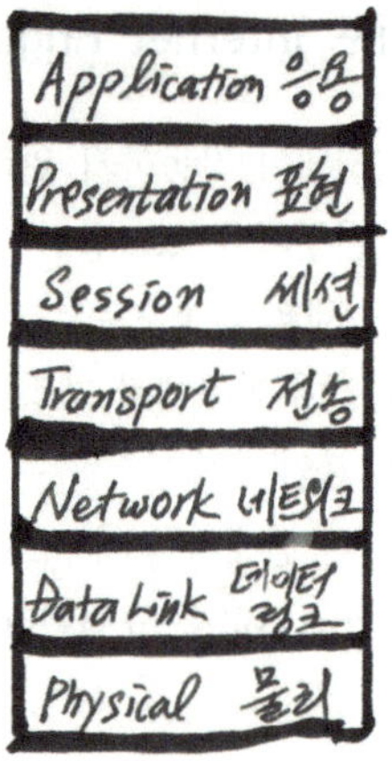

그림 2.2 ISO OSI 7계층 참조모델

ISO OSI 7계층 참조모델은 1970년대 말 ISO와 ITU-T(당시 CCITT)가 서로 독자적으로 가지고 있던 통신 모델을 1983년 하나로 통합한 모델이다. 1984년에 ISO에서는 ISO7498 표준번호를 가진 표준문서로 발표되었고, ITU-T에서는 X.200 표준번호를 가진 표준문서로 출판되었다. 2.1절에서 기술한 바와 같이 일곱 개의 계층 구조를 가지는 네트워크 구조는 IBM SNA 프로토콜과 매우 유사하다. 계층의 수도 동일하고, 각 계층의 기능도 엇비슷하다. 심지어 계층의 이름마저 유사성을 가진다. 그림 2.2에서 알 수 있듯이 ISO OSI 7계층 참조모델은 IBM의 SNA를 원조로 하고 있다.

계층구조로 된 네트워크 구조에서는 각 계층이 하위 계층에서 수행한 기능의 결과를 이용한다. 즉, 하위 계층은 상위 계층에게 특정 기능적인 것들을 서비스하는 것이다. 반대로 상위 계층은 하위 계층에게 하위 계층이 할 수 있는 기능들을 요청하는 셈이 된다. 그렇게 서비스를 요청하고 제공하는 일들이 그림 2.3처럼 상하로 인접하는 계층 사이에 일어나는 것이다.

그것이 통신 프로토콜에서 인접하는 두 계층 사이의 인터페이스로 규정된다. 이렇게 여러 계층이 상하로 연결되어 있고 마치 계층이 쌓여 있는 모습을 보이기 때문에 이를 프로토콜 스택(stack)이라도 한다. 스택은 여러 장의 접시가 아래 위로 쌓여있는 모습에서 유래한 이름이다.

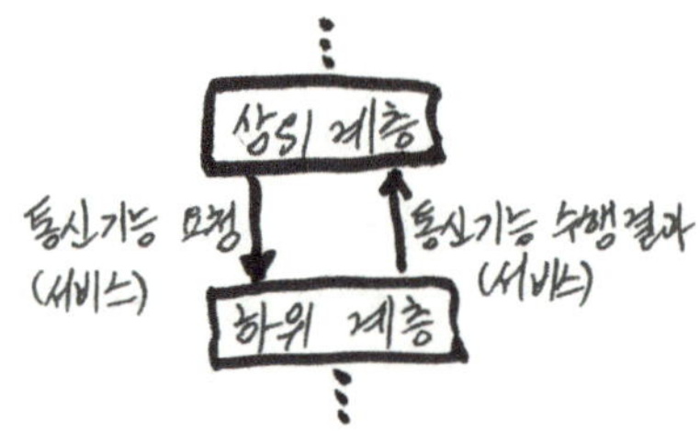

그림 2.3 상하 계층 사이의 인터페이스

그림 2.4 와이파이(Wi-Fi) 구동 무선 칩 모듈[3)]

ISO OSI 7계층 참조모델 프로토콜이 실제 컴퓨터 혹은 통신장비 내에서 작동하도록 구현하는 것은 엄청나게 많은 시간과 노력을 필요로 한다. 물리적으로 데이터를 신호로 변환하고 신호를 송수신하는 기능을 제외하면 거의 소프트웨어로 구현된다. 이 소프트웨어도 어떤 부분은 하드웨어에 심은 형태인 펌웨어(firmware)로 만들어 통신 구동 칩(chip) 안에서 작동한다. 그림 2.4에 요즘 보편적으로 사용하는 와이파이(Wi-Fi) 통신 칩 모듈이 있다. 이러한 작은 칩 안에 통신 기능 (프로토콜) 가운데 일부분을 하드웨어와 소프트웨어(펌웨어)로 구현하여 동작하게 한다.

그림 2.2에서 볼 수 있는 ISO OSI 7계층 프로토콜 구조에서 상대적으로 하위 계층에 속하는 1계층에서 3계층까지의 프로토콜은 주로 통신망의 전송매체와 직접적으로 접속하는(network access) 계층들로서 대부분은 하드웨어와 펌웨어로 구현된다. 그 상위 계층인 4계층에서 5계층까지는 통신망의 가장자리에 있는 노드(end node)에서 수행하는 통신 기능을 수행하는 프로토콜로서 이들 계층 프로토콜은 주로 컴퓨터 내의 운영체제(OS operating system)에서 구현된다. OS 내의 커널(kernel) 영역에서 동작하는 OS의 핵심기능 요소이다. 최상위 6계층에서 7계층까지 기능은 통신망을 이용하는 통신 응용 서비스 계층이다. 이는 실제 통신 서비스를 이용하는 사람들이나 기계(AI) 등이 접속(access)하는 계층으로 일반적으로 OS 위에서 구동되는 응용 프로그램(application)으로 개발되어 동작한다.

그러면 지금부터 좀 더 구체적으로 ISO OSI 7계층 참조모델을 중심으로 각 계층별로 어떤 통신 기능이 수행되는지 관하여 알아보자. 일반적으로 이 모델을 비롯한 모든 통신 프로토콜 구조를 설명할 때 가장 하위 계층인 물리 계층부터 설명하고 가장 상위 계층인 응용 계층까지 설명한다. 그것은, 상대적으로 일반인들에게 눈에 잘 보이지 않는 기능을 수행하는 상위 계층보다는 구체적으로 눈에 잘 띄는 물리적인 전송매체와 그것에 직접적으로 접속하는 데 관련이 있는 하위 계층의 기능을 이해하는 것이 좀 더 직관적이기 때문이다.

이 장에서는 각 계층의 기능을 개략적으로 아웃라인 만을 소개한다. 구체적이고 상세한 기능에 대해서는 이어지는 계층 별로 하나 혹은 두 장에 걸쳐 설명된다. 따라서 이 책은 표준 통신 프로토콜 구조를 기반으로 데이터 통신망(컴퓨터 네트워크)의 통신 기능들을 설명하는 책이다. 여기에 인터넷과 해양통신망 등 우리가 관심을 가지는 좀 더 현장(field) 중심의 통신 기술을 함께 기술한다.

1) 물리 계층(Physical Layer)

최하위 계층으로 제1계층이다. 전송 선로(link)에 의해 '직접 연결(directly connected)'된 사용자 단말(terminal) 내지는 통신 장비(communication device) 간에 데이터를 송수신하기 위한 통신 기능을 규정한다. 여기에는 구체적으로 두 노드 간을 연결하는 전송매체(transmission media)에서 이루어지는 전기적(electrical), 기계적(mechanical), 절차적(procedural)이면서 기능적(functional)인 특성(characteristics)을 정의한다. 송수신되는 데이터가 이 계층에서 규정하는 전송매체를 타고 송수신되는데 이때 데이터는 신호(signal)로 변환되어 실제적으로 '직접 연결'된 전송 선로를 통해 송수신된다.

두 노드가 '직접 연결'되어 있다는 뜻은 두 노드 사이에 다른 노드가 끼여 있지 않고 직접적으로 바로 전송매체에 의한 전송 선로에 연결되어 있음을 의미한다. 그림 2.5와 같이 선로를 가운데 끼고 두 노드 A, B는 다른 노드가 없이 직접 선로에 연결되어 있다. 이런 두 노드를 '직접 연결'되었다고 한다. 이때 연결하는 데 이용되는 전송매체가 유선이든 무선이든 상관없다.

반면 그림 2.6과 같이 양 끝에 있는 두 노드 A, B 사이에 중간 노드 C가 있는 형태를 '간접 연결(indirectly connected)'되었다고 한다.

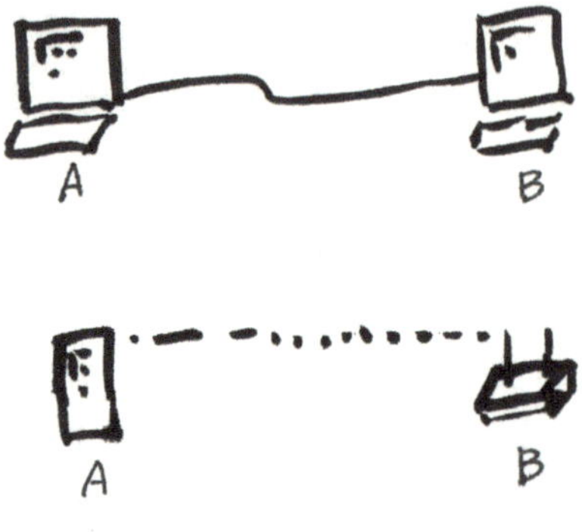

그림 2.5 '직접 연결'된 두 노드

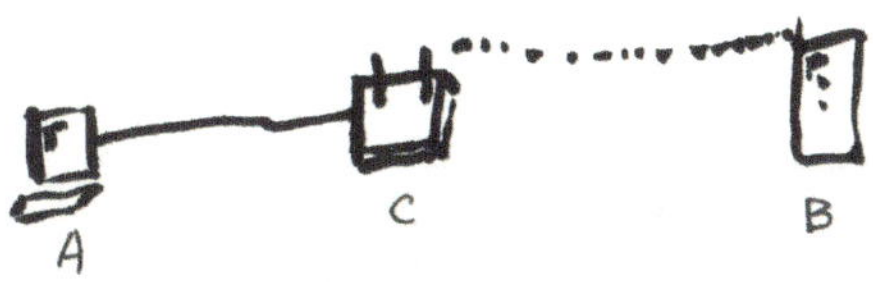

그림 2.6 '간접 연결'된 두 노드

물리 계층에서는 '직접 연결'된 두 노드 사이에 발생하는 데이터 송수신을 위한 일련의 일들을 규정한다. 여기에 이용되는 전송매체의 형태와 종류가 우선 정의된다. 실질적으로 눈에 보이는 유선 매체(wired media)와 눈에는 띄지 않는 무선 매체(wireless media)로 구분된다. 유선 매체의 좋은 예는 집에서 가장 흔하게 볼 수 있는 랜선(LAN cable)이다. 랜선이라 불리는 선로는 보통 이더넷에서 쓰는 전송매체인 무접지 꼬임쌍선(UTP unshielded twisted pair cable)이다. 무선 매체로는 또 가장 흔하게 이용하는 Wi-Fi에서 2.4GHz 주파수 대역을 쓰는 마이크로웨이브(microwave) 파를 들 수 있다. 더하여 전송매체의 특성에 따라 전기 신호(electric signal), 빛 신호(light signal) 혹은 전자기파(electro-magnetic wave)를 이용하여 데이터를 표현하는 신호방식(signalling method)을 규정한다. 사용하는 신호값의 종류 수가 한정되어 있는 디지털 신호와 사용하는 신호값의 종류가 무한 종류인 아날로그 신호 등을 규정하고 있다. 이 신호방식에 따라 데이터에서 신호로 변환하는 기법(signal generation)과 변환된 신호를 서로 주고받는 방식에 대해서도 함께 정의한다. 1장에서 간단하게 설명한 동기식과 비동기식 전송방식을 규정하고 있다. 그리고 전송매체와 직접적으로 연결되는 장비에서의 인터페이스를 규정한다. 흔히 접하는 USB(Universal Serial Bus)가 가장 대중적인 전송매체와 장비 사이의 인터페이스의 예이다.

2) 데이터링크 계층(Data Link Layer)

제2계층이다. 이 계층도 제1계층인 물리 계층과 적용되는 대상은 동일하다. 유선 혹은 무선 전송매체로 된 전송 선로(link)로 '직접 연결'된 두 노드(단말 혹은 통신 장비) 사이에 데이터 송수신을 위한 일련의 작업이다. 여기서 최대의 관심사는 그들 사이에 데이터 송수신이 오류 없이 원활하게 이루어지는 것이다. 이를 위한 오류 제어와 연속적으로 보내는 데이터 전송 단위의 순서와 받는 순서가 일치하는지를 확인하기 위한 순서 제어 방식을 규정한다. 한 번에 보내는 데이터 전송 단위의 형식(format)도 결정한다.

데이터링크 계층에서 규정하는 전송 단위를 프레임(frame)이라 부른다. 앞서 설명한 바와 같이 일반적으로 데이터 통신망에서는 한 번에 보내는 데이터 전송 단위를 패킷(packet)이라 부른다. 그러나 이 계층에서는 특별히 프레임이라고 한다. 프레임은 사전적 의미로 어떤 내용을 담는 틀이다.

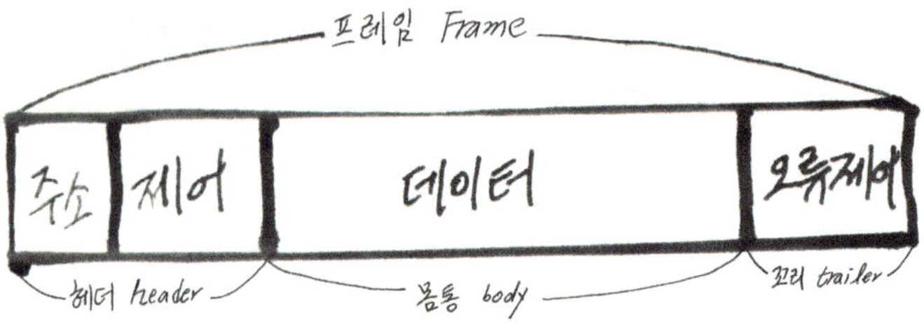

그림 2.7 **프레임(frame) 구조**

이 틀은 의미상 딱딱한 질감을 느끼게 한다. 단어가 가지는 그러한 뉘앙스를 그대로 이용한 용어이다. 즉, 물리 계층과 직접 인터페이스를 가지는 계층이어서 하드웨어에 의해 구현되는 환경이므로 한 번에 주고받는 데이터 전송 단위의 크기가 일정한 경향을 함의한다. 이 프레임 내부의 구체적인 필드가 규정되는데, 대표적인 필드가 주소이다. 직접 연결되어 있는 노드의 수가 여럿인 경우 (예는 그림 1.15 버스 형태 통신망을 참조 바람) 특정 노드로 보내는 데이터는 목적지 노드의 식별자를 목적지 주소로 하고 그 주소를 데이터에 부가되는 데이터(필드)에 실어서 보내야 한다. 이 계층에서 이를 위한 주소 지정 방식을 정의한다.

일반적으로 모든 계층에서 규정하는 데이터 전송 단위(패킷, 프레임, 데이터그램, 메시지 등)는 실제 주고받고자 하는 순수 데이터와 그 데이터 송수신을 위해 함께 송수신되어야 하는 부가적인 데이터(필드)가 포함된다. 그림 2.7과 같이 부가적인 필드는 순수 데이터(필드)보다 송수신되는 시간 측면에서 보면 먼저 송수신되는 것이 일반적이다.

동물들이 좁은 틈을 통과할 때 보통 머리부터 시작해서 빠져나가는 경향이 있고 그런 광경을 자주 본다. 이를 연상해서 부가적인 데이터를 담는 필드들을 묶어서 헤더(header)라고 한다. 그리고 순수 데이터 필드는 몸통(body)이라고 한다. 데이터링크 계층에서 규정하는 프레임에는 독특하게 부가적인 데이터 필드가 순수 데이터 필드보다 시간상으로 뒤에 송수신되는 필드가 있다. 주로 송수신된 프레임이 오류 없이 전달되었는지 확인할 수 있도록 부가되는 데이터를 담고 있다. 이런 이유로 이 필드의 이름을 프레임 체크 시퀀스(FCS Frame Check Sequence)라고 한다. 그리고 이 필드는 몸통 뒤에 따라오는 필드라는 의미에서 꼬리(trailer)라고 한다. 이에 따라 프레임은 헤더, 몸통 그리고 꼬리로 구성된다. 필드의 데이터를 만드는 구체적인 방법은 데이터링크 계층 장에서 설명한다.

이 계층에서는 직접 연결된 노드들 사이의 부하를 고려하여 전송의 흐름을 제어하는 흐름제어 방식도 함께 규정한다.

3) 네트워크 계층(Network Layer)

제3계층이다. 데이터 통신망이 그림 1.15와 그림 1.16과 같이 직접 연결된 노드만으로 구성되어 있다면 네트워크 계층과 이 계층의 상위에 있는 제4계층인 전송 계층은 필요가 없다. 그러나 통신망의 형태는 그림 1.19와 같이 매우 복잡한 형태로 점차 진화되고 있어 데이터 통신망에서 통신은 직접 연결된 노드보다는 간접적으로 연결된 노드 사이의 통신이 대부분이다. 이런 상황에서 앞서 설명한 데이터링크 계층에서 수행하는 통신 기능만으로 대규모로 복잡하게 얽히고설킨 데이터 통신망에 붙어 있는 노드 사이에 통신이 가능할 것인지 생각해보자.

그림 2.8(그림 1.14)에 있는 통신망의 예를 다시 보자. 그림에서 직접 연결되어 있는 노드 A와 노드 C 간에 송수신을 할 때는 앞서 설명한 1계층 물리 계층과 2계층 데이터링크 계층의 통신 기능만으로도 가능하다.

그런데 간접 연결되어 있는 노드 A와 노드 F 간에 송수신을 하는 경우에는 두 개 계층의 기능만으로 가능할 것인가? 추가적으로 필요한 통신 기능이 있지는 않는지 생각할 필요가 생긴다. 여기서 데이터 통신망을 연구한 사람들이 가장 먼저 추가적인 기능으로 간접 연결된 두 노드 사이에 데이터를 송수신하는 데 이용하는 중간 노드를 선택하는 것이라 보았다. 그 의미는 간접 연결된 두 노드 사이에 연결된 중간 노드가 여럿이 있는 경우 이 가운데 어떤 노드들을 선택해서 중계(relay)하면 최종적인 수신자 노드에 무사히 전달이 되는지를 파악하는 일을 뜻한다.

예를 들어, 노드 A가 노드 F에게 패킷을 전송할 때 노드 A는 바로 노드 F에게 전달하지 못하므로 노드 A와 직접 연결되어 있는 노드들(노드 B, C, E) 가운데 노드 B를 선택하고 이를 통해 패킷을 노드 F로 간접적으로 전달하려고 한다. 그래서 노드 A가 우선 선택한 노드 B에게 패킷을 전달하면 노드 B는 수신한 패킷을 살펴 그것의 목적지가 어딘지를 검토한다. 자신이 목적지(노드 F)가 아님을

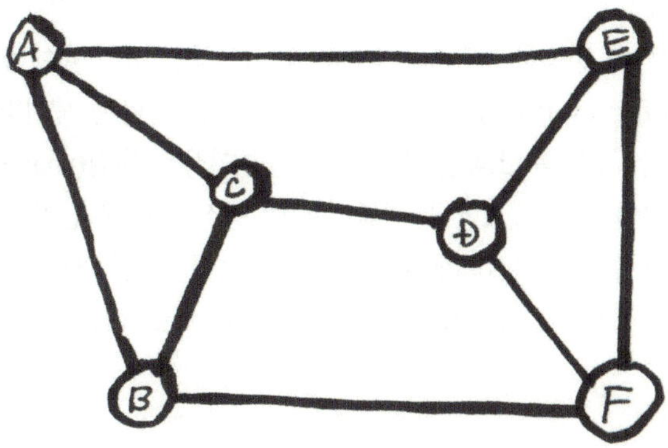

그림 2.8 노드들이 직간접적으로 연결된 데이터 통신망

알고는 노드 F로 전달하기 위해서 어떻게 해야 하는지를 판단한다. 그런데 노드 F는 노드 B에 직접 연결된 노드들(노드 A, C, F) 가운데 하나이므로 노드 B는 또 다른 중간 노드로 중계할 필요 없이 바로 목적지 노드 F로 전달한다.

이 과정을 자세히 살펴보면 네트워크 계층의 두 개 하위 계층에서 수행되지 않는 기능이 있음을 알 수 있다. 즉, 패킷이 노드 A에서 노드 F로 전송되는 과정에서 노드 A가 중계하는 노드를 선택하는 일이다. 그리고 연이어 노드 A에 의해 선택된 중계 노드로서의 노드 B도 동일하게 목적지 노드로 전달하는 데 필요한 중계 노드를 탐색하였다. 물론 노드 A인 경우는 노드 B를 중계 노드로 선택했고 노드 B도 그 일을 수행했지만 노드 B의 입장에서는 또 다른 중계 노드를 탐색하는 과정에서 자신과 최종 목적지 노드 F가 직접 연결되어 있음을 파악하였고 이에 다른 중계 노드를 쓰지 않고 바로 노드 F로 전달한 점이 다르다. 그러나 본질적으로는 노드 A나 노드 B 모두 최종 목적지 노드 F로 가는 경로상에 있는 중계 노드를 탐색한 것은 동일하다.

이렇게 데이터 통신망이 대규모로 복잡하게 노드들이 서로 직간접적으로 연결되어 있는 경우 송신자 노드에서 수신자 노드로 전송하는 경로(route)를 탐색하는 일(routing)이 필요하다. 이 라우팅 기능이 3계층인 네트워크 계층에서 하는 통신 기능 가운데 가장 중요하고도 핵심 기능이다. 이 기능은 데이터 통신망의 가장자리와 내부에 포진해 있는 망 장비에서 주로 수행된다. 데이터 통신망을 형성하는 통신(망) 장비에서 이루어지는 기능이므로 이 기능을 수행하는 계층을 네트워크 계층이라 부른다.

그 외에 데이터를 송신하는 노드에서 이 계층은 하위 계층인 데이터링크 계층에서 규정한 프레임 크기에 맞게 데이터를 분할(fragmentation)하는 기능도 있다. 반대로 수신하는 노드 입장에서는 하위 계층인 데이터링크 계층이 수신하여 처리한 후 이 계층으로 넘겨주는 데이터들이 분할된 것으로 판명되면 이를 원래의 데이터로 재조립(reassembly)하는 일을 한다.

네트워크 내부에 있는 통신 장비로 들어오는 패킷들이 짧은 시간에 너무 많아 해당 통신 장비가 감당할 수 없는 상황이 발생하기도 한다. 주요 요인은 통신 장비 내에 있는 패킷 임시저장소인 버퍼가 넘치는 현상(buffer overflow)으로 인한 것이다. 이런 상황은 통신망의 기능이 일시적으로 혹은 전면적으로 마비되는 결과를 초래할 수 있다. 이런 현상을 혼잡(congestion)이 발생하였다고 한다. 혼잡을 예방하는 것이 매우 중요한데, 이를 위하여 통신 장비에 진입하는 패킷의 수량과 이를 처리하고 내보내는 패킷 수량을 적절하게 조절해야 한다. 이를 혼잡 제어(congestion control)라 한다. 네트워크를 구성하는 통신(망) 장비에서 수행하는 기능이므로 네트워크 계층의 기능으로 분류된다.

4) 전송 계층(Transport Layer)

제4계층이다. 앞선 3계층 네트워크 계층에서 경로 탐색 과정을 거쳐 패킷이 송신자 노드로부터 최종 목적지(수신자) 노드로 전달되는 과정에서는 이 4계층 전송 계층이 할 일은 없다. 전송 계층은 하위 3계층 네트워크 계층의 경로 탐색의 수행 결과로 최종 목적지 노드에 패킷이 도착하였을 때 비로소 규정된 통신 기능을 수행한다. 그러면 여기서 한 가지 생각을 해보자. 통신망을 구성하는 통신(망) 장비들이 즐비하게 포설되어 서로 연결되어 있는 통신망 내부에서는 이 4계층 전송 계층이 작동하는 것일까 작동하지 않는 것일까? 달리 표현하면, 통신망 내부에 설치된 통신(망) 장비에는 4계층 전송 계층에서 규정하는 통신 기능이 구현되어 있을까 아니면 구현되어 있지 않을까?

전송 계층은 통신망의 가장자리에 있는 송신자 노드가 보내는 패킷을 최종적으로 수신하는 최종 수신자 노드가 수행하는 통신 기능이다. 다시 말하면 송신자 노드를 출발한 패킷이 통신망 내부에 있는 중계 노드들을 모두 거치고 최종적으로 패킷의 목적지인 수신자 노드에 왔을 때 그 패킷에 대해 애초에 송신자 노드가 보낼 때의 의도대로 제대로 왔는지를 확인하는 작업을 한다. 중간에 중계 노드에서 다른 중계 노드로 전달되는 과정에서도 유사한 작업들이 반복적으로 이루어지지만(3계층 네트워크 계층 이하에서 수행) 여기서는 패킷의 첫 출발지에서 출발한 패킷이 마지막 목적지까지 왔을 때 그곳에서 첫 출발 당시 송신자 노드가 의도한 대로 잘 왔는지를 확인하는 것이다.

따라서 전송 계층은 패킷의 최초 송신자 노드와 최종 수신자 노드에서 수행하는 통신 기능이어서 단대단(end-to-end) 프로토콜이라는 용어가 적용된다. 통신망 구조에서 두 노드 사이에 주고받는 패킷 입장에서 보면 두 노드가 시작 끝점과 종착 끝점으로 작동하기 때문에 이러한 용어가 전송 계층에 적용되는 것이다.

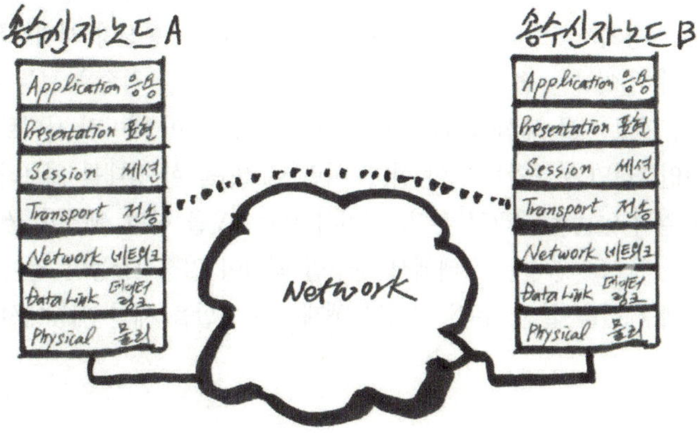

그림 2.9 전송 계층 작동 예

그림 2.9에 ISO OSI 7계층 프로토콜이 작동하는 두 송수신자 노드 A, B가 통신망에 연결된 예가 있다. 이때 양 송수신자 노드는 통신망의 가장자리에 있고 구름으로 표현된 통신망 내부의 통신(망) 장비를 이용하여 서로 데이터 패킷을 주고받는다. 이럴 때 왼편 송수신자 노드 A가 오른편 송수신자 노드 B에게 패킷을 보낸다고 할 때 패킷이 통신망 내부에 있는 통신(망) 장비에 도착하면 그 장비가 수행하는 경로탐색을 포함하는 통신 기능에 힘입어 다음 노드로 중계된다. 통신망의 구체적인 상황에 따라 이 다음 노드는 또 다른 통신 장비일 수도 있고 바로 최종 목적지인 송수신자 노드 B가 될 수도 있다. 그런 작업이 반복적으로 수행되어 결국 오른편 송수신자 노드 B로 패킷이 전달된다.

이 순간 패킷을 수신한 오른편 송수신자 노드 B의 전송 계층에서 수행하는 일이 왼편 송수신자 노드 A가 보낼 때의 의도대로 패킷이 온전하게 온 것인지를 확인하는 일이다. 온전함을 판단하는 방법은 왼편 송수신자 노드 A가 패킷을 보낼 때 그 노드 내의 전송 계층이 만들어서 패킷의 헤더로 덧붙인 정보를 이용하는 것이다. 이 정보는 전송 계층에서 수행하는 구체적인 작업 내용인 오류 제어, 흐름 제어 그리고 순서 제어를 하는 데 필요해서 부가적으로 덧붙여 보내는 데이터이다. 관련 기술은 전송 계층 장에서 상세하게 설명된다.

전송 계층은 데이터 통신망에서 패킷을 송수신하는 데 필요한 통신 기능을 수행하는 가장 높은 (최상위) 계층이다. 그 위에 있는 5~7계층인 세션, 표현 그리고 응용 계층은 앞서 설명한 1~4계층이 제공하는 통신 서비스를 이용하여 응용 소프트웨어 또는 응용 서비스가 수행하는 기능이다.

5) 세션 계층(Session Layer)

제5계층이다. 사용자가 쓰는 단말 장치(송수신자 노드)에서 통신망 서비스를 이용하는 응용 내지는 서비스 사이에 일어나는 접속을 관리하는 기능이다. 이러한 접속은 보통 논리적인 연결 상태를 의미하는 경우가 많고 이를 세션(session) 이라 한다. 예를 들어 네이버 사이트에 웹브라우저로 들어가서 메일을 확인하려면 로그인을 해야 한다. 이런 로그인을 한 상태를 웹브라우저와 네이버 웹서버 사이에 세션이 열려 있는 상태라고 본다. 여기서 로그아웃을 하면 세션이 끊어져 해제되는 것이다. 세션 상태는 일반적으로 연결된 상태에서 아무런 액션이 일정시간동안 일어나지 않으면 자동으로 해제된다. 이렇게 세션을 설정, 유지 그리고 해제하는 역할을 세션 계층에서 수행한다.

6) 표현 계층 (Presentation Layer)

제6계층이다. 통신망의 양 끝단 송수신자 노드에서 작동하는 응용 내지는 서비스가 사용하는 데이터 표현 방식을 규정한다. 한글의 예를 들면, 2바이트를 써서 한 문자를 표현하는데 구체적으로 유니코드를 채택하는 것이다. 통신에 관련된 송수신자 노드들이 동일한 데이터 표현 방식을 채택할 수도 있지만 그렇지 않은 경우에는 상호간의 차이를 극복하는 변환 기능도 포함한다.

추가적으로 통신 보안 입장에서 송수신되는 데이터를 평문(plain text)으로 송수신되는 것은 매우 위험하다. 이를 극복하는 암호화 기능도 함께 수행한다. 더불어 전송되는 데이터의 크기를 줄여서 통신망의 트래픽 부담을 가능한 줄이는 노력도 함께 한다. 데이터 압축은 주로 기본적으로 데이터의 분량이 많은 멀티미디어 데이터에 적용된다. 데이터가 생성되는 시점에서 압축 알고리즘을 적용하여 축소된 형태로 저장, 전송 그리고 관리되는 경우가 있고, 데이터를 전송할 때 압축을 해서 통신망을 타고 전달되도록 하고 수신되면 다시 바로 압축을 해제하는 경우도 있다. 전자는 우리가 잘 아는 사진 등 정지화상을 주로 대상으로 하는 JPEG, 동영상을 제작할 때 보통 많이 쓰는 MPEG 등이 있다.

데이터 표현 방식, 암호화 그리고 압축 등의 기능을 표현 계층에서 수행하는 것이다.

7) 응용 계층(Application Layer)

ISO OSI 7계층 참조모델에서 가장 높은 계층인 제7계층이다. 여기서는 주로 통신망의 통신 기능을 이용하는 응용 혹은 서비스 자체를 정의한다. 예를 들어, 금융기관의 뱅킹 서비스, 증권회사의 온라인 증권거래 서비스가 있다. 여기서 규정되는 응용 또는 서비스를 실제 구현하는 방법은 특정 통신망에 접속하고 패킷을 송수신하는 일을 통신망이 수행하도록 지시하고 그 결과를 받을 수 있는 일련의 미들웨어 혹은 통신망 접속 API 함수를 이용한다. 미들웨어 혹은 API 함수는 주로 운영체제를 제공하는 회사에서 같이 제공하는 경우가 많다. 예를 들어 인터넷을 이용하는 응용은 소켓(socket) API를 이용하는 식이다.

응용 계층은 통신망 관리를 위한 작업도 함께 한다. 현재의 통신망에서 전송되고 있는 패킷들의 현황을 실시간으로 관찰한다. 혼잡이 우려되거나 망 보안 측면의 위협을 발견하면 즉각 대응한다. 또 하나 중요한 일은 통신망 서비스를 쓰는 사람들에게 사용료를 부과할 수 있도록 사용량 등의 사용 패턴을 지속적으로 수집하는 일이다. 그 외에 사람들이 쉽게 이해하거나 외우기가 어려운 것을 인간 편의 위주의 표현으로 바꾸어 제공하는 일도 한다.

ISO OSI 7계층 참조모델 통신망 구조를 전체적으로 다시 살펴보면 제1계층인 물리 계층과 제2계층 데이터링크 계층은 직접 연결된 두 노드 사이에 데이터 프레임(패킷)의 성공적인 송수신을 담당한다. 이 기능을 이용하여 제3계층 네트워크 계층이 작동한다. 이 계층은 통신망의 규모가 커지면서 간접적으로 연결된 두 노드 사이에 패킷을 전달하는 역할을 담당한다. 이를 위해 최초 송신자 노드에서 최종 수신자 노드까지 가는 과정에서 통신망 내부에 포진하고 있는 통신(망) 장비가 중계 노드로 활용된다. 이 중계 작업의 성능을 최고로 하기 위한 일인 전달이 가능한 여러 경로 가운데 최적 경로를 선택하는 일이다. 이를 통해 최종 수신자 노드에 패킷이 도착하면 첫 송신자 노드에서 보낸 의도대로 온전하게 받았는지를 확인한다. 이 기능이 제4계층 전송 계층의 일이다. 여기까지가 통신망에서 제공하는 통신 기능이다.

그 상위에 있는 제 5, 6, 7계층인 세션, 표현 그리고 응용 계층은 하위에 있는 통신망 서비스를 이용하는 응용/서비스를 위한 기능을 수행한다. 이 계층들은 응용과 서비스를 설계하고 구현할 때 대부분 하나의 소프트웨어로 다 함께 고려되고 설계, 구현된다. 따라서 이 계층들도 통신망 내부에 있는 통신 장비에서는 일반적으로 구현될 필요가 없는 것들이다. 양 끝단 노드에서 작동하는 응용 내지는 서비스의 논리적 연결상태 관리를 위한 세션 계층, 데이터 표현, 압축 혹은 암호화 방식을 규정하는 표현 계층 그리고 응용 내지는 서비스 자체를 정의하는 응용 계층이다.

그러면 그림 2.9에 있는 구름 모양의 통신망 내부에 있는 통신 장비에서 작동하는 계층들은 1계층 ~ 4계층으로 4개 계층이다. 물론 특별한 기능을 수행하는 장비들은 그 상위 계층까지 수행하는 경우도 있다.

2.3 인터넷 프로토콜(TCP/IP)

1) 인터넷의 유래

일반적으로 인터넷은 2000년대 초반부터 그 기술이 발명되고 대중에게 소개되어 널리 쓰이게 된 것으로 인식하는 경향이 크다. 이렇게 인식되는 이유는 일반 사람들이 '아이넷기술' 등과 같은 선도적인 인터넷 서비스 제공사업자(ISP Internet Service Provider)가 인터넷에 접속하는 서비스를 개시한 시점을 인터넷의 기원으로 생각하기 때문이다.

그러나 실제 인터넷 원천 기술의 기원은 1950년대 후반으로 거슬러 올라간다. 1957년에 소련이 세계 최초의 인공위성 스푸트니크호를 쏘아 올렸다. 동남아시아에서는 전쟁의 조짐이 서서히 드러나고 베를린 위기가 매일 주요 뉴스거리가 되었다. 쿠바는 미국 본토에서 80km 밖에 떨어져 있지 않은 곳에 핵미사일 기지를 구축하겠다고 나섰다. 소련이 인류에 가장 강력한 무기를 가지고 도발을 촉발시키고 있었던 것이다. 냉전이 그야말로 들끓고 있던 시기였다. 스푸트니크호와 그 이후 다른 위성들의 궤도 진입 성공으로 비추어 볼 때 이때 사용된 미사일 기술이 결국 대재앙적이면서 인류를 파국으로 몰아넣는 핵전쟁을 촉발하는 데 사용될 것이 분명했다.

이와 같은 피치 못할 상황에 대비하여 미국은 국방부 내에 ARPA(Advanced Research Projects Agency)라는 고등기술연구 전담부서를 신설하였다. 그리고 미국의 가장 뛰어난 두뇌 집단인 랜드(Rand) 사에 ARPA와 국방부 장관실은 과제를 부과하였다. 그 과제는, 갑작스런 핵 공격을 받을 경우에도 군사 기반 시설들을 통제할 수 있고 미국의 관료들이 상호 통신할 수 있는 전략을 구상하라는 것이었다. 이를 계기로 랜드에서는 소련의 미 본토 공격이 있을 때 미국 전역의 통신망 전체가 마비되는 것에 대비하여 직접적으로 공격을 받은 통신망의 일부만 파괴되고 나머지 통신망은 그대로 살아남아 전체가 두절되지 않고 계속해서 정보를 주고받을 수 있는 새로운 통신망 체제를 구축할 계획을 세우게 된다.

그러나 당시 데이터 통신망은 중앙 집중식으로 구성되어 있어 전적으로 중앙에서 통신망에 대한 통제가 이루어졌고 그 중앙 관제소가 파괴된다면 통신망 전체가 기능을 상실하게 되는 현실이었다. 이에 따라 1964년 관리체제가 분산되어 있는(decentralized) 통신망을 구상하고, 어느 한 부분이 파괴되더라도 파괴된 부분을 제외한 나머지 통신망은 그대로 살아(survivable) 자료는 원하는 곳으로 전달되는 패킷 통신망(packet switching network)을 설계하게 되었다. 중앙집중식이 아닌 통신망은 메시지를 생성하고 전송하는 능력 면에서 모두 동일한 통신 장비들로 구성되었다. 각 통신 장비들은 망 내에서 다른 장비들과 독립적으로 동작하도록 되어 있어 어떤 한 곳의 공격으로 인해 통신망 전체가 먹통이 되는 가능성을 없앴다.

또한 각 메시지는 패킷(packet)이라는 것으로 분할되고 각기 목적지 주소를 헤더에 담고 있기 때문에 각 패킷은 목적지 노드로 향하는 길이 서로 독립적으로 결정되어 망을 통과하게 되었다. 따라서 각 개별적인 패킷이 통신망을 거쳐 목적지에 도착하는 것이 중요한 것이지 통신망에서 거쳐 오는 구체적인 길들은 전혀 중요한 것이 되지 못하였다. 이러한 새로운 통신망 패러다임이 통신망을 거의 파괴가 불가능한 것으로 변모시키게 되었다. 어떤 공격으로 인해 통신망의 일부가 파괴될지라도 패킷은 매우 간단하게 아직 살아남아 있는 부분으로 계속해서 전달되어 결국 목적지에 이르는 것이 가능해진 것이다.

이 접근 방식은 당시 기존 통신망과 완전히 차별화되는 것이었다. 일반적인 전화통신망을 예를 들면, 출발지에서 목적지로 이르는 경로는 통화 직전에 결정이 되고, 한 통화에서 만들어지는 모든 정보는 결정된 단일 경로를 따라 흘러가게 되어 있었다. 그러나 새로운 방식이 가지는 단점도 있었다. 어떻게 보면 아주 계획성이 없이 이루어지는 전달 시스템이라 부가적인 부담을 질 수밖에 없었다. 각 패킷이 주소 정보를 담아야 하므로 그만큼 전달해야 하는 데이터 양이 늘어나게 되는 것이었다. 그리고 이 방식이 가능하려면 여러 가지 기본적인 조건이 만족되어야 하였다. 첫째, 모든 통신망 장비들은 패킷을 목적지까지 보내는 데 필요한 경로에 대한 정보를 가지고 있어야 하고, 둘째, 목적지에서는 원래의 메시지를 만들기 위해 분할되어 도착하는 패킷들을 재조립하여야 했다. 이때 문제는 하나의 메시지에 소속되는 패킷들이 통신망을 거쳐 오면서 목적지에 순서대로 도착하지 않는 데 있었다. 왜냐면 각 패킷들이 거쳐 오는 경로가 서로 다를 수 있기 때문이었다.

1960년대 중반을 거쳐 오면서 중앙집중적이지 않고(decentralized), 생존력이 매우 높은(survivable) 패킷 교환 통신망(packet switching network)을 랜드 사, MIT 공대, UCLA 등에서 연구하였다. 이 기간에 영국에서도 미국과는 독립적으로 패킷 교환에 관한 연구가 국립물리학연구소(the National Physical Laboratory)에서 진행되고 있었다.

이례적으로 ARPA가 이에 관한 연구를 비밀 해지시켜 컴퓨터 산업계 가운데 가장 창의적인 몇 곳을 참여하게 하였다. 1967년 ARPANET이라는 이름을 단 패킷 교환망의 개발에 관한 제안요청서(RFP: Request for Proposal)를 내게 된다. 제안요청서에는 그 통신망에 있는 노드들은 고속의 컴퓨터로 된 교환기이어야 한다고 가정하고 있다. 1969년 ARPA는 컴퓨터로 된 교환기를 만들기로 하고 볼트, 브라넥 그리고 뉴먼(BBN Bolt, Beranek, and Newman)과 계약을 체결하였다. 1969년 가을, BBN은 하니웰 DDP 516 기반 인터페이스 메시지 프로세서(IMP Interface Message Processor)를 UCLA에 납품하게 된다. 이어 IMP들이 스탠포드 연구소(SRI Stanford Research Institute), UCSB(University of California at Santa Barbara), UCLA, 유타대학에 설치된다. 이 IMP들은 50kbps 전송률을 내는 회선에 서로 묶이게 된다. 동시에 UCLA에 있는 시그마 7, SRI의 SDS-940, UCSB의 IBM 360-75 그리고 유타대학에 있는 DEC PDP-10 등 다양한 컴퓨터들이 IMP들에 연결되었다. 이렇게 하여 인터넷의 원조라고 할 수 있는 ARPANET이 탄생하게 되었다.

이 ARPANET의 가장 큰 특징은 어떤 한 곳에서 다른 곳으로 데이터를 전송하는 길이 미리 정해진 것이 아니라, 상황에 따라서 결정이 되는 점이다. 이 ARPANET을 중심으로 미국의 여러 군사용 네트워크와 여러 대학, 연구소의 네트워크들을 묶어 이들이 상호 연결되었다.

현재 인터넷 기술의 표준은 RFC(Request for Comments)로 표현되는데, 예를 들어 TCP (Transmission Control Protocol) 기술 표준은 RFC 675에서부터 RFC 793 등으로 규정되어 있다. 그런데, 이 RFC는 말 그대로 첨언을 요청한다는 뜻이다. 이것은 현재 제출되어 있는 기술 표준안에 대하여 어느 누구라도 의견이나 비평 또는 첨언을 가지고 있으면 해달라는 의미이다. 참고로 이러한 방식의 표준 규정이 생기게 된 데는 다음과 같은 사연이 있다. 1969년 4월 당시 UCLA의 대학원 학생이었던 스티브 크로커(Steve Crocker)가 새롭게 설치된 통신망에 대해 배운 사실들을 널리 알리는 방안으로 첫 번째 RFC를 제시한 것이 계기가 되었다. 당시 스티브는 대학원 학생이었기 때문에 자신이 제시한 기술적 사실에 대해 신뢰도가 높지 않았다. 따라서 이런 기술적 사실을 세상에 내놓을 때, 강요하지 않는 방식을 채택하여 세상에 대해 "내가 발표한 문건에 대해 할 말이 있는 사람이 있으면 누구라도 생각하는 바를 말해 달라"라는 의미를 띄는 것으로 만들었던 것이다.

1970년까지 ARPANET은 15개의 노드들이 연결되는 망으로 성장하였다. 여기에 포함된 곳은 UCLA, SRI, UCSB, 유타대학, BBN, MIT, RAND, SDC, 하버드대학, 링컨 연구소, 일리노이대학(UIUC), CWRU(Case Western Reserve University), 카네기멜런대학(CMU) 그리고 미 항공우주국(NASA/Ames)들이다. 1972년에는 ARPANET에 참여하는 곳이 37개로 늘어난다.

처음 ARPANET에서 데이터 전송을 위해 사용된 표준 프로토콜은 NCP(Network Control Program)로 알려진 것이었다. NCP는 기본적으로 동일한 통신망에 연결되어 있는 호스트 사이의 통신만이 가능하였다. 그러나 다양한 서로 다른 종류의 컴퓨터 통신망들이 상호 연결되고 서로 통신하는 것을 허용하는 기술에 대한 요청이 많아져, 이를 수용하는 새로운 프로토콜에 대한 연구가 1973년 시작되었다. 이 연구의 결과물로 나온 프로토콜이 현재 인터넷의 표준 프로토콜로 채택되어 사용중인 TCP/IP(Transmission Control Protocol/Internet Protocol)이다. 이것은 1974년 스탠포드대학의 서프(Cerf)와 ARPA의 밥 칸(Bob Kahn)의 연구팀에 의해 개발되었다. 초기 TCP에서는 패킷의 안전한 전송을 위한 TCP와 망 사이의 패킷 전달에 관한 IP가 서로 구분되어 있지 않았다.

1970년 중반에, 패킷 교환망을 통해 인코딩된 사람 목소리를 전달하는 것을 목적으로 하는 여러 실험이 이루어졌다. 이 실험을 통해 패킷을 한결같이 안전하고 정확하게 전송하는 것이 항상 바람직하지 않다는 것을 발견하였다. 때로는 패킷이 전달되지 않거나 잘못 전달되더라도 이렇게 잃어버려졌거나 오류가 난 패킷은 무시하고 대신 계속해서 다음 패킷 전달 작업을 하는 것이 잘못된 패킷에 대해 재전송을 시도하는 것보다 더 나을 때가 있음을 알게 된 것이다. 이를 계기로 TCP와 IP를 분리하게 되었고, UDP(User Datagram Protocol)를 개발하였다. 이것을 이용하여 패킷들이 망을 통과하여 전달될 때, 신뢰성 있게 전달되지는 않지만 효율적으로 신속하게 전달되는 것도 가능해졌다.

1982년 들어 ARPANET에 있는 모든 시스템들이 현재 보편적으로 사용하고 있는 TCP/IP를 NCP 대신하여 채용하기로 결정되었다. 이 일은 1983년 1월에 완성되었다. 시간이 지나면서 이 ARPANET 외에도 USENET, BITNET 그리고 CSNET 등 다른 네트워크들이 생겨나게 되었다. 그리고 자료의 전송량이 늘어남에 따라 ARPANET는 두 개로 나누어졌다. MILNET이라는 군사 목적의 네트워크를 다시 만들었고, 다른 하나는 비군사적 연구용 네트워크로 쓰인 ARPANET이다. 이 네트워크들이 오늘날 인터넷의 시초가 되는 것이다. 그리고 조금씩 이 네트워크에 다른 네트워크들이 합류하면서 오늘날의 인터넷이라는 이름이 생겨난 것이다.

이 기간에 또 다른 매우 중요한 연구 개발이 진행되고 있었다. 그것은 기존의 전화망과 달리 동축케이블(coaxial cable)을 이용하여 컴퓨터들을 상호 연결하는 것으로 대단히 빠른 속도로 데이터를 전송할 수 있게 하는 근거리망(LAN Local Area Network)의 개발이었다. 1976년 로버트 메트칼프(Robert Metcalfe)가 데이비드 보그스(David Boggs)와 함께 "이더넷: 근거리 컴퓨터통신망을 위한 분산 패킷 교환"이라는 논문을 발표하였다. 이더넷은 인접하고 있는 컴퓨터들을 이어주기 위한 통신망 시스템으로, 현재 가장 널리 쓰이고 있는 근거리망의 세계 컴퓨터업계 표준 통신망 체제이다. 당시 이더넷은 인터넷에서 쓰이고 있는 것과 동일한 소프트웨어(TCP/UDP/IP)를 지원하지만, 통신하는 이더넷 장비를 상호 연결할 때는 동축 케이블을 사용한 점이 당시의 인터넷과 다른 점이었다. 당시 인터넷에서는 컴퓨터들이 상당히 먼 거리로 떨어져 있었고 서로 전화선을 통해 연결되어 있었다. 1979년 메트칼프는 DEC(Digital Equipment Company), Intel 그리고 제록스(Xerox)사를 설득하여 이더넷을 표준으로 삼게 하였다.

2) 인터넷의 발전

1981년 미국의 국립과학재단(NSF: National Science Foundation)은 CSNET이라는 이름의 기간망(backbone network)을 구축하여 ARPANET에 연결되어 있지 않은 연구기관들이 통신망 실험을 할 수 있도록 하였다. 1983년에는 CSNET과 ARPANET을 이어주는 게이트웨이를 구축하였다. 1985년에는 위와 같이 확장된 ARPANET이 늘어난 트래픽으로 인해 혼잡하게 되어 NSF가 새로운 통신망을 설계하기 시작하였다. 이렇게 해서 만들어진 통신망이 NSFNET라는 망으로 초기에는 6개의 슈퍼컴퓨터 센터들이 56kbps 전송률을 내는 선로에 의해 연결되었다. 당시 TCP/IP 프로토콜이 망 세그먼트들을 하나로 묶는 역할을 하였고, 게이트웨이나 라우터를 거쳐 트래픽이 전달될 수 있게 하였다. 이렇게 하여 NSFNET이 하나의 기간망(core network)을 형성하였다. 그와 더불어 NSF는 지역단위 또는 그보다 위의 중간 수준의 통신망들을 지원하였고, 이를 통해 NSFNET 기간망에 접근할 수 있게 함으로써 일반 대학이 가지는 통신망에 대한 수요를 충족시켰다. 지역단위 통신망은 대학과 연구기관에 의해 의욕적으로 설치되었는데, 이를 통해 NSFNET의 슈퍼컴퓨터에 접근할 수 있었고, 상호간에도 데이터를 주고받을 수 있게 된 것이었다. NSFNET는 이러한 통신망들을 소유하거나 지배권을 가지지 않았고, 단지 이러한 지역단위 통신망들이 상호 연결될 수 있는 기간망 역할만을 수행하였다. 이런 방식으로 NSFNET이 성장하여 현존하는 인터넷의 근간이 되었다. 인터넷이라는 용어는 원래 "상호 연결되어 있는 통신망(interconnected networks)"에서 나온 것인데, 당시 NSFNET과 여기에 붙어 있는 지역단위 통신망을 뜻한 것이 그 기원이다.

1970년대 후반에서 1980년대 중반 사이에 그 외의 몇몇 주요한 연구개발 결과물이 나왔는데 이런 것들이 NSFNET에서 흐르는 트래픽 양을 기하급수적으로 늘리는 데 기여하였다. 우선, 워크스테이션에 탑재되는 운영체제 가운데 가장 인기 있는 유닉스(Unix) 운영체제가 1970년대에 AT&T 벨 연구소에서 DEC 컴퓨터를 기반으로 개발되었다. 1970년대 중반 유닉스 시스템끼리의 통신체제인 UUCP(Unix-to-Unix Copy), 전자우편을 주고받을 수 있는 유틸리티 프로그램, 원격접속(remote login), 파일전송(file transfer) 등이 개발되어 유닉스 운영체제 내에 포함되어 활용되었다. 1975년에 AT&T는 유닉스 운영체제의 소스 프로그램을 대학에서 연구와 컴퓨터 프로그램 개발에 활용할 수 있도록 공개하였다. 그 이후 버클리 대학이 유닉스의 가장 중요한 일을 해내었다. 워크스테이션에서 동작하는 유닉스 운영체제 내에서 TCP/IP 프로토콜과 이더넷을 심어 기본적인 운영체제 기능 가운데 하나로 만든 것이었다. 이렇게 만들어진 유닉스 운영체제가 BSD(Berkeley Software Distribution) 유닉스이고, 1983년에 일반 대중에게 공개되었다. 이에 따라 NSFNET에 접속할 수 있는 근거리망에 연결되어 있는 유닉스 워크스테이션을 사용하는 수천 명의 사람들이 서로 통신할 수 있게 되었다.

1984년 도메인 네임 서비스(DNS Domain Name Service)가 폴 마커페트리스(Paul Mockapetris)에 의해 개발되었다. TCP/IP 버전 4에서는 각 시스템을 32비트 크기로 되어 있는 IP 주소로 식별한다. DNS가 개발되기 이전에서는 망에 있는 모든 시스템들이 망에 있는 모든 컴퓨터들의 이름과 해당 IP 주소 짝을 담고 있는 전체 목록(hosts)을 가지고 있었다. 이 방식은 망에 있는 시스템의 수가 수백 개일 때까지는 잘 동작하였다. 그러나 NSFNET이 점차 커짐에 따라 이 방식은 도저히 받아들일 수 없는 지경에 이르게 되었다. DNS는 상대적으로 사람들이 기억하기 편한 컴퓨터 호스트 이름을 가지고 해당 컴퓨터의 IP 주소를 찾아 주는 아주 훌륭한 서비스이다. 더욱 중요한 점은 어떤 시스템도 이름에 해당되는 IP 주소를 모두 알고 있지 않더라도(해당 DB를 가지고 있지 않더라도) 주어진 이름에 해당되는 IP 주소를 찾을 수 있게 하는 분산 DB를 지원한다는 점이다. DNS는 계층적으로 이름을 매기는 방식(hierarchical naming scheme)을 채택하고 있어 여러 단위 이름을 '.'으로 구분하여 표현한다. 이름 구조의 최고점인 루트(root)에는 루트 서버들이 있다. DNS 도메인 내의 모든 DNS 서버들은 루트에 근접해있는 서버들의 IP 주소 가운데 적어도 하나의 IP 주소를 알고 있다. 서버는 이름에 해당하는 IP 주소를 DNS 이름 공간(name space)을 이동하면서 찾아낸다. DNS는 현재에도 여전히 인터넷에서 매우 주요한 부분이다.

파일전송 프로토콜(FTP File Transfer Protocol)도 개발되었는데, 이것은 파일들이 들어있는 폴더(디렉터리)들 이름을 어떻게 매길 것인가 그리고 클라이언트와 서버 컴퓨터 시스템 사이에 놓여 있는 통신망을 거쳐 어떤 방식으로 전송될 것인가를 규정한다. 또 다른 중요한 기술은 우편전송 프로토콜(MTP Mail Transfer Protocol)이다. 메일 서버를 통해 전자우편(e-mail)을 주고받을 수 있게 하는 것으로 목적지까지 편지가 전달되도록 저장, 복사, 분배하는 기능을 수행한다. 마지막으로 원격접속(remote login)이다. NSFNET에 접근해서 작업하는 유형을 보면, 사용자간에 정보를 주고받는 것이 아니라 망에 있는 슈퍼컴퓨터에 원격 접속하여 처리 능력을 활용하는 편이 대부분이었다. 이런 유형의 작업을 위한 기술이 원격접속(r-login)이다.

1989년 인터넷에 관해 관심 있는 연구자들의 모임인 IETF(Internet Engineering Task Force)가 결성되었다. 여기에 참여하는 연구자들은 모두 자원하여 인터넷상에서 돌아가는 기술 표준을 개발하고 뒷받침하는 책임을 지고 활동하였다. 세월이 흘러 인터넷의 과도한 성장으로 인해 야기되는 계속되는 위기에 대한 해결책을 내는 데 참여하는 공학자와 프로그래머들의 포럼으로 발전하였다.

1989년 인터넷에 포함된 노드의 수가 십만을 넘어섰다. 그리고 NSFNET 기간망이 T1 급 회선으로 향상되었다. 그런데 NSFNET가 T1 급으로 성능이 좋아지자 얼마 되지 않아 곧 트래픽이 따라 늘어나 곧바로 다시 성능 향상 계획을 재빨리 수립할 수밖에 없었다. 이에 따라 고속 통신망에 대한 실험을 시작하게 된다.

1990년 드디어 1969년에 탄생되었던 ARPANET이 그 역할을 NSFNET로 완전히 넘기고 퇴역하게 된다. 1991년까지만 해도 NSFNET은 비영리 연구개발에 주로 초점이 맞추어져 있었다. 애초에 NSFNET은 비상업적인 활동의 일환으로 사용하는 것에 대해 "가능한 사용할 수 있도록 하는" 정책을 견지하였다. 그러나 1980년대 중반에 NSF에서 지역단위 통신망들에게 독립채산제로 운영해야 함을 권고하였다. 이러한 압력이 가중되어 1991년에 드디어 처음으로 상업적인 인터넷 서비스 제공사업자(ISP)가 탄생하게 된다. 1991년 3월 서로 독립적인 UUNet 기술회사가 제너럴 어토믹스(General Atomics)사와 함께 PSINet이 상업적인 인터넷 교환 서비스(CIX Commercial Internet Exchange)를 개시하였다. CIX는 최초로 NSFNET의 제약을 받지 않고 인터넷에 접근할 수 있는 길을 열었다. 이렇게 하여 상업적인 인터넷 활용이 가능하게 된 것이다. 1993년까지 NSFNET는 45Mbps 전송률을 가지는 회선으로 성능이 향상되었다.

우리나라의 경우, 인터넷에 최초 접속한 것은 1982년이다. 그러나 본격적인 인터넷 접속은 1990년에 이르러서야 시작되었다. 몇몇 대학과 연구소가 모여 하나망(HANA)을 구성한 뒤 미국의 하와이 대학과 인공위성을 통한 56Kbps급 회선을 구성한 것이 본격적인 인터넷 접속이라고 할 수가 있다. 1982년에 서울대학교와 한국과학기술원(KAIST) 사이에 TCP/IP 프로토콜로 SDN(System Development Network)을 연결한 것이 원거리 데이터통신망의 시초라고 할 수 있다. 이 SDN은 후에 하나망으로 통합되고, 1983년에 5대 국가기간전산망 구축계획이 세워지자 서울대를 중심으로 한 교육망(KREN)과 과학기술원의 시스템공학연구소를 중심으로 한 KREONET, 그 뒤에 하나망이 구축되었다. 이 세 개의 망이 미국의 인터넷에 접속된 것이다. 이때 연결은 UUCP를 이용하여 이루어졌고, 1984년에는 X.25를 이용하여 유럽과 연결하였고, 1988년에는 KREN이 BITNET에 연결되었다. 그러나 본격적인 해외 연결은 1990년에 하나망의 전용선을 이용하여 연결한 시기부터 잡고 있다. 우리나라에서 인터넷이 일반인에게 보급되기 시작한 것은 1994년에 한국통신(KT)이 인터넷 계정 서비스를 개시하면서라고 볼 수 있다. 이후 아이네트와 천리안 등의 기업(ISP Internet Service Provider)에서 인터넷 접속 서비스를 제공하기 시작하면서 일반인이 인터넷을 사용할 수 있는 길이 열리게 되었다.

3) 인터넷 프로토콜(TCP/IP) 구조

인터넷에서 작동하는 통신 프로토콜은 IETF에서 세계 표준으로 규정한 TCP/IP이다. TCP/IP는 TCP(Transmission Control Protocol)과 IP(Internet Protocol)만을 지칭하는 것이 아니다. 인터넷이

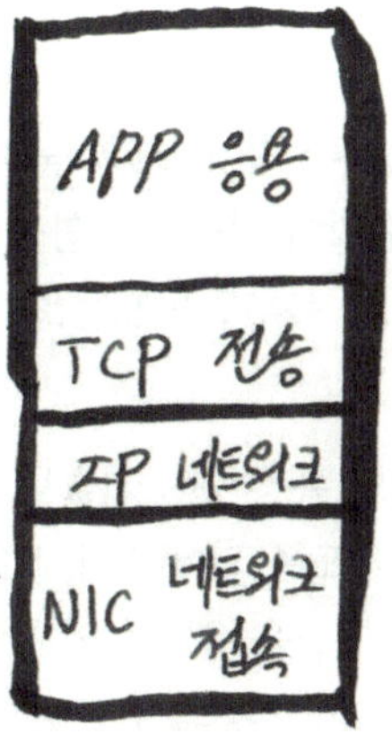

그림 2.10 TCP/IP 프로토콜 구조

가능하기 위하여 IFTF에서 규정한 표준 프로토콜은 RFC 문서번호를 기준으로 8,800여개이다. 따라서 일반적으로 TCP/IP라고 하면 이렇게 많은 인터넷 표준 프로토콜을 모두 일괄적으로 통칭한다. 그래서 외국에서는 이를 TCP/IP Suite (묶음)이라 한다.

TCP/IP 프로토콜 구조는 기본적으로 ISO OSI 7계층 참조모델과 유사한 상하 계층 구조를 가지지만 그 계층의 수를 4개로 구분한다. 그림 2.10에서 보듯이 가장 하위 계층으로 네트워크 접속(NIC Network Interface Card) 계층이 있고, 그 위에 네트워크(IP Internet Protocol) 계층, 그 위에 전송(TCP Transmission Control Protocol) 계층이 있다. 최고 높은 위치에는 ISO OSI 7계층 참조모델과 동일하게 응용(Application) 계층이 있다.

ISO OSI 7계층 참조모델과 비교하면 그림 2.11과 같이 서로 유사한 기능을 수행하는 계층끼리 짝을 지을 수 있다. 이를 통해 TCP/IP 프로토콜 구조의 각 계층이 하는 기능을 대략 짐작할 수 있을 것으로 보인다.

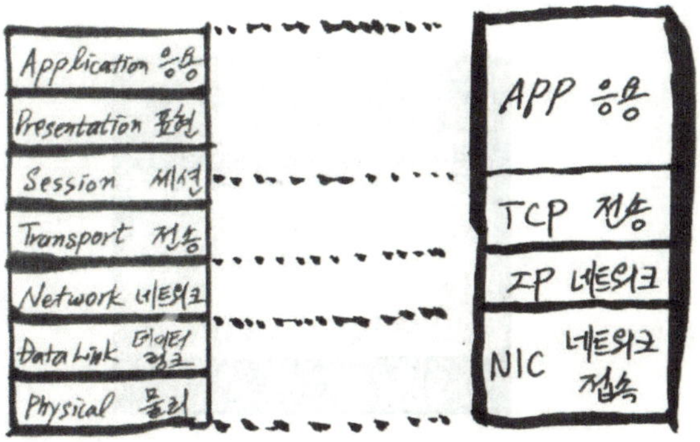

그림 2.11 ISO OSI 7계층 참조모델과 TCP/IP 프로토콜 구조 비교

(1) NIC 계층

TCP/IP의 NIC 계층은 ISO OSI 7계층 참조모델의 물리 계층과 데이터링크 계층의 기능을 모두 수행하는 계층으로 주로 그림 2.12와 같이 하드웨어 칩셋 형태로 구현되기 때문에 한 계층으로 묶어 규정하였다. 그림 2.12는 와이파이와 블루투스 모듈을 하나로 묶어 PC나 노트북에 장착할 수 있는 NIC 모듈이다.

TCP/IP에서는 NIC 계층의 구체적인 특정 통신 기술을 단정짓지 않고 현재 사용 가능한 모든 표준 혹은 임의 네트워크를 수용할 수 있도록 되어 있다. NIC 계층은 지속적으로 변모하고 개선되는 물리 계층과 데이터링크 계층의 통신 기술을 유연성 있게 수용하여 통합적인 인터넷을 형성하는 데 큰 기여를 한다. 이렇게 각각 고유의 NIC 계층의 통신 기술에 의해 형성되는 개별적인 통신망을 하부망(subnetwork)이라 한다. 그림 2.12와 같은 와이파이 네트워크(하부망)를 비롯하여 블루투스, 스마트폰에서 데이터 통신망에 접근하는 데 쓰이는 LTE 혹은 5G 망(하부망)을 통한 인터넷 접속도 가능하다. 무선뿐만 아니라 유선망인 이더넷(ethernet) 네트워크도 대표적으로 인터넷에 편입될 수 있는 하부망이다. 다양한 통신망 기술에 의해 만들어진 여러 하부망들이 모두 TCP/IP 프로토콜을 준수하여 하나의 망으로 상호 연결된 통신망이 인터넷의 실체이다.

NIC 계층에서 중요한 통신 기능 가운데 하나가 앞서 1장에서 설명한 바대로 단일 전송매체를 공유하는 여러 송수신자 노드가 있는 네트워크일 때 공유 매체를 서로 배타적으로 접근할 수 있도록 제어하는 기능이다. 이를 전송매체 접근제어(MAC media access control) 프로토콜이라 한다. 이를 위하여 각 송수신자 노드를 식별할 수 있는 MAC 주소 체계도 세워야 한다. 앞서 설명한 물리 계층에서 수행되는 신호 생성, 신호 변환, 전송 방식 등을 규정하고, 동시에 프레임 형식, 오류제어 방식, 순서 제어 방식 등이 필요하다. MAC 프로토콜을 비롯하여 언급한 구체적인 기술들은 각 하부망의 NIC 표준에서 규정된다. 이들은 IETF에서 별도 표준화 작업을 한 결과라기 보다는 다른 표준화 기구(IEEE)에서 정의한 표준을 말한다. 예를 들어, 와이파이 하부망은 IEEE 802.11 표준에서 정의한 프로토콜을 준수한다. 이더넷 하부망은 IEEE 802.3 표준 프로토콜을 따른다.

그림 2.12 NIC 모듈[4)]

(2) IP(네트워크) 계층

제2계층이다. ISO OSI 7계층 참고모델의 제3계층인 네트워크 계층의 기능을 수행한다. IP 계층은 인터넷에 소속되어 있는 단말은 물론이고 인터넷 내부에서 작동하는 모든 통신 장비들에 구현되어 있고 이를 준수하는 통신 기능을 수행한다. 앞서 1계층에 해당하는 NIC 계층을 생각하면 인터넷에 포함되어 작동하는 하부망들은 통일된 하나의 프로토콜에 의해 작동하는 하부망들이 아니다. 환경과 조건에 따라 서로 다른 다양한 방법과 기술에 의해 네트워크로 형성된 하부망들이다. 따라서 이들을 하나의 통신망으로 서로 연동되기 위해서는 이들을 관통하면서 일관되게 공통적으로 작동하는 통신 프로토콜이 필요하다. 이 기능을 수행하는 것이 IP 계층이다. 다시 말하면 IP 계층이 인터넷을 가능하게 하는 핵심 프로토콜인 것이다.

서로 다른 하부망에 연결되어 있는 단말이 서로 패킷을 주고받을 수 있게 하는 것이 이 계층의 주요 기능이다. 이를 위해 하부망들은 특정 통신 장비를 매개로 해서 서로 연결되어 있다. 이 통신 장비가 특정 하부망에서 다른 하부망으로 패킷을 중계 전달하는 역할을 수행한다. 그림 2.13에 있는 예와 같이 하부망 들을 연결하는 통신 장비(R로 표기된 노드)가 그 일을 한다. 이들이 하는 일 가운데 우선은 연결되는 양 하부망의 차이점을 해소하는 것이다. 예를 들어 그림 2.13에서 하부망 A에서 하부망 B로 데이터 패킷을 전송한다고 가정하고 하부망 A의 패킷 최대 크기가 1,000바이트이고, 하부망 B의 패킷 최대 크기가 500바이트라면, 그들을 잇는 통신 장비 R은 먼저 하부망 B로 향하는 패킷의 길이(크기)를 보고 500바이트가 넘으면 최대 크기로 분할하는 작업을 하는 것이다.

그런데 차이점 가운데 가장 큰 문제점이 각 하부망이 개별적으로 가지고 있는 주소 체계이다. 주소 체계가 서로 달라 중간 통신 장비는 이를 서로 변환하는 작업을 해야 하고, 심지어 주소가 차지하는 패킷 내의 필드 크기가 서로 다른 경우 패킷의 길이도 따라서 바뀌어 분할 작업이 복잡하게 이루어지기도 한다. 이렇게 제각각인 주소 체계는 단순하게 특정 하부망에서 다른 하부망으로 중계

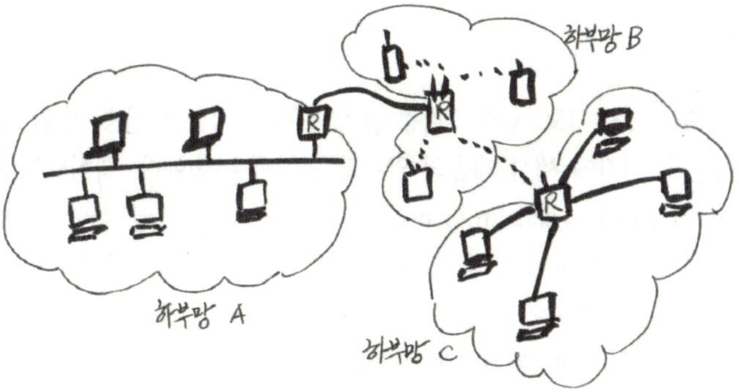

그림 2.13 하부망이 연결된 네트워크(인터넷) 예

하는 과정뿐만 아니라 최초 패킷 송신자 노드에서 최종 수신자 노드까지 전달하기 위해 길(경로)을 찾는 경로탐색에 많은 어려움을 준다.

따라서 IP 계층에서는 각 하부망의 개별적인 주소 체계에 의한 주소를 쓰지 않고 별도로 주소 체계를 정의하였다. 이 주소 체계에 의한 주소가 IP 주소(IP address)이다. IP 주소는 구체적인 하부망의 종류와 관계없이 통신망의 규모를 기준으로 주어진다. 여기서 통신망은 특정 기관 혹은 회사, 단체가 설치하고 관리하는 통신망 단위를 말한다. 예를 들어 대학이 있으면 대학 내의 캠퍼스 통신망을 하나의 통신망으로 보고 거기에 단말 노드와 통신 장비 노드를 모두 포함하여 얼마가 연결되어 있는지를 따져 적절한 IP 주소를 할당하는 것이다. 다시 말하면 IP 주소는 통신망의 물리적인 특성(예: 통신망 형태, MAC 프로토콜, 전송매체, 신호기법)에 전혀 근거하지 않고 논리적으로 하나의 통신망으로 간주되는 (묶여지는) 단위로 크기만 고려하여 지정되는 것이다. 이런 특성으로 IP 주소를 논리 주소(logical address)라고 한다.

이 IP 주소를 이용하여 하부망을 잇는 통신 장비들이 수행하는 중요한 일이 앞서 기술한 경로탐색(routing)이다. 결국 다양하게 서로 다른 여러 네트워크(하부망)를 통과하는 패킷의 전달 과정에서 이용할 수 있는 길(경로)들이 여럿 있을 때 (보통은 선택할 수 있는 길이 굉장히 많다.) 이 가운데 최적인 길을 따라 가도록 하는 것이 경로탐색의 핵심이다.

데이터 패킷을 송신하는 경우 송신자 노드의 IP 계층에서 통신망 내부의 통신 장비들이 패킷을 분할하거나 경로를 찾는 데 필요한 정보를 만들어 통신 장비 (최종 수신자 노드도 포함)에게 전달해야 한다. 예를 들면 최종 수신자 노드의 IP 주소(목적지 주소)가 있다. 이런 부가 정보를 통신망 내의 다른 노드들에게 전달하는 방법이 데이터 패킷의 헤더 형식으로 덧붙여 다음 노드로 전달하는 것이다. 이렇게 IP 계층에서 필요한 헤더를 붙이고 다른 노드로 전달하는 데이터 전송 단위를 데이터그램(datagram)이라 한다.

(3) TCP(전송) 계층

제3계층이다. TCP 계층은 ISO OSI 7계층 참조모델의 4계층인 전송 계층(Transport Layer)과 유사한 기능을 수행한다. 여기에 세션 계층의 일부분을 함께 수행한다. 핵심되는 개념이 양 끝단 사이에 수행되는 통신 기능(end-to-end protocol)을 규정하는 것이다. 양 끝단은 패킷의 송수신 경로의 양 끝 지점(송신자 노드, 수신자 노드)을 말한다. 패킷이 송신자 노드에서 출발하여 마지막 종착점인 수신자 노드에 도착하였을 때 수신자 노드 내의 TCP 계층이 작동한다. 물론 이렇게 수신자 노드의 TCP 계층이 제대로 작동하려면 패킷이 통신망 내부의 통신 장비들이 수신자 노드까지 패킷을 적절하게 전달해야 한다. 이 전달에 관한 통신 기능은 1, 2계층에서 수행된다.

앞서 인터넷의 역사에 대해 간략하게 살펴본 것과 같이 TCP 계층에는 크게 두 가지 프로토콜이 동시에 작동한다. TCP와 UDP(User Datagram Protocol)이다. 둘은 서로 다른 성격을 가진 응용 혹은 서비스(제4계층)를 위한 전송 서비스를 제공한다.

TCP 프로토콜은 최종적으로 수신되는 패킷에 오류가 있는 것을 허용하지 않는다. 패킷이 여러 개로 나뉘어 수신된 경우에는 수신된 여러 패킷들을 하나의 데이터(메시지)로 재조립한다. 이때 재조립되는 패킷의 순서를 송신자 노드가 보낸 순서대로 맞추어 재조립한다. 이런 일을 순서 제어(sequence control)이라 한다. 순서 제어가 필요한 이유는, IP 계층 프로토콜에 의한 경로탐색의 결과에 따라 패킷들이 서로 다른 경로를 타고 전달이 되기도 한다. 이때 수신자 노드에 도착되는 패킷들의 순서를 보면 송신자 노드가 보낸 순서와 달리 오는 수가 있다. 그것은 개별적으로 타고 온 경로가 다른데 뒤에 보낸 패킷이 이용한 경로가 앞서 보낸 패킷이 타고 온 경로보다 더 신속하게 전달하면 수신자 노드에 수신되는 순서가 뒤바뀔 수 있기 때문이다.

TCP 프로토콜은 수신자 노드의 수신되는 패킷을 임시로 담는 버퍼가 오퍼플로우 나지 않도록 패킷의 전송 속도를 제어한다. 이 흐름 제어(flow control)는 버퍼 오버플로우로 인해 놓치는 패킷을 송신자 노드에게 다시 보내달라고 요청하고 그것이 다시 수신자 노드로 통신망을 타고 오게 한다. 흐름 제어는 이렇게 패킷을 재전송(retransmission)하는 데 통신망 전송능력을 가능한 쓰지 않도록 하는 역할을 한다. 결국 재전송을 최소화해서 통신망 전체의 전송능력 활용도를 최대로 높이는 것이다.

TCP 프로토콜은 이러한 일련의 통신 기능을 발휘하여 신뢰성 있는 단대단 패킷 전송을 보장(guarantee)한다. 따라서 인터넷 뱅킹 혹은 인터넷 쇼핑 응용에서는 통신망 서비스를 TCP에 의해 제공받는다. TCP를 인터넷 서비스의 제3계층 프로토콜로 채택해서 활용하는 것이다.

UDP 프로토콜은 앞서 인터넷 역사에서 설명한 대로 사람 목소리를 데이터 통신망을 이용하여 전달하는 목적으로 1970년대 중반 개발되었다. UDP를 쓰면 패킷들이 망을 통과하여 전달될 때, 신뢰성 있게 전달되지는 않지만 효율적으로 신속하게 전달된다. 즉, 정확성보다는 낮은 지연시간과 빠른 전송을 위한 전송 계층 프로토콜이기 때문에 TCP 프로토콜이 수행하는 대부분의 기능이 여기서는 없다. 단지 수행하는 일은 패킷을 최종적으로 받아서 화면에 보이거나 저장하거나 들리거나 보이게 하는 일을 하는 응용 계층 프로토콜(사실상 응용 소프트웨어)에게 전달하는 일이다. 물론 이 전달과정에서 발생할 수 있는 오류에 대해서도 무반응이다. 오류가 나더라도 송신자 노드에게 알리거나 정정 시도조차 하지 않는다. 주로 멀티미디어 데이터의 송수신에 활용되는데 대표적인 예로 동영상 스트리밍 넷플릭스(Netflix)와 인터넷전화(VoIP) 등을 들 수 있다.

(4) 응용(Application) 계층

제4계층이다. ISO OSI 7계층 참조모델의 표현, 응용 계층의 기능을 담당한다. 인터넷을 이용하는 응용과 서비스를 정의한다. 실제 사람들이 물리적으로 접하는 최상위 프로토콜이다. TCP/IP 표준 프로토콜에서 특이한 점 하나는 이 응용 계층에서 규정하는 응용 혹은 서비스를 표준 프로토콜로 모두 규정하는 점이다. ISO OSI 7계층 참조모델에서는 응용 계층에서 하는 기능에 관해 기술하지만 개별적인 기능을 특정 표준 응용으로 규정하지는 않는다. 예를 들어, 통신망 사용 상황을 모니터링하거나 과금을 위해 망관리 서비스인 SNMP(Simple Network Management Protocol)가 있고, 주소를 사람들이 이해하고 암기하기 쉬운 이름(name)으로 표현할 수 있도록 변환 서비스를 하는 DNS (Domain Name Service)도 있다. 전자 메일을 위한 SMTP(Simple Message Transfer Protocol), 파일을 전송하기 위한 FTP(File Transfer Protocol) 그리고 멀리 떨어져 있는 호스트에 접속해서 사용할 수 있도록 하는 원격 로그인 서비스 TELNET 등이 있다.

물론 우리가 현재 인터넷에 접속하여 가장 많이 쓰는 서비스인 월드 와이드 웹 WWW(World Wide Web)도 표준으로 규정되어 있다. WWW 서비스는 일반 대중들이 인터넷을 활용하는 데 결정적인 계기를 제공한 서비스이므로 좀 더 자세하게 살펴보자.

1990년대 초반 인터넷은 많은 기업체와 대학교 그리고 개인들이 접근하는 광범위한 전자적 기반시설이 되었다. 그러나 문제는 그때까지 인터넷에 있는 방대한 양의 정보에 쉽게 접근하여 이용할 수 있는 길이 없었다. 단지 기술적으로 잘 아는 소수의 사람들만이 고퍼(Gopher)와 아키(Archie) 등의 도구를 활용하여 정보의 혜택을 누릴 뿐이었다.

1993년 4월 30일, 인터넷에서 가장 위대한 발명품이 세상에 모습을 드러냈다. 그것은 유럽 미립자 물리학 연구소(CERN Conseil European pour la Recherche Necleaire)에서 월드 와이드 웹(WWW)을 위한 소프트웨어를 대중들에게 공개한 것이었다. 1989년 CERN에서 정보를 습득할 때 마치 책을 처음부터 읽어 내려가는 형식과 같이 주어진 정보를 연속적인 방식으로 습득하는 것이 아니라 필요한 핵심 정보들을 바로바로 찾아가는 하이퍼텍스트(hypertext) 개념을 이용해서 산재되어 있는 다양한 형식의 정보를 서로 연결하여 효율적으로 이용하기 위한 목적으로 팀 버너스-리(Tim Berners-Lee)에 의해 제안된 WWW 프로젝트를 시작하였다. 1990년에 하이퍼텍스트 프로젝트가 시작되어 프로그램이 구현되었고, 1991년 하이퍼텍스트 학술대회에서 최초로 공개되었다. 1992년에는 이 체제를 WWW란 이름으로 발표하게 된다. 그러다가 그 이듬해인 1993년 미국 일리노이 대학의 NCSA(National Center for Supercomputing Applications)에서 개발한 그래픽 사용자 인터페이스(GUI) 방식의 모자이크(Mosaic) 웹 브라우저가 등장하면서 드디어 일반 대중에게 월드 와이드 웹 세계가 활짝 열리게 되었다.

웹의 등장으로 인터넷은 주로 기술자들에 의해 이용되던 수동적인 환경으로부터 상호작용하는 방식으로 사용자들이 쓰기가 매우 편리한 세계로 변모하게 되었다. 이로 인해 셀 수 없을 정도의 많은 사람들이 광범위한 정보의 바다에서 마음껏 항해할 수 있게 된 것이다. 웹의 등장은 인터넷 역사상 가장 위대한 사건으로 기록되고 있다. 그것은 인터넷에 전혀 문외한 사람들도 아무나 인터넷에 접속할 수 있게 하였기 때문이다. 이로 인해 인터넷 이용자의 수가 폭발적으로 증가하게 되어 웹 서비스가 인터넷의 대표적 응용(killer application)으로 간주되고 있다.

그러나 일반적으로 종종 오해를 하는 부분도 이것이다. 웹이 인터넷의 전부라고 생각하는 경향이 많다는 것이다. 그러나 인터넷은 통신을 위한 기반 시설이고, 웹은 정보를 습득, 공유하기 위한 하나의 응용 체제이다. 웹이 인터넷상에서 작동하도록 구현되어 인터넷을 이용하는 대표적인 응용이긴 하지만 인터넷에서 활용할 수 있는 응용이 웹만 있는 것이 아니다. 예를 들어, 대중적으로 많이 활용되는 전자 메일도 커다란 인터넷 응용인 것이다. 그런데 여러 응용이 최근에는 주로 웹 브라우저 환경에서 웹을 통해 이루어지도록 작성되어 있어 그것도 웹에서 접근할 수 있는 사이트에서 제공하는 수많은 응용 서비스 가운데 하나로 여겨지고 있다.

거의 모든 기업체에서 사내망을 별도의 사설망으로 구축하지 않고 인터넷을 활용하는 경우가 대부분이고, 이 환경에서 클라이언트-서버 모델로 작성된 사내 전용 응용 소프트웨어들을 활용하고 있다. 경리, 회계, 인사, 결제, 소식전달 등 종합적인 회사 정보 관리 차원에서 활용하는데, 이 또한 인터넷을 통해 가능한 주요한 응용의 한 예이다. 그러나 이것도 회사 내이거나 회사원들 사이에서만 이용할 수 있도록 접근 제약이 되어 있어 일반인들에게는 미미하게 보이는 것이 사실이다. 그럼에도 불구하고 웹 서비스가 인터넷의 전부라는 것은 잘못 이해한 것이고 웹은 인터넷을 가장 잘 활용하는 응용이라는 점을 인식하여야 한다. 그렇게 해야만 인터넷을 새로운 도전할 수 있는 기회의 도구로 생각되고, 그 도구를 활용하여 기존의 웹 패러다임과는 판이하게 다른 새로운 대표 응용(killer application)을 도출해 낼 수 있기 때문이다.

WWW은 웹 서버와 클라이언트(브라우저)라는 독특한 장비들의 집합체이다. 이들은 URL (Uniform Resource Locators), HTML(Hypertext Markup Language) 그리고 HTTP(Hypertext Transfer Protocol) 등을 지원한다. 물론 웹 서버와 브라우저는 실제는 인터넷에 연결된 호스트에 탑재되어 있다. 웹 페이지들은 웹 서버에 있고, 그것들이 웹 브라우저로 전달되어 사람들에게 웹 페이지에 정해진 포맷에 따라 화면에 보이는데, 이를 전달하는 통신망이 인터넷인 것이다.

HTML은 웹 페이지를 생성하는 파일을 만들 때 쓰인다. 기본적으로 HTML 문서는 태그(tag)라는 마크업 코드로 둘러싸여 있는 아스키(ASCII) 텍스트 문자로 만든다. 태그는 웹 브라우저 프로그램에게 파일을 보이는(viewing 또는 browsing) 데 필요한 명령을 내리는 역할을 한다.

HTML의 진정한 힘은 문자와 사진을 비롯한 객체(object)들을 다른 문서나 문서의 한 부분으로 연결시킬 수 있다는 데 있다. 브라우저를 통해서 보면 이러한 문자나 사진들은 색깔이나 밑줄이 그어져 있어 시각적으로 구분이 되어 이것들이 하이퍼텍스트 링크임을 표현한다. 사용자들이 그 링크를 클릭하면 링크에 의해 연결되어 있는 웹 페이지가 웹 브라우저에 의해 보인다. 하이퍼링크를 통해 웹 서핑이 가능해지는 것이다. 사실상 거미줄이라는 사전적 의미의 "웹(web)"이 쓰이게 된 것이 이러한 사실로부터 기인한다. 하이퍼링크에 의해 참조되어 있는 위치(location)인 URL은 접근할 자원이 처리되어 보여주는 형태(http, mail, ftp, mms, file 등)와 서버의 주소 그리고 그 서버 내에서 파일의 위치 정보를 담고 있다. HTTP는 HTML 파일들을 그 파일이 담겨 있는 위치(웹 서버)로부터 브라우저로 전송하는 데 이용되는 프로토콜이다.

웹에서 정보를 얻거나 어떤 일을 하고자 할 때 일반적으로 구글이나 네이버와 같은 포털 사이트(portal site)에 접속하는 것으로 시작한다. 포털 사이트는 말 그대로 웹 항해를 시작하기 위해 처음 출발점이 되는 항구 역할을 한다. 여기서 제공되는 정보들은 웹에 존재하는 수많은 정보들을 수집, 정리, 분류, 조합하여 만들어진 것들이다. 사용자들은 크게 두 가지 방식으로 정보 사냥에 나선다. 첫째는 주어진 정보 분류 메뉴를 하나씩 선택하여 찾아 가는 방식이다. 식당에 가서 주문할 식사를 선택할 때 식당에서 제공하는 메뉴판을 보고 그 가운데 하나를 선택하는 것과 동일하다. 둘째는 원하는 정보의 일부분 키워드(keyword)를 제시하여 포털 사이트가 가지고 있는 관련된 정보를 보여주면 그것들 가운데 원하는 정보를 바로 찾아 가는 방식이다. 이는 식당에서 메뉴판을 보지 않고 바로 원하는 음식 이름을 대고 주문하는 방식과 같다. 이때 음식 이름이 정확하지 않더라도 주문을 받는 사람에게 원하는 바를 키워드 몇 개로 표현하면 그것에 대한 여러 음식 정보를 제공받을 수 있고 그것에 근거하여 정확하게 원하는 주문이 가능한 것과 동일하다. 이런 방식으로 정보를 제공하기 위해서 포털 사이트는 로봇(robot), 경주용 보트를 젓는 사람들이란 뜻의 스컬커(sculker) 또는 스파이더(spider)라고 불리는 프로그램을 돌려 웹에 존재하는 페이지들을 수시로 수집한다. 발견된 페이지에 담긴 문장들을 목차화하여 검색을 편리하게 할 수 있게 만든다.

그림 2.14 TCP/IP 계층별 대표적인 프로토콜

결국 웹의 등장은, 일반 대중들에게 인터넷을 쓸만한 정보를 풍부하게 담고 있는 자원으로 인식하게 만들었을 뿐만 아니라, 관련된 정보들을 서로 적절하게 묶어 효과적으로 결과를 얻어낼 수 있는 유용한 자원으로 여기게 하였다.

TCP/IP 프로토콜로 불리는 인터넷을 위한 표준 프로토콜의 묶음에는 각 계층별로 하나의 프로토콜만 있는 것이 아니라 수많은 프로토콜이 각 계층에 정의되어 있다. 그림 2.14에 대표적인 프로토콜들을 표기한 TCP/IP 프로토콜 구조가 있다. 이 그림에 쓰인 프로토콜도 각 계층 내에 정의되어 있는 프로토콜 전부가 아니라 대표하는 프로토콜의 일부분이다. 그 가운데 TCP/IP라는 대표적인 프로토콜을 이들을 모두 대표하는 이름으로 사용할 뿐이다.

3
CHAPTER

해양정보통신망 표준 프로토콜

선박내(onboard ships)에 장착되는 전자장치 또는 전자장비들이 매우 다변화되어 이들 간의 통신 형태가 점차 복잡하고 다양한 요구특성을 가진다. 따라서 이들 간의 통신요구를 만족시킬 표준화된 데이터 통신방식에 대한 필요성이 대두되었다. 이러한 요구는, 데이터를 단순하게 분배하는 간단한 데이터 버스(data bus)로부터 시스템 자동화를 위한 고속의 근거리망(LAN local area networks)에까지 이르는 넓은 스펙트럼의 통신 인프라를 모두 포함한다. 이를 위해 미국 국립해양전자협회(NMEA National Marine Electronics Association)는 21세기 선박내 통신망의 새로운 디지털 통신망 표준을 제안하였는데 그것이 NMEA2000 표준이다. 이를 중심으로 해양정보통신망의 표준 통신 프로토콜에 관해 설명한다.[5)]

NMEA는 1957년 설립된 해상장비 제조, 딜러 그리고 설치회사들의 협회로서 국제적인 멤버십을 가지고 있고, 선내 통신망을 위한 디지털 인터페이스 표준을 제정한 단체이다. NMEA2000 표준은 망 인터페이스 표준이 아니라 통신망에 관한 표준이다. 따라서 이 표준은 통신 프로토콜의 ISO OSI 7계층 참조모델에 의거하여 각 계층별 통신 프로토콜을 정의하고 있다.

이 표준은 매우 다양한 요구사항을 만족시키기 위해 탄생되었는데 일종의 열린 산업표준(industry open standard) 역할을 한다. 이 표준이 감당해야 하는 요구사항들 가운데 가장 중요한 점은 여러 가지 우선순위를 가진 임무수행을 위해 매우 중요한(mission-critical) 데이터의 송수신을 지원하는 것이다. 이 요구사항은 제품인증 때 형성되는 여러 가지 메시지 우선순위 수준을 적절하게 적용함으로써 구체적으로 실현된다. 따라서 인증시험을 통과하기 위해서 NMEA2000 장비들은 비록 자신이 임무수행에 중요한 일과 별로 연관이 없는 장비일지라도 임무수행에 중요한 작업(mission-critical operation)을 할 수 있도록 제작된다.

NMEA2000 통신망은 현존하는 복잡한 여러 가지 연결방식을 하나의 통신망 케이블로 대치할 수 있다. 구체적으로 산업 계측제어 장비들의 실시간 통신망인 CAN(Controller Area Network)을 활용하는 점이다. CAN 통신망이 수용할 수 있는 선박 전자장비들은 항해장비, 발전기, 전기분배 시스템, 엔진과 관련된 기계장비, 파일럿 및 스티어링 시스템, 화재 또는 기타 경보장치 그리고 각종 제어장비 등이다. 이 통신망은 기존의 직렬 인터페이스 표준(NMEA0183)에 비해 26배 빠른 속도로 데이터, 명령 그리고 상태정보를 전송한다. 데이터 메시지는 연속적인 데이터 프레임 형태로 전송되는데, 각 프레임은 강력한 에러검출 기능을 가지고 있고, 반드시 전송됨을 확인하는 절차를 가지며, 그 전송도 정해진 시간(deterministic time) 내에 반드시 이루어진다.

NMEA2000 통신망은 스스로 자동설정(self-configuration)이 되는 방식으로 작동하는 통신망이므로 별도의 설정 작업이 필요 없다는 특징이 있어, 주제어기(master controller)도 필요 없다. 따라서 이 통신망은 작동을 멈추지 않은 채 새로운 장비를 망에 추가하거나 기존 장치를 망에서 제거할 수 있다.[6)]

이 장에서는 먼저 선박 안에 설치되어 운용되던 각종 통신망 프로토콜에 관한 연혁을 간략하게 소개한다. 여기에는 NMEA2000 이전에 등장한 선박 데이터 통신망 표준을 간략하게 설명한다. 그 이후 NMEA2000의 기술적 특성과 표준 구조를 자세하게 설명한다. 그리고 이 표준 프로토콜의 실제 적용 예를 들고, 마지막으로 기타 관련 기술에 관하여서도 소개한다.

3.1 선박내 데이터 통신망 연혁

1970년 이전에는 대부분 선박내 전자장비들이 독자적(stand-alone)으로 작동하였기 때문에 장비들을 서로 연결하는 통신망에 대한 요구가 그리 크지 않았다. 일부 필요한 부분에서는 아날로그 인터페이스가 적용되었다. 1970년대에 들어와 디지털 통신기술이 확대되어 간단한 펄스 형태의 인터페이스를 활용하는 통신망이 형성되었고, 제조사별로 개별적인 독자적인 형태를 띠어 다양한 인터페이스가 필요했고, 수시로 변경되는 상황이었다.

1980년대에 들어와 NMEA에서 오토파일럿(position/steering data)을 위해 좌우 방향타 1바이트 데이터를 전송하는 데 필요한 선박용 인터페이스 표준을 최초로 제정하였다. 그것이 NMEA 0180/0182이고 1,200 bps(bits per second) 전송률을 내는 저속의 직렬통신 표준이다. 단일 송신자(talker - 데이터를 다른 장비로 전송하는 장비)와 단일 수신자(listener - 다른 장비로부터 데이터를 수신하는 장비)로 1:1 전송 토폴로지만을 지원한다.

1983년 NMEA는 모든 선박 장비에 적용할 수 있는 NMEA0183 표준을 제정하였고, 이는 4,800 bps의 전송률을 내고, 단일 송신자가 하나 또는 그보다 많은 수신자로 전송할 수 있는 단방향(one-way) 직렬 데이터통신 규격이다. 데이터는 모두 ASCII 문자로 되어 있고 위치, 속도, 깊이, 주기할당 등의 정보를 포함할 수 있다. 대체로 메시지는 최소 11개 문자에서 최대 79개 문자까지 가능하고, 초당 약 6~8개의 메시지나 센텐스(sentence 메시지 문장)를 전송할 수 있다. 이 표준은 모든 선박 장비들을 위한 포괄적인 데이터 포맷을 규정하고 있다.[7)]

NMEA0183 표준은 국제전기표준회의(IEC International Electrotechnical Commission)의 해상무선통신기술위원회(TC80) 산하 디지털 인터페이스 연구그룹 (WG6)에 의해 IEC61162-1 표준으로 명명되었다.

1990년대에 들어와 IEC는 NMEA0813의 낮은 전송률을 극복하는 새로운 표준을 제정하였는데 그것이 NMEA0183HS(High Speed)인 IEC61162-2 표준이다. 38,400 bps의 전송률을 내지만 사용하는 데이터 포맷은 NMEA0183 버전 4.0 센텐스를 그대로 사용하여 후방 호환성을 유지하였다.

선내 통신망을 넓게 보면 선상에서 적용해야 하는 응용들 가운데 PC들과 이들을 묶고 있는 LAN을 생각할 수 있다. 이 시스템들은 실제 선박 안전에 직접적으로 관련 있는 작업이나 실시간성을 요구하지는 않는다. 선박을 운영하는 데 필요한 회계, 재고관리, 전자메일 등을 할 수 있는 관리시스템으로 작동하는 것들이다.

반면 선박 운항에 관한 결정을 내리거나 선원들의 안전, 화물의 안전 그리고 환경에 관한 중요한 결정들은 주로 브리지나 다른 제어 센터에서 이루어진다. 이들은 종합선교시스템(IBS Integrated Bridge System)이나 종합선박제어시스템(ISCS Integrated Ship Control System)의 일부분으로 작동한다. 그런데 이 기능들은 보안, 가용성, 중복성 그리고 지연시간 등의 요구사항이 매우 독특하여 기존의 사무실에서 쓰는 LAN을 그대로 활용할 수 없는 상황이다. (단, 데이터 전송률에 대한 요구사항은 비슷하다.) 이러한 요구사항을 만족시키기 위해 IEC에서 IEC61162-4 표준을 제안하였다. 이는 노르웨이가 주창한 해양정보기술표준(MiTS Maritime Information Technology Standard)에 기반을 둔다. 이더넷을 활용하고 100 Mbps로 작동한다.

그러나 이 표준은 너무 복잡하고 2008년 당시 고속에 대한 요구가 팽배하여 새로운 표준을 검토하는 것을 IEC가 승인하였다. 그리고 2011년 6월에 발표된 표준이 IEC61162-450이다. 이 표준의 특징은 동시에 여러 송신자(multiple talkers)가 여러 수신자(multiple listeners)에게 데이터를 전송할 수 있는 점이다. 이더넷을 기반으로 하는 점은 이전 표준과 동일하다. TCP/IP 프로토콜 스택을 그대로 적용하여 인터넷과의 연동을 고려하였고, 실제 데이터 전송은 UDP와 멀티캐스트(multicast)를 활용한다. 프로토콜이 가벼워 임베디드 컴퓨터에도 구현이 용이하고, 기존의 NMEA0183 버전 4.0의 데이터 센텐스를 그대로 활용하는 특성을 가진다. 이런 이유로 기존의 브리지 시스템에서나 고속 대용량의 데이터를 사용하는 새로운 시스템에서 모두 사용할 수 있는 장점을 가진다.

2001년 9월 처음으로 NMEA는 선박 전자장비를 위한 직렬 데이터 통신망 표준으로 NMEA2000을 발표하였다. CAN 버스 통신망을 기반으로 하고, 동시에 여러 송신자(multi-talker)가 동시에 송신이 가능한 장비 통신망(IN Instrument Network) 표준이다. IEC에서는 2008년 6월 이를 IEC61162-3으로 표준화하였다.

그림 3.1은 일반적으로 선박 내 데이터 통신망으로서 NMEA 표준을 적용하여 구성할 수 있는 선박 데이터통신망의 예를 보여준다. 중대형 선박에는 크게 세 종류의 통신망이 구축된다. 가장 아래에 있는 통신망은 선박을 추진하는 엔진을 중심으로 각종 기기와 설비들이 잘 작동하고 있는지를 모니터링하는 계측기기들을 상호 연결한 통신망이 있다. 이를 선박 장비망(SIN Ship Instrument Network)이라고 한다. 앞서 언급한 IN과 동일하다. SIN 위에 있으면서 그보다 상위에 있는 통신망인 선박 관리망(SAN Ship Administration Network)과 SIN을 상호 잇는 연결망 역할을 한다. 이를 중간망인 선박 제어망(SCN Shipboard Control Network)이라 한다. 이 망은 주로 아래 SIN으로부터

오는 계측기기 신호와 데이터를 수집하여 직접 제어하는 명령을 내리거나 특정 지점으로 전달하는 역할을 수행한다.

선박내 데이터 통신망의 최상위에 존재하는 통신망인 SAN은 하부에서 발생하여 전달되는 데이터를 기반으로 전반적인 선박 관리 관련한 업무를 수행하기 위한 통신망이다. 주로 선박의 브리지 내지는 통신실 등 특정 지점에 집중적으로 단말들이 위치하고 그것을 통해 외부와 통신을 통해 의사소통과 정보교환을 한다.

그림 3.1 선박내 데이터 통신망 예

3.2 NMEA0183(IEC61162-1, 2)

1) NMEA0183(IEC61161-1)

1983년에 첫 버전이 제정된 단일 송신자와 단일 수신자 사이의 1:1 통신이 가능한 직렬통신 표준이다. 4,800 bps 전송률이 가능하고 데이터 비트는 8비트로 구성된다. 페러티 비트는 없는 것으로 하고, 스톱 비트는 1비트로 한다. 최소 14바이트에서 최대 82바이트(3바이트 오버헤드 포함)를 메시지로 할 수 있다. 그러면 대략 초당 6개에서 8개의 센텐스를 보낼 수 있다. 입력은 비정상적인 전위차에 의한 통신 노이즈를 효과적으로 차단할 수 있게 했고, 최소 2 V 펄스 전압에서 데이터를 수신한다. 출력은 버전 2.0 이상에서 ITU-T V.11(EIA-422-A, 1978 Dec.) 규격으로 이루어진다.

그림 3.2에 예가 보인다. 윗 그림은 GPS와 ECDIS(전자해도 Electronic Chart Display and Information System)가 직접 IEC61162-1 표준을 따르는 통신선로에 의해 연결된 예를 보여준다. GPS가 수집한 위치정보를 통신선로를 통해 ECDIS로 직접 전달하는 예이다. 아래 그림은 윗 그림과 비교할 때 선로 중간에 데이터를 임시로 저장하는 버퍼가 있는 점이다. 이는 양 끝에 있는 두 기기(GPS와 ECDIS) 간에 있을 수 있는 데이터 송수신 능력 차이를 극복한다. 주로 수신 측의 데이터 처리 능력에 비해 송신 측의 데이터 송신 능력이 높아서 발생하는 부조화를 극복한다.

이 표준은 대부분의 선박장비들을 위한 데이터 포맷을 지원한다. 지원되는 선박장비들과 데이터들은 다음과 같다: 오토파일럿(autopilot), 선박자동식별장치(AIS Automatic Identification System), 통신장비, 항해 데이터(navigation data), 전자해도표시정보시스템(ECDIS), 나침판 센서(compass sensors), 레이더(radar), 음향경보기(sounder), 기상정보(weather data), 고유 정보(proprietary data).

NMEA0183 버전 2.30에는 다음 세 가지의 새로운 ID가 추가되었다. AIS, 항해기록장치(VDR Voyage Data Recorders)와 이진 데이터를 사용하게 하기 위한 캡슐화 데이터(encapsulation data) 등이다. 그리고 새로운 데이터 포맷도 추가되었다. 추가된 포맷은 경보상태(alarm states), 자동항해

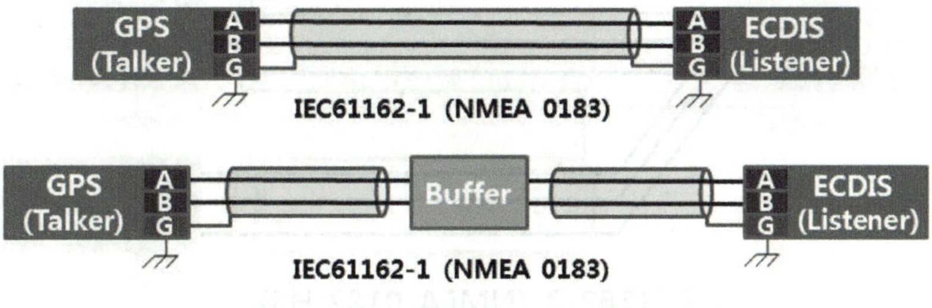

그림 3.2 NMEA0183에 의한 통신 예[7]

장치의 침로/경로 제어기(heading/track controllers – autopilots), 러시아 전파위성항법시스템(GLONASS GLObal NAvigation Satellite System), 목적지 추적(target tracking) 데이터 등이다.

NMEA0183 버전 3.0에는 모드 세 가지가 추가되었는데, 그것은 지리적 위치 (위도/경도) (GLL Geographic Position Latitude/Longitude), 권고된 최소 특정 GNSS(범지구적 위성항법시스템 Global Navigation Satellite System) 데이터(RMG Recommended Minimum Specific GNSS data) 그리고 대지 항로 및 대지 속력(VTG Course Over Ground & Ground Speed) 이다.

2) NMEA0183HS(High-Speed) (IEC61162-2)

단일 송신자로부터 다수의 수신자에게 데이터 전송이 가능한 멀티 드롭(multi-drop) 형태의 전송 방식을 지원한다. 그림 3.3에 송신자 노드(talker)가 하나이고 여러 수신자 노드(listener)가 있는 경우를 볼 수 있다.

2002년 9월에 버전 1.01로 발표된 표준으로 38,400 bps의 전송률로 작동한다. 이는 기존의 NMEA0183 표준의 4,800 bps에 비하면 8배나 빨라진 전송속도이다. 전송주기는 20 ms 이상을 유지하여야 한다. 송수신을 위한 물리계층의 통신 프로토콜로는 기본적으로 ITU-T V.11(EIA-422) 규격을 후방 호환성을 위해 이용한다. 송신측에서 물리계층 프로토콜은 거기에다 2선식 반이중 다중점 직렬연결이 가능한 EIA-485 직렬통신규격을 수용한다. 이를 통해 멀티 드롭 통신망 구축이 가능하게 된다.

반면 수신측의 물리계층 프로토콜은 EIA-422 규격을 반드시 따라야 한다. 신호선 "A"와 "B" 그리고 송신자와 수신자들의 그라운드 전위차를 일치시키기 위한 신호선 "C"는 주 회로와 선박의 그라운드 그리고 전원으로부터 직류에 의거한 절연상태가 되어야 한다. 안정된 통신과 송수신회로 특

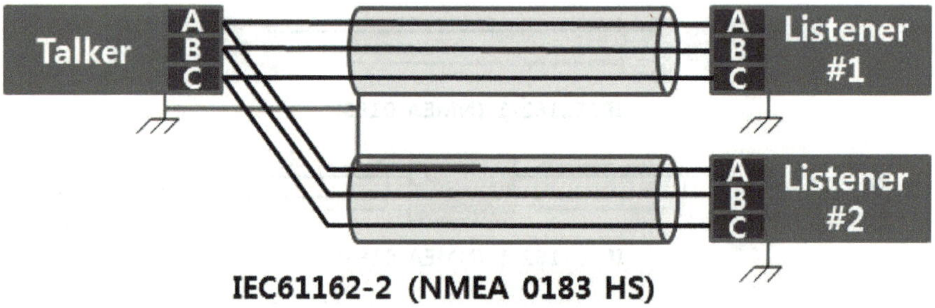

그림 3.3 NMEA0183HS에 의한 통신 예[8)]

히 송신측 회로의 장애 방지를 위하여 신호선 “C”는 꼭 연결되어야 한다. 그리고 신호선 “A”와 “B” 외에 그라운드 전위 연결을 위한 결선도 필요하다. 접지는 송신측에만 연결되면 되는데, 별도의 접지를 위한 선을 사용하든지 아니면 이중 접지된 선의 내부 접지선을 사용한다.

하부 물리계층 프로토콜과 회로가 고속 인터페이스로 업그레이드된 반면에 최상위 응용계층 프로토콜은 기존의 NMEA0183 버전 4.0 (다음 절 참조) 센텐스를 그대로 활용한다.

3.3 NMEA0183 버전 4.0

2002년 1월 NMEA0183 버전 3.01을 대체하는 표준으로 만들었다. 이전 버전에 비해 명령 센텐스를 포함하여 59개의 새로운 센텐스가 추가되었다. 예를 들어, HTC(Heading/Track Control Command)와 ACA(AIS Regional Channel Assignment Message) 등이다. 추가된 센텐스의 리스트는 표 3.1에 나타나 있다. e-Navigation에 대응하기 위해 육상장비와 해양정보 처리장치의 통신망들을 모두 포괄하도록 확장된 것이 특징이다. 이전 버전과는 후방 호환성을 유지하고 있다. 그리고 복잡해진 육상 및 해상 통신환경을 반영하기 위하여 새로운 센텐스 구조의 확장된 형태인 TAG (Transport, Annotate and Group) 블록을 추가적으로 정의하였다.

NMEA0183 버전 4.0에서 규정하고 있는 센텐스(메시지 문장)는 전송하고자 하는 데이터를 실어 보낼 때 사용하는 전송 데이터 구조를 말한다. 센텐스는 모두 ASCII 코드로 된 문자들의 연속으로 구성되고 센텐스 전체 문자의 최대 개수는 82개이다. 센텐스의 처음은 ‘$’ 또는 ‘!’로 표현하고, 끝은 <CR><LF>로 알리는데, 이 세 문자들을 제외하면 최대 79개의 문자가 하나의 센텐스를 구성한다.

표 3.1 NMEA0183 버전 4.0에 추가된 센텐스

송신자 (talker)	센텐스 종류
VDR용 상세 알람 정보	AKD, ALA, DOE, TLE, BVE, FIR, GEN, HSS, PRC, TRC, TRD, WAT
레이더	TTD, 캡슐화, 4 목적지/256 센텐스
AIS 연안국 (Shore Station)	ACM, AGA, ASN, BCG, BCL, DLM, ECB, SPO, TFR, TSA, TSP, TSR, VSI
AIS AtoN 지원	ACF, ACG, AFB, AID, CBR, MEB, TPC
선박과 AIS 연안	ADS, CEK, COP, DCR, DDC, FSR, NAK, RST, SID, VER

하나의 센텐스에 포함되는 필드는 적어도 하나 이상은 있어야 한다. 반드시 포함되어야 하는 필드는 '$' 또는 '!' 다음에 나타나는 주소 필드로 이것은 송신자를 식별하는 정보(talker identity)와 센텐스 내에 데이터 필드의 개수, 데이터 타입 그리고 데이터 필드를 전송하는 순서를 규정하는 센텐스 포매터(sentence formatter)를 포함한다. 하나의 센텐스가 포함할 수 있는 필드의 최대 개수는 따로 규정되어 있지 않고 전체적으로 수용할 수 있는 문자의 최대 개수(82)에 의해 제한된다.

이 표준에서 전송이 가능한 센텐스의 종류는 공인 센텐스(approved sentence) (거기에는 두 가지가 포함되어 있다: 매개변수식 센텐스 parametric sentence, 캡슐화 센텐스 encapsulation sentence), 명령(command), 쿼리(query) 그리고 개별기업의 고유(proprietary) 센텐스이다. 공인 센텐스는 이 표준에서 일반적인 용도로 가장 많이 쓰이는 종류이다.

공인 센텐스의 종류 가운데 매개변수식 센텐스는 이 표준에 의해 정의된 공인 센텐스의 대부분이 이 형식으로 전달된다. 매개변수식 센텐스의 시작이 문자 '$'로 시작한다. 캡슐화 센텐스는 특수 목적 센텐스 구조를 띄는데 주로 구체적인 데이터 콘텐츠가 알려져 있지 않을 때 또는 상당히 큰 대역폭이 필요한 경우 활용된다. 이것은 마치 모뎀을 써서 정보를 전달할 때 그 정보가 어떻게 디코딩되거나 해석되는가를 알지 못한 상태에서 전달되는 것과 동일하다. 캡슐화 센텐스는 문자 '!'로 시작한다. 공인 센텐스 가운데 매개변수식 센텐스는 그림 3.4와 같은 요소들의 순서로 구성된다.

$aabbb,c--c*hh<CR><LF>

그림 3.4 NMEA0183 버전 4.0 매개변수식 센텐스 구조

매개변수식 센텐스 구조 내의 각 필드의 의미는 표 3.2와 같다.

예를 들어, $--THS,x.x,a*hh<CR><LF> 센텐스는 실제 뱃머리가 향하는 방향과 상태(THS True Heading and Status)를 알리는 센텐스이다. 센텐스에서 x.x는 실제 뱃머리 방향을 나타내는 각도를 표현하고, a는 "모드 표시자(Mode Indicator)"로 뱃머리 방향과 같이 안전에 직접적으로 관련 있는 정보를 제공할 때 추가되는 정보로서 센텐스내의 데이터가 어떻게 만들어졌고 실제 그것이 유효한 값인지 여부를 나타낸다.

구체적인 모드 표시자로는 표 3.3과 같은 의미를 가지는 문자들이 있다

공인 캡슐화(encapsulation) 센텐스를 써서 정보를 전달하는 경우는 절대적으로 필요할 때만 이어야 하는데, 다음 두 가지 조건 가운데 하나 또는 둘 다 만족이 되었을 때 캡슐화 센텐스를 이용한다.

조건 1) 장비에 의해 데이터 매개변수가 알려져 있지 않다. 예를 들어, ABM 또는 BBM 센텐스가 이 조건에 맞는 것들인데, 이유는 AIS 송수신기(transponder)에 그 콘텐츠가 알려지지 않기 때문이다.

표 3.2 NMEA0183 버전 4.0 매개변수식 센텐스 내의 필드

필드 값	필드 의미
'$'	(ASCII 코드 - 0x24) 공인 매개변수식 센텐스의 시작
aa	주소 필드의 첫 번째 세부 필드로서 송신자의 ID를 타나내는 2 바이트 대문자 또는 소문자 알파벳 문자(선박전자장비 제품 종류를 표현함. 예: AI = AIS)
bbb	주소 필드의 두 번째 세부 필드로서 데이터 타입을 타나내는 3 바이트 대문자 또는 소문자 알파벳 문자(예: THS = True Heading and Status)
','	각 필드는 ',' 로 구분함.
c—c	데이터 센텐스 블록으로 가변길이의 문자 텍스트
'*'	다음 hh가 센텐스 내의 데이터 정보의 무결성을 검증할 수 있는 checksum임을 표시함 '*' 앞에는 ','가 없어야 함.
hh	16진수 값 checksum. '$' 와 '*'을 제외하고 계산
〈CR〉	(ASCII 코드 - 0x0d) 센텐스의 끝을 나타내는 carriage return 키 값
〈LF〉	(ASCII 코드 - 0x0a) 센텐스의 끝을 나타내는 line feed 키 값

표 3.3 NMEA0183 센텐스의 모드 표시자(Mode Indicator)

Mode Indicator	의미
A	Autonomous (자율적으로 발생한 것)
E	Estimated(dead Reckoning) 예측된 것임 (정확하지 못한 추산)
M	Manual Input (사람이 직접 입력한 것임)
S	Simulator (가상실험에 의해 얻어진 것임)
V	Data not valid (유효한 데이터가 아님)

조건 2) 전송하고자 하는 정보가 공인 매개변수식 센텐스를 써서 일반적인 NMEA0183(4,800 baud)와 NMEA0183HS(38,400 baud)에 의한 전송률보다 더 빠른 전송률을 요구한다. 캡슐화 센텐스에서 데이터 필드는 ASCII 코드를 쓰지 않고 6 비트 체제로 표현된다. 따라서 대량의 정보를 캡슐화하면 센텐스 크기를 많이 줄일 수 있고, 부가적으로 보내야 하는 문자들(예를 들어, 필드 구분자 ',')이 줄어든다. 이로 인해 좀 더 높은 전송률을 달성할 수 있다. 예를 들어, AIS 송수신기는 분당 4,500개의 메시지를 처리할 수 있는데 이 사실은 조건 2)를 만족시키는 것이므로 VDM과 VDO 센텐스들은 공인 캡슐화 센텐스로 전송된다.

공인 캡슐화 센텐스 구조는 그림 3.5와 같다.

!aaccc,x^1,x^2,x^3,c--cx^4*hh<CR><LF>

그림 3.5 NMEA0183 버전 4.0 캡슐화 센텐스 구조

캡슐화 센텐스 구조 내의 각 필드의 의미는 표 3.4와 같다.

표 3.4 NMEA0183 버전 4.0 캡슐화 센텐스 내의 필드

필드 값	필드 의미
'!'	(ASCII 코드 - 0x21) 공인 캡슐화 센텐스의 시작
aa	주소 필드의 첫 번째 세부 필드로서 송신자의 ID를 타나내는 2 바이트 대문자 또는 소문자 알파벳 문자(선박전자장비 제품 종류를 표현함. 예: AI = AIS)
bbb	주소 필드의 두 번째 세부 필드로서 센텐스 포매터를 타나내는 3 바이트 대문자 또는 소문자 알파벳 문자로 연이은 데이터의 타입과 연속되는 필드들의 문자열 포맷을 식별함(예: THS = True Heading and Status)
','	각 필드는 ',' 로 구분함.
x1	센텐스 총개수. 종종 캡슐화된 정보는 하나 이상의 센텐스를 요구하는 경우가 있음. 이 필드는 고정 크기 또는 가변 크기 모두 가능함.
x2	센텐스 번호. 여러 센텐스 가운데 어떤 것인지를 식별함.
x3	연속 메시지 식별번호. 하나 또는 그 이상의 센텐스로 구성된 하나의 캡슐화된 메시지를 다른 메시지와 구별하기 위한 식별번호. 이 번호는 이전에 캡슐화 메시지로서 동일한 센텐스 포매터를 사용한 메시지에 연이어 하나씩 증가된 값을 가짐. 최대값에 이르면 0으로 리셋됨.
c—c	데이터 센텐스 블록. 하나 또는 그 이상의 매개변수식 데이터 필드와 하나의 캡슐화 데이터 필드의 시리즈로 구성됨. 각 데이터 필드는 가변길이의 문자 텍스트로 되어 있고, 각각은 ','로 구별됨.
x4	채우는 비트 (fill bits). 6비트로 인코드된 필드의 끝을 채우는 비트의 개수를 나타냄. 캡슐화하기 위해서는 이진 bit의 수가 6의 배수가 되어야 하므로 1~5개의 채우는 비트를 넣어 6의 배수로 수를 맞추는 것임.
'*'	다음 hh가 센텐스 내의 데이터 정보의 무결성을 검증할 수 있는 체크섬(checksum)임을 표시함 '*' 앞에는 ','가 없어야 함.
hh	16진수 값 checksum. '$' 와 '*'을 제외하고 계산
〈CR〉	(ASCII 코드 - 0x0d) 센텐스의 끝을 나타내는 carriage return 키 값
〈LF〉	(ASCII 코드 - 0x0a) 센텐스의 끝을 나타내는 line feed 키 값

예를 들면 그림 3.6과 같다.

!AIVDM,1,1,,1,1P000Oh1IT1svTP2r:43grwb05q4,0*01<CR><LF>

그림 3.6 캡슐화 센텐스의 예

위의 예는 AIS의 VHF 데이터링크 메시지(VDM VHS Data Link Message)이다. 여기서 각 필드의 의미를 살피면 다음과 같다.

- ! : 센텐스의 시작
- AI : 제품 종류 AIS를 나타냄
- VDM : 센텐스 포맷을 결정하는 VDM 데이터 타입을 나타냄
- 1 : 담고 있는 센텐스의 총수
- 1 : 센텐스 번호
- 1 : 사용된 AIS 채널
- 밑줄이 처진 문자들 : ITU-R M.1371 전파 메시지 (전달하고자 하는 데이터)
- 0 : 채우는 비트의 수
- 01 : 체크섬(checksum) (16진수)
- <CR><LF> : 센텐스의 끝 (terminator)

NMEA0183 버전 4.0에서 새롭게 정의된 TAG(Transport, Annotate & Group) 블록은 NMEA0183 센텐스 구조를 확장한 형태를 보인다. TAG 블록은 수많은 종류의 다양한 장비들이 이용되는 선박과 육상의 통신망을 고려하고, 신뢰성이 떨어지거나 지연시간을 예측할 수 없는 통신상황을 함께 고려하면서, 거기에다 많은 송신자와 수신자가 존재하는 복잡한 통신망 환경을 수용하기 위하여 새롭게 제정된 표준 프로토콜이다. 다시 말하면, 점차 육상과 해상의 통신환경이 매우 복잡해져서 한 송신자의 출력이 여러 수신자에 의해 받아들여지기도 하고, 한 수신자가 여러 송신자의 출력을 수신할 수 있는 등의 복잡한 상황들이 빈번하게 벌어지는데 이러한 상황에 적절하게 대응하기 위한 것이 TAG 블록의 주요 목적이다.

이전 버전의 장비와의 통신에도 아무런 영향을 주지 않고 공동 통신채널을 써서 상호 교신하는 방법을 정의하고 있다. TAG 블록이 구현되어 있지 않은 이전 버전의 장비 내에 NMEA0183 센텐스 디코딩 규칙이 정확하게 구현되어 있다면 이 장비는 새롭게 추가된 TAG 블록으로 인해 어떠한 영향도 받지 않는다. 즉 이전 버전의 장비는 TAG 블록을 무시하도록 디코딩 규칙이 되어 있기 때문에 TAG 블록이 존재하지 않는 것 내지는 전혀 의미 없는 것으로 취급하게 되는 것이다.

TAG 블록은 센텐스 상호간의 관계와 센텐스를 생성하고 전달받는 장비들과 센텐스와의 관계를 명료하게 한다. 서로 다른 포매터를 가지는 센텐스들을 포함하는 데이터들을 서로 묶는 데에 이 TAG 블록을 활용할 수 있다. 이를 위하여 이 표준에서 "매개변수-코드(parameter-codes)"라는 새로

운 방법을 제시한다. 궁극적으로는 어떤 형태의 통신망 프로토콜과 관계없이 여러 통신망을 거쳐서 NMEA0183 센텐스를 전송할 수 있게 고안되었다.

TAG 블록은 일반적인 센텐스의 앞(header)에 온다. 문자 '\'로 시작하고 '\'로 끝난다. TAG 블록 다음은 계속해서 통상적인 센텐스가 이어진다. TAG 블록의 일반적인 형태는 그림 3.7과 같다.

\x:value or string,y:value or string*hh\sentence

그림 3.7 NMEA0183 버전 4.0의 TAG 블록의 일반적 형태

TAG 블록의 각 필드의 의미는 표 3.5와 같다.

표 3.5 NMEA0183 버전 4.0의 TAG 블록 내 필드 의미

필드 값	필드 의미
'\'	(ASCII 코드 - 0x5a) TAG 블록의 시작
x	매개변수 코드 (parameter code). 시각, 송신자, 수신자 등을 식별하는 한 문자 (예: s - 송신자 ID, d - 수신자 ID, c - UNIX 시각)
':'	(ASCII 코드 - 0x3a) 매개변수 코드와 그 코드에 대응되는 매개변수 값을 구분하는 문자
value or string	매개변수 코드에 대응하는 매개변수 값 (예: s:r0036 - 송신자 ID가 r0036)
','	(ASCII 코드 - 0x2c) 매개변수 코드와 그 코드에 대응되는 매개변수 값이 연속될 때 그 구분자
'*'	(ASCII 코드 - 0x2a) checksum이 다음에 두 글자로 이어짐을 표시함
*hh	checksum (16진수)
'\'	(ASCII 코드 - 0x5a) TAG 블록의 끝

NMEA0183 버전 4.0에 정의된 TAG 블록을 위한 매개변수 코드는 표 3.6과 같다.

표 3.6 NMEA0183 버전 4.0의 TAG 블록 내 매개변수 코드의 종류

매개변수 코드	의미 및 매개변수에 따른 값 형태
'c'	센텐스가 조성된 시각을 UNIX 시각으로 표현한 것. UNIX 시각은 UNIX가 처음 시작된 시점인 1970년 1월 1일을 기점에서 흐른 시간을 초 단위 또는 ms 단위로 표현한 것. 참고로 하루는 86400 초이므로 하루가 지나면 이 값이 추가되는 셈이 됨.
'd'	수신자 (destination) ID. 수신 장비 또는 이어지는 센텐스를 처리하여야 하는 프로세스를 유일하게 식별하는 영문자와 숫자가 혼합된 문자.

매개변수 코드	의미 및 매개변수에 따른 값 형태
‘g’	센텐스 그룹을 나타내는 숫자
‘n’	라인 카운트. 송신자가 센텐스 앞에 TAG 블록을 붙일 때 이 매개변수를 활성화하면 양의 수로 초기 번호를 매개변수 초기값으로 붙이고, 연이어 센텐스를 보낼 때마다 이 매개변수 코드를 TAG 블록에 포함시키고 앞선 라인 카운트 매개변수 값보다 1씩 증가된 값을 대응시켜야 함.
‘r’	상대적 시각 (relative time). 전송 장비의 생산자에 의해 설정된 초기 시각으로부터 얼마나 시간이 흘렀는가를 나타내는 시각임.
‘s’	송신자 (source) ID. TAG 블록과 연결된 센텐스 또는 센텐스 그룹을 애초 발생시킨 장비를 식별하는 영문자와 숫자가 혼합된 문자.
‘t’	텍스트 문자열. 유효한 문자로 구성되고 자유로운 형태가 가능함. 단, 예약어를 사용해서는 안 됨. 문자열의 끝은 ‘,’ 또는 ‘*’로 마무리되어야 함.

예를 들면 그림 3.8과 같다.

```
\s:r003669961,c:1153612428*77\!AIVDM,1,1,,1,1P000Oh1IT1svTP2r:43grwb05q4,0*01<CR><LF>
```

그림 3.8 TAG 블록의 예

그림 3.8의 예는 그림 3.6의 캡슐화 센텐스(AIS의 VHF 데이터링크 메시지) 앞에 TAG 블록이 있는 구조로 되어 있다. 그것의 구체적인 의미를 살펴보면 다음과 같다.

- s:r003669961 = 송신자(source) ID가 r003669961임. 이 예의 송신자 ID는 TAG 블록과 연결되어(linked) 있는 VDM 센텐스를 보내는 AIS 장비의 ID를 나타냄.
- c:1153612428 = c는 1153612428 값이 이 TAG 블록에 연이어 등장하는 연결된(linked) VDM 센텐스가 만들어져 송신된 시각을 초 단위로 표현한 UNIX 시각임을 나타냄.
- *77 = 앞선 두 매개변수의 코드와 그 값을 전송할 때 발생할 수 있는 오류를 검출하기 위한 16진수 체크섬 값임.
- 연이은 문자 ‘!’로 시작하는 센텐스는 앞서 설명한 이 TAG 블록과 연결된 캡슐화 센텐스를 나타내고, 이 예는 앞서 설명한 대로 AIS 장비가 보내는 VDM 데이터링크 메시지임.

3.4 NMEA2000(IEC 61162-3)

NMEA2000는 '직렬통신 네트워크 표준'이다. 하부망으로 CAN(Controller Area Network)을 활용하여 낮은 비용과 상대적으로 매우 빠른 250 Kbps 전송률로 작동하는 선박내 전자장비들을 서로 엮는 디지털 데이터 통신망에 관한 표준규격(standard protocol)인 것이다.

1) NMEA2000 연혁

2001년 10월 NMEA는 NMEA2000 표준을 완성하고 공표함으로써 해양 전자 장비들을 위한 직렬 데이터 네트워킹의 새로운 기준을 제시하였다. NMEA는 이 표준에 대한 표준화 작업을 1994년에 개시하였다. 표준화를 위한 위원회는 후루노(Furuno USA)와 미 해군 등 25곳의 기업, 연구소, 국가기관 등 다양한 구성원으로 이루어진 다국적 협력체제로 조직되어 표준화 작업을 시작하였다. 오년간의 개발기간이 경과된 후 NMEA2000 표준은 18개월의 추가적인 베타 테스트 기간을 거쳐 완성되었다.

NMEA2000 프로토콜의 하부망으로 설정되어있는 CAN은 원래 자동차에 적용하기 위해 고안된 통신 인터페이스로서 실시간 엔진과 트랜스미션 제어, ABS 제동장치 그리고 복잡한 자동차 차체 요소장치들을 묶는 선로를 대체하기 위해 만들어졌다. CAN은 현재 자동차뿐만 아니라 산업 여러 분야에 적용되어 엄격하면서 결정론적(deterministic) 실시간 통신 프로토콜의 역할을 하고 있다. 국제표준화기구(ISO)에서는 CAN을 농업기계에 적용한 표준으로 받아들여 ISO 11783로 활용하였다. 그리고 NMEA는 위의 경우와는 다른 데이터와 명령어 형태가 통신망에 실리는 상황임에도 불구하고 선박내 하부 통신망 프로토콜로 CAN을 채택하여 데이터링크 계층 프로토콜을 형성하였다. NMEA 표준위원회 2000 작업단은 물리 계층으로 ISO 11898-2에 의거한 고속 트랜시버를 활용하는 것으로 NMEA2000을 규정하였다.

2) NMEA2000 필요성

선박내의 각종 장비, 센서와 제어 시스템 그리고 정보를 수집하고 공유하는 일들이 급속도로 증대되고 있다. 이런 일들은 선박의 여러 부분에서 동시에 발생하는데, 엔진실로부터 브리지에 이르기까지 관리 담당자에게 전달이 되는 것은 말할 것도 없고 심지어는 위성통신 링크를 통해 선박과 먼 거리에 뚝 떨어져 있는 선주의 사무실까지 전달되는 상황이다. 정도의 차이는 있지만 원양을 다니는 큰 선박, 연안을 주로 다니는 작은 선박, 고깃배, 레저용 보트에서 발생하는 이런 일들로 인해 다양한 기능을 갖춘 데이터 통신 표준이 절실히 요구된다.

데이터 통합을 제공하는 공통의 열린 통신망 표준이 존재하지 않는다면 장비를 설계하는 사람들은 여러 데이터 입력을 처리하기 위해 반드시 비싼 추가비용을 들여 새로운 선로를 추가적으로 배에 포설해야 할 것이고, 거기에다 이들을 하나로 묶어 단일 채널로 만드는 장비를 사용해야 할 것이다.

선박내의 엔진, 기계 또는 내비게이션 시스템과 같은 개별적인 시스템들은 상대적으로 사전에 지정된 단조로운 특정 기능만을 수행하고, 종종 ms(milli-second) 단위로 운전 상태나 데이터가 측정되어야 하는 실시간성을 요구하는 특성을 가지고 있다. 반면에 연결되는 노드의 수가 상대적으로 그리 많지 않다는 특성도 함께 보인다.

이 시스템들은 다른 복잡한 통신망에 비해 전송되는 데이터 크기가 더 작고 시스템의 크기가 더 작고 독립적으로 운영이 가능한 형태를 띤다. NMEA2000 통신망을 적용하면 저렴한 센서와 액추에이터들을 하나로 묶어 더 큰 시스템으로 꾸밀 수 있고, 다른 선내 통신망(예: HSB2, Magic bBus, Marine Network, N2, NavNet, SeaTalk 그리고 SmartCraft)의 경우에 견주어 노드 당 비용면에서도 상당한 비용을 절감할 수 있는 장점을 가진다.

낮은 비용으로 적절한 성능(250 Kbps)을 내고, 양방향으로 다중 송신자가 다중 수신자에게 한꺼번에 송수신이 가능한 장치 통신망(instrument network)인 NMEA2000(IEC61162-3) 표준 프로토콜이 어떻게 선박내 전자장비들에 적절하게 적용되어 전반적인 선내 통신망 표준으로 활용될 수 있는지를 그 구체적인 표준 스펙(standard specification)을 통해 살펴본다. 표준 스펙은 ISO의 표준 통신프로토콜에 대한 참조모델인 OSI(Open Systems Interconnect) 7 계층 참조모델에 따라 설명된다.

3) NMEA2000 특징

NMEA2000 망에서는 다수의 전자장비가 하나로 연결되어 공통 채널을 통해 쉽게 데이터를 공유하는 것이 가능하다. 이 표준은 하나의 통신망 규격이므로 여러 장비가 제각기 데이터를 임의의 순서와 시점에 송수신할 수 있기 때문에 망 참여자들의 행위를 구속하기 위하여 좀 더 포괄적인 규칙들을 담고 있다. 하부망으로 채택된 CAN 프로토콜의 part B가 그대로 적용되기 때문에 위에서 언급한 규칙도 그것에 의해 대부분 규정된다. 구체적으로 통신망 통신매체에 대한 접근제어, 패킷 전송 그리고 에러 감지를 위한 규칙이다. 2008년 6월 IEC에서 61162-3 규격으로 최종 승인하였다.

하나의 NMEA2000 망을 새롭게 설계하고 설치하여 여러 응용에 활용하기 위하여 필요한 요소들은 다음과 같다.

- CAN에 의해 데이터를 전송하기 위하여 사용되는 시퀀스(sequence)에 대한 정의.
- 망 내 장비들을 식별하고 각 노드에 주소를 지정하는 일관된 방식.
- 데이터를 요청하고, 명령과 응답을 전송하고, 망에 데이터 블록을 전송하기 위한 일반 규칙.
- 망에 뿌려지는 표준 데이터 메시지들과 일반제조업체가 개별적으로 망에 뿌리기도 하는 독자적인 고유 메시지(proprietary message)에 대한 정의와 설명.

NMEA2000은 선내 전자장비들을 서로 묶는 직렬 데이터 통신망을 구현하는 데 필요한 최소한의 요구사항을 규정하고 있다. 위와 같은 요소들이 만족되면 단일 신호채널을 통해 명령과 상태 정보를 포함하는 데이터를 다른 호환 장비들과 공유하는 것이 가능하게 된다. 여러 송신자가 여러 수신자들에게 데이터 전송이 가능하고, 250 Kbps의 전송률인 경우 200미터의 망 크기로 통신망 구성이 가능하다. 최대 수용할 수 있는 노드 수가 50개이고, 분산형 접근제어를 하는 통신망으로 하나의 망 제어기(controller)에 의하지 않고 다수의 마스터(multi-master)가 제어를 수행한다. 참고로, 지원되는 전송률과 거기에 따른 망 크기를 이론적으로 계산하면 다음과 같다.

- 1000 Kbps → 25 미터
- 500 Kbps → 75 미터
- 250 Kbps → 200 미터
- 125 Kbps → 500 미터
- 62.5 Kbps → 1100 미터

NMEA2000 망의 주요 특징을 요약하면 표 3.7과 같다.[9)]

데이터 메시지는 데이터 프레임이 연속하는 형태(sequence of data frames)로 전송되는데, 각각 프레임들에 대한 에러 검출과 전달이 튼튼하고 확실하게 이루어진다. 제어와 에러 검출 비트 이외에 8바이트 데이터 필드와 29비트 식별자 필드(CAN part B 프로토콜로부터 원용)를 가지고 있어 메시지의 우선순위를 지정하고 데이터 메시지, 송신자 그리고 수신자를 식별할 수 있다. 데이터 프레임 전체에서 실질적으로 데이터 전송에 필요한 비트들은 전체 전송되는 비트의 최대 절반에 불과하여 이 표준은 주로 상대적으로 간단한 데이터 메시지를 송수신하는 데에 적합하다.

표 3.7 NMEA2000 망의 주요 특징

분야	망 특성
망 구조	· 버스(병렬) 배선 설정은 4-선 꼬임쌍선을 써서 인터페이스와 데이터 신호를 동작시키기 위한 전력을 공급함 · 양끝에 터미네이터가 있고, 백본 케이블과 연결되어 있는 여러 단거리 드롭 케이블 (다른 쪽 끝은 각 장비에 연결됨)로 되어 있는 선형 망 형태
망 운영	· 망 접근: CAN의 캐리어 감지/다중접속/충돌조정 방식(CSMA/CA) · 단일 중앙제어 노드 없이 다중 마스터(multi-master)가 운영하는 방식 · 자동 설정 (self-configuring) 이므로 새로운 장비를 덧붙이거나 기존 장비를 제거할 때 사람이 직접 설정할 필요 없음 · 진단을 위한 특별한 망 도구는 운영에 필요 없음
망 크기	· 물리적인 노드의 수: 최대 50개 연결 · 논리적인 노드의 수: 최대 252망 주소를 부여할 수 있음 · 길이: 최대 200미터(250 Kbps인 경우)

그 메시지들은 주기적으로 생성, 필요할 때 전송 또는 쿼리 명령을 이용해서 온디멘드(on-demand 필요할 때마다 생성되는) 방식으로 발생된 데이터들이다. 대표적인 데이터에는 이산 매개변수 값으로 위도와 경도로 표현되는 위치정보, GPS 상태 값, 자동항법장치의 스티어링 명령 또는 특정 개수의 매개변수 값들로 된 목록(예: 항로지점들) 그리고 너무 크지 않고 적당한 크기의 데이터 블록(예를 들어, 전자해도 데이터베이스 업데이트 데이터) 등이 있다.

참고로, 이 표준은 레이더, 전자해도, 비디오 데이터 그리고 집중된 데이터베이스 접근으로 인한 데이터 또는 파일 전송 응용과 같은 대용량의 데이터 송수신이 이루어져야 하는 응용 즉, 광대역(wide bandwidth)을 요구하는 응용을 지원하는 의도로 만들어지지는 않았다.

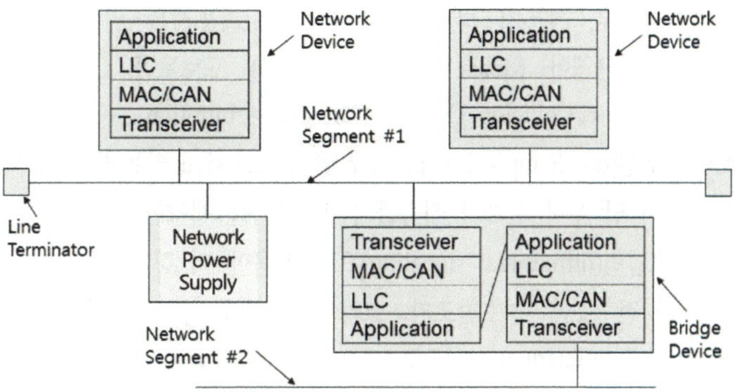

그림 3.9 NMEA2000 망의 전형적인 예[10)]

NMEA2000 망이 가질 수 있는 토폴로지의 예를 들면 그림 3.9와 같다.

이 표준에는 ISO/OSI 7계층 참조모델에 준거하여 통신 프로토콜이 계층별로 정의되어 있다. NMEA2000 망에서 요구하는 기능을 구현하는 데 필요한 응용 계층에서 물리 계층까지 망라하여 정의되어 있다. 계층별 프로토콜을 요약하면 표 3.8과 같다.

표 3.8 NMEA2000 계층별 프로토콜 요약

계층	프로토콜 요약
물리	신호 전압, 케이블링, 커넥터들에 관한 표준
데이터링크	기본적으로 ISO 11783-3 표준을 원용하고 추가적으로 필요한 부분을 추가한 것
네트워크	향후 정의될 부분으로 아직은 정의되어 있지 않음
네트워크 관리	기본적으로 ISO 11783-5 표준을 원용하고 추가적으로 필요한 부분을 추가한 것
응용	이 표준에 의해 정의되어 있고 개별 제조업체를 위한 고유 메시지 제공에 관한 것을 포함함

4) NMEA2000 물리 계층

망 연결자(network connector) 간의 실제적인 링크에 대한 전기적이고 기계적인 특성을 정의하고, 이 표준에서 원용하는 CAN 장비와 망 인터페이스의 기준 특성(references characteristics)을 규정한다.

물리 계층에서의 전기 특성은 구체적으로 다음과 같다:

- ISO11898(도로, 자동차 디지털정보 교환, 고속통신을 위한 CAN)에서 정의한 CAN의 MAC(매체접근제어 Media Access Control) 프로토콜 CSMA/CD-AMP(Carrier Sense Multiple Access/Collision Detect – Bitwise Arbitration).
- CAN은 우성(dominant - 논리값 0) / 열성(recessive – 논리값 1) 비트 전송을 활용함.
- 시간지연과 망 부하 한계가 전송률과 망 크기를 제약함.
- 차동 시그널링(differential signaling)으로 잡음에 더 강해짐.
- 망 단일지점 공동 신호참조가 그라운드 전압 수준을 제어하고 RFI(전파방해 Radio Frequency Interference)를 줄임.

해상의 선박 환경은 전기적으로 매우 잡음이 심한 환경이다. 발전기, 모터 그리고 릴레이로부터 발생하는 상호간섭 신호들이 이 환경을 관통하는 선로들에 타고 들어와 인터페이스 단자에 인입된다. 이러한 종류의 상호간섭의 영향을 최소화하기 위해 이 표준에서는 차동 송수신자를 규정하고 있다.

차동 시그널링은 모든 노드에 전원이 인가된 인터페이스 회로와 단일 신호 참조를 필요로 한다. 단일지점 공통 신호참조는 그라운드 루프로 인해 야기되는 전파 상호간섭을 회피하기 위해 필요하고 두 노드간 그라운드 전압 수준의 제어를 유지하기 위해 규정되어 있다. 각 장비에 있는 신호 송수신자(transceivers)가 오직 백본으로부터 전원을 공급받고, 다른 어떠한 전원 소스나 장비로 이어진 전기적 연결로부터 송수신자를 격리시킴으로써 공통 신호지점 참조를 성취한다. 이 표준의 이런 기본적인 특성은 대부분의 다른 망과 다른 점이고, 이것으로 아주 다양한 높은 임피던스와 저전력 장비들을 먼 거리를 두고 연결할 수 있다.

이 표준은 만약 백본 케이블과 노드의 수가 충분히 적은 경우 선박내 12 V 배터리를 망의 전원으로 사용할 수 있도록 허용한다. 그것을 쓰지 않는 경우 조정이 이루어지고 있는 하나 또는 그 이상의 전원공급장치가 쓰일 수도 있다.

단일전원과 공동신호는 망의 백본 케이블을 써서 분배되거나 더 강한 전류가 필요한 경우 개별적인 장비에만 연결된 전용 꼬임쌍선(dedicated twisted pair cable)에 의해 공급된다. 이러한 특성으로 장비들은 망 전원공급원으로부터 추가 작동에 필요한 전류를 끌어다 쓸 수 있고, 인터페이스 회로의 복잡도를 최소화시킬 수 있다.

어떤 경우이든 인터페이스 회로를 위한 전원과 공동신호는 망 장비에 있는 다른 전원이나 그라운드에 절대 연결되지 않아야 한다. 이러한 격리를 구현하는 방법은 크게 두 가지이다. (1) 각 장비 내에 격리회로를 둔다. 구체적으로 예를 들면 광분리소자(opto-isolator)가 있다. 이것은 장비의 다른 전기적 인터페이스와 NMEA2000 망 인터페이스 사이에 높은 임피던스를 발생시킨다. 다른 전기적 인터페이스는 아날로그나 디지털 입출력을 포함하고 거기에다 장비 내의 CAN 제어기와 다른 회로에 전원을 공급하는 회선도 포함된다. (2) 장비에 망 전원과 망 공동신호 이외에 다른 전원과 그라운드가 연결되지 않게 한다. 이 경우는 디스플레이나 센서들과 같이 NMEA2000 망 이외에 인터페이스가 없는 장비에 알맞다. 이들은 작동하는 데 필요한 전원을 망으로부터 공급받고 독립적인 패키징과 마운팅으로 설계되어있다. 추가적으로 인터페이스 연결자에 있는 모든 터미널과 장비의 다른 연결지점 사이에 교류(AC)와 직류(DC) 격리가 요구된다. 이것도 위에서 언급한 대로 두 가지 방식 광분리소자 회로나 배선과 패키징 설계로 가능하다.

망 신호는 두 개의 신호 선로에 차동 신호가 실린다. 망에서 신호는 두 상태를 표현하는데, 논리적인 0 값으로 우성 상태(dominant state)와 논리적인 1 값으로 열성 상태(recessive state)를 나타낸다. 전원이 꺼져 있을 때는 인터페이스가 열성 상태에 있는 것으로 만들어져야 한다. 인터페이스 회로는 직류 9.0 V ~ 16.0 V에서 작동해야 한다. 망 케이블에 의해 전달되는 전류의 양은 제한되기 때문에 전용 전원을 연결해서 부가적인 전류 수요에 대응할 수 있으나 이 연결은 반드시 라벨을 달아야 하고, 물리적으로 다른 전원과 그라운드 연결과 분리하고 격리시켜야 한다. 높은 부하가 걸리는 노드들의 수가 늘어날수록 케이블 내의 직류 손실이 급격하게 발생함을 신중하게 고려하여 망의 크기와 경로를 선택해야 한다.

케이블은 무거운 것과 가벼운 것 등 두 가지가 있다. 내구성과 안전을 위해 튼튼한 선내 장비의 기준 이상으로 맞는 규격을 탐색하였고 개방장비망협회(ODVA Open Device Network Association) 물리 계층의 케이블과 커넥터 규격을 표준으로 선택하였다. 원래 ODVA 규격은 자동차, 로봇 그리고 다른 매우 거친 환경을 위한 케이블과 커넥터 표준이다. 케이블은 전송라인으로 특징적인 임피던스와 전송지연 요구사항 모두를 만족해야 하고 직렬 전원공급을 위한 거리에 대한 요구사항도 만족해야 한다.

망 백본 케이블에 연결하는 방법은 두 가지가 있다: 배리어 스트립(barrier strip)을 쓰든지 아니면 표준 케이블과 커넥터를 쓰는 법이다. 백본 케이블의 세그먼트들을 연결하거나 케이블의 양 끝에 있는 터미네이터를 연결할 때, 망 전원을 연결할 때 그리고 노드를 연결할 때 사용된다. 그림 3.10은 NMEA2000 표준 케이블과 커넥터의 예를 보여준다.

배리어 스트립은 보호된 위치에서 연결될 때나 날씨에 견디는 막음 처리가 되어 있는 곳에 설치될 때만 사용되어야 한다. 백본을 연결할 때 쓰이는 커넥터는 5핀 형이고 사용되는 케이블 종류(무거운 것과 가벼운 것)에 따라 커넥터도 두 종류가 있다. 커넥터는 T자형 3포트 커넥터, 케이블 끝 커넥터, 벌크헤드-마운트 커넥터 그리고 내부적인 끝단 저항을 가지는 특수 커넥터 형태 등이 있다. 그림 3.11에서 NMEA2000의 백본망이 표준 커넥터로 연결되어 있고, 장비와 백본망이 드론 라인을 통해 연결된 예를 볼 수 있다.

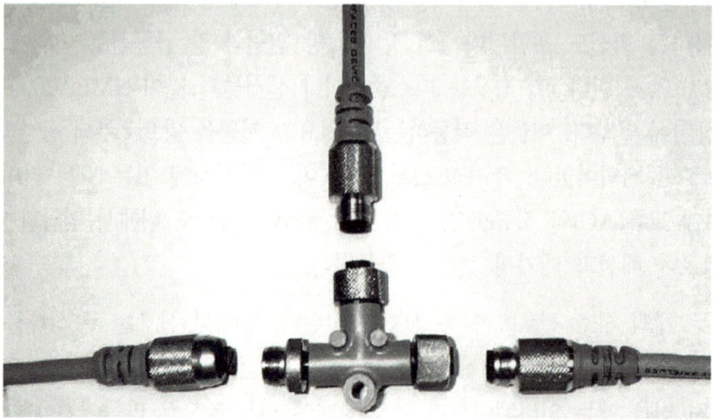

그림 3.10 NMEA2000 표준 케이블과 커넥터[11)]

그림 3.11 표준 커넥터로 백본망과 장비가 연결된 예[12)]

5) NMEA2000 데이터링크 계층

가상적으로 SAE J1939-21의 데이터링크 계층과 동일한 ISO 11783-3 국제표준의 데이터링크 계층을 참조하여 완성하였다. SAE J1939 표준은 트럭, 버스 그리고 트레일러를 위한 CAN 기반 통신망으로 개발되었다. 이 표준은 ISO에 의해 농기계와 농기구를 위해 표준으로 채택되었었다. NMEA2000 데이터링크 계층에서는 이 표준 전체를 원용하고 추가적으로 좀 더 개선된 특성과 기능을 제공한다. 추가된 내용은 NMEA2000에 담기는 데이터 포맷과 형식을 더 잘 지원하고, 선박을 위해 설계, 설치되고 동작하는 전자장비에 딱 맞는 방식을 지원하기 위한 것이다.

물리 계층과 마찬가지로 데이터링크 계층도 통신매체 접근을 위해 CAN에서 선택된 요구사항이 있다. UART(범용 비동기 송수신기 Universal Asynchronous Receiver and Transmitter)보다 성능 측면에서 더 나은 CAN의 기능은 다음과 같다.

- 망에 전송될 직렬 비트 스트림을 생성함.
- 보낼 데이터가 있을 때 그 장비가 망에 접근. 이 일은 망이 일을 하고 있는지를 감지함으로써 가능함. 다른 장비와 충돌이 있는 경우 CAN은 상호 전송 비트들을 우성 비트가 승리하는 방식으로 비트 단위로 비교하여 장비간의 매체 접근이 조정됨(CSMA/CD-AMP). 비록 실제 충돌이 발생한 상황일지라도 이 방식에 의해 통신망의 전송 가능 시간을 낭비하지 않게 됨. 참고로, 이더넷의 CSMA/CD 방식에서는 충돌이 나면 임의의 시간을 기다리게 하여 다시 전송을 시도하는 방식을 써서 충돌 후 재전송까지 시간을 낭비하게 되는 결과를 낳음.

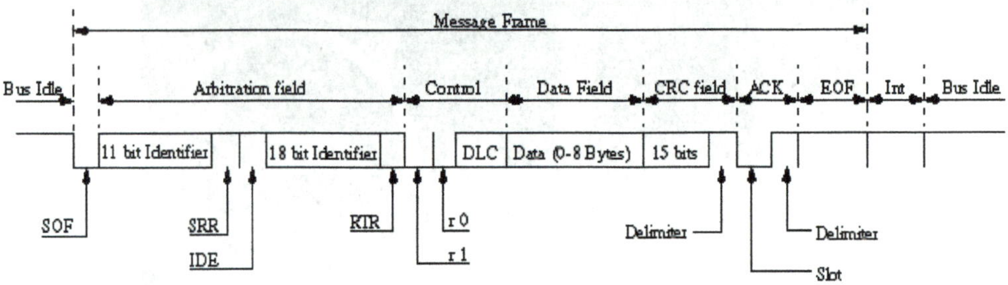

그림 3.12 NMEA2000에 채택된 CAN 버전 2.0B의 프레임 구조[13)]

- 잘못 전달된 메시지에 대해 에러 검출과 자동 재전송 수행. CAN은 특정 노드가 에러를 반복적으로 발생시키고 있음을 자동적으로 감지하고 그 노드를 망에서 격리시켜 망의 다른 부분을 보호함.

NMEA2000 표준이 정의한 메시지 프레임은 CAN 버전 2.0B에 의해 사용되는 직렬 데이터 프레임을 그대로 사용한다. 그림 3.12에 NMEA2000에 채택된 CAN 버전 2.0B의 프레임 구조가 있다.

여기에는 송수신자를 식별하기 위한 29비트 식별자 필드가 있다. 그리고 0에서 8바이트(64비트)까지의 실제 송수신하고자 하는 데이터 필드가 있다. 그 외에 프레임의 시작과 끝을 나타내는 비트(SOF, EOF), 예약된 비트(지금은 쓰이지 않는 비트), 제어 비트, 15비트 CRC(순환중복 Cyclic Redundancy Check) 에러검출 그리고 응답(ACK Acknowledgement) 비트로 구성된다.

NMEA2000의 데이터링크 계층의 기능은 다음과 같다.

- CAN의 8바이트 데이터 필드와 29비트 식별자 필드가 쓰이는 방식 정의.
- 제조사의 고유 메시지(proprietary message) 보내는 방법 제공.
- 하나의 8바이트 CAN 프레임에 맞지 않는 데이터를 전송하는 방법 정의.
- 데이터를 요구하고, 장비에 명령을 전송하고, 요구와 명령에 응답하는 데 쓰이는 공통 메시지의 집합 정의.

NMEA2000에서는 29비트 식별자 필드를 ISO11783 표준대로 활용한다. 망에 뿌려질 때 빅엔디안(big endian) 방식으로 가장 높은 비트(bit 28)가 가장 먼저 망으로 빠져 나간다. 식별자 필드의 비트 위치별 의미가 표 3.9에 정리되어 있다.

표 3.9 NMEA2000 프레임의 식별자 필드(identifier field)

비트	의미	설명
28-26	우선순위	망 접근 조정 시에 가장 중요한 비트 데이터
25-24	예약	미래의 사용을 위해 예약(현재는 쓰이지 않음)
23-16	Byte A의 데이터 ID	전송되는 데이터의 PGN(매개변수 그룹번호 parameter group number)의 상위 바이트
15-08	Byte B의 데이터 ID	전송되는 데이터의 PGN(매개변수 그룹번호 parameter group number)의 하위 바이트 비-글로벌 데이터 그룹을 위한 목적지 주소
07-00	송신자 주소	이 표준에 의해 정의되어 있고 개별 제조업체를 위한 고유 메시지 제공에 관한 것을 포함함

가장 먼저 전송되는 비트 데이터(비트 28-26)는 망 접근 우선순위 비트이다. 이 필드의 각 비트 데이터가 통신 매체에 접근 시에 충돌이 발생했을 때 망 접근 조정을 실시할 때 사용된다. 메시지들은 모든 노드들이 활용하는 데이터를 방송하든지(예: GPS 위치정보) 아니면 특정 노드로 지정되어 전송되기도 한다. 방송되는 메시지는 비트 23-08 사이 필드를 이용하여 식별된다. 주소가 특정 지어지는 메시지(비-글로벌 데이터 그룹)는 비트 23-16(1 바이트)로 식별되고 두 번째 바이트는 수신자 주소로 쓰인다. 마지막 필드(비트 07-00)는 송신자 노드의 주소로 쓰인다.

대부분의 메시지는 특정 노드를 목적지로 하는 메시지가 아니라 모든 노드에게 방송되는 메시지로 만들어진다. 주소가 특정 지어지는 메시지는 한 바이트를 가지고 주소를 지정해야 하기 때문에 주로 망 관리용(요청, 명령, 응답, 에러보고 그리고 제조자 고유 메시지)으로 쓰인다.

송신자 주소는 전송되는 모든 프레임에 포함되고 수신자(목적지) 주소는 글로벌 메시지가 아닌 경우에만 모든 프레임에 포함된다. NMEA2000에서 주소 개념은 매우 중요하다. 통신망에서 물리적인 연결의 최대 개수를 규정하기 때문이다. 여러 물리적인 망 연결들이 하나의 이름이나 특정 주소를 가져 각 물리적인 망 연결 단위로 개별적으로 식별되지 않기도 하고, 반대로 하나의 물리적인 연결이 여러 기능적 주소를 가지는 하나의 위치일 수도 있다. 망에 연결될 수 있는 기능적 연결의 최대 개수는 252개다.

메시지는 최대 8바이트(64비트) 데이터가 단일 CAN 프레임에 담겨 전송된다. 8바이트 이상 전송하고자 할 때는 다음 두 가지 방식 가운데 하나를 사용한다. (1) ISO 11783-3 프로토콜에 근거한 다중-패킷(multi-packet) 전송기법을 쓰면 최대 1,785바이트까지 전송할 수 있다. 이 방식에서는 수신자가 데이터 흐름을 시작, 중단, 제어할 수 있는 흐름제어도 제공된다. (2) NMEA2000에서 쓰이기 위해 정의된 많은 메시지가 8바이트를 넘지만 1,785바이트까지는 되지 않기 때문에 이 표준에서는 최대 223바이트 데이터까지 전송할 수 있는 고속-패킷(fast-packet) 전송기법이 정의되어 있다. 여기서는 연속적으로 프레임을 보내는 것이 가능하다. 첫 프레임은 데이터 바이트 가운데 두 바이트를 이용하여 메시지 크기, 순서번호(동일 형태의 고속-패킷 메시지들을 구분하기 위함), 프레임 번호를 지정한다. 그 뒤에 연속되는 각 프레임에는 하나의 데이터 바이트를 써서 순서번호와 프레임 번호를 지정한다.

다중-패킷 메시지 전송방식은 데이터전송 프로토콜(PGN 60160), 연결관리전송 프로토콜(PGN 60416)을 활용한다. 다중-패킷 프로토콜은 전송되는 PG(매개변수그룹)의 식별정보(PGN)가 데이터 필드에 들어있어야 하고, 흐름제어(연결관리), PDU2 포맷으로 된 방송 메시지를 위해 프레임 간 시간간격을 적어도 50 ms는 유지하도록 규정하고 있다.

고속-패킷 메시지 프로토콜은 최대 223바이트까지 전송 프로토콜(transport protocol) 없이 보낼 수 있는 프로토콜이고, CAN 규정(ISO 11898) 이상의 프레임 간 시간간격을 유지하지 않아도 전송할 수 있다. 고속-패킷 매개변수그룹들은 매개변수그룹 설계단계에서 정의되고, PGN은 각 메시지의 식별자 필드에 담긴다. 이점은 단일 프레임으로 구성되는 메시지와 동일하다.

NMEA2000에서는 NMEA2000이 지원하는 모든 매개변수그룹에 대해 어떻게 전송하는지에 대해 정의하고 있다. 그 가운데 고속-패킷 전송방식이 대부분인데 그 이유는 데이터 크기 때문이다.

NMEA2000 표준에서 지원하는 데이터 전송하는 세 가지 방식의 특성을 표 3.10에 요약 정리하였다.

표 3.10. NMEA2000 데이터 전송방식 특성비교[14)]

단일 프레임	ISO11783 다중-패킷	NMEA2000 고속-패킷
8바이트 데이터	1785바이트 데이터까지 전송 가능	223바이트 데이터로 제한
목적지는 PGN에 의해 정의된 대로만	방송 PGN* (8바이트보다 큰 경우)을 특정 장비로 전송 가능	목적지는 PGN에 의해 정의된 대로만
핸드셰이킹 없음	핸드셰이킹 포함(스마트 전송 기법)	핸드셰이킹 없음
전송 프로토콜 지연 없음	고속-패킷 방식보다는 동일 데이터 전송 때 더 오래 걸림	223바이트까지 보내는 경우에는 시간이 덜 걸림. 전송 프로토콜 지연 없음
모든 산업체에서 구현됨	모든 산업체에서 구현됨	새로운 프로토콜

*PGN: Parameter Group Number(자세한 사항은 8) NMEA2000 응용 계층 참조)

NMEA 장비는 NMEA2000 망, ISO 11783 망, SAE J1939 망 또는 기타 ISO 11783 기반 망에 연결될 수 있다. 적절한 통신망 작동을 위하여 NMEA2000 장비는 다음과 같은 세 가지 방식으로 "reply in kind"(동일하게 응답) 하여야 한다.

- 만약 요청이나 명령이 응답(response)을 필요로 하고, 그것이 고속-패킷이나 단일 프레임 데이터 전송방식으로 수신되었을 때, 그에 대한 응답도 동일하게 고속-패킷이나 단일 프레임 데이터 전송방식으로 전송된다.
- 만약 요청이나 명령이 응답(response)을 필요로 하고, 그것이 다중-패킷 방송 데이터(BAM Broadcast Message) 전송방식으로 수신되었을 때, 그에 대한 응답도 9바이트 이상이면 동일하게 다중-패킷 BAM 데이터 전송방식으로 전송된다. 만약 응답이 9바이트보다 적으면(기본적인 응답방식이 고속-패킷이 아닌 경우) 응답은 단일 프레임으로 전송된다.
- ISO 요청에 대해 응답할 때는 응답단위가 요청한 단위의 송신자 주소에 근거한 응답을 결정하지 않는다. 다시 말하면, 만약 하나의 단위가 요청된 PGN을 망에 있는 단위들 가운데 한 단위에게 보낸다면, 망에 있는 어떠한 단위가 요청하더라도 그 단위는 반드시 요청된 PGN을 보내야 한다.

NMEA2000에서 ISO 다중-패킷 데이터 전송방식을 구현할 때 장비가 반드시 1,785바이트의 데이터를 처리할 수 있도록 강제하지 않는다. 이유는, 이것이 요구사항이 아니라 일종의 가능 상한치(upper-bound)이다. NMEA2000 장비들은 적어도 고속-패킷 데이터 전송방식에서 지원하는 크기만큼의 다중-패킷 메시지를 송수신할 수 있다. 여기는 최소 요구 메시지를 포함한다. 예를 들어, NMEA 장비가 송수신하고자 하는 최대 메시지가 80바이트 데이터이면, 이는 고속-패킷 또는 다중-패킷 어떤 것을 써도 전달이 가능한 데이터 전송량이 되는 것이다.

NMEA2000 장비는 적어도 다음 메시지들을 동시에 수신(concurrent reception)하는 것을 지원한다.

- 1개의 단일 프레임 메시지
- 2개의 고속-패킷 메시지
- 1개의 고속-패킷 방송 메시지
- 1개의 다중-패킷 RTS/CTS 세션

고속-패킷 메시지 전송방식에서 첫 프레임에 포함되는 필드들을 자세하게 살펴보면 다음과 같다:

(1) ISO 11783-3에 의거한 식별자 필드:

- 메시지 우선순위, 예약 비트 그리고 데이터 페이지 비트.
- 현재 전송되고 있는 매개변수그룹의 PGN.
- 메시지가 단일 주소로 향하는 메시지인 경우 목적지 주소, 만약 그렇지 않으면 글로벌 주소.
- 송신자의 발신 주소.

(2) 데이터 필드:

- 바이트 1:
  - 비트0 – 비트4 = 00000. (비트0가 LSB)
  - 비트5 – 비트7 = 3-비트 순서 카운터. 동일 PGN을 가진 고속-패킷 메시지들을 구분하여 식별하기 위한 것. (비트5가 LSB)
- 바이트 2 = 메시지에서 전달하는 데이터 바이트 총수. (0 ~ 223) 이 수는 첫 프레임의 데이터 바이트와 이어지는 프레임의 데이터 바이트를 포함.

최대 31개까지 추가적으로 연이어 보낼 수 있는 프레임이 포함하는 것은 다음과 같다.

(1) ISO11783-3에 의거한 29-비트 식별자 필드:

- 메시지 우선순위, 예약 비트 그리고 데이터 페이지 비트.
- 현재 전송되고 있는 매개변수그룹의 PGN.
- 메시지가 단일 주소로 향하는 메시지인 경우 목적지 주소, 만약 그렇지 않으면 글로벌 주소.
- 송신자의 발신 주소.

(2) 데이터 필드:

- 바이트 1:
  - 비트0 – 비트4 = 1 ~ 31, 5-비트 프레임 카운터.
  - 비트5 – 비트7 = 첫 프레임에 기록된 것과 동일한 값의 3-비트 순서 카운터.
- 7-바이트의 전송 데이터.
- 고속-패킷 메시지에서 마지막 프레임 내에 쓰이지 않는 비트들은 논리적 “1” 비트로 채워져야 함.

단일 프레임으로 정의되어 있지 않은 매개변수그룹은 항상 고속-패킷 전송방식이나 ISO 11783-3 다중-패킷 전송 프로토콜을 활용하여 전송한다. 단일 프레임으로 정의되어 있지 않은 매개변수그룹은 비록 메시지 크기가 8바이트보다 작은 경우에도 첫 프레임의 첫 두 바이트를 반드시 써서 프레임 카운터, 순서 카운터 그리고 메시지 크기를 나타내고 전송된다.

모듈로 7 순서 카운터(0에서 6까지 하나씩 증가하다가 다시 0으로 돌아가서 6까지 하나씩 증가하는 것을 반복적으로 함)는 동일한 송신자 주소를 가진 동일 PGN이 전송될 때마다 1씩 증가시킨다. 개별 순서 카운터를 써서 각기 동일한 송신자 주소를 가진 서로 다른 PGN이 전송되는 수를 카운트한다.

동일 PGN을 가진 고속-패킷 메시지는 100 ms 이하의 간격으로 전송되기도 한다. 연속되는 고속-패킷 메시지는 추가적인 프레임 간 지연 없이 전송되기도 한다. 마지막 수신된 프레임이 나타난 이후 750 ms 타임아웃에 도달하면 고속-패킷 메시지는 불완전한 것으로 간주된다. 단일 프레임이 아니고, 그룹 확장을 이용하여 PDU2 포맷으로 설계된 매개변수그룹이 하나의 특정 주소로 전송될 때는 ISO 11783-3 전송 프로토콜을 이용하여 전송된다.

마지막 데이터링크 계층의 기능은 데이터를 요청하거나 다른 장비에게 명령을 내릴 때 쓰는 표준 메시지와 이에 대한 응답 메시지를 제공하는 것이다. NMEA2000는 요청 메시지에 관해 요청된 데이터가 전송될 시간간격을 지정할 수 있게 하고, 메시지에 담겨있는 특정 필드에 의해 요청이 이루어질 수 있게 한다. 예를 들어, 항로중간지점(waypoint) 정보는 항로중간지점에 대한 위치, 이름, 번호 그리고 심벌을 가진다. 그럴 때 NMEA2000 요청 메시지는 위의 정보종류 가운데 이름(혹은 번호)을 지정함으로써 항로중간지점 정보를 요청할 수 있는 것이다.

6) NMEA2000 네트워크 계층

송신자(출발지)에서 수신자(목적지)까지 데이터가 단일 통신망을 통과하는 경로를 결정하는 경로 탐색(routing) 프로토콜이다. 브리지, 라우터 또는 게이트웨이가 망 세그먼트들을 연결할 때 쓰이는 경우 여러 개의 경로들이 발견되고 제공될 수도 있다. 그러나 CAN에서 규정하고 있는 전송지연시간의 결정론적인 특성은 라우터 장비를 사용하는 망 세그먼트에서는 약해지고, 실시간 제어 응용이 지원되지 않을 수도 있다. 구체적인 NMEA2000 네트워크계층 규약 표준은 아직 정해지지 않았고 향후 개발될 예정이다.

7) NMEA2000 네트워크 관리

NMEA2000 망 관리에 쓰이는 절차도 앞서 데이터링크 계층과 마찬가지로 ISO 11783-5에 맞춰져 있다. 망 관리의 역할은 다음과 같다:

- 주소를 요구(claim)하거나 지정(assignment).
- 망에 연결된 장비의 식별.
- 초기 전원이 켜졌을 때 망 초기화 작업.

망 관리 역할 가운데 가장 중요한 것이 주소를 요구(address claim)하거나 지정하는 것이다. NMEA2000 망에 연결되는 모든 장비는 주소를 가져야 하고, 주소 필드가 한 바이트로 잡혀있으므로 252개의 주소가 쓰일 수 있다. 네 개의 주소 252~255는 다른 용도로 프로토콜에서 정의하여 예약되어 있다. 모든 NMEA2000 표준을 준수하는 장비는 자동설정(auto configuration)이 가능해야 하고 ISO 11783-5 프로토콜에 의거하여 주소를 요구하여야 한다.

주소 요구과정에서 한 장비가 다른 장비의 주소를 취할 수 있다. 이때 장비의 이름(NAME)이 사용된다. 이름은 주소요구 메시지의 데이터 필드의 내용이다. 망에 있는 모든 장비는 유일한 이름을 각기 가져야 한다. 이 필드는 장비의 기능을 알리는 코드, 동일 형태의 여러 장비들을 서로 구별하는 번호, 제조자 코드 그리고 제조자에 할당된 고유번호 등을 세부필드로 가진다. 동일한 주소에 대한 요구는 이름이 우선순위를 가지는 노드가 주소 요구과정에서 요구한 주소를 먼저 차지한다.

NMEA2000 백본에서 전송되는 모든 프레임의 CAN 식별자는 유일한 것이어서 주소요구 처리가 완료되었을 때 반드시 승리한 노드(장비)가 하나 나오도록 조정(arbitration)이 이루어져야 한다. 유일성은 백본에 연결된 장비를 위한 출발지 주소를 CAN 식별자에 포함시켜 달성된다. 주소 공간에서의 주소지정은 자동 주소요구 처리과정을 거쳐 달성되어 백본에 연결된 장비들이 중앙 제어기 없이 즉각적으로 데이터 전송을 시작할 수 있어야 한다. 하나 이상의 장비가 동시에 동일 주소를 요구하는 경우가 발생할 수 있는데 이때는 주소요구 매개변수그룹(Address Claim parameter group) 내의 8바이트 데이터 필드(NAME)의 숫자 값에 근거하여 다음의 순서대로 조정된다.

(1) 장비가 제조자의 소프트웨어에 기반을 두어 디폴트 주소를 선택하고, 그 주소를 요구하기 위해 제조자 제품코드, 장비에 지정된 기능 및 등급코드, 제조자에 지정된 고유번호(이 번호는 동일 제조자에 의해서는 겹치지 않음)를 동반하는 주소요구 매개변수그룹을 방송한다. 어떤 조건이 만족되면 장비는 현존하는 모든 노드가 자신의 주소요구 매개변수그룹 전송하기를 요청하는 메시지를 방송한다. 이를 통해 백본에서 이미 쓰이고 있는지를 확인할 수 있어 이를 근거로 논리적으로 가용한 주소 가운데 하나를 선택하기 위함이다.

(2) 연결하는 장비는 주소요구 매개변수그룹 메시지를 기다린다. 이 메시지는 기존에 장비 가운데 높은 우선순위를 가진 노드가 이미 연결하는 장비가 요구한 주소를 사용하는지를 나타내는 메시지이다. 250 ms 내에 충돌하는 장비가 있다는 메시지를 받지 않으면 장비는 주소요구가 성공적이라고 판단하고 이 주소를 써서 백본에 응용 메시지를 전송하기 시작한다.

(3) 만약 충돌하는 주소요구 메시지를 수신하는 경우, 그 메시지를 전송한 장비가 자기보다 높은 우선순위를 가졌는지를 확인한다. 확인은 NAME 식별 필드를 비교해 보면 된다. 수신된 메시지를 보낸 노드가 더 높은 우선순위를 가지고 있다면 새로운 주소를 하나 선택하여 다시 위의 과정을 반복한다.

NAME에 더하여, NMEA2000은 장비에 관한 추가정보를 가지는 메시지를 제공한다. 그것은 모델번호, 제품버전, 소프트웨어 버전, 지원하는 NMEA2000 버전, 설치 코멘트 등이고, 이들이 개별적인 메시지들 내에 포함될 수 있다.

8) NMEA2000 응용 계층

응용 계층 프로토콜에서는 공인된 메시지(approved messages)를 정의한다. 여기에는 망 관리와 데이터를 위한 메시지를 포함한다. 망에 전송되는 메시지는 매개변수그룹(parameter group)으로 구성된다. NMEA2000 백본에 연결된 장비들 사이에 데이터를 교환하는 메커니즘이 매개변수그룹이다. 이들은 매개변수그룹번호(PGN Parameter Group Number)에 의해 식별된다. PGN이 주소지정 메시지로 설계되었는지 아니면 방송 메시지로 설계되었는지에 따라 PGN은 CAN 식별 필드(identification field)에 8비트 또는 16비트 값으로 나타난다. 데이터를 전송하려면 매개변수그룹은 데이터의 크기에 따라 하나 또는 그 이상의 CAN 프레임을 필요로 한다.

하나의 매개변수그룹(PGN)은 하나 또는 그 이상의 데이터 필드 또는 전송하는 장비 또는 선박에 관한 매개변수들을 포함하는 하나의 구체적인 데이터 레코드이다. 표 3.11에 NMEA2000의 매개변수그룹(PGN)이 정리되어 있다.

매개변수그룹은 주기적으로 발생하거나 현재 가지고 있는 매개변수의 값을 표현하는 데에 이용된다. 한 장비에서 동일 매개변수그룹을 중복해서 반복적으로 수신하면 데이터 값의 단위 시간별로 변하는 값을 연속적으로 받는 것이 되므로 주로 화면에 그 값들을 보여 시간 흐름에 따른 변화를 보이거나 장비를 제어하는 용도로 활용된다. 매개변수그룹은 우선순위, 송신자, 수신자에 관한 정보와 더불어 CAN 식별자 필드에 나타나는 PGN 번호로 식별된다. 하나의 CAN 데이터 프레임은 최대 8개의 데이터 바이트만을 포함하기 때문에 매개변수그룹은 하나 또는 그 이상의 CAN 프레임들을 써서 전송되기도 한다.

표 3.11 NMEA2000의 PGN(Parameter Group Number)[15)]

PGN Derinition	PGN Field Name	Data Dictionary	Data Format	Data Type
ID : Name: Distance Log PGN : 128275 Single Frame : No Priority Default 6 Default update : 1000 mS Destination : Global	Measurement Date	DD039 Generic date Day since Jan 1, 1970 (UTC)	DF41 Date, day count	Uint16 0~65532 1day
	Measurement Time	DD158 Generic time of day	Df06 Time of day	Uint320~86,401s
	Cumulative Distance	DD120 Distance, Voyage	Df11 Distance, long	Uint32 0~4,295x10E + 7 1 m
	D i s t a n c e Since Last Reset	DD120 Distance, Voyage	Df11 Distance, long	Uint32 0~4,295x10E + 7 1 m

매개변수그룹의 정의에는 다음과 같은 기술 정보(descriptive information)가 포함되어 있다.

- **프레임 카운트**: 매개변수 그룹이 단일 8바이트 데이터 프레임에 담길 수 있는지 아니면 여러 프레임에 나누어 담아야 하는지를 표현함. 여러 프레임을 써서 매개변수그룹을 전송할 때는 기본적으로 고속-패킷(fast -packet) 프로토콜을 사용함.
- **우선순위**: 시스템 내의 매개변수그룹의 기본적인 우선순위. 더 높은 우선순위를 가진 매개변수그룹이 PGN이나 송신자 주소에 관계없이 낮은 우선순위를 가진 것보다 우선권을 가짐.
- **주기**: 매개변수그룹이 주기적으로 전송될 때 매개변수그룹이 큐잉 되는 기본적인 주기.
- **수신자**: 특정 구체적인 주소로 전송이 될 수 있는지 또는 항상 모든 장비로 방송되어야 하는지 여부를 결정함.
- **쿼리 지원**: 쿼리가 가능한 매개변수그룹내의 필드, 쿼리 지원은 선택적임. 성공 또는 실패한 쿼리에 대한 응답을 요청할 것인지에 관한 정보.
- **필드 정의**: 하나의 매개변수그룹 내의 각 필드는 이름에 의해 정의되고 계속되는 데이터 포맷을 식별하기 위한 열결된 참조(linked reference)를 이용함.

데이터 필드는 다음과 같은 방식으로 조성된다:

- 각 데이터 필드는 데이터 사전 항목(dictionary entry)에 의해 정의된 기술내용(description)을 가짐. 데이터 사전 아이템들은 가능한 많은 매개변수그룹에서 재사용됨. 데이터 사전 아이템의 예: 바람 방향, 참(Wind Direction, True) - 바람이 불어오는 방향. 진북 기준 각도.
- 각 데이터 사전 아이템(dictionary items)은 정의된 포맷으로 되어있고, 주로 정의되고 있는 물리적인 매개변수를 표현한다. 물리적인 매개변수들은 유한하다. 따라서 데이터 사전 항목들보다 더 적은 데이터 포맷 항목들이 존재한다. 데이터 포맷은 국제 시스템 단위(SI International System of Units)에 기초한다. 예를 들어, “바람방향, 참” 경우에 데이터 포맷은 각도: 단위 = 레디안, 범위 = 0 ~ 2π, 해상도 = 1×10^{-4}
- 모든 정의된 데이터 포맷은 표준 데이터 형태 즉, 문자, 정수, 양의 정수, 실수 또는 비트 필드로 표현된다. 예를 들어, “각도”를 위한 데이터 형태는 uint16: 16-비트 양의 정수, 범위 = 0 ~ 65,532. 65,533은 예약된 수. 65,634 = 범위 밖에 있음, 65,535 = 사용할 수 없는 수.

매개변수그룹을 설명하기 위해 필요한 정보는 거리기록(distance log) 데이터를 위한 매개변수그룹 정의표(definition table)에 서술되어 있다. 데이터는 여행한 항해누적거리를 나타낸다. 이 NMEA2000 메시지는 기본 우선순위 수준이 “6”으로 가진 글로벌 방송 메시지(수신자가 글로벌인 메시지)이다. 우선순위는 실행중인 응용이 0에서 7사이에 변경이 가능하다. 이 메시지는 14 데이터 바이트를 필요로 하기 때문에 여러 프레임에 실어서 전송해야 하는 메시지이다.

거리기록 데이터 메시지는 세 개의 CAN 프레임이 필요한 고속-패킷 메시지이다. 이 메시지는 세 개의 프레임에 걸쳐 분산되어 있는 네 개의 데이터 필드로 구성되어 있다. CAN 프레임의 관점에서 데이터 필드의 경계는 별 의미가 없고 수신 노드가 수신한 프레임들을 필드를 재조립한다.

명령그룹(command group) 기능 메시지와 데이터 필드 1과 2를 세팅함으로써 시간과 날짜는 초기화되거나 변경될 수 있다. 만약 장비가 이 PGN이 발생시킨 시간과 날짜를 이해하지 못하면 시간과 날짜 필드는 적절한 값으로 채워져야 한다. 다시 말해, 날짜 필드가 unit16 형태일 때 의미 없는 데이터가 들어있음을 표현하기 위해서는 65,535를 채워 넣어야 하고, 시간 필드가 unit32 형태일 때 의미 없는 데이터임을 표현하기 위해서는 4,294,967,295가 들어있어야 한다.

NMEA2000에서 이용되는 데이터 타입은 표 3.12에 모두 정리되어 있다. 모든 데이터 필드들에 대한 정의는 데이터 사전에서 제공된다. 데이터 사전의 대표적인 예를 표 3.13에 나타내었다.

표 3.12 NMEA2000 데이터 타입[10)]

No.	Data	Units	Range	Resolution	Type	Notes
1	Aceleration	m/s^2	+/- 327.5 m/s^2	0.01 m/s^2	int16	1G=9.80665 m/s^2
2	Angle	radian	0 to 2π rad	1×10^{-4} rad(~0.057°)	word16	
3	Angle. precise	radian	+/- 2π rad	1×10^{-6} rad(~0.0017°)	float32	
4	Angle. signed	radian	+/- π rad	1×10^{-4} rad(~0.057°)	int16	
5	Angular accdeleration	radian/sec^2	+/- 327.5 rad/sec2	0.1 rad/sec^2	int16	
6	Angular rate	radian/sec	+/- π rad/s	1×10^{-4} rad/s	int16	
7	Current. electric. hight	Ampere	+/- 327.5 A	0.1 A	int16	
8	Current. electric. low	mA	+/- 327.5 mA	0.1 mA	int16	
9	Distance	km	0 to~42,950 km	1 cm	word32	
10	Distance length signed	m	+/- 327.5 m	0.1 mm	int16	

표 3.13 NMEA2000 데이터 사전(dictionary)의 예

DD #	DD 이름	DF #	비트수	문자수	정의
DD000	정의안됨	DF00			응용에 따라 사용되는 시점에 정의됨
DD001	예약필드	DF52	예약		가변개수의 예약된 비트들, 모두 논리값 '1'로 세팅됨
DD002	일반적 상태비트	DF52	2		MSB/LSB: 00=[No, Off, Disabled, Reset, "0"], 01=[Yes, On, Enabled, Set, "1"] 10= 에러 11= [Unavailable, Unknown]
DD004	일반적 이름 짧은 문자열	DF50		n	장소, 경로, 중간지점, 수신자, 배, 자동차 등의 이름
DD009	PGN	DF52	24		이진수로 표현된 24비트 매개변수그룹번호, LSB가 가장 먼저 전송

* DD # = 데이터 사전 번호(data dictionary number)

* DF # = 데이터 필드 번호(data field number)

9) NMEA2000 제품 공인

NMEA2000 공인 프로그램은 NMEA2000 제품들이 서로 적절하게 운영하는 데 요구되는 최소한의 필요사항을 충족시키는가 여부를 확인하는 과정이다. 공인 프로그램은 자체 인증(self-certification)으로 처리되는데 NMEA에 의해 공인된 실험 장비를 반드시 이용하여 실험을 시행하여야 한다. 실험에 쓰이는 장비들은 그 실험이 산업 전반에서 통상적으로 인정되는 방식으로 수행되었음을 확신시키는 역할을 한다.

NMEA는 제조자들이 개발과정 가운데 최종생산단계 이전에 실험할 수 있도록 자체 인증 도구를 제공한다. NMEA2000 공인 프로그램의 핵심 요소는 바로 이 NMEA2000 인증 도구이다. 이 도구는 개인 컴퓨터에 장착될 수 있는 CAN 인터페이스와 NMEA2000 표준의 실험과정을 구현한 소프트웨어로 구성되어 있다.

NMEA2000은 인터페이스를 제공하는 장비가 NMEA2000 기능을 제공한다는 점을 시장에서 주장하려면 우선 자체 인증 실험에 합격해야 한다. 이 실험을 통과한 모든 NMEA2000 기반 장비들은 자동설정 기능과 통신망 프로토콜이 적절하게 구현되어 있음을 보장받는다. 다른 장비에 문제를 야기하지도 않는다는 점도 확인이 되어야 한다. 그리고 이 실험은 NMEA2000을 구현할 때 혹시 있을 수 있는 허점과 약점을 노출시키도록 설계되어 있어서 어떤 제조자가 만든 장비일지라도 이 실험을 통과하면 익히 잘 알려지고 예측 가능한 방식으로 망에서 이 장비가 작동하는 것을 확신할 수 있게 한다. 즉 장비가 안전하고 정확하게 다른 공인 장비들과 상호 통신하고 데이터를 공유할 수 있음을 의미한다. 그러나 이 실험이 장비가 만들어내는 데이터나 측정치가 올바르다는 것을 확인해 주는 것은 아니다.

제품 공인을 획득하기 위해서는 제조자는 장비를 공인 도구에 연결하고 모든 실험을 수행한다. 어떤 실험은 물리적인 측정(전압 수준 또는 그라운드 격리) 등을 수동으로 실행하여야 하는 항목도 있다. 실험이 종료되면 실험 결과가 화면에 일목요연하게 나타난다. 이를 텍스트 문자 파일(ASCII file)로 저장할 수 있다. 공인을 받기 위해서는 이 파일을 NMEA로 보내 승인을 받으면 된다.

NMEA2000 장비는 표준을 얼마나 따랐는가에 따라 표준 준수 레벨(level of compliance of standard)로 공인된다. 이 레벨은 망에 대해 장비가 수행하도록 요구되는 기능을 얼마나 잘 수행하는가와 망에게 제공하거나 망으로부터 얻어야 하는 정보가 어떠한가에 따라 결정된다.

예를 들어, 한 장비가 고속-패킷 메시지 크기인 223바이트보다 더 큰 데이터 크기를 가진 하나의 PGN을 송수신하고자 하면, 전송 프로토콜(transport protocol)을 반드시 써야 한다. 그런데 이프로토콜은 레벨 A 공인 항목 가운데 하나이다. 반면 속도계와 같은 장비는 단일 프레임 메시지에 속도를 담아 PGN으로 전송하면 된다. 이런 형태의 장비는 레벨 A 공인에서 요구하는 기능을 가

표 3.14 NMEA2000 공인레벨 A[16)]

메시지 이름 / 기능	PGN
주소 요청(Address Claim)	ISO 60928
제품 정보(Product Information)	NMEA2000, 126996
요청/명령/응답 그룹 기능 (Request/Command/ Acknowledgement Group nformation)	NMEA2000, 126208
응답(Acknowledgement)	ISO 59392
요청(Request)	ISO 59904
전송 프로토콜, 데이터 전송 (Transport Protocol, Data Transfer)	ISO 60160
전송 프로토콜, 연결관리 (Transport Protocol, Connection Management)	ISO 60416

표 3.15 NMEA2000 공인레벨 B[17)]

메시지 이름 / 기능	PGN
주소 요청(Address Claim)	ISO 60928
제품 정보(Product Information)	NMEA2000, 126996
응답(Acknowledgement)	ISO 59392
요청(Request)	ISO 59904

지고 실행할 필요가 없고 레벨 B 표준 준수로 공인을 받으면 충분하다. 이러한 사례를 통해 제조자들이 자신의 제품에게 필요한 NMEA2000 공인수준을 적절하게 조절할 수 있음을 알 수 있다.

NMEA2000 공인레벨 A와 B에서 필요한 최소한의 메시지 구현은 표 3.14와 3.15에 각각 정의되어 있다.

등급 1(Class 1)로 공인된 장비는 레벨 A 또는 B를 수행할 수 있는 장비로 시험을 통과한 장비이다. 등급 2(Class 2)로 공인된 장비는 등급 2 레벨 A나 레벨 B 장비를 위한 시험을 통과한 장비이다. 이에 관련하여 등급 2 장비를 위한 DLC(Data Link Control) 필드가 어떻게 적용되는지에 대한 정보도 함께 확인하여야 한다.

3.5 NMEA2000 적용 예

NMEA2000 공인 장비를 채택할 때 얻을 수 있는 장점은 다음과 같다:

- 설치가 매우 쉬움.
- 설치비용을 포함하여 비용을 절감할 수 있음.
- 완벽한 전자시스템을 구축하기 위해 여러 제조회사의 제품을 혼합해서 자유롭게 사용할 수 있음. 이 장점이 가장 중요한 것으로 단일 백본 케이블을 써서 연결된 장비들 사이에 메시지와 데이터를 양방향으로 송수신할 수 있는 점을 의미함.

1) 레저 보트

NMEA2000 공인을 받은 장비를 보트에 설치한 예가 그림 3.13에 있다.

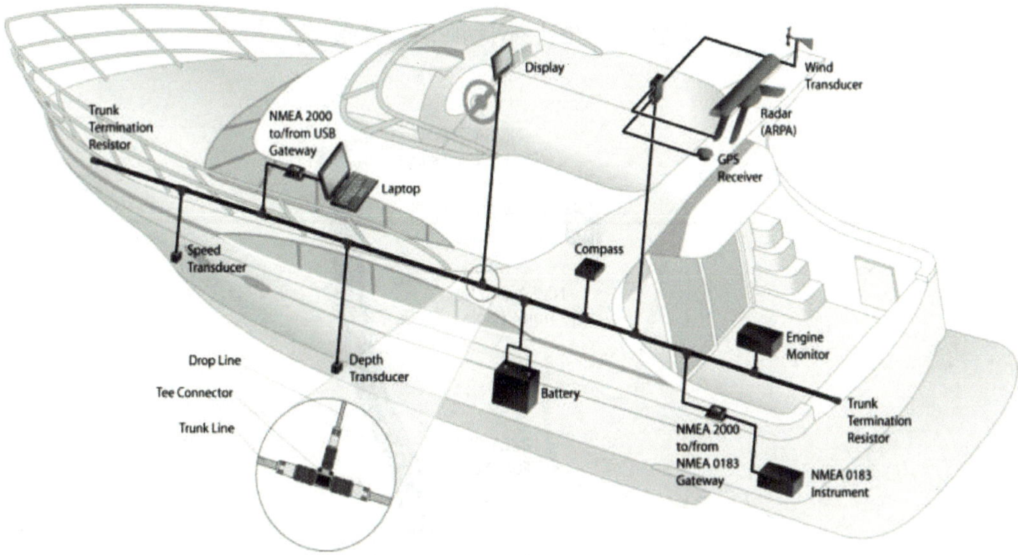

그림 3.13 파워보트에 GPS, VHF, 나침반, 엔진 정보 그리고 항해장비들이 NMEA2000 백본망에 연결되어 있는 모습[18)]

2) 엔진장비

엔진에 NMEA2000 시스템을 부가적으로 추가하는 것도 어렵지 않다. 엔진 게이트웨이라는 장비가 있어 기존의 엔진에서 발생시키는 데이터를 NMEA2000 망을 통해 전달하고 PC나 전용 디스플레이 장치로 볼 수 있기 때문이다. 그림 3.14에 그러한 목적으로 판매되는 엔진 게이트웨이와 NMEA2000 진단 툴이 있다.

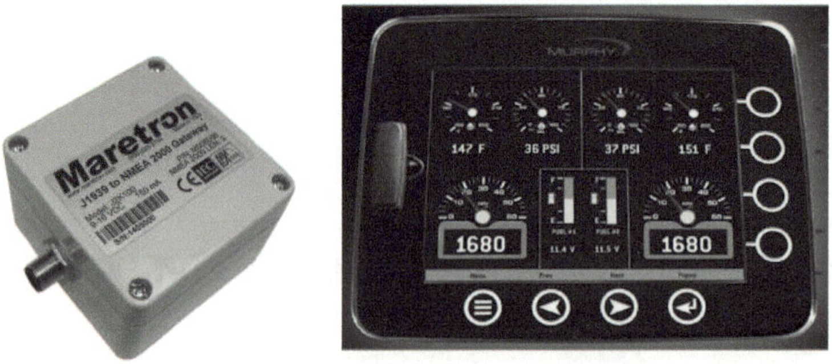

그림 3.14 엔진 게이트웨이와 진단 툴

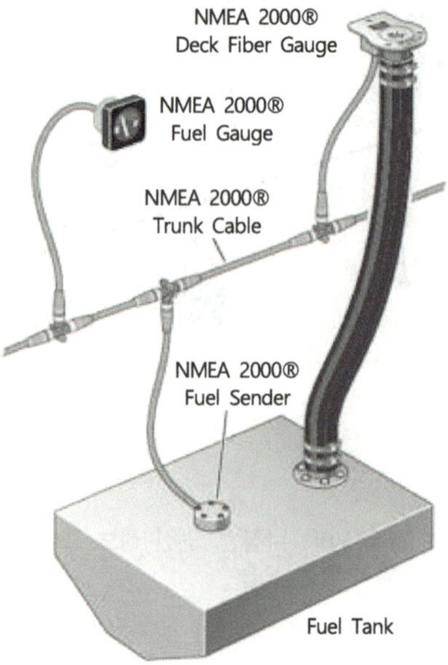

그림 3.15 Offshore 시스템사의 연료계통기기 연결 예

3) 연료계통기기

그림 3.15는 Offshore 시스템 사가 출시한 연료탱크 공급기, 연료 게이지 그리고 갑판 보급기가 NMEA2000 망에 연결된 모습을 보인다. 이런 장비들을 NMEA2000 망에 연결할 때도 별도의 새로운 케이블을 포설할 필요 없이 단순하게 기존의 NMEA2000 망에 드롭라인을 통해 연결하기만 하면 바로 작동한다. 심지어는 여기에 전원공급을 위한 전원선도 연결할 필요가 없다.

3.6 IEC 61162-450

1) IEC 61162-450

IEC는 2011년에 선박내 항해장비와 무선통신 장비 사이의 고속통신을 위한 인터페이스 요구사항에 대한 스펙을 발표하였다. 기존 NMEA0183 버전 4.0의 데이터 센텐스를 그대로 사용하고 기존 브리지 시스템과도 후방 호환성을 유지하는 해상 광대역 통신망 표준 프로토콜로 IEC 61162-450을 발표한 것이다.[19)]

IEC 61162-450은 IEC에서 제정한 앞의 표준(IEC 61162-1, IEC 61162-2, IEC 61162-3) 규격과 함께 선박의 항해 무선통신 장비의 디지털 인터페이스를 위한 통신 프로토콜이다. 네 개 표준문서의 제목은 모두 "MARITIME NAVIGATION AND RADIOCOMMUNICATION EQUIPMENT AND SYSTEMS - DIGITAL INTERFACES"로 되어 있어 동일한 목적을 둔 표준 규격임을 알 수 있다. 다만, 세부적으로 해상에서 요구되는 통신 상황의 변화에 맞추어 채택되는 하부망 등이 변화되는 점을 반영한 표준이다.

그러나 IEC 61162-450 규약은 앞선 표준 프로토콜과는 다른 독자적인 규격이다. 다만 NMEA0183 버전 4.0의 센텐스와 TAG 블록을 그대로 활용하는 측면만 유사할 따름이다. 사실 이 규약은 2001년에 제정된 IEC 61162-4 시리즈 표준 규격이 실제적으로 너무 복잡한 구조를 가지고 있어 잘 활용되지 못하고 있는 문제를 가지고 있었다.

이러한 문제를 해결하기 위하여 2007년 말에 처음 제안되었고 2008년부터 검토되어 오다가 2010년 말에 최종적으로 완성된 이후 2011년 6월에 발표된 최신 통신 규약이다. 이것으로 기존의 IEC 61162-4 시리즈 규격을 대치하고 더 이상 IEC 61162-4 시리즈 규격은 유지하지 않는 것으로 발표되었다.

기존 표준에 비해 가장 큰 변화는 하부 통신망을 기존의 CAN에서 벗어나 최근 대세인 이더넷을 기반으로 하고 있다는 점이다. 교환방식의 이더넷(switched Ethernet)을 지원하고 UDP 데이터그램에 실어 데이터를 IP 멀티캐스트 방식으로 전송한다. 기본적으로 여러 송신자(talker)가 여러 수신자(listener)에게 전송이 가능하다. 송신자 식별은 IP 주소와 UDP의 포트 번호의 조합으로 가능하다. 논리적인 기능 블록(function block) 방식으로 접근하고, 이진 이미지(binary image) 정보 전송에 관한 표준도 함께 포함하고 있다.

이 표준에서 활용하는 IP 주소는 클래스 B 형식의 주소이다. 16비트 네트워크 서브망 주소 마스크(0xFFFF0000)를 사용하고, 172.16.0.1 ~ 172.31.255.254 사이의 주소 공간을 쓴다. 멀티캐스트 방식으로 UDP 데이터그램을 전송하는 방식을 채택하였기 때문에 이때 쓰이는 멀티캐스트 IP 주소는 239.192.0.1~239.192.0.64 범위의 주소 공간을 사용한다. UDP 포트 번호는 동적/누구나 쓸 수 있는(dynamic/private) 포트 번호(49152 - 65535)를 쓸 수 있다. 전송할 수 있는 UDP 데이터그램의 크기는 최대 1,472바이트까지 이고, 초과하면 수신자는 그 이상의 데이터는 버리게 된다.

그러나 하부망으로 채택된 이더넷이 가지는 비결정적 매체접근 방식(non-deterministic media access control method)으로 실시간적인 시간 제약을 가지는 데이터의 전송이 보장받지 못하는 문제가 있다. 그러나 이 표준에서는 이점을 극복하기 위하여 교환방식의 이더넷을 채택하여 충돌범위(collision domain)을 스위치에 장비가 연결되는 단일 선로로 제한함으로써 충돌의 가능성을 배제하였다. 이로 인해 충돌에 의한 비결정적 시간에 대한 우려는 줄어들 수 있다.

그러나 별(star) 형태를 유지해야 하기 때문에 포설해야 하는 선로의 수가 많아지고 복잡해지며 많은 장비를 하나의 스위치에 연결하지 못하는 상황이 생길 수 있어 나무(tree) 형태로 스위치들이 상호 연결되어 최악의 경우에는 두 장비 간에 상호 통신하기 위해서는 망에 설치되어 있는 모든 스위치를 거쳐야 하는 상황도 발생할 수 있다. 이러한 경우 각 스위치에서 발생하는 전송지연(node delay) 시간이 누적되어 역시 실시간성으로 시간에 매우 민감한(time-sensitive) 정보의 송수신이 어려운 상황도 발생 가능하다.

참고로 NMEA2000(IEC 61162-3) 표준이 IEC 61162-1/2를 대체하는 것은 아니고, 이 IEC 61162-450 표준이 NMEA2000 표준을 대체하는 것도 아님을 다시 한 번 확인하여야 한다.

2) NMEA2000 OneNet 인프라

NMEA는 2014년 연말까지 이더넷을 통해서 NMEA2000 메시지를 전송하는 새로운 OneNet 공용 인프라를 도입한다는 계획을 2012년 8월에 발표하였다.[20)]

해양 전자장비 제조업체들은 NMEA 측에 이더넷상에서 NMEA2000 메시지 전송 및 수신 방식 표준화를 요구하며 새로운 표준을 개발해왔다. NMEA에 따르면 일부 제조업체들이 이미 NMEA2000 메시지를 추가하기 위해 비디오 통신과 이더넷에서 개인 메시지 처리를 위해 더 높은 대역폭을 이용하고 있으나, 이는 너무 많은 개별 솔루션으로 인해 오히려 문제를 일으킨다.

OneNet은 표준화된 방식으로 이더넷상에서 NMEA2000 네트워크 메시지 전송을 목표로, 표준화된 게이트웨이 규칙을 수립하여 NMEA2000 네트워크에서는 사용하지 않을 것으로 보이는 비디오 데이터 전송과 같은 고 대역폭의 어플리케이션을 지원한다. OneNet은 더욱 큰 넓은 대역폭을 제공하여 더 빠른 속도로 신호를 전송하며(NMEA2000 CAN 버스 속도의 400배), OneNet 기간망은 기가바이트 이더넷과 광섬유와 같은 표준 이더넷 물리 계층에서 이용하는 100 Mbps을 초과하는 확장성을 가지고 있다. OneNet은 CAN 버스가 50대의 물리적 장치를 지원하는데 비해 65,024대까지 가능하고, 더 크고 더욱 복잡한 네트워크를 만드는 것이 가능하며, Power Over Ethernet(PoE)을 이용하면 각각의 물리적 장치는 이더넷 스위치에서 직접 15.4와트까지 각각 전원을 공급 받을 수 있다.

표준 장치 웹 페이지가 생성되어 기본 제품 정보를 제공하고, SSDP(Simple Service Discovery Protocol)를 통합하여 컴퓨터에서 프린터를 자동으로 인지하는 방식(PnP)으로 OneNet 장치들이 네트워크상에서 호환이 가능한 다른 SSDP 장치 간에 서로 표시되도록 해준다. 그러나 OneNet은 중요한 실시간 데이터 처리에는 적합하지 않다. 이는 NMEA2000에서 CAN이 우선순위를 활성화 시켜서 전송되는 메시지가 항상 인증된 장치에서만 수신되도록 보장해주는 것에 반해 IEEE 802.3 MAC 프로토콜은 메시지 전송에 있어서 이와 동일한 보장기능이 없기 때문이다.

지금까지 설명한 해양정보통신망 표준 프로토콜의 규격과 성능을 표 3.16에 정리하였다.

표 3.16 해양정보통신망 표준 프로토콜 규격과 성능

규격	MAC 프로토콜	전송률(bps)	데이터 단위	메시지 크기	초당 메시지 전송률
NMEA0183 (IEC61162-1) (1983년)	EIA-422-A (SIO) topology 1:1	4800	문자 단위 전송 Data 8 bits, No Parity, 1 stop bit	14 ~ 82 문자 (3 바이트 오버헤드 - 센텐스 처음 '$' (parametric sentence) 또는 '!' (encapsulation sentence), 끝 〈CR〉〈LF〉 포함) 최대로 계산하면, 82*(8+1) = 738 bits	6 ~ 8 센텐스 (센텐스크기 82 바이트인 경우) 4800/738 = 6.5 (센텐스) / s
NMEA0183 HS (IEC61162-2) (2002년)	EIA-485 (SIO) topology 1:n	38400 (위 4800의 8배) 전송주기 〉 20 ms	문자 단위 전송 Data 8 bits, No Parity, 1 stop bit	14 ~ 82 문자 (3 바이트 오버헤드 포함) 최대로 계산하면, 82*(8+1) = 738 bits (캡슐화 센텐스 경우, 문자가 6 bit 체제 쓰므로) 82*6 = 574 bits 574/8 = 71 (8 bit 문자) 71*(8+1) = 639 bits	52 ~ 60 센텐스 (센텐스가 최대인 82 문자 경우) 38400/738 = 52 (센텐스) / s (캡슐화 센텐스 경우) 38400/639 = 60 (센텐스) / s ※ AIS: 4500 message/min 가능한 점을 고려해야
NMEA2000 (IEC61162-3) (2008년)	CAN (ISO11783-3) topology bus 최대 노드 수 50	(전송률-망크기) 1 Mbps - 25 m 500 K - 75 m 250 K - 200 m 125 K - 500 m 62.5 K - 1100 m	Frame CAN v.2.0B (프레임 구조 아래) Data 0~8 bytes Arbit 32 bits Control 6 bits (DLC 4 bits) CRC 16 bits (bit stuff포함) ACK 2 bits SOF 1 bit EOF 7 bits (최대 128 bits)	ISO11783-3 multi-packet 최대 1785 bytes 또는 Fast-packet 최대 223 bytes	2000 CAN Frames (250*1024)/128 = 2000 frames / s 173.4 ~ 184.7 센텐스 (센텐스가 최대인 82 문자 경우) (2000*8*8)/738 = 173.4 센텐스 / s (캡슐화 센텐스 경우) (2000*8*8)/693 = 184.7 센텐스 / s 143 Fast-packets (250*1024)/(223*8)=143.5 fast-packet/s
IEC61162-450 (2011년) IEC61162-4 대체	Switched Ethernet (IEEE802.3 u, ab)	Fast Ethernet 〈 250 m 1000Base-T 〈 100 m 1000Base-SX (850 nm fiber) 〈 550 m (50 micron multimode) 〈 275 m (62.5 micron multimode)	Ethernet frame Data 46~1500 bytes Preamble 7 bytes SOF 1 byte Dest Addr 6 bytes Src Addr 6 bytes Type 2 bytes FCS 4 bytes (총 64~1518 bytes) (Preamble 포함하면 72 ~ 1526 bytes)	NMEA0183 v.4.0 sentence와 TAG 블록 그대로 사용 UDP, multicast 방식 전송 IP주소 239.192.0.1~239.192.0.64 port 60001~60016 이진정보 전송가능 Datagram 최대 1472bytes ... Frame 최대 1490 bytes (프리엠블 포함하면 1498 bytes) (1498*8 = 11984 bits)	Fast Ethernet 경우 100*1024*1024 / 11984 = 8749.8 datagrams / s 139,617 ~ 161,248 센텐스 (센텐스가 최대인 82 문자 경우) (1472*8)/738=15.96 (센텐스) / datagram 8749.8*15.96 = 139,617 센텐스 / s (캡슐화 센텐스 경우) (1472*8)/639 = 18.43 (센텐스) / datagram 8749.8*18.43 = 161,248 센텐스 / s

4
CHAPTER

물리 계층 프로토콜 (전송매체)

ISO OSI 7계층 참조모델에서 가장 낮은 계층인 제1계층 물리 계층 프로토콜에 관하여 설명한다. 물리 계층은 직접 연결(directly connected)된 두 노드 사이를 연결하는 중간 매개체인 물리적인 전송매체(transmission media)에 관한 규약을 규정한다. 전송매체가 사람들의 눈에 띄든지 그렇지 않든지 여부는 상관 없다. 물리 계층에서는 전송매체(링크 link) 상에서 이루어지는 전기적, 기계적, 절차적 그리고 기능적인 특성을 정의한다. 연결된 두 노드 사이에 데이터를 주고받을 때 전송매체에서는 특성에 따라 전자기, 빛 혹은 전자기파 등을 이용하여 데이터를 표현하는 신호(signal)를 주고받는다. 이를 위하여 데이터를 신호로 변환하거나 그 반대로 신호를 데이터로 변환하는 방식(signalling method)이 정의되어 있다. 이번 장에서는 이와 같이 물리 계층에서 정의한 전송매체의 종류와 특성 그리고 노드와 전송매체를 이어주는 인터페이스를 자세하게 설명하고, 연이은 5~6장에서 전송매체를 통해 데이터를 물리적으로 전달할 때 필요한 신호 변환 방식에 관하여 자세하게 설명한다.

4.1 전송매체(transmission media)

전송매체는 크게 두 가지로 분류될 수 있다. 사람들 눈에 띄는 유선 매체(wired media)와 눈에 띄지 않는 무선 매체(wireless media)이다. 눈에 띄지 않는 무선 매체를 이용하여 두 노드 간에 데이터를 주고받는다면 이는 비록 눈에 보기에는 떨어져 있지만 실질적으로는 유선 매체가 두 노드를 직접 연결된 것과 동일하게 직접 연결된 두 노드로 작동한다.

그림 4.1에서 위의 두 노드는 유선 매체에 의해 연결된 예이고, 아래 두 노드는 무선 매체에 의해 연결된 예이다. 이 두 경우 모두 하나의 링크(전송매체)에 의해 직접 연결된 예이다.

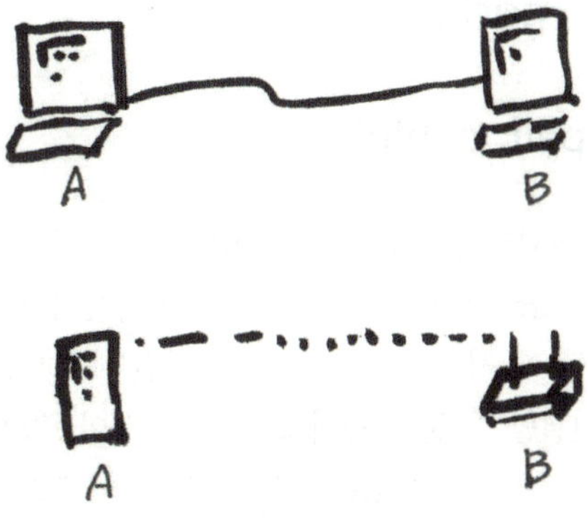

그림 4.1 두 노드가 유선 혹은 무선 매체에 의해 직접 연결된 예

유선 매체는 특정 재료(material)로 만들어진 회선(circuit) 형태로 존재한다. 실질적으로 데이터 신호가 포설되어 있는 회선을 따라서(유도되어) 흘러가기 때문에 이를 유도 매체(guided media)라고도 한다. 어떤 재료로 만든 것인가에 따라 여러 종류가 있다. 대표적인 것은 구리(copper)로 만든 구리선(copper line)이다. 여기에는 세분하면 주로 랜선(LAN cable)로 많이 쓰이는 꼬임쌍선 (twisted pair cable)과 현재는 특정 분야에만 쓰여 일반인에게는 잘 띄지 않는 동축 케이블(coaxial cable)이 있다. 이것은 케이블 TV 망에서 주로 쓰인다. 최근 요구되는 고속 데이터 통신을 위하여 쓰임새가 점차 확대되고 있는 광섬유(fiber optics)도 있다.

무선 매체는 전자기파가 특정 매질의 공간에 방사되는 형태로 존재한다. 데이터 신호가 두 노드 사이에 있는 공간을 이동하여 전달되기 때문에 신호가 흐르는 길이 특정되지 않아 비유도 매체(unguided media)라고도 한다. 무선 매체는 어떤 매질의 공간을 통과하는가에 따라 분류할 수 있다. 예를 들어, 공기, 물, 고체 혹은 진공 등의 매질에 따라 분류될 수 있다. 그러나 서로 다른 매질에 대해 완전히 다른 형태의 무선 매체가 각각 서로 배타적으로 적용되는 것은 아니다. 따라서 무선 매체는 두 노드 사이에 있는 중간 공간의 특성이 아니라 이용되는 전자기파의 종류에 따라 구분된다. 이 종류는 주로 전자기파의 가장 중요한 특성인 주파수(frequency)에 의해 나뉜다.

주로 AM 혹은 FM 라디오 방송에 많이 쓰이는 라디오파(radio wave)가 있다. 이동전화, 레이더 혹은 위성통신 등에 활용되는 마이크로파(microwave)는 최근 들어 세계 사람들이 가장 많이 쓰는 이동통신망(1 ~ 5 GHz)에 적용되고, 가까운 무선 데이터 통신망으로 각광 받는 와이파이(Wi-Fi)에도 쓰이는 전자기파이다. 그리고 주로 가정에서 쓰는 리모컨에 적용되는 적외선(infrared ray)도 데이터 통신에 활용한다.

4.2 유선 매체(wired media)

1) 꼬임쌍선(twisted pair cable)

구리를 사용하는 유선 매체로서 가장 많이 쓰이는 꼬임쌍선이다. 이 매체는 요즘 가정이나 사무실에 유선 랜(LAN Local Area Network)을 구축할 때 공유기와 PC 혹은 공유기와 TV, 공유기와 프린터를 서로 직접 연결할 때 사용한다. 그리고 그 이전부터 가정이나 사무실에 있는 유선 전화기를 벽에 있는 플러그로 연결할 때(물론 플러그에서 출발하여 전화 서비스를 제공하는 전화회사(예: KT)가 유지하는(예: 동삼전화국 내에 있는) 교환기까지) 이 꼬임쌍선을 썼다.

그림 4.2 비차폐형 꼬임쌍선(UTP CAT5E)[21)]

그림 4.2에서 보이듯이 두 가닥 구리 도선(conductor line)을 짚으로 새끼줄을 꼬듯이 꼰 선(twisted pair line)이 네 짝(4 pairs)을 한 묶음으로 플라스틱(비닐) 겹질(outer jacket)로 싼 형태이다.

이렇게 두 가닥끼리 서로 꼰 이유는 전자파로부터 발생하는 전자파 간섭 잡음(EMI Electro Magnetic Interference noise)을 줄이기 위함이다. 특히 도체에 전류가 흐를 때 도체 주변에 발생하는 전자계에 의한 전류가 흘러 생기는 잡음을 상쇄하기 위한 것이다.

그림 4.3에서 보는 것과 같이 전자파는 전진 방향의 시계 방향으로 전류가 발생한다. 그런데 도선을 꼬면 외부 전자파로부터 발생하는 전류가 서로 반대 방향으로 발생하게 되어 그 전류로 인해 발생하는 잡음을 상쇄할 수 있다.

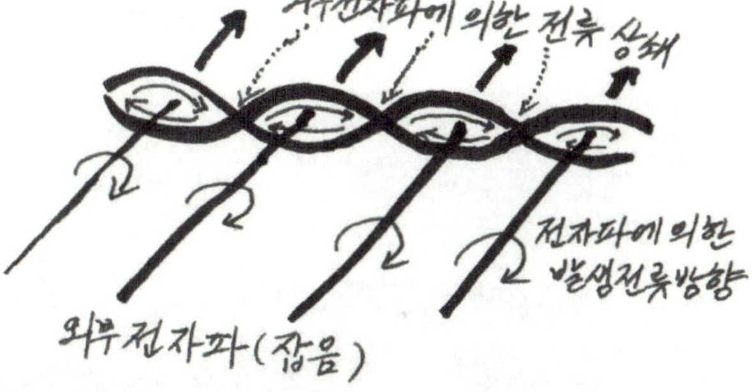

그림 4.3 꼬임쌍선의 잡음 상쇄

꼬임쌍선에는 잡음 차폐 성능을 높이기 위하여 여러 차폐 재료를 추가적으로 적용한 것과 그렇지 않은 것이 있다. 꼬임쌍선이 현재 지구상에서 가장 많이 쓰이는 전송매체인 큰 이유는 가성비가 좋기 때문이다. 매체의 특성에 비해 가격이 상대적으로 싸기 때문이다. 그런데 그것이 주로 쓰이는 곳은 매체의 길이가 제한적이면서 상대적으로 낮은 전송률이라도 괜찮은 환경이다. 예를 들어 학교의 강의실과 같은 그리 넓지 않은 사무실에서 구성하는 LAN인 경우 그리고 데이터 발생량이나 소비량이 그리 크지 않은 업무 성격을 가진 곳에서 주로 활용하였다. 그러나 꼬임쌍선을 급격하게 많이 사용하게 된 배경에는 이를 채택한 이더넷(Ethernet)의 급속한 신장세와 깊은 관련이 있다.

이더넷은 80년대 최초 등장한 이래로 지금까지 지속적으로 고속 데이터 통신망을 구축하는 하부망 기술로서 그 기세를 넓히고 있다. 그 전송 범위가 조그만 사무실에 머물지 않고 건물의 한 개 층, 더 나아가서는 건물 전체를 커버하는 통신망으로 발전하더니 이제는 도시와 도시를 잇는 광역망의 하부망(carrier Ethernet)으로까지 채택 범위와 분야가 무한히 넓어지고 있다. 물론 이 모든 종류의 이더넷에서 쓰이는 전송매체가 모두 꼬임쌍선은 아니다. 그러나 여전히 꼬임쌍선이 주요 전송매체로 이더넷에서 쓰이기 때문에 덩달아 더 넓은 범위(길이)를 커버하면서 전송률도 더 높은 매체로 개선되었다.

이런 맥락에서 앞서 소개한 대로 꼬임쌍선에 잡음을 차폐하는 개선된 꼬임쌍선이 등장하였다. 이를 차폐형 꼬임쌍선(STP Shielded Twisted Pair cable)이라 한다. 반면에 애초부터 사용되던 꼬임쌍선은 그림 4.2와 같이 차폐를 위한 별도의 것이 없는 형태였다. 이를 비차폐형 꼬임쌍선(UTP Unshielded Twisted Pair cable)이라 한다.

그림 4.4에서 차폐형 꼬임쌍선의 한 예를 볼 수 있다. 그림 4.2 UTP와는 몇 군데 차이가 보인다. 우선 꼬임쌍선들을 둘러싸고 있는 하얀색의 포장지 같은 것이 보이는데 이것이 가정이나 식당에서 요리하거나 음식물을 담을 때 주로 사용하는 알루미늄 포일(foil)이다. 이 포일이 여기서는 외부 잡음을 차단하는 차폐물(overall foil screen)로 쓰인다. 그림 4.4에 위로 10시 방향으로 뻗어나게 보이는 단선은 드레인 와이어(drain wire)라고 한다. 이는 접지선(earth)으로 외부로부터 발생하는 급

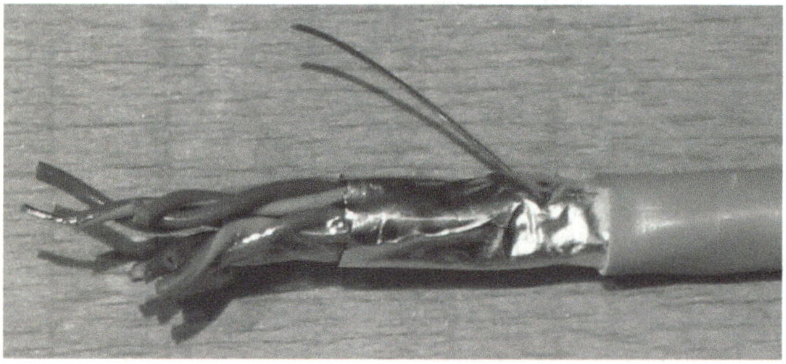

그림 4.4 차폐형 꼬임쌍선 예(FTP Foil screened Twisted Pair cable)

격한 임펄스 잡음(예: 번개, 형광등 점등)을 차폐한다. 그림 4.4는 차폐형 꼬임쌍선 가운데 포일을 사용한 것이라 FTP(Foil Screened Twisted Pair cable)라 한다.

UTP는 사용 가능한 최대 주파수와 전송률에 따라 여섯 가지 카테고리(category)로 나누어 생산된다. CAT 1(카테고리 1) UTP는 전송률이 최대 1 Mbps를 목표로 하고 주로 아날로그 음성(전화서비스) 전송에 쓰인다. 가정이나 아파트에서 집 입구에 있는 도어벨(doorbell)을 연결할 때도 사용되었다. CAT 2(카테고리 2) UTP는 최대 4 Mbps 전송률을 내며, 주로 IBM 사에서 개발한 토큰링 망에서 사용되었다. 그러나 토큰링 망은 현재 지구상에서 거의 보기가 힘들 정도로 사라진 기술이다. 이 또한 경쟁 기술이었던 이더넷이 득세를 한 것에 직접적인 요인이 있다. CAT 3(카테고리 3) UTP는 최대 16 Mbps 전송 속도를 내고 공유기를 중심으로 형성되는 이더넷(10BASE-T)에서 사용된다. CAT 4(카테고리 4) UTP는 최대 20 Mbps 속도이고, 고속 토큰링 망과 ATM(Asynchronous Transfer Mode) 망에서 쓰였다. CAT 5(카테고리 5) UTP는 100 Mbps의 최고속도를 내고, 현재 가장 많이 쓰이는 랜선 등급이다. CAT 5의 개선 등급인 CAT 5e는 1 Gbps까지 가능하고 기가비트 이더넷(1000BASE-T)에 쓰인다. 현재 CAT 6(카테고리 6) UTP는 1.2 Gbps까지 가능하고 전송 신호의 최대 주파수가 250 MHz이다. 초고속 광대역(wide-bandwidth) 응용에 주로 활용된다.

2) 동축 케이블(coaxial cable)

UTP는 주로 근거리를 상대적으로 낮은 전송률로 전송하는 경우에 많이 사용된다. 가격 경쟁력이 우수한 점이 작용하여 가장 많이 쓰이는 전송매체로 자리 매김하였다. 이에 비해 동축 케이블(coaxial cable)은 더 넓은 지역(500 m)을 커버하면서 넓은 대역폭(10 M ~ 50 GHz)이 필요한 곳에 사용되는 전송매체이다. 주로 케이블 TV의 영상용 전송매체로 많이 쓰이고, TV의 안테나 선으로도 쓰인다. 원거리 데이터 전송용으로도 주로 쓰이는데 해저 혹은 지하 매설 통신 케이블에 사용된다. 참고로 1956년에 대서양 그리고 1964년에 태평양 횡단 해저동축 케이블이 개통되었다.

그림 4.5의 예와 같이 동축 케이블은 중심(core)에 도체(conductor)가 있고 그 주위를 절연체로서 플라스틱 내부 피복과 알루미늄 포일 랩(foil wrap)으로 싸고 있다. 그 외부에 다시 외부 도체가 그물(mesh)모양으로 둘러싸고 있어 금속성 절연체(metallic shield) 역할을 한다. 그리고 가장 바깥쪽은 외부 피복(jacket)이 프라스틱으로 둘러싸고 있다. 그림 4.5의 예에서는 중심 도체가 여러 가닥(strand)의 구리선으로 되어 있으나 일반적인 중심 도체는 바깥 지름이 약 2.64 mm인 한 가닥(solid) 굵은 구리선으로 되어 있다. 한 가닥으로 중심 도체가 되어 있으면 유연성이 떨어져 굽히거나 휘거나 하는 형태에 쉬이 접히거나 끊어지는 현상이 생긴다. 이를 완화하기 위하여 여러 가닥으로 중심 도체를 만들기도 한다. 외부 도체의 지름은 9.4 mm이다. 특성으로는 전력 손실이 적고 외

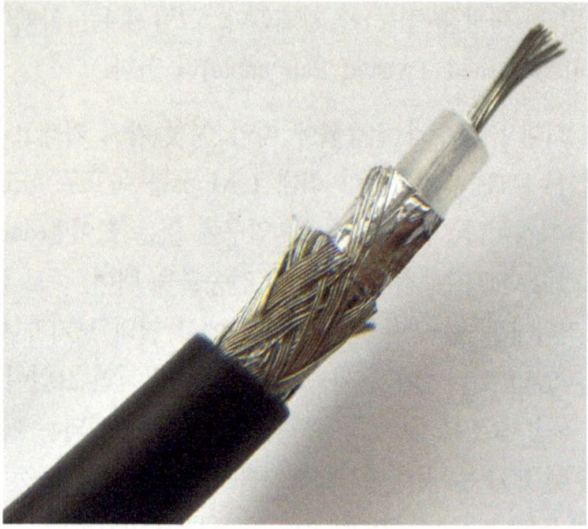

그림 4.5 동축 케이블 예[22)]

부 잡음에 매우 강하다. 이는 그물 모양으로 감싸고 있는 외부 도체에 의한 효과이다.

동축 케이블은 크게 동축의 굵기에 따라 얇은 케이블(thin cable)과 굵은 케이블(thick cable)이 있다. 정확하게는 RG(Radio Guide)라는 미국이 만든 동축 케이블 규격에 따라 구분된다. 규격별로 가장 중요한 특성이 임피던스(impedance)인데 얇은 케이블은 RG-58 규격 계열의 케이블이다. 이는 50옴(ohm)의 임피던스를 가지고 통신, 계측 그리고 안테나 등의 RF 영역에서 사용된다. 높은 전압과 전류 신호를 보낼 수 있다. 신호 감쇄는 상대적으로 많이 일어나 짧은 거리에 주로 쓰인다. 반면 굵은 케이블은 RG-6 규격 계열의 케이블이다. 이는 주로 높은 주파수대역의 이더넷, 동영상 데이터를 먼 거리로 보낼 때 사용된다. 75옴의 임피던스를 가지고 CCTV나 케이블 TV의 디지털 영상 정보 전달에 주로 사용된다.

3) 광섬유(optical fiber)

동축 케이블의 넓은 대역폭과 상대적으로 멀리 보낼 수 있는 특성이 최초 해저 케이블로 쓰일 정도의 성능을 가졌다. 그러나 급신장하는 데이터 통신의 수요에 부족한 상황이 벌어지고 전자기적 잡음 등의 오류에 여전히 노출되는 단점이 있다. 이를 극복하기 위하여 만들어진 것이 광섬유(optical fiber)이다. 외부 전자기적 잡음과 전자기 유도 전류에 영향을 거의 받지 않는 특성을 가진다. 내부적으로도 앞뒤 신호 간의 간섭(ISI Intra Symbol Interference)이 없어 신호 간격을 매우 짧게(좁게) 만들어 보낼 수 있다. 송신 중의 에너지 손실도 적어 신호 세기가 줄어드는 감쇄 현상이 거의 없다.

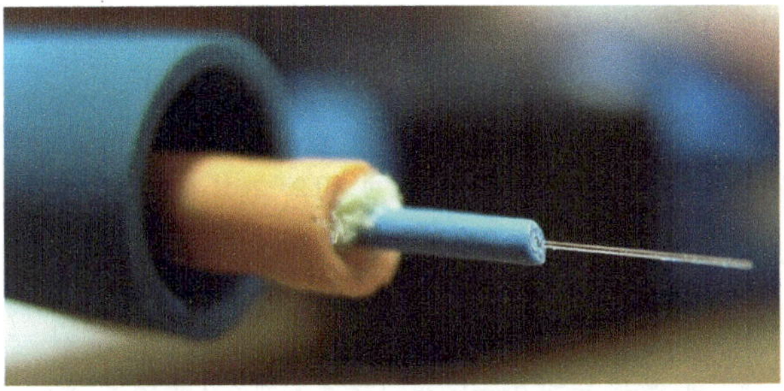

그림 4.6 광섬유 케이블 예(멀티모드 광케이블)[23)]

하나의 파장(wavelength)을 가지는 빛으로 최대 2.5 Gbps 전송률로 전송이 가능하다.

이런 개선된 특성으로 최근에는 모든 장거리 데이터 케이블과 해저 케이블로 모두 광섬유 케이블이 쓰인다. 최근 새로운 태평양 횡단 해저 케이블 사업으로 NCP(New Cross Pacific) 케이블이 포설되는데 전체 길이가 14,000 Km이고 최대 전송률은 80 Tbps를 목표로 한다.

광섬유는 크게 세 구조로 되어 있다. 그림 4.6에 실제 광섬유 케이블의 예가 보인다. 가운데 길게 오른쪽으로 뻗은 채 노출시킨 투명한 선이 실제 빛을 전달하는 핵심 코어(core)이다. 주로 유리나 투명 플라스틱으로 만든다. 높은 굴절률로 빛이 통과하는 통로 역할을 한다. 이 코어에서 빛이 밖으로 새지 않고 끝까지 전달되는 것이다. 그 주변을 싸고 있는 것이 클래딩(cladding)이다. 이 부분도 투명한 플라스틱(혹은 유리)으로 만들어진다. 다만 코어를 둘러싸고 있으면서 코어보다는 낮은 굴절률을 가지게 만든다. 이렇게 코어보다 낮은 굴절률로 빛이 전달될 때 코어 밖으로 새지 못하게 막는 역할을 한다. 그 외부에는 코어와 클래딩을 보호하기 위하여 합성수지로 만든 피복이 감싸져 있다.

그림 4.7이 앞서 언급한 코어와 클래딩의 역할을 자세하게 보여준다.

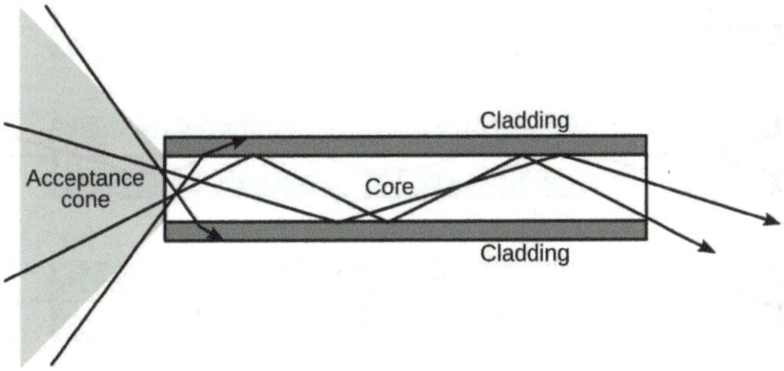

그림 4.7 전반사(total reflection) 현상

코어에 빛이 코어로 입사되면 그 빛은 코어와 클래딩 경계선에서 두 매질의 서로 다른 굴절률 특성에 따라 그 빛의 전체가 반사되어 다시 코어 방향으로 전진한다. 이것이 반대편 코어와 클래딩의 경계선에 닿으면 이때도 동일하게 두 매질의 서로 다른 굴절률 특성에 따라 다시 빛 전체가 코어 내부방향으로 반사되어 전진한다. 그렇게 해서 그 빛은 코어 바깥으로 새어 나가지 않고 수신되는 지점까지 전달되는 것이다.

이때 만약 특정 각도(임계 각도) 이상의 각도로 빛이 코어에 입사되면 그 빛은 코어와 클래딩의 경계선에서 빛이 경계선을 뚫고 클래딩으로 흘러들게 된다. 이런 경우 빛은 코어에서 새어 빠져나가는 결과가 되고 결국 원하는 수신지까지 온전하게 빛이 전달되지 못하게 된다.

이렇듯 코어와 클래딩에 쓰인 유리(혹은 플라스틱)의 높고 낮은 굴절률의 차이를 두고 특정 임계 각도 이내의 빛을 쏘아서 그 빛 전체가 코어와 클래딩의 경계에서 반사되는 현상을 광섬유는 빛 신호 전달에 이용한다. 이렇게 전체 빛이 반사되는 현상을 빛의 전반사(total reflection) 현상이라 한다. 전반사 현상을 이용하여 빛을 코어 내부를 타고 전달하게 되는 것이다. 그림 4.6의 왼편에 전반사가 일어나는 입사각 범위 내에 있는 빛만 코어에 입사되도록 하는 입사 원뿔 장치(acceptance cone)가 있다.

광섬유 케이블은 코어의 굵기에 따라 한 번에 하나의 빛을 전달하는 싱글 모드(SM single mode)와 여러 개의 빛을 동시에 전달할 수 있는 멀티 모드(MM multi mode) 케이블로 나눈다. 싱글 모드 케이블은 코어의 지름이 10 um 이하로 하고, 100 Mbps 이상의 대용량 전송이 가능하며 중계 간격을 길게 할 수 있어 주로 장거리 공중망(public network) 구간에 많이 쓰인다. 대용량 해저 광케이블로 싱글 모드 케이블을 써서 약 40 Km를 무중계 전송하기도 한다. 그림 4.8의 가장 아래 그림의 경우이다.

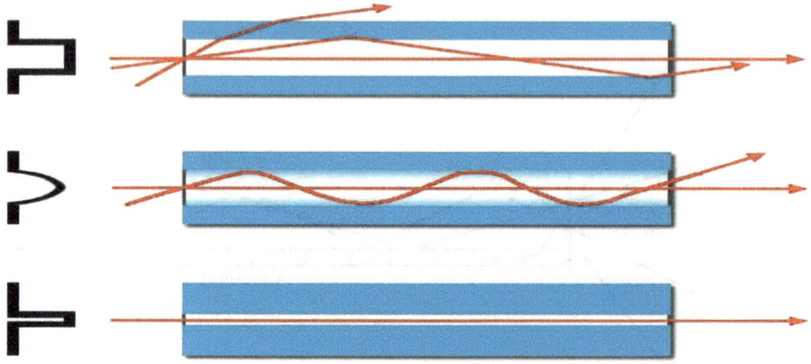

그림 4.8 광섬유 케이블의 종류[24)]

그림 4.8 광섬유에서 가운데 하얀 부분이 코어이고 그 주변이 클래딩이다. 클래딩의 직경은 125 μm 이다. 싱글 모드(SM) 광섬유는 코어의 지름이 10 μm이하로 작아 단일 파장의 빛이 한 순간에 전달됨을 볼 수 있다.

멀티 모드(MM) 광섬유는 코어의 지름이 50 μm로 SM 광섬유보다 넓어 한꺼번에 여러 빛을 동시에 전달이 가능하다. MM 광섬유는 코어의 굴절률 변화 여부에 따라서 계단형 모드(SI step index)와 언덕형 모드(GI graded index)로 나눈다.

계단형 모드(SI) 광케이블은 코어가 단일 굴절률을 가진다. 여러 입사각으로 입사된 빛이 동시에 코어와 클래딩의 경계선에서 전반사되어 전달되게 한다. 이때 동시 입사된 빛은 모두 서로 다른 입사각으로 입사되어 각기 서로 다른 각도로 경계선에서 전반사된다. 그림 4.7의 첫 번째 경우이다. 이렇게 되면 입사각에 따라 빛이 거쳐가는 길의 거리가 서로 달라진다. 그림에서 가운데로 전진한 빛과 경계선에서 반사되면서 전진한 빛은 거쳐간 길의 거리가 달라 가운데로 전진한 빛이 먼저 도착한다. 이렇게 입사각 차이에 의해 빛 전달시간의 차가 생기는 특성을 모드 분산이라 한다. 이로 인하여 전송 속도의 차가 난다. 장점은 상대적으로 가성비가 높아서 근거리 고속통신에 많이 쓰인다.

언덕형 모드(GI) 광케이블은 SI 모드 광케이블의 단점을 극복하기 위해 코어의 굴절률에 변화를 준 것이다. 코어의 중심에서 클래딩으로 접근하면서 점진적으로 굴절률을 낮게 설정한다. 이렇게 되면 빛이 코어의 중심에 가까우면 전달 속도가 늦어지고, 클래딩에 가까우면 상대적으로 빨라지는 효과가 난다. 따라서 비록 입사각이 다른 빛이 서로 거쳐가는 경로에서 차이가 나더라도 전달 속도의 차이로 서로 간의 전달 속도 차이가 상쇄될 수 있다. 그림 4.7의 두 번째 예에서 코어 중심을 따라서 직선으로 전달되는 빛과 위아래 경계선에서 반사되어 왔다 갔다 하면서 전달되는 빛은 경로상에서는 중심으로 전달되는 빛의 경로가 짧다. 그러나 코어 중심의 굴절률이 경계 쪽보다 높아서 상대적으로 늦게 전달된다. 이로써 빛의 입사각이 다르더라도 동일한 전송 시간에 수신지에 전달된다.

광섬유는 전자기적 잡음에 매우 강하고 상대적으로 높은 전송률과 대역폭을 특징으로 하지만 유지관리에 어려움을 가진다. 갑작스런 사고로 인해 광케이블이 절단되면 이를 응급으로 잇는 것이 거의 불가능하다. 구리선인 경우에는 보통 끊어진 부위의 피복을 벗긴 후 둘을 맞붙여 꼬아서 임시 연결 작업이 가능하다. 그러나 광케이블의 경우 우선 절단 부위를 깨끗하게 정리하고 절단 부위에서 빛이 새지 않도록 열에 녹여서 이어야(융착) 하는데 이를 하는 데는 특별한 장비가 필요하기 때문이다. 절단기와 접속기가 없으면 이 작업은 불가능하여 사고 현장에서 바로 임시 복구조차 불가능하다.

4.3 무선 매체(wireless media)

눈에 보이지 않는 전송매체로 특정 매질의 공간에 전자기파를 쏘아서 데이터 전송을 달성하는 무선 매체는 앞서 설명한 바와 같이 전자기파의 주요 특성 가운데 하나인 주파수(frequency)에 따라 크게 라디오파(radio wave)와 마이크로파(microwave) 그리고 적외선(infrared wave)으로 나눈다.

표 4.1 전자기파 분류

분류(명칭)	주파수 대역	파장	구분
초장파(VLF) (Very Low Frequency)	9 K ~ 30 KHz	33 Km ~ 10 Km	
장파(LF) (Low Frequency)	30 K ~ 300 KHz	10 Km ~ 1 Km	라디오파 (radio wave)
중파(MF) (Medium Frequency)	300 K ~ 3 MHz	1 Km ~ 100 m	
단파(HF) (High Frequency)	3 M ~ 30 MHz	100 m ~ 10 m	
초단파(VHF) (Very High Frequency)	30 M ~ 300 MHz	10 m ~ 1 m	
극초단파(UHF) (Ultra High Frequency)	300 M ~ 3 GHz	1 m ~ 100 mm	마이크로파 (microwave)
초고주파(SHF) (Super High Frequency)	3 G ~ 30 GHz	100 mm ~ 0 mm	
극고주파(EHF) (Extremely High Frequency)	30 G ~ 300 GHz	10 mm ~ 1 mm	

1) 라디오파(radio wave)

이름에서 그 유래를 찾을 수 있지만 라디오파는 주로 AM/FM 라디오 방송에 쓰인다. 30 KHz ~ 1 GHz 사이의 주파수를 가지는 전자기파가 이에 속한다.

라디오파와 마이크로파를 포함하여 모든 전자기파는 빛의 속도(300,000 Km/s)로 공기 중에 이동하여 전달된다. 이는 유선 매체에서 전자기 신호가 전달되는 전자의 속도와 거의 같다. 다시 말하면 전송매체를 유선으로 하든 무선으로 하든 심지어 광케이블인 경우는 빛의 속도로 전달되는데 이를 모두 포함하여 거의 전달되는 속도는 같다. 현실적으로 전달되는 매질의 특성과 주변 환경적 요인, 잡음 등에 의해 다소간의 차이가 날 수 있으나 전달되는 속도는 거의 1초에 30만 km이다. 이것과 관련하여 일반적으로 많은 사람들이 가지는 오해가 있어 추가적으로 하나 짚고 간다.

문제 하나. 무선 매체의 종류를 정리한 표 4.1에서 라디오파인 주파수 60 KHz로 전달하는 데이터와 주로 와이파이에 많이 쓰이는 마이크로파인 2.4 GHz로 전달하는 데이터는 전송 속도 측면에서 같은가 아니면 마이크로파로 전달하는 것이 더 빠른가?

우선 주어진 질문에 대해 답을 하면 정답은 "같다"이다. 전송 속도는 전자기파의 주파수와는 전혀 관련이 없다. 따라서 두 경우를 포함하여 유무선을 막론하고 모든 전자기파와 광파(빛)는 거의 동일한 속도로 전달된다. 이런 측면에서 이 문제의 답은 "같다"이다.

그런데 문제를 일반사람들이 생각하기 쉬운 내용으로 2G 이동통신의 전송 속도가 빠른가 아니면 LTE 이동통신의 전송 속도가 빠른가로 질문을 바꾼다면 대답은 어떻게 될까?

첫 문제에서의 전송 속도는 주파수를 달리하는 특정 무선 전자기파 사이의 전송 속도를 물으니 상식적인 답이 아니라 좀 더 전문적인 답을 구한 결과로 볼 수 있다. 그러나 두 번째 문제는 상식 수준에서 판단되는 답이 나올 것으로 보인다. 아마도 거의 다가 "당연히 LTE가 더 빠르다!"라는 답을 내놓을 것이다. 그렇다면 두 경우의 답이 서로 다른 이유가 무엇일까?

그것은, 첫 답은 앞서 설명한 전자기파의 이동 속도 측면에서 답을 한 것이고, 두 번째 답은 "단위 시간에 송수신이 가능한 데이터의 양"을 염두에 둔 답이라 보인다. 그러면 이 두 번째 답이 틀린 것인가를 생각하면 그렇지 않다. 맞는 말이다. 그러면 어떻게 해서 두 경우가 서로 다른 전송 속도를 가진다고 봐야 하는가? 그것은 사실 위에서 예를 든 네 가지를 포함한 모든 무선 전송에서는 신호들이 빛의 속도로 전달되지만 단위 시간에 전달할 수 있는 신호의 개수에서 차이가 나는 것이다. 즉, 낮은 주파수를 쓰는 전자기파보다 높은 주파수를 쓰는 전자기파를 전송매체로 이용하는 경우 높은 만큼 단위 시간당 더 많은 신호를 실어 보낼 수 있다. 따라서 일반적으로 60 KHz 라디오파보다는 2.4 GHz 마이크로파가 높은 전송속도(정확하게는 '전송률(transmission rate)')로 전송이 가능하고, 2G보다는 더 높은 주파수 마이크로파를 쓰는 LTE가 단위 시간당 더 많이 데이터를 전송할 수 있는 것이다.

라디오파는 전파되는 방향이 안테나를 중심으로 360도 전방위(omnidirectional)적이다. 즉, 모든 방향으로 라디오파가 전파된다. 물론 안테나의 형태나 종류에 따라 약간의 차이는 보일 수는 있다. 주파수 대역이 상대적으로 낮은 라디오파는 신호의 감쇄 정도가 작다. 인공적이거나 자연적인 장애물을 만나더라도 물체에 의한 반사 신호로 인해 전달되는 전송 경로가 많아지는 특성을 가진다. 파장이 상당히 긴 장파와 중파는 웬만한 건물이나 언덕 등의 장애물 뒤편에도 전파가 가능하다. 전송률이 수 Kbps 수준이어서 중저속의 데이터 통신에 활용된다. 주로 AM 라디오(600 KHz ~ 1,188 KHz), FM 라디오(88 MHz~108 MHz) 그리고 디지털 지상파 TV(UHF 470 MHz ~ 698 MHz) 방송에 쓰인다.

장파(LF Low Frequency, long wave)는 지표면을 따라서 멀리 전달되는 특성(ground wave)이 있어 원거리 통신이나 원거리 방송하기 위하여 쓴다. 주로 148.5 KHz ~ 283.5 KHz 사이의 주파수가 사용된다. 표준시각을 알리기 위한 방송으로 쓰이기도 한다. 일본의 경우 40 KHz 혹은 60 KHz 대역의 주파수로 표준시각 정보를 송출한다. 이 신호를 수신 가능한 시계를 전파시계라고 통칭하는데 하루에 특정 시각(오전 2시)에 전파를 수신하여 표준시에 맞추어 시계의 날짜, 요일, 시, 분 그리고 초를 모두 일치시킨다.

중파(MF Medium Frequency, medium wave)는 상대적으로 짧은 거리 통신을 하는 데는 지표면을 따라 전달되는 지표파 성격을 가진 600 KHz 이하의 중파가 이용된다. 지표면의 매질과 기상상황 등에 신호 감쇄 정도가 영향을 많이 받는다. 원거리인 경우 전리층에서 반사가 되는 전리층파로 가능하며 지상 60 ~ 400 Km에 분포되어있는 여러 전리층(D, E, F)에서 반사되어 수백 Km까지 전달이 된다. 특히 중파(1,606.5 ~ 4,000 KHz)와 단파(4,000 ~ 27,500 KHz) 대역을 활용하여 선박과 육상, 선박과 선박 사이에 조난경보, 안전호출(디지털 선택 호출장치 DSC Digital Selective Call) 그리고 무선 전화 혹은 무선 텔렉스(NBDP Narrow Band Direct Printing Telegraphy) 서비스가 작동한다. 이를 통해 조난경보신호를 발신할 수 있고 일반적인 무선 통신의 송수신도 가능하다.

단파(HF High Frequency, short wave)도 상공파로 전파되면 전리층과 지상에서 반복적으로 부딪혀서 멀리 전달이 가능하기 때문에 전세계와 통신이 가능하다. 해외 동포나 외국 거주민을 대상으로 하는 방송에 주로 쓰인다. 중파에 대한 설명에서 언급한 통신 설비가 1999년 전면 시행된 GMDSS (세계해상조난안전제도 Global Maritime Distress and Safety System)에 의거하여 의무적으로 설치되어 사용된다. 그 설비들은 중파와 단파를 같이 쓰는 장비로서 작동한다.

초단파(VHF Very High Frequency)는 단파 대역의 전자기파와는 달리 빛과 유사하게 직진성이 있다. 따라서 전면에 있는 장애물은 통과하지 못한다. 주로 FM 라디오, 지상파 DMB(174 ~ 216 MHz), RF 무전기(50, 144 MHz)에 쓰인다. 2012년 말로 종료한 아날로그 TV 방송(54 ~ 216 MHz)에 활용되었다.

극초단파(UHF Ultra High Frequency)는 초단파보다 직진성이 더욱 강하고 회절성도 없다. 따라서 초단파보다 장애물에 약하여 그 이면에 음영지역이 발생한다. 지상파 디지털 텔레비전 TV 방송에 쓰인다. 전송 거리는 더욱 짧아 주로 근거리 높은 전송률을 지원하는 이동통신과 와이파이 등의 무선 데이터 통신에 활용된다. 그러나 전자기파를 구분하는 기준에서 마이크로파(1 ~ 300 GHz)가 UHF의 높은 주파수 대역(1 ~ 3 GHz) 전자기파를 포함하는 것으로 되어 있어 정확하게는 극초단파 내의 고주파 대역의 마이크로파를 이용하여 무선 데이터 통신을 하는 것으로 이해하여야 한다.

2) 마이크로파(microwave)

라디오파의 극초단파(UHF)보다 높은 주파수를 쓰는 전자기파로 광선으로 분류되는 적외선, 가시광선, 자외선보다는 낮은 주파수를 가진다. 1 ~ 300 GHZ 사이의 주파수 전자기파이다. 내부적으로

1 ~ 30 GHz 대역의 초고주파(SHF Super High Frequency)와 30 ~ 300 GHz 대역의 극고주파(EHF Extremely High Frequency)로 세분화한다. 주로 이동전화 통신, 광대역 무선 데이터 통신, 레이더 그리고 위성통신에 활용한다.

전반적으로 전파(propagation)될 때 한 쪽 방향으로만 멀리 뻗어나가는 지향성(directional propagation)이 있다. 전파 중에 전면에 큰 벽, 건물, 언덕 혹은 산 등을 만나면 그 뒤에 있는 목적지로는 전파되지 못하는 성격을 가진다. 다시 말하면 사람이 눈으로 보이는 목적지로만 전달이 가능한 전자기파이다. 이런 전파 특성을 가시거리(LOS Line Of Sight) 전파라고 한다. 그림 4.9에 가시거리(LOS) 전파의 예를 보인다.

그림 4.9 가시거리(LOS) 전파

그림 4.10과 같이 왼편의 송신자 노드가 오른편의 수신자 노드에게 마이크로파를 이용하여 신호를 보내면 중간에 있는 높은 산의 장애물에 막혀 전달이 안 된다.

그림 4.10 LOS 전파로 장애물 뒤편 전달 실패

이런 경우 그림 4.11과 같이 장애물 이면에 있는 수신자 노드에게 신호를 전달하려면 송신중계기를 송신자 노드와 수신자 노드 사이에 있는 장애물의 꼭대기의 적절한 위치에 두어야 한다. 지향성 전파의 특성이 있어서 수신자 노드는 주로 접시형 안테나를 산이나 건물 등 높은 곳에 설치한다.

그림 4.11 중계기를 활용한 LOS 전파 통신

이런 특성을 이용하여 주로 특정 하나의 송신자 노드가 다른 하나의 수신자 노드만을 상대로 전달하는 일대일(1대1, 점대점 point-to-point) 방식의 전송에 주로 쓰인다. 마이크로파가 지상에 있는 노드 간에 통신할 때는 지상 마이크로파(terrestrial microwave)라 하고, 지상에 있는 노드와 지구 주변에 있는 인공위성과 통신할 때 쓰는 위성 마이크로파(satellite microwave)로 나누기도 한다.

지상 마이크로파는 1 ~ 40 GHz 사이의 주파수를 쓰는 것으로 수십 Mbps의 전송률을 내는 장거리 전기통신에 많이 쓰인다. 지구 대기를 이용하여 전달하는 경우 신호가 도달되는 거리는 보통 50 Km까지이다. 이 거리는 사실상 지구상의 특정 위치에서 (송신자 노드가 있는 해발높이에 따라 바뀌기는 하겠지만) 중간 장애물이 전혀 없는 상태에서 도달하는 최대 거리이다.

예를 들어 해안의 한 지점에서 멀리 바다를 바라볼 때 수평선으로 보이는 지점까지의 거리가 약 40 ~ 50 Km가 된다. 물론 이것도 보는 사람이 있는 위치의 해발높이에 따라 오차가 있다. 따라서 지상 마이크로파가 도달하는 최대 거리는 지평선 내지는 수평선 끝까지이다. 그보다 먼 거리는 지평선 너머 혹은 수평선 너머 아래로 들어가서 사람들의 눈에 보이지 않게 되어 사실상 LOS 선상에 있지 않기 때문이다. 유선 매체 가운데 동축 케이블을 써서 전송하는 전송률과 유사한 성능을 가지기 때문에 이를 대체하는 기술로 활용된다. 그러나 두 송수신자 노드 간에 거리가 멀어서 긴 전송지연시간이 문제이다. 보통 정지궤도 위성인 경우 지상에서 35,800 Km 정도 떨어져 있으므로 약 250 ms 정도의 지연시간이 발생한다. 이는 LTE 이동통신에서 요구하는 10 ms와 5G 이동통신에서 정하고 있는 1 ms 지연시간 요구사항과 비교하면 매우 큼을 알 수 있다.

위성 마이크로파는 지상에 있는 지구국(earth station)과 인공위성 사이에 형성되는 무선 링크에 사용된다. 이 링크는 사용하는 대역에 따라 L, C, X, Ku 그리고 S 밴드로 구분된다. 보통 지구국에서 위성으로 신호를 보내는 링크를 업링크(uplink)라 하고 사용하는 주파수를 상향주파수라 한다. 반대로 위성에서 지구국으로 신호를 받을 때 쓰는 링크를 다운링크(downlink)라고 하고 이때 주파수를 하향주파수라 한다. 표 4.2에 밴드별 사용 주파수와 이를 적용하는 위성의 예를 정리하였다. 최근에 Ku 밴드를 사용하는 위성이 늘어나 포화가 됨에 따라 그보다 상위 밴드인 Ka 밴드(18 ~ 40 GHz)를 사용하는 위성(우리나라의 천리안 1호, 무궁화 1호 그리고 무궁화 5호 등)이 많아지고 있다.

표 4.2 밴드별 위성 마이크로파

밴드명	상향주파수(GHz)	하향주파수(GHz)	용도
L	1.61 ~ 1,625	1.5425 ~ 1.5435	저궤도용, 이리듐
C	5.845 ~ 6.425	3.62 ~ 4.2	정지궤도용
X	7.9 ~ 8.4	7.25 ~ 7.75	저궤도, 정지궤도용, 군사용
Ku	14.0 ~ 14.5	12.25 ~ 12.75	정지궤도용, 소형안테나
S	2.025 ~ 2.12	2.2 ~ 2.3	위성관제용

참고로 위성은 사용되는 용도에 따라 인마셋(Inmarsat) 등의 해상위성, 기상위성, 방송위성, 관측위성, GPS 등 지리정보위성, 통신위성 그리고 군사위성 등이 있다. 위성이 지구상에서 얼마나 떨어져 있는가에 따라 지상 500 ~ 1,500 Km 사이에 있는 저궤도 위성, 고도 35,863 Km에서 공전하고 있는 정지궤도 위성 그리고 약 40,000 Km 이상의 고도에서 회전하고 있는 고궤도 위성으로 나눈다. 정지궤도 위성은 위성의 공전 속도가 지구의 자전 속도와 동일하기 때문에 지구에서 보았을 때 항상 고정된 위치에 있는 위성으로 보인다.

마이크로파를 활용하는 통신서비스 가운데 최근에 새롭게 서비스를 시작한 5G 이동통신은 독특한 특징을 가진다. LTE와는 달리 5G 이동통신은 ITU의 성능 요구사항을 살펴보면 최고전송속도는 20 Gbps, 체감속도는 100 Mbps로 기존 LTE보다 10배의 속도를 실질적으로 내는 것으로 되어 있다. 거기에 차세대 이동통신 서비스에서 가장 중요한 특징인 전송지연(latency) 또한 기존의 LTE보다 1/10로 짧아진 1 ms 이내로 서비스되어야 한다. 이는 최근의 인터넷 소비 형태로 주류를 차지하는 동영상 위주의 서비스에 더하여 자동차 등 기기 실시간 제어와 3차원 영상 기반 실시간 온라인 게임에서 요구하는 빠른 응답시간을 실현하는 의미가 있다. 반경 1 Km 이내 100만개의 기기가 연결되어 서비스할 수 있어야 하므로 앞으로 올 사물인터넷(IoT Internet of Things) 요구사항도 어느 정도 만족하게 된다.

이를 달성하기 위하여 5G 이동통신에서는 3.5 GHZ 대역과 28 GHz 대역 등 두 가지 밴드의 초고주파(SHF) 대역 마이크로파를 이용한다. 국내 이동통신 3사는 이 두 대역의 주파수를 고르게 나누어 경매받아서 5G 서비스에 활용하고 있다. 그런데 이 두 대역 가운데 3.5 GHz 대역 전자기파의 파장은 약 100 mm 정도로 기존의 LTE 서비스를 위한 주파수 대역인 850 MHz ~ 2.6 GHz 가운데 2.6 GHz 대역과 유사한 파장을 가진 마이크로파를 쓰기 때문에 기존의 LTE와 통신 환경에 변화가 그리 크지 않다.

그러나 5G 이동통신에 새롭게 쓰이는 28 GHz 대역의 마이크로파는 파장이 10 mm 정도이다. 즉, 파장이 1 cm 안팎으로 매우 짧은 것이 특징이다. 주파수가 높기 때문에 단위 시간당 전송할 수 있는 데이터량(전송률)을 최대로 높일 수 있는 장점을 가진다. 안테나와 송수신 장치를 작게 만들 수 있는 장점도 있다. 사용하는 전력도 수십 mW로 낮아서 배터리 소모에 장점을 가진다.

이렇듯 주파수 30 ~ 300 GHz의 극고주파(EHF)는 파장이 mm 단위가 되기 때문에 밀리미터파(mmWave millimeter wave)라고 한다. 이 밀리미터파는 지금까지 주로 군사용으로 배분이 되어 군사용 위성과 차량탑재 군사용 레이더 전자전 무기, 미사일 추적장치 등에 활용되었다. 특히 60 GHz 대역은 지구국에서 인공위성 통신에 쓸 수 있는데 그 내용을 완전히 숨길 수 있는 장점이 있다.[25)]

그러나 짧은 파장으로 인해 직진성과 지향성이 높은 특성을 가지고 있어 투과성이 현저하게 떨어져 일반적인 장애물조차 통과하지 못한다. 여기서 일반적인 장애물은 건물을 지을 때 외벽을 이루는 재료 대부분을 말한다. 돌, 시멘트, 나무, 심지어 창문의 유리도 전파가 통과하지 못하는 성질을 가진다. LTE 이하의 이동통신에서는 가시거리(LOS) 통신에서 만나는 장애물에 의하여 생기는 음영지역을 메우는 장비(gap filler)를 두면 거의 생활하는 전체 공간에서 이동통신 서비스를 이용할 수 있었다. 그러나 5G 이동통신에서 밀리미터파를 이용하는 서비스를 제대로 받기 위해서 모든 건물 실내에 거의 전반적으로 생기는 음영지역을 채우는 장비(gap filler)를 설치해야 하는 어려움이 있다.

3) 적외선(infrared ray)

일반적으로 1 THz까지의 마이크로파를 전파라고 하고 그 이상의 주파수 대역은 광선(light wave)에 접근한다. 적외선(IR)은 마이크로파와 가시광선 사이의 보이지 않는 광선으로 300 GHz ~ 200 THz 사이의 주파수(파장 3 ~ 25 μm)에 속하는 것이다. 수 m 이내의 짧은 거리의 무선 통신에 활용되고, 주로 가정에서 쓰는 리모컨(remocon)과 기기 간의 전송매체로 쓰인다. 텅스텐을 이용하는 필라멘트가 있는 백열전구에서 방출되는 빛 대부분이 적외선이다. 이것은 고체를 통과하지 못한다. 따라서 특정 공간에서 가시거리(LOS) 통신으로 항공사진 측량, 야간 촬영, 거리 측정, 적외선 감시장치 혹은 건조가열기 등에 쓰인다. 데이터 통신에 적용되는 적외선 통신의 표준은 IrDA(Infrared Data Association) 규격인데 1 m 이내에 최대 16 Mbps 전송률로 통신이 가능하다.

4.4 전송매체와 신호 특성

유무선을 막론하고 전송매체를 타고 흐르는 데이터는 신호(signal)의 형태를 가진다. 이 신호는 전송매체를 거쳐오는 동안 매질의 물리적인 특성에 따라 여러 가지 측면에서 변형된다. 따라서 수신자 노드에서 수신한 신호는 현실 세계에서는 송신자 노드가 보낸 신호와 정확하게 일치할 수 없다. 이렇게 전송매체로 인하여 발생하는 신호의 변화를 전송손상(transmission impairment)이라고 한다. 이에 대해 간략하게 설명한다.

1) 감쇄(attenuation)

두 송수신자 노드 사이의 거리가 멀어지면 멀어질수록 신호의 세기가 비례하여 줄어드는 현상을 말한다. 이는 자연스러운 현상으로 날씨 변화 등의 외부 환경요인과 전송매체의 노후화로 인하여 감쇄되는 정도가 더 커진다. 이를 극복하기 위하여 전송매체 중간 중간마다 신호의 세기를 복원시키는 장치를 설치하여 더 멀리 신호를 보내려고 한다. 이때 쓰이는 장치를 증폭기(AMP amplifier)라고 한다. 앞으로 배우게 될 통신 장비 가운데 하나인 리피터(repeater)도 증폭 효과를 낸다.

2) 백색잡음(열잡음 white noise)

신호를 만드는 데 쓰이는 주파수 대역 내의 모든 주파수에 걸쳐서 고르게 나타나는 현상으로 신호 전반에 걸쳐 발생하는 잡음(noise)을 말한다. 주로 전송매체의 저항에서 발생하는 열에 의해 나타나는 현상이어서 열잡음(thermal noise)이라고도 한다. 또 발생하는 패턴이 무작위적이어서 랜덤 노이즈(random noise)라고도 한다.

3) 상호변조잡음(intermodulation noise)

전송매체에 동시에 두 이상의 주파수를 가지는 신호가 전송될 때 이 두 신호 사이에 서로 합과 차의 주파수를 가지는 의도하지 않은 주파수의 신호가 발생하는데 이를 상호변조잡음이라 한다. 대부분 여러 주파수 대역의 신호들이 한꺼번에 전송되는 경우에 발생하는데 특정 신호에 배경 잡음과 같이 작용한다. 데이터 통신에서 발생하는 일종의 혼선(crosstalk) 현상이다.

4) 혼선(crosstalk)

한 신호가 다른 신호에 결합되어 나타나는 현상이다. 전송매체가 서로 나뉘어 전달되는 신호 간에 다른 전송매체로 신호가 넘어가서 그 전송매체를 통해 전달되는 유도성 현상이다. 이는 인접하고 있는 여러 전송매체 간에 발생할 수 있고, 한 전송매체(A)가 다른 전송매체(B)를 통해 흐르는 신호에게는 안테나 역할을 해서 그 전송매체(B)를 통해 흐르는 신호가 다른 전송매체(A)에서도 흐르는 현상이다. 이 현상은 전송매체의 길이가 길거나, 신호의 세기가 세거나 혹은 신호의 주파수가 높을수록 심해진다. 이를 방지하기 위하여 인접하는 전송매체를 흐르는 신호의 세기를 규제하기도 한다.

5) 충격성 잡음(impulse noise)

매우 짧은 시간동안 발생하는 전자기적 충격에 의해 발생하는 잡음이다. 순간적으로 발생하고 사라지는 높은 진폭의 잡음에 많은 영향을 받는다.

대표적인 예가 번개(thunder)이다. 낙뢰를 맞으면 순간적으로 높은 전압이 걸리고 이것이 데이터 통신에서 전혀 엉뚱한 데이터 신호로 인식될 수 있는 것이다. 이 잡음은 자연현상뿐만 아니라 기계적인 충격에 의해서도 발생하기도 한다. 특히 지금은 거의 쓰이지 않지만 그림 4.12와 같은 기계식 릴레이(relay)가 쓰이는 기계식 전화교환기에서 릴레이가 작동하면서 발생하는 접점의 이동으로 충격성 잡음이 발생한다.

6) 에코(echo)

신호가 전달되는 전송매체에서 임피던스의 급격한 변화를 만나면 신호가 반대 방향으로 되돌아오는 경우가 있다. 이를 에코라고 한다. 주로 유선 매체에서 매체의 끝을 만나면 어마어마한 저항을 만나는 것과 동일하다. 따라서 이런 끝 지점에서 신호가 반사되어 되돌아오는 경우가 많다. 이러면 보내고자 하는 신호와 에코 신호가 결합되어 전달되는 경우가 되고 데이터 전송에 실패하는 요인이 된다. 심지어는 실제 보내는 신호가 없어 전송매체가 조용해야 하는 시점(silent period)에도 지속적으로 누군가가 신호를 보내는 것처럼 전송매체에 신호가 실려 흘러 다니는 현상이 발생한다. 이런 현상을 재블링(jabbling) 현상이라 한다. 이를 막기 위하여 주로 유선 매체의 양 끝에 에코 제거기(echo canceller) 혹은 그림 4.13과 같은 터미네이터(terminator)를 단다.

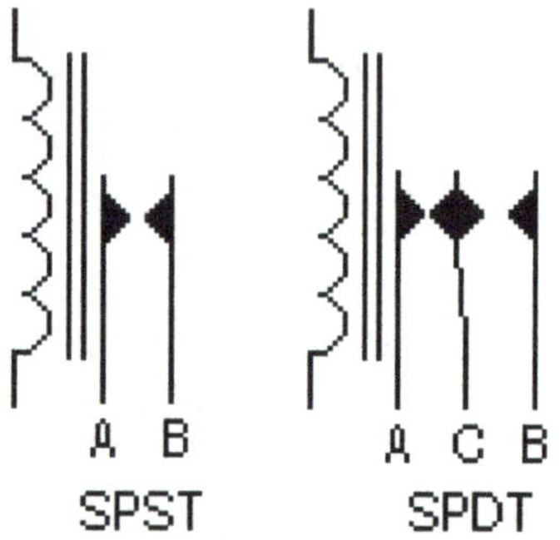

그림 4.12 기계식 릴레이[26]

그림 4.13 동축 케이블 터미네이터

7) 신호 특성에 따른 변형

신호가 신호의 특성에 따라 변형되는 경우도 있다. 신호에 포함된 주파수 성분에 따라 감쇄되는 정도가 서로 달라서 발생하는 진폭감쇄왜곡(attenuation distortion), 신호에 포함된 주파수 성분에 따라 미묘하게 서로 다른 전파 속도(propagation speed)로 인하여 발생하는 지연왜곡(delay distortion) 그리고 송신 신호의 주파수가 전혀 다른 주파수로 바뀌어 수신되는 주파수 편이(frequency offset)현상 등이다.

신호 감쇄를 만회하기 위하여 전송 선로 중간 중간에 설치하는 증폭기(혹은 리피터)에서 수신 신호를 받아서 출력 신호로 다시 만드는 과정에서 발생하는 바이어스 왜곡(bias distortion)도 있다. 예를 들어, 수신된 신호가 0을 표현하는 방향으로 변형되어 입력된 경우 이를 출력 신호로 만들면 애초에 송신자 노드에서 송신한 신호보다 0을 표현하는 신호가 길어지는 형태로 변형이 일어난다. 이를 스페이싱(0 spacing) 바이어스 왜곡이라 하고 반대로 1을 표현하는 신호가 길어지는 변형이 일어나는 마킹(1 marking) 바이어스 왜곡이 있다.

4.5 전송매체 인터페이스(interface)

데이터 통신망의 일원으로 있는 모든 노드는 전송매체로 연결되어 있다. 유선 매체 혹은 무선 매체를 막론하고 하나 이상의 전송매체와 직접적으로 연결되어야 통신망 서비스를 제공받을 수 있는 것이다. 여기서 노드는 통신망의 가장자리에 연결되는 단말 장치를 포함하여 망 내부에서 통신 기능을 수행하는 통신 장비를 모두 지칭한다. 이렇게 데이터 통신망을 형성하는 컴퓨터 단말 장치와 하드웨어 통신 장치를 상호 접속하여 서로 데이터를 주고받을 수 있도록 하는 플러그, 접속기, 카드 혹은 여러 다른 형태의 하드웨어 인터페이스를 전송매체 인터페이스(interface)라고 한다.

대체로 물리적 혹은 전자기적인 특성을 달리하는 전송매체에 따라 서로 다른 특성을 가지는 접속 인터페이스를 가지고 있다. 예를 들어, 꼬임쌍선 UTP를 이용하는 랜(LAN)선은 RJ-45라는 고유한 인터페이스를 정의하고 이를 컴퓨터와 LAN을 형성하는 공유기를 잇는 전송 선로 사이 연결자(connector)의 표준으로 활용한다. 그 외에 USB(Universal Serial Interface)도 현재 가장 많이 쓰이는 인터페이스로 컴퓨터와 각종 주변 기기를 잇는 연결자로 정의되어 있다.

전송매체 인터페이스는 이렇게 컴퓨터(단말 장치) 외부에서 특정 형태의 커넥터를 써서 특정 전송매체로 연결되는 형태만 있는 것이 아니다. 컴퓨터 시스템 내부에서 메인 보드와 하드 디스크와 SSD를 잇는 SATA(Serial AT Attachment) 인터페이스는 컴퓨터 시스템 내부에 있는 CPU 보드와 내장형 저장 장치를 연결하는 데 이용된다. 컴퓨터 시스템 내부도 넓은 의미에서 통신망 형태의 구조를 가지고 있다고 볼 수 있기 때문에 SATA도 전송매체 인터페이스 가운데 하나로 볼 수 있다.

여기서는 대표적으로 현재 가장 많이 쓰이는 전송매체 인터페이스를 특성과 함께 소개한다.

1) RS-232(Recommended Standard 232)

일상 생활하면서 쓰는 일반적인 컴퓨터 시스템 혹은 스마트 기기에는 점차 RS-232 인터페이스 단자(connector)가 점차 생략되어 사라지고 있다. 그러나 아직까지 공장이나 선박에서 작동하는 전자 기기들을 서로 연결하는 인터페이스로 건재하다. 주로 약 10 m 정도의 짧은 거리를 20 Kbps 정도의 낮은 전송률이어도 충분한 단순한 통신망의 전송매체 인터페이스로 쓰인다. 애초에 개발될 때는 컴퓨터 시스템(단말 장치)와 모뎀(modem)이라는 통신 장비를 연결하기 위한 것이었다. 그러다가 표준화 기구인 ITU-T에서 V.24로 표준 삼았고, 미국의 EIA(Electronic Industries Alliance)가 EIA-232로 규정하여 컴퓨터와 통신 장비를 잇는 표준 인터페이스로 상당 기간 이용되었다.

그림 4.14에서 볼 수 있는 D 문자를 닮은 형태로 되어 있고, 그림과 같이 현재는 주로 9개의 연결 접점(핀 pin)을 가지는 단축형 인터페이스를 주로 쓴다. 그림 4.14는 컴퓨터 시스템에 채택된 RS-232 인터페이스를 보여준다. 이를 통해 데이터가 들락거리는 것이어서 포트(항구 port)라는 용어를 쓴다. 이 포트는 통신망과 관련 있는 여러 곳에서 흔히 쓰이는 용어이다.

원래 RS-232 인터페이스는 그림 4.15에서 보이듯이 25개의 연결 접점(핀 pin)을 가지는 인터페이스이다. 이는 애초의 RS-232 인터페이스 활용처였던 컴퓨터 단말 장치와 모뎀 통신 장비 사이에 연결하기 위한 것으로 현재는 모뎀 통신 장비가 현실적으로 거의 쓰이지 않는 상황을 고려하여 모뎀과 연결할 때만 필요한 연결 접점(pin)들을 생략하고 필수적인 9개의 핀만으로 줄인 형태가 현재 쓰이는 RS-232 인터페이스이다.

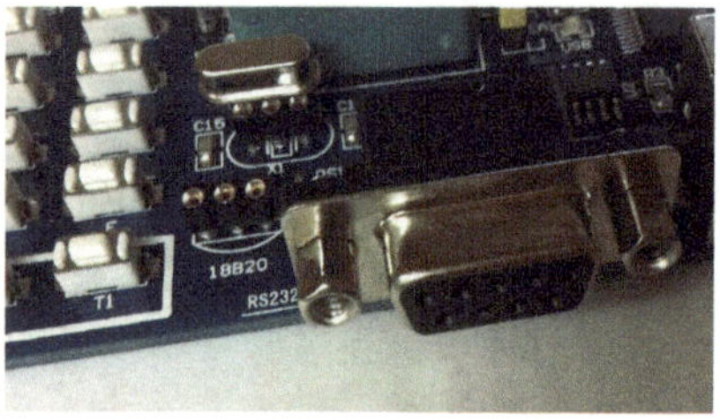

그림 4.14 RS-232 포트(port) 예[27]

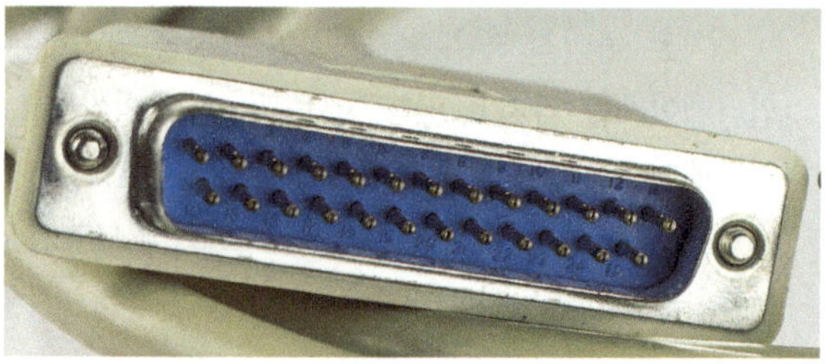

그림 4.15 25핀 RS-232 커넥터[28]

표 4.3 RS-232 9핀 기능

데이터	
TXD (핀 3)	시리얼 데이터 출력
RXD (핀 2)	시이얼 데이터 입력
핸드쉐이크	
RTS (핀 7)	Request to Send
CTS (핀 8)	Clear to Send
DSR (핀 6)	Data Set Ready
DCD (핀 1)	Data Carrier Detect
DTR (핀 4)	Data Terminal Ready
접지	
GND (핀 5)	접지
기타	
RI (핀 9)	링 표시기

9핀 RS-232 인터페이스는 IBM에서 처음 제안하였고, EIA에서 EIA 574-90 표준으로 규정하였다. 한 번에 하나의 비트 데이터를 전송하는 직렬(serial) 방식의 인터페이스이다. 표 4.3은 9핀 연결 접점의 기능을 간략하게 정리한 것이다.

핀 2와 3은 직렬로 데이터 비트들을 송신할 때 혹은 수신할 때 각각 비트 신호를 내보거나 받는 접점이다. 핀 7, 8, 6, 1 그리고 4는 송수신자 노드(RS-232로 직접 연결된 두 노드) 간에 데이터 비트를 송수신하기 위하여 수행해야 하는 절차를 위한 접점들이다. 나머지는 접지(ground)와 링 표시기(ring indicator)로 쓰이는 접점이다. 링 표시기는 상대방이 데이터를 보내기 위하여 '따릉 따릉' 하는 전화링 소리를 알려주는 용도인데 현재는 항상 연결된(always connected) 상태로 사용되는 경우가 대부분이기 때문에 이 핀도 쓰임새가 줄어들고 있다.

RS-232를 사용하여 데이터 비트 송수신할 때 흐름 제어가 요구되는 상황이 발생할 수 있다. 수신기에 과부하가 발생하는 문제가 있어 이를 해소하는 방법을 가지고 있다. 일종의 흐름 제어 방식인데 세 가지 핸드쉐이킹(handshaking) 기법을 쓴다. 기본적으로 모든 기법은 수신자 노드가 송신자 노드에게 송신 가능 여부를 제어하는 방식을 채택한다.

(1) 하드웨어적인 핸드쉐이킹

이 기법은 앞서 표 4.3에서 정의된 연결 접점 가운데 '핸드쉐이킹' 에 쓰이는 핀들을 써서 작동한다. 우선 DTR 핀은 상대 노드의 DSR 핀과 연결한다. DTR은 단말 장치(컴퓨터)가 RS-232를 통해 통신을 정상적으로 수행하고 있음을 표시한다. 다시 말하면, DTR 핀이 'on'이면 통신하는 상태임을 나타낸다. DSR은 단말 장치 사이에 있는 통신 장비(모뎀)가 정상적으로 작동하고 있음을 나타낸다. 그러나 사실상 여기서는 상대방의 DTR 신호가 전달되도록 연결하게 되어 있어 상대방 단말 장치가 통신하는 상태인지 여부를 판단할 때 쓴다. RTS 핀은 상대방의 CTS 핀과 연결한다. RTS는 단말 장치가 데이터를 송신할 준비가 되어 있음을 표시한다. CTS는 상대방의 단말 장치가 데이터를 수신할 준비가 되어 있음을 확인하는 데 쓰인다.

이렇게 연결하고 나서 만약 수신자 노드(단말 장치)의 수신용 버퍼가 90% 이하로 차 있으면(예: 89%는 수신된 데이터를 담고 있고, 11%는 비어 있으면) 자신의 DTR과 RTS 핀을 'on' 시킨다. 이는 상대방 RS-232 인터페이스의 DSR과 CTS 핀을 'on'으로 만드는 효과가 있다. 이를 감지한 상대방은 수신자 노드가 살아 있고 데이터를 수신할 준비가 되어 있음으로 인식한다. 이로써 상대방은 보낼 데이터가 있으면 수신자 노드에게 데이터 비트를 송신한다. 그러다가 수신자 노드의 버퍼가 90% 이상 차게 되면 수신자 노드는 DTR은 'on' 그리고 RTS는 'off'로 변경한다. 이러면 상대방 송신자 노드는 DSR은 'on' 그리고 CTS는 'off'로 인식하기 때문에 수신자 노드가 데이터를 수신할 준비가 되지 않은 것으로 파악하여 데이터 송신을 중단한다.

(2) 소프트웨어적인 핸드쉐이킹

이 기법은 하드웨어적으로 실제 연결된 위의 DTR 등의 핀을 쓰지 않고 소프트웨어적으로 제어 명령을 주고받아 그것에 의해 흐름 제어를 하는 기법이다. 따라서 이 기법을 쓰는 경우에는 RS-232 9핀 가운데 데이터 비트 2핀 그리고 접지 1핀 모두 3핀만 상대와 연결하면 데이터 송수신이 가능하다. 수신자 노드의 버퍼가 50% 이상 찬 상황에서 XOFF라는 의미를 가지는 8비트 문자 코드 0x13을 송신자 노드에게 보낸다. 만약 이렇게 보낸 XOFF 데이터(일종의 흐름 제어를 위한 명령어)를 보냈음에도 불구하고 계속해서 송신자 노드로부터 데이터가 와서 버퍼가 75%에 다다르면 또 한번 XOFF를 보내고, 또 90%에 도달하면 또 보내는 식이다. 송신자 노드가 XOFF 데이터를 받으면 이는 수신자 노드가 데이터를 수신할 준비가 안되어 있는 것으로 판단하고 송신을 중단한다. 그 이후 수신자 노드의 버퍼에 여유가 생기면 송신자 노드에게 XON 이라는 의미를 가지는 8비트 문자 코드 0x11을 보낸다. 그러면 송신자 노드는 수신자 노드가 드디어 수신할 준비가 된 것으로 판단하고 데이터를 송신한다.

(3) Xmodem

전통적인 모뎀을 사용할 때 적용되는 흐름 제어 기법으로 모뎀이 거의 쓰이지 않는 상황에서는 이 방식은 쓰이지 않는다.

2) EIA RS-422

애플사의 맥킨토시 컴퓨터의 직렬통신 인터페이스로 개발되었다. 표 4.4에 정리되어 있는 RS-422의 9핀 가운데 두 개의 접점 TXD+, TXD-를 통해 데이터 신호를 서로 음양 극이 반전된 두 개의 신호로 만들어 동시에 보낸다. 이렇게 하나의 데이터를 두 개의 신호로 송신하는 이유는 전송 선로에서 발생하는 잡음에 영향을 최소화하기 위한 것이다.

RS-422 인터페이스는 NMEA0183 표준 해상통신망 규격의 물리 계층에 RS-232와 함께 채택된 규격이다. 전송률이 10 Mbps까지 가능한 상대적으로 고속 직렬통신이 가능하다.

표 4.4 RS-422 9핀 기능

핀	의미
TXD- (핀 1)	시리얼 데이터 출력-
TXD+ (핀 2)	시이얼 데이터 출력+
RTS- (핀 3)	Request to Send-
RTS+ (핀 4)	Request to Send+
GND (핀 5)	접지
RXD- (핀 6)	시리얼 데이터 출력-
RXD+ (핀 7)	시이얼 데이터 출력+
CTS- (핀 8)	Clear to Send-
CTS+ (핀 9)	Clear to Send+

3) USB(Universal Serial Bus)

기존에 직렬 혹은 병렬(parallel)로 각기 다른 전송매체 인터페이스를 통해 컴퓨터와 주변기기를 연결하던 것을 좀 더 단순하고 편리하게 연결할 수 있도록 개발되었다. 기존의 인터페이스는 전송 속도가 늦고, 연결되는 장치에 전원 공급을 별도로 해주어야 했다. 대부분이 1:1 연결 방식이어서

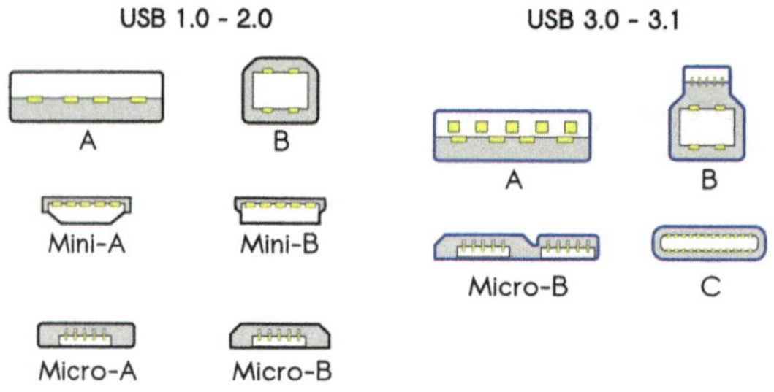

그림 4.16 USB 여러 버전[29)]

연결되는 기기의 개수도 제한적이었다. 이를 극복하기 위한 기술로 1996년 인텔(Intel)에서 USB를 지원하는 칩셋 430 HX가 발표되었다.

USB는 기본적으로 4개의 연결 접점(핀 pin)을 가진다. A 타입 기준으로 +5 V의 전원 핀 1개, 데이터 핀 2개 그리고 접지 핀 1개로 구성된다. USB는 장비들이 데이지 체인 방식으로 줄줄이 연결이 가능하기 때문에 케스케이드(cascade) 방식의 연결이라 한다. 최대 127대의 장비를 연결할 수 있다. 핫 플러깅(hot plugging)이 가능하므로 단자에 연결만 하면 바로 장비를 쓸 수 있다. 전원 공급이 가능하므로 외부 전원을 쓰지 않아도 되는 경우가 많다. 전송 속도도 기존의 직렬 통신인 RS-232와 RS-422보다 훨씬 빠르다.

그림 4.16와 같이 여러 표준으로 업그레이드가 진행 중이다. 현재는 USB 3.1 버전 C 타입 단자가 가장 빠른 기준을 제시한다. 1.0 버전은 1.5 Mbps, 1.1 버전은 12 Mbps, 2.0 버전은 480 Mbps 3.0 버전은 5 Gbps 그리고 3.1 버전은 10 Gbps의 전송률을 낸다. 문제는 케스케이드 방식으로 연결된 장비들끼리 이 최대 전송률을 나누어 쓰기 때문에 실제 전송률은 연결된 장비가 많으면 많을수록 낮아진다.

4) HDMI(High-definition Multimedia Interface)

TV와 모니터 등 동영상을 포함하는 멀티미디어 입출력 기기 사이에 영상과 음향 정보를 동시에 전달하기 위한 인터페이스이다. 디지털 데이터로 인코딩된 영상과 음향 신호를 하나의 케이블로 전달하기 위한 것인데 2002년 일본 히타치, 파나소닉, 필립스, 실리콘 이미지 그리고 소니 등 AV 가전 제조사를 중심으로 공동 개발한 것이다. 그림 4.17과 같이 여러 모양으로 규정되어 있다. 그 가운데 B 타입은 아직 채택되어 사용되지 않는다.

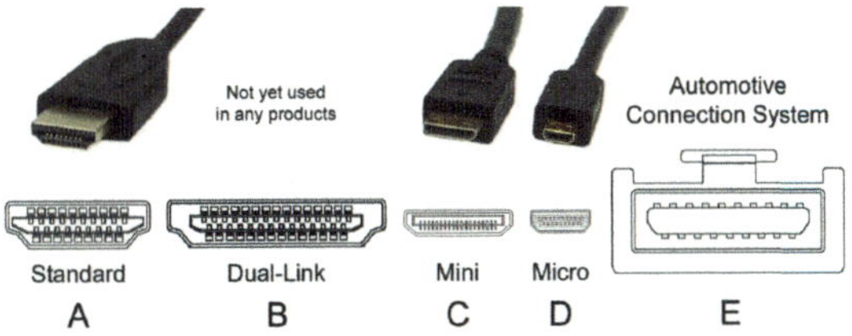

그림 4.17 HDMI 인터페이스 종류[30)]

HDMI는 2002년 말 1.0 버전을 발표한 이래 2.0 버전까지 개선된 성능을 보여준다. 1.0 버전에서는 4.95 Gbps 전송률로 1,920 x 1,200 해상도에 24비트 컬러 픽셀을 보여주고, 36.86 Mbps의 오디오 처리량을 가진다. 2006년에 발표된 1.3 버전에서 대역폭이 10.2 Gbps로 확대되고, 2,560 x 1,600 해상도에 48비트 컬러 픽셀 표현이 가능하게 개선되었다. 오디오도 돌비 디지털과 DVD급 입체음향(DTS)이 가능하다. 2009년 발표된 1.4 버전에서는 동영상 해상도가 3,840 x 2,160로 향상되었다. 3차원 영상도 가능하다. 영상과 오디오 그리고 데이터를 이더넷 기반으로 전송할 수 있도록 하였다. 2013년의 2.0 버전에서는 4K UHD 동영상을 지원하고 대역폭이 16 Gbps로 늘어났다. 2015년의 2.0a 버전은 HDR(High Dynamic Range) 비디오를 지원한다. 화면 전반의 명암을 구별하고 색감을 향상시켰다.

5
CHAPTER

물리 계층 프로토콜 (디지털 부호화)

5.1 신호(signal)
5.2 부호화(encoding)
5.3 디지털 데이터 ➡ 디지털 신호 부호화

ISO OSI 7계층 참조모델에서 가장 낮은 계층인 제1계층 물리 계층 프로토콜에서 수행하는 가장 중요한 기능인 신호 생성에 관하여 설명한다. 물리 계층은 직접 연결(directly connected)된 두 노드 사이에 이 연결의 중간 매개체인 물리적인 전송매체(transmission media)를 통해 데이터를 연결된 두 노드 사이에 주고받을 때 전송매체의 특성에 따라 전자기, 빛 혹은 전자기파 등을 이용하여 데이터를 표현하는 신호(signal)를 주고받는다. 이를 위하여 데이터를 신호로 변경하거나 그 반대로 신호를 데이터로 변환하는 방식(signalling method)이 정의되어 있다. 이번 장에서는 이와 같이 물리 계층에서 정의한, 전송매체를 통해 데이터를 물리적으로 전달할 때 필요한 디지털 신호 생성 방식에 관하여 자세하게 설명한다. 다음 장은 아날로그 신호 생성 방식에 관하여 다룬다.

5.1 신호(signal)

신호는 전자기 또는 빛이 가지는 특정 성질에 변화를 준 것으로 정의한다. 신호는 시간의 흐름에 따라 생성되는 형태에 따라 구분한다. 첫째, 시간의 흐름에 따라 변화하는 모양이 반복적으로 동일하거나 유사하게 이루어지는 주기 신호(periodic signal)와 시간의 흐름에 따라 보았을 때 변화하는 모양이 불규칙적으로 특정 패턴을 찾을 수 없는 신호인 비주기 신호(aperiodic signal)로 나뉜다.

주기 신호는 주기(period) T 시간동안 신호의 모양이 반복되어 식 (5.1)과 같은 주기함수 성격을 가진다.

$$f(x + T) = f(x) \tag{5.1}$$

이때 T 값은 여러 다른 신호마다 고유의 값을 가져 서로 다른 것이 일반적이다. 그러나 하나의 신호는 일정한 T를 가진다.

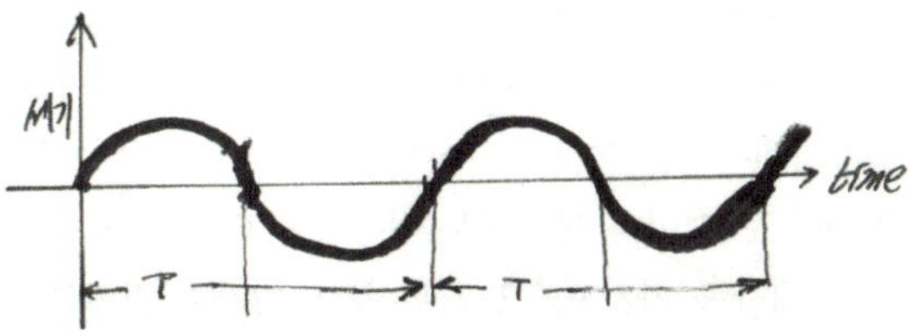

그림 5.1 주기 아날로그 신호 예

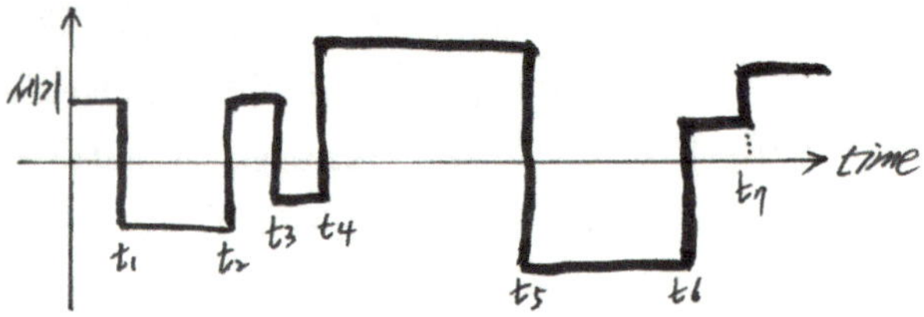

그림 5.2 비주기 디지털 신호 예

그림 5.1에 사인파(sine signal)와 유사한 주기 신호의 예가 보인다. 사인파라고 생각하면 시간 흐름에서 정확하게 반복적으로 신호값의 변화가 생기는 신호이다. 이런 신호를 정현파(sinusoidal signal)라고 한다. 여기서 가로축은 시간의 흐름을 표현하고, 세로축은 신호의 세기(strength 진폭)를 나타낸다.

비주기 신호는 시간이 흐르는 동안에 반복되는 형태가 나타나지 않는 신호를 말한다. 이때 주기 T는 존재하지 않으므로 무한대로 생각한다. 일반적으로 그림 5.2와 같이 반복되지 않는 비정형 형태로 신호값이 변화하는 것을 나타낸다.

두 번째로 신호를 구분하는 기준은 신호가 가지는 값이 연속적인 값(continuous value)을 가지는지 혹은 이산적인 값(discrete value)을 가지는지 여부이다. 아날로그 신호(analog signal)는 시간의 흐름에 따라 연속적인 값을 가지고 연속적으로 변하는 전자기파이다. 불연속점이 없이 미분 가능한 형태를 가지는 것이 특징이다. 따라서 신호값의 종류를 세어보면 그 종류가 무한히 많다. 그림 5.1의 예에서 신호값의 변화가 시간의 흐름에 따라 미끈하게 이어지고 신호값의 불연속적인 값 변화가 발생하는 지점(시점)이 없는 것으로 봐서 이 신호는 아날로그 신호의 전형적인 예로 볼 수 있다. 사람의 목소리, 기온의 변화를 시간 흐름으로 표기하면 아날로그 신호 형태로 나타난다.

디지털 신호(digital signal)는 시간의 흐름에 따라 값의 변화가 연속적이지 않고 특정 시점에서 급격하게 특정 신호값에서 다른 특정값으로 바뀌는 특징이 있다. 이런 불연속 시점에서 값의 변화가 생기면 다음 불연속 시점까지 그 값이 바뀌지 않고 유지되는 특성을 가진다. 따라서 디지털 신호에서 나타나는 신호값의 종류를 세어보면 유한개의 값을 가지고 최대 불연속적으로 값의 변화가 발생한 시점의 개수와 동일한 종류를 가진다. 그림 5.2의 예는 t_1, t_2, ..., t_7로 7번 불연속적인 신호값 변화가 일어난 것으로 파악되어 이 신호는 디지털 신호로 보아야 한다. 그리고 이 신호가 가지는 값의 종류는 t_1, t_2, ..., t_7에서 바뀌는 값들이 모두 다르다고 가정하면 모두 7개의 신호값을 가지는 디지털 신호이다. 그러나 일반적으로 데이터 통신에서 이용하는 디지털 신호는 그 값을 2가지, 4가지, 8가지, ... 등으로 2의 배수 개만큼 가지고, 그 가운데서도 2가지 값만을 가지는 것이 보편적이다.

1) 아날로그 신호(analog signal)

아날로그 신호를 특징짓는 데 일반적으로 세 가지 특성을 언급한다. 첫째, 신호의 세기를 표현하는 진폭(amplitude)이다. 시간의 흐름에서 어느 특정 한순간 (t)에서 신호가 가지는 세기를 말한다. 주로 측정한 값을 표현할 때 전압 볼트(volt)값이나 전류 암페어(A) 혹은 둘을 곱한 와트(W) 값으로 표현한다. 아날로그 신호는 시간의 흐름 속에서 진폭의 변화가 연속적이고 불연속점을 가지지 않는 신호를 말한다.

둘째, 위상(phase)이다. 위상은 기준 시점에 나타난 신호의 값에 비해 특정 시점에서 신호 값의 상대적인 위치를 표현한다. 기준 시점은 신호가 만들어지기 시작한 시점(t = 0)으로 하는 것이 일반적이다. 위상을 표현할 때 각도 (0 ~ 360) 또는 라디안(radian 0 ~ 2π)으로 측정한 값을 표현한다. 시간축 상에서 표현된 신호를 시간상으로 앞뒤로 움직이면 동일한 형태의 신호가 좌우로 이동된 형태로 그려진다. 그림 5.3의 위 그림은 그림 5.1 신호이고, 아래 그림은 시간축 관점에서 앞으로 옮긴 신호가 보인다. 이때 위 그림을 위상 관점에서 보면 가장 높은 진폭을 보이는 시점이 90도 지점이고, 다시 서서히 내려와 진폭이 0이 되는 시점이 180도이다. 이런 방식으로 위상값을 고려하면 아래 그림의 신호는 위 그림의 신호를 왼쪽으로 90도만큼 이동시킨 신호이다. 사인파가 코사인파로 변화된 예이다. 따라서 이 경우 "두 신호 사이의 위상 차이가 90도 난다"라고 말한다. 이런 예와 같은 신호의 변화된 상황을 간단하면서도 명확하게 표현할 수 있는 하나의 특성으로 위상이 쓰인다.

셋째, 주파수(frequency)이다. 주파수는 무선 매체를 설명할 때 많이 쓴 용어이므로 익숙할 것으로 보인다. 신호가 단위 시간에 변하는 패턴이 몇 번 일어나는가를 표현한 값이다. 이때 단위 시간은 주로 초(second)이다. 따라서 1초에 신호값의 변화되는 패턴이 몇 번 반복되어 나타났는지를 뜻한다. 주파수는 신호의 패턴이 반복되는 시간을 의미하는 주기(period T)의 역수(f = 1/T)이다. 일반적으로

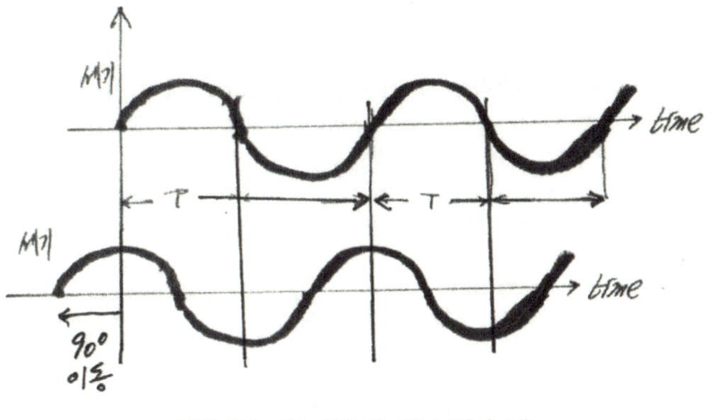

그림 5.3 두 신호의 위상 변화 예

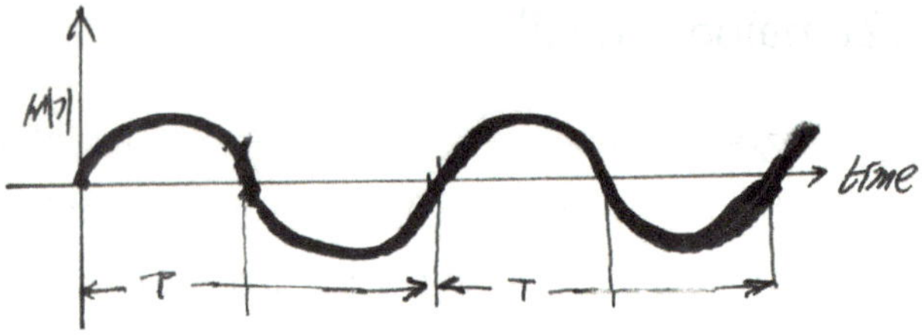

그림 5.4 주파수

f로 표현한다. 단위는 헤르츠(Hz)로 표기한다. 그림 5.4의 신호에서 만약 T가 1초라면 f = 1/1이므로 주파수가 1 Hz인 신호이다. T가 1/3초라면, f = 3이므로 이 경우 신호는 3 Hz의 주파수를 가진다.

주파수(f)는 신호가 1초에 패턴이 반복되는 횟수인데 신호가 전송매체를 통해 전달되는 전파 시간(propagation time)을 고려하면 반복되는 패턴 하나의 길이를 알 수 있다. 일반적으로 전자기파 1초에 300,000 Km를 전진한다. 따라서 식 (5.2)를 이용하여 신호 내 하나의 패턴이 차지하는 길이가 구해진다.

$$파장(\lambda) = 300,000,000 \ / \ f \ (m) \tag{5.2}$$

이 값을 파장(wavelength)이라고 하고 일반적으로 λ로 표현한다. 단위는 m 단위의 길이로 표시한다. 4장에서 소개한 무선 매체의 특성 가운데 파장은 이렇게 구해진 값들이다. 그 가운데 특별히 5G 이동통신 서비스를 위해 쓰이는 EHF 마이크로파는 mm 단위의 파장을 가져서 밀리미터파(mm Wave)라는 별칭을 가지고 있다.

데이터 통신에 쓰이는 아날로그 신호는 사인파와 같이 정확한 정현파인 경우가 거의 없다. 대신에 실제 쓰이는 신호는 그 내부에 서로 다른 주파수와 진폭을 가지는 여러 정현파가 복합적으로 포함된 신호 형태가 일반적이다. 하나의 예가 그림 5.5에 그려져 있다. 이런 신호들은 푸리에 분석(Fourier analysis)으로 분석하면 그 내부에 포함되어 있는 신호들을 주파수에 따라 분해할 수 있다. 이때 분해되는 각 주파수를 주파수 성분(frequency component)이라 한다.

그림 5.5 정현파가 복합된 아날로그 신호

이렇게 실제 사용되는 신호가 가지는 주파수 성분은 여러 개가 있고, 이 여러 주파수 성분 가운데 가장 작은 주파수 성분(f_1)과 가장 큰 주파수 성분(f_2)의 범위를 그 신호의 주파수 스펙트럼(spectrum)이라 한다. 스펙트럼의 폭, 즉 스펙트럼이 얼마나 넓은지를 나타내는 값이 신호의 대역폭(bandwidth)이다. 식 (5.3)과 같이 가장 큰 주파수 성분의 주파수(f_2)에서 가장 작은 주파수 성분의 주파수(f_1)를 뺀 값으로 계산된다. 표현 단위는 주파수 단위인 Hz로 나타낸다.

$$\text{대역폭(BW)} = f_2 - f_1 \text{ (Hz)} \qquad (5.3)$$

2) 디지털 신호(digital signal)

신호의 세기로 표현되는 값의 종류가 유한개인 신호를 디지털 신호라고 한다. 그런데 현실적으로는 디지털 신호는 매우 제한적인 개수의 신호값을 가진다. 가장 단순한 디지털 신호는 단 두 종류의 신호값만을 가지는 것이다. 그림 5.6에 그 예가 그려져 있다. 이 신호는 신호 세기를 전압 볼트(V)로 표현하고 있는데 0 V와 +5 V로 두 가지만 가진다.

그림 5.6의 예로 든 디지털 신호의 두 가지 신호값을 이용하여 디지털 데이터를 표현하는 것이 가능한가? 디지털 데이터는 모두 이진수(binary number) 0과 1로 표현된다. 따라서 신호의 0 V 신호값을 논리적으로 이진수 0 값으로 정의하고, +5 V 신호값은 이진수 1 값으로 정하면 이진수로만 표현하는 디지털 데이터를 이렇게 두 개의 신호값을 가지는 매우 단순한 디지털 신호로 완벽하게 표현이 가능해진다. 이진수 한 개를 비트(bit)라고 하니까 이 신호는 1비트의 디지털 데이터를 표현하는 셈이 된다.

위와 같은 방식으로 이 신호가 디지털 데이터를 표현한다고 가정하면, 그림 5.6의 신호는 8개의 이진수(8비트) 1 0 1 1 0 1 0 1 를 표현한 것이 된다.

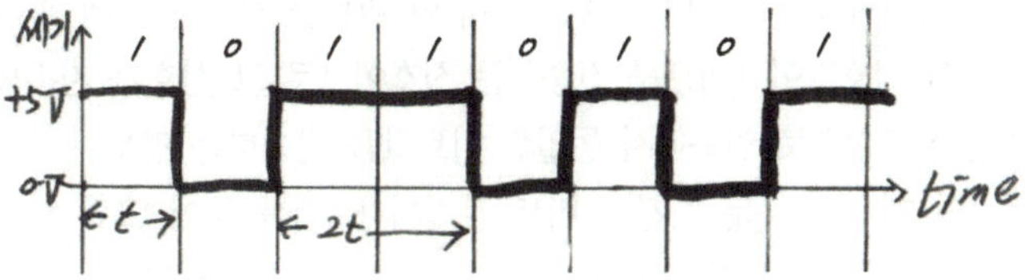

그림 5.6 두 가지 값만 가지는 디지털 신호

디지털 신호는 신호값의 종류가 두 가지만 가지는 신호만 있는 것이 아니라 더 많은 종류의 신호값을 가지도록 만들 수 있다. 예를 들어 신호값의 종류가 네 가지인 경우도 있다. 이 경우에는 신호값 각각이 어떤 디지털 데이터를 표현할 수 있을까? 앞선 경우와 동일하게 한 종류의 신호값이 1비트의 값인 0 혹은 1을 각각 표현하게 하면 2가지 신호값이 남게 된다. 낭비이다. 그러면 이것까지 모두 디지털 데이터 표현에 쓰려면 어떻게 하는 것이 좋을까? 방법은 한 가지 신호값에 두 비트의 값을 지정하는 것이다. 각 신호값이 00, 01, 10 또는 11 값으로 지정하면 4종류의 신호를 딱 알맞게 디지털 표현에 쓸 수 있게 된다. 결과적으로 디지털 신호에 4종의 신호값이 있으면 각 신호값이 2비트 디지털 데이터를 표현할 수 있음을 알았다. 이것을 일반화한다. 신호값 종류의 개수를 k라고 하고 한 신호값이 표현할 수 있는 비트의 수를 n이라 하면 둘 간의 관계식은 식 (5.4)이다. k = 2 이면, n = 1, k = 4 이면, n = 2 그리고 k = 8 이면, n = 3이 된다. 즉, 마지막 예처럼 8가지의 신호값 종류를 가지는 신호인 경우에는 하나의 신호값이 3비트의 디지털 데이터를 표현할 수 있는 것이다.

$$n = \log_2 k \tag{5.4}$$

디지털 신호는 아날로그 신호보다 데이터 통신에 쓰이기에 유리한 면이 많다. 대표적으로 수신자 노드에서 수신된 신호를 데이터로 해석할 때 아날로그 신호는 신호값이 무한 개수로 정의되기 때문에 수신된 신호값 자체가 데이터로 해석하는 데 적용된다. 반면에 디지털 신호는 신호값의 종류가 한정되어 있기 때문에 수신된 신호에 있는 신호값이 전송상에 발생한 잡음으로 변형이 되더라도 애초에 송신때 신호값이 몇 종류가 안 되어서 그 종류로 지정된 신호값과 일치하지 않는 수신 신호값은 가장 가까운 지정된 신호값으로 해석하여 올바른 데이터로 해석할 여지가 많아진다. 따라서 디지털 신호는 상대적으로 잡음에 강한 면모를 가진다.

디지털 신호는 일반적으로 시간 흐름에 따라 전송매체를 타고 전달되는 전압 펄스(voltage pulse)의 연속이다. 디지털 신호는 비트 간격(bit interval), 보오율(baud rate), 비트율(bit rate) 등의 특성을 가진다. 물론 보오율은 아날로그 신호에서 더 익숙한 용어이긴 하나 기본적으로 동일한 개념이다.

비트 간격(bit interval)은 디지털 신호를 써서 한 비트를 전송하는 데 걸리는 시간을 뜻한다. 그림 5.6의 경우에는 한 신호값이 1비트를 전송하는 신호이므로 그 신호가 지속되는 시간(t)이 비트 간격이 된다. 동일한 신호값으로 연속해서 동일한 비트값을 전송하는 경우는 동일 신호값이 유지되는 시간을 그 비트값의 개수로 나눈 시간이 비트 간격이다. 예를 들어 그림 5.6에서 세 번째와 네 번째 비트값으로 1 1 이 연속해서 전송되는데, 이 둘 간의 신호값(+5 V)은 동일하기 때문에 1비트를 위한 신호값 유지 시간보다 두 배의 시간(2t)동안 그 신호값이 유지된다. 따라서 t(=2t/2)가 비트 간격이 된다.

비트 간격은 어떤 의미에서는 한 신호가 전달되는 시간을 표현하는 셈이다. 따라서 단위 시간인

1초에 몇 개의 신호가 전달되는지를 표현하면 1/t가 된다. 이 값을 보오율(baud rate)이라 한다. 단위는 보오(baud)이다. 예를 들어, 비트 간격이 0.1초라면, 1초에 10개의 신호가 전달되므로 10보오인 보오율을 가지는 신호가 된다.

위에서 예로든 그림 5.6의 세 번째, 네 번째 비트값 1 1을 위한 두 신호의 경우는 사실상 동일한 신호값을 가지는 두 개의 신호가 비트 간격의 경계선에서 신호값 변화 없이 계속해서 전송되는 예이다. 그렇지 않은 경우는 반드시 비트 간격의 경계선에서 신호값이 변경되어야 한다. 그림 5.6의 예에서 첫 비트 값인 1을 전송하다가 비트 간격이 흐른 후 다음 비트 0 값을 전송하기 위하여 그 비트 간격의 경계선에서 신호값이 +5 V에서 0 V로 떨어지는 것이다. 반대로 마지막 비트 1을 보내기 위한 경우도 마찬가지이다. 7번째 비트값이 0 이어서 신호값이 0 V로 유지되다가 다음 비트값 1을 보내기 위하여 7번째 신호와 8번째 신호의 경계선에서 신호값이 0 V에서 +5 V로 변경됨을 볼 수 있다.

이렇듯 디지털 신호의 비트 간격 사이의 경계선은 신호 변화가 일어나는 지점으로 이해하여야 한다. 그런데 이 비트 간격 경계선에서의 신호 변화가 디지털 전송에서 일어날 수 있는 타이밍 관련 문제(동기화 문제)를 해결하는 데 아주 유용한 특성으로 작용한다. 이에 대해서는 디지털 신호를 생성하는 방법을 설명할 때 자세하게 기술한다.

비트율(bit rate)은 단위 시간에 얼마나 많은 비트의 디지털 데이터를 전송하는가를 나타내는 수치이다. 일반적으로 단위 시간은 초이고, bps(bits per second) 단위로 표현한다. 만약 한 신호값으로 한 비트 디지털 데이터를 표현한다고 가정하면 비트 간격(t)의 역수(1/t)가 비트율이다. 이는 앞서 언급한 단위 시간에 보내는 신호의 개수를 나타내는 보오율과 동일한 값을 가진다. 즉, 1개의 신호로 1비트를 전송하는 경우, 보오율과 비트율은 동일하다. 그런데 한 신호로 n개의 비트를 표현하는 경우 비트 간격의 역수(보오율)에 n을 곱한 수(n/t)가 비트율이 된다. 다시 말하면 이 경우에는 비트율과 보오율이 서로 다름을 확인할 수 있다.

5.2 부호화(encoding)

데이터를 신호로 바꾸는 작업을 부호화(encoding)라고 한다. 변조(modulation)라는 용어를 쓰기도 하지만 이는 주로 아날로그 신호로 변환하는 것을 의미한다. 부호화 방법은 데이터의 원래 형태와 통신 장비와 전송매체에서 이용하는 신호 형태에 따라 여러 가지가 있다. 신호로 바꾸고자 하는 원래 데이터의 형태는 디지털인 경우와 아날로그인 경우로 구분된다. 컴퓨터에서 표현되는 문자와 숫자를 포함하는 거의 모든 정보자료가 이진수로 표현되는 것을 감안하면 디지털 데이터로 되어 있는 경우가 거의 절대적이라 볼 수 있다. 이러한 디지털 데이터를 데이터 통신망을 이용하여 전송할 때 두 가지 방법에 의해 신호를 만들어 보낼 수 있다. 첫째는 디지털 신호로 변환하여 전송하는 방법이다. 즉, 디지털 데이터를 디지털 신호로 바꾸어 전송하는 것이다. 이 방식은 전송 전에 송수신자 노드에서 생산, 저장, 처리 그리고 소비되기 위하여 정보를 표현하는 방식과 전송을 위한 인코딩 방식이 모두 디지털 방식이기 때문에 매우 자연스러운 변환과정이라 볼 수 있다.

두 번째는 아날로그 신호로 변환하여 전송하는 방법이다. 이때는 디지털 데이터를 아날로그 신호로 바꾸어 전송한다. 이 방식은 현실적으로 현재 점차 지구상에서 사라지고 있는 방식으로 100여 년 전부터 형성된 전통적인 전화망(PSTN Public Service Telephone Network)을 데이터 전송을 위한 망으로 활용하기 위한 인코딩 방법이다. 전화망은 내부적으로 아날로그 신호를 써서 사람 목소리를 전달하기 때문에 데이터도 이 체계를 그래도 답습해서 사람 목소리에 해당되는 아날로그 신호로 변환하는 방식을 채택하였다. 그러나 근래에는 전화망조차도 내부적으로 모두 디지털 신호를 이용하는 디지털 방식으로 바뀌었기 때문에 이 방식은 거의 쓰이지 않는다고 봐야 한다.

원래 데이터의 형태가 아날로그인 경우도 마찬가지로 신호를 만드는 방식에 두 가지가 있다. 첫째는 아날로그 데이터를 디지털 신호로 변환하는 방법이다. 컴퓨터 시스템과 IT 기기에 의해 만들어지지 않은 데이터들은 대부분이 아날로그 데이터이다. 전통적인 사진기와 캠코더에 의해 녹화된 사진과 동영상 그리고 오래된 녹음기를 써서 테이프에 담은 음악과 목소리는 아날로그 데이터들이다. 이런 아날로그 데이터를 디지털 신호로 변환하기 위해서는 우선 아날로그 데이터를 디지털 데이터로 바꾸는 작업을 사전에 해야 한다. 이 변환이 완료되면 결과물인 디지털 데이터를 앞서 설명한 디지털 신호로 변환하는 방법을 써서 최종적으로 디지털 신호로 만든다.

둘째 아날로그 데이터를 아날로그 신호로 변환하는 것이다. 이는 앞서 예로 든 아날로그 데이터로 저장되어 있는 동영상, 음성, 음악 등의 정보를 아날로그 신호로 변환하여 전송하는 데 쓰인다. 이는 전통적으로 라디오 방송이나 아날로그 TV 방송에서 적용하는 방식이다. 그러나 이 또한 아날로그 TV 방송의 서비스 중단 등 데이터 통신 환경의 변화로 인하여 점차 활용도가 떨어지는 방식이다.

수신자 노드에서는 수신한 신호를 데이터로 복원하는 작업이 이루어진다. 이를 복호화(decoding)라 한다. 변조의 반대 용어로서 아날로그 신호를 데이터로 복원하는 작업을 복조(demodulation)라 한다. 참고로, 이런 변조와 복조 기능을 전문적으로 수행하는 통신 장비를 모뎀(MODEM modulator and demodulator)이라고 한다. 아날로그 신호가 통신망을 관통해서 전달되는 전통적인 전화망(PSTN) 체계에서 적용되는 장비이다. 그러나 전통적인 일반 전화망을 이용하여 데이터 통신을 하는 사례는 이제 거의 찾아볼 수 없다. 따라서 모뎀도 더불어 구시대의 유물로 바뀌었다.

5.3 디지털 데이터 ➠ 디지털 신호 부호화

이진수 0과 1로 표현되는 디지털 데이터를 디지털 신호로 바꾸는 기법을 소개한다. 변환되어 전송될 때 디지털 신호는 전압 펄스가 연속되는 형태를 가진다. 여기에는 만들어진 신호가 가지는 전압의 전극에 따라 세 가지로 나뉜다. 첫째는 단극형(unipolar) 방식으로 디지털 데이터 값 0과 1 가운데 하나의 값만이 하나의 극성을 가지는 전압으로 부호화하는 방식이 있다. 둘째는 극형(polar) 방식으로 양극과 음극의 전압 준위를 이용하여 각각 디지털 데이터의 0과 1을 표현하는 방식이 있다. 마지막으로 세 번째는 양극, 음극 그리고 0의 전압 준위를 모두 이용하는 방식인 양극형(bipolar) 방식이다. 0으로 디지털 데이터의 0 값을 표현하고, 양극과 음극의 전압을 번갈아 가면서 써서 디지털 데이터의 1 값을 표현한다.

1) 단극형 부호화(unipolar encoding)

생성되는 디지털 신호가 하나의 극성 전압 준위만을 사용한다. 가장 단순하고 인코딩(부호화) 기능을 구현하는 데 비용이 적게 든다. 이 부호화 기법은 다음의 규칙(알고리즘)에 의해 디지털 데이터를 디지털 신호로 바꾼다.

디지털 데이터 1 → 양의 극성 전압

디지털 데이터 0 → 0 전압(전압을 걸지 않음. 전류가 흐르지 않음)

디지털 데이터 1은 양극의 전압을 거는 것으로 바꾸고, 디지털 데이터 0은 그 전압을 끊는 것으로 표현한다. 달리 말하면 전기가 흐르지 않게 끊은 상태를 비트 간격동안 유지하는 것으로 디지털 데이터 0이 표현되는 것이다.

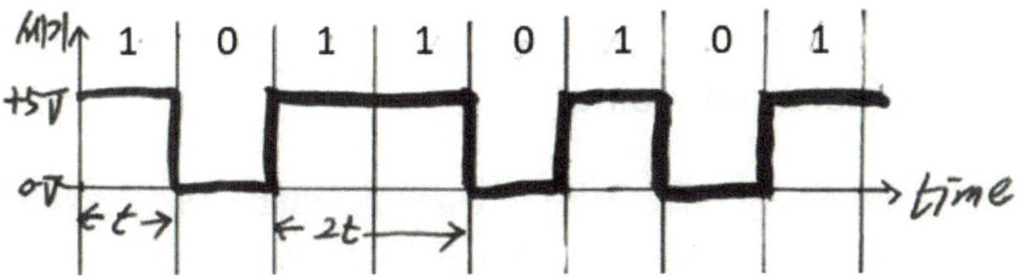

그림 5.7 단극형 부호화 예

그림 5.7이 디지털 데이터 8비트 1 0 1 1 0 1 0 1을 단극형 부호화로 생성한 신호를 보여준다.

단극형 부호화 기법은 변환하고자 하는 디지털 데이터의 값이 0이나 1이 계속되면 그 시간동안 신호의 변화가 없다. 그림 5.7에서 세, 네 번째 비트값이 1 1 로 같은 값이 연속되니 그에 해당되는 신호가 연속해서 양의 극성을 가진 전압이 유지되는 것을 볼 수 있다. 이처럼 같은 신호값이 여러 비트 간격에 걸쳐서 유지가 되는 것을 직류성분(DC direct current component)이라고 한다. 직류성분이 신호 내에 길게 나타나면 수신자 노드에서는 디지털 신호 내에서 비트 간격의 경계를 파악할 방법이 없다. 신호값이 비트 간격의 경계선에서 바뀌는 경우에는 수신자 입장에서는 이 시점을 기점으로 다음 데이터를 표현하는 신호가 시작되는 것으로 인식할 수 있다. 직류성분을 가지는 신호를 수신한 경우는 그렇지 못하기 때문에 정확하게 다음 데이터를 표현하는 신호가 언제 시작되는지 파악하기가 어려워지는 것이다. 물론 송수신을 하기 전에 송수신자 노드 사이에 전송률 등에 대해 합의를 한 후 통신을 시작하는 경우가 대부분이다. 전송률을 서로 합의하면 비트 간격의 시간값을 구할 수 있고, 그것을 근거로 비트 간격의 경계를 파악할 수 있을 것이다. 그러나 그럼에도 불구하고 여러 요인에 의해 수신된 신호에서 신호의 경계를 송신자 노드가 보낼 때의 경계와 다른 시점으로 파악할 수 있다. 이 말은 송수신자 노드 사이에 송수신 데이터의 시작과 끝을 서로 정확하게 맞추지 못하는 일이 생기는 것이다. 이렇게 되면 결국 송신자 노드가 보낸 데이터 내용 그대로 온전하게 수신자 노드가 수신하지 못하는 지경에 이른다. 이 문제를 동기화(synchronization) 문제라 한다.

동기화 문제에 대해서는 1장에서 통신의 기능을 설명할 때 언급된 바 있다. 이 문제의 해결은 근본적으로 송수신자가 동일한 시계(clock) 정보를 가지고 송수신에 이용하는 것이다. 여기서 두 가지 측면에서 고민하여야 한다. 첫째는 어떻게 위의 동기화 문제가 하나의 시계를 공유하는 것으로 해결되는 것일까? 둘째는 만약 그것이 해결책이라면 지리적으로 멀리 떨어져 통신을 하는 노드들이 어떻게 하나의 시계를 공유할 수 있을까? 하는 점이다. 이에 대한 답은 디지털 데이터를 디지털 신호로 부호화하는 여러 기법을 공부하면서 자연스럽게 얻을 것으로 보인다. 그러나 이 문제에 대한 개별 부호화 기법이 가지는 해결 방식은 부호화 기법의 좋고 나쁨을 가르는 중요한 특성이기 때문에 이를 늘 염두에 두고 집중하기 바란다.

2) 극형 부호화(polar encoding)

생성되는 디지털 신호가 양과 음극의 두 전압 준위를 사용한다. 여기에는 세 가지 기법이 있다. NRZ(Non Return to Zero) 기법은 앞서 소개한 단극형 부호화 기법과 매우 유사하다. 다만 단극형 부호화 기법에서 0 전압 준위에 의해 표현되던 디지털 데이터 0 값을 여기서는 0 전압 준위로 표현하지 않는 특징을 가진다. 이 유형에 속하는 세부 기법 가운데 하나인 NRZ-I(Non Return to Zero – Invert) 기법은 앞서 언급한 동기화 문제를 야기하는 직류성분이 다소간 적게 나타나게 할 수 있다. 그럼에도 여전히 이 부호화 기법으로 만들어지는 디지털 신호도 직류성분이 생기는 것을 근본적으로 막지는 못한다.

두 번째 RZ(Return to Zero) 기법은 NRZ 기법에서 아예 배제하고 쓰지 않는 0 전압 준위 신호값을 단극형 부호화 기법보다 더 적극적으로 활용하는 기법이다. 이를 통해 단극형 부호화 기법에서 나타나는 직류성분이 발생할 여지를 원천적으로 없애 RZ 기법에 의해 만들어지는 디지털 신호는 동기화 문제가 전혀 야기되지 않는 특성을 가진다.

세 번째 2상(Biphase) 기법은 RZ 기법에서 채택한 0 전압 준위 활용을 버리고 대신해서 앞선 신호값의 극성과 반대되는 극성의 신호값을 특정 시점에 반드시 나타나도록 하는 기법이다. 이렇게 하면 표현하고자 하는 디지털 데이터의 값이 연속되는 패턴에 상관없이 주기적으로 신호값의 극성이 반대로 바뀌는 디지털 신호가 만들어진다. 이런 특성이 근본적으로 직류성분이 만들어진 디지털 신호에 나타나지 않도록 한다. 따라서 2상 기법에 속한 부호화 기법들은 동기화 문제를 근본적으로 해결한 기법이다. 여기에 속하는 부호화 기법은 맨체스터(Manchester) 기법과 차동 맨체스터(Differential Manchester) 기법이 있다.

(1) NRZ(Non Return to Zero) 부호화 기법

단극형 부호화 기법에서 0 전압 준위를 쓰는데 이를 여기서는 완전히 배제한다. 생성되는 신호값에서 0 전압 준위를 나타나지 않도록 하는 것이다. 다시 말하면, 전기를 끊어 전류가 흐르지 않도록 해서 디지털 데이터 0을 표현하는 것 대신 양극과 음극의 전압을 활용한다. 이 기법에는 구체적으로 NRZ-L(NRZ Level) 방식과 NRZ-I(NRZ Invert) 방식이 있다. 이 두 기법의 차이를 이해하는 것이 매우 중요하다. 변환하는 디지털 데이터 값이 생성되는 신호값의 절대적인 전압 극성과 세기(수준 level)에 표현되는 방식이 NRZ-L 방식이다. 디지털 데이터 값이 생성되는 신호값의 극성 변화 여부에 표현되는 방식이 NRZ-I 방식이다.

이 두 방식은 현실적으로 어떤 차이를 낼까? 앞서 언급한 대로 동기화 문제에 대한 민감도 측면에서 차이를 낼 것이다. 그 외에 커다란 차이가 잡음에 대한 면역성(noise tolerance) 측면에서 있다. 이점은 잡음이 많은 현실적인 통신 환경에서 오류 없이 정확하게 전달하는 데 유불리가 나뉘는 중요한 특성이다.

a) NRZ-L(NRZ Level) 기법

NRZ-L 방식에서 디지털 데이터를 디지털 신호로 만드는 규칙(알고리즘)은 다음과 같다.

디지털 데이터 1 → 음의 극성 전압

디지털 데이터 0 → 양의 극성 전압

그림 5.8에 NRZ-L에 의해 생성된 디지털 신호의 예를 볼 수 있다. 여기서 중요한 사실은 앞서 언급한 대로 표현하고자 하는 디지털 데이터의 값이 음성 혹은 양성의 전압 자체로 표현되어 변환되는 점이다.

따라서 신호가 전송되는 과정에서 감쇄 등의 잡음으로 인해 신호의 세기가 약해지거나 변형이 왔을 때 전압 준위의 값이 변할 경우 수신 신호를 다시 디지털 데이터로 복호화하는 과정에서 애초 전송 데이터와 다른 데이터로 인식할 가능성이 높아진다. 이런 단점을 개선하는 방식으로 주어진 것이 NRZ-I 기법 등에서 채택하고 있는 차동 방식(differential scheme)이다.

차동 방식은 이전 값과 이후 값의 변화가 있는가 없는가 여부에 따라 다른 해석을 하는 방식이다. 이 방식은 저압 준위 세기의 절대값이 데이터 값을 표현하는 것이 아니므로 신호 전송 중에 전압 세기에 변화가 생기더라도 신호값 변화가 있는지 없는지 여부만으로 수신자 노드에서 데이터 값을 판단하기 때문에 잘못 해석할 가능성이 상당히 낮아진다. 전송 중에 세기는 자연적인 현상으로 감쇄되는 것이 일반적이나 그 값의 변화가 있었는데 없어진 형태로 바뀌거나 반대로 없었는데 값 변화가 있는 것처럼 바뀌는 것은 매우 어려운 현상이기 때문이다. 신호가 일반적으로 양극형(혹은 2상)으로 부호화되기 때문에 값의 변화는 극성을 달리하는 방향으로 변화가 일어나야 하기에 더욱 그러하다. 따라서 차동 방식은 전송 선로 상의 잡음 환경에 아주 강한 면모를 보인다. 다음 NRZ-I 기법의 부호화 규칙을 살펴보고 다시 설명한다.

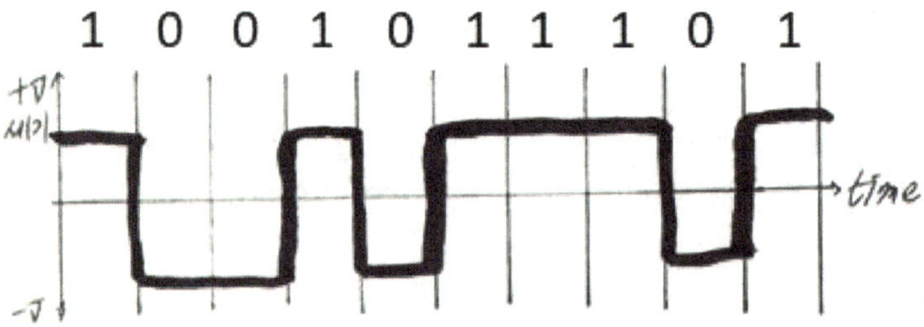

그림 5.8 NRZ-L 기법으로 만든 디지털 신호

b) NRZ-I(NRZ Invert) 기법

NRZ-I 기법은 신호 변화의 여부가 표현하는 디지털 데이터의 값을 결정한다. 이 기법에서 디지털 데이터에서 디지털 신호로 만드는 규칙(알고리즘)은 다음과 같다.

디지털 데이터 1 → 비트 간격의 시작점에서 신호값의 **변화 있음**

디지털 데이터 0 → 비트 간격의 시작점에서 신호값의 **변화 없음**

이 기법의 어떤 면에서 차동 기법을 쓰는 부호화 기법인 것을 알 수 있는가? 바로 위의 부호화 알고리즘에 그대로 나타나 있다. 디지털 데이터 1을 표현하려면 해당 데이터를 표현하는 신호가 차지하는 비트 간격의 시작점에서 신호값에 변화를 주어야 한다. 반면에 디지털 데이터 0을 표현하기 위해서는 해당 데이터를 표현하는 신호가 차지하는 비트 간격의 시작점에서 신호값에 변화를 주지 않아야 하는 것이다. 이렇게 되면, 특정 시점(여기서는 해당 데이터를 표현하는 신호에서 비트 간격의 시작 시점)에서 신호값의 변화가 있는지 없는지를 수신자 노드에서 확인하여 송신자 노드가 보내고자 하는 데이터 값을 해석할 수 있다. 신호값 변화 여부를 부호화하는 데 활용하는 차동 기법의 대표적인 예이다.

그림 5.9에서 볼 수 있듯이 같은 디지털 데이터 값이 연속되는 경우에도 앞선 단극형 기법보다는 직류성분이 적게 발생한다. 그러나 0 값이 연속되는 상황에서는 직류성분이 발생하게 되므로 원천적으로 동기화 문제가 해결되는 부호화 기법은 아님을 알 수 있다.

이때 위의 부호화 규칙을 맞바꾸면 어떻게 될까? 1 값에 해당하는 신호는 시작점에서 변화를 주지 않고, 0 값에 해당하는 신호는 시작점에서 변화를 주는 식을 말한다. 언뜻 생각하면 이렇게 해도 직류성분이 발생하는 것을 근본적으로는 막을 수 없음을 알 수 있다. 그러나 다른 측면을 좀 더 깊이 있게 고려하면 이렇게 부호화하는 것이 직류성분을 더 적게 나오게 하는 방법일 수 있다.

예를 들어 이 기법에 의해 한글 문서를 하나 보낸다고 가정하면 보통은 한글 문서 내에 문장들과 다른 문서를 표현하는 기호가 빈틈없이 꽉 차 있는 경우보다 빈 여백이 훨씬 많음을

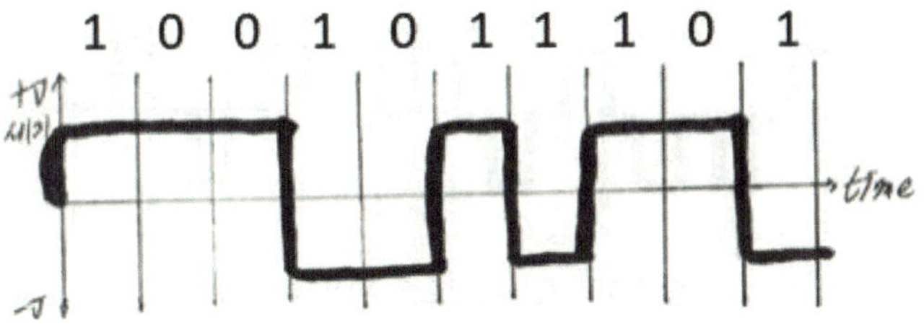

그림 5.9 NRZ-I 기법으로 만든 디지털 신호

알 수 있다. (물론 한글 파일을 보면 눈에 보이는 문서를 여러 방법으로 압축하거나 축약해서 표현한 정보가 파일로 저장되기 때문에 눈에 보이는 문장과 그림 대비 여백을 단순 비교할 수는 없다. 그럼에도 불구하고 실제 파일의 구조와 내용을 보면 이 예는 유의한 의미를 가진다.) 이 경우 여백은 거의 0 값으로 표현되기 때문에 문서를 이 기법에 의해 부호화하면 0 값이 연속되는 경우가 1 값이 연속되는 경우보다는 훨씬 많을 것으로 예상된다. 이럴 때 원래의 NRZ-I 기법의 규칙과 방금 언급한 반대의 규칙을 적용하면 어느 방식에 의한 신호에 직류성분이 더 많을지 생각하면 위 문장의 의미를 파악할 수 있을 것이다.

(2) RZ(Return to Zero) 부호화 기법

양극과 음극 그리고 0 전압 준위를 이용하여 디지털 데이터를 디지털 신호로 만드는 기법이다. 앞서 설명한 바와 같이 생성되는 디지털 신호 안에 직류성분이 있으면 수신자 노드가 신호를 읽을 때 디지털 데이터를 표현하는 각 신호 사이의 경계를 파악하기가 어려워지는 문제가 있다. 이 동기화 문제를 해결하는 차원에서 RZ 기법은 매 디지털 데이터 1비트를 표현하는 신호에서 비트 간격의 중앙 시점에 0 전압 준위로 신호값을 만드는 기법이다. 이것은 표현하는 데이터 비트값이 0이든 1이든 상관없이 반드시 지켜지는 규칙이다. RZ 기법의 신호 만드는 규칙(알고리즘)은 다음과 같다.

디지털 데이터 1 → 비트 간격의 시작 시점에서 **양극 전압으로 시작**하고 비트 간격의 중앙에서 0 전압 준위로 복귀

디지털 데이터 0 → 비트 간격의 시작 시점에서 **음극 전압으로 시작**하고 비트 간격의 중앙에서 0 전압 준위로 복귀

RZ 기법의 특징은 앞서 언급한 동기화 문제를 야기하는 직류 성분이 발생하지 않는 점이다. 디지털 데이터를 표현하는 신호값의 비트 간격의 중앙에서 항상 0 전압 준위로 신호값이 바뀌므로(돌아오기 때문에) 일정한 시간(비트 간격)마다 신호 변화가 존재하게 된다. 이는 마치 일정 시간이 흐를

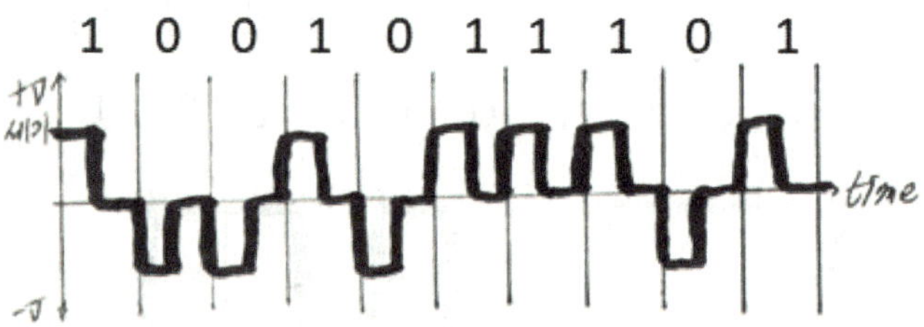

그림 5.10 RZ 기법으로 만든 디지털 신호

때마다 바늘이 움직여서 시간 흐름을 알려주는 시계(clock)의 역할을 하는 셈이다. 그림 5.10에 있는 예를 보면 각 비트를 표현하는 신호마다 비트 간격의 중앙에서 0 전압으로 바뀌는 것을 볼 수 있다. 따라서 수신자 노드에서 이렇게 신호가 늘 일정한 시점에서 바뀌는 신호만 계속해서 주시하면 데이터 값 하나를 표현하는 비트 간격을 정확하게 파악할 수 있는 것이다.

RZ 기법은 동기화 문제를 야기하는 직류성분을 근본적으로 생성되는 신호에 나타나지 못하게 하여 시간 관련 문제로 인하여 수신자 노드가 송신자가 보내는 데이터를 오인하여 받는 가능성을 거의 없앴다. 더욱이 수신자 노드는 송신자 노드가 데이터 비트 값을 받는 것과 함께 동시에 시계(clock) 정보를 받는 결과가 되어 동기화 문제를 해결하기 위하여 별도로 시계를 송수신자 노드 사이에 공유하는 방법을 강구하지 않아도 된다.

RZ 기법은 음극, 양극 그리고 0 전압 준위 등 세 종류의 신호 성분(signal component)을 사용한다. 반면 하나의 신호로 표현하는 디지털 데이터는 1비트(0 또는 1)이다. 디지털 신호를 설명하는 5.1절에서 신호 성분의 개수에 따라 하나의 신호로 표현할 수 있는 최대 데이터 비트 개수에 관해 설명하였다. 음극과 양극 전압 준위 등 두 가지의 신호 성분을 가지는 신호는 한 신호에 1비트를 표현할 수 있고, 네 가지의 신호 성분을 가진 신호는 한 신호에 2비트를 표현할 수 있는 등이 가능하다. 식 (5.4)에 신호 성분의 종류(k)와 한 신호로 표현 가능한 비트의 수(n) 관계를 볼 수 있다.

그런데 RZ 기법은 세 가지 신호 성분을 가지고 있으니 한 신호로 최대로 표현 가능한 비트 수는 $\log_2 3 = 1.59$ 정도 된다. 다시 말하면 1.5 비트 정도를 한 신호로 표현 가능하다는 말인데 실제 RZ 기법에서는 1비트만을 표현하므로 0.5비트는 손해를 보는 셈이다. 이것이 RZ 기법의 단점이라 볼 수 있다. 그러나 앞서 설명한 바대로 이 부분을 동기화 문제를 해결하는 데 활용했다고 볼 수 있기 때문에 그렇게 일방적으로 손해를 보는 부호화 기법은 아님을 이해하자.

(3) 2상(Biphase) 부호화 기법

RZ 부호화 기법은 디지털 데이터 비트값 0과 1을 신호로 만들 때 비트 간격의 중앙에서 0 전압 준위로 바뀌는(돌아오는) 방식을 취한다. 이로 인해 세 가지의 신호 성분을 쓰는 부호화 기법이 되었고 신호 성분이 표현할 수 있는 최대 비트 수를 충분히 다 표현하지 못하는 결과가 나왔다.

사람들은 동기화 문제를 해결하면서 신호 성분을 데이터 비트를 표현하는 데 온전하게 활용하는 부호화 기법을 연구하였고, 그 결과로 나온 기법이 2상(biphase) 부호화 기법이다. 여기서는 비트 간격의 중앙에서 0 전압 준위로 돌아오지 않고 신호값의 극성을 반대 극성으로 전압 준위를 반전시키는 방식을 채택하였다. 이로써 만들어지는 신호에 직류 성분이 없어 동기화 문제가 발생하지 않으면서 양극과 음극 전압 준위만을 신호 성분으로 가지는 2상 부호화 기법이 만들어졌다.

여기에는 맨체스터(Manchester) 부호화 기법과 차동 맨체스터(differential Manchester 부호화 기법이 있다. 이 두 기법 모두 신호의 비트 간격 중앙에서 반드시 신호값의 극성 반전이 있는 특징을 가진다.

a) 맨체스터(Manchester) 부호화 기법

영국의 지역명을 딴 맨체스터 부호화 기법은 2상 부호화 기법 가운데 가장 대표적인 기법이다. 생성하는 신호의 비트 간격의 중앙 시점에서 항상 신호값의 극성 반전이 있는 특성을 이용하여 디지털 데이터 비트값 0과 1을 각각 표현한다. 이 극성 반전의 방향에 따라 0 혹은 1을 표현한다. 이 방식은 다음의 규칙(알고리즘)으로 디지털 데이터를 디지털 신호로 만든다.

디지털 데이터 1 → 비트 간격의 중앙에서 음(-)극 전압에서 양(+)극 전압으로 반전

디지털 데이터 0 → 비트 간격의 중앙에서 양(+)극 전압에서 음(-)극 전압으로 반전

그림 5.11에 보이듯이 이 기법에 의해 만든 신호는 모두 각 신호의 비트 간격 가운데 시점에서 신호값의 극성 반전이 있다. 이 반전이 결국 하나의 비트 간격 시간마다 균일하게 발생하는 것이 되므로 이를 시계(clock) 정보로 활용할 수 있다. 이 기법도 RZ 기법과 동일하게 수신자 노드에서는 송신자 노드가 보낸 신호를 통해 송신자 노드가 보내려는 데이터뿐만 아니라 송신자 노드의 시계 정보를 한꺼번에 받을 수 있어 굳이 수신자 노드는 동기화 문제를 해결하기 위한 별도의 시계를 유지할 필요가 없다.

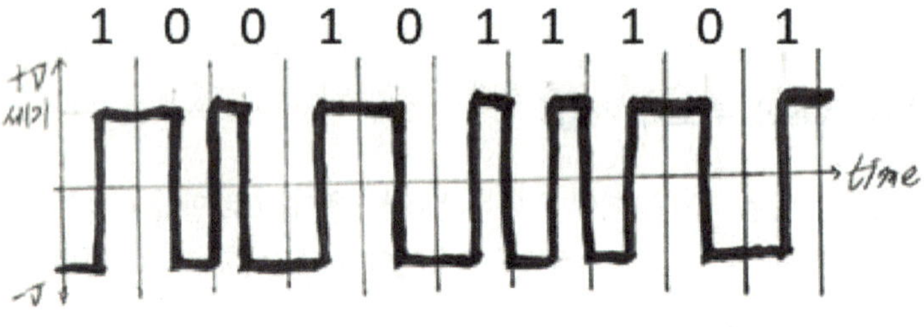

그림 5.11 맨체스터 기법으로 만든 디지털 신호

b) 차동 맨체스터(differential Manchester) 부호화 기법

차동 맨체스터 부호화 기법도 맨체스터 부호화 기법과 같은 2상 부호화 기법이다. 음극과 양극 전압 준위 등 두 가지 신호 성분만으로 동기화 문제와 신호 성분 종류에 따른 비트 표현의 효율성을 한꺼번에 달성하는 기법이다. 여기까지가 맨체스터 부호화 기법과 동일한 장점이다. 차동 맨체스터 부호화 기법은 이름에 포함된 '차동(differential)'이라는 용어에서 눈치를 챌 수 있지만 부호화 규칙(알고리즘)에서 맨체스터 기법과 달리 신호값 변화가 있는지 없는지 여부에 따라 데이터 0 혹은 1을 표현한다. 신호의 비트 간격의 중앙에서 반드시 신호 변화가 있어야 하므로 비트 간격의 중앙 시점에서는 신호값 변화 여부를 만들어낼 수 없다. 대신에 비트 간격의 시작 시점에서 신호값의 변화를 있게 하거나 없게 해서 디지털 데이터 0 혹은 1을 각각 표현한다. 이 방식은 앞서 공부한 NRZ-I 기법과 동일하다. 차동 맨체스터 부호화 기법이 신호를 만드는 규칙(알고리즘)은 다음과 같다.

디지털 데이터 1과 0 모두 비트 간격의 중앙에서 전압의 극 반전이 있음.

디지털 데이터 1 → 비트 간격의 시작 시점에서 전압 준위의 **변화 없음**

디지털 데이터 0 → 비트 간격의 시작 시점에서 전압 준위의 **변화 있음**

비트 간격의 시작 시점에서 전압 준위의 반전 여부로 디지털 데이터 비트값 0과 1을 표현하기 때문에 잡음에 강하여 전송 중 오류가 날 가능성이 낮아진다. 이와 같이 부호화 기법을 설계할 때 특정 값(예: 전압 극성)이 바뀌는지(invert) 여부로 이진 디지털 데이터를 각각 표현하는 방식을 모두 통칭하여 차동(differential) 방식이라 한다. 차동 방식은 특정 절대값(예: 전압 레벨)으로 신호값을 구분하는 레벨 방식보다 신호가 전송되는 와중에 잡음(감쇄, 왜곡 등)으로 인해 변화가 생기더라도 수신자 노드에서 송신자 노드가 보낸 데이터 그대로 올바르게 해석되는 가능성이 더 높다.

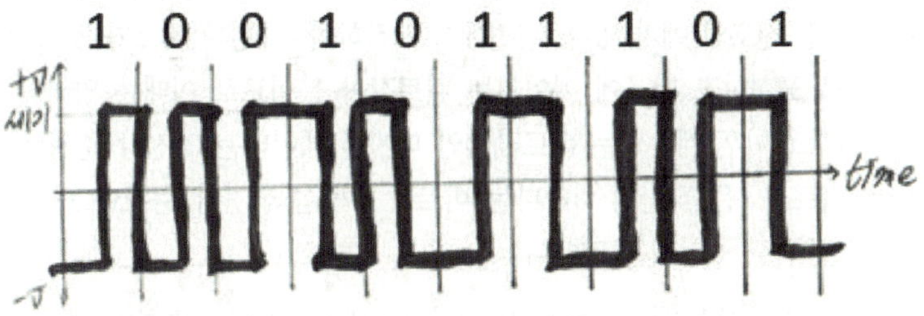

그림 5.12 차동 맨체스터 기법이 만든 디지털 신호

3) 양극형 부호화(bipolar encoding)

양극, 음극 그리고 0 전압 준위를 디지털 데이터를 신호로 만들 때 모두 사용하는 기법이다. 이런 측면에서 RZ 기법과 동일하다. 그러나 양극형 부호화는 각 신호의 비트 간격 중앙에서 0 전압 준위로 복귀하는 것이 아니라 비트 간격이 지속되는 동안에서 그 시작 시점의 전압 준위가 변화 없이 그대로 유지되는 점이 RZ 기법과 다르다. 대신에 특정 데이터 비트값을 표현하는 신호값이 0이 아닌 경우, 그 특정 비트값이 연속될 때 신호값의 극성을 다른 신호로 번갈아 가면서 바꾸어(alternatively invert) 표현한다. 여기에는 기본적으로 AMI(Alternate Mark Inversion) 부호화 기법이 있고, 이것이 생성하는 신호에 비록 짧지만 직류 성분이 나타날 수 있기 때문에 이것을 최소화하는 B8ZS(Bipolar 8-Zeros Substitution) 부호화 기법과 직류 성분을 더 강력하게 제거하는 HDB3 (High Density Bipolar 3-Zeros) 부호화 기법이 있다.

(1) AMI(Alternate Mark Inversion) 부호화 기법

AMI 부호화 기법이 디지털 데이터를 디지털 신호로 만드는 규칙(알고리즘)은 다음과 같다.

디지털 데이터 1 → 양극 전압 준위와 음극 전압 준위를 교대로 씀

디지털 데이터 0 → 0 전압 준위

AMI 기법을 써서 디지털 데이터 1 값을 표현할 때 만약 첫 번째 1 값이라면 양극 전압 준위로 이를 표현한다. 그러다가 어느 시점에서 다시 디지털 데이터 1 값을 표현하는 경우에는 이번에는 음극 전압 준위로 표현한다. 그 다음에 나타나는 디지털 데이터 1 값은 다시 양극 전압 준위로 표현한다. 이렇게 디지털 데이터 1 값을 표현할 때 양극과 음극 전압 준위를 번갈아 가면서 써서 표현하는 것이다. 그래서 이 기법의 이름이 AMI이다. 번갈아 가면서(Alternate) 디지털 데이터 1 값(Mark, 참고로 0은 space로 표현함)을 표현할 때 극성에 반전(Inversion)을 준다는 뜻이다. 그림 5.13에 AMI 기법이 만든 디지털 신호의 예가 있다. 왼편에서 시작하여 두 번째 비트가 첫 번째 비트값 1 이므로 양극 전압 준위로 표현하고 다음에 이어지는 비트값이 1 이므로 이때는 양극의 반대인 음극 전압 준위로 표현한다. 그 이후 계속되는 비트값 0인 디지털 데이터는 0 전압 준위로 표현된다. 그 이후 다시 나타나는 비트값 1은 직전에 나타나는 비트값 1이 음극 전압 준위로 표현되었기 때문에 이번에는 양극 전압 준위로 표현되는 것이다.

AMI 기법의 단점은 연속적으로 이어지는 디지털 데이터 0을 부호화할 때 전압 준위 0으로 계속해서 신호가 만들어지기 때문에 신호값의 변화가 없어 직류 성분으로 작용한다. 이로 인해 동기화 문제가 야기될 수 있다. 그래서 이 문제를 해소하기 위하여 B8ZS 기법과 HDB3 기법이 있다. 이

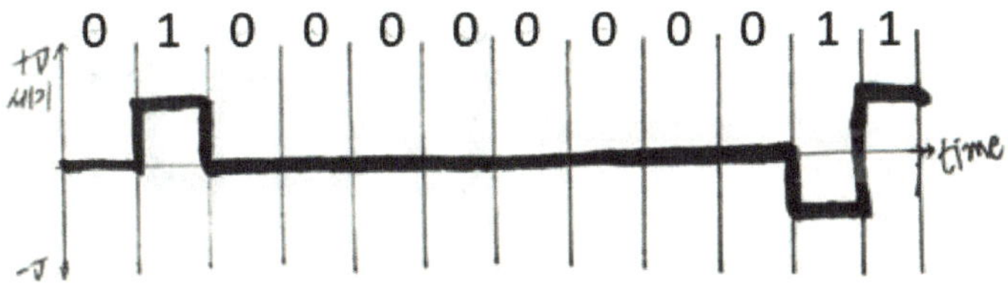

그림 5.13 AMI 기법이 만든 디지털 신호

두 기법은 애초에 디지털 데이터를 AMI 기법에 의해 만들어진 신호에서 직류 성분 부분을 재차 다른 알고리즘을 추가적으로 적용하여 직류 성분을 없애는 기법이다. 이렇게 원래 만들어진 신호에 변화를 주어 다른 신호로 만들어내는 것을 스크램블링(scrambing)한다고 한다. 따라서 B8ZS와 HDB3 기법은 AMI 기법의 스크램블링 기법이다.

(2) B8ZS(Bipolar 8-Zeros Substitution) 부호화 기법

AMI 부호화 기법에 의해 디지털 데이터를 디지털 부호를 만들 때 연속해서 8개의 비트값 0인 디지털 데이터를 부호화하는 방법을 규정한다. B8ZS 부호화 기법은 그림 5.14에 나타난 규칙(알고리즘)으로 연속되는 비트값 0 값을 디지털 부호화한다.

그림 5.14의 위 그림은 8개의 비트값 0 직전에 나타난 비트값 1을 음극 전압 준위로 표현한 경우에 적용되는 규칙이다. 그림 5.15는 8개의 비트값 0 직전에 나타난 비트값 1을 양극 전압 준위로 표현한 경우에 적용되는 규칙이다.

이 규칙에 의해 만든 신호의 예가 그림 5.15에 그려져 있다.

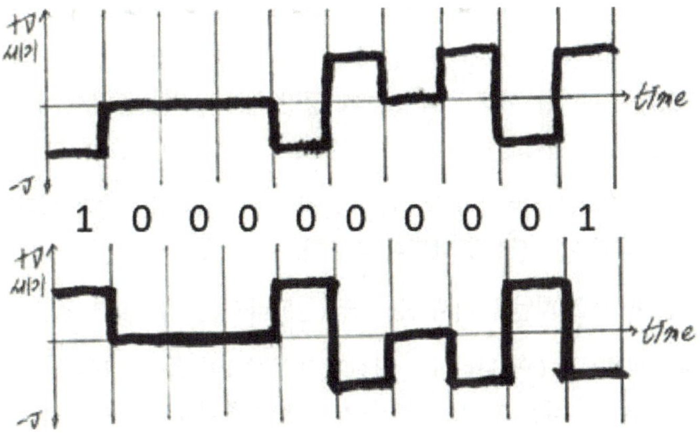

그림 5.14 B8ZS 부호화 규칙(알고리즘)

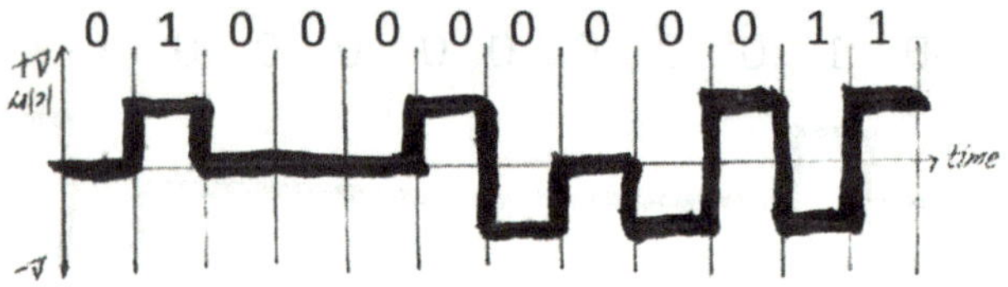

그림 5.15 B8ZS 기법이 만든 디지털 신호

그림 5.15를 자세히 보면 AMI 기법을 적용하여 생성된 신호와 비교했을 때 AMI 규칙(알고리즘)을 지키지 않은 신호값이 보인다. 이는 AMI 규칙을 의도적으로 위반(violation)하여 신호를 생성함으로써 이 신호값은 원래 비트값 1을 표현하는 신호가 아니라 0 값을 표현하는 것인데 직류 성분을 줄이기 위하여 B8ZS 규칙에 따라 만든 신호임을 나타낸다. B8ZS 기법에 의해 8개의 연속적인 비트값 0 값을 부호화하면 AMI 규칙을 2번 위반하는 신호값 패턴이 생성된다.

B8ZS 기법과 다음에 설명하는 HDB3 기법 모두 AMI 규칙을 위반하는 신호값은 정상적인 비트값 1 값이 표현된 신호값이 나타난 이래로 짝수 번째 등장하는 0 전압 준위가 아닌 음극 혹은 양극 전압 준위로 표현하는 신호값이다.

이 기법은 직류 성분을 감소시키는 효과가 있긴 하지만 그래도 0 전압 준위가 3 비트 간격동안 유지되는 신호를 만든다. 이것조차 좀 더 촘촘하게 직류 성분을 없애는 기법이 HDB3 부호화 기법이다.

(3) HDB3(High Density Bipolar 3-Zeros) 부호화 기법

HDB3 부호화 기법은 만들어지는 디지털 신호에 직류 성분을 더 강하게 제거하려는 기법이다. 여기서는 연속되는 비트값 0이 4개이면 이 기법으로 스크램블링한다. 이때 AMI 기법 규칙에 어긋나는 신호값을 1차례 만든다. AMI 규칙을 위반하는 신호값은 앞서 설명한 대로 정상적인 비트값 1이 표현된 신호값이 나타난 이래로 짝수 번째 등장하는 0 전압 준위가 아닌 음극 혹은 양극 전압 준위로 표현하는 신호값이다.

따라서 4개의 연속되는 비트값 0 직전에 정상적인 비트값 1이 짝수개 나타났는지 혹은 홀수개 나타났는지에 따라 대체하는 신호값 패턴이 다르다.

이 기법이 AMI 신호 패턴을 대체하는 규칙(알고리즘)을 정리하면 표 5.1과 같다.

연속해서 4개의 비트값 0이 나타나기 직전에 비트값 1이 홀수개 나타난 경우는 0 전압 준위를 4 비트 간격동안 유지하는 대신 3 비트 간격동안 0 전압 준위를 유지하고 마지막 비트 간격에는 양극 혹은 음극 전압 준위로 대체한다. 직전 비트값 1이 양극 전압 준위로 표현되었다면 마지막 비트 간격에도 양극 전압 준위를 유지하는 신호가 나타난다. 이를 통해 AMI 규칙을 1번 의도적으로 위반하는 신호 패턴이 생긴다. 직전 비트값 1이 음극 전압 준위로 표현되었다면 마지막 비트 간격에도 음극 전압 준위를 가지는 신호가 된다. 이를 통해 AMI 규칙을 1번 의도적으로 위반하는 신호 패턴이 생긴다.

연속해서 4개의 비트값 0이 나타나기 직전에 비트값 1이 짝수개 나타난 경우는 0 전압 준위를 4 비트 간격동안 유지하는 대신 첫 비트 간격동안 음극 혹은 양극 전압 준위를 가지는 신호로 대체하고, 마지막 비트 간격에도 앞서 대체된 음극 혹은 양극 전압 준위를 가지는 신호로 대체한다. 직전 비트값 1이 양극 전압 준위로 표현되었다면 대체되는 첫 비트 간격은 음극 전압 준위 신호로 대체되고, 마지막 비트 간격에도 동일하게 음극 전압 준위를 가지는 신호가 나타난다. 이로써 AMI 규칙을 1번 의도적으로 위반하는 신호 패턴이 생긴다. 직전 비트값 1이 음극 전압 준위로 표현되었다면 첫 비트 간격은 양극 전압 준위 신호로 대체되고, 마지막 비트 간격에도 음극 전압 준위를 가지는 신호가 된다. 이를 통해 결과적으로 짝수 번째 0 전압 준위가 아닌 음극 혹은 양극 전압 준위로 표현되는 신호값이 AMI 규칙을 1번 의도적으로 위반하는 신호 패턴이 생긴다.

그림 5.16에 HDB3 기법으로 만든 디지털 신호의 예가 보인다.

표 5.1 HDB3 부호화 기법

	직전 비트값 1이 (+)극	직전 비트값 1이 (-)극
이전 비트값 1의 개수가 홀수	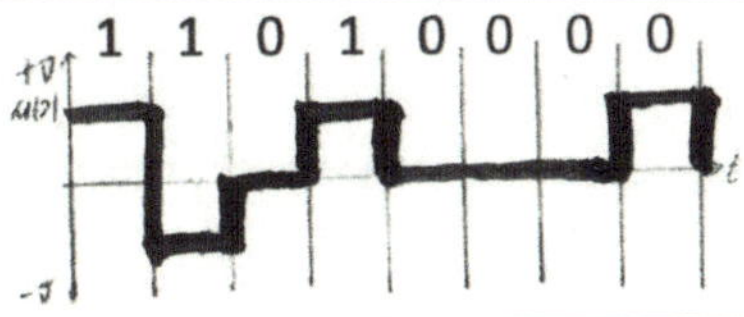	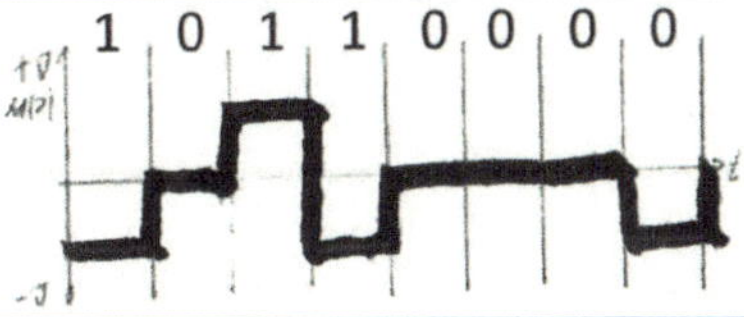
이전 비트값 1의 개수가 짝수	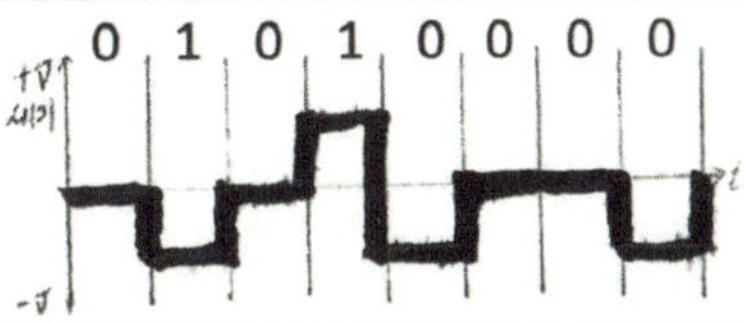	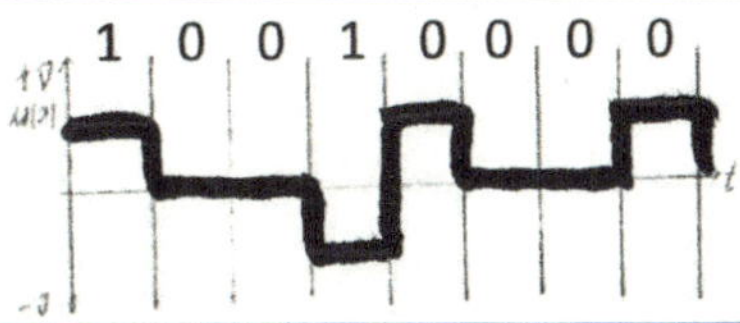

그림 5.16 HDB3 기법이 만든 디지털 신호

6
CHAPTER

물리 계층 프로토콜 (아날로그 부호화)

6.1 아날로그 신호 변복조(modulation/demodulation)

6.2 디지털 데이터 ➡ 아날로그 신호 부호화

6.3 아날로그 데이터 ➡ 디지털 데이터 변환

6.4 아날로그 데이터 ➡ 아날로그 신호 부호화

ISO OSI 7계층 참조모델에서 가장 낮은 계층인 제1계층 물리 계층 프로토콜에서 수행하는 가장 중요한 기능인 신호 생성에 관하여 설명한다. 디지털 신호 생성에 관한 5장에 이어 이번 장에는 아날로그 신호를 생성하는 기법을 기술한다. 아날로그 신호는 신호값의 종류가 무한대로 많이 있는 신호이다. 연속적으로 이어지는 값의 변화로 값 자체가 의미를 가지는 신호체계이다. 그러므로 신호를 생성, 전송 그리고 수신해서 해석하는 모든 과정 중에 끼어드는 잡음으로 인하여 원래 신호를 제대로 전달하지 못하는 경향이 크다. 따라서 최근 들어서는 아날로그 신호를 사용하는 전송 시스템은 점차 줄어드는 추세다. 전통적으로 무선으로 서비스되는 라디오 방송과 유선으로 서비스되는 일반 전화를 위한 신호가 아날로그 방식이다. 공중파 TV도 아날로그 신호를 썼으나 2013년부터 디지털 신호로 방송하는 것으로 대체되었다. 전화도 전통적인 전화망(PSTN)을 쓰지 않고 인터넷을 이용한 전화(VoIP Voice over IP network - Internet) 서비스가 대세를 이루면서 점차 아날로그 신호를 쓰지 않는 방향으로 가고 있다. 이는 아날로그 신호의 잡음 감수성이 크고, 모듈 등 부품가격인 상대적으로 높은 이유로 인한 경향이다.

6.1 아날로그 신호 변복조(modulation/demodulation)

데이터를 아날로그 신호로 변환하는 것을 부호화(encoding)라는 용어로도 표현하지만, 전통적으로 변조(modulation)라는 용어가 쓰인다. 반대로 아날로그 신호로부터 데이터로 복원하는 과정은 복호화(decoding)라는 용어와 함께 복조(demodulation)도 쓰인다. 여기서도 변조라는 용어가 우선적으로 등장하지만 결과적으로는 부호화와 다를 것이 없는 용어이다. 아날로그 신호로 만드는 기법은 변조 이전의 원래 데이터가 디지털인가 아니면 아날로그 인가에 따라 구분된다. 디지털 데이터를 아날로그 신호로 변조하는 기법에 대해 우선 설명하고, 연이어 원래 아날로그 데이터를 디지털 데이터로 변환하는 방법을 소개한다. 이 방법은 최종적으로는 아날로그 데이터를 디지털 신호로 부호화하는 데 목적이 있다. 그러나 일차적으로 변환된 디지털 데이터를 최종적으로 디지털 신호로 부호화하는 기법은 5장에서 소개한 기법을 활용하면 된다. 마지막으로 아날로그 데이터를 아날로그 신호로 변조하는 기법에 관해 간략하게 소개한다.

아날로그 신호는 정보(데이터)를 실어서 전달하는 반송파(carrier wave signal) 역할을 한다. 마치 택배 상자들을 잔뜩 싣고 배송하는 데 쓰이는 트럭이나 기차 혹은 화물선과 같은 역할을 수행한다. 이때 반송파의 중심으로 쓰이는 주파수를 반송 주파수(carrier frequency)라고 한다. 이 주파수는 대체적으로 실제 표현하고 전달하는 데이터가 가지는 주파수와는 전혀 별개인 경우가 대부분이다. 디지털 데이터인 경우는 데이터가 가지는 주파수가 커다란 의미가 없기 때문에 아날로그 데이터의 예를 들면 귀에 들리는 소리의 음파는 보통 300 Hz~10,000 Hz 사이의 주파수를 가지는 것이다. 이를 전파로 안테나를 통해 내보내는 것은 매우 어렵다. 안테나의 길이가 수십 Km는 되어야 하기 때문이다. 이 음파를 현실적으로 내보낼 수 있는 방법은 좀 더 높은 주파수대의 전파를 반송파로 이용하는 것이다. 높은 주파수 대역의 반송파에 음파(아날로그 데이터)를 표현해서 송출한다. 그러면 안테나의 길이를 수 m 수준 내지는 cm 수준으로 단축시킬 수가 있다. 그래서 라디오 방송에 쓰이는 반송파 신호의 주파수대는 KHz 내지는 MHz 대역을 쓴다. 구체적인 예로 CBS FM 방송은 102.1 MHz 주파수를 가지는 반송파를 쓴다.

반송파에 데이터를 싣는다는 뜻은 전송하고자 하는 데이터를 표현하려고 아날로그 신호(반송파)가 가지는 특성에 변화를 준다는 의미이다. 이렇게 아날로그 신호에 변화를 주는 것을 변조한다(modulate)고 한다.

앞 장에서 언급한 바 있지만 단위 시간에 전송하는 신호의 개수를 나타내는 단위는 보오율(baud rate)이다. 신호를 써서 디지털 데이터를 전송하는 경우에 이 보오율은 한 신호가 표현하는 비트의 개수에 따라 식 (6.1)과 같이 비트율과 관계가 성립된다.

$$(\text{비트율}) = (\text{한 신호가 표현하는 비트의 개수}) * (\text{보오율}) \quad (6.1)$$

한 신호가 표현할 수 있는 비트의 개수는 사용하는 신호가 몇 개의 신호 성분(signal component)을 가지는지에 따라 결정된다. 신호 성분(사용하는 신호의 종류)가 2개이면 한 신호에 실을 수 있는 비트의 개수는 1비트이고, 신호 성분이 4개이면 한 신호에 실을 수 있는 비트의 개수는 2비트가 되는 식이다.

6.2 디지털 데이터 ➡ 아날로그 신호 부호화

디지털 데이터를 아날로그 신호로 부호화하는 기법은 변조되는 아날로그 신호의 특성에 따라 세 가지로 구분된다. 아날로그 신호의 진폭을 변조하여 데이터를 표현하는 방식인 진폭 편이 변조(ASK Amplitude Shift Keying), 주파수 변조를 통해 데이터를 표현하는 방식인 주파수 편이 변조(FSK Frequency Shift Keying) 그리고 위상 변화를 가지고 데이터를 표현하는 방식인 위상 편이 변조(Phase Shift Keying)가 있다.

1) 진폭 편이 변조(ASK Amplitude Shift Keying)

반송파의 진폭 변화를 주어 디지털 데이터 비트값 0과 1을 표현하는 방식이다. 비트값 0은 작은 진폭, 1은 큰 진폭으로 표현하는 식이다. 비트 간격동안은 진폭의 변화 없이 비트 간격의 시작 시점에서 만들어진 진폭을 유지한다. 그러면 수신자 노드는 수신되는 진폭의 크기를 살펴보면 송신자 노드가 보내는 디지털 데이터 비트값들을 알아들을 수 있다. ASK 기법은 크고 작은 진폭의 신호 성분 2개를 만들어 쓰기 때문에 신호 1보오에 디지털 데이터 1비트를 실어 보낼 수 있다. 보오율과 비트율이 동일한 경우이다. 예를 들어 1 Kbps로 디지털 데이터를 전송하려면 변조된 아날로그 신호를 1 KHz로 전송해야 한다. 이것은 이 아날로그 신호가 가지는 대역폭(bandwidth)이 적어도 이렇게 되어야 함을 뜻한다.

그림 6.1을 보면 왼편의 상단에 부호화하려는 디지털 데이터가 보인다. 이 데이터와 아래에 보이는 반송파 신호를 조합하여 오른쪽과 같은 아날로그 신호를 만든다. 변조된 아날로그 신호를 살펴보면 진폭이 작은 신호가 일정 시간 동안 유지되다가 그 이후에는 진폭이 커진다. 커진 진폭이 당분간 유지되고 다시 크기가 작은 신호로 바뀌는 등의 변화가 계속됨을 알 수 있다. 이렇게 최종적으로 만들어지는 아날로그 신호의 진폭 크기가 전송하는 디지털 데이터를 표현하는 것이다. 이 예에서 디지털 데이터 비트값 0을 작은 진폭, 비트값 1을 큰 진폭의 반송파로 표현하는 것으로 가정하면 0 1 1 0 0 1 0 1 의 디지털 데이터를 부호화한 아날로그 신호가 될 것이다.

ASK 기법의 장점은 기법의 규칙(알고리즘)이 극히 단순하기 때문에 회로를 꾸미는 것이 간단하고 저렴하게 할 수 있는 점과 회로가 단순하기 때문에 데이터 전송에 필요한 전력 소비량을 최소화할 수 있다는 점이다. 단점은 앞서 디지털 신호를 부호화하는 기법에서도 설명한 바 있지만 만들어진 신호의 진폭 절대값에 데이터를 싣는 레벨 기법은 잡음에 민감하다. 진폭은 잡음으로 인해 쉽게 바뀌기 때문에 수신자가 변경된 진폭으로 전혀 엉뚱한 디지털 데이터로 오인하는 경우가 잦을 것이다.

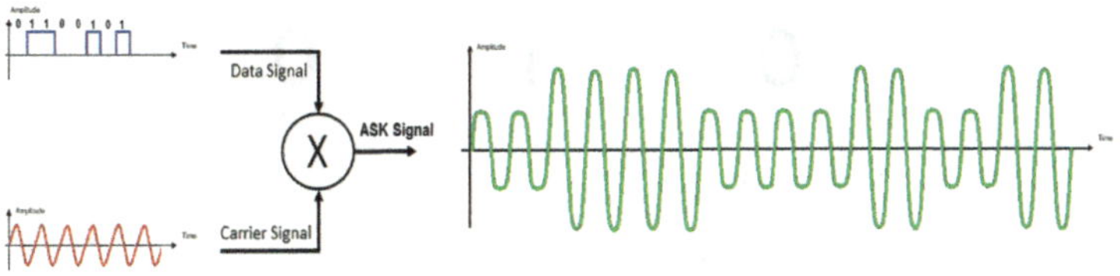

그림 6.1 진폭 편이 변조(ASK)[31]

2) 주파수 편이 변조(FSK Frequency Shift Keying)

FSK 기법은 ASK 기법이 가지는 잡음 감수성을 크게 떨어뜨리는 기법이다. 진폭 대신에 반송파의 주파수에 디지털 데이터 비트값을 표현하는 기법이다. 높은 주파수로 비트값 0, 낮은 주파수로 비트값 1을 표현하는 식이다. 비트 간격동안은 주파수의 변화 없이 비트 간격의 시작 시점에서 만들어진 주파수를 유지한다. 진폭과 위상은 언제나 일정하게 유지한다. 수신자 노드에서는 수신되는 아날로그 신호의 주파수 변화만을 지켜보기 때문에 전송 중에 발생하는 전압(진폭) 변화는 무시될 수 있어 잡음으로 인한 문제는 대부분 없어진다.

FSK 기법에 의한 아날로그 신호도 2개의 신호 성분을 이용하는 셈이므로 1보오당 1비트를 표현할 수 있다. 따라서 보오율과 비트율은 동일하다. ASK 기법과는 달리 FSK에서는 반송파 신호가 두 가지의 주파수 (f_{c0}, f_{c1})로 이루어져 있으므로 FSK 신호가 필요로 하는 대역폭은 식 (6.2)와 같다.

$$(\text{FSK 신호 대역폭}) = (f_{c0} - f_{c1}) + (\text{만들어지는 아날로그 신호의 보오율}) \qquad (6.2)$$

그림 6.2에는 낮은 주파수를 써서 비트값 0을 표현하고 높은 주파수를 써서 비트값 1을 표현하는 FSK 기법의 예가 보인다.

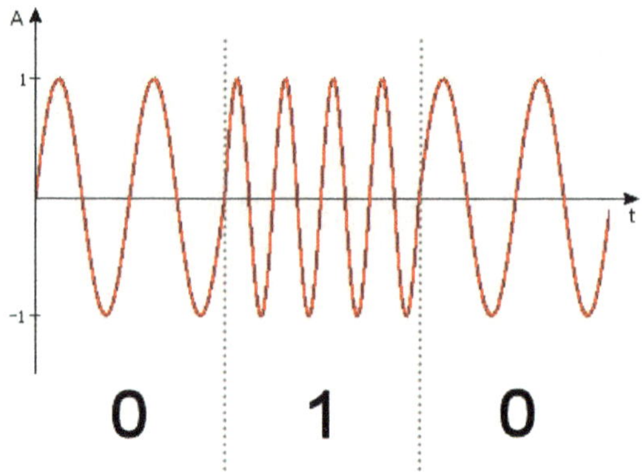

그림 6.2 주파수 편이 변조(FSK)[32]

3) 위상 편이 변조(Phase Shift Keying)

반송파의 아날로그 신호 특성의 하나인 위상을 변조하여 비트값 0과 1을 표현한다. 위상을 변조하는 것은 생성되는 아날로그 신호의 위상 각도를 서로 다르게 하여 여러 신호 성분으로 만들어내는 것을 의미한다. 만약 앞선 진폭 혹은 주파수 변조와 같이 두 종류의 위상각 변화를 주는 것으로 두 개의 신호 성분만을 만들어 비트값을 표현한다면 한 신호 성분으로 1개의 비트값을 표현하는 위상 편이 변조 신호가 생성된다. 이는 위의 ASK, FSK와 동일하게 보오율과 비트율이 같게 만들어지는 것이다. 그림 6.3에 0도의 위상 변화를 준 신호 성분과 180도의 위상 변화를 준 신호 성분이 각각 비트값 1과 비트값 0을 표현한 PSK 신호를 볼 수 있다. 2개의 위상각 변화를 주는 PSK 기법이라 하여 BPSK(이진 PSK, Binary PSK)로 부른다.

이런 2개의 위상을 변화시켜서 2개의 신호 성분을 만들어내는 PSK 기법을 다른 방식으로 표현하는 것이 있다. 그림 6.4와 같이 신호 성분의 위상각 변화가 얼마나 되는 것이 존재하는가를 위상각 변화에 관한 그림으로 표현한다. 일반적으로 상하좌우로 나누고 중심점에서 가로축으로 양의 방향은 0도의 위상각 변화가 있는 신호 성분이 있음을 표현한다. 그 선상에서 중심점에서 신호의 세기만큼 떨어진 곳에 점을 찍어 표시한다. 그리고 가로축의 음의 방향으로 나가서 있는 점은 180도 위상각 변화를 주어 만든 신호 성분이 있음을 표현한다. 세로축은 중심점에서 위로 직각으로 뻗은 지점에 점이 있으면 90도 변화를 주어 신호 성분을 만들었음을 표현한다. 아래로 직각으로 내려진 지점에 점이 있으면 270도 변화를 주어 신호 성분이 만들어졌음을 표현한다. 여기서는 BPSK 신호를 표현한 예이므로 0도와 180도 등 두 위상각 변화만으로 두 개의 신호 성분만 만들어 이를 비트값 1과 0을 표현하는 것으로 한 것이다. 따라서 여기에는 세로축에는 점이 없다. 물론 그 가로 세로 축 이외에도 적절한 각도로 위상각 변화를 주었으면 그 각도로 점이 표현된다. 예를 들어, 그림 6.4와 같이 45도 위상각 변화를 준 신호 성분이 있다면 1사분면에 점이 나타나 있게 되는 것이다.

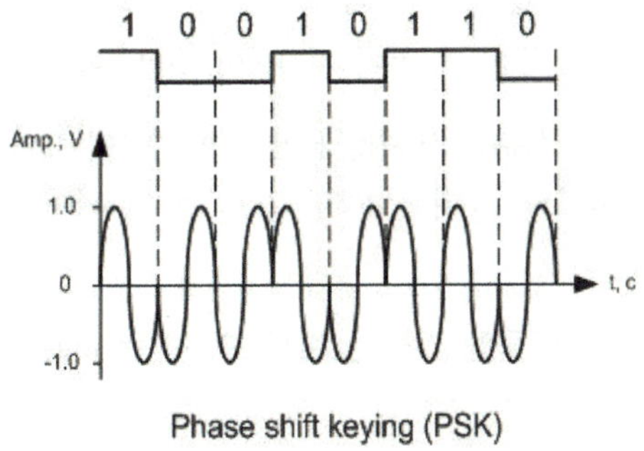

그림 6.3 2개 위상을 변화시킨 위상 편이 변조(BPSK)[33]

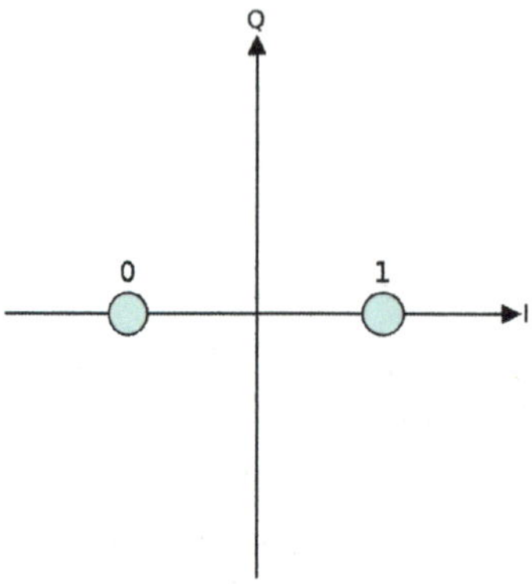

그림 6.4 BPSK의 성운 다이어그램

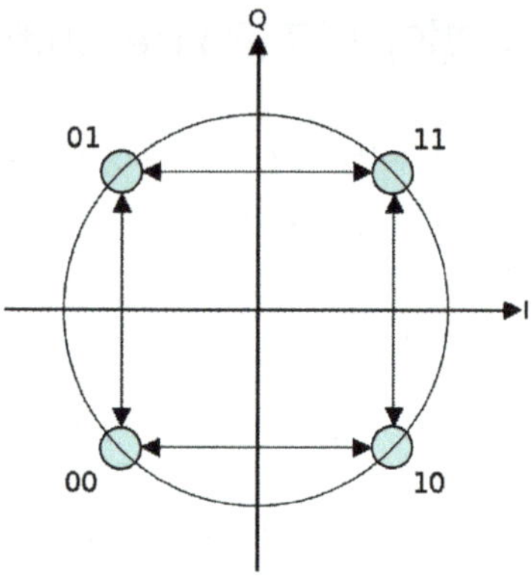

그림 6.5 QPSK의 성운 다이어그램[34)]

이렇게 위상각 변화값과 그 신호 성분이 가지는 신호 세기를 중심점에서 점까지 거리로 표현한 그림을 성운 다이어그램(constellation diagram)이라 한다. 성운이라는 이름이 붙은 것은 여러 개의 위상각 변화를 가지는 신호 성분을 중심점을 중심으로 그리면 마치 중앙점이 별로 여겨지고 그 별로부터 별빛이 사방팔방으로 퍼져나가는 모양이 되기 때문이다. 그림 6.4는 그림 6.3의 예로 보인 두 개의 위상각 변화로 BPSK를 한 경우를 그린 것이다.

그런데 PSK 기법에서는 위상각의 변화를 다양하게 만들어 여러 개의 신호 성분을 만드는 것이 일반적이다. 예를 들어, 그림 6.5와 같이 4개의 위상각 변화를 주어 4개의 신호 성분을 만드는 QPSK(직교 PSK, Quadrature PSK) 기법이 있다.

그림 6.5에서 보듯이 4개의 점이 있으니 4개의 신호 성분을 쓰는 QPSK라는 해석이 된다. 그리고 45도, 135도, 225도 그리고 315도 식으로 신호 성분 사이에 90도씩의 위상각 변화를 준 신호 성분들임을 알 수 있다. 그런데 그림 6.4의 BPSK 성운 다이어그램에는 각 점에 0과 1이 각각 지정되어 있어 각 점이 비트값 0과 1을 표현하는 것을 파악할 수 있다. 반면 그림 6.5에서는 각 점에 11, 01, 00, 10 과 같이 두 개의 비트들이 각 점에 지정되어 있다. 이는 무슨 의미일까?

앞서 기술한 바 있는 신호 성분의 개수(k)와 한 신호 성분이 표현할 수 있는 데이터 비트 개수(n)와 관계를 다시 한번 식 (6.3)을 통해 상기하자. 그러면 그 의미가 바로 이해가 될 것이다.

$$\text{(한 신호 성분이 표현 가능한 비트 수 n)} = \log_2 \text{(신호 성분 수 k)} \tag{6.3}$$

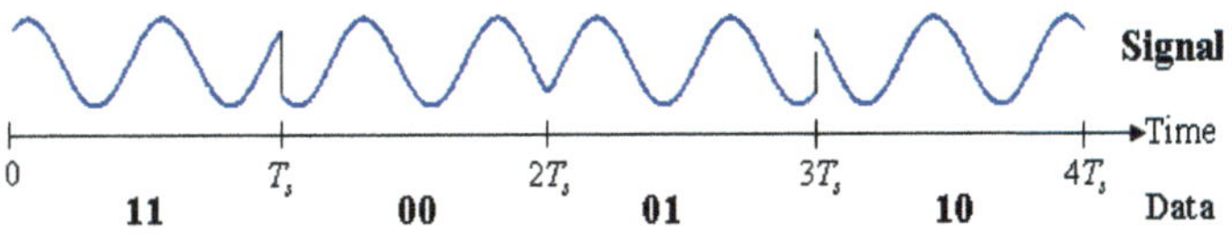

그림 6.6 QPSK 신호

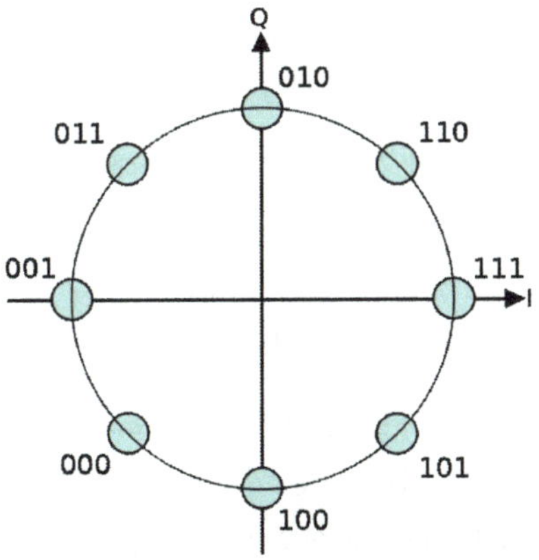

그림 6.7 8 PSK 성운 다이어그램[35)]

그림 6.5의 QPSK 기법으로 생성되는 아날로그 신호를 시간축 위에서 그리면 그림 6.6과 같다. 신호 성분이 각기 다른 위상각 변화로 이루어진 신호들임을 알 수 있다.

이런 방식으로 좀 더 촘촘하게 위상각 변화를 주어 더 많은 신호 성분들을 만들어내면 한 신호 성분이 표현하는 비트수를 계속해서 늘릴 수 있다.

그 예로 그림 6.7을 보면 8개의 신호 성분을 만든 8 PSK 경우가 있다. 이는 각 신호 성분 사이의 위상각 변화가 45도씩 나도록 설계한 것이다. 8개의 신호 성분이 만들어졌으므로 그림에서와 같이 한 신호 성분으로 3개의 비트값을 표현할 수 있다.

4) 직교 진폭 변조(Quadrature Amplitude Modulation)

앞 절에서 설명한 바와 같이 PSK 방식은 위상각 변화를 다양하게 주어서 여러 신호 성분을 만들 수 있다. 그런데 여기서는 PSK 기법에 더하여 각 위상각 변화를 준 신호 성분의 신호 세기(진폭)에도 변화를 주는 기법을 소개한다. 예를 들어, 4개의 위상각 변화를 준 QPSK 기법은 4개의 신호 성분들은 모두 동일한 진폭을 가지는 것이다. 그런데 그 각 신호 성분들의 세기를 두 종류로 세분해서 만들면 모두 8개의 신호 성분을 만들 수 있게 된다. 4개의 신호 성분 각각에 대해 신호 세기가 센 신호 성분과 약한 신호 성분 등으로 2개씩을 만들어내는 것이다.

그림 6.8에 QPSK로 만든 4개의 신호 성분 각각에 대해 신호 세기(진폭)를 각기 달리하는 두 개의 신호 성분을 만든 신호의 성운 다이어그램이 있다. 모두 8개의 신호 성분이 PSK와 일종의 ASK를 조합하여 만든 것이다. 이렇게 PSK 기법과 ASK 기법을 조합하여 신호를 만드는 부호화 기법을 직교 진폭 변조(QAM Quadrature Amplitude Modulation)라 한다.

QAM에 의해 만든 신호 성분의 개수에 따라 한 신호 성분이 표현할 수 있는 비트수를 계산해 보자. PSK 기법에 따라 만들어지는 신호 성분 개수(p)를 ASK 기법에 의해 만드는 신호 성분 개수(a)를 곱한 수가 QAM에서 만들어지는 총 신호 성분의 개수(k = p * a)가 된다. 따라서 한 신호 성분이 표현할 수 있는 비트수(n)를 계산하는 수식은 식 (6.4)이다.

$$(\text{한 신호 성분이 표현하는 비트수 n}) = \log_2 (p * a) \tag{6.4}$$

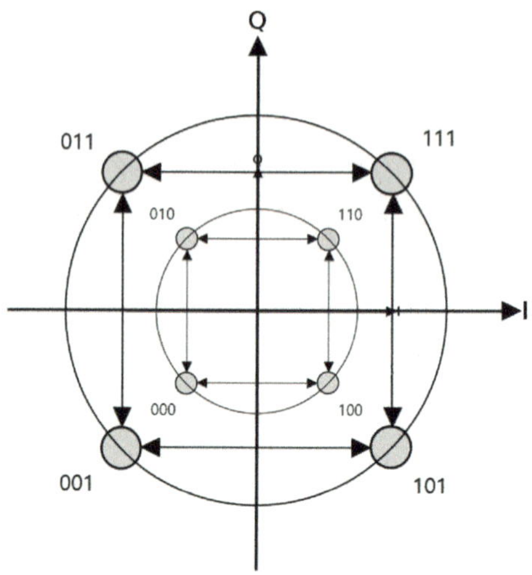

그림 6.8 8-QAM 성운 다이어그램

식 (6.4)를 8-QAM 기법에 적용하면 PSK 기법에 의해 만드는 신호 성분의 수는 p = 4이고, ASK 기법에 의해 만드는 신호 성분은 각 PSK 기법으로 만든 신호 성분에 대해 2개씩 만드니 (a = 2), 한 신호 성분이 표현하는 비트수(n)는 $\log_2$ (8)이고, n = 3이다. 따라서 8-QAM 기법에 의해 만들어지는 신호 성분 하나가 표현할 수 있는 디지털 데이터 비트값의 수는 3개이다. 그림 6.8에 각 점에 세 비트씩이 지정되어 있는 것과 같다.

직교 진폭 변조 기법으로 만든 신호의 보오율과 비트율 관계를 생각하여 보자. 앞서 설명한 바와 같이 보오율은 통상적으로 1초인 단위 시간 동안 몇 개의 신호 성분을 전송하는가를 표현하는 것이고, 비트율은 그 신호가 디지털 데이터 비트를 표현하는 것이라면 그 신호를 써서 전송할 때 몇 개의 비트를 단위 시간 동안 전송하는가를 표현하는 것이다. 당연하게 1개의 신호 성분으로 1개의 비트를 표현하고 그것을 전달하는 경우는 보오율과 비트율은 동일하다.

그런데 QAM 기법과 같이 한 신호 성분이 여러 비트값을 표현하는 경우에는 달라진다. 예를 들어, 4-QAM인 경우는 4개의 신호 성분이 있으므로 1개의 신호 성분이 2개의 비트를 표현한다. 따라서 보오율과 비트율 관계는 1:2가 된다. 즉, 1,200 baud로 신호를 전송하는 시스템이라면 2,400 bps의 비트율로 전송이 가능하다는 뜻이 된다. 8-QAM인 경우는 보오율과 비트율 관계는 1:3이 된다. 따라서 1,200 baud로 신호를 전송하는 시스템이라면 3,600 bps의 비트율로 전송이 가능하다는 뜻이 된다.

PSK 기법과 QAM 기법에서 위상각 변화와 신호 세기를 좀 더 촘촘하게 한다면 신호 성분을 더 많이 만들 수 있다. 그러면 한 신호 성분에 더 많은 비트를 표현할 수 있으므로 비트율(전송률)을 극적으로 높일 수 있다. 그런데 현실적으로 위상각 변화와 세기값을 세분해서 쪼개어 신호 성분으로 만드는 데 한계가 있다. 그것은 잡음에 가장 큰 요인이 있다. 각 변화와 세기를 좀 더 잘게 쪼개면 수신자 노드 입장에서는 각 신호 성분을 정확하게 인식하기 위해서는 각 변화와 세기를 더욱 정밀하게 인지할 필요가 생긴다. 그러나 전송 과정에서 개입되는 잡음으로 인해 송신자 노드가 보내는 신호가 왜곡되거나 감쇄되면 이를 수행하는 것이 더욱 어렵게 된다. 그러면 신호를 잘못 인식하게 되어 수신 오류가 발생할 가능성이 훨씬 높아진다. 따라서 이렇게 신호 성분을 많이 만드는 기법들은 일반적으로 잡음 민감도가 높아지는 단점을 가지는 것이다.

6.3 아날로그 데이터 ➠ 디지털 데이터 변환

우주에서 수집할 수 있는 데이터는 거의 아날로그 데이터이다. 이를 컴퓨터에서 수집, 저장, 가공 그리고 처리하기 위해서는 디지털 데이터로 바꾸어야 한다. 그리고 컴퓨터 네트워크를 통해 데이터 통신하기 위해서는 이를 다시 디지털 신호로 바꾸어 전송해야 한다. 5장에서 디지털 데이터를 디지털 신호로 바꾸는 기법들에 관해서는 이미 설명한 바 있다. 따라서 이 절에서는 아날로그 데이터를 디지털 데이터로 변환하는 PCM(펄스 코드 변조 Pulse Code Modulation) 기법을 소개한다. 이 기법을 써서 디지털 데이터로 변환하고 나면 그 이후 디지털 신호로 바꾸는 것은 5장의 여러 기법 가운데 최적의 기법을 선택하여 변환하면 되는 것이다.

1) 펄스 코드 변조(PCM Pulse Code Modulation)

아날로그 데이터는 시간의 흐름에 따라 데이터의 값이 지속적으로 바뀌는 성질을 가지고 그 변화에 불연속점이 없이 매끄럽게 변하는 특징이 있다. 즉, 데이터 값의 종류가 무수히 많아서 값 하나 하나가 중요한 의미를 가지는 데이터이다. 이를 디지털 데이터로 변환하는 것이 사실상 이론적으로는 불가능한 일이다. 그러나 현실적으로는 이런 무수히 많은 값들을 가지는 아날로그 데이터를 컴퓨터 시스템에서 처리하기 위해서는 어쩔 수 없이 제한된 값의 종류를 가지는 디지털 데이터로 바꾸어야 하는 것이다. 이런 성격을 가지는 변환 과정이니 출력으로 만들어지는 디지털 데이터가 온전하게 완벽하게 원래의 아날로그 데이터를 표현할 것 같지 않은 느낌이 온다. 변환 이전의 아날로그 데이터와 변환 이후의 디지털 데이터 사이에 차이가 생길 수밖에 없는 구조적 문제가 있을 것으로 보이는 것이다.

실제 PCM이라는 대표적인 변환 기법으로 아날로그 데이터를 디지털 데이터로 만들었을 때 적지 않게 원래 데이터의 원형이 유지되지 못하고 데이터에 손실(loss)이 발생함을 발견한다. 그럼에도 불구하고 이러한 변환은 우주에서 만들어지는 아날로그 데이터를 컴퓨터 시스템에서 처리하려면 반드시 거쳐야 하는 과정이다. 따라서 이러한 손실을 어떻게 하면 최소화할 수 있을까 고민하는 노력이 중요한 점이다.

이처럼 아날로그 데이터를 디지털 데이터로 변환하는 것을 AD 변환(Analog - Digital Conversion)이라고도 하고, 이런 일을 하는 장비를 AD 컨버터(ADC AD Converter)라고 한다. 반대로 디지털 데이터를 아날로그 데이터로 변환하는 기기는 DAC(DA Converter)라고 한다.

펄스 코드 변조(PCM Pulse Code Modulation) 기법은 세 단계로 그 과정이 세분화되어 있다. 첫 단계로 표본화(sampling) 과정에서는 아날로그 데이터를 적절한 주기(period)로 반복적으로 읽어 들인다. 두 번째 단계로 양자화(quantization) 단계에서 읽은 아날로그 데이터의 크기(세기) 값을 가장 가까운 디지털 값(수)으로 바꾼다. 세 번째 단계로 양자화된 데이터를 디지털 신호로 바꾸는 작업(encoding)을 수행한다. 이 단계는 앞서 언급한 바와 같이 5장에서 다룬 디지털 데이터에서 디지털 신호로 만드는 기법을 써서 수행한다. 따라서 이 절에서는 PCM의 1 단계와 2 단계를 자세히 소개한다.

(1) PCM 1 단계 표본화(sampling)

아날로그 데이터를 디지털 데이터로 변환하는 데 가장 먼저 할 일은 일정한 시간 간격으로 반복적으로 아날로그 데이터 값을 읽는 것이다. 이를 표본(sample)을 입수한다는 의미에서 표본화(sampling)라 한다. 이 표본화 과정은 나이퀴스트(Nyquist) 이론에 근거한다.

나이퀴스트는 아날로그 신호는 그 신호가 가지는 주파수 가운데 가장 높은 주파수의 두 배에 해당되는 빈도로 일정한 간격으로 신호를 읽어서 디지털 데이터로 기록하면 그것으로 원래의 아날로그 신호를 그대로 복원할 수 있음을 정리하였다. 이를 나이퀴스트 샘플링 정리(Nyquist Sampling Theorem)라 한다.

입력 아날로그 신호의 최고 주파수를 f_a 라 하면, 단위 시간(1초)에 적어도 (2 * f_a) 번 신호값을 읽으면 그 값들을 이용하여 원래의 아날로그 신호를 복원할 수 있다는 뜻이다. 샘플링한 데이터로 다시 아날로그 데이터를 만들 때는 샘플 데이터 사이를 적절한 알고리즘에 의해 보간(補間 interpolation)하는 과정을 거친다. 이 보간 알고리즘의 성능에 따라 원래 아날로그 데이터로 복원 오차가 다를 수 있다. 그러나 그 오차가 일정하다고 가정하더라도 샘플 데이터가 적으면 아무리 좋은 보간 알고리즘에 의해 아날로그 데이터를 만들어내더라도 원래 아날로그 데이터와는 차이가 날 수 밖에 없다. 따라서 샘플링 주기를 짧게 하면 할수록 보간하는 구간이 짧아지므로 복원성이 좋아진

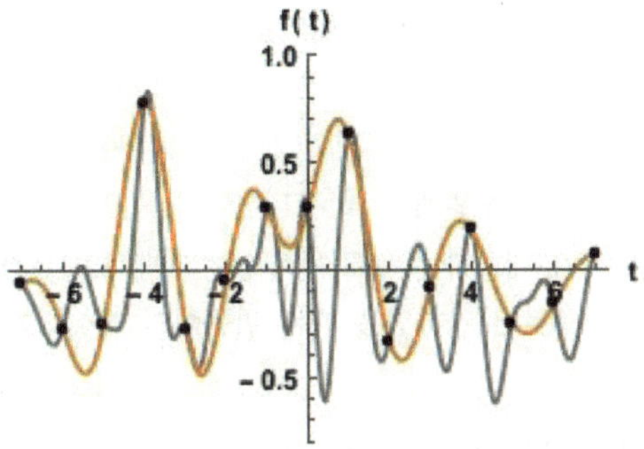

그림 6.9 나이퀴스트 샘플링 정리 예 (낮은 빈도로 샘플링한 결과[36])

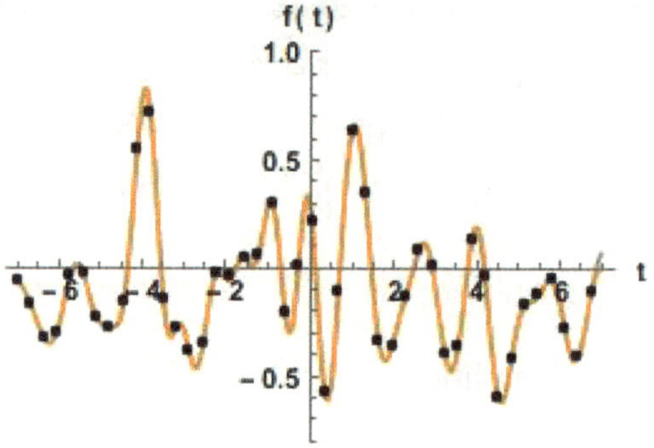

그림 6.10 나이퀴스트 샘플링 정리 예 (적절한 빈도로 샘플링한 결과[37])

다. 단위 시간(초 sec)에 샘플링하는 회수를 표본화율(sampling rate) 혹은 샘플링 주파수(sampling frequency)라고 한다.

예를 들어, 사람의 목소리 데이터는 가장 높은 목소리 주파수를 보통 4 KHz로 간주한다. 이 경우, 사람 목소리 데이터를 초당 8,000번 샘플링하면 (표본화율 = 8,000 Hz) 그 표본으로 읽은 데이터로 원래의 아날로그 사람 목소리 데이터를 복원할 수 있다는 것이다.

그림 6.9를 보면 변환하고자 하는 아날로그 데이터는 흐린 색으로 되어 있는 데이터이고, 이를 읽어 들인 시점은 밝은 색의 선 위에 있는 점이 있는 시점이다. 자세하게 그림을 보면 모두 15번 아날로그 데이터를 샘플링하였다. 그런데, 이 점들을 이용하여 보간 알고리즘을 이용하여 아날로그 데이터로 만들어 보아도 (밝은 색의 아날로그 데이터) 그것이 원래의 아날로그 데이터로 복원되지 못함을 알 수 있다. 다시 말하면 15번의 샘플링 횟수가 원래 아날로그 데이터의 최고 주파수의 2배에 미치지 못하는 횟수라는 것이다. 즉, 샘플과 샘플 사이의 간격이 넓어서 그 중간의 데이터를 보간하였으나 그것이 원래 아날로그 데이터와는 일치하지 않는다는 말이 된다.

그런데 그림 6.10을 보면 흐린 색의 원래 아날로그 데이터가 전 구간에서 보이지 않을 정도로 샘플링한 결과를 가지고 만든 아날로그 데이터가 거의 완벽하게 원래 데이터로 복원되었음을 볼 수 있다. 그림을 자세히 보면 샘플링한 검은 점의 개수가 44개이다. 만약 위의 설명과 같이 샘플링한 결과로 재현한 아날로그 데이터가 원래 아날로그 데이터를 그대로 복원한 것으로 나타났다면 이 횟수는 원래 아날로그 데이터가 내포하는 최고 주파수는 최대 22 Hz가 되는 셈이다. 즉, 44번의 샘플링 결과 얻어진 44개의 샘플로 보간하였을 때는 만들어진 데이터가 원래 아날로그 데이터와 거의 일치하였다는 뜻이다.

나이퀴스트 이론에 따라 최대 주파수의 2배의 빈도로 샘플링을 하면 원래 아날로그 데이터를 복원할 수 있더라도 애초에 샘플링하는 과정에서 아날로그 데이터 전부를 수집하지는 않는다.

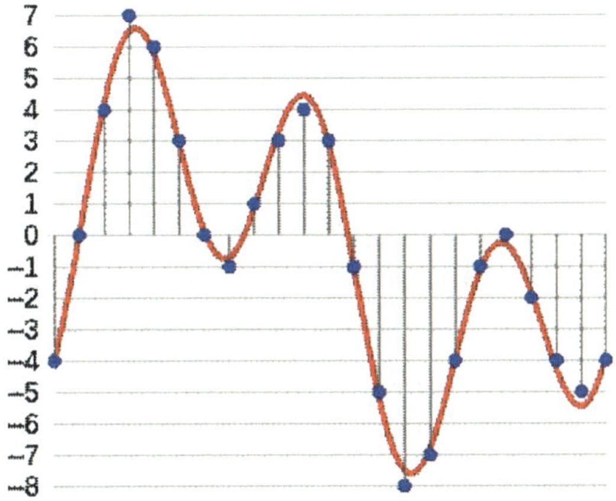

그림 6.11 PCM 1단계 표본화와 2단계 양자화[38)]

즉, 샘플링하는 시점과 시점 사이에 있는 데이터는 읽지 않기 때문이다. 따라서 이 이론에 의해 샘플링을 하면 결과적으로 원래 아날로그 데이터의 일정 부분은 PCM의 1단계인 표본화 과정에서 놓치게 된다. 따라서 비록 이 이론에 의해 샘플링한 데이터로 아날로그 데이터를 복원하더라도 엄밀한 의미에서 그 데이터는 원래 아날로그 데이터와는 차이가 날 가능성이 있다.

이는 샘플링 과정에서 발생할 수 있는 오류(error)로 이를 최소로 하기 위해서는 샘플링하는 시간 간격을 줄이면 된다. 그러나 샘플링 간격을 줄이면 단위 시간에 생성되는 샘플 데이터가 비례해서 많아진다. 즉, 원래 아날로그 데이터를 표현하기 위한 데이터의 양이 늘어나는 셈이다.

그림 6.11에 23번 일정한 시간 간격으로 아날로그 데이터를 샘플링한 예가 보인다. 이 그림에서 일정한 간격으로 그은 세로 선과 아날로그 데이터가 만나는 지점의 데이터 값이 PCM의 1단계 표본화 과정에서 얻게 되는 데이터 값들이다. 이런 표본화 과정을 PAM(Pulse Amplitude Modulation) 과정이라도 한다. 그리고 이때 수집된 데이터를 PAM 데이터(혹은 신호)라 한다.

원래 아날로그 데이터는 연속적인 시간 상에서 연속적으로 끊임없이 값을 가지는 반면 PAM 데이터는 불연속적인 시간(이산적인 시간)에서 띄엄띄엄 읽은 샘플 데이터로만 구성된 펄스 형태를 가진다. 그러나 표본값은 원래 아날로그 데이터가 가지는 값 그대로이기 때문에 값 자체는 아주 다양하다.

(2) PCM 2 단계 양자화(Quantization)

PAM 데이터의 값은 원래 아날로그 데이터가 가지는 대단히 많은 종류의 값들 가운데 하나이다. 대단히 많은 종류라고 표현했지만 사실은 그 값의 가짓수가 무한 개이다. 따라서 실제 샘플링된 PAM 데이터의 값도 그 무한 종류 가운데 하나로 읽히기 때문에 만약 PAM 데이터 값을 디지털 값으로 표현하려면 도대체 몇 개의 비트로 표현할 수 있는지가 고민거리가 된다. 세밀하게 값을 표현하려면 꽤 많은 수의 비트를 써서 수로 표현해야 하는데, 그것의 한도를 정하는 것이 어려운 점이다. 값의 가짓수가 많다는 것이 그 값을 디지털 이진수로 표현하자면 비트의 개수가 그만큼 많이 필요하다는 것이다. 그런데 앞서 언급한 대로 아날로그 데이터의 값의 가짓수는 무한개이다. 따라서 이 무한개의 종류들을 다 디지털 이진수로 표현하려면 무한개의 비트수가 필요하게 된다. 그러므로 이것은 현실적으로 불가능한 일이다.

따라서 PAM 데이터를 일정 제한된 개수의 비트로 표현하는 과정을 거쳐야 한다. 이 과정을 양자화(quantization)라 한다. PAM 데이터를 디지털 데이터로 바꾸어 표현하는 데 쓰이는 비트의 수가 일정한 개수로 제한을 받는 것은 결국 PAM 데이터가 가지고 있는 원래 고유의 값을 온전하게 다 표현하지 못하게 됨을 의미한다. 다시 말하면 PAM 데이터 값이 정해진 비트 개수로 표현 가능한 수 가운데 가장 가까운 근사치로 바뀌게 되는 것이다.

위에서 설명한 이유로 인해 PCM에서 두 번째 단계로 수행하는 양자화는 구체적으로 다음과 같은 절차를 수행한다. 우선 PAM 데이터 값의 최대값(max)과 최소값(min)을 찾는다. 두 값 사이의 간격(d = max − min)을 n 개의 구간으로 나눈다. 그러면 간격(d)은 균일한 크기값(q = d / n)을 가지는 n 개의 구간으로 구분된다. 그림 6.11의 예를 보자. 세로축이 아날로그 데이터가 가지는 값(세기)을 나타낸다. 거기에 중심에 있는 0을 기점으로 위로 7까지 번호가 매겨져 있고, 아래로는 −8까지 번호가 있다. 각 번호의 오른편에는 x 축과 평행하는 가로선이 각각 그어져 있다. 가로선과 가로선의 간격을 유심히 보면 일정함을 알 수 있다. 즉, 이 예는 아날로그 데이터가 가지는 최대값과 최소값 사이 간격을 균일한 15개의 구간으로 구분하였음을 알 수 있다. 그리고 각 구간의 경계선에 번호를 −8 ~ 7 까지 모두 16 종류의 크기 값을 표현하고 있다.

과연 몇 개의 비트로 이렇게 16개의 값을 표현할 수 있을까? 답은 “4비트가 필요하다” 이다. 즉, 이 경우는 무수히 많은 아날로그 데이터 값을 16개의 데이터 값으로 바꾸어 표현한 경우이다. 네 개의 비트로 표현할 수 있는 0000 ~ 1111 (참고로, 7 ~ 0은 이진수 0111 ~ 000으로 표현되고, -1 ~ -8은 1000 ~ 1111로 표현됨.)까지의 총 16개의 디지털 데이터 값으로 원래 아날로그 값이 변환되는 예이다. 결과적으로 이 경우는 PAM 데이터 표본값을 4비트로 바꾸어 표현한 것이다.

이 예와 같이 실제 PAM 데이터가 가질 수 있는 무수히 많은 다양한 값을 n 개의 비트를 써서 표현하는 값으로 변환할 때 각 PAM 데이터 값(o)을 가장 가까운 구간 값(o’)으로 매핑되어 변환한다. 양자화는 이 과정을 의미한다. 간격 d가 n개의 구간으로 나뉠 때 구간의 크기(q)를 양자화 간격(quantization interval)이라고 한다.

그림 6.11을 다시 자세하게 살펴보면, 23번의 샘플링이 수행되었고, 그 샘플링 시점이 둥근 점이 포함되어 있는 세로선으로 표현되어 있다. 그런데 샘플링 시점마다 읽는 아날로그 데이터 값(o)이 세로선과 아날로그 데이터가 만나는 점의 y 축 값이다. 이 값이 PAM 데이터 값(o)을 구성한다. 그리고 23개의 둥근 점이 PAM 데이터 값(o)에 가장 가까운 구간 값(o')을 표현한다. 점들을 유심히 관찰하면 PAM 데이터 값과 일치하는 점(o = o')도 있고, 그렇지 않고 꽤 떨어져 있는 점(o ≠ o')도 보인다. 예를 들어, 왼편부터 첫 세 개의 점을 보면 그 세 샘플링 시점에서 읽은 PAM 데이터와 점은 일치한다. 반면 가장 꼭대기에 있는 네 번째 점을 보면 PAM 데이터와 꽤 차이가 남을 볼 수 있다.

그렇게 양자화를 하면 원래 PAM 데이터 값이 정확하게 그대로 변환되는 경우보다는 그 값에 가장 가까운 값으로 바뀌게 되는 경우가 많다. 이렇게 양자화 과정에서 원래 아날로그 데이터 값을 잃게 되어 나중에 변환된 디지털 데이터로 아날로그 데이터를 복원하더라도 유사한 아날로그 데이터를 복원할 수 있을 뿐이지 정확하게는 복원하지 못하게 된다. 다시 말하면 양자화 과정을 거치면서 원래 아날로그 데이터에 잡음이 섞인 디지털 데이터가 만들어지는 셈이다. 그래서 양자화하면서 어쩔 수 없이 만나게 되는 이런 오류를 양자화 잡음(quantization noise)이라고 한다.

양자화 잡음을 줄이면 최종적으로 복원(복조)했을 때 데이터 품질이 원래 데이터와 유사해질 것이다. 그런 차원에서 이 양자화 잡음을 최소화하는 방법을 생각해야 한다. 양자화할 때 원래 아날로그 데이터의 최대값과 최소값 사이 간격(d)을 더 많은 구간(n)으로 나누면 양자화 간격(q = d / n)을 좁힐 수 있어서 양자화 잡음의 크기도 줄일 수 있다. 그러나 구간의 수를 늘리는 것은 이 구간 값을 표현하는 디지털 데이터에서 필요로 하는 비트수가 늘어남을 의미한다. 그러면 결과적으로 동일한 시간 길이의 아날로그 데이터를 디지털 데이터로 변환할 때 더 많은 비트 수가 요구되고 그 결과 변환된 디지털 데이터의 크기가 비례해서 커지게 된다. 즉, 양자화에 의해 아날로그 데이터를 디지털 데이터로 변환하는 품질을 높이면 데이터의 양이 덩달아 늘어나는 것이다.

양자화된 각 샘플링 시점에서 생성되는 값(o')은 시간축 상에서 연속된 비트열(bit stream)로 얻어진다. 한 샘플링 시점에 생성되는 값의 비트 개수(b)는

$$b = \log_2 n \qquad (6.5)$$

이다. 단위 시간(초 sec)동안 샘플링하는 회수를 뜻하는 표본화율이 f라고 하면 단위 시간(1초)에 아날로그 데이터에서 디지털 데이터로 변환되어 만들어지는 비트의 개수(B)는

$$B = b * f \tag{6.6}$$

이다. 더 나아가 아날로그 데이터가 t초 동안 재생되는 데이터인 경우 전체 아날로그 데이터가 변환된 디지털 데이터의 크기(S)는

$$S = B * t \tag{6.7}$$

이다.

양자화 과정을 통해 발생할 수 있는 잡음은 두 가지 요인이 있다. 첫째는 샘플링 단계에서 발생한다. 샘플링하는 시간 간격으로 그 사이의 원래 아날로그 데이터를 잃어버리기 때문이다. 물론 사이의 데이터는 양옆의 디지털 데이터를 이용하여 보간 작업으로 메우기를 하지만 그 메운 값이 원래 아날로그 데이터와 일치하지 않을 수 있기 때문이다.

둘째는 양자화 단계에서 발생한다. 원래 아날로그 데이터의 최대값과 최소값의 간격을 양자화 구간으로 나눌 때 원래 아날로그 데이터 값이 구간 사이의 값을 가지는 경우 가장 인접한 구간 값으로 바뀌기 때문이다. 복조하는 과정에서 이전 요인에 의한 잡음은 보간되어 완화될 수 있지만 이 양자화 잡음은 보완을 할 수 없는 특징을 가진다.

이 두 가지 요인에 의한 양자화 잡음을 줄이는 방법을 다시 한번 정리하면 다음과 같다. 첫째는 표본화율을 높이는 것이다. 즉, 샘플링하는 간격을 촘촘하게 하면 할수록 보간하는 간격이 좁혀지기 때문에 원래 아날로그 데이터로 복원될 가능성을 높일 수 있다. 둘째는 양자화 간격을 줄이는 것이다. 그러면 양자화 값이 PAM 데이터 값과의 차가 줄어들 수 있기 때문이다.

그러나 위의 두 방법 모두 PCM 기법에 의한 디지털 데이터의 품질을 높이는 효과를 내는 대신 출력으로 생성되는 디지털 데이터의 양이 덩달아 늘어난다.

6.4 아날로그 데이터 ➠ 아날로그 신호 부호화

아날로그 데이터를 아날로그 신호로 변환하는 이유를 우선 생각하자. 아날로그 데이터도 사실상 아날로그 신호 형태로 표현된다. 따라서 어떻게 보면 이미 변환의 대상인 데이터가 아날로그 신호인데 무슨 이유로 동일한 성격을 가지는 아날로그 신호로 변환하는 것이 필요할까? 이 질문에 답은 다음과 같다. 현실적으로 아날로그 데이터를 전송할 때 경제적인 측면을 고려한 전송을 하기 위한 것이다. 다른 표현으로 보면 변환하지 않고 보낼 수도 있지만 좀 더 낮은 출력(비용)으로 더 먼 거리로 떨어져 있는 곳까지 전송할 수 있기 때문이다.

예를 들어, 사람의 목소리를 전송하는 경우 음파를 아무런 중간 전송 시스템 없이 사람의 입에서 나온 소리가 어느 정도 떨어진 사람에 온전하게 전달이 가능할까? 주변 환경에 좌우되겠지만 멀리 잡아도 수 Km가 되지 않을까? 시끄러운 도시 지역에서는 수십 m조차 떨어진 두 사람이 육성으로 대화하는 것은 거의 불가능할 것이다. 그런데 이 음성을 비롯한 음파를 높은 주파수를 가지는 반송파(carrier signal)에 실어서 전송하면 이 반송파가 가지는 특성에 따라 훨씬 멀리 정확하게 전달이 가능하게 된다. 구체적으로 통상적으로 FM 라디오 방송국들이 쓰는 주파수 가운데 하나인 88.9 MHz의 주파수를 가지는 반송파에 사람 목소리를 실어서 보내면 평균적인 하나의 도시를 커버하는 가청 지역을 가지게 될 것이다.

이런 이유로 아날로그 데이터를 또 다른 아날로그 신호로 변환하는 기법이 존재한다. 이 변환을 변조(modulation)라고 부른다. 변조에는 아날로그 신호가 가지는 특성에 변화를 기하는 진폭 변조(AM Amplitude Modulation), 주파수 변조(FM Frequency Modulation) 그리고 위상 변조(PM Phase Modulation)가 있다.

1) 진폭 변조(AM Amplitude Modulation)

원래 아날로그 데이터의 진폭(세기) 변화를 반송파의 진폭에 반영하여 변조하는 방식이다. 그림 6.12는 반송파가 전송하고자 하는 원래 아날로그 데이터에 따라 변조되는 것을 보여준다. 그림에서 가장 위에 있는 아날로그 신호가 정보를 담고 있는 아날로그 데이터이다. 이것을 중간에 있는 반송파를 이용하여 가장 아래에 있는 신호와 같이 변조하는 것이다. 이때 변조된 아날로그 신호의 진폭 변화에 유의하면 점선으로 그려있는데, 그 변화가 원래 아날로그 데이터의 진폭 변화를 그대로 반영한 것임을 알 수 있다.

AM 과정이 수행되는 모델이 오른편 박스 안에 그려져 있다. 상단 위의 왼편에서 변조 대상인 아날로그 데이터(신호)가 들어오고 그것이 아래의 오실레이터(발진기 oscillator)에 의한 생성된 반송파 신호와 합쳐져 상단의 오른편으로 AM 변조된 아날로그 신호가 출력되는 그림이다. 오실레이터는 사인파를 기본으로 하는 여러 형태의 파형을 만들어내는 부품이다.

변조된 아날로그 신호도 반송파 신호의 주파수와 위상은 그대로 유지된다. 변조되는 아날로그 데이터 신호가 가지는 대역폭의 적어도 두 배의 대역폭을 가진다. 그 이유는 다음과 같다. 그림 6.12의 변조된 AM 신호를 다시 보면 원래 아날로그 데이터의 진폭 변화가 아래와 위에 두 군데 나타남을 알 수 있다. 물론 아래 신호는 원래 아날로그 데이터 신호가 상하로 뒤집힌 형태를 가지긴 하지만. 그래서 변조된 AM 신호가 차지하는 대역폭은 원래 아날로그 데이터의 대역폭보다 적어도 두 배가 된다.

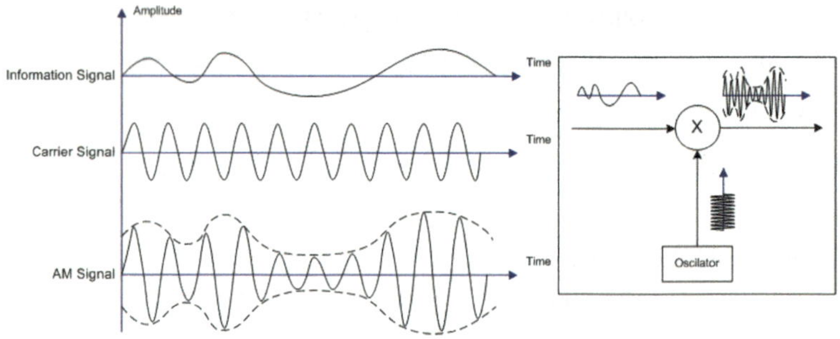

그림 6.12 진폭 변조(AM)[39)]

AM 라디오 방송을 위하여 개별 오디오 아날로그 데이터(신호)의 대역폭은 5 KHz로 간주한다. 실제 사람의 귀로 들을 수 있는 가청 주파수에서 0~5 KHz로 범위를 축소해서 그 주파수의 음파만 전송하는 것이다. AM 라디오 방송국은 음파를 AM으로 변조했을 때 두 배의 대역폭이 필요하므로 음파 대역폭의 두 배인 10 KHz의 대역폭이 필요하다. 530 KHz ~ 1,700 KHz 사이의 주파수를 가지는 반송파 신호(중파 MF)를 사용한다. AM 라디오 방송국은 상호 간섭을 피하기 위하여 최소 AM 대역폭(10 KHz)만큼 서로 떨어져 반송파 신호 주파수를 할당받는다.

2) 주파수 변조(FM Frequency Modulation)

아날로그 데이터(신호)의 세기(진폭) 변화가 반송파 신호의 주파수 변화로 반영되어 변조되는 방식이다. 이때 변조된 신호의 최고 진폭과 위상은 반송파 신호의 최고 진폭과 위상으로 그대로 유지된다. 그림 6.13은 주파수 변조(FM) 개념을 잘 보여준다.

그림 6.13의 가장 위에 있는 신호가, 변조 대상인 정보를 담고 있는 아날로그 데이터(신호)이다. 그리고 가운데 반송파 신호의 주파수를 변조하여 아래 FM 변조된 신호를 만들어낸다. 오른편 박스에는 주파수 변화를 입력되는 아날로그 신호의 세기에 따라 주파수가 변화되는 신호를 생성하는 VCO(Voltage Controlled Oscillator)가 있다. VCO에서는 입력되는 아날로그 데이터의 세기(전압)의 변화에 따라서 생성되는 신호의 주파수가 연동한다. 결과적으로 변조 대상의 아날로그 데이터가 그대로 주파수에 반영된 아날로그 신호가 박스 내의 상단 오른편 방향으로 출력되는 것이다.

FM 변조 신호의 대역폭은 원래 아날로그 데이터의 대역폭의 10배와 같다. 이는 반송파가 가지는 고유의 중심 주파수를 기점으로 변조되는 아날로그 신호의 세기 변화를 중심 주파수의 양옆 주파수

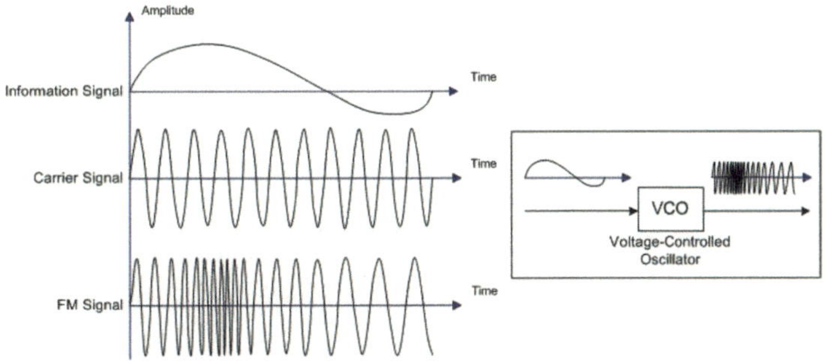

그림 6.13 주파수 변조(FM)

대역에 반영해야 하기 때문이다. 스테레오 방송용 오디오 신호의 대역폭은 통상적으로 15 KHz로 간주한다. 따라서 스테레오 오디오 신호가 요구되는 최소 대역폭은 150 KHz가 된다. 실제 하나의 FM 방송국에 일반적으로 200 KHz(0.2 MHz) 대역폭을 할당하는데 우리나라 FM 방송국은 88~108 MHz(각 200 KHz) 반송 주파수를 쓴다. 인접하는 주파수 대역을 사용하는 방송간 신호의 간섭을 없애기 위해 할당된 대역폭 이외에 200 KHz는 떨어뜨려 주파수를 할당한다.

3) 위상 변조(PM Phase Modulation)

반송파 신호의 위상이 변조대상인 원래 아날로그 데이터(신호)의 세기(진폭)의 변화에 연동하여 변하도록 변조하는 방식이 위상 변조(PM)이다. PM으로 변조된 신호의 최고 진폭과 주파수는 원래 아날로그 데이터가 가지는 것과 동일하게 유지된다. 그림 6.14에서 보이듯이 PM으로 변조된 신호는 FM 변조 신호와 변조된 형태는 유사하다. 그림 왼편 상단에 변조하고자 하는 아날로그 데이터가 입력되고, 왼편 하단에 이를 싣는 반송파 신호가 들어와서 위의 신호와 위상 변조되면 오른편과 같이 PM 변조 신호가 만들어진다.

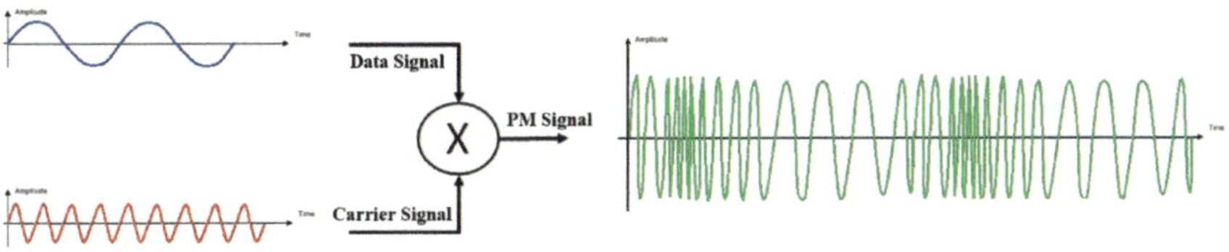

그림 6.14 위상 변조(PM)[40)]

7
CHAPTER

데이터링크 계층 프로토콜 (전송방식, MAC)

ISO OSI 7계층 참조모델에서 아래로부터 두 번째 계층인 제2계층 데이터링크 계층 프로토콜은 전송매체(선로 link)에 의해 '직접 연결(directly connected)'된 노드(단말기기 혹은 통신 장비) 사이의 통신 기능을 담당한다. 직접 연결된 점에 주목해야 한다. 두 노드 사이에 다른 노드가 끼어 있지 않은 채 오로지 선로로 연결된 경우를 말한다. 보통 두 노드 사이에 끼어 있는 노드는 라우터 등 통신 장비일 가능성이 높다. 따라서 두 노드가 통신 장비를 거치지 않고 직접 선로에 의해 연결된 상황에서 그 두 노드 사이에 일어나는 데이터 송수신 기능을 담당하는 것이 데이터링크 계층이다. 이 계층은 기본적으로 아래에 있는 제1계층 물리 계층에서 제공하는 기능을 활용하는 계층이다. 이는 통신 프로토콜 계층 구조가 수행하는 기본적인 기능 수행 형태와 계층 간의 상호 작동 원칙을 그대로 따르는 것이다.

송신자 노드인 경우 물리 계층에서 신호로 부호화되어 실제 전송매체를 통해 전송되는 데이터의 형태를 만드는 작업을 수행한다. 이때 만드는 전송 단위 데이터 형태는, 데이터링크 계층 위에 있는 제3계층 네트워크 계층이 전송하고자 하는 데이터 형태(패킷)를 넘겨주면 이를 받아서 직접 연결되어 있는 이웃 노드(neighbor node)로 패킷을 전달해야 하는데 이 패킷을 전달하기 위한 부가적인 정보를 패킷에 덧붙인 것이다. 이렇게 데이터링크 계층에서 정해 데이터 전송 단위가 되는 패킷을 다른 이름으로 프레임(frame)이라 한다. 전달 받는 대상이 되는 직접 연결된 이웃 노드를 식별하는 주소 체계도 세워야 한다. 그리고 전달하는 과정에서 발생할 수 있는 오류 등 문제를 해결하는 방법들도 함께 제공되어야 한다.

수신자 노드인 경우 아래 계층인 물리 계층에서 수신한 신호가 데이터 비트로 변환되고 그 연속되는 데이터 비트들이 이 데이터링크 계층으로 전달된다. 그러면 앞서 언급한 대로 데이터 비트들을 미리 정해져 있는 데이터 형태(프레임)에 맞게 구분하고 프레임 단위로 수신한 데이터를 처리한다. 수신된 프레임을 전달받아야 하는 목적지 노드가 수신자 노드가 맞는지 확인한다. 만약 맞지 않으면 더 이상 그 프레임에 대해 분석하고 처리하지 않고 그냥 버린다. 즉, 그 프레임은 다른 노드로 가는 프레임이기 때문이다. 맞다면 자신이 수신해야 하는 프레임이므로 이제 본격적으로 프레임을 분석하고 적절한 기능을 수행한 후 이를 상단에 있는 제3계층 네트워크 계층으로 올려 보낸다. 그러면 그 이후 이 데이터에 대한 처리는 상위에 있는 계층들에서 순차적으로 이루어진다.

이 장에서 데이터링크 계층이 수행하는 구체적인 기능들을 본격적으로 설명하기에 앞서 데이터통신망의 성격을 기본적으로 규정하는 전송방식에 대해 우선 설명할 필요가 있다.

7.1 전송방식

전송방식은 기준에 따라 여러 방식으로 분류가 된다. 우선 데이터가 전송되는 방향과 시점에 따른 분류가 있고, 노드 사이에 연결된 선로(전송매체)가 단일 선로인지 다중 선로인지에 따라 구분하는 것도 있으며, 송수신 노드가 시계(clock)를 공유하는지 여부에 따라 나누기도 한다. 그리고 마지막으로 선로를 통해 전달하는 신호가 아날로그인지 디지털인지에 따라서 구분하기도 한다.

1) 데이터 흐름 방향과 시점에 따른 분류

데이터통신망에서 데이터가 전송되는 방향과 시점에 따라 분류한다.

(1) 단방향 전송(simplex)

데이터 전송 방향이 한 방향인 경우이다. 송신자 노드는 언제나 송신자 역할만 하고, 수신자 노드는 데이터를 수신하는 것만 할 수 있다. 대표적인 예가 방송(broadcasting) 서비스를 들 수 있다. TV 방송, 라디오 방송이 예이다. 그리고 컴퓨터 시스템을 들여다 보면 다른 예를 찾을 수 있다. 컴퓨터 시스템의 입출력 장치 가운데 키보드는 데이터를 입력만 가능한 장치이고, 터치 입력 기능이 없는 일반적인 모니터는 데이터를 표출만 하는 장치이다. 이 둘 장치가 일방적인 데이터 흐름만 가능한 장치들이므로 이들이 통신망의 한 노드라고 생각하면 이 장치를 기점으로 하는 전송방식은 단방향(simplex) 전송이다. 그림 7.1에서 보듯이 왼편의 장비는 오른편의 장비로 데이터를 보낼 수 있지만 그 반대 방향은 불가능하다면 이 전송방식도 단방향 전송이다.

최근 쓰임새가 많아지고 있는 비콘(beacon)도 단방향 전송하는 대표적인 장치이다. 비콘은 블루투스 무선매체를 이용하여 일방적으로 자신의 식별자, 송신되는 신호 세기 등의 정보를 주기적으로 송출만 한다. 수신 기능이 없기 때문에 다른 노드로부터 데이터를 받아서 처리하지 못한다. 그 데이

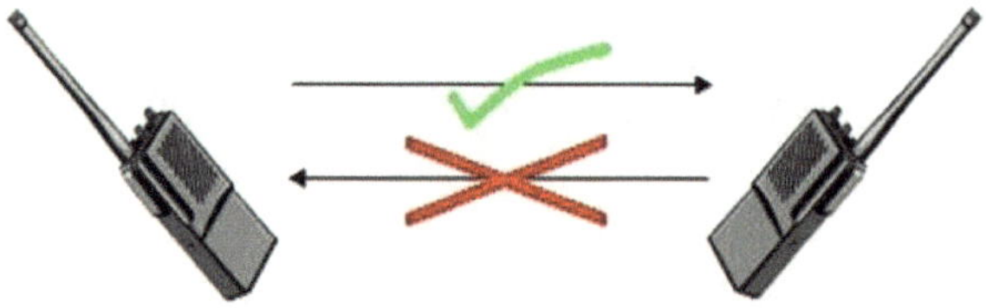

그림 7.1 단방향(simplex) 전송방식[41)]

터 신호를 받은 노드는 이를 분석하여 자신이 어느 위치에 있는지를 파악하는 데 활용한다. 실외 경우 위치정보 파악은 주로 GPS 신호를 활용하는데, 실내(indoor)는 이 신호를 수신할 수 없기 때문에 대신해서 비콘 같은 장치를 실내 미리 파악한 위치에 설치하여 인근을 지나거나 머무는 다른 노드(예: 스마트 폰)가 실내 어디를 지나고 있거나 머물고 있음을 파악하는 데 활용한다.

앞선 비콘 예에서 잠깐 언급한 GPS 신호를 방출하는 GPS 위성과 이 신호를 수신하는 GPS 장치 사이의 전송방식도 단방향 방식이다.

(2) 반이중 방식(half duplex)

단방향 방식과 달리 통신하는 두 노드가 모두 데이터를 주거니 받거니 하는 것이 가능한 방식이다. 다음에 설명하는 전이중 방식도 양 노드가 데이터를 주고받는 것이 가능한 양방향(duplex) 전송 방식이다. 그러나 반이중 방식과 전이중 방식의 차이는 송수신하는 시각에서 난다.

반이중(half duplex) 방식은 송신과 수신을 동시에(simultaneously) 하지 못하고 번갈아(alternatively) 가면서 할 수 있는 전송방식이다. 통신하는 두 노드 가운데 어느 한 노드가 전송을 하면 다른 노드는 수신하여야 한다. 전송하면 수신하는 것이 불가능한 방식이다. 대표적인 예가 무전기(워키토키 Walkie Talkie)를 들 수 있다.

그림 7.2에서 시간이 위에서 아래로 흐른다고 할 때 먼저는 왼편 장비가 오른편 장비로 데이터를 전송할 수 있지만, 그 반대로는 동시에 데이터가 흐르지 못하는 상황을 보여준다. 시간이 흐른 이후 어느 시점에서는 반대 방향으로 데이터 흐름이 이루어지면 그 순간에 동시에 반대 방향으로는 데이터를 보내지 못하는 점을 보여준다.

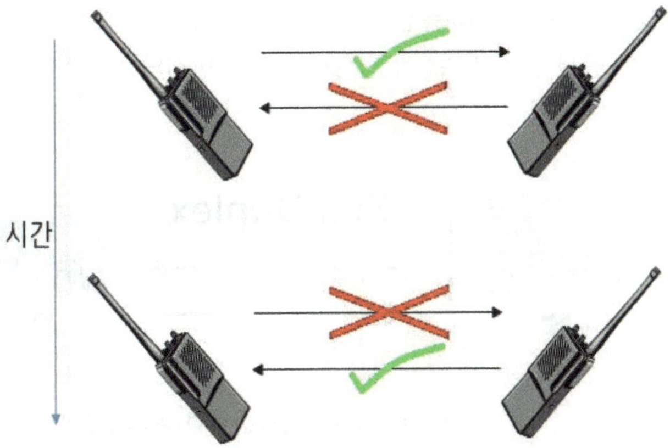

그림 7.2 반이중(half-duplex) 전송방식[42)]

(3) 전이중 방식(full duplex)

전이중(full duplex) 방식은 통신하는 노드 사이에 데이터 흐름이 양방향으로 모두 가능하고 그것도 동시에 송수신이 가능한 전송방식이다. 우리가 일반적으로 통신을 생각할 때 기본적으로 전송방식 모두가 이 방식으로 작동할 것으로 생각한다. 그림 7.3에 전이중 방식의 예가 보인다. 두 컴퓨터 사이에 데이터 송수신은 동시에 양방향으로 가능하므로 전이중 전송방식이다.

인터넷을 통한 카톡과 같은 메신저 서비스와 온라인 게임 등이 모두 전이중 전송 서비스를 기반으로 하는 서비스이다. 따라서 기본적으로 인터넷은 전이중 전송방식으로 작동하는 데이터 통신망이라 봐야 한다. 그러나 앞서 본 예와 같이 사실상 전이중 방식으로 서비스되는 통신 서비스가 의외로 많은 예외를 가지고 있다. 다시 말해서 전이중 방식으로 보이는 통신 서비스도 사실상 반이중 방식으로 작동하는 경우가 있다. 그리고 하부 기술과 그것을 바탕으로 만들어 제공되는 서비스는 기술적으로는 전이중으로 전송이 가능한데 정작 실질적으로 그 기술과 서비스가 쓰일 때는 반이중처럼 쓰이는 경우도 있다.

예를 들어, 전화(telephone) 서비스를 생각하여 보자. 전화가 가능하도록 만든 통신 기술과 그것을 바탕으로 제공되는 전화 서비스는 동시에 양방향으로 데이터를 주고받을 수 있는 전이중 방식의 통신 서비스이다. 그런데 실제 통화를 하면서 두 사람이 동시에 상대방을 향해 말을 하면 어떻게 되는가? 어느 누구도 상대방의 말을 알아 듣지 못하게 된다. 통화를 할 때 한 사람이 말을 하면 다른 사람은 듣는 데 집중해야 한다. 따라서 전화회사가 제공하는 전화 서비스에서는 전이중 방식과 같이 말을 하면서 동시에 말을 들을 수는 있으나 실질적으로는 그런 상황은 전화 서비스를 이용하는 본래의 목적을 달성하지 못하는 것이 된다. 따라서 이런 경우 전화 서비스는 실제적으로는 반이중 전송 서비스라고 할 수 있다.

따라서 인터넷을 비롯한 데이터통신망이 전이중 전송방식을 지원하는 통신망이지만 그 통신망을 바탕으로 제공되는 통신 응용 서비스가 반드시 전이중 방식의 서비스이지는 않다는 점을 인식할 필요가 있다.

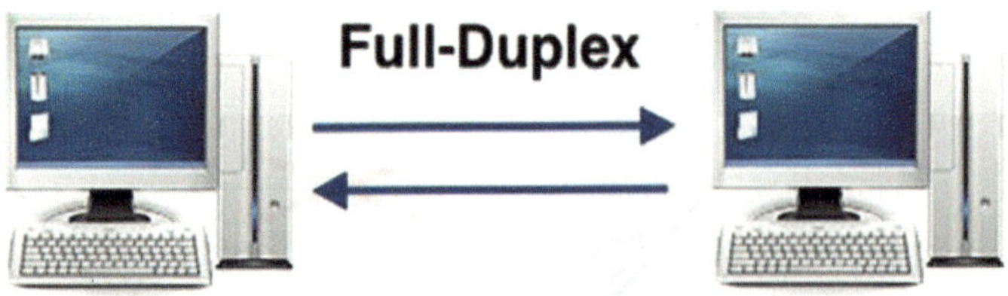

그림 7.3 전이중(full-duplex) 전송방식[43)]

그런 상황에서는 그 서비스로 인해 발생하는 데이터 트래픽은 마치 통신망이 반이중으로 작동하는 통신망 내지는 단방향 전송만 가능한 통신망인 것처럼 발생하고 처리되어 전달되는 것이다.

2) 선로 수에 따른 분류

통신하는 노드 간에 이용되는 선로의 개수에 따라 분류한다.

(1) 직렬 전송(serial transmission)

데이터 송수신을 위한 하나의 데이터 선로를 두고 데이터를 한 비트씩 순차적으로 전송하는 방식이다. 데이터 전송을 위한 선로를 하나만 포설하면 되니 초기 설치 비용이 적게 든다. 두 노드 사이의 거리가 먼 장거리 데이터 전송에 대부분이 직렬 전송방식으로 전송한다. 컴퓨터 시스템 내부에서 데이터를 부속품들끼리 주고받을 때는 대부분 여러 비트를 한꺼번에 주고받는 병렬 전송방식을 쓰기 때문에 데이터통신망을 통해 수신된 데이터를 컴퓨터 시스템에서 처리하기 위해서는 직렬로 받은 데이터를 여럿 모아 컴퓨터 시스템 내부로 전달하고 반대로 컴퓨터 시스템에서 만들어 통신망으로 전송하기 위해서는 여러 데이터 비트를 한 비트씩 순차적으로 내보내는 작업이 필요하다.

참고로, 컴퓨터 시스템 내부에는 데이터를 처리하는 각 부품(system component)들끼리 데이터를 주고받기 위하여 버스(data bus)가 연결되어 있다. 예를 들어, CPU와 메모리, CPU와 입출력 장치 사이에 데이터 버스가 있다. 버스는 여러 줄기(line)로 구성된다. 데이터를 표현할 때 한 단어(word)라는 단위를 언급하는데 이 단어 크기의 비트 수만큼 줄기 수를 가진다. 예를 들어 32비트(4바이트)를 한 단어로 하는 시스템에서는 32개의 버스 줄기가 각 처리부품 사이에 연결되어 있다. 이런 시스템을 운영하기 위한 운영체계(OS Operating System)도 그 크기에 맞추어 데이터를 처리하는 것이 일반적이다. 만약 32비트를 한 워드로 하고 이 단위로 데이터를 처리하는 시스템이면 32비트 머신(시스템)이라고 부른다. 운영체제도 예를 들면 윈도우즈(Windows) 10 32비트 시스템이 되는 것이다. 64비트(8바이트)를 한 단어로 처리하는 경우는 64비트 시스템이다. 운영체제는 윈도우즈 10 64비트 시스템인 것이다.

그림 7.4에 직렬 전송이 그려져 있다. 그림에서 보듯이 왼편 전송자 노드에서 오른편 수신자 노드로 데이터 비트가 D7, D6, D5, ... D1, D0 순서로 하나씩 연결된 하나의 선로를 통해 순차적으로 전달되는 것을 볼 수 있다.

직렬 전송방식을 채택한 인터페이스로 대표적인 것이 USB이다. RS-232도 직렬 전송방식의 대표주자이다. 참고로 8개 비트를 이용하여 1바이트의 데이터를 표현할 때 8개의 비트 가운데 가장 중

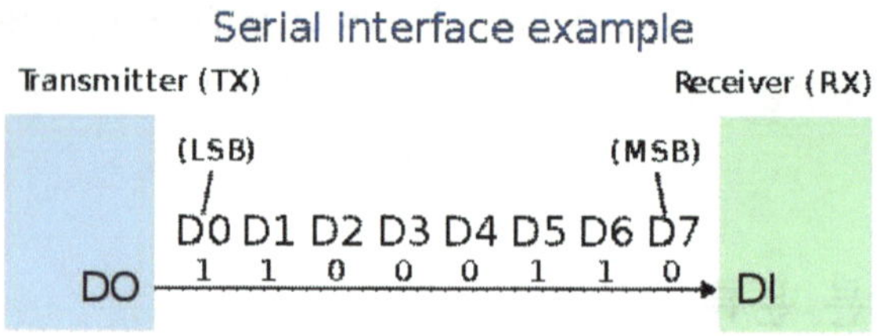

그림 7.4 직렬(serial) 전송방식[44]

MSB							LSB
7	6	5	4	3	2	1	0
128	64	32	16	8	4	2	1

그림 7.5 MSB와 LSB

요한(큰) 비중을 차지하는 비트는 가장 큰 값을 표현하는 비트이고 이를 MSB(Most Significant Bit)라 한다. 대체적으로 이 비트는 그림 7.5와 같이 가장 왼편에 써서 표현한다. 즉, 윗 행(row)에 있는 번호는 비트 번호인데 7번 비트가 가장 큰 수를 표현하는 비트이다. 그 비트값이 1이면 두 번째 행에 있는 값과 같이 십진수로 128을 표현한다. 반면 가장 오른편에 있는 비트는 가장 작은 값을 표현한다. 비트 번호 0인 비트이다. 이 비트가 1이면 십진수로 1을 표현한다. 따라서 이 비트를 LSB(Least Significant Bit)라고 한다.

그림 7.4에 보여준 직렬 전송의 예는 D7인 MSB가 가장 먼저 선로를 타고 전송되는 것을 알 수 있다. 그리고 마지막에 LSB인 D0가 전송되는 순서로 나간다. 이렇게 비트 간의 전송 순서가 정해져 있는데 이를 비트 순서(bit ordering)라 한다. 가장 큰 값을 가지는 비트값(MSB)부터 전송하는 방식을 빅 엔디언(big endian) 방식이라 한다. 어떤 경우에는 반대로 가장 작은 값을 가지는 비트값(LSB)부터 전송하는 방식을 보이는데 이런 방식을 리틀 엔디언(little endian)이라 한다. 노드마다 전송하는 방식이 서로 다를 수 있기 때문에 어느 한 방식으로 통일하는 작업이 이루어져야 송수신 노드 사이에 오류를 방지할 수 있다.

참고로 컴퓨터 시스템에서 기억장치(메모리)에 데이터를 기록할 때 메모리 위치에 어떤 값을 가지는 바이트를 기록하는가에 따라 여러 방식이 있다. 이런 것을 바이트 순서(byte ordering)라 한다. 낮은 메모리 위치(주소가 작은 값을 가지는 위치)에 큰 값을 표현하는 바이트(MSB)를 기록하고 높은 메모리 위치에 작은 값을 표현하는 바이트(LSB)를 기록하는 방식을 빅 엔디언 바이트 순서라 하고, 반대로 낮은 메모리 위치에 LSB를 기록하고 높은 메모리 위치에 MSB를 기록하는 방식을 리틀 엔디언 바이트 순서라 한다. 인텔 계열의 CPU는 리틀 엔디언 방식으로 기록하고, ARM 계열의 CPU는 빅 엔디언 방식으로 기록한다.

그런데 이 바이트 순서와 비슷하게 전송할 때도 바이트 간의 순서를 의미하는 네트워크 바이트 순서라는 것이 있다. 컴퓨터에서 데이터를 통신망을 통해 전송할 때 메모리의 낮은 위치(작은 주소 위치)에서부터 높은 위치로 데이터를 읽어서 차례로 데이터 전송하는 경우가 대부분이다. 이 경우, 만약 컴퓨터 시스템이 빅 엔디언 바이트 순서로 데이터를 기록한다면 통신망을 타고 나가는 데이터도 마찬가지로 빅 엔디언 네트워크 바이트 순서로 나가게 된다. 반대로 리틀 엔디언 바이트 순서로 메모리에 기록된 시스템이 통신망으로 데이터를 송신할 때는 리틀 엔디언 네트워크 바이트 순서로 내보낸다.

따라서 만약 통신하는 두 노드의 내부 메모리 저장 방식이 서로 다르면 통신망 기능에는 전혀 문제가 없더라도 네트워크 바이트 순서의 차이로 인하여 서로 전혀 엉뚱한 데이터를 주고받는 상황이 발생한다. 이런 경우에 대비하여 어느 하나의 방식으로 일관되게 서로 전송하도록 약속한다. 네트워크 바이트 순서는 빅 엔디언 방식으로 바이트 전송 순서가 통일되어 있다. 따라서 인텔 계열의 CPU를 쓰는 시스템(대부분의 Windows 계열의 PC 시스템이 해당됨.)은 통신할 때 데이터 표현 크기 단위로 바이트 순서를 뒤바꾸어 전송하는 과정이 필요하다.

(2) 병렬 전송(parallel transmission)

여러 데이터 선로를 통신하는 노드 사이에 포설하여 여러 비트를 한꺼번에 전송하는 전송방식이다. 단위 선로의 전송속도가 서로 같다면 직렬 전송방식보다는 선로의 개수만큼 빠른 속도로 데이터를 전송한다. 보통은 한 바이트에 해당되는 8개의 선로를 두고 각 선로에 한 비트씩을 실어서 전송하는 것이 일반적이다. 여러 선로를 두어야 하기 때문에 초기 비용이 많이 든다. 따라서 두 노드 사이의 거리가 먼 장거리 통신에서는 선로 부담으로 거의 채택하지 않는다. 반면 앞서 설명한 대로 짧은 거리에는 상당히 많이 채택되는 방식이다. 예를 들어, 컴퓨터 시스템 내부의 각 부품끼리의 데이

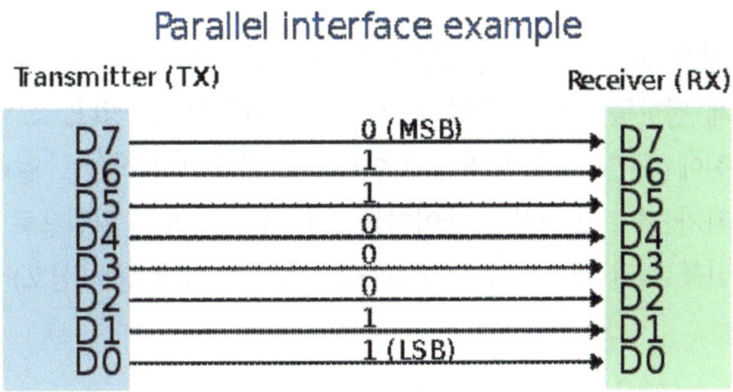

그림 7.6 병렬(parallel) 전송방식[45]

터 버스를 들 수 있다. 그리고 지금은 USB로 거의 통일이 되었지만 예전에는 컴퓨터 시스템과 프린터를 연결하는 인터페이스(센트로닉스 Centronics)와 데이터 케이블이 병렬 전송방식이다.

그림 7.6은 왼편의 송신자 노드와 오른편의 수신자 노드가 8개의 선로로 연결되어 있고, 각 선로가 한 비트를 전송하는 기능을 담당한다. 동시에 8비트 데이터 전송이 가능한 구조다. 가장 위에 있는 선로가 MSB를 전송하고, 가장 아래에 있는 선로가 LSB를 전송한다.

3) 송수신자 노드의 시계(clock) 공유 여부에 따른 분류

송신자 노드가 데이터 비트를 전송할 때 비트 간격(bit interval)을 일정한 시간 크기로 유지한다. 주로 이 시간 크기를 결정하는 요소는 단위 시간에 전송하는 데이터 비트 수(bps)를 뜻하는 비트율이다. 그리고 첫 비트를 전송하기 시작하는 시점도 명확해야 한다. 그래야 수신자 노드가 수신되는 데이터 비트의 시작 시점을 송신자 노드가 지정한 시점과 동일한 것으로 파악하게 되고 균일한 시간 간격으로 수신되는 비트들을 서로 잘 구분하여 수신할 수 있다.

송신자 노드가 비트 시작 시점과 비트 간격을 명시적으로 표현하는 신호를 만들어 데이터 비트와 동시에 보내는 경우에는 수신자 노드가 그 신호만을 보면 비트의 시작과 비트를 구분하는 시점을 정확하게 파악할 수 있다. 그런데 이런 시간에 관한 정보(clock information)를 송신자 노드가 별도로 보내기 위해서는 선로를 별도로 포설해서 하는 방식이 가장 확실하다. 그러나 이 방식은 선로를 포설하는 데 드는 비용이 많이 들기 때문에 초기 비용이 높아진다.

따라서 데이터 전송을 위한 데이터 선로에 이런 시계 정보를 함께 보내는 방식을 고안하였다. 이런 방식에 비동기(asynchronous) 전송방식과 동기(synchronous) 전송방식 등 두 가지가 있다.

(1) 비동기 전송(asynchronous transmission)

송수신 노드 간에 최소한의 시계 정보만을 공유하는 방식이다. 어떻게 보면 데이터를 실제 전송하는 중에는 시계 정보를 서로 공유하지 않는 방식이라 할 수 있다. 그 이유는 송신자 노드가 데이터를 보내기 직전에 수신자에게 이제부터 데이터를 보내기 시작함을 알리는 신호를 미리 보내는데 이 신호를 수신자가 보고 송신자가 데이터를 보내기 시작하는 시점으로 자신의 시계를 맞추고, 그 이후 실제 데이터를 보낼 때에는 송신자 노드가 별도로 시계 정보(신호)라고 할만한 신호를 보내지 않기 때문이다.

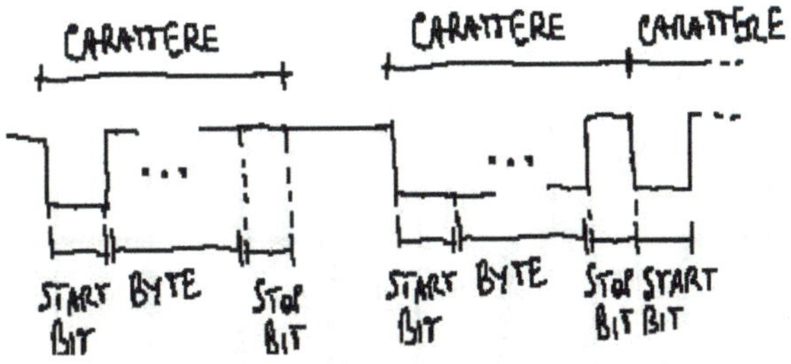

그림 7.7 비동기 전송[46]

다시 말하면, 데이터 송신 직전에 송신자가 가지고 있는 시계로 만들어진 시계 신호가 전송되고, 이를 수신한 수신자 노드는 이 신호에 자신의 시계(receiver's local clock)를 동기화하는 작업을 하는 것이다. 이 한 번의 시간 맞춤 작업 이후 연이어 들어오는 데이터를 받을 때는 앞서 맞춘 자신의 시계(receiver's local clock)가 제공하는 비트 간격 시간마다 한 비트값에 해당되는 데이터 신호를 읽어 들이는 것이다.

이때 데이터 전송 전에 보내는 시계 신호 성격을 가지는 데이터가 시작 비트(start bit)라는 이름으로 불린다. 즉, 실질적인 데이터의 첫 비트를 내보내기 전에 수신자 노드가 자신의 시계를 동기화할(맞출) 수 있도록 한 비트의 신호를 보내는 것이다. 이 값은 대체로 낮은 전압을 가지는 신호로 구성된다. 그림 7.7을 보면 왼편부터 송신되는 데이터 신호인데, 낮은 전압의 '시작 비트'가 한 바이트 데이터를 보내기 전에 항상 먼저 전송되는 것을 볼 수 있다.

실질적으로 보내는 데이터인 한 바이트 데이터 이후에는 데이터 전송의 끝을 나타내는 종료 비트(stop bit)를 보낸다. 송수신자 노드 양측의 약속에 따라 이 종료 비트는 안 쓰기도 하거나 혹은 1비트에서 2비트까지 선택적으로 정할 수 있다.

한 바이트의 데이터 전송 이후, 연이어 다른 한 바이트 데이터를 보내려고 하면 다시 시작 비트를 먼저 보내고 연이어 한 바이트 데이터를 보낸다. 이때 수신자는 다시 이 시작 비트를 감지하여 자신의 시계를 동기화한다. 따라서 비동기 전송 방식은 엄밀하게 말하면 수신자 노드는 송신자 노드가 제공하는 시계 정보를 이용하여(공유하여) 수신 타이밍을 잡는 것이 아니라 자신의 시계에 의존하여 데이터 각 비트 신호를 수신하는 타이밍을 잡는 것임을 알 수 있다. 따라서 비동기 전송 방식을 두고 두 노드 간에 시계 정보를 '공유하지 않는다'라고 설명하여도 크게 틀린 것은 아니라고 할 수 있다.

비동기 전송에서 시작 비트 이후 전송되는 데이터의 개수가 많아지면 어떤 현상이 벌어질까? 예를 먼저 들고 그 현상에 관해 설명한다. 만약 수신자 노드의 시계가 송신자 노드의 시계보다 늦게 가는 시계라고 가정하자. 실제 세상에 그 많고 많은 시계들이 정확하게 일치된 시각을 보여주는 것은 아니다. 어떤 시점에 사용자가 시계를 특정 시계(요즘은 스마트 폰이나 스마트 와치를 기준 시계

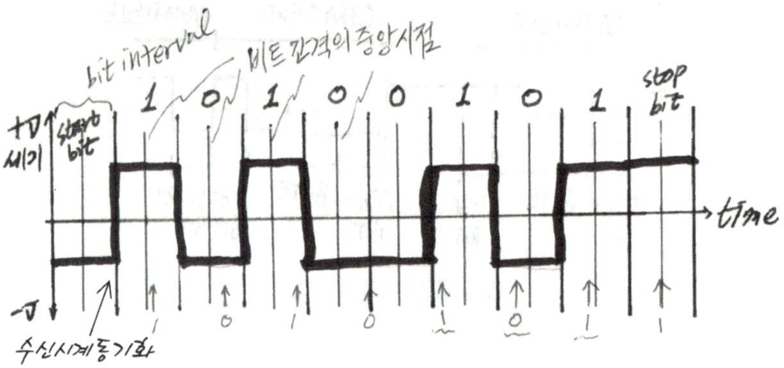

그림 7.8 비동기 전송의 문제점

로 많이 이용함. 이유는 이들은 인터넷을 통해 지속적으로 표준시를 알려주는 시계 서버의 시간에 자신의 시계를 동기화하기 때문임.)를 보고 맞춘 후(동기화한 후) 가게 만들어도 각각의 시계가 가지는 오차로 인하여 늦게 가거나 빨리 가거나 할 것이므로 이 가정은 매우 자연스러운 가정이다.

비록 첫 시작 비트에서 수신자 노드의 시계를 송신자 시계의 시작 비트 시점과 일치(동기화)를 시켜도 그 시계가 늦게 가기 때문에 미세하게 첫 비트값을 읽을(신호를 샘플링할) 때 그 비트의 비트 간격의 중앙점보다 약간 늦은 시점에서 첫 비트에 해당하는 신호를 읽게 될 것이다. 그러나 그 늦어지는 정도가 미미하여 정확한 중앙시점에서 읽는 값과 다른 값을 읽을 가능성은 매우 낮다.

그림 7.8에 그 상황이 잘 그려져 있다. 그림에서 송신자 노드는 왼편부터 시작 비트 이후 1 0 1 0 0 1 0 1 의 8비트 데이터 그리고 종료 비트로 전송하였다. 그런데, 수신자 노드는 첫 시작 비트에서 자신의 시계를 동기화시켰으나 늦게 가는 시계로 인하여 실제 전송자 노드가 보낸 각 비트에 해당하는 비트 간격의 중앙시점에서 읽지를 못하고 약간씩 늦은 시점에 읽게 되는 장면이다. 그림에서 아랫부분의 화살표가 수신자 노드가 데이터 비트값을 읽는(신호 샘플링) 시점이다. 첫 번째 비트 1 값은 그래도 송신자의 비트 간격의 중앙시점에서 그리 많이 늦지 않은 시점에서 읽어서 동일한 1 값으로 읽었다. 그 이후 2번째 비트와 3번째 비트는 점차 중앙시점에서 더 멀어지는 시점에서 읽었으나 다행히 송신자 노드가 보내는 0 1 값은 제대로 읽었다. 그러나 4번째 비트를 읽는 시점을 유의하여 보자. 이제 수신자 노드가 데이터 비트를 읽는 시점이 송신자 노드가 보내는 데이터 비트 간격의 경계 시점이 되어버렸다. 그러나 이 시점에서 읽은 비트도 다행히 그 다음 비트값이 동일한 0 이어서 0 으로 송신자 노드가 보내고자 한 값과 동일한 값을 읽었다.

그러나 문제는 그 다음부터 발생한다. 5번째 비트를 읽는 시점은 드디어 실제 5번째 비트 간격을 건너뛰고 경계선을 넘어 그 다음 비트 간격 내가 되어 버렸다. 읽은 값은 1 이다. 이것은 실제 송신자 노드가 보내려는 0 값과 다른 값을 읽은 것이다. 그 이후 읽은 값은 우연히 동일한 값을 읽은 마지막 비트값 1 (실제는 종료 비트임.)을 제외하고는 모두 전혀 엉뚱한 비트값을 읽게 된 결과를 보여준다.

이렇게 비동기 전송에서는 시계 신호를 서로 공유하지 않기 때문에 간편하게 구현할 수 있는 장점이 있지만, 시작 비트 신호 이후 연속해서 보내는 데이터의 길이가 길어지면 수신자 노드의 시계 오차로 인하여 전혀 다른 데이터로 수신하게 되는 오류가 발생한다. 따라서 비동기 전송은 주로 전송률이 낮고 송수신자 노드 사이의 거리가 짧아 신호 오류가 날 가능성이 낮은 상황에서 주로 쓰인다. 대표적인 예가 키보드와 PC 본체 사이의 통신(실제 키보드에서 사람이 누른 키에 해당되는 코드가 비동기 전송방식으로 PC 본체에 전달된다)과 RS-232 직렬 통신 표준 인터페이스 프로토콜에서 쓰인다.

(2) 동기 전송(synchronous transmission)

송수신자 노드 사이에 시계 정보를 공유하는 전송방식이다. 좀 더 정확하게 설명하면 수신자 노드가 데이터를 수신하는 동안 송신자 노드가 제공하는 시계 정보를 이용하는 전송방식이다. 다시 말하면, 동기 전송방식을 채택하면 수신자 노드는 별도로 자신의 시계(local clock)를 가지고 있을 필요가 없다. 그런데 앞서 설명한 것 가운데 송신자 노드가 보내는 시계 정보(신호)를 수신자 노드가 받아서 그것으로 데이터 비트값(신호)을 읽어(샘플링) 내는 것인데 이 시계 신호를 어떤 방식으로 전달하는 것일까? 이점이 가장 핵심된 사항 가운데 하나이다.

5장에서 설명한 디지털 데이터를 디지털 신호로 부호화하는 기법 가운데 직류 성분(DC component)의 문제점을 충분히 설명하였고 그것을 줄이거나 없애는 기법에 대해 기술하였다. 그때 완벽하게 직류성분을 없애고 매 비트 간격마다 그 중앙 시점에서 신호값이 바뀌는 부호화 기법이 소개되었다. 그 신호값이 바뀌는 시점이 정확하게 비트 간격 단위로 이루어지므로 마치 시계 신호와 같이 수신자 노드에서 쓸 수 있어서 수신자 노드가 언제 데이터 비트 신호를 읽어야 하는지 그 타이밍을 놓치는 경우가 없다. 그것도 정확하게 송신자 노드가 보내는 모든 데이터 비트 간격의 정중앙을 인식할 수 있어서 정확한 타이밍에 모든 데이터 비트를 읽을 수 있게 된다.

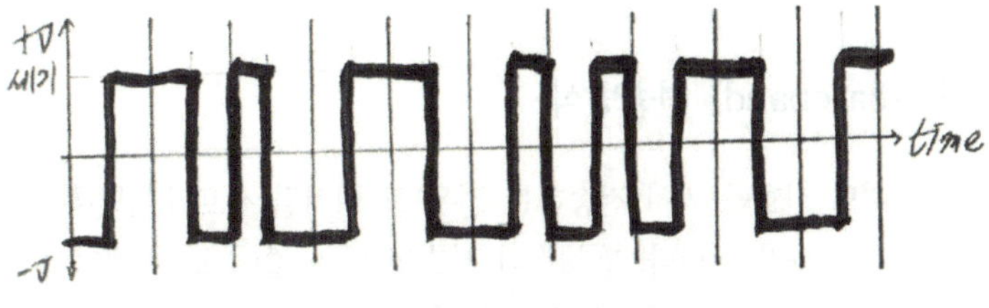

그림 7.9 동기 전송방식에 채택되는 맨체스터 신호의 예

그림 7.9에 이와 같이 데이터 신호와 시계 신호를 동시에 전송할 수 있는 부호화 기법 가운데 대표적인 맨체스터 부호화 기법에 의해 생성된 신호의 예가 보인다. 만약 이 그림과 같이 시계 신호를 데이터 신호와 같이 보내는 방식이 적용되지 않는 상황에서 동기 전송방식으로 데이터를 전송하려면 반드시 시계 신호를 보내기 위한 별도의 선로(링크 link) 내지는 채널(논리적인 선로)을 송수신자 노드에 데이터 신호를 보내는 선로와 별도로 설치해야 한다. 통신망을 처음 설치하는 처지에서는 초기 투자 비용의 대부분을 차지하는 선로 포설 비용을 줄이는 것이 최대의 관건이다. 따라서 동기 전송방식을 채택하는 두 노드 사이에 위와 같은 부호화 기법을 써서 하나의 선로만 설치할 수 있는 것은 엄청난 비용 절감 효과를 가져다주는 것이다. 물론 이때 선로라는 것은 물리적인 선로일 수도 있고 논리적인 선로인 채널의 개념까지 포함하는 것이다. 채널이라 할지라도 2개 써야 하는 것을 1개만 써도 되니 남는 1개 채널은 다른 노드를 위한 것으로 활용할 수 있어 동일한 비용 절감 효과가 나는 것이다.

동기 전송방식을 채택한 송수신 노드는 둘 간에 시간 동기를 놓칠 리가 없기 때문에 한 번에 보내는 데이터를 길게 할 수 있다. 예를 들면 이더넷인 경우 최대 1,500바이트의 데이터를 한 프레임에 실어서 전송할 수 있다. 지금은 지구상에서 찾아보기 힘든 IBM의 토큰링 망은 더 많이 보낼 수 있어서 최대 8,000바이트의 데이터를 한 프레임에 실어서 보낼 수 있다. 앞서 설명한 비동기 전송방식에 의하면 보통 8비트(1바이트)를 전송하는 것에 비하면 어마어마하게 많이 한 번에 보내게 된 것이다.

4) 전송 신호 종류에 따른 분류

송수신되는 신호가 아날로그 신호인가(아날로그 전송 analog transmission) 아니면 디지털 신호인가(디지털 전송 digital transmission)에 따라 전송방식을 분류하기도 한다. 전통적으로 공중파 라디오와 텔레비전 방송이나 기존의 유선 전화를 위한 신호는 아날로그 신호를 썼기 때문에 아날로그 전송방식의 대표적인 예가 된다. 그러나 현재는 거의 모든 데이터 통신을 포함하여 텔레비전 방송 그리고 전화 서비스를 위한 데이터 신호도 디지털 신호로 전송하기 때문에 거의 모든 데이터 통신망은 디지털 전송방식으로 작동한다.

여기서는 전송하는 신호의 종류에 따른 분류와 관련 깊은 두 가지 전송방식을 소개한다.

(1) 베이스밴드(baseband) 전송방식

전송 신호를 디지털 신호를 써서 전송하는 경우 그 디지털 신호가 생성하는 신호가 가지는 정확한 주파수 대역을 예측하기 어렵다. 맨체스터 부호의 예와 같이 모든 데이터 비트마다 주기적으로 변하는 신호를 가지는 경우 최소 주파수와 최대 주파수는 하나의 비트를 보낼 때 적어도 한 번 신호

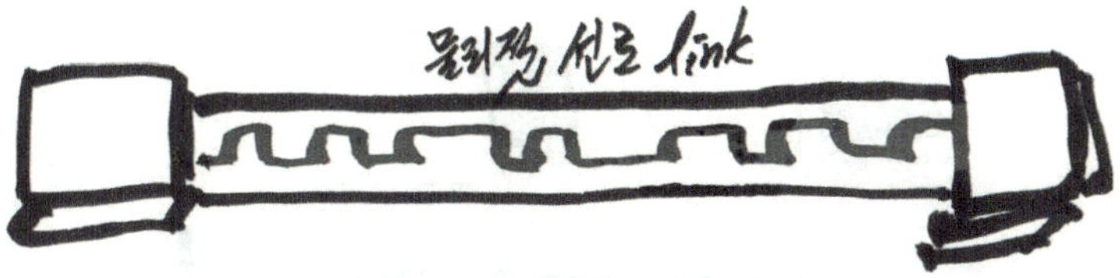

그림 7.10 베이스밴드 전송방식

가 바뀌므로 한 비트당 1 Hz 주파수의 신호가 발생하거나 비트 간격의 경계선에서 신호가 바뀌어야 하는 상황에서는 한 비트당 최대 2 Hz 주파수의 신호가 발생한다. 따라서 비트율(n bps)을 고려하면 그 데이터를 전송할 때 발생하는 신호의 주파수 대역(n Hz ~ 2*n Hz)을 추정할 수 있다.

이런 디지털 신호를 물리적인 선로에 그대로 전송하는 방식을 베이스밴드(baseband) 전송방식이라 한다. 기저밴드 전송방식이라고도 한다. 이 용어는 기본적으로 데이터를 디지털 신호로 부호화하고 그 신호를 그대로 선로(링크)로 내보내면 그 신호가 가지는 고유의 주파수 대역을 하나의 신호가 모두 사용하면서 전달되기 때문에 붙은 명칭이다. 그림 7.1에 물리적인 선로에 하나의 디지털 신호가 전달되는 베이스밴드 전송방식의 예가 있다.

만약 버스형 토폴로지나 링형 토폴로지로 된 LAN(근거리망)이 있다고 할 때, 이 LAN에 연결된 노드들은 하나의 선로를 서로 공유하는 형태가 된다. 이런 공유된 전송매체(선로)를 쓰는 환경에서 전송방식을 디지털 신호를 송수신하는 디지털 전송방식과 베이스밴드 전송방식으로 송수신한다고 하자. 어떤 특정 상황에서 어떤 일이 벌어지겠는지 예측해 보기 바란다.

LAN에 연결된 노드들 가운데 어느 한 노드가 다른 특정 노드에게 데이터를 보내기 위해 신호를 선로에 보내고 있는 상황에서 다른 노드가 데이터를 전송하기 위하여 자신의 데이터 신호를 선로에 내보내게 되는 상황에서 문제가 발생한다. 두 신호는 LAN에서 규정한 동일한 부호화 기법에 의해 만들어진 신호들이기 때문에 진폭과 주파수 측면에서 동일한 성격을 가진다. 그런데 이런 두 신호가 LAN의 선로 어느 지점에서 서로 만나게 된다. 그림 7.11에 버스 형태 LAN에서 왼편 IBM 호환 기계가 보낸 신호가 오른편 서버가 거의 동시에 보낸 신호와 만나는(충돌) 상황이 잘 그려져 있다.

그러면 두 신호는 서로 섞이게 되고 섞인 신호를 수신자 노드들이 받게 될 것이다. 그러면 수신자 노드들은 섞인 신호로부터 자신에게 와야 하는 신호만을 분리해 낼 수 있어야 하는데 두 신호의 성격이 동일하기 때문에 그것이 불가능하다. 따라서 이렇게 베이스밴드 전송방식으로 전송되는 신호는 물리적으로 연결된 선로의 모든 자원을 활용하면서 전달되기 때문에 전송 중에 선로 상에서 다른 신호와 만나 섞이는 상황이 벌어지면 안 되는 것이다.

이렇게 베이스밴드 전송방식을 채택하였을 때 두 신호가 선로상에서 서로 만나 섞이는 현상을 충돌(collision)이라고 한다. 따라서 이 전송방식을 쓰는 망에서는 신호간에 충돌이 발생하지 않도록

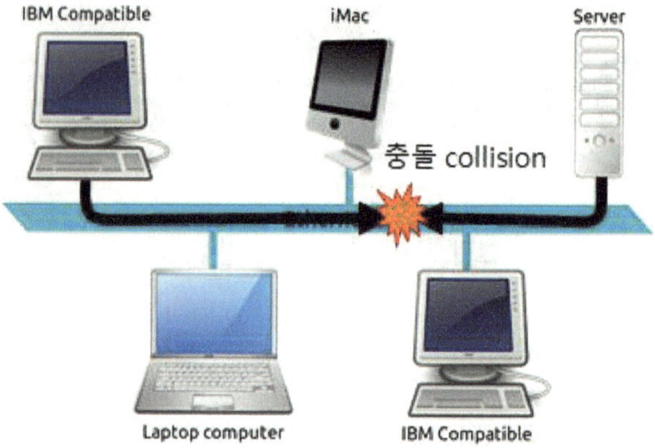

그림 7.11 베이스밴드 전송방식에서 발생하는 신호 충돌[47]

제어하는 기술이 반드시 있어야 한다. 이 기술은 기본적으로 어떤 한 노드가 신호를 내보내고 있는 동안(즉, 신호가 선로에 전달되고 있는 기간)에는 다른 노드들은 자신의 신호를 선로에 내보내지 못하도록 하는 것이다. 다시 말하면 망에 연결된 노드들이 선로에 접근하여 사용하는 시점을 제어하는 기술이다. 관건은 상호 배타적으로 접근하고 사용하도록 만드는 것이다. 이런 기술은 전송매체 접근제어 기술(MAC Media Access Control) 이라 한다. 보통 '맥'이라 발음한다. 베이스밴드 전송방식을 채택한 이더넷과 토큰링과 같은 LAN에 각자 고유의 맥 기술이 있다.

베이스밴드 전송방식은 위와 같이 하나의 물리적인 선로(링크)를 한 순간에 하나의 신호가 모두 차지하여 전송하는 방식이라 물리적인 선로를 논리적인 여러 채널(길 channel)로 나누어 쓰는 데 한계를 가진다. 전송거리에도 제약을 받는다. 그럼에도 데이터를 부호화한 디지털 신호를 별다른 조작(변조) 없이 그대로 선로에 내보낼 수 있기 때문에 상대적으로 단순하고, 저렴한 기술이어서 LAN과 같은 단거리 고속 통신에 많이 채택된다. 참고로, 이더넷의 기술 규격 명칭 가운데 10BASE2 혹은 10BASE5 등이 있는데 이때 가운데 있는 BASE가 이 이더넷 통신 규격 기술에서는 노드들이 선로상에서 디지털 신호를 베이스밴드 전송방식으로 주고받는다는 것을 의미한다.

(2) 브로드밴드(broadband) 전송방식

부호화된 데이터를 특정 주파수 대역의 아날로그 신호로 변조한 후 전송매체(선로)를 통해 전송하는 방식이다. 신호가 가지는 주파수 대역이 일정하게 유지되므로 그 대역을 제외한 다른 대역은 다른 신호가 쓸 수 있다. 따라서 브로드밴드(broadband) 전송방식으로 전송하는 경우에는 동시에 여러 신호를 보낼 수 있다. 이 신호들은 서로 주파수 대역을 상호 배타적으로 사용하는 신호인 경우이

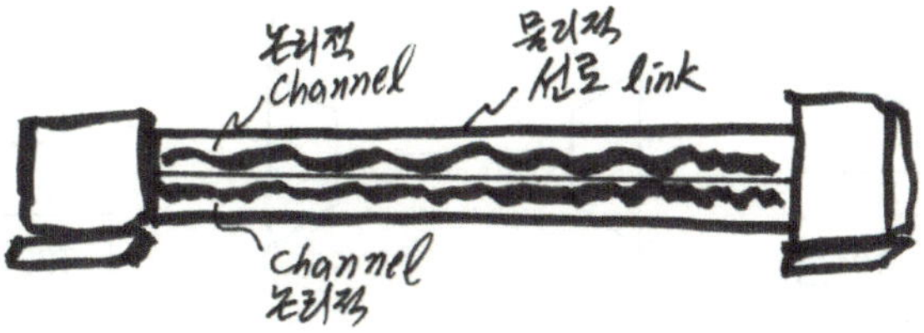

그림 7.12 브로드밴드 전송방식

다. 디지털 혹은 아날로그 데이터를 아날로그 신호로 변조하고 선로에 실어 보내는 작업을 해야 하므로 모뎀(modem)이 필요하다. 따라서 베이스밴드 전송방식에 비해 상대적으로 비용이 많이 든다. 그러나 전송 거리를 수십 킬로미터까지 멀리할 수 있어 장거리 통신에 유리하다.

물리적인 선로는 하나만 설치하더라도 논리적으로 구분이 서로 가능한 방식을 써서 여러 개의 길을 내어 그 길마다 하나의 신호를 보내는 방식이다. 이때 논리적인 길은 채널(channel)이라 한다. 논리적인 구분의 기준은 주로 신호가 가지는 주파수 대역이다. 데이터통신망에서는 토큰 버스 형태의 통신망에서 많이 쓰이는 방식이고 일반적인 CATV 방송망에서 채택되었다. 그림 7.12는 하나의 물리적인 선로에 두 개의 논리적인 채널을 설정하고 동시에 두 개의 아날로그 신호가 전달되는 브로드밴드 전송방식을 보여준다.

7.2 다중화(multiplexing) 방식

앞서 설명한 브로드밴드 전송방식에서 물리적인 선로(링크) 하나를 송수신자 노드 사이에 연결하고 논리적으로 여러 채널을 설정한 경우를 설명하였다. 이렇게 되면 실제 연결된 선로에 내부적으로 전송 선로가 여러 개가 있는 형국이 된다. 물리적인 전송매체의 전송 효율을 극대화할 수 있는 방식이 되는 셈이다. 이렇게 여러 신호를 하나의 물리적인 선로에 동시에 보낼 수 있도록 하는 기술을 다중화(multiplexing) 기술이라 한다. 다중화 기술은 기본적으로 전송 효율을 높이는 방법 가운데 하나다. 참고로, 다른 전송 효율을 높이는 방법으로는 전송하는 데이터를 압축해서 크기를 줄이는 방법도 있다.

송신자 측에서는 여러 송신 장비에서 발생하는 신호를 통합해서 하나의 전송 선로로 전송할 수 있고, 수신자 측에서는 통합되어 수신된 신호를 원래의 여러 신호로 각각 분리하는 작업이 필요하다. 전자의 작업을 다중화(multiplexing)한다고 하고, 후자의 작업을 역다중화(demultiplexing)한다고 한다. 다중화를 위한 통신 장비를 다중화기(MUX multiplexer)라 하고, 역다중화를 위한 통신 장비

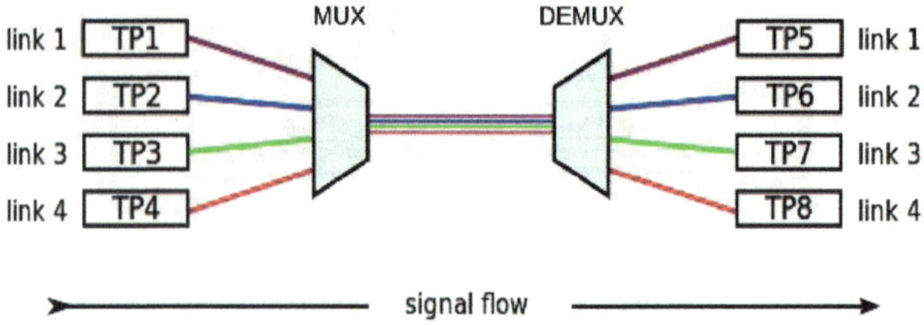

그림 7.13 다중화기와 역다중화기

를 역다중화기(DEMUX demultiplexer)라고 한다. 그림 7.13의 왼편에 다중화기(MUX)와 오른편에 역다중화기(DEMUX)가 있다. 여기서 신호는 왼편에서 오른편으로 흐른다.

다중화를 하는 기준에 따라 여러 방식으로 나뉜다. 그 가운데 가장 대표적인 방식으로 주파수와 시간을 기준으로 다중화하는 기법에 관해 설명한다.

1) 주파수 분할 다중화 방식(FDM Frequency Division Multiplexing)

앞서 브로드밴드 전송방식에서 설명한 바와 같이 서로 배타적으로 주파수 대역을 차지하는 신호들을 만들어 이 신호들을 동시에(simultaneously) 전송하는 방식이다. 동시에 전송하는 신호들의 주파수 대역이 서로 분리되어 있기 때문에 비록 같은 시간에 수신되더라도 특정 주파수 대역만을 받아들이는 필터(filter)를 쓰면 개별적인 신호로 분리(역다중화)할 수 있다.

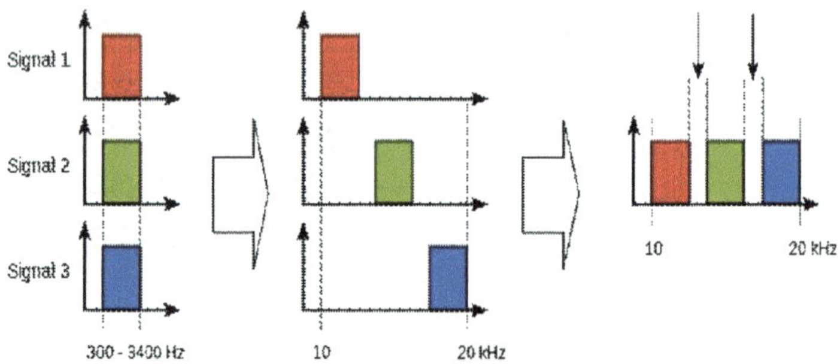

그림 7.14 주파수 분할 다중화(FDM)[48]

그림 7.14에 300 ~ 3,400 Hz에 걸쳐 만들어지는 3개의 음성 신호를 FDM 방식으로 다중화하는 과정이 나타나 있다. 각 신호는 10 ~ 20 KHz 사이의 주파수 대역을 분할하여 각각 3 KHz의 대역폭을 상호 배타적으로 차지하는 신호로 변조한다. 이때 각 음성 신호와 신호 사이에는 각 신호가 겹치지 않도록 약간의 대역폭 간격을 비워둔다. 이를 보호 대역(guard band)이라고 한다. 그림 7.14의 오른편 그림에서 FDM에 의해 다중화된 세 신호 사이에 아래로 향하는 화살표가 가리키는 두 주파수 대역이 보호 대역이다.

FDM 다중화 기법은 전송되는 데이터 신호의 대역폭이 전송매체(물리적인 선로)에서 전송 가능한 대역폭보다 작을 때 이용할 수 있다.

2) 시간 분할 다중화 방식(TDM Time Division Multiplexing)

전송 시간을 여러 개의 시간 슬롯(time slot) 단위로 분할하여 각 시간 슬롯(채널 channel)에 각 신호를 실어서 보내는 시간 분할 다중화(TDM) 방식이다. 간단한 TDM 다중화 방식은 각 전송자 노드에게 동일한 시간 슬롯을 할당해주고 각 노드가 전송하는 신호를 그 시간 슬롯에 항상 싣도록 하는 방식이다. 그러면 자연스럽게 모든 전송자 노드의 신호가 라운드로빈(round-robin) 방식으로 번갈아 가면서 순차적으로 전송된다.

그림 7.15에 간단한 TDM의 예가 있다. 여기서 눈여겨볼 것은 3번 시간 슬롯에 실린 신호 3이 1, 2번 시간 슬롯에 실린 데이터 신호 1, 2보다 작아 상대적으로 전송하는 걸리는 시간이 짧겠으나 신호 3에 할당된 3번 시간 슬롯 전체를 모두 써서 전송하는 것을 볼 수 있다. 이렇게 특정 신호에 할당한 시간 슬롯을 실제 보낼 데이터 신호가 있든 없든지에 상관하지 않고 항상 시간 슬롯을 일정하게 할당하여 TDM 다중화하는 방식을 동기식 TDM(synchronous TDM) 다중화 방식이라 한다.

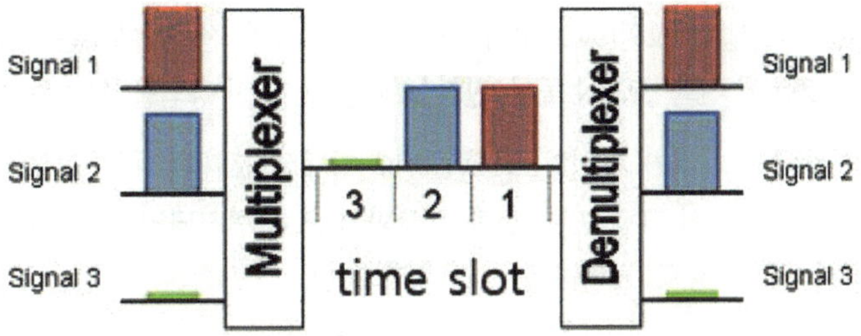

그림 7.15 동기식 시간 분할 다중화(synchronous TDM)[49)]

동기식 TDM 방식은 수신자 노드 입장에서 보면 여러 신호가 어떤 송신자 노드가 보낸 신호인지를 굳이 구별하지 않더라도 수신되는 시간 슬롯만을 잘 쳐다보고 있으면 특정 송신자 노드가 보내는 신호를 고스란히 받을 수 있다. 반면 위 그림의 예처럼 특정 송신자 노드가 보낼 데이터가 적거나 없는 상황에서도 해당 송신자 노드에 할당된 시간 슬롯은 거의 비거나 아예 텅텅 빈 채로 수신자 노드에 전달되는 결과가 된다. 이것은 데이터를 실어 보낼 수 있는 여지를 빼앗는 결과가 되는 것이다.

이런 단점을 보완한 방식이 통계적 TDM(statistical TDM) 다중화 방식이라 한다. 이 방식에서는 특정 송신자 노드에게 특정 시간 슬롯을 고정되게 할당하는 것이 아니라 데이터 신호를 보낼 때만 시간 슬롯을 할당하는 방식이다. 시간 효율성을 높이는 방식이 된다. 그러나 이 방식을 쓰면 수신자 노드 입장에서는 동기식 TDM 방식과 달리 시간 슬롯 정보만으로 신호를 보낸 송신자 노드를 식별하지 못하게 된다. 따라서 이 경우는 데이터를 보낼 때 데이터 송신자 노드의 식별자를 추가 정보로 덧붙여서 다중화해야 하는 점이 있다. 따라서 비게 되는 시간 슬롯을 아끼는 반면 식별자 정보를 매번 데이터에 붙여서 보내야 하는 시간을 부가적으로 써야 하는 방식이다.

7.3 교환(switching) 방식

전통적인 공중 전화망(PSTN Public Service Telephone Network)에서 망에 여러 노드들이 연결되어 있는 상황에서 서로 통화하는 쌍방의 두 노드 간에 음성 신호를 전달하기 위하여 우선 선로(회선 circuit)를 연결해주어야 한다. 그러나 모든 노드가 다른 모든 노드와 항상 연결된(always connected) 상태로 망이 유지된다면 어마어마한 선로가 필요하다. 첫 장에서 언급한 망 형태에서 완전 그래프(complete graph) 형태의 망이 있어야 가능하다. 그러나 현실적으로 그런 형태의 망은 경제적이거나 물리적으로(공간 부족) 불가능하다. 따라서 항상 연결된 상태가 아니라 필요할 때마다(on demand) 연결해주는 형태로 설계되고 운영되는 통신망이 현실적이다. 이렇게 필요할 때 통신 쌍방을 연결해주는 작업을 교환(switch)이라고 한다. 초기의 전화망에서는 이 일을 사람이 하였다. 그림 7.16은 1952년경 전화 교환수들이 전화 교환일을 하는 장면을 보여준다.

이 작업을 사람에서 기계가 대신하고(그림 7.17 기계식 교환기 내부 크로스바) 나아가 전자식으로 컴퓨터가 대신하는 방식(그림 7.18 전자식 교환기)으로 변천되었다. 이때 컴퓨터를 전전자 교환기(switch 완전히 전자식으로 교환하는 시스템)라 한다.

데이터통신망에서도 마찬가지 이와 같은 교환 작업이 필요하다. 통신망을 구성할 때 완전 그래프 형태로는 불가능하기 때문에 특정 노드에서 발생한 데이터를 다른 특정 노드로 전달할 때 망의 특정 위치에 이런 교환 작업을 수행하는 장비(switch)를 둔다. 그런데 교환 작업이 일어나는 방식에 두 가지가 있다. 어떤 것을 교환하는가에 따라 회선교환(circuit switching)과 패킷교환(packet switching) 방식이 있다.

그림 7.16 수동 전화 교환기와 교환수

그림 7.17 기계식 전화교환기 내부 크로스바

그림 7.18 전자식 전화교환기 외부 모습[50)]

(1) 회선교환(circuit switch) 방식

두 개의 통신 장비가 일시적으로 물리적인 전용회선(dedicated circuit)을 점유해서 통신하는 방식을 말한다. 이를 위하여 실제 두 노드 간에 선로(회선)가 연결되어야 하므로 앞서 전화교환기가 하는 방식과 동일하게 물리적인 선로를 교환하여 연결하는 작업이 이루어져야 한다. 이를 연결 설정(connection establishment)이라 한다. 이렇게 물리적으로 연결이 되면 데이터 전송이 끝날 때까지 그 연결이 유지된다. 그리고 데이터 송수신이 종료되면 연결이 해제(connection tear-down)된다. 이렇게 데이터 송수신을 하기 전후에 회선을 연결하고 해제하는 작업이 있는 통신 서비스를 연결위주 서비스(CO connection oriented service)라고 한다.

그림 7.19에 회선교환 방식으로 작동하는 망의 예가 보인다. 여기서 가운데 통신망에 검은 선이 양측까지 이어져 있는데 이것이 실제 데이터를 보내기 전에 형성되는 회선(circuit)이다. 이것을 설정하고 나서 데이터를 보내면 데이터 신호는 설정된 회선만을 따라서 전달된다. 갈 수 있는 경로는 여럿 있으나 당장 연결된 회선만을 이용하여 데이터 송수신이 일어나는 것이다. 이 회선은 일시적으로나마 양측 노드가 독점하는 전용회선으로 작동한다.

이점은 회선교환 방식의 장점이자 단점이 된다. 장점으로는 송신자 노드 입장에서는 수신자를 명시적으로 지정하지 않더라도 이 회선으로 데이터를 보내면 회선이 설정될 때 정해진 수신자 노드에게 전달된다. 수신자 노드 입장에서도 이 회선을 따라서 수신되는 데이터는 당연히 이미 회선이 설정될 때 결정되어있는 송신자 노드임을 알 수 있다. 따라서 송신자 노드는 데이터를 보낼 때마다 누가 누구에게 보낸다는 추가정보를 데이터에 부가해서 보낼 필요가 없다.

반면 데이터를 송수신하기 위하여 사전에 회선을 설정하여야 하고, 송수신이 완료된 이후 회선을 해제하는 작업이 반드시 있어야 하기 때문에 데이터 송수신 하기 위한 초기 지연시간과 말기 지연시간이 발생한다. 말기 지연시간은 일을 다 본 이후에 발생하는 지연이기 때문에 결정적이지는 않다. 그러나 송수신을 위한 초기 지연시간은 통신 서비스의 품질을 결정하는 매우 중요한 요인이 된다.

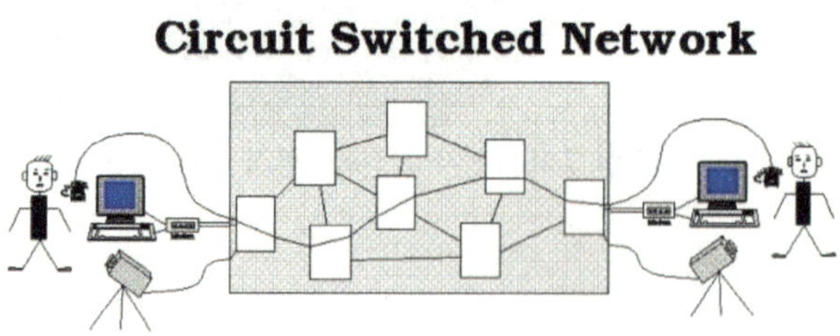

그림 7.19 회선교환 방식[51)]

그리고 또 다른 단점으로는 이 회선이 유지되는 동안에는 다른 노드가 이 회선의 일부라도 쓰지 못하는 점이다. 그리고 회선에 데이터가 당장 송수신되고 있지 않더라도 이 회선을 유지하는 데 필요한 자원은 다른 데 활용되지 못한다. 말 그대로 전용 회신이 되는 것이다. 이는 통신망 전체의 효율성 측면에서 큰 손해를 보는 방식이다.

(2) 패킷교환(packet switch) 방식

회선교환 방식이 전화 서비스와 같은 특정 서비스에 최적화된 방식이라 할 수 있지만 일반적인 데이터 통신망에서는 앞서 지적한 단점이 문제가 된다. 따라서 이런 문제점을 극복한 다른 교환 방식이 제안되었는데 그것이 패킷교환(packet switch) 방식이다. 말 그대로 이제는 회선이 교환되는 것이 아니라 패킷을 교환시켜 송수신자 노드 간에 데이터 송수신이 가능하게 하는 것이다. 마치 고속도로 인터체인지에서 자동차들이 운전자가 가고자 하는 방향의 길을 선택해서 가듯이 교환하는 방식이다. 앞서 설명한 회선교환 방식은 기차의 갈림길에서 기차 선로가 이리 저리 움직여서 지나가는 기차가 전진하는 방향을 결정하는 것과 유사하다.

패킷교환 방식은 패킷마다 가야 하는 최적의 경로를 선택하는 방식인데 이때 최적 경로(optimal route)를 선택하는 기준은 비용이다. 이때 비용은 여러 측면에서 언급될 수 있으나 대체적으로 홉(hop) 수와 전달 시간 등을 고려한다. 홉 수는 앞서 통신의 기능 가운데 최적 경로 탐색(routing) 기능을 언급할 때 설명된 개념인데 송신자 노드를 떠난 패킷이 통신망에 포진하고 있는 통신 장비를 몇 개 거쳐서 수신자 노드에 도착하는가를 말한다.

노드에서 다음 전진할 경로를 탐색하는 작업이 일어나므로 노드에서 그 작업을 하는 동안에는 패킷은 그 노드에 머물 수밖에 없다. 이를 노드 지연시간(node delay)이라 한다. 이 노드 지연시간을 최소로 만드는 방법은 각 노드의 개별적인 지연시간을 최소화하는 것과 더불어 거쳐가는 노드의 수를 최소화하는 것이다.

이 방식은 데이터 송수신을 위해 미리 회선을 설정할 필요가 없다. 보낼 데이터가 있으면 바로 통신망에 데이터를 밀어 넣으면(inject) 되는 것이다. 따라서 초기 지연시간이 상대적으로 짧다. 이렇게 데이터를 보내기 전후에 회선을 연결/해제하지 않는 통신 서비스를 비연결형 서비스(CL connectionless service)라고 한다.

통신망 내의 물리적인 선로(회선)를 많은 패킷들이 공유할 수 있으므로 통신망의 효율성이 높아진다. 데이터를 처리하는 속도가 서로 다른 여러 통신 장비를 하나의 통신망에 두고 서비스하는 것이 가능하다. 패킷의 성격에 따라서 패킷을 교환하는 방식과 순서를 제어할 수 있어 우선순위에 의한 패킷 전송이 가능하다. 그리고 통신망 내에 전달해야 하는 패킷이 많을 경우에도 데이터 송수신을 시작하는 시점에서 통신망을 쓰지 못하고 거부당하는 일이 없다. 회선교환 경우 현재 연결 가능한 회선이 모두 쓰이는 시점에서는 더 이상의 통신 요청에 대해 서비스 거부(예: 통화 중 신호 발생)한다.

이 방식은 동일한 송신자 노드가 동일한 수신자 노드에게 송신하는 패킷들이 여럿일 때 먼저 보낸 패킷이 수신자 노드에 반드시 먼저 도착하지는 않는다. 이는 각 패킷이 거쳐가는 경로가 때때마다 상황과 조건이 바뀌어 서로 다를 수 있기 때문이다. 그러면 수신자 노드는 송신자 노드가 보낸 순서대로 패킷을 재조립하는 과정이 있어야 한다. 이점이 패킷교환 방식의 단점 가운데 하나로 볼 수 있다. 이점을 개선하고자 제안된 것이 가상회선(virtual circuit) 패킷교환 방식이다. 이 방식은 패킷 교환 방식을 기본적으로 채택한 패킷교환망에서 마치 회선교환 방식처럼 패킷 전달 방식을 수정한 것이다.

이 방식은 회선교환 방식과 같이 데이터를 보내기 전에 송수신자 노드 사이에 미리 경로를 탐색하여 데이터 패킷들이 거쳐가는 길을 설정한다. 그리고 데이터를 패킷으로 만든 후 이를 망으로 전송한다. 그러면 망 내에서는 이미 설정되어 있는 똑같은 경로로 송신자 노드가 보내는 모든 패킷들을 순차적으로 전송한다. 그리고 전송이 끝나면 설정된 경로를 해제하는 과정을 거친다. 따라서 가상회선 교환방식에서는 패킷교환 방식에서 겪는 수신되는 패킷의 순서가 뒤죽박죽되는 현상이 없어지게 된다. 따라서 이런 방식으로 패킷을 전달하는 통신망을 이용하는 단말 노드는 별도로 수신된 패킷들을 모아서 송신자 노드가 보낸 순서대로 재조립하는 과정을 수행할 필요가 없게 된다.

가상회선 방식에 대비되는 용어로 원래의 고유한 패킷교환 방식을 데이터그램(datagram) 패킷교환 방식이라 한다. 데이터그램은 독립성을 가지는 패킷이라는 뜻을 내포하고 있는 용어이다. 즉, 경로 탐색도 패킷마다 독립적으로 수행하고 그 결과에 따라 각자가 생각한 최적의 길을 간다는 식이다.

7.4 매체접근제어(MAC Media Access Control) 프로토콜

앞서 설명한 전송방식 가운데 베이스밴드 전송방식에서는 물리적인 선로(링크, 회선)에 한순간에 하나의 신호만을 전송하여 그 전송매체가 수용할 수 있는 주파수 대역 전체를 그 신호가 온전하게 활용한다. 이때 만약 하나의 선로를 여러 노드가 공유하는 형태를 가진 망인 경우 하나 이상의 노드가 동시 혹은 거의 동시에 데이터를 보내려고 신호를 선로에 낸다면 그 신호들은 선로의 어떤 지점에서 서로 만나게 되고(충돌) 이 둘은 서로 섞여 수신자 노드가 받았을 때 두 신호를 구별하지 못하게 된다. 이로 인해 수신자 노드는 전혀 엉뚱한 신호로 오인하는 상황이 벌어진다. 이런 상황을 막기 위해서는 반드시 연결된 노드들은 상호 배타적으로 선로에 접근해서 한순간에 단 하나의 노드만

이 선로에 신호를 보내야 한다. 이것이 가능하도록 노드가 선로(전송매체)에 접근하는 것을 제어하는 알고리즘이 매체접근제어(MAC Media Access Control) 프로토콜이다.

참고로, 하나의 물리적인 선로(전송매체)를 통해 한순간에 여러 신호를 동시에 보낼 수 있도록 하는 다중화 기술이 적용된 경우에는 한 채널로 그 접근 제어 대상을 좁혀서 생각하면 MAC 프로토콜이 필요한 상황을 이해할 수 있을 것이다.

MAC 프로토콜은 선로를 공유하는 노드들이 데이터 링크(선로)에 대한 접근을 제어하는 것이기 때문에 제2계층 데이터링크 계층 프로토콜 기능 가운데 가장 중요한 기능이다. MAC은 선로의 종류와 형태, 전송방식에 따라 전송 특성을 서로 달리 하기 때문에 링크(선로) 별로 서로 다르게 정의되어 있다. 예를 들어, 버스 형태의 선로로 구성하는 이더넷은 CSMA/CD(Carrier Sense Multiple Access / Collision Detect), 환 형태의 선로를 가지는 토큰링 망은 토큰링(token ring) 그리고 앞선 두 방식을 서로 혼합해서 구성한 토큰버스 망은 토큰버스(token bus)라는 MAC 프로토콜을 정의한다. 각 링크 별로 정의된 MAC 프로토콜은 표준화 기구 가운데 IEEE에 의해 표준화되었고, 이 표준의 명칭으로 우리에게 널리 알려져 있다. 예를 들어, 이더넷은 IEEE 802.3, 토큰버스는 IEEE 802.4, 토큰링은 IEEE 802.5이다. 무선 선로인 경우에도 MAC이 정의되어 있는데, 우리가 현재 가장 많이 이용하는 무선랜 기술인 Wi-Fi는 IEEE 802.11, 블루투스는 IEEE 802.15 그리고 와이브로는 IEEE 802.16이다.

매체와 개별적인 망을 구성하는 기술적 특성에 따라 별도의 MAC 프로토콜이 정의되어 있기 때문에 상위 계층인 제3계층 네트워크 계층과 인터페이스가 매우 복잡해진다. 이를 단순화 내지 일원화 하는 차원에서 MAC과 네트워크 계층 사이에 중간 완충 프로토콜로 LLC(Logical Link Control) 프로토콜이 정의되어 있다. LLC 프로토콜은 IEEE 802.2로 표준화되었다.

그림 7.20에 MAC과 LLC 프로토콜 스택 구조가 보인다. MAC 프로토콜은 지금도 새롭게 개발되는 망 기술에 따라 새롭게 추가되거나 세부적으로 개선된 기술에 대한 개정(revision) 프로토콜이 추가 보완되고 있다.

그림 7.20 MAC과 LLC 프로토콜 스택 구조[52)]

수많은 MAC 프로토콜 가운데 이 장에서는 가장 대표적인 두 가지 MAC 프로토콜인 CSMA/CD와 토큰링 프로토콜을 소개한다. 두 프로토콜을 이해하면 MAC 프로토콜이 어떤 방식으로 작동하는지에 대한 통찰력을 가질 수 있어 향후 새롭게 등장하는 MAC 프로토콜을 이해하는 데 도움이 될 것이다.

1) CSMA/CD MAC 프로토콜

버스 형태의 공유 매체를 이용하는 이더넷에서 적용된 MAC 프로토콜이다. CSMA/CD(Carrier Sense Multiple Access/Collision Detect)라는 프로토콜 이름만을 보고서도 이 프로토콜이 어떻게 작동하는 것인지 대략적으로 파악할 수 있다. 다시 한번 강조하건데 MAC 프로토콜은 한순간에 하나의 노드가 전송매체를 배타적으로 독점하여 전체 매체의 자원을 활용하면서 자신의 데이터 신호를 원하는 수신자 노드로 전송하도록 매체에 접근하는 것으로 제어하는 알고리즘이다.

CSMA/CD 프로토콜은 다음과 같은 두 단계로 전송매체의 배타적 접근이 가능하게 한다.

(1) 전송매체에서 반송파 신호 감지(carrier sense)

우선 데이터 신호를 보내려고 하는 노드는 데이터 신호를 매체에 실기 전에 반드시 반송파 신호(carrier signal)가 전송매체에 있는지를 먼저 감지(sense)한다. 만약 반송파 신호가 감지되면 그 순간에 다른 노드가 매체를 통해 데이터 신호를 보내고 있다는 의미이다. 따라서 이럴 때는 그 노드는 보낼 데이터가 있더라도 보내지 못한다. 그리고 그 반송파 신호가 없어지기를 기다려야 한다.

그림 7.21에 이 상황의 예가 잘 나타나 있다. 그림에서 (a) 노드가 데이터를 전송 중에 있는 것으로 가정한다. 물론 이렇게 (a) 노드가 데이터를 보낼 수 있는 것은 보내기 전 매체에 아무도 데이터를 보내고 있지 않음을 감지한 이후가 될 것이다. 현재 (a) 노드의 첫 데이터 신호가 가운데 있는 iMac 컴퓨터에 연결된 선로를 막 지나고 있고, 계속해서 (a) 노드는 데이터 신호를 내보내고 있다. 이때 (b) 노드가 보낼 데이터가 발생하였다면 (b) 노드는 데이터를 매체에 보내기 전에 매체를 감지하고 다른 노드가 데이터를 보내고 있는지를 확인한다. 그런데 이 그림의 상황에서는 이미 (a) 노드가 보내고 있는 데이터 신호가 매체를 차지하고 있음을 (b) 노드가 파악할 수 있다. 그러면 (b) 노드는 자신이 보내고자 하는 데이터를 보내지 않고 기다려야 한다. 이때 과연 얼마나 기다리는 것이 가장 적절한 것일까? 이 기다리는 시간을 결정하는 알고리즘이 이 CSMA/CD가 작동하는 데 가장 핵심되는 내용이라 할 수 있다. 이에 대해 다음 단계에서 자세하게 기술한다.

이처럼 CSMA/CD 프로토콜에서는 자신의 데이터를 보내기 전에 반드시 먼저 매체 상에 신호가 있는지를 '들어야'(listen 감지) 하기 때문에 'LISTEN FIRST' 프로토콜이라 한다.

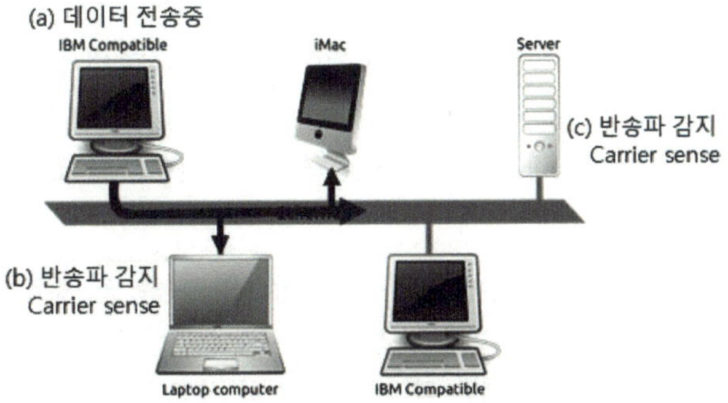

그림 7.21 CSMA/CD 프로토콜(반송파 감지)

(2) 전송 중 충돌 감지(collision detection)

CSMA/CD 프로토콜에서 최초 데이터를 보내려고 할 때 감지된 매체의 상황이 아무도 데이터를 보내고 있지 않은 것으로 판단하고 데이터 신호를 내보기 시작하면 그 순간부터 데이터 신호가 계속되는 동안 그 망에 연결된 어떤 노드도 데이터 신호를 내보내지 않을 것으로 생각하기 쉽다. 그러나 그림 7.21을 다시 면밀히 보면 그 상황이 항상 그렇게 전개되지 않다는 것을 알 수 있다.

그림의 상황에서 만약 (c) 노드가 데이터를 보내려고 한다고 가정하자. 그러면 (c) 노드도 앞서 설명한 1 단계 과정을 수행한다. 우선 매체를 감지하여 반송파가 있는지 여부를 판단하는 것이다. 그런데 그림에서 보듯이 그 순간에 (a) 노드가 데이터 신호를 보내고 있는 상황임에도 불구하고 망 가운데에 있는 iMac 노드가 연결된 선로 지점을 막 지나고 있어 (c) 노드에게까지 반송파 신호가 도달하지 못하고 있다. 그러면 (c) 노드는 매체를 이용하여 어느 누구도 데이터를 보내고 있지 않음으로 판단하게 된다. 이점이 문제의 핵심이다. 오판으로 (c) 노드는 데이터를 보내기 시작하고 그 신호는 결국 그림 7.22와 같이 (a) 노드가 보낸 신호와 충돌하게 된다.

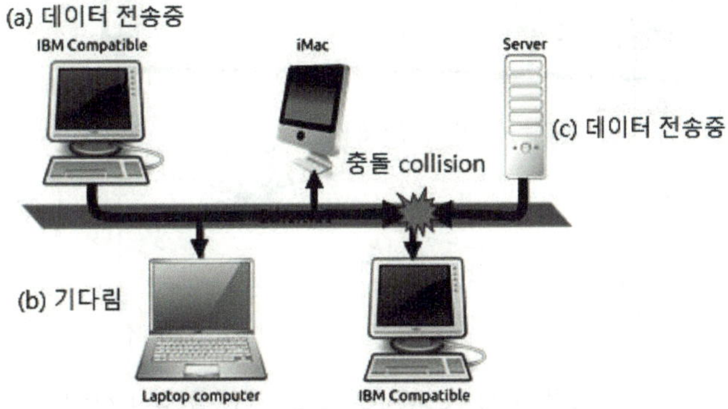

그림 7.22 CSMA/CD 프로토콜(충돌 감지)

이렇게 되면 두 노드 모두 데이터 전송에 실패한다. 그런데 이 순간에도 계속해서 이런 상황을 알지 못한 채 계속해서 두 노드가 전송한다면 전송매체는 두 신호의 충돌 상황이 악화되고 더 오랜 시간 계속될 것이다. 어차피 두 노드 모두 제대로 된 데이터를 원하는 노드에게 전달하지 못하는 상황이 되었기에 가능한 한 신속하게 충돌 상황을 종료하고 전송할 수 있는 다음 기회를 노리는 것이 상책일 것이다.

신속하게 충돌 상황을 종료시키는 방법은 충돌 상황을 가능한 한 빨리 알아채는 것이다. 그것을 위해서는 송신자 노드가 데이터 신호를 보낼 때 단순하게 자신의 데이터 신호를 보내는 일만 해서는 안되고 보내는 것과 동시에 매체를 감지하여 자신의 신호가 온전하게 잘 가고 있는가를 파악해야 한다. 즉, 보내면서(말하면서 talk) 동시에 감지해야(들어야 listen) 하는 것이다.

따라서 CSMA/CD 프로토콜에서는 데이터를 전송하는 노드는 매체의 신호를 감지하면서 데이터 신호를 보내도록 되어있다. 이를 이른바 '들으면서 말하기(listen while talk)'라고 한다. 매체를 통해 감지되는 신호가 프로토콜에서 정해진 신호 세기보다 약 2배의 세기를 가진 신호(충돌 신호 collision signal)가 감지되면 내가 보낸 신호가 어느 지점에서 다른 신호와 충돌된 것으로 판단한다. 그러면 즉시 데이터 신호 전송을 중단한다. 그리고 일정 시간을 기다린 후 1단계로 돌아가서 다음 전송할 수 있는 기회를 노린다.

그림 7.23은 (a) 노드가 t_1 시간에 데이터를 보내고 난 후 (c) 노드가 t_2 시간에 데이터를 보내는 바람에 t_3 시간에 충돌이 발생한 상황을 보여준다. 그리고 충돌 신호가 선로를 따라 (a), (c) 노드로 각각 되돌아가서 t_5 시간에 (a) 노드가 충돌을 감지한다. 이 시간 직후 (a) 노드는 전송을 중단하고 일정 시간을 기다린다. 그리고 t_4 시간에 (c) 노드가 충돌을 감지하게 되고 이 시간 이후 (c) 노드도 일정 시간을 기다린다.

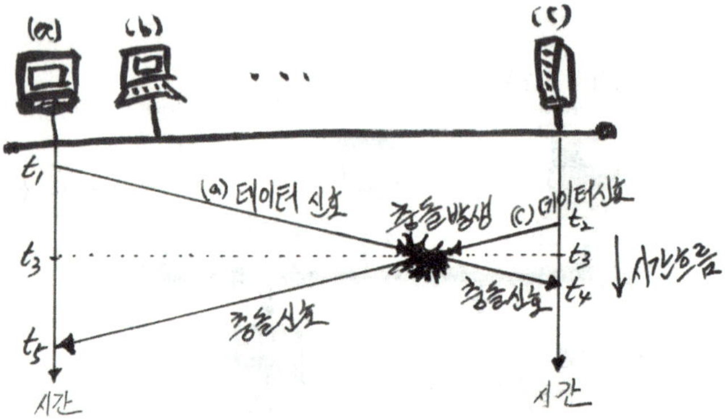

그림 7.23 CSMA/CD 프로토콜(충돌 감지 시간)

충돌을 감지한 노드는 즉시 데이터 전송을 중단하고 충돌이 발생하였음을 망에 있는 모든 노드에게 알리는 jam 신호를 내보낸다. 그런 후 일정 시간을 기다리는데, 이 기다리는 시간을 특정 고정된 시간으로 설정하면 어떤 일이 벌어질까? 그림 7.22와 7.23의 예를 다시 보면 (a) 노드와 (c) 노드는 동일한 시간을 기다린 후 동시에 다시 전송을 하기 위해 (1) 단계 작업을 개시한다. 그러면 둘 다 거의 동시에 매체에 반송파 신호가 있는지를 감지하고 만약 그 순간에 다른 노드들이 데이터를 보내지 않고 있다고 가정하면 반송파 신호가 없으므로 두 노드 모두 매체가 비어 있는 것으로 판단하고 다시 거의 동시에 데이터 신호를 보낼 것이다. 그러면 또다시 충돌이 발생할 것이고 이 과정을 수도 없이 반복하더라도 결국 두 노드 모두 전송을 하지 못하는 결과가 될 것이다.

그러면 이 상황을 타개하는 방법은 무엇일까? 그것은 충돌을 야기한 노드가 서로 다른 시간동안 기다리게 하는 방법이 최선이다. CSMA/CD 프로토콜에 충돌 상황을 맞은 노드의 다음 재전송을 시도하기 위하여 기다리는 시간을 계산하는 알고리즘이 있어서 그 계산된 시간동안 기다리게 한다. 이 말은 통신망 내에 이런 시간에 관하여 전체적으로 통제하는 서버 역할을 하는 노드를 별도 두지 않는다는 뜻이다. 충돌 문제를 직면한 노드 각각이 알아서 자율적으로 자신이 기다려야 하는 시간을 계산해 내서 그 시간동안 기다린 후 재시도하는 것이다.

그런데 이렇게 자율적으로 기다리는 시간을 각자 결정한다면 어떻게 서로 다른 시간을 기다리게 하는 것이 가능할까? 이것이 기다리는 시간을 계산하는 알고리즘인 지수적 백오프(exponential backoff) 알고리즘의 핵심이다.

그림 7.24는 CSMA/CD 프로토콜을 흐름도로 보여준다. 여기서 주목해야 할 사항이 전송 전 LISTEN(listen first), 전송 중 LISTEN(listen while talk), 충돌감지 후 기다리는 시간을 계산하는 지수적 백오프 알고리즘이다.

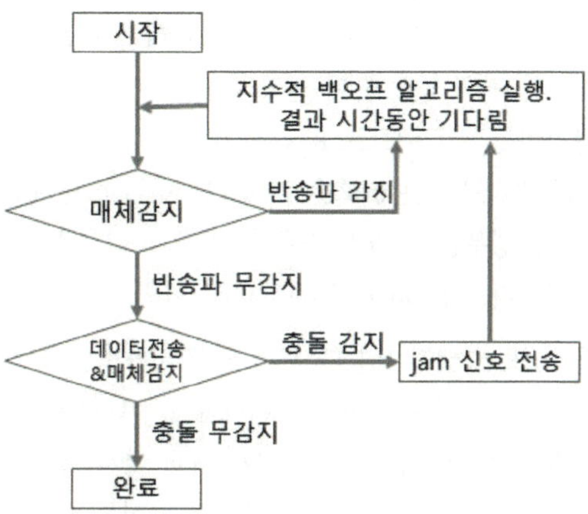

그림 7.24 CSMA/CD 프로토콜 흐름도

a) 지수적 백오프(exponential backoff) 알고리즘

충돌로 인하여 재전송을 다시 시도하기 위하여 기다리는 시간을 계산하는 알고리즘이다. 확률적 방식에 의거하여 알고리즘을 수행하는 노드들이 가능한 한 서로 다른 시간을 기다릴 수 있게 한다. 알고리즘에서 기본적으로 기다리는 시간 단위를 T라고 하자. 예를 들어, T = 1초라고 설정하면 알고리즘에 의해 계산된 값(K)에 1초를 곱해서 실제 기다리는 시간(t)을 출력하는 것이다. 실제 기본시간 T는 512비트를 전송하는 시간으로 설정되고, 10 Mbps로 작동하는 이더넷에서는 51.2 μs가 된다.

노드가 특정 데이터를 전송하려고 처음 시도한 때부터 연속해서 충돌 상황을 맞아 전송을 시도한 횟수를 n으로 표현한다. 처음 시도 때 n = 1 이고, n은 1 ≦ n ≦ 15 값을 가진다. 다시 말하면 계속되는 데이터 전송 시도에서 줄곧 충돌이 발생하는 상황에서 최대 15번까지 재시도할 수 있는 것으로 정의되어 있다. 15번의 재시도 이후에도 충돌이 발생한다면 전송 실패로 더 이상 전송을 시도하지 않고 포기한다. 알고리즘은 다음과 같다.

(1) 최초 전송 시도이면 n = 1, 그렇지 않으면 n = n + 1
(2) 0과 (2^n - 1) 사이의 정수 가운데 랜덤하게 하나(K)를 선택한다.
(3) 기다리는 시간(t) = K * T 이다.

* t를 CSMA/CD 프로토콜에 제시하여 노드가 t시간동안 기다리게 한다.

* CSMA/CD 프로토콜에 의해 반송파 내지는 충돌 신호를 다시 감지하면 (1) 단계로 간다.

지수적 백오프 알고리즘이 어떻게 거의 같은 시각에 이 알고리즘을 이용하여 기다리는 시간을 계산하는 노드들이 서로 다른 시간 값을 얻게 하는 것을 예를 들어 살펴보자. 그림 7.22의 예와 같이 두 노드가 거의 동시에 이 알고리즘을 수행한다고 가정한다. (a) 노드가 최초로 이 알고리즘을 수행하면 n = 1 이므로 K 값은 0 혹은 1 가운데 한 값으로 구해질 것이다. 그리고 (c) 노드도 마찬가지로 K는 0 혹은 1 가운데 하나로 구해진다. 이때 두 노드가 동일 시간으로 기다리게 되는 경우는 두 노드 모두 0 혹은 1 값을 K로 계산되는 경우이다. 이 경우가 발생할 확률은 1/2이다. 즉, 50% 확률로 다시 한번 더 충돌이 발생하게 된다.

재시도에서 충돌이 또 발생했다면 다시 이 알고리즘이 적용될 때는 n = 2 가 된다. 이제 두 노드는 0 ~ 3 사이의 수 가운데 하나를 랜덤하게 선택하여 K 값으로 한다. 이 경우에 두 노드의 K가 같은 값이 될 확률은 1/4이 된다. 이때 다시 충돌이 날 확률이 앞선 경우에 비해 다시 1/2만큼 줄어든다. 만약 또 충돌이 났다고 가정하면 이번에 알고리즘이 작동할 때 n은 3이 된다. 그러면 두 노드는 0 ~ 7 사이의 수 가운데 하나를 랜덤하게 선택해서 K로 삼는다.

이 경우에도 두 노드가 동일한 K 값을 선택할 확률은 1/8이 된다. 다시 이것은 이전 경우보다 충돌 확률이 1/2만큼 줄어드는 결과가 된다. 이런 식으로 연속해서 발생하는 충돌 횟수가 거듭될수록 다음에 충돌이 일어날 확률을 절반으로 계속해서 줄이는 방식으로 기다리는 시간을 선택하게 되는 것이다.

지수적 백오프 알고리즘의 명칭에서 이 알고리즘이 작동하는 형태를 짐작할 수 있다. 한번 충돌이 나면 그 다음 충돌이 날 확률을 절반으로 줄이므로 결과적으로 횟수를 거듭하면 지수적으로 충돌 확률이 낮아지도록 만드는 알고리즘이라는 뜻이다. 그런데 이 알고리즘을 동시에 혹은 거의 동시에 충돌로 인하여 기다리는 노드의 개수가 많은 환경에서 적용하면 동일한 K를 선택할 확률이 높아지므로 충돌 확률은 높아진다.

그러면 알고리즘이 연속해서 작동될 확률이 높아져 n 값이 커지고 덩달아 K 값이 큰 값으로 선택될 가능성이 커진다. 그것은 결국 기다리는 시간(t = K * T)이 지수적으로 길어진다는 의미가 된다. 따라서 노드 수가 많은 환경에서 이더넷은 CSMA/CD 프로토콜의 지수적 백오프 알고리즘에 의해 실질적인 전송률(effective transmission rate)이 급격하게 떨어지는 현상이 발생한다. 이것이 이더넷이 지니는 근본적인 단점으로 지적된다. 이 단점을 극복하고자 제안된 프로토콜이 토큰링 MAC 프로토콜이다.

2) 토큰링(Token Ring) MAC 프로토콜

망의 형태를 그림 7.25와 같이 링형으로 통신망을 구성한다. 토큰(token) 이름을 가지는 특별한 데이터 패킷(프레임)을 정의해서 망에 연결된 노드들이 공유하는 매체에 서로 배타적으로 접근하도록 제어한다. 이 토큰은 노드가 데이터를 전송할 수 있는 권한을 부여하는 의미를 가진다. 즉, 이 토큰을 확보한 노드만이 선로에 데이터를 내보낼 수 있다. 토큰이 망에서 운행하는 방식이 원형(환형, 링형)을 이루기 때문에 토큰링 MAC 프로토콜이라 불린다. 토큰 운행의 순서가 결정되고 그 순서대로 연결된 노드들이 토큰을 돌린다. 통상적으로 반시계 방향으로 토큰이 돌아가는 것으로 정의되어 있다.

각 노드는 대기 모드 혹은 전송 모드로 동작한다. 전송할 데이터가 없는 경우 노드는 대기 모드가 된다. 이때 노드는 토큰 프레임을 전달하거나 다른 노드가 전송한 데이터 프레임을 중개하는 역할을 한다. 심지어 망에 연결된 노드가 다운되어 있더라도 전체 망이 작동하도록 이 모드로 작동한다. 전송 모드는 토큰을 확보해서 데이터를 전송할 수 있는 권한을 가진 상태를 말한다. 이 모드에서 노드는 확보한 토큰 프레임을 더 이상 망에 내보내지 않고 대신 보내고자 하는 데이터 프레임을 전송하거나 되돌아오는 자신의 데이터 프레임을 수신한다.

그러면 구체적으로 토큰링 MAC 프로토콜이 어떻게 작동하는지 설명한다.

(1) 반시계 방향으로 링형 망을 돌고 있는 토큰 혹은 데이터 프레임을 기다린다.

(2) 토큰이 입력단에 들어왔을 때 만약 보낼 데이터가 있으면, 토큰 대신 데이터 프레임을 반시계 방향에 있는 이웃 노드로 전송한다. 그렇지 않으면, 받은 토큰을 반시계 방향에 있는 이웃 노드에게 전달한다. (1) 단계로 간다.

(3) 데이터 프레임이 입력단에 들어왔을 때 자신이 (2) 단계에서 보낸 것이면 보유하고 있는 토큰을 반시계 방향에 있는 이웃 노드로 전송한다. 그렇지 않고 자신을 수신자 노드로 하는 데이터 프레임이면, 자신의 버퍼에 복제한 후 수신한 데이터 프레임을 반시계 방향에 있는 이웃 노드에게 전송한다. 그 경우도 아니면(자신이 송신한 것도 아니고 자신이 받아야 하는 것도 아닌 경우) 버퍼에 복제하지 않고 데이터 프로그램을 그대로 반시계 방향에 있는 이웃 노드에게 전송한다. (1) 단계로 간다.

토큰링 MAC 프로토콜은 토큰을 가지고 있는 노드만이 데이터를 망에 전송할 수 있기 때문에 이더넷의 CSMA/CD 프로토콜과 달리 공유된 선로에서 둘 이상의 노드가 동시에 데이터를 내보내어 발생하는 충돌 현상이 없다. 따라서 토큰링 MAC 프로토콜을 채택한 토큰링 망은 연결된 노드의 개수가 늘어나더라도 실질적인 전송률이 급격하게 떨어지는 현상이 발생하지 않는다.

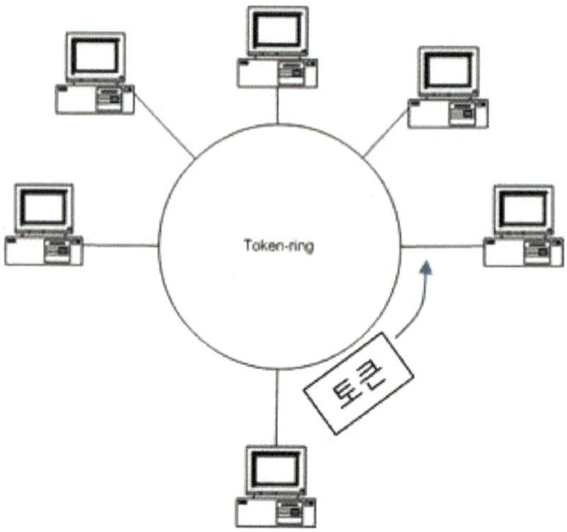

그림 7.25 토큰링 MAC 프로토콜[53)]

8
CHAPTER

데이터링크 계층 프로토콜 (오류제어, 흐름제어)

8.1 오류 검출(error detection)

8.2 오류 정정(error correction)

8.3 정지-대기 흐름제어와 오류 정정(stop-and-wait flow control & ARQ)

8.4 슬라이딩 윈도우 흐름제어와 GBN, SR ARQ 오류 정정
(sliding window flow control and GBN & SR ARQ)

ISO OSI 7계층 참조모델에서 아래로부터 두 번째 계층인 제2계층 데이터링크 계층 프로토콜은 전송매체(선로 link)에 의해 '직접 연결(directly connected)'된 노드(단말기기 혹은 통신 장비) 사이의 통신 기능을 담당한다. '직접 연결된 두 노드 사이'라는 점에 주목해야 한다. 두 노드 사이에 다른 노드가 끼어 있지 않은 채 오로지 선로로 직접 연결된 상황에 관해서만 관여하는 것을 말한다. 보통 두 노드 사이에 끼어 있는 노드는 공유기, 라우터 등 통신 장비일 가능성이 크다. 따라서 두 노드가 통신 장비를 거치지 않고 직접 선로에 의해 연결된 상황에서 그 두 노드 사이에 일어나는 데이터 송수신 기능을 담당하는 것이 데이터링크 계층이다. 이 계층은 기본적으로 아래에 있는 제1계층 물리 계층에서 제공하는 기능을 활용하는 계층이다. 이는 통신 프로토콜 계층 구조가 수행하는 기본적인 기능 수행 형태와 계층 간의 상호 작동 원칙을 그대로 따르는 것이다. 이 도입글은 7장에서 기술한 내용을 그대로 옮긴 글인데 제2계층 데이터링크 계층 프로토콜의 기능을 되새기기 위하여 다시 한번 소개하였다.

7장에서 소개한 데이터링크 계층 프로토콜의 기능은 전송방식을 정의하고 이를 선택적으로 활용할 수 있게 하는 것과 공유하는 선로(전송매체)를 망에 연결된 노드 사이에 상호 배타적으로 접근하게 하는 매체접근제어(MAC) 기능이 있다. MAC이 제대로 작동하기 위해서는 망에 연결된 노드들을 개별적으로 식별하는 정보가 있어야 한다. 즉, 노드는 자신의 식별자를 가진다. 이 식별자는 주소 형태로 가지는데 특별히 MAC 프로토콜을 수행하는 데 이 주소가 유용하게 쓰인다고 해서 MAC 주소라고 한다. 흔히 우리 주변에 있는 유선 LAN의 대표주자인 이더넷과 무선망의 대표주자인 Wi-Fi가 개별적인 단말기(컴퓨터, 핸드폰, TV 등)에 부여한 MAC 주소가 바로 그 MAC 주소이다.

이번 장에서는 위의 기능에 추가하여 '직접 연결된' 노드 간에 통신이 이루어질 때(이 조건을 매번 반복해서 언급하는 이유를 꼭 상기하기를 바람) 발생할 수 있는 비정상적인 현상을 바로 잡고 성공적인 데이터 송수신으로 이끄는 기능을 소개한다. 오류제어(error control)와 흐름제어(flow control)이다. 이 통신 기능에 대한 개략적인 소개는 1장에서 한 바가 있다. 이제 우리는 몇 발자국 더 나아가 좀 더 구체적으로 오류제어와 흐름제어 기술을 익힐까 한다.

일반적으로 수신자가 받은 데이터가 송신자가 보낸 것과 같지 않을 때 오류가 난 것으로 본다. 직접 연결된 두 노드 사이의 데이터 송수신인 경우에 오류가 나는 요인은 주로 전송매체 내외부에서 발생하는 요인에 의한 것이다. 이런 오류에 대비한 통신 기능이 오류제어이다. 송신자 노드가 보낸 데이터를 수신자 노드가 미처 처리하지 못하여 수신한 데이터를 버리거나 잃어버리는 경우가 발생하기도 한다. 이런 경우의 오류는 송신자가 수신자의 수용 처리 능력을 넘어서는 데이터를 송신하는 데 요인이 있다. 이런 현상에 대비하여 마련된 것이 흐름제어이다.

오류제어와 흐름제어 통신 기능은 우리가 거듭 언급하고 있는 직접 연결된 두 노드 사이의 통신에 관여하는 제2계층 데이터링크 계층에서도 작동하지만, 간접적으로 연결된 두 노드 사이에 통신 적합성을 추구하는 종단간(end-to-end) 프로토콜인 제4계층 전송계층(transport layer)에서도 작동한다.

이때는 데이터를 최초로 망에 주입한(inject) 송신자 노드와 최종적으로 그 데이터를 받아서 소비하는 수신자 노드 사이에 적어도 하나 이상의 중간 노드(intermediate node)의 중계 과정이 있는 환경이다. 최종적인 종착점인 수신자 노드에 도착한 데이터가 중간에 중계하는 중간 노드가 아닌 최초 송신자 노드가 보낸 것 그대로 온전하게 왔는지 확인하고 이에 관해 제어하는 오류제어와 흐름제어 기능이 있다.

최초 송신자 노드에서 출발하여 이웃하는 중간 노드에 도착하였을 때 두 노드 사이의 전달에 문제가 없는지를 확인하고, 다시 그 중간 노드에서 또 다음 중간 노드로 전달되었을 때도 확인하는 등 최종 수신자 노드까지 전달되는 모든 홉(hop)에서 데이터링크 계층의 오류제어와 흐름제어 기능이 작동한다. 이후 최종적인 수신자 노드에 데이터가 도착하면 거기서도 이를 통해 오류제어와 흐름제어가 작동된다. 직전 (중간) 노드와 최종적인 수신자 노드 사이에 문제 없이 데이터 송수신이 되었다고 판단되면 상위 계층인 네트워크 계층으로 데이터를 전달한다. 이 일은 당연히 최종 수신자 노드의 제2계층 데이터링크 계층 프로토콜에서 수행된다.

3계층인 네트워크 계층으로 전달된 데이터가 제4계층인 전송 계층에 올라오면 앞서 언급한 종단간의 오류제어와 흐름제어가 또 이루어진다. 사실상 이중으로 오류제어와 흐름제어가 수행되는 셈이 된다. 그럼에도 이것은 중간 노드들을 거쳐 잘 왔겠지만 최종단에 왔으니 최초 노드에서 보낸 것이 최종 노드까지 잘 왔는지 다시 한번 점검한다는 의미가 있다. 이 종단간 경우에 발생하는 오류의 원인은 주로 수신자 노드의 데이터 처리 능력과 관련된 요인이 많다. 앞서 데이터링크 계층의 예와 동일하게 수신자 노드에 미리 데이터 수신을 위해 확보한 버퍼(저장소)의 여유 공간이 부족해져 멀쩡하게 수신한 데이터를 담지 못하고 버리는 상황이 발생하는 경우이다. 따라서 이 장에서 설명하는 오류제어와 흐름제어는 제4계층 전송 계층 프로토콜에도 거의 유사하게 정의되어 있다는 점을 이해하기 바란다.

8.1 오류 검출(error detection)

오류제어는 두 가지 일을 내포한다. 우선 오류가 발생하였는지 여부를 파악하는 일이 있어야 한다. 이를 오류 검출(error detection)이라 한다. 그리고 오류가 만약 검출이 되면 이 오류를 바로 잡는 방법이 강구되어야 한다. 이렇게 오류를 정정하는 작업을 오류 정정(error correction)이라 한다. 오류 정정은 오류 검출 방식과 직접적인 연관성은 없다. 다시 말하면, 어떤 프로토콜에서 특정 오류 검출 방식을 채택하면 반드시 그 방식에 연관이 있는 특정 오류 정정 방식을 채택하지는 않는다는 뜻이다. 오히려 오류 정정 방식은 앞서 설명한 흐름제어 방식과 깊은 연관성이 있다. 이에 따라 여기서는 우선 오류 검출 방식에 대해 소개하고 그 이후 흐름제어 방식을 소개하면서 연관성이 깊은 오류 정정 방식을 함께 설명한다.

송신자 노드가 보내는 데이터가 수신자에게 도착하였을 때 온전하게 송신자가 보낸 데이터 그대로 잘 도착했는지를 판단은 어떻게 하는지 생각해 보자. 기본적으로 오류 검출은 애초 전달하고자 한 데이터만을 가지고 하는 것은 불가능하다. 뭔가 비교 대상이 있으면 간단해진다. 예를 들어, 수신자에게 송신자 데이터의 원본을 따로 전달할 수 있다면 수신자가 그것과 데이터 통신망을 통해 수신된 데이터를 서로 대조하여 오류 여부에 관한 판단을 할 수 있을 것이다. 그런데 이 시나리오에는 모순이 있다. 데이터의 원본을 수신자에게 어떤 방법으로든 전달했다면 그것을 굳이 통신망을 통해 재차 전달할 이유가 없기 때문이다. 통신망 성능 테스트를 하기 위한 것이 아니라면 그럴 일이 없는 것이다.

그렇다면 어떻게 송신자가 보낸 것을 무사히 오류 없이 받았는지 여부를 판단할 수 있을까? 이 질문에 답이 오류 검출 기법에 있다. 앞서 소개한 간단한 예를 다시 생각해 보자. 위의 예에서는 비교 대상을 전송하는 데이터와 동일한 데이터 원본이었다. 그런데 그것은 무의미하다는 것이 자명하다. 그렇다면 그 데이터 자체가 아니라 데이터를 다른 형태로 변형한 것이라면 어떨까? 그 데이터가 아니면 나올 수 없는 고유한 형태의 데이터라면 수신자는 데이터 자체를 수신하여 비교하는 것이 아니라 변형된 형태의 데이터를 받아서 비교하면 될 것이다. 당연히 이 변형된 형태의 데이터는 보내고자 하는 데이터보다 크기가 작으면 작을수록 유리할 것이다. 수신자에게 전달하는 전체 데이터의 크기를 줄일 수 있어 통신망에 부가적으로 작용하는 부담(overhead)을 줄일 수 있기 때문이다.

물론 이런 경우 전제가 되어야 하는 것은 보내는 데이터에서 변형된 데이터를 만들어내는 공식 내지는 알고리즘은 미리 송수신자 사이에 공유하고 있어야 한다는 점이다. 그러면 송신자가 보내고자 하는 데이터를 약속된 알고리즘(공식)에 적용하여 그 결과로서 나오는 데이터를 애초 보내기를 원하는 데이터와 함께 묶어서 수신자에게 전송한다. 그리고 수신자는 송신자가 보내고자 한 데이터와 오류를 찾기 위해 전달한 데이터 둘을 모두 수신한다. 이후 수신자는 송신자가 보내고자 한 데이터를 약속된 알고리즘(공식)에 송신자가 했던 것과 동일하게 적용하여 자신의 결과 데이터를 만든다.

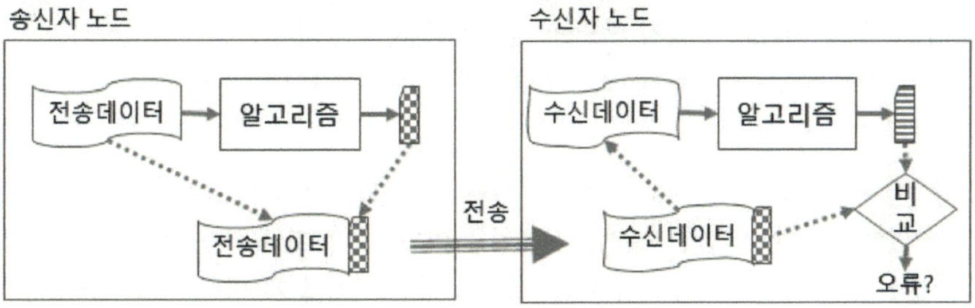

그림 8.1 오류 검출 기법의 기본 구조

그럼으로써 수신자는 비로소 송신자가 보낸 데이터에 오류가 있는지 여부를 판단할 수 있는 비교 대상을 가지게 되는 것이다. 이때 적용되는 알고리즘은 단순하고 간단하면 할수록 오류 검출을 위한 별도의 계산시간을 줄일 수 있어 유리할 것이다. 물론 오류를 정확하게 검출할 수 있는 성능도 함께 고려되어야 한다. 그림 8.1은 설명한 오류 검출 기법의 기본적인 구조를 보여준다.

자신이 계산한 데이터와 송신자가 원래 보내고자 한 데이터에 덧붙여 보낸 알고리즘 실행 결과 데이터를 상호 대조하면 드디어 원하는 오류 여부 판단을 할 수 있게 되는 것이다. 이것이 오류 검출 기법의 기본 사상이다. 이 기본 사상을 그대로 따르는 여러 기법이 있는데 미세하게 기법 간의 서로 다른 장단점을 가지고 있다. 그 가운데 가장 대표적인 패리티 검사(parity check), 블록합 검사(block sum check), 검사합 방식(checksum) 그리고 순환중복 검사(CRC cyclic redundancy check)에 관해 소개한다.

1) 패리티 검사(parity check)

오류 검출을 위하여 덧붙여 보내는 데이터의 크기가 한 비트이다. 즉, 오류 검출을 위한 알고리즘의 결과물이 한 비트이다. 알고리즘이 극히 단순하기 때문에 널리 쓰인다. 패리티 검사 알고리즘은 다음과 같이 두 가지가 있다.

(1) 짝수 패리티(even parity): 전송 데이터와 추가하는 오류 검출 비트를 포함하여 이진수 1의 개수가 짝수가 되도록 맞춘다. 만약 전송할 데이터의 비트값 가운데 1의 개수가 홀수이면 오류 검출 비트는 1이고, 그렇지 않으면 0을 추가해서 전송한다.
예를 들어, 전송 데이터가 일곱 개의 비트인데 1 0 1 0 1 1 0 이면 1의 개수가 4개 있으므로 추가되는 오류 검출을 위한 비트값은 0이다. 따라서 전송되는 비트는 1 0 1 0 1 1 0 0 으로 모두 8개 비트이다.

(2) 홀수 패리티(odd parity): 전송 데이터와 추가하는 오류 검출 비트를 포함하여 이진수 1의 개수가 홀수가 되도록 맞춘다. 만약 전송할 데이터의 비트값 가운데 1의 개수가 홀수이면 오류 검출 비트는 0이고, 그렇지 않으면 1을 추가해서 전송한다.
앞의 예를 그대로 이용하면, 오류 검출을 위한 비트는 1이고, 전체 전송하는 데이터는 1 0 1 0 1 1 0 1 이다.

이 방식은 매우 간단하기 때문에 비용이 적게 들어 많이 쓰인다. 그러나 이 방식에는 결정적인 문제점이 있다. 그것은 오류가 짝수개 나는 경우 이를 감지하지 못한다. 앞선 짝수 패리티의 예를 들어, 1 0 1 0 1 1 0 0을 수신해야 한다. 그런데 수신한 여덟 개 비트 데이터를 보니 1 1 0 0 1 1 0 0 이었다면 수신자 노드에서 작동하는 짝수 패리티 알고리즘이 오류를 알아차릴 수 있을까? 답은 '없다' 이다. 그것은 두 번째와 세 번째 비트값이 각각 0 → 1과 1 → 0으로 바뀌어서 수신되었음에도 8개 비트에서 1의 값은 여전히 4개로 짝수개이기 때문이다.

이렇게 결정적인 결함을 가지고 있는 패리티 검사 방식임에도 한번 전송 때 여러 개의 비트 오류가 발생할 가능성이 매우 낮은 환경에서는 많이 사용된다. 특히 한 번에 보내는 데이터의 크기가 작은 RS-232 등의 비동기 전송방식을 쓰는 경우에 특히 많이 쓰인다.

2) 블록합 검사(block sum check)

패리티 검사 방식의 단점을 극복하는 방식들이 여럿 있는데 그 가운데 패리티 검사 방식의 알고리즘을 그대로 사용하면서 추가적인 아이디어가 적용된 것이 블록합(block sum) 검사 방식이다. 이 방식은 패리티 검사를 2차원으로 한다. 즉, 패리티 알고리즘을 보내는 데이터의 특정 크기 단위 데이터로 나누고 이에 대해 일차적으로 패리티를 계산한다. 그리고 그 특정 단위 데이터를 다시 n개 묶어서 동일한 비트 위치에 있는 비트들끼리 패리티를 계산하여 별도의 패리티로만 구성되는 단위 데이터를 생성하여 전송 데이터와 앞서 계산한 패리티 비트를 차례로 보내고 마지막으로 계산된 패리티 데이터를 추가로 전송하는 체계이다.

이때 보통은 7개 비트 단위로 데이터를 나누어 패리티 비트를 계산하고 그것을 7비트 데이터의 끝에 붙이고 (이것은 앞선 패리티 검사 방식과 동일함) 만들어진 8비트 전송 데이터 (블록합 검사 기법에서는 이를 블록(block)이라 부른다.)를 8(= n)개 묶어서 각 동일 비트 위치에 대해 패리티를 계산한다. 그림 8.2에 그 예가 보인다. 그림에서는 n을 6으로 하였다.

그림에서 상단에 있는 6개의 7비트 데이터가 전송할 데이터이다. 이에 대해 체크섬 검사 알고리즘을 적용하면 우선 각 7비트 데이터에 대해 짝수 패리티 기법을 적용하여 각 패리티를 계산한다. 그것이 중간의 박스 내에 있는 이진수들 가운데 상위 6개 행의 비트들(블록)이다. 그 끝에 있는 이

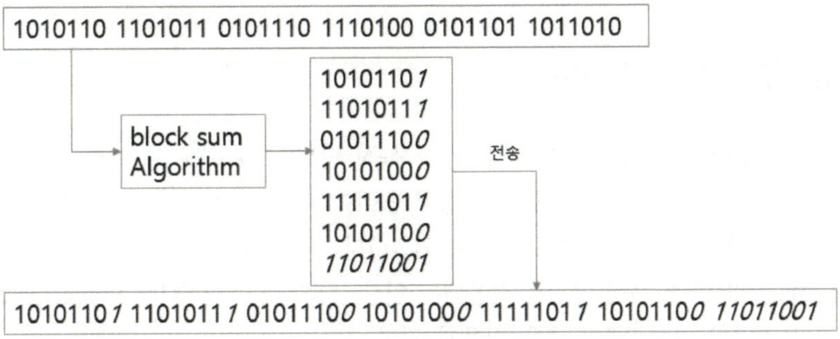

그림 8.2 블록합 검사

1010110*1* 1101011*1* 0101101*0* 1010100*0* 1111101*1* 1010101*0* *11011001*

그림 8.3 블록합 검사 오류 검출 불가능의 예

탤릭체 수들이 패리티 비트들이다. 그리고 두 번째로 체크섬 검사 알고리즘은 이들 6개 블록의 7비트 데이터와 패리티 비트에 대해 세로로 각 동일한 비트 위치에 있는 비트들에 대해 패리티를 계산한다. 이때도 이 예에서는 짝수 패리티를 적용하여 마지막 행(블록)에 그 계산 결과 패리티 비트들을 나열하였다. 이탤릭체로 보인 가장 아래 8비트 패리티 바이트(블록)가 그것이다.

그러면 최종적으로 상대에게 전송해야 하는 데이터는 원래 보내고자 하는 6개의 7비트 데이터(42비트)와 6개의 패리티 비트(6비트) 그리고 한 바이트의 패리티 바이트(8비트)가 된다. 모두 56비트 데이터를 전송하는 셈이다. 따라서 체크섬 검사 기법을 쓴 이 경우에 원래 보내고자 한 데이터에 추가적으로 보내는 데이터의 부담(overhead)은 0.333 (14/42)이다. 1/3인 셈이다. 상당히 높은 추가 부담을 들여서 오류 검출 작업을 수행함을 알 수 있다. 참고로, 앞선 패리티 비트 기법인 경우 보통 7비트 데이터에 1비트 데이터가 추가로 전송되는 셈이므로 1/7의 추가적인 부담이 발생한다. 블록합 검사보다는 적게 드나 이것도 이어서 설명되는 CRC 방식에 비하면 큰 부담이다.

이 방식은 두 번의 패리티 계산을 통해 2차원적으로 오류 검출에 대비하기 때문에 패리티 검사 기법의 단점은 줄일 수 있다. 그러나 이 기법도 완벽하게 오류를 검출하지는 못한다. 그 경우는 다음과 같다. 일차적으로 패리티 비트를 추가된 데이터 블록(7비트의 데이터와 1비트의 패리티 비트로 구성되는 행)에서 두 개의 오류가 발생하고, 또 다른 블록에서 앞서 발생한 블록의 오류 위치와 동일한 위치에 오류가 발생하면 오류를 검출하지 못한다.

예를 들어, 그림 8.2에서 전송된 데이터가 그림 8.3과 같이 전송 중에 변경되어 수신된 경우가 된다. 그림은 세 번째 블록과 여섯 번째 블록의 6과 7번째 비트의 값이 10 → 01 로 각각 바뀌어 수신된 경우이다.

3) 검사합 방식(checksum)

검사합(checksum) 방식은 전송할 데이터를 특정 단위(m 비트)로 나누어 그 단위의 데이터들에 대해 연산을 하는 측면에서 위의 블록합 방식의 아이디어와 유사하다. 주로 여기서 전송 데이터를 8비트, 16비트 혹은 32비트 단위로 나누어 연산한다. 이때 검사합 방식에서는 나눈 데이터 단위를 섹션(section)이라 한다. 섹션 단위로 적용되는 연산은 1의 보수 합산(1's complement addition)이다. 구체적으로 검사합 방식 알고리즘은 다음과 같다.

① 보내는 데이터를 m 비트 단위로 K개의 섹션으로 나눈다.
② 섹션 1과 2를 '1의 보수'를 이용하여 더한다.
③ ②의 결과를 섹션 3과 더한다.
④ ③의 결과를 섹션 4와 더한다.
⑤ 이 과정을 섹션 K까지 반복한다.
⑥ 최종 결과의 보수를 취한다.(검사합)

1의 보수 합산은 10진수 더하기 하듯이 LBS에서부터 비트끼리 더하기를 한 결과 최종적으로 캐리(carry)가 발생하면 그것을 다시 더해서 최종 덧셈 결과를 산출하는 방식이다. 수신자 노드가 검사합을 포함한 전송 데이터를 받으면 위의 알고리즘을 그래도 수행한다. 그리고 마지막 합의 결과에 대해 여섯 번째 단계로 보수를 취했을 때 결과값이 0 (모든 비트가 0)으로 나오면 오류가 없는 것으로 판단한다.

그림 8.4에 송신자 노드에서 검사합 방식으로 오류 검출 데이터를 만드는 예가 나와 있다. 이 예는 전송할 데이터가 4바이트를 8(= m)비트 단위로 나눈 4(= K)개의 섹션에 대해 검사합 알고리즘에 의해 전송할 데이터와 체크섬 데이터를 만드는 과정을 보여준다.

그림에서 첫 섹션 10110011과 두 번째 섹션 10101011을 더하는 과정이 검사합 알고리즘 과정 박스 안에 보인다. 두 이진수에 대해 덧셈을 하면 1 01011110로 가장 높은 비트(MSB)에서 캐리 1이 발생한다. 이 캐리 1을 덧셈의 결과 8비트에 다시 더하여 최종 덧셈 결과를 얻는다.

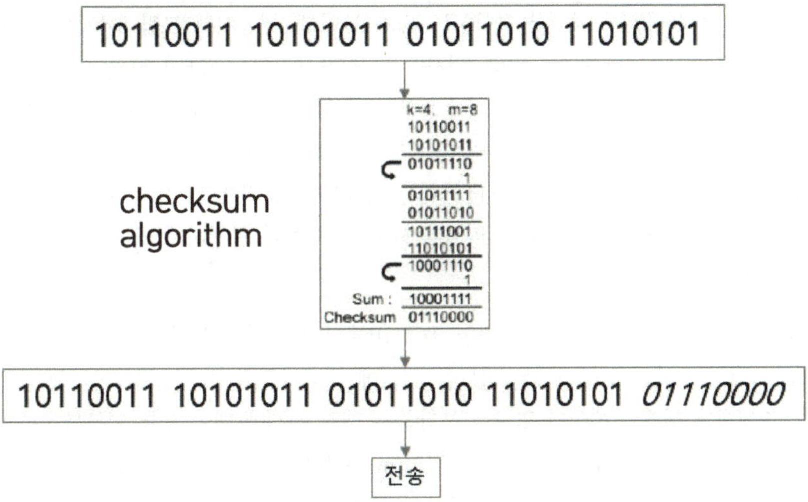

그림 8.4 검사합 생성(송신자 노드)

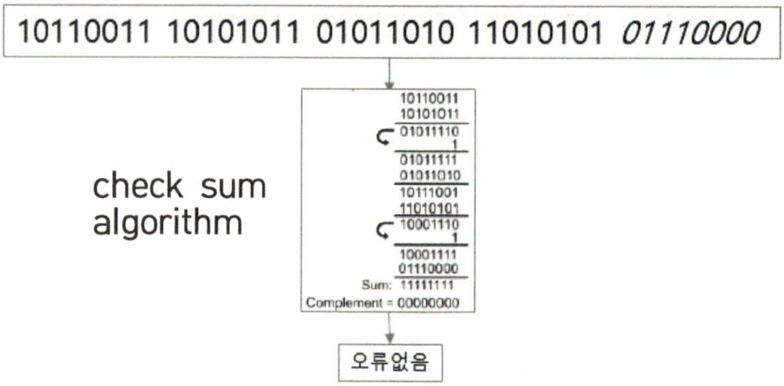

그림 8.5 검사합 검출(수신자 노드)

그러면 010111111이 된다. 이 결과를 세 번째 섹션인 01011010과 다시 더한다. 그러면 10111001이 나온다. 이번 덧셈의 결과에서는 캐리 값이 발생하지 않아서 1을 추가적으로 더하지 않는다. 그리고 그 결과에 네 번째 섹션인 11010101을 더한다. 그러면 1 10001110이 나오고 캐리 1을 다시 더하면 10001111이 된다. 이렇게 모든 섹션을 더한 결과에 1의 보수를 취하면 최종적으로 검사합을 얻게 된다. 이진수 1의 보수는 각 비트값의 비트값 0 → 1, 1 → 0으로 바꾸면 된다. 따라서 최종적인 검사합은 01110000이 되고, 실제 전송되는 데이터와 검사합은 그림 8.4의 아래 비트들의 연속값이다. 참고로, 이렇게 옆으로 길게 표현된 데이터 비트들은 가장 왼편의 비트부터 통신망을 통해 전송된다.

그림 8.5에는 수신자 노드에서 수신된 데이터와 검사합을 이용하여 실제적으로 송신 중에 데이터에 오류가 발생하였는지 여부를 판단하는 예가 보인다. 예에서는 그림 8.4에서 보낸 데이터와 검사합 데이터를 수신하였다고 가정한다. 검사합을 포함하여 모두 5개의 섹션에 대해 송신자 노드가 수행한 것과 동일한 검사합 알고리즘을 수행한다. 실제 송신자가 보내고자 한 4개 바이트 데이터(4개 섹션)의 합산 결과는 10001111이 나왔다. 거기에 마지막 단계로 수신된 마지막 5번째 섹션(검사합) 01110000을 여기에 더하면 11111111이 나온다. 최종적으로 이에 대해 1의 보수를 취하면 00000000이 된다. 이 값이 나온 것은 송수신 중에 오류가 발생하지 않고 송신자가 보낸 그대로 온전하게 잘 도착하였음을 의미한다.

검사합 방식은 인터넷의 프로토콜인 TCP/IP에서 적용되어 쓰인다. 네트워크 계층인 IP(Internet Protocol)에서는 헤더에 들어있는 필드들의 값에 오류가 있는지를 검사하는 헤더 검사합이 적용되고, TCP에서는 헤더와 데이터 필드를 포함하는 패킷 전체에 대한 오류 여부를 검사할 수 있는 검사합으로 작동한다. 두 경우 모두 섹션의 크기(m)는 16비트로 정의되어 있다. 따라서 오류 검출을 위해 추가되어 전송되는 검사합의 길이도 16비트이다.

4) 순환중복 검사(CRC Cyclic Redundancy Check)

순환중복 검사(CRC)에서는 보내는 데이터를 여러 개의 섹션으로 나누지 않고 전체를 하나의 블록으로 보고 이 블록에 대해 특정 제수(generator)로 나눗셈을 하여 그 나머지를 구한다. 이 나머지를 오류 검출을 위하여 추가적으로 덧붙여서 송신한다. 이때 나눗셈은 캐리(carry)가 없는 모듈로-2 나눗셈을 적용한다. 이 나눗셈은 피연산자 두 수의 각 비트에 대해 XOR(exclusive OR) 연산을 한 것과 동일하여 연산이 간단하다.

나눗셈할 때 나머지 값이 0으로 나오지 않도록 하기 위하여 제수는 소수(prime number)로 한다. 이 소수의 크기는 만들어지는 나머지의 크기와 연관이 크기 때문에 실제 여러 종류가 있다. 이진수 나눗셈의 결과는 제수보다 한 자리 적은 수의 값이 나온다. 따라서 전송할 때 추가되는 오류 검출 데이터의 크기를 n 비트로 하면 제수는 (n + 1) 비트를 가지는 소수로 해야 한다.

순환중복 검사 알고리즘은 다음과 같다.

① 보내는 데이터(d)의 오른편에 제수(p)보다 1비트 적은 수(n)의 비트값 0을 추가하여 피제수(D)를 만든다. 즉, $D = d*2^n$.

② D를 p로 나눈다. 이때 나눗셈 연산은 XOR이다.

③ ②의 결과인 나머지(r 검사합)를 구한다.

송신자 노드는 알고리즘의 결과인 나머지(r)를 D에 더한 후 (D + r)을 송신한다. 이 나머지(r)가 수신자 노드에서 오류 검출을 할 수 있게 하는 데이터이다.

수신자 노드는 수신된 데이터와 오류 검출 데이터 전체(D + r)에 대해 송신자 노드와 동일한 제수를 써서 나눗셈한다. 이때 나눗셈은 송신자 노드가 계산하여 추가해서 보낸 오류 검출 데이터까지 포함하여 이루어짐을 다시 한 번 강조한다. 그리고 나머지 결과값(r)이 0으로 나오면 오류가 없음을 나타낸다.

그림 8.6에 CRC의 예가 있다. 여기서는 추가하여 전송할 오류 검출 데이터의 크기를 4비트로 하였다. 따라서 이를 구하기 위해서는 5비트의 제수로 하여야 한다. 이 예에서는 10011을 선택하였다. 전송할 데이터는 10비트 데이터로 1101011011이다. 첫 단계로 전송할 10비트 데이터를 4비트 왼편으로 자리 이동하고 빈 오른편 네 자리에 0000을 채운다. 이 값을 D라고 하자. 그 값을 피제수로 하는 나눗셈을 수행한다. 그리고 산출된 4비트 나머지 1110을 D에 더한다. 그러면 예에서 아래 박스 안에 있는 11010110111110가 된다. 이것을 수신자 노드에게 송신한다.

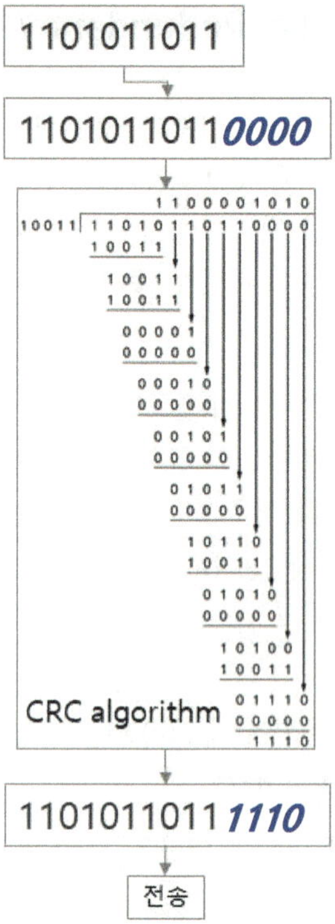

그림 8.6 순환중복 검사(CRC)

그러면 수신자 노드에서는 원래 데이터와 오류 검출 데이터가 포함된 11010110111110에 대해 송신자 노드가 나눗셈을 할 때 적용한 제수인 10011을 그대로 써서 나눗셈을 수행한다. 그 결과 나머지가 0으로 나오면 전송 중에 오류가 나지 않고 온전하게 송신자가 보내준 그대로 수신되었음을 확인할 수 있다.

CRC에서는 제수를 보통 식 (8.1)과 같은 n차 다항식 p(x)로 표현한다. n은 제수의 크기(비트 개수)를 표현한다. 통상 1의 자리는 0차로 표현되므로 n차 다항식으로 제수가 표현된다면 (n+1)개의 비트를 가지는 제수이다. 그리고 이 제수를 써서 산출되는 나머지(오류 검출 데이터)의 크기는 n개의 비트를 가진다.

$$p(x) = x^n + x^{n-1} + \dots + x^2 + x^1 + x^0 \quad (8.1)$$

이렇게 다항식으로 표현하는 것은 제수를 이진수로 표현했을 때 송수신자 노드 상호 간에 잘못 파악할 수 있는 가능성을 낮추기 위한 것이다. p(x)로 표현할 때 제수 내의 각 비트값이 p(x) 각 차

수 항의 계수 역할을 한다. 만약 어떤 비트 자리가 0 값을 가지는 경우 해당되는 항의 계수가 0이므로 실제 다항식 표현에서는 굳이 쓸 필요가 없으므로 생략한다.

이 제수를 통신 프로토콜 표준화 기구에서 표준화한 것들이 있는데 대표적인 예가 CRC-16 표준으로 이진수 17비트를 가진다. 이진수로 표현하면 다음과 같다.

1 1000 0000 0000 0101

이를 다항식 p(x)로 표현하면 식 (8.2)와 같다.

$$p(x) = x^{16} + x^{15} + x^{2} + 1 \tag{8.2}$$

앞선 그림 8.6의 예에서 쓰인 제수 10011은 $p(x) = x^4 + x^1 + 1$로 표현된다.

8.2 오류 정정(error correction)

송신자 노드가 만들어 함께 보내준 오류 검출 데이터를 포함하는 수신 데이터에서 오류가 발견되면 오류 정정 작업을 벌여야 한다. 이때 오류를 정정하는 방식은 다음과 같이 두 가지로 나뉜다.

1) 후방 오류 정정(BEC Backward Error Correction)

오류를 검출한 수신자 노드가 송신자 노드에게 방금 수신한 데이터에서 오류가 났음을 알리고, 송신자 노드가 그 알림을 받아 방금 전에 보낸 데이터를 '다시 한번' 보내는 방식이다. 송신자 노드가 송신자 노드의 피드백을 받고 보냈던 데이터를 재차 보내는 방식이어서 '재전송'에 의한 오류 정정 방식이라 하기도 한다.

그림 8.7은 시간 흐름에 따라 송수신자 노드에서 주고받는 데이터를 보여준다. 데이터가 애초에 왼편의 송신자 노드에서 출발하여 오른편의 수신자 노드로 전송된다. 이렇게 애초의 데이터 송신 방향을 전진 방향(forward direction)이라 한다. 즉 데이터가 전진해서 전송되는 방향이라는 뜻이다. 그리고 데이터가 전송되는 방향의 반대 방향을 후진 방향(backward direction)이라 한다.

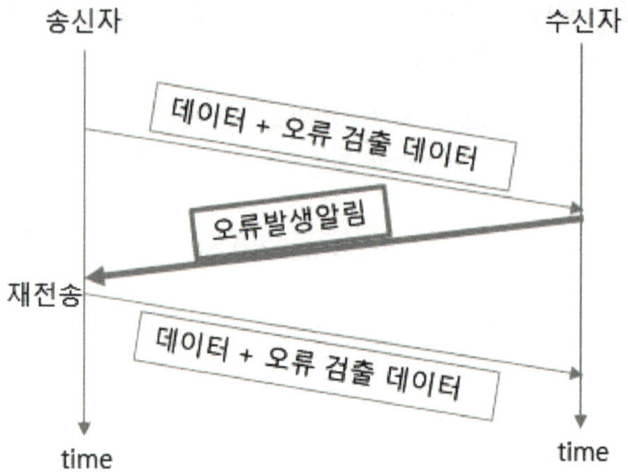

그림 8.7 후방 오류 정정 방식(BEC)

그런데 이 방식에서 오류 정정을 위해서는 수신자 노드에서 출발하는 오류발생을 알리는 피드백 정보가 송신자 노드에게 일반적인 데이터 전달 방향의 반대 방향 즉 후진 방향으로 전달되는 과정이 반드시 있어야 하기 때문에 이 오류 정정 방식을 후방 오류 정정(BEC Backward Error Correction) 방식이라 한다.

2) 전방 오류 정정(FEC Forward Error Correction)

전방 오류 정정(FEC) 방식은 앞선 BEC 방식에 있는 수신자 노드로부터의 오류발생 피드백 과정이 일어나지 않는다. 따라서 송신자 노드도 수신자 노드에서 제대로 데이터를 받았는지 여부를 알 길이 없다. 그런데 어떻게 수신자 노드는 수신한 데이터의 오류를 정정할 수 있을까?

여기서는 앞서 설명한 오류 검출을 위하여 데이터를 추가하는 것이 아니라 오류를 정정까지 할 수 있는 데이터(오류 정정 데이터)를 송신자가 애초 데이터를 보낼 때 추가해서 보낸다. 그러면 수신자 노드는 오류 검출 방식의 기본적인 구조와 동일하게 송신자가 보낸 데이터와 오류 정정 데이터를 알고리즘에 적용한다. 만약 데이터에 오류가 있다고 가정하면 실제 오류가 발생하였음을 감지(검출)할 수 있을 뿐만 아니라 데이터의 어떤 자리의 비트값이 바뀌어서 수신되었음도 알 수 있다. 그러면 수신자 노드는 그 위치의 비트값을 수신된 값의 역수로 취하면 굳이 송신자 노드에게 오류 발생을 알리는 피드백을 하지 않아도 되고 송신자 노드로부터 데이터를 두 번 받을 필요도 없이 오류를 정정할 수 있게 된다.(그림 8.8 참조)

그림 8.8 전방 오류 정정 방식(FEC)

따라서 이 방식에 의하면 오류 제어(검출과 정정)를 위하여 데이터 전송 방향의 반대 방향으로 피드백이 전달될 필요가 없기 때문에 이 방식의 이름을 전방 오류 정정(FEC Forward Error Correction) 방식이라 한다. 이 방식은 피드백과 재전송 데이터가 통신망에 부가되지 않기 때문에 만약 에러가 자주 일어나는 환경에서 이용되면 통신망의 실질적인 전송 효율성이 BEC 방식에 비해 높아질 것으로 예상된다. 그러나 FEC 방식에 의해 오류 검출뿐만 아니라 정정까지 가능하게 부가적인 데이터를 만들려면 알고리즘도 상당히 복잡하게 되고, 알고리즘의 결과로 부가적으로 덧붙여 전송하는 데이터의 크기가 상대적으로 상당히 커진다. 따라서 이 방식은 광통신망과 같이 오류가 적게 발생하는 통신망인 환경에서는 오히려 모든 데이터 패킷에 추가되는 BEC 방식의 오류 검출 데이터에 비해 큰 오류 제어 데이터로 인하여 데이터에 통신망 부담을 가중하는 점이 단점으로 지적된다.

다만 피드백 데이터와 데이터를 재전송하기 어려운 위성통신 같은 환경에서 주로 쓰인다. 현재 통신망의 전송 장비 및 전송매체는 점차 오류가 발생하지 않는 방향으로 개선되고 있어서 오류 정정 방식으로 FEC보다는 BEC를 많이 채택하고 있다. 구체적인 BEC 오류 정정 방식은 앞서 설명한 바와 같이 흐름제어와 밀접한 관계가 있기 때문에 대표적인 두 가지 흐름제어와 밀접한 오류 정정 기법을 각각 묶어서 8.3절과 8.4절에 걸쳐 설명한다.

8.3 정지-대기 흐름제어와 오류 정정 (stop-and-wait flow control & ARQ)

1) 정지-대기 흐름제어(stop-and-wait flow control)

흐름제어는 데이터를 주고받는 두 당사자 간에 데이터의 흐름(flow)을 조절하는 것이다. 이는 주로 송신자 노드가 보내는 데이터를 어떤 이유로 인하여 수신자 노드가 다 받지 못하고 버리거나 놓치는 경우에 작동한다. 이런 현상이 발생하는 주요 요인은 수신자 노드에 마련되어 있는 수신 데이터 임시 저장을 위한 버퍼(buffer)에 빈 공간이 다 차서 고갈되기 때문이다. 따라서 이 현상을 막는 가장 간단하면서 확실한 방법은 송신자 노드에게 데이터를 보내는 것을 일시 중단하게 하고 일정 시간이 지난 후에 수신자 노드가 송신 재개 신호를 보내면 다시 전송을 재개하도록 하는 것이다.

수신자 노드는 이를 위하여 늘 자신의 데이터 버퍼가 어느 정도 여유가 남았는지를 항상 주시하고 모니터링해야 한다. 버퍼 공간은 유한 자원(limited resource)으로 특정 크기만 할당되기 때문에 크기에 맞는 데이터 수신이 일어나는지를 확인한다. 그런데 빈 공간이 없이 꽉 찼을 때 그때 송신자 노드에게 송신 중단을 요청하면 최종적으로 들어오는 데이터를 부분적으로 잃거나 놓치는 경우가 발생할 수 있다. 만약 지금 남아 있는 버퍼의 크기가 1KB인데, 지금 수신되고 있는 데이터의 크기가 2KB이라면 1KB는 수신이 가능하지만 나머지 1KB는 버퍼에 담지 못하여 잃어버리게 된다. 이 상황에서 송신자 노드에게 송신 일시 중단 요청을 하여 이후 송신이 일어나지 않더라도 나중에 송신 재개를 했을 때는 마지막에 일부분 잃어버린 데이터를 재전송 받아야 하는 상황이 된다. 따라서 송신자 노드나 통신망이나 수신자 노드 모두에게 추가적인 부담이 된다.

이런 현상을 막기 위하여 통상적으로 통신망에서는 주어진 버퍼의 크기에서 일부분(예: 80%) 이상이 데이터로 차서 오르면 그때 선제적으로 수신자 노드가 송신자 노드에게 전송 일시 중단 요청을 하는 경우가 바람직하다. 더 나아가 어떤 경우에는 아예 전송을 일시 중단을 요청하는 대신에 전송하는 속도를 줄이도록 요청하는 것도 가능하다. 즉, 버퍼의 여유 공간에 대해 두 가지 임계값(threshold)을 두고 첫 임계값을 넘어 버퍼가 차면 송신자에게 전송 속도 감소 요청을 하고, 그럼에도 두 번째 임계값을 넘어 버퍼가 차오르면 그때 송신자에게 전송 임시 중단 요청을 하는 것이다.

이런 기본적인 흐름제어에 대한 개념을 인식한 여기서 가장 단순한 흐름제어 방식을 소개한다. 송신자 노드가 데이터 패킷 하나를 전송하면 그에 대해 수신자 노드가 잘 받았고(수신자 노드의 수신 데이터 버퍼에 임시로 잘 보관했거나 혹은 바로 성공적으로 처리하였거나 두 경우 가운데 하나) 다음 데이터 패킷을 송신자 노드로부터 받을 준비가 되어 있는(수신자 노드의 수신 데이터 버터에 다음 데이터 패킷을 수용할 수 있는 여유 공간이 있는) 경우, 송신자 노드에게 '확인응답(ACK Acknowledgement)' 패킷을 수신자 노드가 회신한다. 송신자 노드가 ACK 패킷을 수신하면

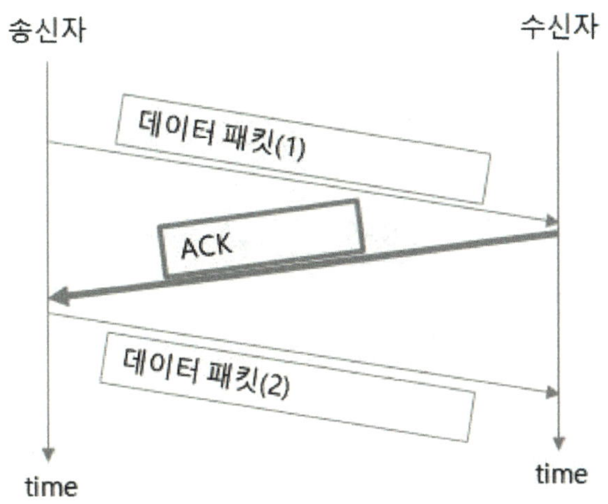

그림 8.9 정지-대기 흐름제어(ACK 회신)

다음에 보낼 데이터가 있는 경우 수신자 노드를 향해 다음 데이터 패킷을 만들어 보낸다.

그림 8.9에 상황이 그려져 있다. 그림에서 송신자 노드가 보내는 데이터 패킷 다음에 있는 (1) 등 번호는 패킷 번호로 보낸 데이터가 새로운 것인지 재전송하는 것인지를 수신자가 구별할 수 있게 한다. 그림에서 데이터 패킷(1)을 잘 수신한 수신자 노드가 ACK으로 회신하자 송신자 노드는 그 다음 데이터 패킷(2)를 보내는 것을 볼 수 있다.

만약 수신자 노드가 데이터 패킷을 정상적으로 수신하지 못한 경우, 두 가지 방식에 의해 수신자 노드가 송신자 노드에게 방금 보낸 데이터 패킷을 잘못 받았음을 알린다. 하나는 명시적으로 ACK와 반대 의미인 '잘못 받음 확인응답'(NAK Negative Acknowledgement) 패킷을 회신하는 방식이다. 그림 8.10에 잘 그려져 있다. 이 그림에서 그림 8.9와 다른 점은 NAK을 받은 후 송신자 노드는 오류 정정 작업의 일환으로 이전에 보낸 데이터 패킷(1)을 재전송하는 것을 볼 수 있다.

둘째는 명시적으로 NAK을 보내지 않는 방식이다. 두 번째 방식은 송신자 노드가 데이터 패킷을 보낼 때 설정한 시간동안 수신자 노드로부터 ACK을 받지 못하면 전송에 문제가 있었음으로 인지한다.

그림 8.11에 시간초과(timeout)에 의해 방금 보낸 데이터 패킷(1)을 다시 한번 보낸 상황을 볼 수 있다. 송신자가 설정한 시간은 정상적인 상황에서 이 시간 내에 수신자 노드로부터 ACK이든 NAK이든 회신이 올 것으로 판단되는 시간이다. 이 시간은 이전에 데이터 송신과 확인응답 회신 패킷이 어느 정도의 시간이 흐른 후 오더라는 과거 기록을 바탕으로 산출한다.

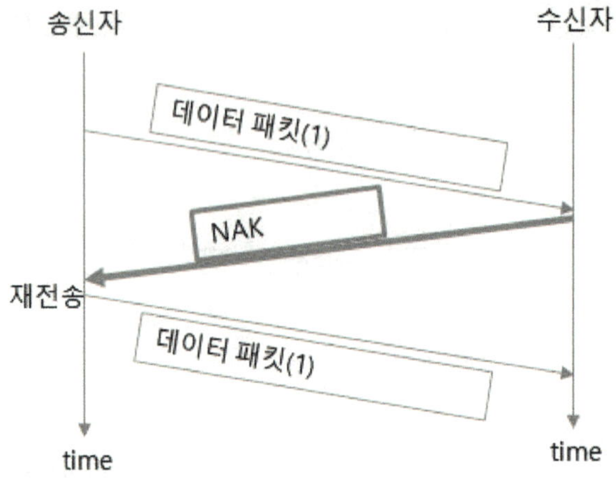

그림 8.10 정지-대기 흐름제어(NAK 회신)

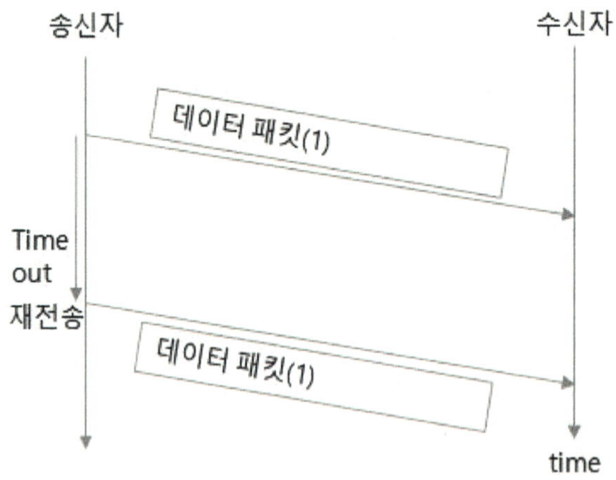

그림 8.11 정지-대기 흐름제어(timeout 상황)

이렇게 한 개의 데이터 패킷을 송신자 노드가 보내면 이에 대해 수신자 노드가 ACK/NAK을 보내고 이를 받은 후 송신자 노드는 다음 데이터를 보내는 방식을 정지-대기 흐름제어(stop-and wait flow control)이라 한다. 송신자 노드 입장에서는 패킷 하나를 보낸 후 연속해서 다음 패킷을 보내는 것이 아니라 일단 전송을 멈추고 다음 패킷 전송을 허용하는 의미를 가지는 ACK이나 오류 상황을 알리는 NAK을 기다린다. 그리고 실제 도착하는 송신자 노드의 회신 내용에 따라 그 다음 행동을 취한다. 이런 상황으로 인하여 이 흐름제어 방식의 이름을 '정지-대기'라 부른다.

위의 알고리즘이 어떻게 송수신자 노드 사이에 데이터 흐름을 제어할 수 있을까? 그것은 수신자 노드가 어떤 상황에 따라 ACK이나 NAK을 보내는 시각을 조절하면 송신자 노드는 둘 가운데 하나를 받거나 타임아웃이 발생하여야 그 다음 전송할 데이터 패킷을 선택하고(ACK이면 다음 데이터 패킷, NAK이나 시간초과이면 직전에 보낸 데이터 패킷) 전송이 이루어질 수 있기 때문에 수신자 노드가 조절하는 시각에 따라 송신자 노드가 전송하는 시간이 제어된다. 따라서 두 노드 사이에 데이터 흐름의 속도가 조절 제어될 수 있는 것이다. 이 방식은 다분히 수신자 노드가 주도적으로 흐름제어(receiver-initiative flow control)를 하는 방식이다.

위의 정지-대기 흐름제어 알고리즘은 매우 단순하게 보인다. 이렇게 간단한 알고리즘으로 흐름제어가 이루어질 수 있는 것이다. 그런데 송수신자 노드 사이에 오류가 발생한 상황에서도 여전히 위와 같이 간단하고 단순하게 작동하는지 궁금하다. 정지-대기 흐름제어 방식을 채택한 상황에서 발생하는 오류를 정정하는 기법인 정지-대기 ARQ(Automatic Repeat Request) 기법을 살펴본 후 이에 대해 판단하기 바란다.

2) 정지-대기 ARQ오류 정정 (stop-and-wait Automatic Repeat Request)

오류 정정 방식 가운데 후방 오류 정정(BEC) 방식의 하나이다. 작동하는 알고리즘은 앞서 설명한 정지-대기 흐름제어에서의 작동 메커니즘이 동일하다. 여기서는 현재 제2계층 데이터링크 계층 프로토콜의 기능으로 흐름제어와 오류 정정 기능을 설명하는 중이므로 패킷 대신에 프레임(frame) 용어를 사용한다. 참고로 앞선 정지-대기 흐름제어 설명에서 등장하는 패킷도 프레임으로 완전하게 대체해서 설명될 수 있음을 알린다. 알고리즘을 송신자 노드에서 작동하는 내용으로 우선 정리하고, 다음에는 수신자 노드에서 작동하는 내용을 정리한다.

【송신자 노드】

① 데이터 프레임(i)을 전송함. (i = 0, 1, 2, ..., n)

② 수신자 노드로부터 회신 기다림. (정지-대기)

③-1 ACK 회신을 받으면, i = i + 1 하고 ① 단계로 감.

③-2 NAK 회신을 받으면 i = i 하고 ① 단계로 감. (재전송)

【수신자 노드】

① 데이터 프레임(i)을 수신함.

② 수신한 프레임(i)에 대해 오류 여부 검출함.

③-1 오류가 없으면 ACK 회신을 보냄.
③-2 오류가 있으면 NAK 회신을 보냄.

정지-대기 ARQ 방식을 채택한 두 노드 사이에 있는 통신망(제2계층 데이터링크 계층 프로토콜인 경우, 직접 연결된 두 노드 사이의 선로)에서 발생할 수 있는 오류 상황을 가정하여보자. 이것은 단순하게 수신자 노드가 수신한 프레임에 오류를 발견하는 상황이 아니다. 그 상황에 대해서는 이미 위의 알고리즘에 반영되어 오류 발견 시 ACK 대신 NAK을 보내 재전송에 의해 오류 정정이 되도록 하고 있다. 여기서는 그런 단순 프레임 내에서의 오류가 아니라 통신망에서 발생할 수 있는 세 가지 예외적인 상황(exception case)을 가정하는 것이다. 그리고 이런 예외 상황에 대해 위의 알고리즘이 문제 없이 잘 대처하는지를 확인한다.

(1) 데이터 프레임이 전송되는 와중에 통신망에서 분실

이 상황에서 송신자 노드와 수신자 노드의 처지 그리고 두 노드가 각각 상황을 어떻게 이해하는지를 우선 파악한다. 우선 송신자 노드는 프레임을 보낸 상태에서 수신자 노드의 확인응답 회신을 기다리는 중이다. 동시에 수신자 노드는 프레임이 도착하지 않았으므로 확인응답을 보낼 일이 없는 상태이다. 그림 8.12에 상황이 그려져 있다. 결과적으로 송수신자 노드는 결코 일어나지 않을 일들을 서로 기다리는 상태가 영원히 계속된다. 송신자 노드는 수신자 노드가 보낼 리 없는 확인응답이 오기를 기다리고, 수신자 노드는 송신자 노드가 보낼 수 없는 프레임을 기다리는 형국인 것이다.

이런 양측이 일어나지 않을 일을 마냥 기다리는 상황은 운영체제에서도 흔히 문제가 된다. 두 프로세스가 서로 일어나지 않을 일을 기다리는 현상으로 두 프로세스가 분명히 살아서 실행 중인데도 마치 죽은 것처럼 꼼짝하지 않는 현상이 발생할 수 있다. 이런 현상을 데드락(deadlock 교착상태) 현상이라 한다. 데드락 현상을 타파하기 위해서는 당사자 가운데 어떤 한 쪽이 다른 쪽이 기다리는 일이 일어나도록 해주는 수밖에 없다.

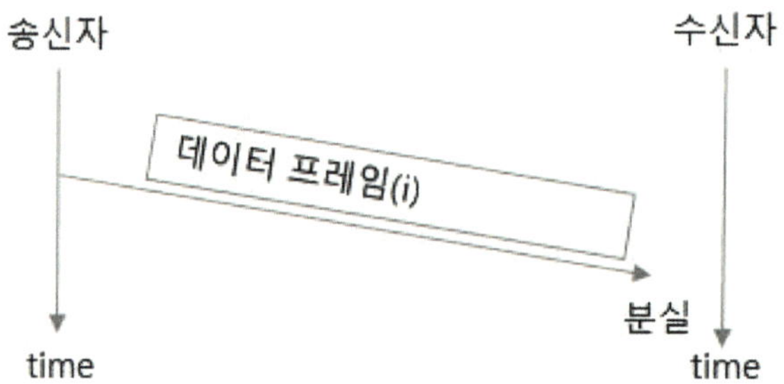

그림 8.12 프레임 전송 중에 분실 예외 상황

따라서 위와 같은 통신망에서의 데드락 현상은 송신자 노드가 프레임을 보내는 것으로 타파해야 한다. 그런데 송신자 노드가 어떤 근거로 어떤 데이터 프레임을 보내도록 할 것인가가 문제이다. 이 현상의 요인은 전송한 프레임이 전송 중에 사라진 것이다. 따라서 송신자 노드가 직전에 보낸 프레임이 전송 중에 문제가 발생하였음(프레임이 사라진 것을 포함하여 다음에 다룰 예외 현상의 요인도 있음)을 인지하고 직전에 보낸 프레임을 재전송하게 하는 것이다.

그런데 송신자 노드가 어떤 근거로 직전에 보낸 데이터 프레임 신상에 문제가 발생하였다고 판단하도록 만들 수 있을까? 그 근거는 앞서 정지-대기 흐름제어에서 설명한 바와 같이 시간을 이용하는 것이다. 송신자 노드에서 데이터 프레임을 전송하면서 일정 시간을 기다리는 타이머를 개시한다.

그 타이머에 세팅되어 있는 시간동안 수신자 노드로부터 ACK 혹은 NAK이 오지 않으면 위와 같이 보낸 프레임에 문제가 발생하였다고 판단하는 것이다. 그리고 그 시간이 다 되면 위의 데드락 상황을 깨트리는 행동을 하게 한다. 즉, 그림 8.11과 같이 직전에 보낸 데이터 프레임을 재차 보내게 한다.

만약 재전송한 데이터 프레임이 이번에는 성공적으로 수신자 노드에 잘 수신이 되면 송신자 노드는 이를 두 번 보낸 것이지만 수신자 노드는 이 프레임을 처음 받아 보는 셈이 된다.

(2) 데이터 프레임에 대한 ACK이 회신되는 와중에 통신망에서 분실

이번에는 수신자 노드가 데이터 프레임을 잘 받아서 그에 대한 확인응답 ACK를 잘 보냈는데 이 ACK이 전송 도중에 사라진 경우를 상정한다. 그림 8.13에 상황이 그려져 있다.

이 경우에서 송신자 노드는 앞선 경우와 동일한 상황으로 인식하고 수신자 노드로부터 확인응답이 오기를 기다리고 있을 것이다. 반면 수신자 노드는 이런 경우에는 ACK을 송신자 노드에게 보낸 상태이므로 송신자 노드로부터 다음 프레임을 기다리는 상황이 될 것이다. 그러나 송신자 노드로 향

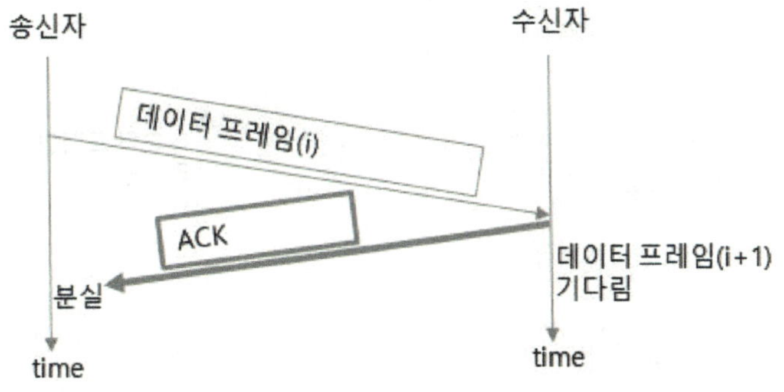

그림 8.13 ACK 전송 중에 분실 예외 상황

하던 ACK이 사라졌기 때문에 송신자 노드는 다음 프레임을 보낼 수 없다. 따라서 이것 또한 앞선 경우처럼 데드락 상태가 된다. 이 경우에도 이를 타파하기 위해서는 송신자 노드가 데이터 패킷을 보내면서 동시에 시작한 타이머가 작동하여야 한다. 그 시간이 지났는데도 여전히 송신자 노드는 ACK을 받을 수 없을 것이고 그러면 송신자 노드는 자신이 직전에 보낸 데이터 패킷에 문제가 있었음을 파악한다. 그러면 앞선 예외 경우와 동일하게 직전에 보낸 데이터 패킷을 재전송한다.

그런데 수신자 노드 측면에서 보면 이 경우는 앞선 예외 경우와 다른 상황이 발생한다. 이전 경우에서는 송신자 노드가 재전송한 데이터 패킷을 수신자 노드는 처음 수신하게 되어 자연스럽게 받아서 처리하면 된다. 그런데 이번 경우에는 수신자 노드는 멀쩡하게 잘 받았던 데이터 프레임을 다시 한번 재차 받게 되는 것이다. 이중으로 두 번 수신하는 셈이다. 사실 수신자 노드는 이때 기대하고 기다린 것은 다음 프레임이지 직전에 받았던 것을 다시 받는 것이 아니다. 그러면 수신자 노드가 이번에 받은 프레임이 직전에 받은 것을 다시 받았음을 어떻게 알 수 있을까? 이것을 구별하게 하는 방법이 보내는 데이터 프레임에 번호를 매기는 방법이다. 데이터 프레임을 보내는 순서에 따라 하나씩 증가하는 번호를 매기는 것이 일반적이다. 따라서 이 번호를 순서번호(sequence number)라고 한다.

그림 8.14에 보이는 데이터 프레임 옆에 있는 ( ) 안의 i가 그것이다. 만약 수신자 노드가 재전송된 프레임을 받았을 때는 그림 8.14에 나온 것처럼 두 번째 데이터 프레임의 순서번호를 확인하고 그것이 새로운 다음 데이터 프레임이 아닌 재전송된 데이터 프레임임을 알게 된다. 참고로, 이 순서번호는 제2계층 데이터링크 계층에서만 부여하는 것이 아니라 제4계층 전송 계층에서도 동일한 목적으로 사용된다. 그리고 이 순서번호는 헤더 내에 하나의 필드로 새겨지기 때문에 무한히 커지는 수(자연수)를 쓸 수 없다. 헤더 필드가 차지하는 크기가 한정되기 때문이다. 따라서 순서번호는 일정 수에

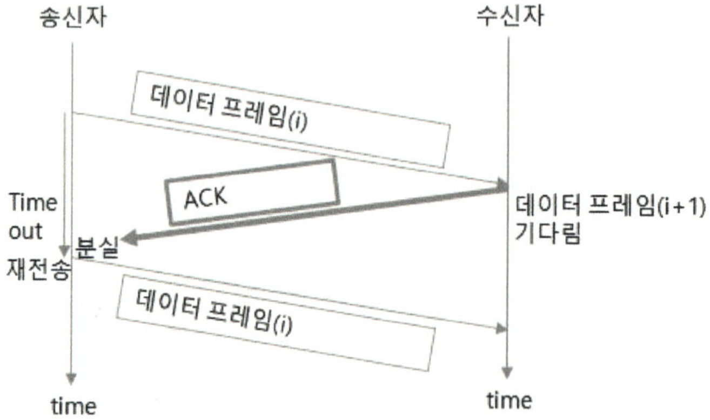

그림 8.14 ACK 분실 예외 처리 상황

도달하면 다시 돌아가서(wrap-around) 0 값이 부여되는 방식으로 지정된다. 예를 들어 헤더 내에 순서번호가 3비트 필드로 지정되어 있다면 3비트로 표현할 수 있는 수를 빙글빙글 돌려가면서 부여한다. 0, 1, 2, ..., 6, 7, 0, 1, 2, 3, ..., 6, 7, 0 ... 이런 식이다.

(3) 데이터 프레임에 대한 NAK이 회신되는 와중에 통신망에서 분실

이 경우는 앞선 ACK을 분실한 경우와 매우 유사하다. 그림 8.15에 상황이 잘 그려져 있다. 그러나 이 경우에는 수신자 노드가 직전에 받은 데이터 프레임을 이번에는 온전하게 제대로 받기를 기다린다. 따라서 송신자의 타이머가 시간초과되어 재전송이 이루어지면 만약 순서번호가 없는 상황일지라도 문제없이 매끄럽게 수신자 노드에서 처리되는 경우가 된다. 그림 8.16이 이 경우에 예외 처리 상황을 보여준다.

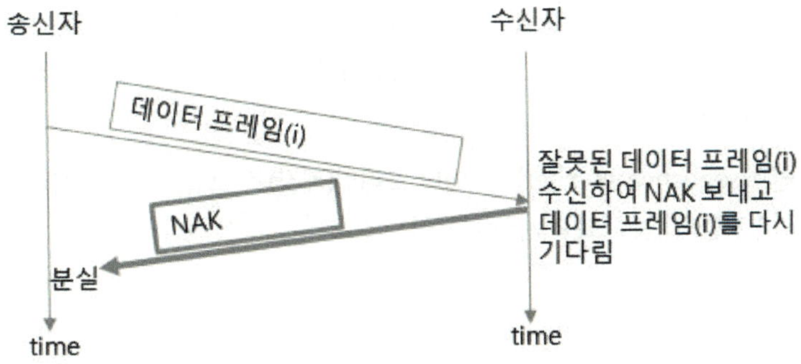

그림 8.15 NAK 전송 중에 분실 예외 상황

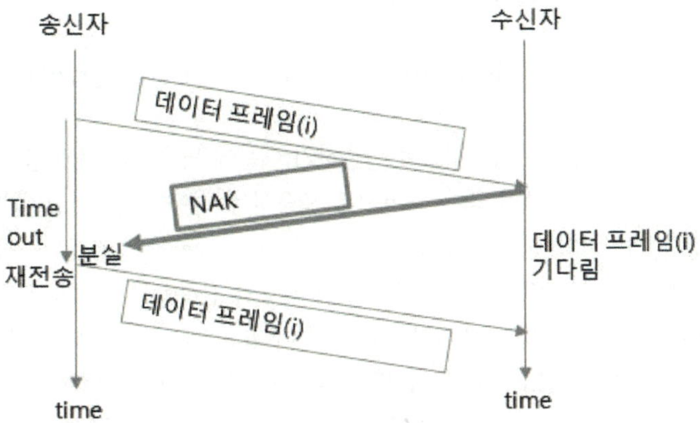

그림 8.16 NAK 분실 예외 처리 상황

그러나 모든 경우에 대해 명시적으로 순서번호를 모든 데이터 프레임에 부여하여 데이터 프레임이 송신자 노드가 보낸 순서대로 수신자 노드에서 정리되어 수신될 수 있게 한다.

이렇게 예외 상황을 고려하면 이전에 보았던 간단하고 단순하게 보이는 정지-대기 흐름제어와 ARQ 알고리즘이 그렇게 단순하지만은 않음을 알 수 있다. 통신망은 모르는 상대방과 데이터를 주고받는 것을 기본으로 하고 있기 때문에 상대방 내지는 통신망의 상황을 정확하게 파악하지 못하는 경우가 자주 발생한다. 이런 상황들을 모두 고려해서 프로토콜 혹은 알고리즘을 설계하고 구현해야 한다. 따라서 통신 프로토콜은 단순해 보이는 것도 사실은 그렇게 단순하지는 않음을 인지할 필요가 있다.

일반적으로 후방 오류 제어(BEC)를 위하여 프로토콜에서 구현하는 메커니즘은 다음의 세 가지를 활용하는 것으로 정리된다.

① **확인응답 회신(ACK/NAK)**: 송신자 노드가 보낸 데이터에 대한 수신자 노드의 회신

② **타이머(timer)**: 일어나지 않을 일은 영원히 기다리는 교착상태(deadlock)를 막기 위하여 일정 시간을 정해 그 시간이 지나도록(timeout) 기다리는 일이 일어나지 않을 때 자동으로 직전에 보낸 데이터를 재전송

③ **순서번호(sequence number)**: 데이터 프레임(패킷)을 보낼 때 각 프레임에 몇 번째로 보내는 프레임인지를 알 수 있는 번호를 부여

8.4 슬라이딩 윈도우 흐름제어와 GBN, SR ARQ 오류 정정 (sliding window flow control and GBN & SR ARQ)

1) 슬라이딩 윈도우 흐름제어(sliding window flow control)

정지-대기 흐름제어 방식은 상대적으로 단순하기 때문에 낮은 전송률과 짧은 거리의 트래픽이 그렇게 복잡하지 않은 통신망에서 적은 비용으로 활용하는 경향이 많다. 그런데 정지-대기 흐름제어 방식은 통신망의 실질적인 전송률(effective transmission rate)에 좋지 않은 결과를 초래한다. 참고로, 실질적인 전송률은 물리적인 선로에서 규정된 신호와 전송방식에 따라 전송할 때 다른 프로토콜의 제약이 없는 환경에서 가능한 데이터 전송률이 아니라 모든 계층에서 수행되는 모든 프로토콜을 거쳐서 실제적으로 최종적인 사용자들이 체감하는 전송률을 말한다. 예를 들어 우리 집에 인터넷망을 연결하여 쓰는데 망사업자는 1 Gbps의 전송률이 나오는 인터넷망이라고 하지만 실제 웹 서핑을

하거나 동영상 스트리밍 서비스를 받아 보면 그것에 미치지 못하고 100 Mbps 정도가 되는 경우에 우리 집 인터넷의 실질적인 전송률은 100 Mbps가 되는 것이다.

정지-대기 흐름제어 방식이 실질적인 전송률을 떨어뜨리는 영향을 주는 요인은 하나의 데이터 프레임을 전송한 후 연속해서 데이터 프레임을 전송하기 위해서는 수신자 노드로부터 확인응답(ACK 혹은 NAK)을 수신하여야 하기 때문이다. 그 예가 그림 8.17에 나타나 있다. 그림 8.17을 보면 데이터 프레임 3개를 보내는 데 걸리는 전송 시간 t_1이 걸렸다. 데이터 프레임 하나의 크기가 f이라고 하면 이 통신망의 실질적인 전송률 (r_1)은 $r_1 = (3 * f) / t_1$이다.

그런데 만약 확인응답을 하나의 데이터 프레임을 보낸 후마다 기다리는 것으로 하지 않고 특정 개수(w)의 데이터 프레임을 연속해서 보낸 후에 ACK이나 NAK을 기다리는 식으로 프로토콜을 변경하면 어떻게 될까?

그림 8.18처럼 작동하게 될 것이다. 그림에서 보듯이 세 개(w = 3)의 데이터 프레임을 연속해서 보낸 후 마지막에만 ACK을 보내는 식이다. 이런 상황에서 다른 문제가 새롭게 생겼지만 일단 무시하고 실질적인 전송률(r_2)을 다시 계산하자. 동일하게 3개의 데이터 프레임을 보내는 데 걸린 전송 시간을 t_2라고 하면 $r_2 = (3 * f) / t_2$가 된다. 그런데 당연히 $t_1 > t_2$ 이므로 $r_1 < r_2$ 이다.

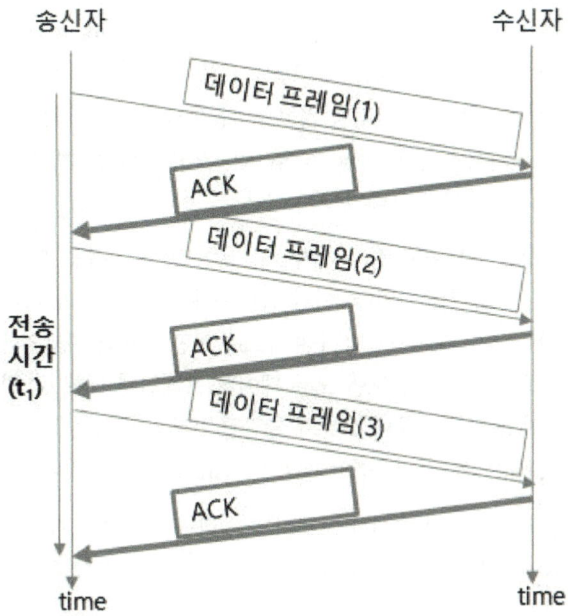

그림 8.17 정지-대기 흐름제어를 적용할 때 실질 전송률

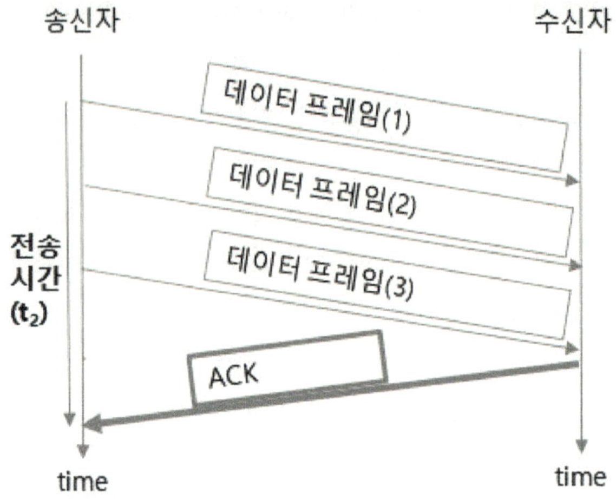

그림 8.18 변형된 정지-대기 흐름제어를 적용할 때 실질 전송률

따라서 정지-대기 흐름제어의 방법을 약간 변형하여 하나의 프레임이 아닌 w 개의 프레임을 전송한 후 확인응답을 기다리는 방식으로 하면 각각의 데이터 프레임에 대한 확인응답을 기다리는 시간이 없어지므로 실질적인 전송률이 상당히 개선됨을 알 수 있다.

이렇게 변형된 흐름제어 방식을 슬라이딩 윈도우 흐름제어(sliding window flow control)라고 한다. 이 흐름제어 방식은 정지-대기 흐름제어 방식의 전송 효율성을 높이기 위하여 한 데이터 프레임마다 수신자 노드로부터 회신을 기다리지 않고 w 개의 데이터 프레임을 전송하고 수신자 노드로부터 회신을 기다린다. 여기서 w는 1 ≦ w ≦ W 인 수이다. W는 확인응답을 기다리지 않고 연속적으로 보낼 수 있는 최대 데이터 프레임 개수이다.

앞서 설명하는 과정에서 변형된 정지-대기 흐름제어 방식은 전송 효율성을 높일 수 있지만 새로운 문제를 직면하는 것으로 기술하였다. 여기서는 문제는 여러(w) 개의 데이터 프레임에 대해 확인응답을 한 차례만 한다면 이 확인응답이 구체적으로 어떤 데이터 프레임에 대한 확인응답인가 하는 점이다. 직관적으로 생각하면 앞서 보낸 모든 데이터 프레임에 대해 잘 받았다는 뜻을 담는 것으로 보인다. 그런데 수신한 프레임 가운데 오류가 발견된 프레임이 있는 경우에는 어떻게 회신하는 것이 맞을까요? ACK을 보내는 것이 맞을까? 아니면 NAK을 보내는 것이 맞을까?

이런 문제를 해결하기 위하여 수신자 노드가 회신하는 확인응답 메시지에도 순서번호 (s)를 부여한다. ACK과 NAK에 붙는 순서번호 (s)의 의미는 정확하게 각각 다음과 같다.

① ACK(s): 순서번호 (s - 1)을 가진 데이터 프레임까지 오류 없이 잘 받았고, 순서번호 s를 단 데이터 프레임을 보내주기를 기대한다.

② NAK(s): 수신한 순서번호 s를 단 데이터 프레임에 오류가 발견되어 그 프레임을 재전송해 주기를 기대한다.

ACK(s)의 의미를 되새기면 슬라이딩 윈도우 흐름제어에서 ACK 회신은 그 이전에 최종적으로 보낸 ACK 이후에 수신한 모든 데이터 프레임을 잘 받았음을 회신하는 것으로 파악된다. 따라서 여기서는 하나의 ACK 확인응답이 그간 수신된 전체 데이터 프레임에 대한 회신을 하는 것으로 작동하기 때문에 누적적인 의미(cumulative meaning)를 띈다. 그림 8.19에 ACK(s)의 예가 있다. 세 개의 데이터 프레임을 받은 수신자 노드가 세 프레임 모두 정상적으로 오류 없이 수신한 경우 ACK(4)를 회신하여 받은 데이터 프레임(1), (2), (3)을 모두 잘 받았고, 다음에 받을 데이터 프레임은 4번 순서번호를 단 것임을 송신자 노드에게 알린다.

만약 수신된 여러 데이터 프레임 가운데 특정 프레임에서 오류가 발견되면 그 프레임의 순서번호를 넣은 NAK 회신을 보낸다.

그림 8.20에 슬라이딩-윈도우 흐름제어 방식에서 NAK(s)가 쓰이는 예가 보인다. 여기서는 데이터 프레임(1), (2)가 연속해서 수신되었을 때 데이터 프레임(1)에서는 오류가 없었고, 데이터 프레임(2)에서 오류가 발견되었다. 그러면 수신자 노드는 데이터 프레임(3)이 오기를 기다리지 않고, 그 즉시 NAK(2)를 보내 송신자 노드가 자신이 보낸 데이터 프레임 가운데 2번 순서번호를 단 프레임이 송신 중에 오류가 났음을 알게 한다. 이 오류에 대한 정정 기법은 두 가지가 있다. 이에 대해서는 다음 절에서 설명한다.

슬라이딩 윈도우 흐름제어에서는 수신자 노드로부터 확인응답을 받지 않은 상태에서 보낼 수 있는 최대 데이터 프레임의 개수(W)를 설정한다. 실제 다양한 W가 적용되지만 대체적으로 데이터 프레임 내의 순서번호 필드가 차지하는 크기에 따라 결정된다. 프레임의 헤더 내 순서번호 필드가

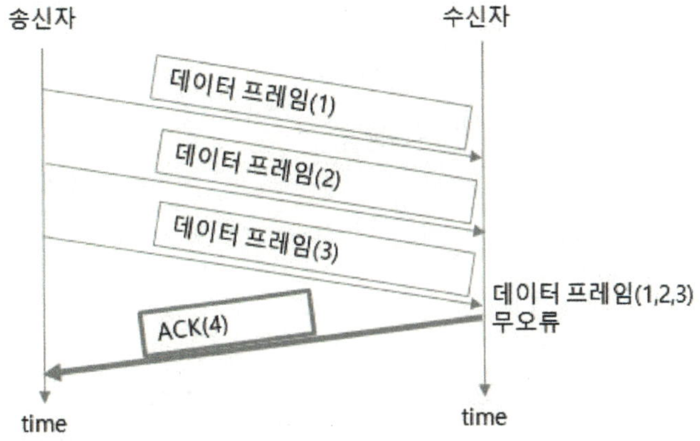

그림 8.19 슬라이딩-윈도우 흐름제어에서 ACK(s) 예

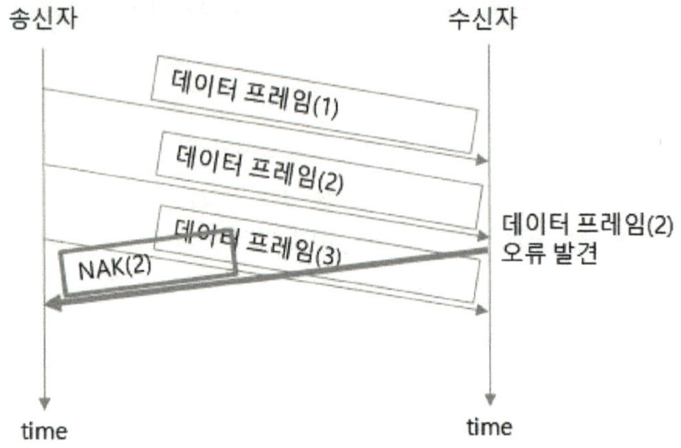

그림 8.20 슬라이딩-윈도우 흐름제어에서 NAK(s) 예

3비트이면 최대로 표현할 수 있는 수로 W가 설정되어 W = 7이다. 만약 순서번호 필드가 4비트이면 W = 15가 된다. 실제로는 오류정정기법 종류에 따라 W값이 더 줄어들기도 한다.

이런 환경에서 수신자 노드 입장에서는 송신자 노드로부터 데이터 프레임이 연속해서 들어오는 와중에 이미 수신된 데이터 프레임 가운데 일부 몇 개의 데이터 프레임을 오류 없이 잘 처리하였다면 그 몇 개의 데이터 프레임에 대한 ACK 확인응답 회신을 보낼 수 있다. 그림 8.21에 수신자 노드에서 데이터 프레임(1), (2)에 대해 무오류로 잘 처리한 경우 W개의 데이터 프레임이 전부 오기를 기다리지 않고 즉시 ACK(3)을 보내는 상황을 보여준다.

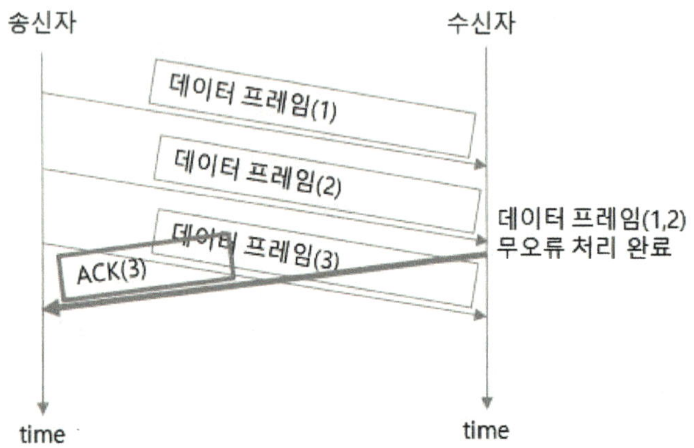

그림 8.21 슬라이딩 윈도우 흐름제어에서 ACK(s) 보내는 시점

ACK(3)을 보낸 이후에 수신자 노드는 데이터 프레임(3)을 수신한다. 이것은 송신자 노드가 ACK(3)을 받은 후 보낸 데이터 프레임이 아니라 W개의 데이터 프레임을 연속적으로 수신자 노드의 확인응답을 받지 않아도 보낼 수 있는 상황에서 앞선 데이터 프레임(1)과 (2)에 이어 연속적으로 계속해서 전송한 것이다. 그러나 수신자 노드 입장에서는 ACK(3)에 대한 송신자 노드의 반응으로 보일 수 있다. 그러나 그 반응은 정지-대기 흐름제어보다 무척 이른 시간에 받는 반응이다. 이렇게 절약되는 시간이 슬라이딩 윈도우 흐름제어가 전송 효율성이 높아지는 본질적인 이유이다. 그러나 이렇게 전송 효율성을 높이는 긍정적인 효과와 더불어 이를 위해 추가적으로 고려해야 하는 사항도 늘어난다.

다시 그림 8.21 예를 송신자 노드 입장에서 관찰하자. 시간 흐름에 따라 첫 데이터 프레임(1)을 보내기 전에 송신자 노드가 수신자의 확인응답을 받지 않은 상태에서 보낼 수 있는 프레임의 개수 w는 w = W이다. 데이터 프레임(1)을 보내고 나면 w는 하나 줄어 w = (W - 1)이 된다. 두 번째 데이터 프레임(2)를 보낸 후에는 w는 또 하나 줄어 w = (W - 2)가 된다. 세 번째 데이터 프레임(3)을 보낸 후에는 w는 다시 하나 줄어 w = (W - 3)이 된다.

그런데 이후 수신자 노드로부터 ACK(3)이 도착하면 w는 앞서 보낸 두 데이터 프레임에 대해 잘 받았음을 알리는 것이므로 현재 보낼 수 있는 프레임 개수에서 2개를 더 보낼 수 있다. 따라서 w는 w = (w + 2)가 되어 w = (W - 1)로 된다. 그리고 이후에 보낼 데이터 프레임이 생긴다면 그 프레임이 부여받는 순서번호는 4가 되고, w는 다시 하나 줄어 w = (W -2)로 된다.

수신자 노드 입장에서 관찰하더라도 동일한 상황이 전개됨을 알 수 있다. 수신자 노드에서는 송신자 노드로 확인응답을 보내지 않은 상태에서 연속해서 받을 수 있는 데이터 프레임의 수를 w로 정의한다. 최초 아무런 프레임을 받지 않은 상태에서 w는 송신자 노드에서의 w와 동일하게 w = W로 설정된다. 이후 데이터 프레임 하나를 수신하면 w = (W - 1)이 되고, 연속해서 프레임 하나를 더 수신하면 w = (W - 2)가 된다. 여기서 수신된 데이터 프레임에 오류가 없고 잘 처리되었다면 ACK(3)을 송신자 노드에게 보낸다. 그러면 w는 2 증가되므로 w = (w + 2)가 되고 w = W로 돌아온다. 그러면 수신자 노드는 송신자 노드에게 확인응답을 보내지 않은 상태에서 송신자 노드로부터 W 개의 데이터 프레임을 수신할 수 있게 되었다는 의미가 된다.

이렇듯 송수신자 노드 모두에서 데이터 프레임의 송수신과 그에 따른 확인응답 송수신 상황에 따라 제각기 유지하고 있는 현재 w 값이 수시로 바뀌고 이를 기준으로 송수신자 노드가 연속적으로 데이터 프레임을 주고받으며 확인응답을 한다는 것을 알 수 있다. 여기서 이 흐름제어를 활용할 때 송수신자 노드가 주고받을 수 있는 여지를 두 노드가 개별적으로 상대를 향해 나 있는 창문(window)으로 생각하여 보자. 그러면 송수신자 노드가 각각 유지하는 w는 마치 특정 시점에서 송수신자 노드가 상대방에게 데이터를 주고받을 수 있게 열려 있는 창문의 크기로 볼 수 있다.

실제 이 흐름제어 방식에서 w는 윈도우 크기 그리고 W는 최대 윈도우 크기로 정의된다. 그리고 방식 자체의 이름을 슬라이딩 '윈도우'라는 명칭을 가지고 있다. 그런데 그 이름 앞에 슬라이딩(옆으로 미끌어지는)이라는 형용사를 가진 이유는 다음과 같다.

앞서 설명한 예를 보면 송수신 상황에 따라서 윈도우 크기 w가 최초 W에서 시작하여 W ~ 0 값으로 작아지기도 하고, 커지기도 한다. 따라서 열려 있는 윈도우의 개수가 줄었다 늘었다 하는 것이다. 그런데, 이 흐름제어 방식에서 유지하는 윈도우에 해당되는 순서번호를 넣어 표기하면 어떻게 될까? 그러면 노드에서 다음에 보내거나 받아야 하는 프레임의 순서번호를 별도 유지하지 않더라도 윈도우만 보면 바로 알 수 있게 된다.

그림 8.22는 슬라이딩 윈도우 흐름제어 기법에서 도입한 윈도우 개념을 보인다. 기본적으로 바탕에 송수신하는 프레임에 부여되는 순서번호가 순차적으로 나열되어 있다. 그 위에 열린 윈도우가 놓인다. 그 윈도우는 w 개의 순서번호를 포함한다. 그것이 현재 확인응답 없이 연속적으로 송수신할 수 있는 프레임의 순서번호를 의미한다. 그 가운데서도 열린 윈도우 안에서 가장 왼편에 있는 번호가 앞으로 처음 송수신할 프레임의 순서번호이다. 그림에서는 0이 해당한다. 가장 오른편 번호가 확인응답 없이 보낼 수 있는 마지막 프레임의 순서번호이다. 그림에서는 6이다. 하나의 프레임을 송수신할 때마다 열린 윈도우의 왼편부터 하나씩 줄어든다. 하나의 ACK 확인응답을 보내거나 받을 때마다 열린 윈도우의 오른편부터 하나씩 늘어난다. 따라서 특정 시점의 윈도우 크기 w에 맞추어 실제 w개의 윈도우가 열린 상태가 된다.

그림 8.23은 송신자 노드에서 작동하는 윈도우라고 가정하고, 그림 8.22 상태에서 첫 데이터 프레임을 보냈을 때 열린 윈도우의 변화를 보여준다. 처음 전송할 수 있는 데이터 프레임은 그림 8.22에서 열린 윈도우의 가장 왼편의 순서번호를 가지므로 데이터 프레임(0)을 보냈다. 그러면 그림 8.23에서 보이듯이 열린 윈도우의 왼편 한 칸이 줄어든다. 이때 w는 하나 줄어 w = 6이 된다.

만약 이 상태에서 하나의 프레임을 추가로 전송하면 그 프레임은 열린 윈도우의 가장 왼편 순서번호인 1을 부여받고 전송된다.

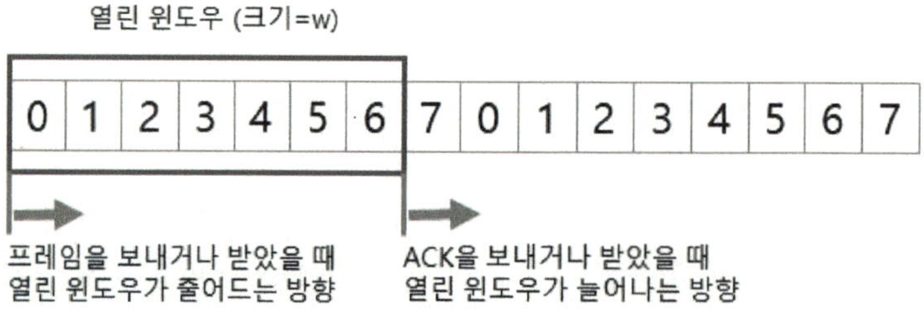

그림 8.22 슬라이딩 윈도우 흐름제어에서 윈도우 개념

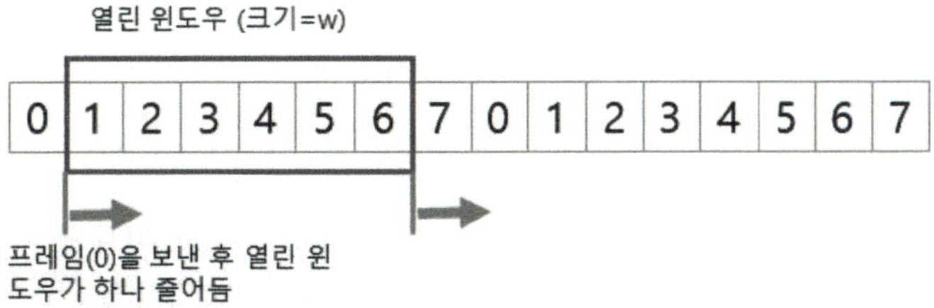

그림 8.23 슬라이딩 윈도우 흐름제어에서 윈도우가 줄어드는 상황

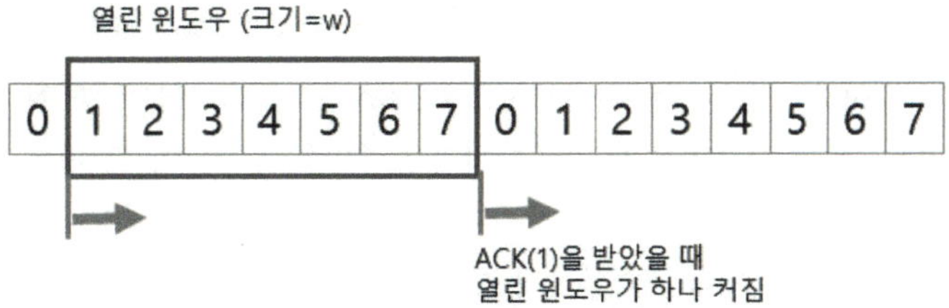

그림 8.24 슬라이딩 윈도우 흐름제어에서 윈도우가 늘어나는 상황

그림 8.24는 그림 8.23의 상태에서 수신자 노드로부터 ACK(1)을 수신하였을 때 변화되는 송신자 노드의 열린 윈도우 모습을 보여준다. 열린 윈도우의 오른편이 한 칸 늘어남을 볼 수 있다.

그러면 다시 열린 윈도우의 크기 w는 하나 늘어 w = 7이 되어 확인응답 없이 연속적으로 보낼 수 있는 프레임의 개수가 7개가 된다. 이때 첫 프레임의 순서번호는 1 그리고 7번째 프레임의 순서번호는 7을 부여받는다.

이렇게 송수신자 노드가 제각기 송수신할 수 있는 데이터 프레임의 개수와 순서번호 등을 유지하는 열린 윈도우 개념을 도입하였는데 그 열린 윈도우가 송수신이 계속되면서 오른쪽 방향으로 그 크기가 줄었다 늘었다 하면서 움직이는 형국이 된다. 이런 이유로 이 흐름제어의 이름이 '슬라이딩 윈도우'가 된 것이다.

이제 슬라이딩 윈도우 흐름제어 기법을 채택하였을 때 발생하는 오류를 정정하는 메커니즘에 대해 알아본다. 즉, 수신된 데이터 프레임(s)에 오류를 발견하여 NAK(s) 메시지를 수신자 노드가 보냈을 때 이에 대해 송신자 노드가 반응하여 재전송으로 오류를 정정한다. 오류를 정정하는 기법에는 어떤 프레임을 재전송하는가에 따라 N-후퇴 재전송 ARQ(GBN ARQ go-back-N Automatic Repeat Request)와 선택적 재전송 ARQ(SR Selective Repeat Automatic Repeat Request)가 있다.

2) N-후퇴 재전송 ARQ 오류 정정 (GBN go-back-N Automatic Repeat Request)

슬라이딩 윈도우 흐름제어 기법에서 수신자 노드가 수신된 데이터 프레임(s)에 오류를 발견하면 송신자 노드로 NAK(s)로 회신한다. 그 순간 송신자 노드는 그림 8.20의 예와 같이 자신이 유지하는 열린 윈도우가 남아 있는 경우 (w > 0) 수신자 노드로부터 확인응답을 기다리지 않고 연속해서 데이터 프레임을 w개만큼 또 보낼 수 있으므로 계속해서 보낸 상황을 가정하자.

그러면 수신자 노드는 그림 8.20의 예에서 보듯이 데이터 프레임(2)에서 오류가 발견되어 그것에 대한 NAK(2)를 보낸다. 그 이후에도 데이터 프레임(3)을 수신한 상태와 같은 상황이 된다.

이 상태에서 송신자 노드는 수신자 노드로부터 NAK(2)를 수신했을 때 N-후퇴 재전송 ARQ 방식에서는 수신자 노드가 오류라고 보고한 데이터 프레임을 포함하여 그 이후 보낸 데이터 프레임을 모두 재전송한다. NAK 확인응답 메시지의 순서번호에 해당되는 데이터 프레임만 재전송하는 것이 아니라 그 이후에 보낸 데이터 프레임을 모두 다시 보내는 방식인 것이다.

그림 8.25는 그림 8.20의 상황의 연장선에서 수신자 노드가 보낸 NAK(2)에 대해 송신자 노드가 N-후퇴 재전송 ARQ 기법에 의해 오류 정정하는 모습을 보인다. 다시 수신자 노드 입장을 생각하여 보자. 두 번째 수신한 데이터 프레임에 문제를 파악하여 NAK(2)라고 회신하였는데, 그 이후 세 번째 데이터 프레임이 도착해서 잘 수신한 상태이다. 그런데 그 이후 송신자 노드가 N-후퇴 재전송 기법에 의해 데이터 프레임(2)와 데이터 프레임(3)을 연속해서 보내면 수신자 노드 처지에서는 데이터 프레임(2)는 당장 오류가 났었던 것을 다시 받은 것이므로 자연스럽게 수신 처리하면 된다. 그러나 데이터 프레임(3)은 이미 한 차례 잘 받았던 것인데 이중으로 수신하게 되는 셈이 된다. 이렇게

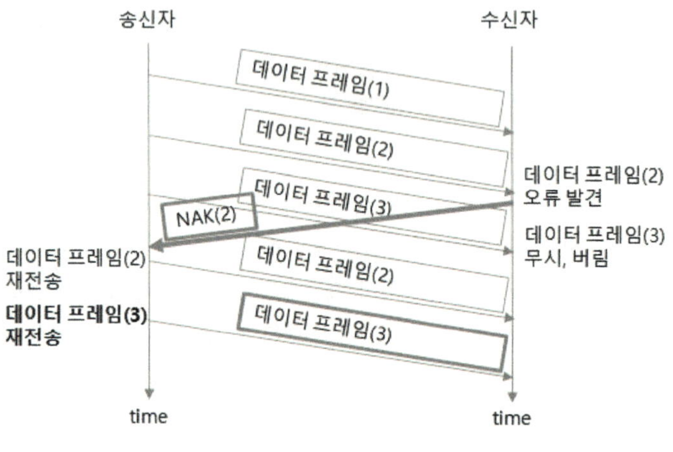

그림 8.25 N-후퇴 재전송 ARQ (GBN ARQ)

이중으로 수신하게 되는 상황을 해결하는 방법으로 수신자 노드는 두 번째로 재차 온 것을 그냥 무시하고 버리면(discard) 될 것이다.

그런데 N-후퇴 재전송 ARQ 기법에서 규정한 수신자 노드가 이렇게 재차 오는 데이터 프레임(패킷)에 대한 처리 방식은 그렇지 않다. 그림 8.25에 나와 있는 것과 같이 수신한 데이터 프레임에서 모두 오류가 인식되고 NAK(2)를 회신한 이후 도착하는, 오류가 난 데이터 프레임 이후 순서번호를 가지는 데이터 프레임을 모두 무시하도록 되어있다. 다시 말해 오류가 난 데이터 프레임 이후에 도착하는 데이터 프레임을 수신 버퍼에 보관하고 이후 이중으로 중복해서 오는 프레임을 버리는 것이 아닌 것이다. 이런 정책을 채택한 것은 수신자 노드에서 수신된 데이터 프레임을 처리하는 데 몇 가지 유리한 점이 있기 때문이다.

첫째는 어차피 N-후퇴 재전송 기법에 의하면 오류가 났던 데이터 프레임을 포함하여 그 이후 수신한 데이터 프레임도 재전송되어 수신자 노드에게 올 것이므로 굳이 수신 버퍼에 저장하여 버퍼 공간을 차지하고 있을 이유가 없기 때문이다.

둘째는 데이터 프레임을 정상적으로 잘 수신하고 처리되었다면 그것을 상위 계층 프로토콜로 넘겨주어야 하는데 그 넘겨주는 순서가 데이터 프레임의 순서번호의 순서대로 이다. 즉, 송신자 노드가 보내고자 하는 데이터의 순서에 맞추어 전달해야 하는 것이다. 그런데 오류가 난 데이터 프레임 이후 도착한 데이터 프레임을 버퍼에 유지하고 있으면 그 이후 들어온 재전송된 (이전에 오류가 났던) 데이터 프레임을 버퍼에 저장할 때 기존의 데이터 프레임들 사이에 끼워 넣어야 원래 송신자 노드가 보내고자 의도했던 데이터의 순서대로 정렬이 된다. 이런 작업을 데이터통신에서는 순서제어(sequence control)라 한다. 이 순서제어가 수신자 노드에서 재수신한 데이터 프레임에 대해 이루어져야 하므로 버퍼 처리 알고리즘이 복잡해지고 처리 시간과 공간이 더 많이 요구된다.

그런데 N-후퇴 재전송 ARQ 기법은 수신자 노드에서의 버퍼 처리 알고리즘과 자원 측면에서 유리하겠지만 멀쩡하게 전송된 데이터 프레임에 대해서도 덩달아 재전송되는 상황이 발생할 수 있어서 통신망의 트래픽 측면에서는 많은 부담을 안기는 방식이다.

3) 선택적 재전송 ARQ 오류 정정 (SR selective repeat Automatic Repeat Request)

선택적 재전송 ARQ(SR ARQ) 기법은 이름에서 감을 잡을 수 있듯이 앞선 N-후퇴 ARQ 기법이 가지고 있는 통신망의 부담을 줄이기 위하여 실질적으로 오류가 난 것으로 회신이 온 데이터 프레임만을 재전송하는 기법이다.

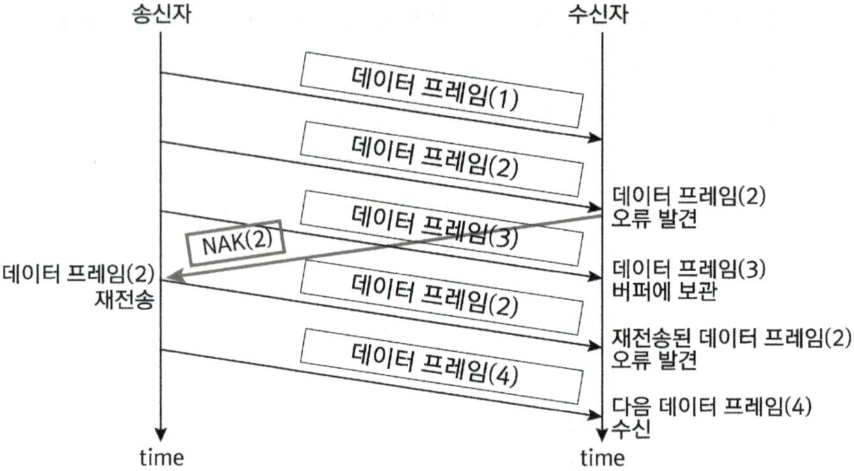

그림 8.26 선택적 재전송 ARQ (SR ARQ)

그림 8.26과 같이 오류가 발생한 데이터 프레임 이후 도착한 데이터 프레임을 수신자 노드에서는 버리지 않고 버퍼에 유지하고 있다가 이전에 오류가 난 데이터 프레임이 재수신되면, 그것과 또 이미 그 이후 수신되어 버퍼에 보관되어 있는 데이터 프레임과 순서를 맞추는 순서제어 작업 등을 수행한다. 그림에서 송신자 노드는 오류가 난 것으로 보고된 데이터 프레임(2)만 재전송하고, 그 이후 앞서 보낸 데이터 프레임(3)의 후속 데이터 프레임(4)를 전송한다. 이점이 N-후퇴 재전송 ARQ 기법과 다른 점이다. 그러면 수신자 노드에서는 이미 수신 버퍼에 데이터 프레임(1), 데이터 프레임(3)이 있는 상태에서 재수신된 데이터 프레임(2)를 가운데 끼워 넣어 순서를 올바르게 맞춘다. 그 이후 계속해서 수신되는 데이터 프레임(4)를 데이터 프레임(3) 이후의 버퍼 공간에 저장하고 처리하는 것이다.

9
CHAPTER

네트워크 계층 프로토콜 (혼잡제어, 경로탐색)

9.1 분할(fragmentation)

9.2 혼잡제어(congestion control)

9.3 경로탐색(routing)

ISO OSI 7계층 참조모델에서 아래로부터 세 번째 계층인 제3계층 네트워크 계층 프로토콜은 '간접 연결(indirectly connected)'된 노드 사이의 통신을 위한 기능을 담당한다. 사실 현존하는 통신망에서 직접 연결된 기기(노드)끼리 통신하는 경우는 거의 없다. 물론 블루투스라는 통신기술을 써서 상호 연결되는 스마트폰과 이어폰, 스마트폰과 스마트 워치 혹은 PC와 프린터의 경우는 직접 연결된 기기로 통신망이 완결되어 있는 예이다.

만약 모든 데이터 통신망이 직접 연결된 노드끼리만 통신이 가능한 상황이라면 제3계층 네트워크 계층과 그 상단에 있는 제4계층 전송 계층은 필요가 없을 것이다. 실제 모든 노드가 공유하는 매체를 통해 직접 연결되어 있는 근거리망(LAN)인 경우에는 이전에 소개한 물리 계층과 데이터링크 계층 프로토콜만으로 통신이 제공해야 하는 기능을 모두 수행한다. 따라서 외부망과 연동하지 않는 단일 LAN으로 직접 연결된 노드에서 작동하는 응용 프로그램에 의존적으로 구현되는 응용, 표현 그리고 세션 계층은 가운데 전송 계층과 네트워크 계층 프로토콜 없이 직접 데이터링크 계층 프로토콜과 인터페이스를 가진다.

그러나 이런 경우는 현재 세계에서 작동하는 데이터 통신망 전체를 두고 보면 예외적인 경우이고 거의 모든 통신망은 간접적으로 서로 연결되어 있는 노드끼리 통신하는 것을 기본으로 하고 있다. 위에서 든 LAN도 이웃하는 LAN과 연동(interoperability)을 하기 위해 서로 연결(interconnection)되거나 외부 인터넷망 등과 연동하기 위해 외부망과 연결되는 형식으로 구성되지 독립적으로 구성되고 단독으로 작동하는 경우는 드물다. 여기서 간접적으로 연결되어 있다는 뜻은 통신하고자 하는 노드와 노드 사이에 하나 이상의 다른 노드가 두 노드 사이의 데이터 송수신을 중계하는 등 지원하는 구조로 되어 있음을 의미한다.

이렇게 간접 연결된 노드를 위해 중간 노드에서 수행해야 하는 통신 기능을 규정한 프로토콜이 제3계층 네트워크 계층 프로토콜이다. 이 중간 노드는 통상적으로 일정 규모의 통신망과 통신망이 상호 연동할 수 있도록 두 통신망을 서로 연결시키는 통신 장비이다. 결국 네트워크 계층 프로토콜은 이런 통신 장비에서 수행하는 통신 기능을 규정하는 것이다. 여기서 수행하는 대표적인 기능은 분할(fragmentation), 혼잡제어(congestion control) 그리고 경로탐색(routing)이다. 이에 관해 계속되는 세부 절을 통해 설명한다.

9.1 분할(fragmentation)

분할(fragmentation) 기능은 중간 노드가 연결하는 두 통신망에서 허용하는 최대전송단위(MTU maximum transmission unit)가 서로 다른 경우 전송되는 데이터 패킷의 크기를 이것에 맞추는 작업이다.

최대전송단위 MTU는 각 통신망의 물리 계층과 데이터링크 계층에서 결정되어 있다. 데이터를 하나의 데이터 프레임으로 만들어 연결된 통신망 선로(전송매체)에 주입할 때 최대로 많이 보낼 수 있는 데이터 크기를 의미한다. 데이터 프레임 필드 가운데 상위 계층 프로토콜이 처리하는 데이터 필드의 최대 길이를 뜻한다. 즉, 제3계층인 네트워크 계층에서 데이터를 전송하기 위하여 자신의 기능을 모두 수행하고 아래 계층인 데이터링크 계층으로 데이터를 내려보낼 때 한 번에 보낼 수 있는 최대 크기가 MTU이다. MTU는 1과 2계층을 실제적으로 구현하고 있는 특정 통신망에서 네트워크 계층이 한 번에 보낼 수 있는 최대 패킷 크기인 것이다. 예를 들어, 유선 LAN의 대표주자인 이더넷의 MTU는 1,500바이트이고, IBM 토큰링의 MTU는 무려 17,914바이트나 된다. 무선망의 예로 대표주자인 Wi-Fi의 MTU는 2,312바이트, 블루투스의 MTU는 512바이트 그리고 LTE(4G)의 MTU는 1,428바이트이다.

통상적으로 한 기기에 여러 통신망에 접속하고 이용할 수 있는 경우가 많으므로 네트워크 계층 프로토콜은 어떤 통신망으로 내려보내는 데이터 패킷인가에 따라 그 크기에 맞추어 데이터 패킷을 만든 후 이를 해당 통신망에 연결된 데이터링크 계층 프로토콜에게 전달한다. 예를 들어, 스마트폰인 경우 Wi-Fi, 브루투스 그리고 LTE 망에 모두 접근이 가능하다. 만약 집에서 스마트폰을 쓸 때 공유기를 이용하여 Wi-Fi로 인터넷에 접속하는 경우, 내가 전송하는 데이터는 한번에 2,312바이트에 맞추어 그 단위로 쪼개져서(fragment) 전송된다. 만약 어떤 파일을 카톡을 통해 친구에게 보내려고 할 때 파일의 크기가 2,000바이트이면 Wi-Fi MTU보다 작으므로 전체를 한 번에 보낼 수 있다. 그러다가 만약 집에서 벗어나 데이터망(LTE)을 써서 그 파일을 보내게 되면 파일 크기가 LTE MTU보다 더 크기 때문에 그 파일은 두 개의 패킷을 나뉘어 두 번에 걸쳐 전송된다. 블루투스로 친구의 스마트폰과 서로 직접 연결되어 있는 경우에는 블루투스 MTU에 맞추어 쪼개진 후 전송되므로 네 개의 데이터 패킷으로 나뉘어 전송된다.

이렇듯 실제 데이터를 전송하는 데 이용하는 하부 통신망(subnetwork)의 1~2계층 프로토콜에서 규정하는 MTU 크기에 데이터 패킷의 크기를 맞추는 작업은 최종 수신자 노드에 이르는 도중에 만나는 중간 노드를 거칠 때마다 수행되어야 한다. 그런데 이 일련의 작업이 그림 9.1과 같이 된 경우라면 어떻게 작동하는지 살펴보자. 그림에서 R1, R2 그리고 R3은 네 개의 통신망을 서로 연결하는 통신 장비이다. 참고로, 이런 장비가 3계층 네트워크 계층 프로토콜까지 수행하는 경우 L3 장비(Layer 3 device)라고 부른다. 네트워크 계층 프로토콜 기능 가운데 가장 중요한 기능이 경로탐색(routing)이기 때문에 라우터(router)라고 불린다.

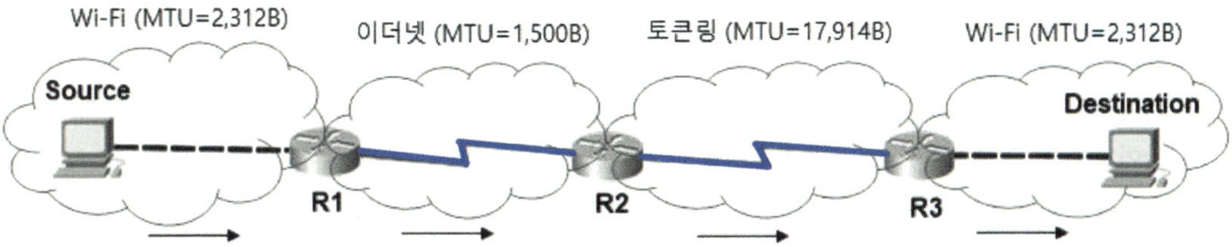

그림 9.1 여러 통신망을 거치는 상황에서 크기 맞추는 작업

가장 왼편 통신망은 무선망으로 Wi-Fi, 그 오른편에는 유선 이더넷 망이고, 그 오른편은 유선 토큰링 망이며, 마지막으로 가장 오른편 통신망은 다시 무선망 Wi-Fi이다.

가장 왼편의 송신자 노드(source)에서 파일을 오른편 수신자 노드(destination)에 보내는 것으로 한다. 이때 파일의 크기가 3,000바이트라고 가정하자. 이런 상황에서 과연 각 중간 노드에서 수행하는 크기 맞추는 작업의 결과로 전달되는 패킷(프레임)의 크기는 어떻게 될까? 실제 두 가지 방식이 있지만 보편적인 한 가지 방식을 우선 고려한다.

1) 불투명 분할(non-transparent fragmentation)

이 방식에서는 데이터 전송 방향으로 차례로 거쳐가는 통신망의 MTU 크기가 작아지면 작아진 MTU 크기에 맞추어 패킷을 쪼개어 분할(fragmentation)해서 여러 개의 패킷으로 나누어 전송한다. 반면에 MTU 크기가 커지는 경우에는 여러 개의 패킷을 모아서 커진 MTU 크기에 맞추어 패킷을 합치지(reassembly) 않는다.

그림 9.2가 예를 보여준다. 송신자 노드에서 송신하는 3,000바이트 파일은 그 노드가 소속되어 있는 왼편 Wi-Fi 통신망의 MTU 크기에 맞추어 두 개의 패킷으로 쪼개져서 R1으로 전송된다. 첫 번째 쪼개진 패킷(F1)의 크기는 MTU 크기와 같은 2,318바이트이고, 두 번째 쪼개진 패킷(F2)의 크기는

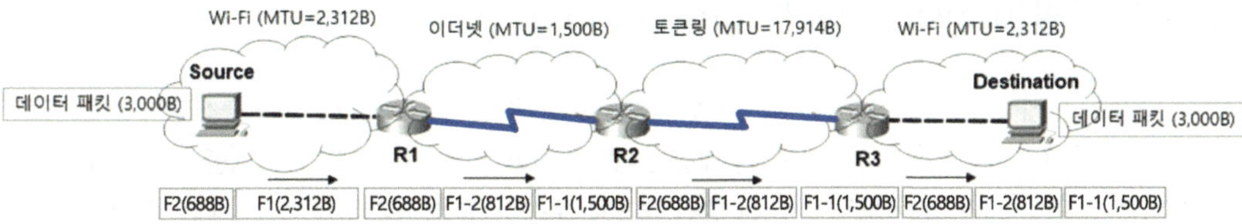

그림 9.2 불투명 분할(Non-transparent Fragmentation)

나머지 688바이트이다. 그것이 R2로 전달될 때 사용하는 통신망은 이더넷이므로 이더넷 MTU 크기에 맞추기 위해 앞서 쪼개진 F1에 대해 다시 분할이 일어난다. 다시 쪼개진 패킷(F1-1)의 크기는 이더넷 MTU 크기와 같은 1,500바이트이고, 두 번째 패킷(F1-2)의 크기는 패킷 F1의 크기에서 1,500바이트를 제한 812바이트가 된다. 그러나 앞선 망에서 쪼개진 두 번째 패킷(F2)는 이더넷 MTU 크기보다 이미 작으므로 분할되지 않고 그대로 R2 중간 노드로 전달된다.

문제는 그 다음 망인 토큰링에서 어떻게 작업이 되는지가 관건이다. 왜냐면 토큰링 MTU 크기는 17,914바이트로 사실 앞선 이더넷에서 분할된 세 개의 패킷(F1-1, F1-2, F2) 모두를 하나로 다시 합쳐서 전달해도 되는 상황이기 때문이다. 그러나 합쳐져 하나의 패킷으로 재조립되어 R3 중간 노드로 전달되지 않고 그림 9.2와 같이 이전에 분할된 세 개의 패킷이 그대로 전달된다. 그 다음 R3에서 최종적인 수신자 노드에 전달할 때 다시 MTU 크기가 2,318바이트인 Wi-Fi 통신망을 이용하고 있어 패킷(F1-1)과 패킷(F1-2)는 하나로 재조립되어 전달할 수 있으나 그렇게 하지 않고, 이전 망에서 쪼개진 세 패킷을 그대로 수신자 노드에게 전달한다.

이 방식은 패킷이 전달되는 경로상에서 이전 통신망보다 다음 통신망의 MTU 크기가 커지는 상황에서도 재조립이 되지 않는 방식이다. 결국 MTU 크기가 작아질 때 분할만이 이루어지는 것이다. 이렇게 네트워크 계층 프로토콜에서 통신망을 거치는 과정에서 통신망의 MTU 크기에 패킷 크기를 맞추는 작업은 패킷 크기를 분할하는 일만 하기 때문에 분할(fragmentation) 기능이라 부른다.

분할 기능을 수행하는 방식이 이름에 걸맞게 위와 같이 이루어지는 방식을 좀 더 구체적으로 불투명 분할(non-transparent fragmentation) 방식이라고 한다. 수신자 노드가 최종적으로 도착하는 패킷은 거쳐온 망들의 MTU 크기 가운데 가장 작은 MTU 크기에 맞게 분할된 패킷들이다. 이들을 원래 송신자 노드가 보내고자 한 데이터 패킷으로 재조립해서 만드는 일은 수신자 노드가 해야 한다. 자신에게 수신되는 패킷이 분할되었거나 분할되지 않은 여부가 수신자 노드에게 모두 노출되어 통신망 내부에서 분할 기능이 작동하고 있음을 수신자 노드가 알아차리기 때문에 불투명 분할이라는 이름이 붙었다.

2) 투명 분할(transparent fragmentation)

중간 노드에서 패킷 크기를 맞추는 두 번째 방식은 불투명 분할과 달리 다음 통신망의 MTU 크기가 커지면 그 망에 맞게 이전에 분할된 패킷을 재조립하고 전달하는 방식이다. 예를 들어 그림 9.2와 동일한 상황에서 R2 중간 노드에서 R3 중간 노드로 토큰링 망을 통과해서 전달될 때 이전에 있는 이더넷 MTU 크기보다 토큰링 MTU 크기가 훨씬 커서(1,500B < 17,914B) R2 중간 노드에서 수신한 세 개의 쪼개진 패킷 F1-1, F1-2, F2를 모두 재조립하여 하나로 만들어 (사실, 송신자 노드가 보내

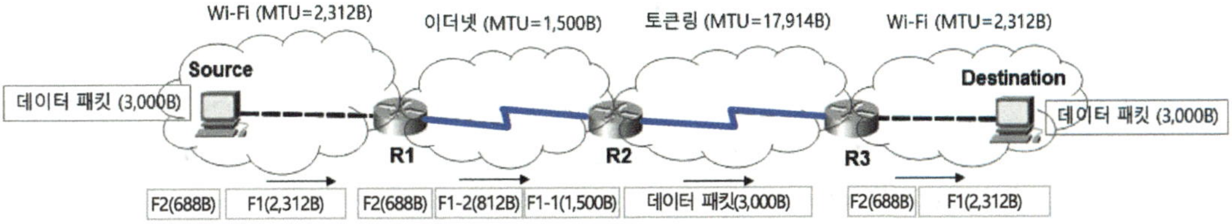

그림 9.3 투명 분할(Transparent Fragmentation)

고자 한 데이터 패킷 형태) R3 중간 노드로 전달한다. 이점이 불투명 분할 방식과 다른 점이다.

그 이후 R3 중간 노드에서 최종적인 수신자 노드에게 전달하는 데 쓰이는 통신망은 다시 무선 Wi-Fi 망이고, 그 망의 MTU 크기는 2,132바이트이므로 R3 중간 노드에서 두 개의 패킷 F1과 F2로 다시 분할되어야 한다. 패킷 F1의 크기는 2,312바이트이고, 두 번째 패킷 F2의 크기는 3,000바이트에서 패킷 F1의 크기를 뺀 688바이트이다. 그렇게 다시 쪼개진 두 개의 패킷은 수신자 노드로 전달되고 거기서 최종적으로 재조립되어 상위 계층인 제4계층 전송 계층 프로토콜로 전달된다.

이 방식에서는 송신자 노드가 송신할 때의 패킷 크기와 동일한 패킷들이 그대로 수신자 노드로 전달되는 것을 알 수 있다. 물론 두 송수신자 노드가 소속(연결)되어 있는 통신망의 종류가 동일할 때 성립된다. 그리고 이 기법이 제대로 작동하기 위해서는 하나의 데이터 패킷에서 분할된 모든 패킷들은 수신자 노드로 전달되는 경로가 같아야 한다. 동일한 경로를 따라서 한 데이터 패킷 소속 모든 분할 패킷들이 전달될 때 재조립이 가능하기 때문이다. 따라서 이 기법에서는 수신자 노드 입장에서는 패킷이 거쳐온 통신망 내에서의 분할 작업 여부를 알 수 없는 상황이 나타나기도 한다. 예에서 R1 → R2로 가는 이더넷에서 분할되고, R2 → R3로 가는 토큰링에서 재조립되는 과정을 수신자 노드는 알 길이 없다. 이렇게 통신망 내부에서 일어나는 분할과 재조립 상황에 대해 수신자 노드는 인지하지 못하는 방식이라 하여 투명 분할(transparent fragmentation)이라는 이름이 붙었다.

두 방식 가운데 어떤 방식에 의하든지 분할 기능은 중간 노드들이 패킷을 전달하는 망의 특성에 맞게 패킷을 다듬어서(packet shaping) 전달하는 의미를 가진다. 그러나 중간 노드에서 분할된 패킷들 가운데 어느 하나에 오류가 발견되면 결국 분할된 패킷이 소속된 동일 데이터 패킷에서 분할된 모든 분할 패킷들은 전달될 필요가 없다. 만약 투명 분할과 같이 하나의 데이터 패킷에서 분할된 모든 패킷이 동일한 경로를 거치는 경우에는 오류를 발견한 중간 노드가 해당 데이터 패킷에 소속된 모든 패킷을 폐기할 수는 있다. 그러나 불투명 분할 방식을 채택하는 경우는 분할 패킷들마다 제각각 다른 경로를 거쳐 수신자 노드로 전달되는 상황이 될 수 있기 때문에 오류를 발견한 중간 노드에서 이들을 모두 기다렸다가 폐기하는 것은 불가능하다. 따라서 수신자 노드까지 전달되고 거기서 폐기되고 오류제어 작업이 이루어져야 하는 문제점이 있다.

3) IP(Internet Protocol) 프로토콜에서 분할 기능

IP 프로토콜은 인터넷의 핵심 중추적인 역할을 담당하는 표준 프로토콜로 소개한 바 있다. ISO OSI 7계층 표준 프로토콜의 3계층 네트워크 계층 프로토콜의 일을 수행한다. 이 IP 프로토콜의 역할을 구체적으로 파악하기 위해서는 IP 프로토콜에 규정되어 있는 IP 패킷의 구조를 기본적으로 살펴보아야 한다. 특히 IP 프로토콜이 기능을 수행할 때 구체적인 내용을 규정하는 IP 패킷의 헤더(header) 정보에 주목해야 한다. 앞서 여러 차례 설명한 바와 같이 헤더는 프로토콜에서 기능을 수행하면서 필요한 세세한 정보를 담은 패킷의 일부로서 통신하는 데이터에 추가해서 덧붙이는 부가 정보이다. 이번 절에서는 IP가 수행하는 중요한 기능 가운데 하나인 분할 기능이 IP 헤더에서 어떻게 표현되고 구현되어 있는지를 살펴보면서 앞서 설명한 3계층 네트워크 계층 프로토콜의 분할 기능을 현실감 있게 이해하도록 한다.

그림 9.4는 IP 프로토콜 버전 4의 헤더 구조와 헤더 내에 규정된 세부적인 필드들을 보여준다. 위에 있는 헤더와 몸체(body)를 개략적으로 보여주는 그림이 IP 패킷이다. 그 가운데 앞쪽(왼편에 보이지만 송수신이 이쪽부터 시작되기 때문에 '앞쪽'이라 표현함)에 있는 Header가 IP 프로토콜에서 수행하는 기능에 관한 구체적인 내용을 숫자로 된 인자(parameter)로 표현한 헤더이다. 이 IP 헤더를 화살표처럼 확대해서 아래에 그렸는데 그것을 자세히 보면 IP 헤더 내에 규정된 각종 필드의 이름과 크기를 알 수 있다. 필드의 의미와 해석은 11장에서 자세하게 소개하기 때문에 여기서는 네트워크 계층 프로토콜의 분할 기능을 이해하는 차원에서 그것과 관련된 헤더 필드에 관해서만 설명한다.

확대된 헤더의 구조를 직사각형 박스로 그려 표현하였는데 이것을 어떻게 보아야 하는지부터 설명한다. 박스의 가로변에 보면 0에서 31까지 숫자가 기재되어 있다. 그 수는 비트 단위의 필드 내 순서를 표현한다. 첫 비트가 왼편에 있는 비트이고, 그 번호가 0으로 매겨져 있다. 1에서 시작하지 않고 0에서부터 번호가 매겨있음을 확인하기 바란다. 참고로, 컴퓨터과학(공학)에서는 첫째 자리의 수를 1이 아닌 0으로 표현한다. 따라서 가로변은 32개 비트(4바이트)의 길이를 가지는 헤더 부분을 표현함을 알 수 있다. 세로변에는 수가 표기되어 있지 않으나 행(row)으로 나누어져 있고 그 개수를 세어보면 모두 6개다. 한 행이 32비트(4바이트)의 헤더 데이터를 담고 있으니 전체 박스는 모두 192 비트(24바이트)로 구성된 IP 헤더를 표현함을 알 수 있다. 다만 마지막(6번째) 행에 있는 options/padding 필드는 필요할 때 예외적으로 채워지는 헤더이기 때문에 통상적인 데이터를 송수신할 때 IP 헤더에는 포함되지 않는다. 따라서 IP 헤더는 보통 20바이트 크기를 가진다.

실제 헤더가 데이터 패킷의 몸체 앞에 붙어서 송수신될 때는 이런 사각형 모양은 의미가 없다. 그림 9.4의 위 그림과 같이 20바이트의 헤더가 패킷 몸체 앞에 있어서 송수신될 때 가장 왼편의 비트부터 차례로 통신망에 주입되거나 빠져나온다. 다시 말하면 실제 통신망에서 흘러 다니는 헤더는 한 행으로 쭉 늘어뜨려 보내고 받으며, 그 직후에는 패킷 데이터 몸체가 이어서 보내지고 받게 된다.

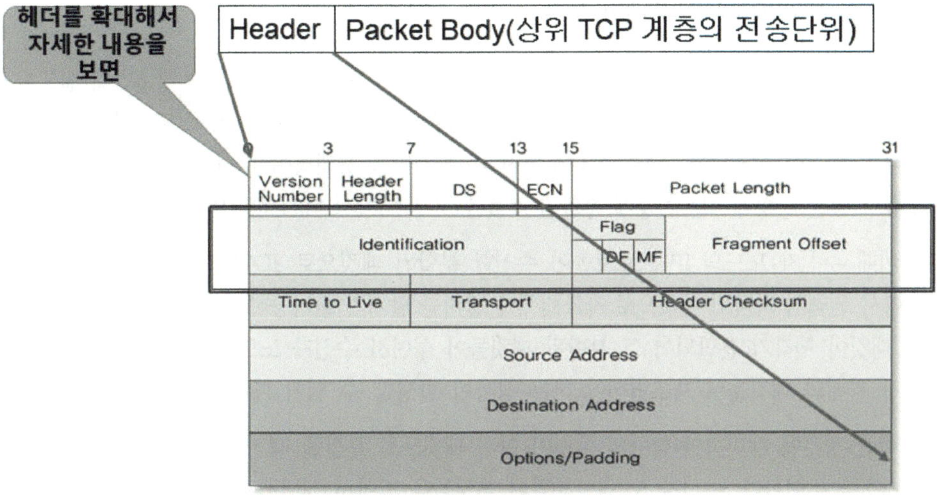

그림 9.4 IP 패킷과 헤더 구조

그런데 확대한 헤더의 모양을 이렇게 한 행에 4바이트씩으로 나누어 5(혹은 6)개의 행을 가지는 직사각형 박스로 표현한 것은 통신 프로토콜을 공부하는 사람에게 설명하기 쉽게 하기 위한 것뿐이다. 만약 이를 20바이트에 해당되는 헤더를 가로변 한 행으로 확대해서 보여주려면 교재의 두 개 페이지를 걸쳐 표현해도 가로 길이가 부족할 것이기 때문이다.

그림 9.4로 돌아가서 가장 위의 첫 행의 왼편 비트 0부터 보면, 그 오른편에 3이 보인다. 그리고 그 사이의 첫 행 내 조그만 박스로 칸이 나누어져 있고, 그 안에 Version Number(버전 번호)라고 쓰여 있다. 이것이 헤더 내에 정의되어 있는 첫 필드이다. 그 이름이 내부에 쓰여 있다. IP 프로토콜은 현재 4 혹은 6 두 가지 버전이 쓰이고 있는데 그 가운데 어떤 버전 IP에 의해 작동하는 패킷인지 구분하기 위한 필드이다. 그리고 비트 0~3이 이 필드가 차지하는 필드의 비트 번호이므로 이 필드의 크기는 4비트이다. 이런 식으로 이 그림을 보면 IP 프로토콜에서 이용하는 헤더의 필드 이름과 위치 그리고 크기 등을 정확하게 파악할 수 있다. 이는 IP 프로토콜뿐만 아니라 지구상에서 작동하는 통신 프로토콜을 모두 이렇게 표현하고 해설하기 때문에 이와 같은 프로토콜의 헤더 그림을 보고 정확하게 해석하는 것이 프로토콜 이해의 첫 걸음이라 할 수 있다.

그러면 본격적으로 IP 프로토콜에서 규정된 분할 기능이 헤더 필드에서 어떻게 구현되어 있는지 설명한다. 그림 9.4를 보면 굵은 사각형이 두 번째 행을 둘러싸고 있음을 알 수 있다. 이 사각형 안에 있는 필드들이 IP 프로토콜에서 분할 기능과 관련된 필드이다. 왼편부터 식별번호(identification) 필드, 플래그(flag) 필드 그리고 가장 오른편에 있는 분할 오프셋(fragment offset) 필드가 있다.

(1) 식별번호(identification) 필드

식별번호(identification) 필드는 그림 9.5에서 보듯이 IP 헤더 필드 가운데 6번째 필드이고, 크기는 16비트(2바이트)를 차지한다. 분할 기능과 관련된 세 필드 가운데 첫 필드이다. 분할이 일어나서 하나의 패킷이 여러 개의 분할로 나누어진 후 통신망을 통과하여 수신자 노드에 도착했을 때 다른 오류가 없는 상황에서는 이렇게 분할된 것들을 모두 모아서 다시 하나의 패킷으로 재조립해야 한다.

이때 수신자 노드의 IP 프로토콜이 수신한 분할된 패킷으로 표기된 패킷들 가운데 어떤 것들을 모아서 원래의 하나의 패킷으로 재조립해야 할지를 알기가 불가능하다. 송신자 노드가 보낸 서로 다른 패킷이 제각기 분할되어 그 분할된 패킷들이 섞여서 수신자 노드에 도착하는 경우 이들을 구분해서 원래의 패킷들로 재조립해야 하는 상황이 발생할 수 있기 때문이다.

이런 경우에 대비하여 하나의 패킷이 여러 패킷으로 분할될 때 이들 분할 패킷들에게 동일한 식별번호를 부여한다. 수신자 노드는 분할된 패킷들을 받아서 식별번호 필드를 검사하여 동일한 번호를 가진 분할된 패킷들을 하나의 패킷을 재조립하면 되는 것이다.

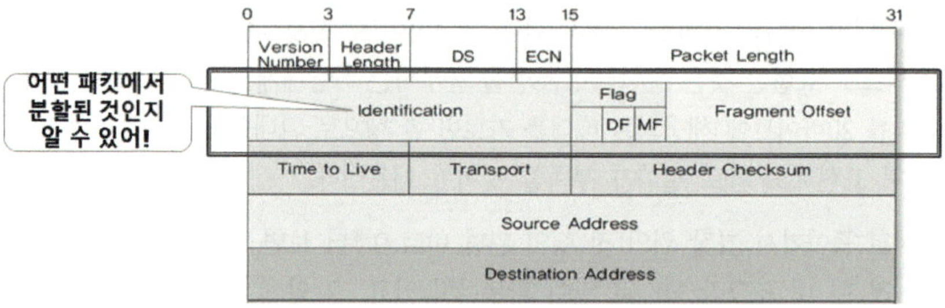

그림 9.5 IP 분할 기능 관련 IP 헤더 필드(식별번호)

(2) 플래그(flag) 필드

컴퓨터 공학에서 플래그(flag)라는 용어는 사전적 의미와 같이 어떤 상징적 의미를 가지는 깃발을 세운다는 뜻으로 쓰인다. 보통 0이면 off를 뜻하고, 1이면 on을 뜻하는 불린(boolean) 값을 가지는 변수로 정의된다. 0이면 플래그가 내려진 것이므로 플래그가 가지는 의미의 상황이 아님을 나타내고, 1이면 플래그가 가지는 의미의 상황임을 나타낸다. 여기 IP 헤더 내의 플래그 필드도 동일한 방식으로 작동한다.

그림 9.6과 같이 IP 헤더 필드의 7번째 필드로 3비트의 크기를 가진다. 이 3비트들은 다시 1비트씩으로 나누어 각각 다른 의미로 쓰인다.

첫 한 비트는 그 의미가 정해지지 않았다. 따라서 이 플래그는 현재 쓰이지 않는다. 값은 항상 0

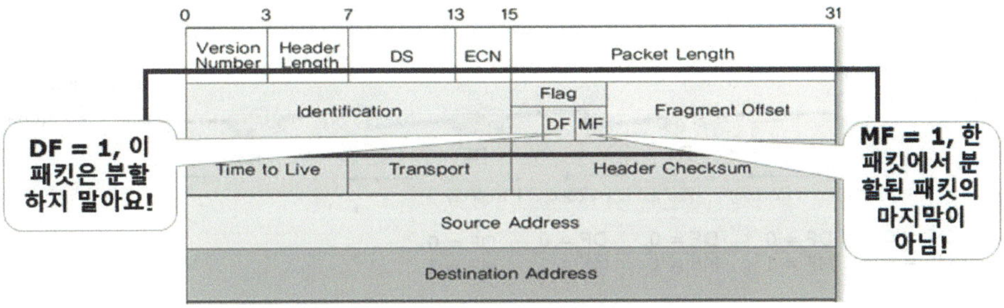

그림 9.6 IP 분할 기능 관련 IP 헤더 필드(플래그)

으로 채운다. 이런 필드를 보통 '예약된 필드'(reserved field)라고 표현한다. 미래에 추가적으로 필요한 기능이 보완되거나 대두되면 그때 그것을 위해 쓰기 위해 비워둔 필드라는 의미이다. 그러나 이런 필드가 세월이 지나 프로토콜이 개정되는 과정에서 의미를 가지는 경우는 거의 드물다.

가운데 있는 비트는 DF(Don't Fragment)라는 이름을 가진 플래그이다. 이 플래그가 1로 되어 있으면 해당 패킷은 통신망의 중간 노드가 분할하지 않는다. 다음에 패킷을 전달받는 중간 노드가 소속되어 있는 통신망이 이 패킷의 크기보다 작은 MTU 크기를 가지는 망인데도 패킷을 분할하지 않은 채 전송하라는 의미를 가진다. 만약 실제 이렇게 MTU 크기보다 큰 패킷을 분할하지 않고 보내면 어떻게 될까? 틀림없이 2계층 데이터링크 계층 프로토콜에서 해당 패킷을 처리하지 못하고 오류가 발생할 것이다.

따라서 DF 플래그는 패킷의 크기가 MTU 크기보다 큰 경우에는 패킷을 전송하지 말고 바로 버리라는(discard) 의미로 받아들이는 것이 더 현실적으로 보인다. 다시 말하면 DF 플래그를 1로 on 시킨 채 모든 패킷을 전송하는 송신자 노드의 의도는 수신자 노드가 통신망에 의해 분할된 패킷을 모아서 재조립하는 것이 불가능한 상황임을 통신망 중간 노드들에게 알리고자 하는 것이다. 왜냐면 DF = 1 인 패킷 가운데 수신자 노드에 무사히 도착할 수 있는 패킷은 그 패킷의 크기가 거쳐온 모든 통신망의 MTU 크기 가운데 가장 작은 값보다 같거나 작은 경우이기 때문이다.

마지막 오른편에 있는 한 비트를 차지하는 MF(More Fragment) 플래그이다. MF = 1이면 이 패킷은 어떤 한 패킷에서 분할된 패킷 가운데 하나이고, 이 분할 패킷은 그 패킷에서 분할된 여러 패킷 가운데 마지막 것이 아님을 뜻한다. 다시 말하면 처음이거나 중간에 놓이는 패킷들 가운데 하나라는 의미이다. 0이면 당연히 분할 패킷 가운데 마지막 패킷이라는 뜻이다. 즉, MF = 0으로 된 패킷을 수신한 수신자 노드는 이것이 특정 하나의 패킷으로부터 분할된 패킷들 가운데 마지막 것임을 알게 된다. 그러면 이 패킷을 포함하여 이전의 분할 패킷들을 분할될 때의 순서대로 정렬하여 하나의 패킷으로 재조립하는 작업을 수행하면 된다.

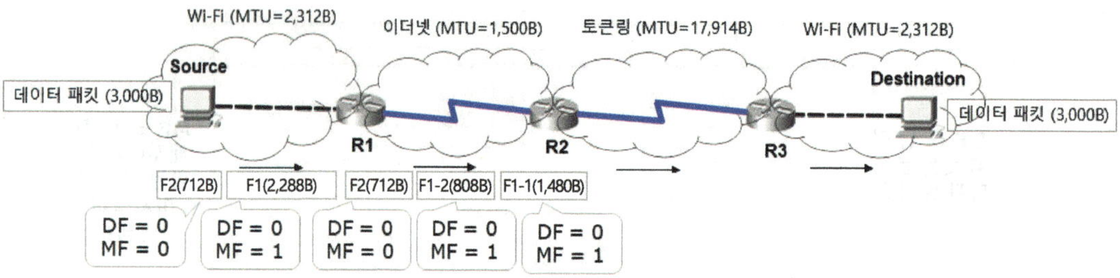

그림 9.7 IP 분할 기능 DF와 MF 플래그 예

그림 9.7에서 불투명 분할에 의해 만들어지는 분할 패킷들의 헤더 내의 DF와 MF 플래그 값의 예를 볼 수 있다. 그런데 마지막 분할 패킷은 MF 플래그로 확인이 가능하지만 나머지 분할 패킷들의 순서를 어떻게 알아내서 첫 번째 분할 패킷에서부터 마지막 분할 패킷까지 순서대로 재조립을 해낼 수 있을까? 이 문제에 대한 답을 주기 위하여 다음 절에서 소개하는 분할 오프셋 필드가 IP 헤더 내에서 분할을 위한 마지막 필드로 존재한다.

(3) 분할 오프셋(fragment offset) 필드

분할 오프셋(fragment offset) 필드는 IP 헤더 내 8번째 필드로 크기는 13비트를 차지한다. 이 필드는 분할 패킷이 원래 분할 이전 패킷의 어떤 위치에 있었던 것인지를 표현한다. 정확하게는 원래 분할 전 데이터 패킷의 첫 바이트에서 얼마나 떨어진 위치에 있는 데이터 바이트부터 분할된 패킷인지를 나타낸다. 13비트로 표현할 수 있는 가장 큰(먼) 위치값이 $2^{13}-1$ (8K - 1)이므로 IP 패킷의 최대 크기인 2^{16} (64K)바이트를 다 표현하지 못한다. 참고로, 패킷의 최대 크기는 헤더의 5번째 필드인 패킷 길이(packet length) 필드를 통해 알 수 있다. 그 필드의 길이가 16비트이기 때문이다. 따라서 분할 오프셋 필드에서 표현하는 위치값의 단위는 1바이트가 아니라 8바이트를 의미한다. 예를 들어, 어떤 패킷의 오프셋 필드의 값이 10이면 그 패킷은 분할 패킷이고 그것의 데이터 몸체는 분할 전 패킷의 첫 바이트에서 80바이트 떨어진 곳(0에서 바이트의 위치 번호를 매긴다면 81번째 바이트) 데이터부터 담고 있다는 뜻이다.

그림 9.8에서 앞선 예를 그대로 적용했을 때 오프셋 값을 볼 수 있다. 전달되는 왼편 두 통신망 Wi-Fi와 이더넷을 통과할 때 발생하는 분할로 인해 생성되는 분할 패킷 내의 오프셋 필드 값이 보인다. 첫 번째 가장 왼편 Wi-Fi를 통과하기 위하여 송신자 노드에서 분할될 때 첫 번째 분할 패킷의 크기는 2,288바이트이고, 나머지는 하나의 분할 패킷으로 되는데 그 크기는 712바이트이다. 모두 모으면 원래 보내려는 3,000바이트 데이터 패킷이 된다. 그런데 첫 분할 패킷의 크기가 Wi-Fi의 MTU 크기인 2,312바이트보다 24바이트 작다. 이것은 우선 분할 기능에 의해 패킷들이 분할되면 각 분할

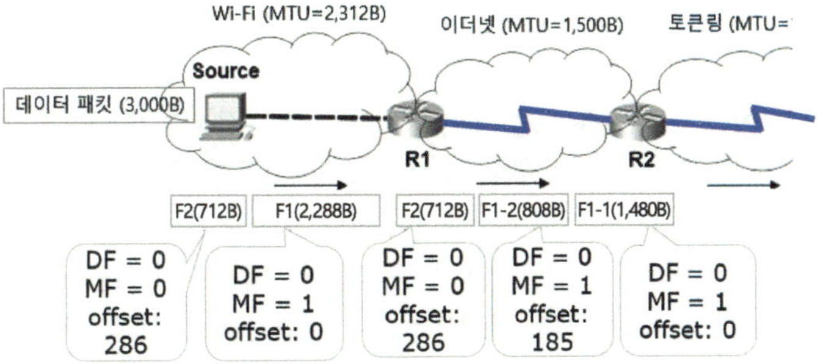

그림 9.8 IP 분할 기능 오프셋 예

패킷은 개별적으로 IP 헤더를 가진다. 따라서 이 예에서는 IP 헤더가 일반적인 크기인 20바이트를 차지하는 것이 덧붙여진다고 가정하고 분할한 것이다.

그런데 그렇게 분할할 때도 2,312바이트에 맞게 분할하면 2,288이 아니라 2,292바이트로 첫 번째 분할 패킷의 크기가 될 수 있다. 그런데 4바이트 작은 크기로 분할된 이유는 분할 패킷이 원래 데이터 패킷에서의 위치를 나타내는 오프셋 필드가 표현하는 단위가 1바이트가 아니라 8바이트이기 때문에 분할되는 크기는 항상 8의 배수가 되는 크기가 되어야 한다. 따라서 2,292보다 작으면서 가장 큰 8의 배수는 2,288이어서 그 값을 첫 분할 패킷의 크기가 된 것이다. 나머지 데이터를 담게 되는 두 번째 분할 패킷의 크기는 712바이트이다. 이 패킷은 첫 번째 패킷의 2,288바이트 다음 바이트부터 담고 있기 때문에 2,289번째 바이트가 이 패킷의 오프셋이다. 그런데 바이트 위치를 나타내는 번호는 0번부터 시작하므로 2,289번째 바이트에 해당되는 번호는 2,288이다. 이를 8로 나눈 286이 두 번째 패킷의 오프셋 값이다.

두 번째 이더넷을 통과하기 위하여 중간 노드 R1에서 분할이 또 한 번 일어나는데 이때 Wi-Fi를 통과할 때 첫 분할 패킷(크기 2,288바이트)이 다시 이더넷의 MTU 크기보다 크기 때문에 재차 분할된다. 그림 9.8에 여기서 분할된 첫 분할 패킷의 크기가 1,480바이트로 되고, 두 번째 분할 패킷의 크기는 808바이트가 된다. 첫째 분할 패킷의 크기가 이더넷 MTU 크기인 1,500바이트가 아닌 것은 앞선 예와 동일하게 새롭게 이 분할 패킷에 붙이는 IP 헤더 크기 20바이트를 감안한 것이다. 첫 분할 패킷의 오프셋은 전제 데이터 패킷 3,000바이트 가운데 여전히 첫 번째 바이트부터 담고 있기 때문에 0이다. 두 번째 분할 패킷은 앞 패킷의 1,480바이트 다음 바이트인 1,481바이트부터 이고 이것의 바이트 번호(0부터 시작함)는 1,480이므로 8로 나눈 185를 오프셋 값으로 가진다.

9.2 혼잡제어(congestion control)

혼잡(congestion)은 망 내부에 있는 통신 장비에 짧은 시간동안 과도한 패킷이 몰려서 장비가 작동을 제대로 하지 못하는 현상을 뜻한다. 수신자 노드에서도 유사하게 도착하는 패킷이 단시간에 너무 많아서 수신 버퍼가 넘치고 버려지는 현상이 있다. 이것도 일종의 혼잡 현상으로 볼 수 있다. 그러나 수신자 노드에서 발생하는 이런 현상은 통신망 자체에 즉각적인 불통을 일으키지는 않는다. 통신망 내부에서 작동하는 장비들에서 발생하는 혼잡은 즉각적이면서 직접적으로 망 자체 성능의 급격한 저하 내지는 불통을 야기하므로 망을 원활하게 작동하도록 관리하는 차원에서 이에 대해 적절하게 대응하는 것이 중요하다.

혼잡이 발생하면 패킷들이 통신 장비에서 멈추거나 분실되어 목적지로 전달되지 않는다. 송신자 노드는 수신자 노드로부터 일정 시간 이내에 확인응답을 받지 못하므로 재전송을 시도한다. 이 재전송은 자칫 아직 혼잡 현상이 계속되고 있을 수 있는 통신 장비에 더 많은 패킷이 몰리는 현상을 불러일으킬 수 있다. 이런 악순환이 계속되면 결국 그 통신 장비는 작동을 멈추는 지경까지 가게 되고 그 장비를 중심으로 부분적으로 통신망이 마비된다.

이런 현상을 막기 위해서는 혼잡 현상이 발생하지 않도록 사전에 예방하는 것이 최선이다. 이것을 위한 일련의 작업을 혼잡제어(congestion control)라 한다. 혼잡제어의 관건은 통신 장비 내에 진입하여 처리되는 패킷의 수를 장비가 처리 가능한 최대 능력 대비 일정 수준 이하로 유지하는 것이다. 일반적으로는 80% 이하로 유지한다.

앞서 언급한 바와 같이 송수신자 노드 사이의 단대단 전송 품질에 관해 제어하는 것은 8장에서 다룬 흐름제어의 영역이다. 송신자 노드에서 출발한 패킷이 최종적인 수신자 노드까지 전달되었을 때 수신자 노드의 자원(수신 버퍼 등)을 기반으로 흐름을 조절하는 것이 주된 작업이다. 결과적으로 두 송수신자 노드 사이에 데이터 송수신 속도를 조절하는 것이 흐름제어의 요체이다.

그런데 혼잡제어는 통신망 내부에서 일하고 있는 통신 장비의 패킷 처리 능력을 근간으로 어느 순간에 얼마나 많은 패킷이 그 장비에서 처리되는지가 관건이다. 따라서 혼잡제어는 어떤 순간에 통신 장비가 자신의 처리 능력에 지장을 줄 만큼 패킷이 몰리는 상황에서 패킷을 보낸 송신자 노드 혹은 패킷을 건네준 경로상 직전에 있는 통신 장비에게 패킷 전송을 지연하거나 일시 중단하도록 요청한다. 구체적으로 혼잡제어의 대표적인 기법으로 경로탐색(routing), 트래픽 성형(policing), 후방압박(backpressure) 그리고 초크패킷(choke packet) 등이 있다. 계속되는 네 개 절에 걸쳐 이를 설명한다.

1) 경로탐색(routing)

이 방식은 패킷이 몰려 문제가 되는 통신 장비에 패킷이 오는 것을 줄이는 데 경로탐색(routing)을 활용한다. 통신망 내부의 통신 장비가 혼잡이 예상되는 경우 자신을 이용하여 전달되도록 경로 설정이 되어 있는 통신 장비들이 다른 경로를 선택할 수 있게 한다. 이웃 통신 장비들에게 자신의 상황을 혼잡제어가 필요한 것으로 광고하면 이를 본 이웃 통신 장비들은 자신의 경로표(routing table)에 이 장비로 가도록 설정된 경로가 있는지 확인한다. 만약 있다면 그 경로 대신 다른 노드를 경유하는 우회 경로를 만들어 활용한다.

이 방식은 시시때때로 망의 트래픽 상황에 따라 동적으로 경로를 변경하는 것이 가능한 경우 적용할 수 있다. 참고로, 경로탐색 기법에 관해서는 9.3절에 소개되어 있다.

2) 트래픽 성형(policing)

혼잡 현상의 요인이 일시적으로 특정 통신 장비에 집중되기 때문이다. 이를 사전에 예방적 차원에서 이루어지는 조치로 트래픽 성형 기법이 있다. 이 기법은 영어로 표현하면 policing 내지는 smoothing 이라 한다. 두 가지 용어의 의미 모두 통신망에 패킷이 진입할 때 그 입구에서 통제하는 방식이라는 뜻을 가진다. 다시 말해 통신망에 진입하는 패킷의 단위시간 당 양을 망에 진입하기 직전에 조절하는 기능을 가진다. 마치 프로야구를 보러 가는데 야구장 입구에서 표 검사를 하여 무단 입장을 막는 것과 동일한 방식이다. 경찰이 특정 지역 진입을 통제하는 것과 같다고 해서 이 기법의 영어 이름으로 policing이라는 용어가 붙었다.

통신망에 진입하는 패킷들을 통제할 때 쓰는 기준은 전송률이다. 특정 전송률(r)을 통신망 상황에 맞게 정한 후 통신망에 진입하는 패킷들을 대상으로 전송률 이상으로 진입하지 못하도록 하는 것이다. 이런 policing 기법의 대표적인 것이 리키 버킷(leaky bucket) 기법이다. 이 기법은 통신망에 자유롭게 진입하려는 패킷들을 일정 전송률에 맞추어 진입하게 하는 매우 단순한 알고리즘이다. 이것은 실제 물통이 있는데 그 물통의 밑에 구멍이 난 경우 물통에 물을 갑자기 쏟아 부으나 천천히 부으나 구멍을 통해 새는 물은 일정한 속도를 유지하는 현상을 보고 만든 것이다.

그림 9.9와 같이 불규칙하게 패킷들이 망에 진입하려고 할 때 망 진입단에서 정해진 최대 전송률에 맞게 패킷이 전송되도록 통제하는 것이다. 그런데 이렇게 통제를 하면 망에 진입하는 트래픽의 실제 전송률은 항상 최대 전송률 이하로 유지하게 되어 불규칙한 트래픽을 일정 정도 부드럽게 만드는 효과를 보이기 때문에 이 기법을 트래픽 성형 혹은 트래픽 shaping 내지는 smoothing 기법

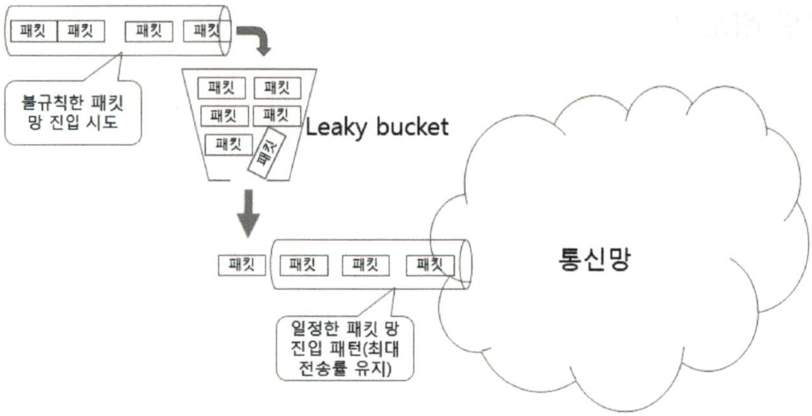

그림 9.9 혼잡제어 트래픽 성형 (리키 버킷 기법)

이라고 부른다. 트래픽 성형 기법은 트래픽이 통신망에 본격적으로 진입하기 전에 통신망 끝단의 가장자리 통신망에 있는 통신 장비에서 작동하는 기법이며 다른 통신 장비와의 공조는 필요 없다.

3) 후방압박(backpressure)

통신망 내부의 한 통신 장비에서 혼잡이 생기면 전송 경로상의 바로 직전에 있으면서 패킷을 넘겨준 통신 장비에게 패킷 전송의 속도를 늦추거나 일시 중지하도록 요청하는 방식이 후방압박(backpressure) 기법이다. 후방압박 기법은 통신망 내부의 통신 장비에서 작동하는 혼잡제어 기법이고, 전송 속도 조절 요청이 직전 통신 장비에게 전달되는 특징을 가진다.

그림 9.10에 보이는 것과 같이 이 기법에 의하면 결국 이러한 요청이 송신자 노드에서 수신자 노드로 향하는 전송 경로의 반대 방향으로 그 경로상에 있는 장비들에 차례대로 전달되어 혼잡을 해소하는 효과를 얻는다. 이 방식은 반드시 그러하지는 않지만 송수신자 노드 사이에 형성된 세션이

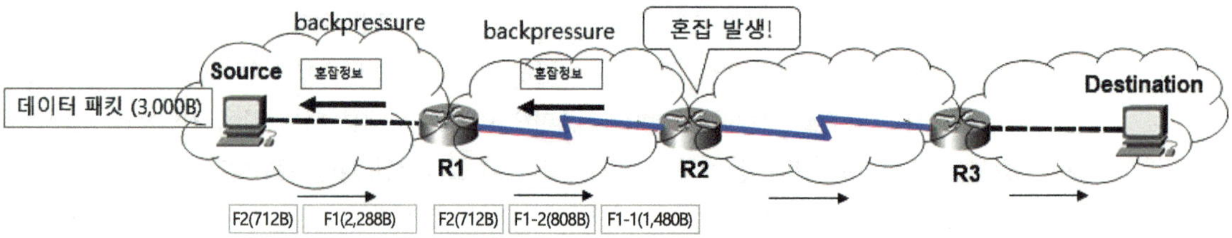

그림 9.10 혼잡제어 후방압박 기법

실질적으로 동일한 경로를 이용하여 모든 패킷들을 송신하도록 하는 연결위주(connection-oriented) 망 서비스일 때 효과가 크다.

4) 초크패킷(choke packet)

통신망 내부의 한 통신 장비에서 혼잡이 발생하면 혼잡이 발생하였다는 정보를 담은 패킷을 만들어 송신자 노드에게 전달하고 송신자가 이를 보고 패킷 송신을 늦추거나 일시 중단하는 기법이다. 좀 더 들어가면 이 기법은 혼잡발생 정보를 어떤 방법으로 송신자 노드에게 전달하는가에 따라 두 가지로 나뉜다. 첫째는 혼잡이 발생한 통신 장비가 송신자 노드로 혼잡발생 정보를 담은 패킷을 직접적으로 보내는 방식이다. 이때 보내는 패킷을 송신자 노드에게 송신을 늦추거나 일시 중단하도록 틀어막는 데 쓰이는 패킷이라 하여 초크패킷(choke packet)이라 한다. 이렇게 하려면 혼잡이 발생한 통신 장비가 자신으로부터 송신자 노드까지의 경로를 파악할 수 있어야 한다. 즉, 송신자 노드로부터 자신으로 데이터 패킷이 전달된 경로의 역방향 경로를 알고 있어야 가능한 기법이다. TCP/IP 프로토콜에서 오류나 예외 상황에 대처하기 위한 ICMP(인터넷 제어 메시지 프로토콜)의 하나인 'source quench' 메시지가 이렇게 작동하는 예이다. 그림 9.11에서 보듯이 이 방식은 초크패킷이 전달되는 경로 측면에서는 앞서 설명한 후방압박 방식과 매우 유사하다. 그러나 이 기법은 경로 중에 있는 통신 장비들에게는 혼잡에 대해 어떤 조치를 취하도록 하지 않고 송신자 노드에게만 전송을 늦추거나 중단 요청을 하는 점이 후방압박 기법과 다른 점이다. 그림 9.11의 예에서 통신 장비 R1은 혼잡 정보를 담고 있는 choke packet을 혼잡이 발생한 통신 장비 R2에서 송신자 노드에게 전달하는 중계 역할만 하지 혼잡에 대해 어떤 조치를 취하지 않는 것이다.

그런데 데이터 전달 경로의 역방향 경로를 통신 장비가 모르는 경우도 있으므로 데이터 전달 경로를 그대로 활용하여 송신자 노드에게 간접적으로 전달하도록 하는 방식이 두 번째 방식이다. 이 방식은 한 통신 장비가 혼잡을 발견하면 혼잡이 발생한 사실을 전달하는 데이터 패킷의 헤더에 표기하고 그것을 그대로 수신자 노드로 중계한다. 그러면 데이터 패킷이 수신자 노드에 도착하였을 때 수신자 노드가 이 패킷이 전달되는 과정 중에 혼잡이 발생하였음을 인지하게 된다. 이렇게 혼잡을 인지한

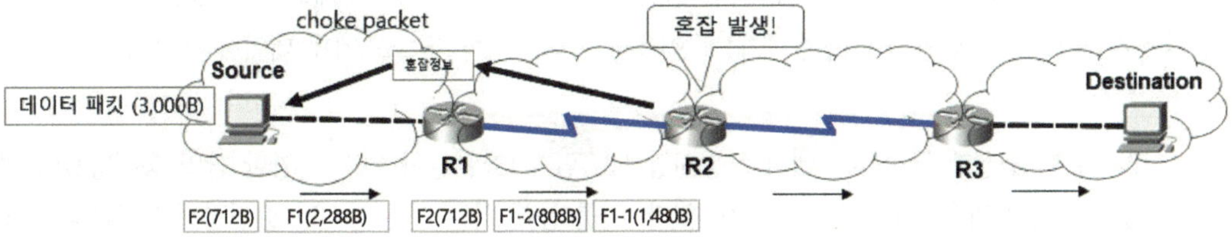

그림 9.11 혼잡제어 초크패킷 기법(ICMP source quench)

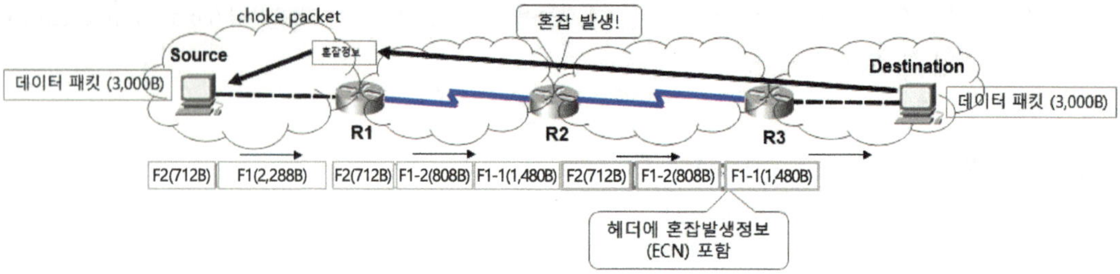

그림 9.12 혼잡제어 초크패킷(TCP/IP ECN)

수신자 노드가 송신자 노드에게 혼잡발생 정보를 헤더에 포함하는 패킷을 만들어 회신한다. 그러면 이것을 받은 송신자 노드가 전송 속도를 늦추거나 송신을 일시 중단한다.

이 방법에 의한 예로 TCP/IP 프로토콜의 ECN(명시적 혼잡 알림) 기법이 있다. 이 기법은 TCP 프로토콜 내에 포함되어 있는 혼잡제어 기능이 구현된 방식이다. 이렇게 수신자 노드까지 혼잡을 야기한 패킷을 보내는 이유는, TCP는 단대단 프로토콜이므로 중간 노드에 해당되는 통신 장비들은 TCP 프로토콜이 구현되어 있지 않아서 그 중간 노드에서 송신자 노드로 혼잡 발생 패킷(초크패킷)을 TCP 프로토콜 차원에서 직접적으로 회신할 방법이 없기 때문이다.

그림 9.12의 예와 같이 통신 장비 R2에서 발견된 혼잡에 대한 정보를 데이터 패킷의 IP 프로토콜 헤더에 담고 그것을 수신자 노드까지 전달한다. 이때 통신 장비 R3은 수신자 노드까지 전달하는 역할만 담당한다. 그것을 받은 수신자 노드는 TCP 헤더의 플래그 필드의 ECE(명시적 혼잡 알림 전달 Explicit Congestion Notification Echo) 플래그와 CWR(혼잡 윈도우 축소 Congestion Window Reduced) 플래그를 1로 세팅한 초크패킷을 만들어 송신자 노드에게 회신한다.

9.3 경로탐색(routing)

단일 통신망에 모든 노드가 서로 직접 연결된 상황이라면 중간에 중계하는 노드(통신 장비) 없이 송신자 노드가 한 번만 선로(전송매체)를 이용하여 직접 수신자 노드에게 데이터를 보내면 바로 전송이 가능하다.

그러나 현재 실제 작동하는 데이터 통신망은 그림 9.13과 같이 여러 다양한 단일 통신망들이 여러 통신 장비에 의해 서로서로 연결되어 있다. 이를 통해 서로 다른 통신망에 연결된 노드끼리 간접적으로 송수신이 가능한 구조를 가지고 있는 것이다. 이런 상황에서는 특정 노드에서 다른 노드로

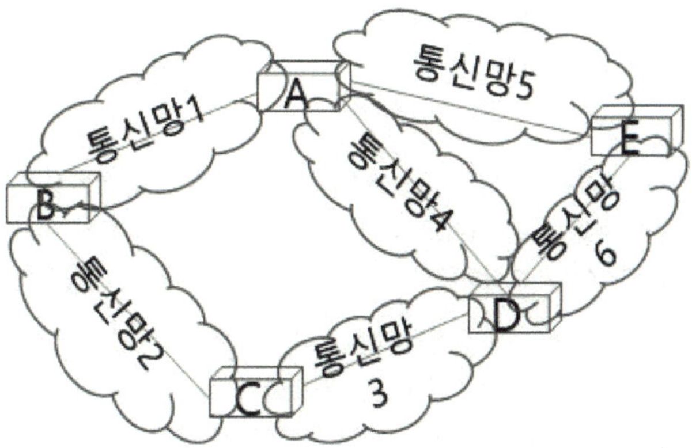

그림 9.13 통신망 토폴로지(통신 장비 연결 예)

데이터를 보내는 때에 어떤 경로로 전달하는 것이 가장 좋은 것인지를 판단할 필요가 생긴다. 예를 들어, 그림 9.13에서 통신망 1에 연결된 송신자 노드가 있고, 통신망 6에 연결된 노드 가운데 하나가 수신자 노드인 경우, 보낼 수 있는 경로는 여럿이다. 통신 장비 A를 거쳐 통신망 4를 거쳐 통신 장비 D에게 전달하고 거기서 통신망 6에 있는 수신자 노드에게 전달하는 경로가 있다. 그리고 다른 경로로 통신 장비 A를 거쳐 통신망 5를 지나 통신 장비 E에 전달한 후 거기서 통신망 6을 통해 수신자 노드에게 전달하는 방법이 있다. 그 외도 여럿 있으니 여러분이 직접 찾아보기 바란다.

1) 경로탐색 알고리즘(routing algorithm)

이렇게 여러 길이 있을 때 어떤 길로 패킷을 전달하는 것이 가장 좋은지를 찾아내는 일을 경로탐색(routing)이라 한다. 이 경로탐색 기능은 3계층 네트워크 계층 프로토콜의 기능 가운데 가장 중요한 기능이다. 최적 경로를 탐색하는 알고리즘(routing algorithm)을 구상할 때 고려해야 하는 사항으로 다음과 같이 7가지가 있다.[54)]

① **정확성**(correctness): 알고리즘의 결과가 항상 목적지(destination)에 도착하는 길을 찾아주는 것을 보장해야 한다. 물론 그 길이 선택 가능한 경로 가운데 가장 좋은(최적) 경로이면 금상첨화이다. 아래에 제시되는 여러 고려 사항을 모두 고려하면서 알고리즘의 결과가 최적의 경로이면 가장 좋은(best) 경우이다.

② **단순성**(simplicity): 알고리즘이 가능한 단순해야 한다. 공간과 시간 복잡도가 높으면 실제 구현되는 통신 장비 내에 더 많은 CPU, 기억 공간 등의 자원을 요구하기 때문에 비용이 높아지기 때문이다.

③ **견고성**(robustness): 통신망이 국부적으로 일부분 동작이 불완전하거나 과중한 부하가 걸려 혼잡 상황 등에 빠졌을 때 적어도 목적지 노드로 향하는 경로가 하나라도 남아 있는 경우에는 어떤 상황에서도 이를 회피하는 경로를 찾아 패킷 전달이 가능해야 한다.

④ **안정성**(stability): 통신망에서 전달되는 트래픽의 상황은 시시때때로 변한다. 이런 변화 상황에 민첩하게 대처하여 언제나 안정적인 경로를 찾을 수 있어야 한다. 시간에 따라 선택 가능한 두 경로 가운데 하나를 번갈아 가면서 선택하여 트래픽이 그 시간에 따라 선택된 망에 번갈아 가면서 쏠리는 진동 현상(oscillating)도 일어나지 않아야 한다.

⑤ **공정성**(fairness): 경로를 찾는 패킷들을 차별하여 어떤 패킷에 대해서는 다른 패킷들에 비해 높은 우선순위를 주어 더 좋은 경로를 더 빠르게 찾아주는 등 불공정하게 작동하면 안 된다. 통신망 사용 요금 등 특정 패킷의 특성에 따라 우선순위를 달리하는 경향이 많아지고 있으나 이로 인하여 그렇지 않은 패킷이 손해를 보거나 전체 통신망의 성능에 지장을 받으면 안 된다.

⑥ **적정성**(optimality): 전반적인 통신망의 트래픽 처리 능력이 최적화되는 상황을 고려하여 경로를 찾아야 한다. 특정 통신 장비나 특정 패킷 등에 대한 편파적으로 우선적이거나 후순위적인 경로탐색은 반드시 적정성을 함께 고려하여 서로 균형을 유지하도록 해야 한다.

⑦ **효율성**(efficiency): 경로탐색을 위해 통신망에 부가적으로 부담을 주는 것을 최소화해야 한다. 경로탐색 관련 정보로 인하여 헤더 정보에 과도하게 많은 공간을 요구하는 것은 통신망의 성능을 전반적으로 떨어뜨리는 요인이 된다.

(1) 경로탐색 알고리즘 성능기준(routing performance criteria)

경로탐색 알고리즘의 성능을 좌우하는 기준은 일반적으로 탐색된 경로의 홉(hop) 수이다. 홉 수는 통신망 내부의 통신 장비를 하나 지날 때마다 하나씩 증가한다. 따라서 전달되는 패킷이 송신자 노드에서 출발해서 수신자 노드까지 몇 개의 통신 장비를 거쳐서 올 수 있는지를 나타내는 수이다. 통신망에서 패킷을 송수신할 때 통신망의 트래픽 처리 능력을 결정 짓는 가장 큰 요인은 패킷이 통신 장비에 진입하여 얼마나 시간이 흐른 후에 그 통신 장비에서 빠져나와 다음 통신 장비로 향하는가 하는 점이다. 즉, 하나의 통신 장비에서 패킷이 얼마나 오랫동안 머무는가에 달려 있다. 이 시간을 노드 지연시간(node delay time)이라 한다. 이 노드 지연시간을 최소화하는 것이 통신망 처리 능력 향상에 결정적이다. 그만큼 자연스럽게 패킷들이 얼마나 적은 수의 통신 장비를 거쳐서 전달될 수 있는가가 경로탐색 알고리즘 성능을 좌우하는 가장 큰 지표가 된다.

그 외에 고려해야 하는 성능 기준은 비용(cost)이다. 비용은 경로 탐색을 하면서 통신 장비의 자원을 얼마나 사용하는가 하는 문제이다. 여러 종류의 전송매체가 있는 통신망의 경우 가장 적은 비용이 요구되는 경로로 전달하는 것이 좋은 것이다. 예를 들어, 유선망과 무선망을 선택할 수 있는 상황에서 유선망이 무선망보다 비싼 비용을 들여야 하는 경우 무선망을 선택해서 경로를 설정해야 한다.

지연시간(delay time)도 성능 기준 가운데 하나이다. 패킷을 전달할 때 걸리는 시간을 최소화하는 길을 찾는 것이다. 이때 앞서 설명한 비용 측면에서는 손해를 보더라도 시간을 더 높은 우선순위로 둘 수 있다는 의미이다.

마지막으로 통신망의 패킷 처리율(throughput)은 전반적으로 통신망 전체의 성능을 최대로 하는 것을 목표로 한다는 뜻이다. 개별적인 패킷 차원에서는 다소간 손해를 보내는 패킷도 있더라도 전체적인 성능에 주안점을 두는 기준이다.

(2) 경로탐색 수행시각(route decision time)

경로탐색이 수행되는 시점은 일반적으로 특정 패킷이 통신망에 주입되어 수신자 노드로 향하는 길이 필요할 때이지만 좀 더 구체적으로 세분하면 패킷 단위마다 수행하는 것과 패킷의 흐름(flow) 단위로 수행하는 것이 있다. 패킷 단위로 이루어지는 경우는 대체로 패킷과 패킷 간에 서로 연관성을 전혀 가지지 않는 경우이다. 일반적으로 이런 패킷들을 데이터그램(datagram)이라 부른다. 특정 송신자 노드에서 발생하여 동일한 수신자 노드로 향하는 패킷들은 사실 전후 관계에서 서로 깊은 연관성을 가진다. 예를 들어, 하나의 영화 파일을 다운로드하는 경우를 들 수 있다. 그런데 데이터그램 방식은 한 파일에 소속된 패킷들간에 연관성을 전혀 고려하지 않고 경로탐색을 하는 방식이다. 따라서 통신망에 진입하는 모든 패킷에 대해 들어오는 순간부터 경로상에 거쳐가는 모든 통신 장비에 진입하는 때마다 경로탐색이 이루어진다.

반면 하나의 영화 파일에 속하는 패킷들의 상호 연관성을 고려하여 이들 패킷을 전송하기 전에 미리 통신망 내의 통신 장비를 통과하면서 미리 경로를 찾는 방식이 있다. 이렇게 미리 경로를 찾은 후에는 실제 패킷이 통신망을 통과할 때는 찾아놓은 그 경로만을 이용하여 해당 파일의 모든 패킷이 전송되는 방식인 것이다. 이것은 마치 전통적인 전화망(PSTN)에서 전화를 통해 말을 주고받기 전에 둘 간에 회선을 미리 설정하는 방식과 유사하다. 그래서 이런 방식으로 데이터 통신망이 작동하는 전송방식을 가상회선(VC virtual circuit) 방식이라 한다. 가상회선 방식에서는 경로탐색이 최초 패킷을 보내려는 직전에 한 번 이루어지고 그때 설정된 경로상에 있는 통신 장비에는 그 경로 정보가 생성된다. 그 이후에는 해당 파일에 소속한 패킷들은 모두 미리 설정된 하나의 경로를 좇아서 전달된다. 이 경우 사실상 경로탐색을 모든 패킷에 대해 수행하지 않는다는 것을 뜻한다.

(3) 경로탐색 수행장소(route decision place)

일반적으로 경로탐색이 이루어지는 장소는 통신망 내부의 통신 장비이다. 그곳에 진입하는 패킷들에 대해 경로를 찾는 것이다. 그래서 이 경로탐색을 주요 임무로 하는 통신 장비를 라우터(router)라 부른다. 그리고 이 작업은 3계층 네트워크 계층 프로토콜로 구현되기 때문에 L3 장비(layer 3 device)라고도 한다. 그런데 이 경로탐색이 이루어지는 위치도 좀 더 세밀하게 구분하면 다음과 같이 세 가지로 구별된다.

첫째, 중앙집중식으로 통신망에 있는 특정 하나의 장비에서만 일어나는 경우이다. 이 장비는 통신망에서 유일하게 경로탐색을 하는 장비로 지정되어 있고, 다른 모든 통신 장비들은 경로를 탐색할 일이 있을 때마다 이 장비에게 문의하여 그 결과를 받아서 경로를 설정하는 방식이다. 이 특정 장비에 만약 문제가 발생하면 통신망 전체의 경로탐색이 불가능해져 전체적인 망이 셧다운 될 수 있다.

둘째, 분산식으로 단말과 통신 장비들이 모두 개별적으로 경로를 찾는 방식이다. 이 방식이 현재 인터넷 등 대부분의 통신망에서 활용되는 것으로 통신망에 어떤 문제가 발생했을 때 국부적인 문제로 좁힐 수 있는 여지가 생길 수 있다. 이 방식에 의한 경로탐색 결과는 대체적으로 송신자 노드에서 수신자 노드까지 가야 하는 전체 경로가 아니라 현재 노드(통신 장비 등)에서 한 홉 전진하기 위하여 알아야 하는 다음 홉(다음 노드 next hop) 정보이다. 다음 노드에서 또 반복적으로 경로탐색하고 그 결과들을 이용하여 한 홉씩 한 홉씩 수신자 노드를 향해 전진하는 방식이다.

셋째, 데이터 패킷을 생성해서 패킷을 통신망에 처음으로 밀어 넣는 송신자 노드에서만 경로탐색을 하는 경우이다. 이 경우에 송신자 노드에서 탐색되는 경로는 수신자 노드까지 가는 전체 경로이다. 이 전체 경로를 송신하는 모든 패킷의 헤더 내에 담고 통신망에 내보낸다. 그러면 통신망 내의 통신 장비는 이 헤더 정보에서 경로 정보를 찾아내서 그것으로 이미 설정된 경로상의 다음 통신 장비를 파악하고 그곳으로 패킷을 전달한다. 따라서 이 방식에 의하면 통신망 내부의 통신 장비들은 실제적인 경로탐색을 할 필요가 없다. 이렇게 송신자 노드에 의해 경로가 결정되는 방식을 소스 라우팅(source routing)이라 한다. 이 방식은 통신망 내의 통신 장비들이 문제 없이 잘 작동하는지 또는 특정 경로에 어떤 문제가 없는지를 파악하는 진단(diagnostics)에 주로 활용된다.

(4) 경로탐색 이용정보(information source)

최적의 경로를 탐색하기 위하여 통신 장비는 여러 정보를 근거로 활용한다. 그런데 여기서 설명하는 것은 사실 가장 단순한 경로탐색 방식에서부터 가장 복잡한 방식까지 어떤 정보를 활용하여 탐색 결과를 내는가를 보여준다. 따라서 가장 단순한 알고리즘은 그 결과인 경로가 결코 최적이거나 최선의 것은 아니다. 그러나 이용하는 정보와 알고리즘의 단순성이라는 장점을 고려하면 그 결과도 받아 들일만 한 것으로 생각된다. 경로탐색을 위해 이용하는 정보를 정리하면 다음과 같다.

① **아무것도 참조하지 않음**: 어떤 정보도 이용하지 않고 경로를 선택한다. 연결되어 있는 모든 선로로 입력된 패킷을 내보내는 플러딩(flooding) 경로탐색 방식이나 무작위로 수를 선택하고 그 수에 맞는 선로로 내보내는 랜덤(random) 방식에 적용된다. 이런 방식은 통신망의 과거, 현재, 미래의 상태 정보 등을 전혀 고려하지 않기 때문에 어떤 상황에서는 통신망에 많은 비효율적 부담을 줄 수 있다. 그러나 단순성으로 인해 전쟁터나 공사현상 등 상당히 거친 환경에서 작동해야 하는 통신 장비인 경우에 적용된다.

② **통신 장비 내에서 생기는 정보만 이용**: 통신 장비에 직접 연결된 선로와 그 선로에 해당하는 송수신 버퍼의 상황만을 고려한다. 특정 선로로 내보내기 위하여 필요한 비용과 그 선로로 내보내기 위한 출력 대기열(큐 queue)이 있을 때 그 대기열에 얼마나 많은 패킷들이 출력을 기다리고 있는가를 보고 경로를 선택한다. 다른 통신 장비의 상태나 다른 선로의 상태에 대해서는 고려하지 않는다. 따라서 지역적인 최적성(local optimality)은 추구할 수 있으나 전체 통신망의 전반적인 성능 최적화는 확보하기 어렵다.

③ **이웃(adjacent) 통신 장비 정보 이용**: 직접 연결되어 있는 인접 통신 장비가 가지고 있는 경로 관련 정보를 수집하여 활용한다. 경로 관련 정보는 주로 경로탐색때 판단의 근거로 삼는 경로표(routing table)인 경우가 많다. 즉, 이웃 노드가 만든 경로표를 활용하여 자신의 경로표를 만들거나 갱신하는 것이다. 경로표는 경로탐색의 결과에서 설명한다.

④ **전체 통신 장비 정보 이용**: 통신망에 존재하고 있는 모든 통신 장비로부터 경로 관련 정보를 수집하여 그것을 경로 탐색에 활용한다. 이 경우에 경로 관련 정보는 주로 각 통신 장비가 직접 연결되어 있는 선로 정보와 각 선로의 끝에 연결되어 있는 이웃 노드에 대한 정보이다. 이를 모두 수집하면 통신망의 전체 형태(토폴로지)를 알 수 있고 이것을 활용하여 최적 경로를 산출한다. 전체 통신 장비와 경로탐색을 위한 정보를 서로 주고받아야 하므로 그것으로 인한 전체 통신망에 부담을 줄 수 있다. 그러나 전체 통신망의 상황을 파악하고 경로 탐색 결과를 내므로 전반적으로 최적화(globally optimized)된 결과를 얻을 수 있다.

(5) 경로탐색 결과(routing results)

경로탐색을 하고 나면 그 결과물이 생기는데 그것을 주로 통신 장비 내에 하나의 표로 정리해서 만들어 활용한다. 이 표를 경로표(routing table)라 한다. 경로탐색을 위한 새로운 정보가 알고리즘에 적용될 때마다 새로운 결과로 지속적으로 갱신하면서 유지한다. 물론 경로탐색 방식 가운데 단 한 번 표를 만든 후 통신망이 사라질 때까지 그 내용을 바꾸지 않는 것도 있다. 고정 경로(fixed routing) 같은 예이다. 그런 경우에는 갱신하는 절차는 알고리즘에 있지 않다. 경로표에는 우선 목적지(destination) 정보가 있다. 이 표를 가지고 있는 통신 장비로부터 특정 목적지 노드(수신자 노드)로 가기 위한 경로라는 것을 표기하기 위해 경로표에 이 값이 들어있다. 이 목적지 값은 마치 데이터베이스의 인덱스와 같은 역할을 한다. 통신 장비에 패킷 하나가 들어오면 이를 위하여 경로탐색을 하는데 경로표를 참조한다. 그리고 표에서 그 패킷의 목적지 노드(수신자 노드)에 해당하는 목적지가 있는지를 살핀다. 만약 있다면 표의 해당 줄에 들어있는 정보가 그 패킷이 가야하는 목적지 노드로 향하는 경로 정보이다. 이 경로 정보에는 다음과 같은 것이 있다.

① **다음 홉**(next hop): 특정 목적지 노드로 가기 위하여 현재 통신 장비와 직접 연결된 통신 장비들 가운데 어떤 통신 장비로 내보내어야 하는지를 새겨둔 것이다. 그때 그 통신 장비가 현재 통신 장비에서 목적지 노드로 향하는 최적 경로(optimal route)의 첫 번째 홉(first hop)이 되는 것이다.

② **비용**(cost): 특정 목적지 노드로 가는 최적 경로의 비용을 제시한다. 통상적으로 경로의 최적성 기준으로 홉 수를 많이 고려하므로 비용으로 주로 홉 수가 들어있어 현재 통신 장비로부터 목적지 노드까지 가는데 몇 개의 통신 장비를 거쳐 가는지를 표현한다.

③ **기타**: 그 외 특정 목적지 노드로 가는 경로가 얼마나 오래전에 만들어지고 실제 패킷 전송 때 참조된 것인지를 알 수 있는 나이(age) 정보도 있다. 이는 특정 목적지 노드로 가는 경로가 실효성이 있어 경로표에 남겨둘 필요가 있는지 여부를 판단하기 위함이다. 해당 목적지 노드로 향하는 패킷이 참조할 때마다 나이 정보를 특정 값으로 리셋한다. 그리고 패킷의 참조가 없거나 경로 정보의 갱신이 없는 동안은 매초마다 1씩 감한다. 그 후 값이 0이 되면 이 정보는 참조도 되지 않고 갱신도 되지 않는 목적지 노드로 가는 경로 정보이므로 더 이상 경로표에서 유지할 필요가 없다고 간주하여 그 줄(행)의 정보를 삭제한다. 목적지 노드로 내보내기 위한 다음 홉 통신 장비가 직접 연결된 선로 인터페이스 포트 번호 정보도 있다. 실제 패킷을 내보낼 때는 그 포트 번호에 해당하는 인터페이스로 내보낸다. 표 9.1에 대표적인 경로표의 예가 보인다.

표 9.1 경로표(routing table) 예

목적지	다음 홉	비용	나이	포트 번호
203.223.12.1	202.222.3.1	8	128	7
202.222.10.1	202.222.10.1	1	82	3

표에서 첫 줄에 목적지 노드는 203.223.12.1 이라는 주소를 가지는 노드이다. 입력되는 패킷이 이 노드를 목적지로 하고 있다면 최적 경로로 보내기 위해서는 이 표를 가지고 있는 통신 장비가 직접 연결되어 있는 이웃 노드 가운데 202.222.3.1 노드로 보내야 하는 것이다. 이 경로는 여덟 차례 통신 장비들을 지나야 목적지 노드에 도달할 수 있고, 현재 나이가 128로 되어 있어 128초간은 살아 있을 수 있다. 위와 같이 한 패킷이 왔는데 그 패킷의 목적지 노드가 203.223.12.1 이라면 이 경로가 참조가 되는 것이므로 이때 나이가 최대값으로 바뀌어 생명(이 목적지 노드로 가는 최적 경로의 유효기간) 연장이 되는 것이다. 마지막으로 위의 다음 홉인 202.222.3.1 주소를 가진 이웃 통신 장비로 패킷을 보내려면 이 표를 가지고 있는 통신 장비에 있는 포트 가운데 7번 포트로 내보내면 됨을 알 수 있다. 그 7번 포트에 연결되어 있는 선로의 끝에 202.222.3.1 주소를 가진 노드가 있다는 뜻이다.

목적지 노드 202.222.10.1로 가는 최적 경로에 대한 정보가 그 다음 줄에 있다. 이 정보를 잘 살펴보면 이 표를 가지고 있는 현재 통신 장비가 그 노드로 향하는 중간 노드로서 마지막 노드임을 알 수 있다. 그것은 다음 홉 정보를 보면 목적지 노드와 동일한 주소로 되어 있고, 비용도 1로 되어 있기 때문이다. 따라서 이 목적지 노드는 현재 통신 장비의 포트 3번에 다른 중간 노드 없이 선로(전송매체)에 의해 직접 연결되어 있음을 알 수 있다. 만약 이 목적지 노드로 향하는 패킷이 현재 통신 장비에 도착하면 이 패킷은 목적지 노드로 바로 직접 전달이 되는 것이다.

10
CHAPTER

네트워크 계층 프로토콜 (경로탐색 RIP, OSPF)

통신망 수요가 점차 늘어나면서 내부에 통신 장비가 많이 있게 되고 통신망 형태(topology)가 그야말로 복잡해져 단순히 두 노드 간 직접 연결된 선로를 통해 통신하는 상황은 일반적이지 않게 되었다. 짧은 거리에 있는 제한된 공간에서 폐쇄적으로 운영되던 데이터 통신망들이 서로 연결되어 통신 공간 범위가 이제는 지구(earth) 전체로 확대되었다. 이렇게 그림 10.1의 예와 같이 독립적 통신망들이 상호 연결되는 상황에서 가장 중요한 통신 기능은 송신자 노드가 보낸 패킷이 통신망 내에 있는 최적의 경로를 타고 정확하게 수신자 노드에 도달하는 것이다. 이 기능을 경로탐색(routing) 혹은 경로배정이라 한다.

송수신자 노드가 선로로 직접 연결된 통신망의 통신 기능은 모두 2계층 데이터링크 계층 프로토콜에 포함되어 있고 그 이상의 통신망 서비스를 위한 프로토콜이 필요하지 않았다. 그런데 송수신자 노드 사이에 중간 노드의 개입이 있는 형태로 통신망이 변모하면서 위와 같이 경로탐색과 같은 새로운 통신 기능이 추가적으로 필요하게 되었다. 이 기능들을 기존 통신 프로토콜에 더하여 새로운 프로토콜 구조가 만들어졌다. 결국 송신자 노드와 수신자 노드가 간접적으로 연결된 상태에서 중간 노드(통신 장비)를 하나하나 경유하는 데 필요한 기능을 규정한 제3계층인 네트워크 계층 프로토콜이 기존 통신 프로토콜 구조에 위에 얹어진 것이다. 그리고 하나 이상의 중간 노드를 거쳐서 최종적으로 수신자 노드에 도착했을 때 부가적으로 수행해야 하는 기능들을 모아서 또 다른 계층으로 그 위에 더 얹은 것이 제4계층인 전송 계층 프로토콜인 것이다.

9장에서는 3계층 네트워크 계층 프로토콜의 주요 기능을 전반적으로 설명하였다. 그 가운데 가장 중요한 것이 경로탐색이라 할 수 있다. 10장에서는 구체적으로 어떻게 경로탐색을 하는지에 관해 설명한다. 생각해 볼 수 있는 여러 가지 경로탐색 방식을 우선 살펴보고, 가장 대표적이면서 서로 대비되는 방식인 거리벡터(distance vector) 알고리즘과 링크상태(link state) 알고리즘을 소개한다.

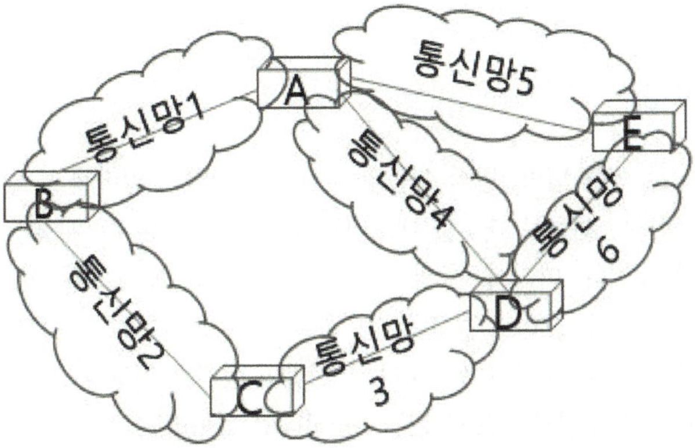

그림 10.1 6개의 통신망이 상호 연결된 통신망 형태

10.1 경로탐색 방식

9장에서 언급한 경로탐색 방식(알고리즘)이 갖추어야 하는 성능 기준 가운데 어떤 기준을 좀 더 무겁게 고려하는가에 따라 여러 방식이 있다.

1) 고정 경로(fixed routing)

통신망에 붙어있는 노드 가운데 데이터를 생산하여 실질적으로 송신할 수 있는 모든 모드와 데이터를 최종적으로 수신하여 처리하는 모든 노드를 대상으로 형성될 수 있는 (송신자 노드, 수신자 노드) 조합에 대한 경로를 설정한다. 사실 이것은 어떤 경로탐색 방식이든 경로탐색 방식이 수행해야 하는 본질적인 사항이다. 그런데 이 방식의 특징은 이렇게 설정된 경로가 기본적으로 통신망이 유지되는 동안에 바뀌지 않는다는 점이다. 즉, 한 번 만들어진 경로 정보가 영구적으로 쓰인다는 말이다.

일반적으로 이 방식은 경로 정보(경로표)를 통신망을 처음 구축할 때 통신망 설계 기술자가 경험이나 배경지식을 동원하여 작성하여 통신 기능을 수행하는 중간 노드(통신 장비)에 설정해 넣어둔다. 그러면 그 경로표는 기본적으로는 변하지 않고 고정된 값으로 유지되고 그것에 의해 오고가는 패킷의 길을 파악하게 된다. 물론 새로운 노드를 추가적으로 연결하거나 통신망의 형태가 바뀌는 등의 경우 그 변화에 맞추어 경로표를 갱신하기도 한다.

고정 경로 방식은 기본적으로는 단 한 번 경로탐색이 컴퓨터 알고리즘이 아니라 엔지니어에 의해 행해지고 경로표의 갱신도 통신망의 변화가 있을 때만 이루어지는 방식이다. 엔지니어가 경로를 탐색할 때 이용하는 정보는 자신이 설계하고 설치한 통신망 구조이다.

2) 플러딩(flooding)

플러딩(홍수 등으로 인한 범람) 방식 이름의 사전적 의미와 동일하게 패킷이 노드에 도착하면 자신과 연결되어 있는 모든 선로로 패킷을 내보내는 방식이다. 물론 그 패킷이 도착한 선로로는 다시 내보낼 필요는 없을 것이다. 따라서 이 방식은 패킷이 오기 전에 노드(통신 장비)에서 경로표를 작성하고 유지할 필요가 없다. 그리고 경로를 선택하는 데 어떤 정보도 불필요하다. 이 방식은 통신망의 운영 환경이 매우 열악한 상황에 적합하다. 통신망의 형태가 사고나 의도적으로나 변화가 일어나더라도 송신자 노드에서 수신자 노드로 가는 단 하나의 길이라도 있는 경우에는 반드시 패킷 전달이 가능하다.

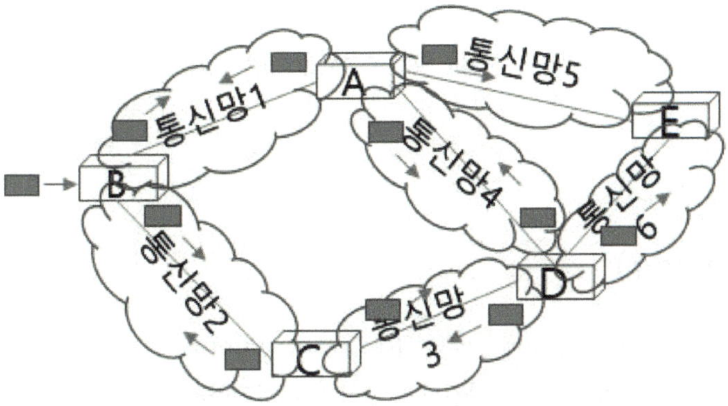

그림 10.2 플러딩(flooding) 경로탐색

그림 10.2의 예에서는 통신망 1과 통신망 2를 잇는 통신 장비(라우터) B를 통해 통신망에 진입한 패킷이 있고, 그 목적지 노드가 라우터 E를 경유하는 노드라고 가정하자. 두 개로 복제되어 라우터 B가 연결된 라우터 A와 라우터 C로 전달된다. 라우터 A에서는 다시 라우터 D와 라우터 E로 전달되고, 라우터 C에서는 라우터 D로 전달된다. 라우터 D는 라우터 A가 전달한 패킷은 복제해서 라우터 C와 라우터 E로 전달하고, 라우터 C가 전달한 패킷은 다시 라우터 A와 라우터 E로 전달한다. 이런 식으로 특정 한 노드로 들어온 패킷은 그 들어온 선로를 제외한 나머지 모든 선로에 패킷을 복제해서 끝없이 전달한다.

예와 같이 통신망에서 통신 기능을 담당하는 모든 노드가 연결되어 있는 선로의 수만큼 패킷을 복제해서 내보내기 때문에 동일한 패킷이 한 개 이상 수신자 노드에 도착할 수 있다. 이로써 적어도 하나의 패킷은 도착함이 보장된다. 이런 점은 이 방식이 견고성(robustness) 특성 측면에서는 최강이라 할 수 있다. 그리고 수신되는 동일 패킷들 가운데 가장 먼저 도착하는 패킷은 송수신자 노드 사이에 선택할 수 있는 여러 경로 가운데 시간 측면에서 가장 짧은 경로를 타고 온 패킷이다. 이러한 점들이 플러딩 방식의 장점이다.

그러나 전송 중에 패킷이 상당히 많이 복제되어 전달되기 때문에 통신망에 트래픽이 어마어마하게 늘어날 것이다. 더욱 좋지 않은 것은 이렇게 복제되고 전달하는 과정이 끝도 없이 계속된다는 점이다. 이것은 통신망 본연의 기능마저 발휘하지 못하게 하는 좋지 않은 특성이다. 따라서 플러딩 방식이 그런대로 특수 조건에서 작동하는 의미를 가지려면 이렇게 영원히 복제되어 전달되는 현상을 일정 정도에서 멈출 수 있게 해야 한다. 이것을 위한 것이 패킷 생존 시간(time to live)이다. 패킷 헤더의 한 필드로 한 라우터에서 패킷을 다음 라우터로 전달할 때 이 값을 하나 감소시킨다. 그 값이 0이 되면 더 이상 패킷을 다음 라우터로 전달하지 않고 그 라우터에서 폐기(discard)한다. 즉, 패킷을 처음 통신망에 주입할 때 특정 값으로 이 패킷 생존 시간을 설정해서 첫 라우터에 전달하면 거기서부터 하나씩 감소시켜 그 값이 0이 될 때까지만 패킷을 통신망 내부의 라우터들이 전달하는 것이다. 다시 말하면 처음 망에 진입할 때 설정되는 패킷 생존 시간은 그 패킷이 갈 수 있는 최대 홉 수가 된다.

3) 무작위(random)

통신 장비(라우터)에 들어온 패킷을 중계해야 하는 상황이면 연결된 선로 가운데 하나를 무작위로 선택하는 방식이다. 일반적으로는 완전하게 무작위로 선택하지 않고 라운드 로빈(round robin) 방식으로 선택한다. 선로 a, b, c 로 3개가 연결되어 있다면 첫 번째는 선로 a가 선택되고, 다음은 선로 b, 그 다음은 선로 c가 선택된다. 그리고 그 다음은 선로 a가 다시 선택되고, 그 다음은 선로 b가 선택되는 식으로 번갈아 가면서 한 번씩 선택하는 것이다. 이 방식은 플러딩 방식에 비해 통신망 내부에 트래픽이 급증하는 문제는 사라진다. 그러나 플러딩의 장점인 최적의 경로를 통해 전달되는 것이 보장되는 점은 이 방식에 의해서는 달성되지 못한다. 경로를 탐색할 때 정보를 전혀 활용하지 않는 측면에서는 플러딩과 동일하다. 확률적 고려를 가미하면 좀 더 나은 경로를 선택할 수 있다.

4) 적응형(adaptive routing)

통신망의 현재 상태를 고려하여 경로를 탐색하는 방식이다. 현재 지구상에서 작동하는 거의 모든 통신망이 채택하는 경로탐색 방식이다. 2절과 3절에서 소개하는 거리벡터(distance vector) 알고리즘과 링크상태(link state) 알고리즘도 해당되는 방식이다. 통신망의 상태나 조건이 변하면 그것이 경로를 선택할 때 반영되어 이전과 다른 경로를 선택할 수 있게 된다. 따라서 이 방식은 경로탐색에 여러 정보를 활용한다. 경로탐색을 수행하는 시점도 상태나 조건이 변하는 시점마다 할 수도 있고 일정 시간마다 주기적으로 수행하기도 한다.

이 방식은 통신망의 여러 가지 정보를 활용하기 때문에 앞선 무작위 방식보다는 최적 경로를 선택할 가능성이 높다. 그리고 실제 패킷을 여러 개로 복제해서 전달하게 하지 않기 때문에 통신망에 가해서는 추가적인 트래픽 부담도 작다. 경로탐색으로 인해 추가되는 통신망에 대한 부담이 전혀 없는 것이 아니라 적은 것은 이 방식이 필요로 하는 정보를 노드들이 서로 주고받아야 하고 이로 인해 발생하는 트래픽 부담이 존재하기 때문이다. 앞선 방식에 비해 경로탐색하는 알고리즘이 복잡하기 때문에 경로를 찾는 시간이 상대적으로 오래 걸린다.

그리고 적응형 방식에서 통신망 상황에 민감하게 반응하여 경로탐색을 하고 경로를 변경하면 통신망의 트래픽 흐름이 망 전반에 고르게 이루어지지 않고 어느 쪽으로 쏠리는 현상이 발생한다. 그것도 마치 괘종시계의 시계추가 오른편으로 갔다가 왼편으로 갔다가 하듯이 짧은 시간에 트래픽이 번갈아 가면서 이쪽 쏠렸다가 저쪽으로 쏠리고 다시 이쪽으로 쏠리고 하는 현상이 반복해서 발생하기도 한다. 이를 진동(oscillation) 현상이라 한다. 이 현상을 줄이려면 현재 통신망 상태 변화에 반응하는 속도를 줄여야 하는데 경로탐색을 하는 시간 간격을 늘려 경로 변경을 좀 더디게 하여야 한다.

10.2 거리벡터 경로탐색 알고리즘 (distance vector routing algorithm)

현재 인터넷에서 쓰이고 있는 여러 종류의 경로탐색 프로토콜 가운데 RIP(Routing Information Protocol)이 있다. RIP는 거리벡터(distance vector) 경로탐색 알고리즘을 채택한 대표적인 프로토콜이다. 거리벡터 경로탐색 알고리즘은 직접 연결되어 있는 이웃 노드(neighbor node 통신 장비인 라우터)와 서로 정보를 주고받아 최적 경로를 찾는다. 중간 노드의 개입이 있어서 서로 송수신이 가능한 간접적으로 연결된 노드와는 경로탐색을 위해 정보를 주고받지 않는 점이 이 방식의 특이점이다. 그림 10.1의 통신망 예에서 라우터 A는 직접 연결된 라우터 B, 라우터 D 그리고 라우터 E와 정보를 주고받아 그것을 이용하여 최적 경로를 탐색한다. 그러나 직접 연결되지 않고 중간 노드로 라우터 B 혹은 라우터 D를 거쳐서 간접 연결된 라우터 C와는 경로탐색을 위해 정보를 주고받지 않는 것이다.

거리벡터 경로탐색은 이웃 노드와 주고받아 경로탐색에 활용하는 정보로 인해 이런 이름을 가지게 되었다. 여기서 거리는 현재 노드에서 목적지인 수신자 노드까지 가는 경로에서 거쳐가는 라우터의 개수이다. 즉, 현 노드에서 목적지까지 가는 경로의 홉 수를 의미한다. 그리고 벡터는 방향성을 의미하는데 목적지인 수신자 노드를 뜻한다. 앞서 설명한 거리의 의미인 홉 수는 벡터의 길이를 그리고 목적지 노느는 벡터의 방향을 하나로 묶어 거리벡터 (목적지 주소, 목적지까지 홉 수) 정보로 표현하는 것이다. 이 정보를 이웃 노드와 서로 주고받아 최적 경로 탐색에 활용하기 때문에 거리벡터 경로탐색 알고리즘이라 불린다.

이 거리벡터 정보가 각 라우터 내에 어딘가에 있어야 이를 이웃 라우터와 서로 주고받아 경로를 찾을 수 있을 것이다. 도대체 이 정보는 라우터의 어디에 있는 것일까? 그 답을 생각할 때 9장의 마지막에 언급한 경로탐색 알고리즘이 수행한 결과를 어떻게 한다고 했는지를 상기하기 바란다.

일반적으로 생각하는 경로탐색 과정을 여기서 다시 한 번 생각하여 보자. 패킷 하나가 어떤 라우터에 진입하면 이 패킷의 목적지가 어딘지를 보고 그곳으로 가는 최적의 경로를 찾는다. 그리고 그 결과인 경로 정보에 따라 패킷을 내보낸다. 그런데 그 이후 이 경로 정보를 버리는 것이 좋을까 아니면 차후에 쓰기 위해 라우터 내부의 어딘가에 기록해두는 것이 좋을까? 왜냐면 차후에 방금 경로를 찾은 패킷의 목적지와 동일한 목적지로 향하는 패킷이 진입할 수 있기 때문이다. 이 질의에 대한 답은 명확하다. 버리지 않고 어딘가에 기록해두는 것이 유리한 점이 많을 것이다.

그러면 이 기록에는 과거의 경험치로 여러 목적지 노드에 대한 최적 경로들이 저장되어 있을 것이다. 이 상황에서는 새로운 패킷이 들어오면 최적 경로를 탐색하기 위한 알고리즘을 실행하기 전에 저장되어 있는 기록 가운데 지금 들어온 패킷의 목적지 노드로 향하는 최적 경로 기록이 있는지를 먼저 찾는다. 만약 기록 가운데 존재하면 굳이 다시 알고리즘을 수행할 필요 없이 바로 그 기록에 새겨져 있는 최적 경로 정보를 활용하여 패킷을 내보내면 된다.

이 기록이 다름 아닌 9장에의 끝자락에서 경로탐색의 결과물로 언급한 경로표(routing table)이다. 경로표에는 목적지 노드, 최적 경로상의 다음 라우터(홉), 최적 경로를 이용하면서 목적지까지 거쳐 가는 라우터의 수(홉 수) 등의 정보가 있다. 이제 앞서 제기한 질의의 답이 보이는지 궁금하다. RIP 프로토콜을 포함한 거리벡터 경로탐색 알고리즘이 이용하는 거리벡터 정보는 다름 아닌 각 라우터에서 유지하고 있는 경로표이다. 따라서 라우터는 이웃 라우터와 경로표를 주고받아 최적 경로를 찾는다.

이 방식으로 최적 경로를 찾는 대표적인 알고리즘이 벨만-포드(Bellman-Ford) 알고리즘이다. 이 알고리즘을 실제 인터넷에서 작동하는 프로토콜로 만든 것이 RIP(Routing Information Protocol) 프로토콜이다. 이에 대해 차례로 자세하게 설명한다.

1) 벨만-포드 알고리즘(Bellman-Ford algorithm)

이 알고리즘은 노드(node)와 선분(edge)으로 구성된 그래프가 있을 때 그래프 내에서 특정 노드(s)에서 다른 노드로 가는 최단 거리(shortest distance) 경로를 찾는 알고리즘이다. 이 알고리즘은 노드 s에서 출발하여 다른 개별적 노드로 0홉(hop)으로 갈 수 있는 경로들 가운데 최단거리 경로를 찾는 것부터 시작해서 한 라운드(round)에서 홉(h) 수를 하나씩 늘려가면서 노드 s에서 각각 다른 노드(n)로 가는 h 홉 만에 갈 수 있는 경로 가운데 최단거리 경로를 찾아간다. 여기서 노드 s는 송신자 노드 역할을 한다. 노드 n은 수신자 노드이다. 알고리즘의 첫 라운드가 시작하는 0홉(h = 0)이라는 뜻은 선분(선로)을 하나도 거치지 않는다는 뜻이므로 사실상 자기 자신 노드 s를 제외하고 0홉으로 갈 수 있는 다른 노드 n은 없다. 이때 각 노드로 갈 수 있는 길이 없다는 표시로 경로의 비용($L_0(n)$)을 무한대(∞)로 표현한다. 그리고 자신 노드 s로 가는 최단거리 경로는 다른 곳에 보낼 필요가 없으므로 경로의 비용은 0이다. 이 과정이 이 알고리즘의 초기화 과정이다.

이후에는 홉 수 h를 하나씩 증가하면서 노드 s로부터 각 노드 n으로 가는 최단거리 경로를 찾아서 갱신하는 과정을 거듭해서 반복 수행한다.

벨만-포드 알고리즘이 종료하는 시점은 홉 수를 증가시켜 라운드를 한 차례 돌려 각 노드로 가는 최단거리 경로를 찾았으나 그 전 라운드에서 찾은 최단거리 경로와 차이가 없을 때이다. 이는 더 이상 라운드를 거듭하면서 홉 수를 늘려도 기존에 최종적으로 찾은 경로보다 더 나은 경로를 찾지 못함을 의미하기 때문이다.

그림 10.3에 벨만-포드 알고리즘을 정리하였다.

【초기화】

① $h = 0$ // 0홉으로 가는 경로

② $L_h(n) = \infty$ (발신지 노드 s가 아닌 모든 노드 n에 대해)

③ $L_h(s) = 0$ (발신지 노드 s에 대해)

【갱신】

④ $L_{h+1}(n) = \min_j[L_h(j) + w(j, n)]$ (발신지 노드 s가 아닌 모든 노드 n에 대해)

⑤ $h = h + 1$ // 한 홉 더한 경로에 대해 단계 ④ 적용

그림 10.3 벨만-포드 알고리즘

그림 10.3의 단계 5에서 w(j, n)은 노드 j에서 노드 n까지 단일 홉 선분(선로)의 비용이다. 초기화 이후 갱신 단계에서는 단계 4와 단계 5 수식을 반복적으로 적용하여 노드 s에서 각 노드 n으로 가는 최단거리 경로를 연속적으로 찾아간다. 단계 ④의 수식은, h 라운드에서 구한 노드 s에서 노드 j까지 h홉 만에 가는 최단거리 경로 비용($L_h(j)$)에다 노드 j에서 노드 n으로 가는 단일 홉 경로 비용을 더한 값들 가운데 최소값을 가지는 경로를 찾는 것이다. 이때 찾은 경로가 (h + 1) 라운드에서 구한 노드 s에서 노드 n으로 (h + 1)홉 만에 가는 경로들 가운데 최단거리 경로가 된다.

그림 10.4에 이 갱신 과정의 예가 그림으로 그려져 있다. 예에는 모두 5개의 노드로 구성된 통신망을 가정하고 있다. 이번 갱신 단계가 (h + 1) 라운드이다. 직전 h 라운드에서 노드 s에서 다른 노드 i, j, k 그리고 n으로 홉 수 h 만에 가는 최단거리 경로와 경로 비용 $L_h(i)$, $L_h(j)$, $L_h(k)$ 그리고 $L_h(n)$을 각각 5, 3, 4 그리고 6으로 모두 찾은 상태이다. 이 상황에서 (h + 1) 라운드에 들어와 기존 h홉에서 1홉 더(h = h + 1)한 (h + 1)홉의 경로들 가운데 최단거리 경로를 찾는다.

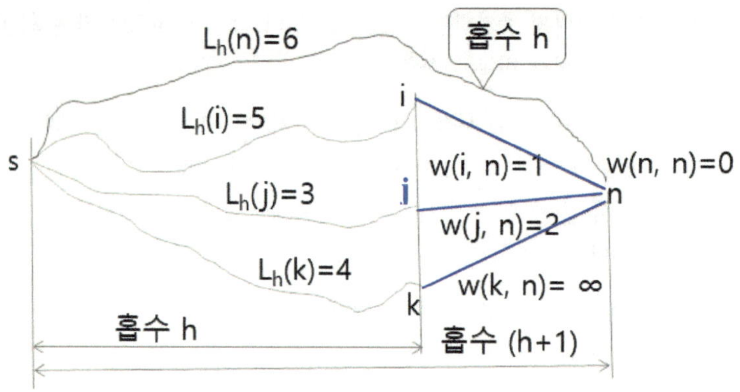

그림 10.4 벨만-포드 알고리즘 (갱신 단계 예)

그림 10.4는 노드 n에 대한 (h + 1)홉 최단거리 경로를 찾는 과정을 잘 보여준다. 여기서 알고리즘의 단계 4의 수식이 적용된다. 직전 h 라운드에서 구한 모든 노드로 가는 경로에다 각 노드에서 노드 n으로 이어지는 1홉짜리 선로를 더하면 n개의 (h + 1)홉의 최단거리 경로 후보가 만들어진다.

그림에서 첫 번째 최단거리 경로 후보로 노드 s에서 노드 i로 h홉 만에 가는 경로에다 경로 비용이 w(i, n) = 1인 단일 홉 경로를 덧붙여 (h + 1)홉 경로의 비용 $L_{h+1}(n)$이 6 (= 5 + 1)인 경로가 있다. 즉, 노드 s에서 노드 i를 경유해서 노드 n으로 (h + 1)홉 만에 가는 경로가 첫 번째 최단거리 후보이다.

두 번째 후보로 노드 s에서 노드 j로 h홉 만에 가는 경로에다 경로 비용이 w(j, n) = 2인 단일 홉 경로를 덧붙여 (h + 1)홉 경로의 비용 $L_{h+1}(n)$이 5 (= 3 + 2)인 경로가 있다. 즉, 노드 s에서 노드 j를 경유해서 노드 n으로 (h + 1)홉 만에 가는 경로가 두 번째 최단거리 후보이다.

세 번째 후보는 노드 s에서 노드 k로 h홉 만에 가는 경로에다 경로 비용이 w(k, n) = 무한대(∞)인 단일 홉 경로를 덧붙여 (h + 1)홉 경로의 비용 $L_{h+1}(n)$이 무한대(∞) (= 4 + ∞)인 경로이다. 노드 k에서 노드 n으로 가는 단일 홉 선로 비용이 ∞라는 것은 이런 선로가 없다는 뜻이다. 따라서 노드 s에서 노드 k를 경유해서 노드 n으로 (h + 1)홉 만에 가는 경로인 세 번째 최단거리 후보는 사실상 후보에서 제외된다.

마지막으로 네 번째 후보는 노드 s에서 노드 n으로 h홉 만에 가는 경로에다 경로 비용이 w(n, n) = 0인 단일 홉 경로를 덧붙여 (h + 1)홉 경로의 비용 $L_{h+1}(n)$이 6 (= 6 + 0)인 경로이다. 이 경우는 노드 s에서 h홉으로 이미 노드 n까지 도달한 경로가 지난 h 라운드에서 찾아졌고 이를 활용하는 경우이다. 따라서 (h + 1)홉 경로를 만들기 위해 추가되는 단일 홉 경로의 비용은 노드 n에서 노드 n 자신으로 가는 단일 홉 선로 비용인 0이 된다. 결과적으로 네 번째 후보는 노드 s에서 노드 n으로 h홉 만에 가는 경로가 된다.

이 네 개의 최단거리 경로 후보들을 알고리즘 단계 4의 수식으로 표현하면 식 10.1과 같다.

$$\min[6,\ 5,\ \infty,\ 6] \tag{10.1}$$

그러면 이 가운데 최소값을 가지는 두 번째 후보 경로인 노드 s에서 노드 j를 경유해서 노드 n으로 (h + 1)홉 만에 가는 경로가 노드 s에서 노드 n으로 (h + 1)홉 만에 가는 최단거리 경로이고, 그 경로 비용 $L_{h+1}(n)$은 5가 된다.

그러면 기존의 h홉으로 가는 경로의 비용인 $L_h(n)$ = 6보다 작아졌으므로 기존의 경로를 버리고 현재 라운드까지 노드 s에서 노드 n으로 가는 최단거리 경로는 노드 n 직전에 노드 j를 거쳐 (h + 1)홉 만에 노드 n으로 가는 경로로 갱신되고, 그 최단거리 경로의 비용은 5로 갱신된다.

만약 $L_h(n) \leqq L_{h+1}(n)$인 경우, 더 이상 홉수를 더한 경로를 찾더라도 더 좋은 경로를 찾지 못하는 의미이므로 더 이상 갱신이 이루어지지 않는다. 이런 노드 n은 h홉 만에 도달하는 경로가 최단거리 경로로 최종적으로 찾은 경우가 된다. 따라서 그 이후의 라운드에서는 이 노드는 더 이상 최단거리 경로를 찾는 일에서 제외된다. 그러다가 어떤 라운드에서 모든 노드에 대해 위와 같이 갱신이 되지 않는 상황이 발생하면 더 이상 추가적인 최단거리 경로 계산을 할 필요가 없어지므로 알고리즘을 종료한다.

2) RIP(Routing Information Protocol) 프로토콜

벨만-포드 알고리즘이 거리벡터 경로탐색 프로토콜인 RIP 프로토콜에 적용되었다. RIP는 10.2절의 서두에 설명한 바와 같이 (목적지 노드, 경로 비용(홉 수)) 거리 벡터 정보를 가지고 있는 경로표를 이웃 노드와 서로 주고받아 자신의 경로표를 갱신하면서 자신으로부터 다른 노드로 향하는 최적 경로를 만들어낸다. 이때 경로표를 서로 주고받는 횟수(즉, RIP 프로토콜이 수행한 경로표 갱신 작업의 횟수)와 그때마다 주고받는 경로표의 내용을 가만히 생각하면 어떻게 해서 RIP 프로토콜이 벨만-포드 알고리즘을 채택한 것인지 이해할 수 있다. 이에 대한 정확한 이해는 RIP 프로토콜을 설명한 이후에 다시 고려하자.

RIP 프로토콜은 노드(라우터)가 가지고 있는 경로표를 직접 연결되어 있는 이웃 노드와 지속적으로 주고받아 자신의 경로표를 갱신하여 최종적으로는 자신과 직간접적으로 연결되어 있는 모든 노드로 가는 최적 경로를 산출해 내는 프로토콜이다. 이 경로표는 9장에서 소개한 것에서 나이와 실제 목적지 노드로 패킷을 내보내는 포트 번호 정보를 생략한 좀 더 간략한 사례로 그림 10.5에 제시한다.

목적지	다음 홉	비용
B	–	0

그림 10.5 노드 B의 최초 경로표

그림 10.5의 경로표는 그림 10.1의 통신망 예에서 노드 B가 통신망이 최초로 구축되어 작동을 시작할 때 처음 생성하는 경로표이다. 자신 노드 B를 목적지로 하는 경로 정보만 있음을 알 수 있다. 이는 최초에 통신망이 수립되어 작동하면 각 노드가 이웃 노드로부터 경로표 정보를 받지 않은 상황에서 자신 노드에 대한 정보만을 담은 상태이다. 자신으로 가는 경로는 다른 선로를 타고 갈 이유가 없으므로 경로 비용이 0으로 되어 있다. 따라서 어떤 경로표 가운데 다음 홉이 없고, 비용이 0인 경로는 자기 자신 노드로 가는 경로를 뜻한다.

노드 A와 노드 C에도 경로표가 그림 10.6과 그림 10.7과 같이 각각 생성된다. 그 이후 처음으로 노드 B가 이웃하는 노드 A 그리고 노드 C와 경로표를 주고받는다. 이때 노드 A로부터 노드 B에 들어오는 노드 A의 경로표는 그림 10.8과 같고, 노드 C로부터 오는 노드 C의 경로표는 그림 10.9과 같다.

목적지	다음 홉	비용
A	–	0

그림 10.6 노드 A의 최초 경로표

목적지	다음 홉	비용
C	–	0

그림 10.7 노드 C의 최초 경로표

목적지	다음 홉	비용
A	A	1

그림 10.8 노드 B가 처음 받은 노드 A의 경로표

목적지	다음 홉	비용
C	C	1

그림 10.9 노드 B가 처음 받은 노드 C의 경로표

그림 10.8에 보이는 노드 B가 처음 노드 A로부터 받은 노드 A의 경로표를 살펴보면 그림 10.6과 두 가지 점에서 차이가 있다. 첫째는 다음 홉이 없다가 A로 된 점이다. 노드 A의 경로표를 수신한 이웃 노드가 그 경로표에 있는 최적 경로를 이용하려면 자신 노드를 출발지로 해서 일단 노드 A를 경유한 후 노드 A의 경로표에 의한 최적 경로를 따라가는 것이 된다. 따라서 이 예에서 노드 A가 노드 B를 포함한 이웃 노드들에게 전달하기 전에 자신의 경로표에서 다음 홉을 모두 자신으로 변경한 전달용 경로표를 만드는 것이다.

그리고 비용도 앞서 설명한 내용과 같이 다른 노드(노드 A)로부터 경로표를 전달받은 노드 (노드 B)가 실제 특정 목적지로 향하는 패킷을 그 경로표에 있는 최적 경로로 전달하려면 우선 반드시 패킷을 경로표를 건네준 노드(노드 A)로 보내야 한다. 그리고 패킷을 받은 노드(노드 A)가 자신의 경로표에 있는 최적 경로를 따라 패킷을 전달하는 과정이 이어진다. 따라서 자신의 경로표에 있는 모든 목적지를 위한 최적 경로의 비용에 1씩 더한 값을, 앞서 다음 홉을 자신 노드로 변경한 전달용 경로표의 비용으로 채운다.

이렇게 만들어진 전달용 경로표를 직접 연결된 이웃 노드 모두에게 건네준다. 그림 10.8과 그림 10.9가 그렇게 만들어져 노드 B로 전달된 노드 A와 노드 C의 경로표이다. 이를 받은 노드 B는 자신이 유지하고 있는 경로표와 비교한다. 우선 노드 A로부터 받은 경로표와 비교한다. 자신의 경로표에는 없는 노드 A를 목적지로 하는 최적 경로 정보가 있음을 파악하고 이는 노드 B 입장에서는 새로운 노드로 가는 최적 경로를 발견하는 것이 된다. 따라서 이 정보를 자신의 경로표에 새롭게 넣는다. 경로표 갱신이 일어난 것이다. 노드 C로부터 받은 경로표도 동일하게 자신의 경로표와 비교한다. 목적지 C에 대한 경로 정보도 방금 갱신된 경로표에 없다. 새로운 목적지 노드 C에 대한 최적 경로 정보를 새롭게 알게 되는 것이다. 이를 다시 자신의 경로표에 추가하여 갱신한다.

이렇게 한 차례 모든 이웃 노드로부터 경로표를 받아서 갱신한 노드 B의 경로표가 그림 10.10에 나타나 있다.

이 경로표에는 노드 B가 새롭게 알게 된 직접 연결된 노드 A와 C로 향하는 경로 정보와 기존의 자신 노드에 관한 경로 정보가 있다.

목적지	다음 홉	비용
A	A	1
B	-	0
C	C	1

그림 10.10 노드 B의 첫 갱신 경로표

이런 경로표 갱신 과정이 노드 B에서만 일어나는 것이 아니라 통신망에 있는 모든 노드에서 동시 다발적으로 진행된다. 노드 A도 이웃 노드는 B, D 그리고 E로부터 경로표를 받아서 그림 10.11의 경로표를 가지게 된다.

목적지	다음 홉	비용
A	–	0
B	B	1
D	D	1
E	E	1

그림 10.11 노드 A의 첫 갱신 경로표

노드 C도 이웃 노드 B와 D의 경로표를 받아서 그림 10.12와 같이 갱신된 경로표를 가진다.

목적지	다음 홉	비용
B	B	1
C	–	0
D	D	1

그림 10.12 노드 C의 첫 갱신 경로표

여기서 한 번 더 망 전체에서 이웃 노드끼리 경로표를 주고받고 자신의 경로표를 갱신하는 작업이 이루어질 때 노드 B의 경우를 다시 살펴보자.

이때 노드 B가 이웃 노드 A와 C로부터 받는 경로표는 각각 그림 10.13과 그림 10.14와 같다.

목적지	다음 홉	비용
A	A	1
B	A	2
D	A	2
E	A	2

그림 10.13 노드 B가 두 번째로 받은 노드 A의 경로표

목적지	다음 홉	비용
B	C	2
C	C	1
D	C	2

그림 10.14 노드 B가 두 번째로 받은 노드 C의 경로표

노드 B가 받은 경로표의 다음 홉과 비용이 각 노드가 유지하고 있는 경로표에서 어떻게 변경되어 전달된 것인지를 확인하자. 여기서 눈여겨봐야 할 것은 경로표에 비용이 2인 경로가 등장한 것이다. 이것은 경로표를 주고받고 자신의 경로표를 갱신하는 작업이 반복될 때마다 한 홉씩 멀리 간접적으로 연결된 노드로 가는 최적 경로 정보가 전달된다는 뜻이다. 이점이 바로 앞서 설명한 벨만-포드 알고리즘에서 갱신 라운드를 거듭 반복할 때 홉 수(h)를 하나씩 증가하면서 진행한 것과 일치하는 점이다.

노드 B가 노드 A로부터 받은 그림 10.13 경로표와 자신의 10.10 경로표를 서로 비교한다. 비교는 각 경로표에 있는 목적지 노드별로 이루어진다. 목적지 노드 A 경로는 노드 A의 경로표와 자신 경로표에 모두 있다. 그리고 다음 홉도 모두 노드 A이다. 이것은 노드 A는 직접 연결된 노드로 1홉으로 바로 갈 수 있음을 확인하는 것이다.

그런데 만약 이와 같이 특정 목적지 노드에 대한 경로가 받은 경로표와 자신의 경로표에 모두 있고, 다음 홉 노드도 동일한데, 비용이 이웃으로부터 받은 경로표의 비용이 자신이 유지하는 경로표의 비용보다 더 많다면 어떻게 하는 것이 맞을까? 이 상황은 이전에 동일한 이웃 노드(예: 노드 A)로부터 동일 목적지에 대한 경로 정보를 받아서 기록을 해두고 이용하고 있었는데 그 사이에 그 이웃 노드(노드 A)는 그 목적지에 대한 경로가 바뀌었음을 파악하였고 그 변화가 반영된 경로 정보가 이웃 노드(노드 A)의 경로표에 기록되었다가 이번에 갱신 작업을 위해 이웃 노드(노드 A)로부터 넘겨받은 경로표에 나타난 상황이다. 이런 상황에서는 기존의 동일 목적지, 동일 다음 홉 경로 정보가 비록 비용이 새로운 경로의 비용보다 적을지라도 이를 버리고 새로운 경로 정보로 갱신하는 것이 옳은 판단이 된다.

다시 노드 B의 두 번째 갱신 작업으로 돌아간다. 목적지 노드 B에 관한 정보도 두 경로표에 모두 있다. 그런데 노드 A가 넘겨준 경로표에는 다음 홉이 A로 되어 있고, 비용이 2이다. 이것은 노드 B가 자신의 노드로 보내는 패킷을 노드 A로 보내면 노드 A는 다시 노드 B로 되돌려 보내는 경로를 의미한다. 자신이 유지하는 경로표는 목적지 노드 B는 다음 홉이 B이고 비용이 0이므로 받은 경로표보다 더 짧은 경로 정보를 가지고 있는 셈이고 새롭게 받은 목적지 노드 B의 경로 정보로 갱신할 필요가 없다. 기존 경로가 그대로 유지되는 경우가 된다.

받은 경로표에 있는 목적지 노드 D의 경로 정보는 기존 경로표에는 없다. 이 경우는 앞서 첫 번째 갱신 작업에서 이웃 노드에 대한 경로를 추가하는 경우와 동일한 경우이다. 여기서 주목할 것은 노드 B가 이로써 직접 연결되어 있지 않은 노드로 가는 경로를 처음 알게 되는 경우가 되는 점이다. 즉, 노드 D로 패킷을 보내려면 여태는 그 노드로 가는 경로가 없었기 때문에 보내지 못하였는데 이번 갱신 작업 이후에는 다음 홉인 A로 보내면 목적지 노드 D로 패킷을 보낼 수 있음을 알게 된다. 그것도 2홉 만에 가능하다는 것을 아는 것이다.

목적지 노드 E도 마찬가지 경우이다. 기존에 노드 B가 유지한 경로표에는 없는 목적지 노드의 경로 정보가 새롭게 입수되는 장면이다. 이것도 노드 D 경우와 마찬가지로 노드 B의 경로표에 새롭게 추가 갱신된다. 이렇게 해서 이번 두 번째 갱신 작업에서 노드 A로부터 받은 경로표를 반영하는 작업이 완료된 후 갱신된 노드 B의 경로표는 그림 10.15와 같다.

이후 다시 노드 B는 이웃 노드 C로부터 받은 경로표를 두고 위와 같은 작업을 반복한다. 노드 C의 경로표에 있는 목적지 노드 B와 C에 대한 갱신 작업은 앞서 설명한 경우에 포함되어 있으므로 생략한다. 대신에 목적지 노드 D에 대한 경우를 생각하여 보자. 노드 C로부터 받은 경로표에 있는 노드 D 경로 정보는 방금 갱신한 노드 B의 경로표(그림 10.15)에도 있다. 그런데 다음 홉이 각각 노드 C와 노드 A로 다르지만 비용은 모두 2로 동일하다. 이것은 노드 B에서 노드 D로 가는 최적 경로로 두 가지가 있는데 비용이 동일하게 든다는 뜻이다. 따라서 사실상 기존 길을 선택하나 새로운 길을 선택하나 차이가 없다는 의미이다. 이런 경우 RIP 프로토콜에서는 기존 경로 정보를 그대로 유지하는 것으로 규정되어 있다. 즉, 쓸데없이 변경 작업을 하면서 발생하는 시간과 자원을 낭비하지 않겠다는 의지가 엿보이는 지점이다.

이렇게 해서 노드 C로부터 받은 경로표에 의해 갱신되는 경로 정보가 없었기 때문에 두 번째 갱신 작업이 완료되어 최종적으로 갱신된 노드 B의 경로표는 그림 10.15와 동일하다.

이렇게 RIP 프로토콜은 벨만-포드 알고리즘에서 일어나는 갱신 작업을 이웃 노드와 경로표를 주고받은 작업을 거듭하면서 구현하였다. 한 번씩 이웃 노드와 경로표를 주고받고 갱신 작업을 할 때

목적지	다음 홉	비용
A	A	1
B	–	0
C	C	1
D	A	2
E	A	2

그림 10.15 노드 B의 두 번째 갱신 경로표

마다 한 홉씩 멀리 떨어진 노드로 가는 경로 정보가 경로표에 나타나는 효과를 본다.

RIP 프로토콜에서 경로탐색을 위하여 이웃 노드와 주고받는 정보가 (목적지(다음 홉), 비용)이라는 벡터 정보인 점과 이를 이용하는 갱신 작업이 결국 RIP 프로토콜이 벨만-포드 알고리즘을 인터넷을 위한 경로탐색 프로토콜로서 실천적으로 구현한 본질이다.

(1) RIP 프로토콜 패킷

RIP 프로토콜에서 이웃 노드와 경로표를 주고받기 위하여 경로표 정보를 담아 전달하는 패킷의 포맷은 그림 10.16과 같다. 여기에는 명령(command) 필드가 8비트를 차지하는 첫 필드이다. 이 필드의 값이 1이면 이 패킷은 RIP 요청(request) 패킷임을 뜻하고, 2이면 RIP 응답(response)임을 나타낸다. RIP 요청은 직접 연결된 이웃 노드에게 경로표 전송을 명시적으로 요청한다는 뜻이다. 이 RIP 요청 패킷은 노드(라우터)가 처음 부팅되었을 때 모든 이웃 노드에게 보낸다. 혹은 특정 목적지 경로 정보가 오래되어 버려야 할 때 이웃 노드에게 경로표를 요청하여 새롭게 자신의 경로표를 갱신하기 위해 보낸다.

RIP 응답은 이웃 노드에게 자신의 경로표를 담아 보낼 때 쓴다. 매 30초마다 주기적으로 이웃 라우터에게 전송하거나 이웃 노드의 요청이 있거나 자신의 경로표에 변화가 생겼을 때 전송한다.

8비트 크기 버전 필드는 RIP 버전 정보를 담고 있다. 그림 10.16은 버전 1이다. 주소 체계 식별자(AFI Address Family Identifier)는 RIP에서 전달하는 목적지 노드의 주소가 어떤 주소 체계를 따르는 주소인지 알려 준다. 일반적으로는 인터넷에서 쓰는 32비트짜리 IP 버전 4 주소를 쓰고 이를 나타내는 AFI가 2이다. 그 이후 그림 10.16에서 흐린 음영으로 표현한 부분이 경로표에 있는 목적지 노드 별 경로 정보(RTEs Route Table Entries)이다. RTE 내부의 첫 필드가 목적지 노드를 표현한 주소이고, 가운데 두 필드는 0으로 비우고, 마지막 필드에 목적지 노드로 가는 경로의 비용

<table>
<tr><td>명령</td><td>버전</td><td>0</td></tr>
<tr><td colspan="2">주소 체계 식별자</td><td>0</td></tr>
<tr><td colspan="3">목적지 노드 (IP 주소)</td></tr>
<tr><td colspan="3">0</td></tr>
<tr><td colspan="3">0</td></tr>
<tr><td colspan="3">비용 (목적지 노드까지 홉 수)</td></tr>
<tr><td colspan="3">:</td></tr>
</table>

그림 10.16 RIP 패킷

(metric)을 담고 있다. 그런데 우리가 앞서 예로 본 통신망에서 각 노드가 주고받은 경로표 정보에 있는 다음 홉 정보가 이 RIP 패킷의 RTEs에는 보이지 않는다. 그 이유는 그림 10.13과 10.14의 예와 같이 경로표를 전달할 때 다음 홉이 전달하는 노드 자신으로 되어서 RTEs에 굳이 넣어 보낼 필요가 없기 때문이다. RIP 패킷을 보낸 노드 정보는 전송 계층의 송신자 노드 정보를 보면 바로 알 수 있기 때문이다. 이 RTEs 정보가 노드에서 전달하는 경로표 내의 목적지 노드 수만큼 반복해서 RIP 패킷에 담긴다.

10.3 링크상태 경로탐색 알고리즘(link state routing algorithm)

거리벡터 경로탐색 알고리즘과 쌍벽을 이루는 알고리즘으로 통신망 내부에 있는 선로(링크)의 정보를 이용하여 최적 경로를 찾는 방식이다. 거리벡터 알고리즘과 대별되는 두 가지 특징이 있다. 첫째는 경로탐색을 위하여 노드 사이에 전달하는 정보가 경로표가 아니라 각 노드와 직접 연결되어 있는 링크의 정보이다. 예를 들어, 그림 10.1의 통신망에서 노드 B는 노드 A와 통신망 1에 포함된 단일 선로로 연결되어 있고, 노드 C와는 통신망 2에 소속된 단일 선로에 서로 연결되어 있다는 정보가 노드 B가 경로탐색을 위해 전달하는 정보이다. 둘째는 경로탐색을 위하여 정보를 전달하는 대상 노드가 직접 연결된 이웃 노드가 아니라 통신망에 연결된 모든 노드라는 점이다.

각각의 노드가 자신과 이어진 선로(링크) 정보를 다른 노드와 공유하면 모든 노드가 통신망의 완전한 토폴로지(형태)를 파악할 수 있다. 이에 따라 이 토폴로지를 기반으로 자신의 노드를 출발 노드로 하고 자신을 제외한 나머지 모든 노드로 가는 최적 경로를 파악하면 된다. 통신망의 토폴로지를 입력으로 받아서 각 노드로 향하는 최단거리 경로를 찾는 다익스트라(Dijkstra) 알고리즘이 여기에 활용된다. 그리고 인터넷에서 작동하는 프로토콜들 가운데 이 링크상태 경로탐색 알고리즘을 채택한 프로토콜이 있는데 OSPF(Open Shortest Path First) 프로토콜이 그것이다. 이 두 알고리즘과 프로토콜에 대해 자세히 설명한다.

1) 다익스트라 알고리즘(Dijkstra algorithm)

다익스트라 알고리즘은 노드와 선분(edge)으로 구성된 그래프(통신망)에서 특정 노드에서 출발하여 그 노드를 제외한 다른 모든 노드로 가는 최단거리 경로를 찾는 알고리즘이다. 이때 선분은 노드와 노드를 잇는 선분이고 출발지가 되는 특정 노드를 통상적으로 출발지(source) 노드라고 한다. 그래프 내에 있는 모든 노드를 각각 출발지 노드로 설정하고 다익스트라 알고리즘을 노드 수만큼 실행하면 그래프 내에 있는 모든 노드를 출발지로 하는 모든 최적 경로를 찾을 수 있다.

알고리즘에서는 몇 가지 기호와 용어가 사용된다. 정리하면 다음과 같다.

N: 망 내에 존재하는 모든 노드의 집합

T: 알고리즘에 의해 최소 비용 경로가 발견된 노드의 집합

s: 출발지 노드

w(i, j): 노드 i에서 노드 j로 이어진 선로(링크)의 비용
w(i, i) = 0이고, 서로 직접 연결되어 있지 않으면 w(i, j) = ∞이다.

L(n): 현재 알고리즘 실행 라운드까지 발견된 노드 s로부터 노드 n까지 최소 비용(= 최단 거리) 경로의 비용

다익스트라 알고리즘이 시작될 때는 N 집합에는 통신망(그래프)에 있는 모든 노드가 소속되고, T 집합은 공집합이다. 그 이후 알고리즘이 진행되고 어느 순간 N = T가 되면 출발지 노드 s에서 출발하여 통신망에 있는 모든 노드로 가는 최적 경로(최단 경로)가 찾아진 것이므로 알고리즘을 종료한다.

최적 경로를 찾는 기본적인 아이디어는, 현재 상태에서 출발지 노드 s에서 출발하여 각 노드로 향하는 경로 가운데 가장 적은 비용(짧은 거리)을 가지는 경로를 하나 선택한다. 이 선택된 경로는 더 이상 비용을 줄일 수 있는 다른 경로가 없는 경우가 되므로 해당 경로의 목적지 노드로 가는 최적 경로라고 할 수 있다. 따라서 이 목적지 노드를 T 집합에 포함시킨다. 그리고 방금 T 집합에 넣은 노드의 최적 경로를 이용하여 아직 T 집합에 소속되지 않고 최적 경로를 찾아야 하는 노드로 가는 경로를 갱신한다.

이 갱신 작업은 다음과 같이 이루어진다. 방금 찾은 최적 경로의 목적지 노드를 노드 x라고 하면, 출발지 노드 s에서 출발하여 노드 x까지의 최적 경로를 그대로 쓰고, 노드 x에서 T 집합에 소속되지 않는 각 노드(예: 노드 n)로 이어지는 선로(링크)를 노드 x까지의 최적 경로 끝에 이어 붙인다. 이렇게 연장한 노드 s에서 노드 x를 경유하고 노드 n으로 가는 새로운 경로를 최적 경로의 후보로 삼는다. 이 후보 경로의 비용은 노드 s에서 노드 x까지 최적 경로의 비용인 L(x)에다 노드 x에서 노드 n으로 직접 이어지는 선로의 비용(w(x, n))을 더한 L(x) + (w(x, n)) 이다. 이 후보 경로가 기존에 파악한 노드 s에서 노드 n까지의 경로(이 경로의 비용은 L(n))보다 더 좋은 것인지 비교한다. 만약 후보 경로가 더 좋으면($L(x) + (w(x, n)) < L(n)$) 기존 경로를 버리고 대신 후보 경로가 노드 s에서 노드 n으로 가는 새로운 경로가 된다. 그렇지 않으면 기존 경로를 그대로 유지한다. 이렇게 찾은 경로는 현재 알고리즘 라운드가 진행되는 순간까지는 노드 s에서 노드 n으로 가는 최적 경로이다. 그러나 이후의 어떤 라운드에서 그 라운드에서 T 집합에 들어간 최적 경로를 경유하는 경로가 더 좋은 경로로 밝혀지면 지금 라운드에서 찾은 경로는 버려진다.

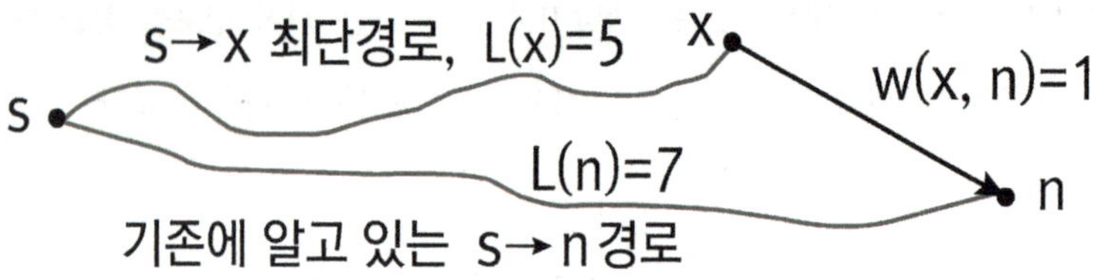

그림 10.17 다익스트라 알고리즘(경로 갱신 개념)

이 갱신 작업의 예가 그림 10.17에 나타나 있다. 그림에서 이번 라운드에서 찾은 최단 경로가 출발지 노드 s에서 노드 x로 가는 경로라고 가정하고, 그 경로의 비용 L(x)는 5이다. 그리고 그 이전 라운드까지 확인한 노드 s에서 노드 n으로 가는 경로의 비용 L(n)은 7이다. 이때, 노드 s에서 출발하여 노드 x까지 가는 최단 경로를 이용하면서 노드 x에서 하나의 링크를 연장하여 노드 n으로 향하는 경로를 만들면 출발지 노드 s에서 노드 n으로 가는 경로가 새롭게 형성되고 그 비용은 L(x) + w(x, n)이다. 이 값과 기존의 L(n)과 비교한다. 그런데 이 예에서 w(x, n) = 1이라고 가정하면 새롭게 찾은 경로의 비용은 6이고, 기존 경로의 비용은 7이므로 새롭게 찾은 경로가 기존 경로보다 더 좋은 길임을 알 수 있다. 따라서 노드 s에서 노드 n으로 가는 현재 라운드에서 새롭게 찾은 최적 경로는 노드 s에서 노드 x로 가는 최적 경로에다 노드 x에서 노드 n을 직접 잇는 선로로 만들어진 경로로 갱신된다.

한 라운드에서 최적 경로 선택 작업을 한 후 모든 노드에 대해 경로 갱신 작업을 수행한다. 그리고 라운드가 실행 완료되었을 때 N = T가 되면 알고리즘은 종료한다. 그림 10.18에 다익스트라 알고리즘을 정리하였다.

【초기화】

① T = {s} // 출발지 노드 자신으로 가는 경로만 찾은 것

② L(n) = w(s, n) (발신지 노드 s가 아닌 모든 노드 n에 대해)

【최적 경로 선택과 갱신】

③ T에 속하지 않은 노드로 향하는 경로들 가운데 경로 비용이 최저인 노드 x를 선택하고, 노드 x를 T에 소속시킴

④ T에 속하지 않은 모든 노드 n으로 향하는 경로에 대하여
L(n) = min[L(n), L(x) + w(x, n)] 계산에서
만약 기존 L(n) > L(x) + w(x, n) 경우에는 노드 n으로 가는 경로를 단계 ③에서 선택한 노드 x로 가는 최적 경로에 노드 x에서 노드 n으로 가는 선로를 더한 경로로 대체함.

그림 10.18 다익스트라 알고리즘

다익스트라 알고리즘을 그림 10.1의 통신망 예에 적용하여 보자. 통신망에서 선로는 모두 1의 비용이 든다고 가정한다. 여기서 출발지 노드를 노드 B로 삼는다. 그러면 알고리즘이 최초 실행될 때 노드 B에서 확인되는 각 노드로 가는 경로와 비용은 그림 10.19와 같다.

그림에서 출발지 노드 s와 직접 선로로 연결된 노드 A와 노드 C에 대한 경로와 비용(L)은 계산되어 있다. 그러나 직접 연결되어 있지 않은 노드 D와 노드 E에 대해서는 경로를 알 수 없고 비용도 ∞이다.

라운드	T 집합	경로(A)	L(A)	경로(C)	L(C)	경로(D)	L(D)	경로(E)	L(E)
1	B	B-A	1	B-C	1	-	∞	-	∞

그림 10.19 출발지 노드 B에서 다익스트라 알고리즘 초기화(1 라운드)

이후 2번째 라운드에서 위의 1 라운드에서 찾은 경로 가운데 최단 경로를 하나 선택한다. 여기서 노드 A로 가는 경로와 노드 C로 가는 경로의 비용이 같다. 이 경우에는 어떤 것이라도 선택하면 된다. 우리 예에서는 노드 A를 먼저 선택하여 최적 경로를 찾은 노드의 집합 T에 A를 편입시킨다. 그림 10.20과 같이 음영 처리된 경로가 이번 라운드에서 선택된 최적 경로를 표시한다.

라운드	T 집합	경로 (A)	L(A)	경로 (C)	L(C)	경로 (D)	L(D)	경로 (E)	L(E)
1	B	B-A	1	B-C	1	-	∞	-	∞
2	B,A	B-A	1	B-C	1	B-A-D	2	B-A-E	2

그림 10.20 출발지 노드 B에서 다익스트라 알고리즘(2 라운드 후)

그리고 기존 다른 노드로 가는 경로와 새롭게 편입된 노드 A로 가는 경로를 이용하는 경로와 비교하는 작업이 이어진다. 먼저 노드 C로 가는 경로 경우부터 보자. 이전 라운드까지 찾은 경로는 B-C로 이어지는 경로이고 L(C)는 1이다. 그런데 새로운 최적 경로를 이용하는 경로는 B-A-C가 되고 비용은 L(A) + w(A, C) = 1 + ∞ = ∞이다. 즉, 노드 A를 경유해서 노드 C로 가는 경로는 없으므로 기존 경로를 유지한다.

다음으로 새로운 경로 D를 찾아보자. 기존은 없으므로 노드 A를 경유하는 새로운 경로만 고려하면 되는데, 새로운 경로는 B-A-D가 되고, 비용은 L(A) + w(A, D) = 1 + 1 = 2이다. 즉, 기존 경로의 비용이 ∞ 이었으니 새로운 경로를 노드 D로 가는 최적 경로로 갱신한다.

계속해서 노드 E로 가는 경로 E를 찾는다. 경로 C와 동일하게 기존 경로가 없으니 최적 경로 A를 이용하는 새로운 경로를 찾는다.

그러면 그 경로는 B-A-E이고, 비용은 L(A) + w(A, E) = 1 + 1 = 2이다. 즉, 기존 경로의 비용이 ∞ 이었으니 새로운 경로를 노드 E로 가는 최적 경로로 갱신한다.

이제 3 라운드 실행을 한다. 여기서 T에 소속되지 않는 노드(C, D, E) 가운데 최단 거리 경로를 가지고 있는 노드 C가 선택되고 T에 편입한다. 그리고 T에 소속되지 않는 노드 D와 E에 대해 경로 갱신 작업을 한다.

라운드	T 집합	경로(A)	L(A)	경로(C)	L(C)	경로(D)	L(D)	경로(E)	L(E)
1	B	B-A	1	B-C	1	-	∞	-	∞
2	B,A	B-A	1	B-C	1	B-A-D	2	B-A-E	2
3	B,A,C	B-A	1	B-C	1	B-A-D	2	B-A-E	2

그림 10.21 출발지 노드 B에서 다익스트라 알고리즘(3 라운드 후)

경로 D를 고려하자. 새롭게 T에 편입된 경로 C를 이용하는 새로운 경로는 B-C-D이고, 이 경로의 비용은 L(C) + w(C, D) = 1 + 1 = 2이다. 기존에 2 라운드에서 찾은 경로 D인 B-A-D와 동일한 비용이 드는 것을 알 수 있다. 따라서 기존 경로를 그대로 유지한다.

경로 E를 고려하자. 새롭게 T에 편입된 경로 C를 이용하는 새로운 경로는 B-C-E이고, 이 경로의 비용은 L(C) + w(C, E) = 1 + ∞ = ∞이다. 이는 기존에 2 라운드에서 찾은 경로 D인 B-A-E의 비용 L(E) = 2보다 훨씬 많은 비용이 드는 경로임을 알 수 있다. 사실상 B-C-E 경로는 통신망에 없는 경로다. 따라서 기존 경로를 그대로 유지한다. 이렇게 해서 3 라운드까지 찾은 최적 경로는 그림 10.21과 같다.

라운드	T 집합	경로(A)	L(A)	경로(C)	L(C)	경로(D)	L(D)	경로(E)	L(E)
1	B	B-A	1	B-C	1	-	∞	-	∞
2	B,A	B-A	1	B-C	1	B-A-D	2	B-A-E	2
3	B,A,C	B-A	1	B-C	1	B-A-D	2	B-A-E	2
4	B,A,C,D	B-A	1	B-C	1	B-A-D	2	B-A-E	2

그림 10.22 출발지 노드 B에서 다익스트라 알고리즘(4 라운드 후)

4번째 라운드이다. 집합 T에 소속되지 않은 노드 D와 노드 E 가운데 최소 경로를 갖는 경로를 찾는다. 그런데 두 경로 모두 비용 2인 경로를 가지고 있다. 2 라운드에서 경로 A를 선택할 때와 동일한 상황이다. 여기서도 경로 D를 선택한다. 그러면 노드 D가 T에 편입된다. 연이어 T에 소속되지 않은 노드 E를 대상으로 경로 E의 개인 작업을 수행한다. 기존 경로 E는 B-A-E로 이어지는 비용 L(E) = 2인 경로이다. 그리고 이번에 새롭게 편입한 경로 D를 이용하는 경로는 B-A-D-E인 경로가 되고 이 경로의 비용은 L(D) + w(D, E) = 2 + 1 = 3이다. 이 값은 기존 경로의 비용 L(E)보다 크므로 새로운 경로를 버리고 기존 경로를 그대로 유지한다. 그림 10.22가 4 라운드의 결과이다.

이제 5 라운드이다. 여기서 집합 T에 소속되지 않은 경로는 경로 E 밖에 남아 있지 않다. 따라서 노드 E를 T에 편입시킨다. 그러면 집합 T가 전체 통신망의 노드 집합인 N과 같아져 더 이상 고려할 최적 경로를 고려할 노드가 없다. 이에 다익스트라 알고리즘을 종료한다. 최종적으로 찾은 출발지 노드 s에서 각 노드로 향하는 최적 경로 정보는 그림 10.23에 있다.

라운드	T 집합	경로 (A)	L(A)	경로 (C)	L(C)	경로 (D)	L(D)	경로 (E)	L(E)
1	B	B-A	1	B-C	1	-	∞	-	∞
2	B,A	B-A	1	B-C	1	B-A-D	2	B-A-E	2
3	B,A,C	B-A	1	B-C	1	B-A-D	2	B-A-E	2
4	B,A,,C,D	B-A	1	B-C	1	B-A-D	2	B-A-E	2
5	B,A,C,D,E	B-A	1	B-C	1	B-A-D	2	B-A-E	2

그림 10.23 출발지 노드 B에서 다익스트라 알고리즘(5 라운드 후)

참고로, 알고리즘을 설명하면서 최적 경로와 동일한 의미로 최단 경로, 최단 거리 경로, 최소 비용 경로 등의 용어를 혼용하였다. 그것은 어떤 기준을 써서 경로를 찾는가에 따라 엄격하게 구별해서 써야 하는 용어들이긴 하지만 알고리즘 자체를 설명하는 단계에서는 여러 용어가 쓰일 수 있음을 인지시키기 위하여 의도적으로 섞어서 썼음을 밝힌다.

2) OSPF(Open Shortest Path First) 프로토콜

앞서 소개한 다익스트라 최단거리 경로탐색 알고리즘을 인터넷에서 최적 경로를 탐색하는 프로토콜에 적용하였는데 그것이 OSPF 프로토콜이다. 그래서 OSPF 프로토콜에서는 기본적으로 통신망이 형성되어 있는 토폴로지 정보를 파악하는 것이 최우선이다. 이에 따라 프로토콜에서 정의한 패킷 포맷에 패킷을 보내는 노드를 중심으로 형성되어 있는 링크(선로)의 정보를 담도록 되어 있다. 이 패킷을 링크상태 패킷(LSP Link State Packet)이라 한다. 그림 10.24에 LSP 패킷 포맷이 있다.

LSP 생성 라우터 ID	목적지 주소	비용	이웃 라우터 ID

그림 10.24 LSP 패킷

LSP 생성 라우터 ID 필드는 이 LSP 패킷을 만들어 모든 노드에 방송하는 라우터의 IP 주소이다. 이 라우터와 직접 링크에 의해 연결된 라우터의 주소가 이웃 라우터 ID 필드이다. 그때 둘을 이어주는 링크의 비용이 비용 필드에 들어간다. 마지막으로 목적지 주소 필드는 생성 라우터와 이웃 라우터 사이에 있는 통신망의 주소를 의미한다. 12장 IP 프로토콜에서 자세하게 설명이 되지만 IP 주소는 네트워크를 표현하는 IP 주소가 있다. 이 주소는 통신망에 붙어있는 구체적인 노드에 대한 주소인 호스트 주소 부분이 모두 0값을 가지는 주소이다. 이런 주소가 이 목적지 주소 필드에 있다. 이것은 생성 라우터와 이웃 라우터가 이 주소를 가지는 같은 네트워크에 물려 있는 라우터임을 나타내고 특정 노드에서 이 네트워크에 연결된 노드를 목적지 노드로 하면 이 두 라우터 가운데 하나로 보내면 최종적으로 그 네트워크에 있는 목적지 노드로 패킷을 전달할 수 있음을 의미하는 것이다.

노드 B	'통신망 1'	1	노드 A

그림 10.25 LSP 패킷 예

예를 들어, 그림 10.1의 통신망에서 그림 10.25와 같은 LSP 패킷이 만들어졌다고 가정하자. 이 패킷은 노드(라우터) B가 만든 것이고, 노드 B는 노드 A와 비용 1이 드는 선로로 연결되어 있음을 나타낸다. 그리고 그 사이에 있는 네트워크(통신망)가 '통신망 1'이라는 의미를 가진다. 그러면 향후 이 통신망에 있는 모든 노드가 이 정보를 이용하여 OSPF 경로탐색 프로토콜에 의해 최적 경로표를 만들어 활용하고 있는 경우 특정 노드에서 목적지 노드가 '통신망 1'에 소속된 어떤 노드로 되어 있는 패킷을 보내는 경우 모든 노드는 그 패킷을 노드 B 혹은 노드 A로 향하는 최적 경로를 이용하여 전달하게 된다.

그림 10.24와 같은 LSP 패킷을 자신이 연결된 모든 선로(링크)에 대해 만들어 자신을 제외한 통신망에 있는 모든 라우터에게 전달한다. 그러면 모든 라우터는 동일한 통신망 토폴로지 정보를 확보하게 된다. 라우터에서 이런 통신망 전체에 대한 토폴로지 정보를 기록하는 곳을 링크 상태 데이터베이스(LSDB Link State Data Base)라고 한다.

그림 10.1의 통신망에 대한 LSDB의 예가 그림 10.26에 나타나 있다.

LSP 생성 라우터 ID	목적지 주소	비용	이웃 라우터 ID
A	통신망 1	1	B
A	통신망 4	1	D
A	통신망 5	1	E
B	통신망 1	1	A
B	통신망 2	1	C
C	통신망 2	1	B
C	통신망 3	1	D
D	통신망 3	1	C
D	통신망 4	1	A
D	통신망 6	1	E
E	통신망 5	1	A
E	통신망 6	1	D

그림 10.26 링크상태 DB(LSDB)

11
CHAPTER

선박 통신 시스템

과거에는 선박 내 통신 시스템(telecommunication system)은 주로 장거리 통신 도구였다.[55] 오늘날 선박 통신 시스템은 진화하는 IT 기술과 결합된 시스템으로 선박의 안전, 사고 예방 그리고 비용 절감이 가능하게 하는 기반 시설이다. 미래에는 모든 시스템이 이러한 통신 시스템에 의해 관리 제어될 것으로 예상된다. 그러나 국제해사기구(IMO International Maritime Organization)와 각국의 선급협회(classification societies)들은 수십 년 동안 선박 통신 시스템에 관한 요구 사항과 인증을 수정하거나 개정하지 않고 있다.

선박 통신 시스템에 적용할 수있는 표준화된 체계를 가지지 못함으로써 선박이 육지에서 널리 사용되는 차세대 첨단 기술을 채택하는 것을 방해하고 있다. 그래서 현재는 사용자 요구 사항에 따라 표준화되지 않은 통신 시스템이 제조되어 설치되는 실정이다. 이러한 결과로 귀결되는 통신 시스템 간의 복잡한 인터페이스는 통신 시스템 간의 확장성과 상호연동성을 막는다.

선박은 육상의 플랜트에 비해 고도의 안정성과 다양성이 필요하다. 선박 통신 시스템은 사용 전에 정식으로 검증되지 않으면, 해양 사고를 포함한 심각한 문제가 발생할 수 있다. 이 장에서는 우선 선박을 위한 통신 시스템의 현황을 설명하고 복잡하고 다양한 선박 통신 시스템을 통합하고 안전하고 확장 가능한 범용 선박 통신 시스템을 구현하기 위한 표준화 방안을 소개한다.

11.1 선박 통신 시스템 현황

선박의 규모와 크기가 커지고 복잡해지는 만큼 다양한 시스템들이 선박에 복잡하게 설치된다. 선박은 설계, 운영 그리고 유지보수 등 모든 단계에서 체계적인 관리를 위한 노력을 하고 있다. 하지만 해상에서 운영되는 선박은 육상 시설물과는 달리 통제와 관리가 어렵고 복잡하다. 원격관제 기술의 발전은 해상에서 독립적으로 운영되던 선박을 육상에서도 관리가 가능한 유기적 자산으로 변화시켰다. 원격제어와 경제운항과 같은 선박 기술은 전세계 어디서나 원하는 선박에 접속하여 선박을 관리하고 통제한다.

최근 출현하는 선박 기술은 대부분 항해·통신 시스템을 기반으로 운영된다. 항해 시스템은 선박의 운항상태, 주변환경 그리고 선박과 육상 간의 교신을 담당한다. 통신 시스템은 선박내 상태정보, 업무편의 그리고 정보교환을 담당한다. 선박은 항해·통신 시스템에서 수집된 정보를 바탕으로 운항전략과 안전사고 예방과 같은 운영계획을 수립한다. 그림 11.1은 현재 선박 항해·통신 장비와 기기를 보여주고, 그것들이 서로 연결된 인터페이스를 함께 보여준다.

선박 통신 시스템은 시스템 간 상호 공유의 개념이 없다. 최근 LAN 기반의 시스템이 증가하면서 시스템을 병합하는 방법에 대한 제안이 증가하고 있다. 항해·통신 시스템은 수십 년 전에 제정된 법규와 사용자의 오랜 사용 관습으로 인하여 구조적인 변경이 어렵다. 통신 시스템은 법규에 의한 의무설치 장비가 많아 변경의 제약과 인증에 따른 경제적 부담이 크다. 이러한 이유로 별도의 시스템을 구성한다. 새로운 선박 기술은 항해·통신 시스템과의 연계를 위해 추가 케이블이 설치되고 데이터 변환을 위한 추가 장비가 설치된다. 선박에 새로운 기술을 적용하기 위한 비용적인 부담은 경기 침체에 따른 기술 발전의 한계로 인식된다.

정보통신 기술의 끊임없는 발전이 있으나 선박 통신 시스템은 다음과 같은 이유로 육지에서 구현된 기술들을 활용하지 못하고 있다. 첫째, 의사 결정 과정이 다르다. 육상에서의 통신 시스템은 넘쳐나는 데이터와 정보를 신속한 의사 결정 수단으로서 인식한다. 그러나 선박과 해양 플랜트에서는 아직 사람의 경험에 의해 의사결정이 이루어지고 있다.

둘째, 해상에서 통신 시스템은 전원 공급과 유지관리 측면에서 육지의 통신 시스템보다 접근하기가 더 어려운 점이 있다. 사고나 고장에 신속하게 대응하기 어려워 이 모든 것에 독자적으로 대처해야 한다. 간단한 유지보수에서 장비 교체까지의 일을 스스로 해야 하는 것이다. 최근 위성 통신이 선박 정비를 위해 배치되었다. 그러나 비용 부담으로 위성 기반 통신을 확대하지 못하고 있다. 600개 이상

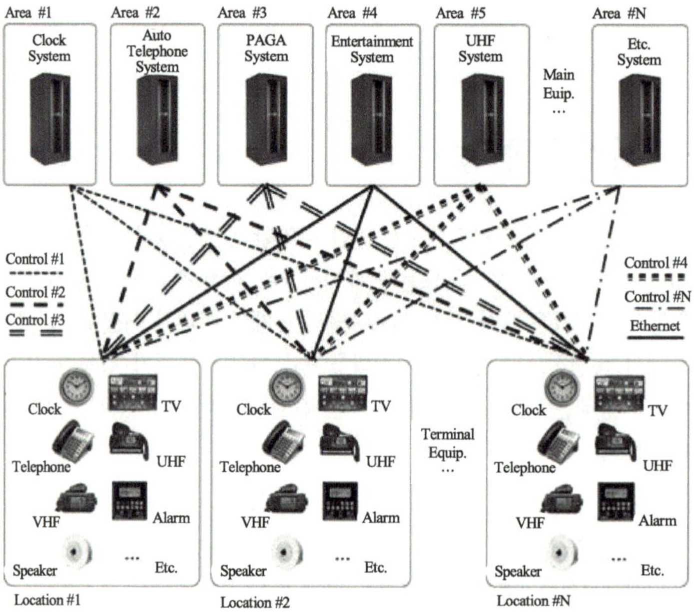

그림 11.1 선박 항해·통신 장비와 인터페이스

의 저궤도 인공위성을 활용하는 OneWeb 프로젝트가 최근 시작되어 저비용 초고속 및 글로벌 범위 인터넷 서비스를 제공한다. 그러나 이 프로젝트가 현업에 적용되려면 시간이 필요할 것으로 보인다.

셋째, 해양 전용 인증 체계가 필요하다. 선박과 해양 플랜트는 바다에서의 예측할 수 없는 날씨와 제한된 작업 공간에서 안전을 보장하기 위해 선급협회의 인증을 받아야 한다. 그러나 그 인증 프로세스가 복잡하고 시간이 많이 걸리며 비용이 많이 들기 때문에 새로운 기술이 시장에 침투하기 어렵다. 독점과 과점 시장 구조는 고객이 기술 개발 및 실패 비용을 모두 부담하도록 강요한다.

마지막으로, IMO의 해양 조약이 의무적으로 설치하는 필수 장비를 규정하지 않는다는 점이다. 1974년 국제 해상 인명 안전 협약(SOLAS)이 선박의 안전을 위하여 국제 수준에서 일정한 규칙을 공유하는 내용으로 제정되었다. 그러나 SOLAS 통신 시스템을 항해 장비와 무선 장비의 일부분으로 제한하였다. 이 규정이 2000년에 부분적으로 개정되었으나 여전히 IMO는 새로운 통신 시스템에 접근을 제한하고 있어 회원국들이 수십 년 된 장비만 설치하도록 강제하고 있다.

선박 통신 시스템은 안전, 제어 및 운영을 위한 관리 도구로 사용된다. 다른 시스템과 달리 선박은 IMO에 의해 체계화되지 않았고, 수십 년 전에 개발된 통신 시스템이 여전히 선박 혹은 해양 플랜트에 설치되어 쓰이고 있다. 그러나 증가하는 해양 사고 예방 및 비용 절감 운영에 대한 수요에 부응하기 위해 통신 기반의 다양한 기술이 등장하고 있다. 무인 자율운항 선박, 원격 조종 선박과 스마트 선박을 포함한 차세대 선박 및 해양 플랜트는 광대역 통신 시스템을 필요로 한다. 이런 환경에서는 통신 시스템이 선박 내 모든 시스템을 제어하고 관리하는 데 중추적인 역할을 담당하게 된다.

안테나 장치의 성능이 통신 시스템의 발전과 더불어 향상되었다. 최신 연구에서는 테라 헤르츠(THz) 대역을 커버하는 안테나로 확장되었다. 이러한 최신 장치 및 관련 기술이 선박에 적용되고 초고속 광대역 해상 통신 및 기술 발전에 기여할 것으로 예상된다.

1) 선박 통신 시스템 종류

선박 통신 시스템은 전통적으로 안전한 항해를 위한 항해 장비를 위한 것으로 정의되었다. 선박 통신 시스템에 대한 종류를 자세하게 보기 전에 우선 선박의 항해·통신 시스템에 대해 살핀다. 항해·통신 시스템은 항해 시스템, 외부 통신 시스템 그리고 내부 통신 시스템을 포함한다.

1974년 SOLAS(International Convention for Safety of Life at Sea)는 항해(navigation)와 라디오(radio)의 일부 장비를 법규로 규정하였다. 지금까지 항해·통신 시스템에 대한 법규는 거의 수정이 되지 않았고 최신 기술도 반영되지 않고 있다. 항해·통신 시스템은 SOLAS가 수십 년 전의 기술로 규정한 법규로 인해 오늘날 우수한 기술들을 접목하는 데 어려움을 겪고 있다.

표 11.1 선박 항해·통신 장비

Mandatory	Type Approval	System
O	O	DGPS, INS, Auto pilot, Gyro compass, Magnetic compass, Speed log, Rudder angle indicating, Echo sounder, VDR, Sound reception, AIS, NAVTEX, Radar, SSAS, GMDSS, VHF, BNWAS, Whistle, PAGA
O	X	Satellite communication(C & F), Sound powered telephone, Weather FAX
X	O	
X	X	VSAT, Master clock, Communal aerial, LAN Network, UHF, Auto Telephone, CCTV, Entertainment, Cinema, Collaboration, Meteorological observation, MDF, UPS, Helicopter monitoring, Wireless Network, Talkback, Elevator alarm, Ref. chamber alarm, Hospital calling alarm, Satellite TV, Window wiper, Heated glass, ADCP, TMS

표 11.1은 선박에서 사용하는 항해·통신 장비이며 모두 46개로 구분된다. 필수(mandatory) 장비 항목이 0으로 분류된 장비들은 관련 법규인 SOLAS의 Life-saving appliances and arrangements, Radio communications 그리고 Safety of navigation에서 정의되어 선박에 의무적으로 설치해야 하는 시스템이다. 형식승인(type approval) 항목은 European Marine Equipment Directive(MED)에서 지정한 선박에 설치되는 Life-saving appliances, Navigation equipment 그리고 Radiocommunication equipment에 관해 인증기관에 의뢰하여 적합성에 대한 인증서를 발급받아야 하는 여부를 말한다.

표 11.1에서 의무적으로 설치할 필요가 없고 인증도 받을 필요가 없는 시스템은 전체의 52.2%로 선박에 반드시 설치하지 않아도 되는 것들이다. 항해·통신 시스템 가운데 필수 장비에 속하는 의무 설치 장비는 관련 법규와 국제협약을 모두 만족해야 한다. 필수 장비가 아니더라도 필수 장비와의 인터페이스나 데이터 교환이 필요하다면 법규에 따른 인증(certificate)과 형식승인이 필요하다. 인증과 형식승인은 취득 과정이 복잡하고 많은 비용을 요구한다.

이런 항해와 통신을 위한 장비와 시스템에서 통신에 직간접적으로 관여하는 통신 시스템을 살펴보자. 노르웨이 해양 표준인 NORSOK T-100에 정의된 것과 선박에서 실제 사용되는 선박 통신 시스템을 분석하여 통신 장비와 시스템을 표 11.2와 같이 정리하였다. 표에 표시된 통신 시스템은 모두 23개 시스템이고, 이 가운데 항해 시스템 및 안전 관련 기기도 포함한다. 선박 유형에 따라 일반적으로 설치되는 시스템도 포함한다. SOLAS 필수 장비의 약 40%의 시스템을 포함하고 있다. 그 가운데 19번째 나열된 VDR(Voyage Data Recorder)은 IMO가 안내한 대로 저장장치 개발과 정확한 사고 분석을 위해 2014년 7월에 개정된 내용을 준수하여 반드시 설치되어야 하는 장비이다.

표 11.2 선박 통신 시스템

No.	System Title	Division	Remarks
1	Public address and general alarm(PAGA)	NORSOK	Mandatory
2	Driller's intercom	NORSOK	Mandatory
3	General radio	NORSOK	Mandatory
4	UHF radio and paging	NORSOK	·
5	Audio and video entertainment	NORSOK	·
6	Closed circuit television(CCTV)	NORSOK	·
7	Meteorological observation	NORSOK	·
8	Marine radar and automatic identification system(AIS)	NORSOK	Mandatory
9	Main distribution frame(MDF)	NORSOK	·
10	Telecom power supply	NORSOK	·
11	Real time clock(RTC)	NORSOK	·
12	Telecommunication management system	NORSOK	·
13	Telephone system(PABX)	NORSOK	·
14	Office data network equipment	NORSOK	·
15	Wireless broadband access network	NORSOK	·
16	Integrated navigation system	NORSOK	·
17	Echo sounder system	Additional	Mandatory
18	Speed log system	Additional	Mandatory
19	Voyage data recorder	Additional	Mandatory
20	Elevator alarm system	Additional	·
21	ESD(emergency shut down system)	Additional	·
22	F&G(fre and gas) system	Additional	Mandatory
23	Integrated control and monitoring system	Additional	Mandatory

11.2 선박 통신 시스템 통합[56]

선박 통신 시스템 통합(integration)은 인터페이스의 단순화와 체계화를 촉진하여 시스템 상호 운용성을 극대화한다. 그리고 선박은 데이터 신뢰성을 높이기 위해 표준화된 통신 시스템을 채택하기도 한다.

통신관리 시스템 TMS(Telecommunication Management System)는 1990년대에 노르웨이의 NORSOK에 의해 선박 통신 시스템의 통합 구조로 처음 소개되었다. NORSOK T-100은 TMS를

그림 11.2와 같이 LAN/WAN 기반의 클라이언트/서버(client/server) 구조로 정의하였다. TIU (Telecommunication Interface Unit)는 통신 시스템의 알람(alarm)을 TMS의 운영 환경에 맞는 데이터 타입으로 변환하는 역할을 한다. TMS는 서로 다른 데이터 타입을 갖는 다양한 통신 시스템을 하나의 시스템에서 관리할 수 있는지에 대한 기초적인 방법을 제시하였다.

TMS는 통신 시스템과의 인터페이스를 위해 많은 시간과 비용을 요구하는 단점을 가진다. 그리고 TMS는 구축과 관리에 많은 비용이 소요되어 선박에 실제 채택되는 데는 실패하였다. 좀 더 구체적으로 TMS가 실패한 요인을 네 가지로 설명한다.

첫째, TMS는 모두 31개의 하위 시스템에서 알람(alarm) 정보를 수신한다. 하위 시스템에는 일반적으로 선박에 설치되지 않는 많은 시스템이 포함된다. 따라서 선주와 운영자는 TMS를 채택할 필요가 없다고 생각한다. 둘째, 서브 시스템에서 수신해야 하는 알람 목록 및 처리 방법이 정의되어 있지 않다. 또한 TMS는 선주, 운영자 그리고 제조업체가 요구하는 알람을 지원하지 않는다. 셋째, TMS는 서브 시스템과의 인터페이스로 TIU를 사용한다. TIU는 서브 시스템에서 발생하는 알람을 TMS 호환 데이터 유형으로 변환하여 통신 시스템에서 생성된 데이터의 신뢰성과 호환성을 손상시킨다. 마지막으로, TMS를 설치하는 데 비용이 많이 든다. 일반적으로 시운전은 총 시스템 비용의 5 ~ 10%를 차지한다. 이와 대조적으로 해양 플랜트의 TMS는 전체 시스템 비용의 40% 이상을 차지한다.

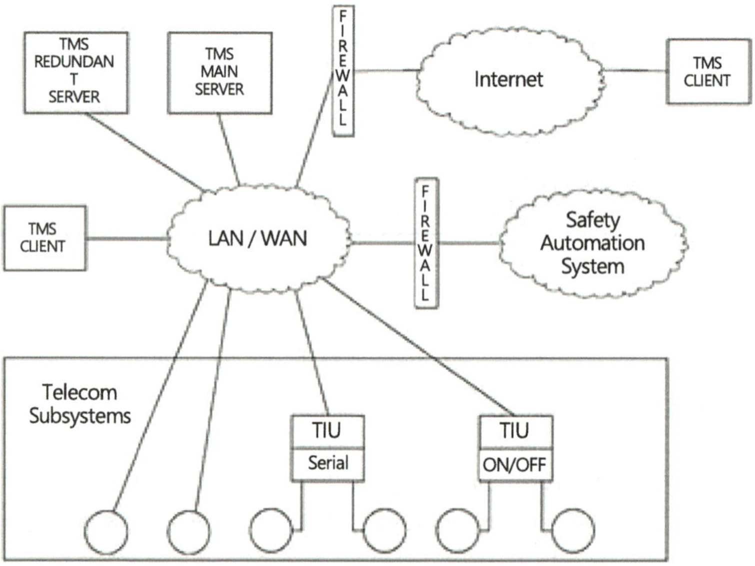

그림 11.2 NORSOK T-100에서 제안한 TMS 구조[57)]

1) 선박 통신 시스템 통합의 문제

선박 통신 시스템은 시스템 간 상호 호환성이 없어 통합이 가능한 시스템의 범위가 제한적이고 통합 시 비용 절감의 효과가 거의 없다. TMS와 같이 통신 시스템의 통합은 비용을 증가시키는 단점을 가진다. 그런데 시스템 통합에 따르는 비용 증감의 원인은 크게 두 가지로 분석된다.

첫째, 시스템 통합 시에도 단말장치(예: 전화기, 스피커, 시계 등)에 대한 설치 수량에는 변화가 없다. 시스템의 통합은 메인 장비(main equipment)에 국한된다. 시스템을 통합할 때 통합 단말장치(integrated terminal equipment)를 제공하지 않는 것이다. 각 시스템마다 설치되는 단말장치(terminal equipment)의 수량에도 변화가 없다. 둘째, 각 시스템은 제조사와 모델에 따라 사용하는 데이터 타입이 다르다. 시스템 통합은 다양한 데이터 타입들을 하나의 데이터 타입으로 일원화할 수 있어야 한다. 데이터를 일원화하기 위해선 중간 매개체(interface unit, converter 혹은 gateway 등)가 추가로 필요하다.

그림 11.1은 현재 선박에서 보편적으로 설치되어 있는 항해·통신 시스템에 대한 구성도이다. 항해·통신 시스템의 주요 장비는 보통 여러 장소에 분산되어 설치된다. 반면 단말장치는 필요한 위치에 흩어져 설치된다. 단말장치의 필요 수량에 따라 주요 장비와 단말장치는 데이터 타입에 맞는 전송 케이블을 이용하여 각각 연결된다.

선박의 통신 시스템의 통합은 그림 11.1의 기본 구성을 변경하지 않고는 불가능하다. 주요 장비와 단말장치 그리고 케이블의 구성을 최소화하여 기술 측면과 비용 측면에서 모두 만족해야 한다.

그림 11.3은 현재 선박에서 통신 시스템을 설치할 때 필요한 업무 처리 과정을 그린 흐름도이다. 선박 통신 시스템은 각 시스템 별로 먼저 주요 장비가 설치되고 그리고나서 단말장치를 설치한다. 그림에 나타난 과정을 분석하면 선박 통신 시스템이 상호 호환에 대한 고려나 공유 없이 개별적으로 설치되고 운영되는 시스템임을 알 수 있다.

그림 11.4는 앞서 소개한 TMS 구조를 따르면서 실제 구현된 하나의 기존 선박 통신 시스템의 예를 보여준다. 그림에는 통신 프로토콜이 함께 구체적으로 표기되어 있다. I/O module, Serial, Wet contact 그리고 Dry contact의 데이터 타입을 TCP/IP로 변환하기 위해 각각의 주요 장비에 대해 TIU를 설치하였다. System #1의 주요 장비에 소속된 단말기는 주요 장비에 각각 제어 케이블로 연결된다.

그림 11.4와 같이 TMS 구조는 한 단말장치가 다른 단말장치로 가는 통화나 호출과 같은 요청이 있을 때마다 새롭게 네트워크 경로를 찾아 연결한다. 통신 시스템의 단말장치는 주요 장비에 귀속된다. 주요 장비의 하부에 각각의 단말장치가 직접 케이블로 연결되어 모든 단말장치는 주요 장비의 제어와 통제를 받는다.

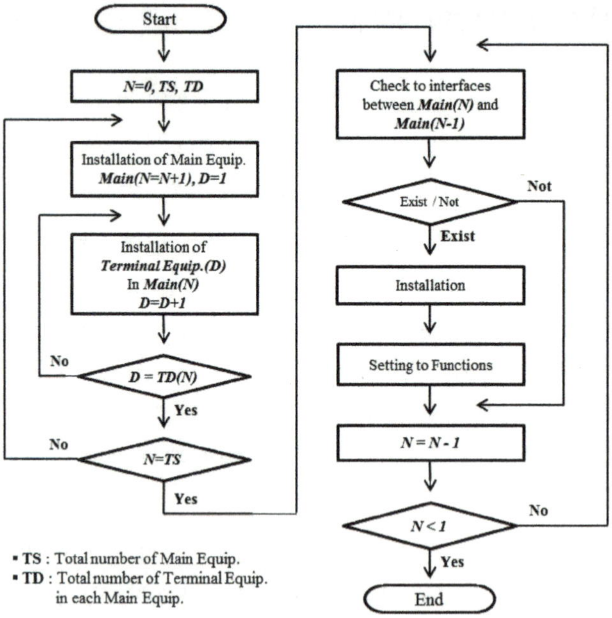

그림 11.3 기존 선박 통신 시스템 설치 과정

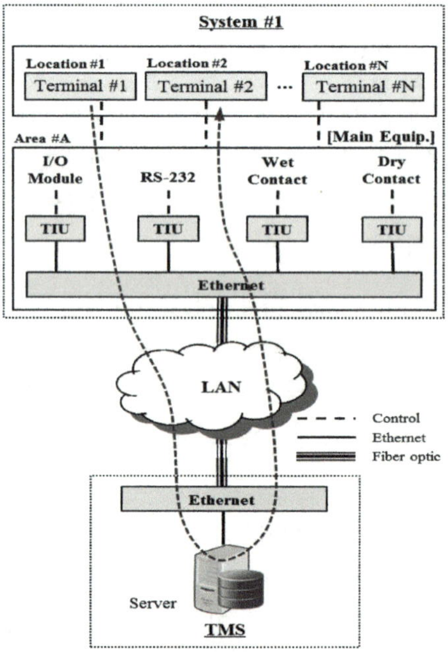

그림 11.4 기존 TMS 작동 구조

2) eTMS 기반 통합 통신 시스템

기존 TMS는 개별적인 통신 시스템으로부터 데이터를 수신하고 제어는 하지 않는다. 기존 TMS는 형식승인이 필요 없는 장점은 있으나 개별적인 통신 시스템에 대한 표준화가 미진하여 설치가 제한적인 단점이 있다. 기존 TMS는 시스템 표준화가 거의 되어 있지 않아 설계와 설치의 순서가 바뀌는 경우가 잦고 통합 시스템이 되기엔 부족하다. 그림 11.5와 같이 기존 TMS의 장점을 살리고 단점을 이를 보완하는 새로운 통합 구조인 e-TMS 기반의 통합 통신 시스템을 소개한다.

통합 주 장비(integrated main equipment)는 하나의 랙에 통신 시스템과 게이트웨이(G/W)를 모두 설치한다. 시스템 별로 다양한 통신 프로토콜에 대한 인터페이스를 위하여 주요 장비 별로 게이트웨이를 설치한다. 게이트웨이는 크게 두 가지 기능을 갖는다. 첫째, 기존 TMS의 TIU와 같이 데이터 타입을 이더넷(Ethernet) 기반의 TCP/IP로 변환한다. 둘째, VHF 혹은 UHF와 같은 무선 시스템은 VoIP(Voice over IP)를 쓰는 장비로 대체한다. 통합 주 장비는 VoIP를 공유하여 통합 단말장치에서 사용한다.

e-TMS 기반 통합 시스템 구조는 항해·통신 시스템들에 대한 모니터링과 제어를 함께 수행한다. 통합 주 장비는 각 시스템의 데이터를 통제하고 분배하여 서로 공유한다. 통합 시스템의 통합 단말장치는 하나의 패치 케이블(patch cable)로 통합 주 장비와 연결한다. 통합 단말장치는 항해·통신 시스템의 단말장치의 모든 역할과 기능을 대체한다. 통합 시스템은 하나의 패치 케이블로 항해·통신 시스템의 데이터를 공유하므로 인증과 형식승인을 취득해야 한다.

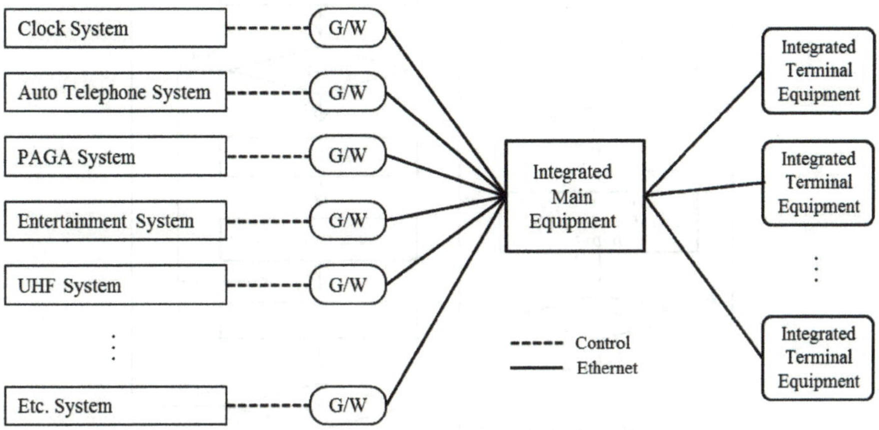

그림 11.5 e-TMS에 의한 통합 통신 시스템

그림 11.6은 e-TMS 기반 통합 시스템을 구축하는 업무 흐름도이다. 그림에서 e-TMS 기반 통합 시스템을 설치하는 과정은 그림 11.3과 달리 항해·통신 시스템의 모든 주요 장비가 먼저 설치되고 통합 단말장치를 설치한다. e-TMS 기반 통합 시스템은 기존 항해·통신 시스템의 다양한 단말장치를 하나의 통합 단말장치로 통합하면서 설치 방법과 과정이 간소해졌다. 그림 11.6은 항해·통신 시스템의 자원을 통합 단말장치가 공유하면서 사용한다.

그림 11.7은 새로운 e-TMS 기반 통합 시스템 구조로 통신 프로토콜과 함께 나타냈다. 그림은 I/O module, Serial, Wet contact 그리고 Dry contact 인터페이스를 TCP/IP로 상호 변환하기 위해 게이트웨이를 설치하였다. 그림 11.4의 기존 TMS와는 달리 통합 단말장치가 주 장비에 포함되지 않고 별도 구성된다.

e-TMS 기반 통합 시스템은 주요 장비와 e-TMS 서버가 항상 네트워크에 연결(always-on)되어 있다. 통합 단말장치는 사용 요청을 e-TMS 서버에 한다. e-TMS 서버는 연결 요청을 받은 주요 장비와 통합 단말 장치를 연결한다. 새로운 e-TMS 기반 통합 시스템은 시스템 별로 다양하고 많은 단말장치를 하나의 통합 단말장치로 묶고 통합 단말장치를 이더넷 기반에서 동작하도록 하는데 큰 의미가 있다. e-TMS 기반 통합 시스템의 통합 단말장치는 주요 장비와 분리되어 구성되어 주요 장비의 제어와 통제를 받지 않는다.

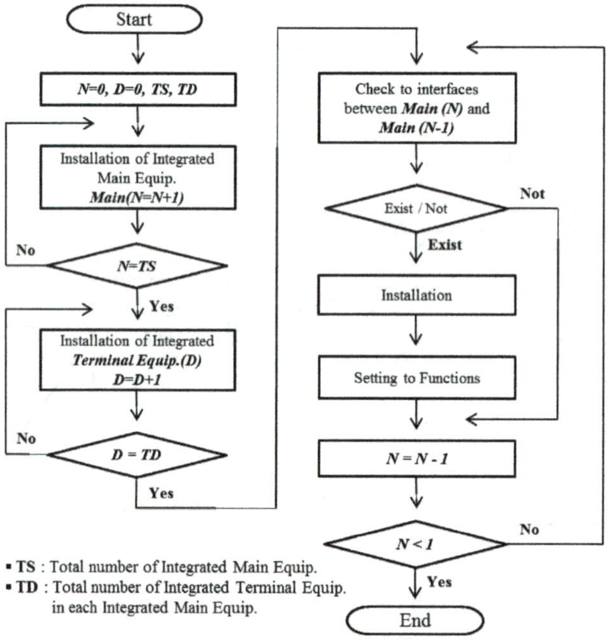

그림 11.6 통합 통신 시스템 구축 업무 흐름도

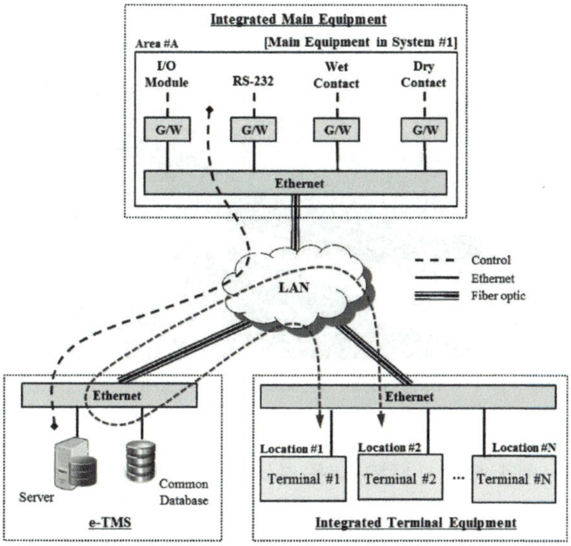

그림 11.7 e-TMS를 기반으로 하는 통합 통신 시스템 구조

그림 11.7의 e-TMS 기반 통합 시스템 구조는 크게 두 가지 장점을 갖는다. 첫째, e-TMS는 주요 장비의 운영에 관한 기본 기능을 공유하여 통합 단말장치에 제공할 수 있다. e-TMS 서버가 자주 사용하는 주요 장비 기능을 분류하여 주기적인 상태 확인을 한다. e-TMS 서버는 통합 단말장치의 요청 시 마다 매번 주요 장비에 연결할 필요가 없다. 둘째, 주요 장비에 대한 상태 모니터링이 지속적으로 가능하다. 기존 TMS는 주요 장비가 이상 시 보내는 알람을 받아 이상 유무를 분석한다. e-TMS 기반 통합 시스템은 스스로 주요 장비의 상태를 확인함으로써 상황에 대한 실시간 처리가 가능하다. e-TMS 서버는 공통 데이터베이스(common database)를 함께 두어 데이터 크기를 최소화하여 데이터 처리 속도를 높인다.

e-TMS 기반 통합 시스템의 효과를 보이기 위해 그림 11.8의 15,000 TEU의 대형 컨테이너 운반선에 설치되는 항해·통신 시스템에 대한 설계 방법을 분석한 결과를 소개한다.

표 11.3은 항해·통신 시스템에 대한 기존 설계 방법과 e-TMS 기반 통합 시스템의 설계 방법에 의거하여 사용되는 케이블을 비교 분석한 결과이다.

e-TMS 기반 통합 시스템 설계 방법은 기존 설계 방법에 비해 케이블이 422가닥인 37.0%가 절감되었다. 케이블 절감에 따라 케이블 전체 길이는 10.1 Km인 26.3%가 절감되었고 케이블 총무게는 3.1 ton인 26.7%가 절감되었다. 이는 선박 전체 무게를 가볍게 하는 것으로 운항 성능을 개선할 수 있어 선박 운영 비용을 절감할 수 있다.

그림 11.8 15,000TEU 컨테이너선[58)]

표 11.3 기존 시스템과 통합 시스템의 비용 분석

Division of cable	Existing Systems	Integrated System based in e-TMS	Reduction Rate (%)
Quantity (EA)	1,140	718	37.0
Length (Km)	38.4	28.3	26.3
Weight (Ton)	11.6	8.5	26.7

e-TMS기반 통합 시스템의 개선은 케이블, 자재 절감과 같은 유형적인 효과와 무게와 같은 무형적인 효과로 나타난다. 분석 결과 e-TMS 기반 통합 시스템은 기존 설계 방법에 비해 단말장치의 수를 줄일 수 있어 케이블과 자재비에 대한 유형적인 효과가 높은 것으로 나타났다. e-TMS 기반 통합 시스템은 기존 설계 방법에 비해 자재비는 약 30%, 설치비는 약 25%를 절감할 수 있는 것으로 분석되었다. 간접비인 설계비용, 검사비용 등을 고려하면 추가 절감효과를 얻을 수 있다. 하지만 해당 효과에 대한 비용은 설계사, 조선소에 따라 금액 기준이 상이할 것으로 보인다.

e-TMS 기반 통합시스템은 주요 장비와 통합 단말장치를 분리하는 구조이다. 주요 장비를 하나로 통합하는 것보다 단말장치를 하나로 통합하는 것이 자재비, 설치비와 같은 직접비와 설계비용, 작업비용, 검사비용과 같은 간접비 측면에서 모두 우수하다. 항해·통신 시스템 주요 장비의 핵심 기능을 e-TMS 서버가 공유하면 주요 장비의 장애에 대비한 시스템 백업의 효과를 가져올 수 있다. e-TMS 기반 통합 시스템은 데이터의 표준화와 시스템의 간소화를 가져와 선박 기술 발전의 토대가 될 것으로 기대된다.

11.3 선박 통신 시스템 표준화

기존 선박 통신 시스템은 복잡하고 다양한 개별적인 통신 시스템과 통신망 체계를 하나로 묶는 통합 시스템이 필요하다. 그것에 더하여 향후 안전하고 확장 가능한 범용 통신 시스템을 구현하기 위한 표준화도 이루어져야 한다. 선박 통신 시스템 표준화는 인터페이스의 단순화 및 체계화를 촉진하여 시스템 상호 운용성을 극대화할 수 있다. 그러면 앞으로는 선박에서는 데이터 신뢰성을 높이기 위해 표준화된 통신 시스템을 채택하게 될 것이다. 표준화된 통신 시스템은 성능 측면에서 비상시에도 안정적인 운영 능력과 빠른 데이터 처리가 가능하다. 선박에서 표준화된 시스템은 결론적으로 품질 향상, 비용 절감 그리고 안정적인 성능을 위한 필수 조건이라 할 수 있다. 이러한 선박 통신 시스템을 위한 표준화 방안을 소개한다.

1) 표준화 필요성

미래 기술 개발과 선박 통신 시스템 수준의 표준화와 체계화가 필요하다. 선박 통신 시스템은 과거에는 간단한 의사소통 도구로 사용되었지만 요즘에는 선박의 안전, 모니터링 및 기타 제어 기능을 수행하고 있다. 선박에서는 현재까지 수작업으로 통신 시스템을 설계하고 설치 그리고 운영하는 등 아직 표준화가 되어 있지 않다.

대형 선박을 운영하는 기업은 대체적으로 변화에 저항하고 보수적으로 대처하는 경향이 있다. 신기술을 채택한 통신 시스템이나 장비의 신뢰성과 내구성은 기존 제품과 달리 사용에 익숙하지 않고 서로 이질적인 사양으로 인해 그것의 장단점을 식별하여 장비를 활용하는 데 어려움이 있어 결과적으로 통신 시스템을 관리하기가 어렵다. 그리고 선박에서 표준화되지 않은 데이터를 사용하는 것은 자원을 낭비하고 복잡한 시스템 인터페이스로 인해 처리하는 데 시간을 더 많이 요구한다.

2) 선박 통신 시스템을 위한 데이터 표준화

이 절에서는 현재 선박 통신 시스템에서 심각하게 문제가 되는 데이터의 복잡성과 이에 대한 표준화를 집중적으로 소개한다. 제조업체가 지원하는 데이터 유형은 각양각색이다. 이는 선박이 오랫동안 데이터 유형에 대한 제도적 기술 프로토콜을 거의 축적하지 않았기 때문이다. 선박 통신 시스템을 위하여 표준화된 데이터는 해상에서 다양한 솔루션을 사용하는 데 도움이 된다. 표 11.2가 통신 시스템에서 쓰이는 다양한 데이터 유형을 보여준다. 여기서는 통신 시스템의 데이터 표준화를 위한 5단계 프로세스를 설명한다.

표준화를 위한 5단계 프로세스에는 데이터 중복을 제거하기 위한 규정, 선급 그리고 사회와 제조업체 간의 상호 의존성과 공통성을 분석하는 작업이 포함된다. 5단계 프로세스를 통해 표준화된 데이터 유형이 실제 통신 시스템에 적용되면 시스템 간 성능을 향상시키고 TMS와 같은 관리 시스템을 구축하는 데 드는 시간과 비용을 절약할 수 있다. 통신 시스템의 표준화는 다음과 같은 5단계를 거친다.

① 데이터에 대한 수요를 분석한다.
② 제조업체 별로 제공되는 데이터 유형을 수집하고 분류하는 등의 데이터 공급을 분석한다.
③ 안전, 관리 및 인터페이스 정보를 포함한 데이터를 수집한다.
④ 데이터는 목적에 따라 장애, 시스템 및 인터페이스로 분류된다.
⑤ 데이터 정규화가 이루어진다.

표 11.2에 지정된 여러 통신 시스템 중에서 PAGA(Public Address General Alarm) 시스템을 예로 삼아 표준화 프로세스를 단계별로 자세하게 설명한다.

3) PAGA 시스템 데이터 표준화

PAGA 시스템은 IMO, 조약 그리고 선급에 의해 정의된 안전 시스템으로 선박과 해양 플랜트에 설치되어야 하는 필수 장비이다. PAGA 시스템은 선박 및 해양 플랜트의 전체 영역을 다루며 다른 시스템과 인터페이스가 넓고 다양하다. PA(Public Address)는 선박 내에 모든 승선인원에게 공통적으로 알리는 메시지를 전달하기 위한 것이고 GA(General Alarm)는 비상시 알람을 발생시키기 위한 것이다.

(1) 데이터 요구 분석

먼저 PAGA 시스템에 관한 조약 및 선급에서 필요로 하는 데이터를 그림 11.9에서 보이는 것과 같이 1 단계와 2 단계로 구분하여 분석한다. 1 단계에는 IMO, SOLAS 그리고 국제인명구조(LSA International Life-Saving Appliance) 조약에서 요구하는 사항이 포함되고 2 단계에는 선급의 요구사항이 포함된다. 그 예로 그림에서 세계 최대 선급인 DNV GL에서 요구하는 6가지 주전원 정전, 비상전원 정전, 여가 무음, 사이렌, 휘슬 및 태풍경보를 위한 인터페이스, 일반 알람 그리고 화재 알

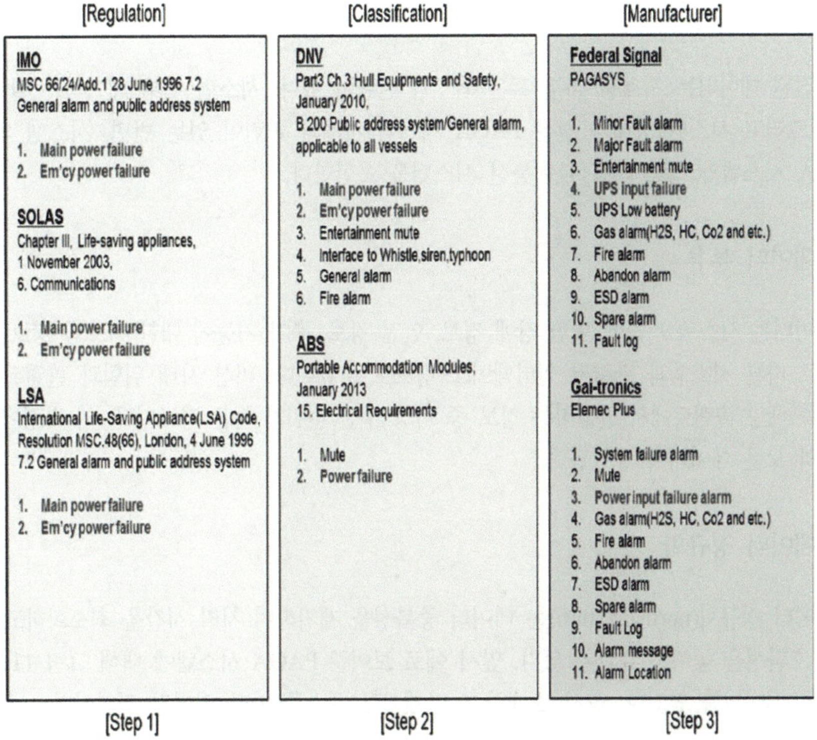

그림 11.9 PAGA 시스템 데이터 표준화 단계

람 등의 6가지 데이터가 보인다. 그리고 미국선급협회(ABS American Bureau of Shipping)의 휴대형 숙박시설 모듈의 전기적 요구사항에서 묵음과 정전에 관한 데이터가 있다. 분석 결과 1 단계의 IMO와 조약에서는 '정전(power failure)'만 요구하는 반면 2 단계에서 분석한 선급은 필요한 인터페이스와 알람을 모두 요구한다.

(2) 데이터 공급 분석

그림 11.9에 제시된 것과 같이 3 단계에는 PAGA 시스템의 주요 제조업체가 지원하는 데이터 분석이 포함된다. 그림에서 보면 제조업체는 1 단계와 2 단계에 포함된 시스템 알람, 로그 그리고 메시지와 같은 더 많은 데이터를 제공함을 알 수 있다. 분석의 예로서 그림에서 보이는 비상 사이렌, 알람 시스템과 PAGA 시스템을 생산하는 Federal Signal 사는 주/부 결함, UPS 그리고 가스와 화재 알람 등 11가지 데이터를 제공함을 알 수 있다.

(3) 데이터 수집

수집된 데이터는 시스템 내부 혹은 외부와 관련이 있다. 시스템 내부 데이터는 알람, 음성 발생 시간 그리고 시스템 상태와 같은 PAGA 시스템 자체와 관련이 있는 반면, 시스템 외부 데이터는 PAGA 시스템과 상호 작용하는 통신 시스템을 포함한다.

(4) 데이터 분류

데이터는 시스템 기능에 대한 장애 경보, 안전 경보, 추가 기능에 대한 시스템 경보 및 상태 경보 그리고 다른 시스템과 관련된 인터페이스 경보로 분류된다. 비상 사태 위험과 관련된 안전 경보는 선박과 해양 플랜트에서 발생하는 경보 중 가장 우선 순위가 높은 경보이다. 이 과정에서 PAGA 시스템의 모든 데이터가 통합된다.

(5) 데이터 정규화

데이터 정규화(normalization)는 데이터 중복성을 제거하여 처리 시간을 최소화하고 통신 시스템 간의 호환성을 높이는 효과가 있다. 앞서 예로 보여준 PAGA 시스템에 대해 그림 11.10과 같이 표준화된 데이터를 얻었다. 앞서 소개한 5 단계 프로세스를 따라 얻어진 결과이다.

통합 과정에서 시스템 정보, 시스템 데이터, 시스템 인터페이스 등으로 분류하고, 우선순위도 고려한다. 이에 따라 주/부 결함, 안전 알람, 시스템 알람, 신호등 알람 그리고 인터페이스 알람 등으로 PAGA 시스템에서 발생하는 알람 데이터가 정규화하고 이를 표준 데이터로 활용할 수 있다.

PAGA 시스템과 동일한 방식으로 표 11.2의 통신 시스템에 대해 구한 표준화 결과 데이터가 표 11.4에서 볼 수 있다. 여기서 통신 시스템의 I/O 모듈에서 발생하는 아날로그 출력 데이터와 디지털 출력 데이터를 표준 데이터로 규정하고 있다. 이 두 데이터 형태는 각각 전원이 들어오거나 나갈 때 알람이 울리는 것과 관련이 있다. 직렬통신 RS232와 RS422 표준 인터페이스를 위한 데이터도 규정한다. 이 데이터들은 각각 문 개폐 시에 울리는 알람과 연관된다.

그리고 Wet contact는 릴레이가 작동하여 회로가 연결되면 바로 그 회로에 전류가 흐르는 구조를 말한다. 반면 Dry contact는 릴레이가 작동하여 회로가 연결되더라도 곧바로 회로에 전류가 인가되는 것이 아니라 다른 제어장치에 의해 전류 온/오프가 결정되는 구조를 말한다. 이런 두 경우에 발생하는 데이터에 대해서도 표준화되었다. 마지막으로 향후 선박 통신 시스템에서 점차 비중을 늘릴 것으로 예상되는 이더넷을 위한 데이터 유형을 표준 데이터에 편입했다. 주로 TCP/IP 프로토콜에서 규정한 데이터 유형이다. 이는 모든 통신 프로토콜이 TCP/IP인 소위 All TCP/IP 망인 육상 인터넷 망과의 상호연동성을 높이기 위한 것이다.

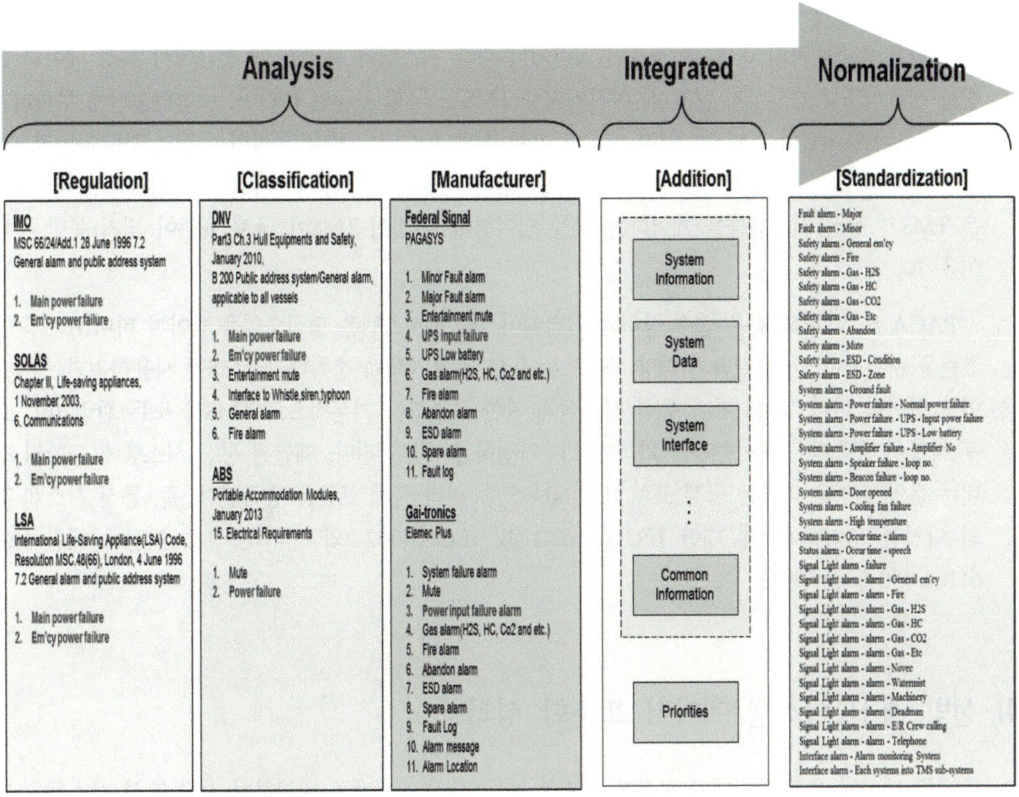

그림 11.10 PAGA 시스템의 알람 데이터 표준화 과정

표 11.4 선박 통신 시스템의 알람 데이터 표준화 결과

구분	데이터 유형	알람 발생 요인
I/O module	AO(analog output)	Power On
I/O module	DO(digital output, 5V DC)	Power Off
Serial	RS232	Door open
Serial	RS422	Door close
Wet contact	Relay, 25V DC	
Dry contact	Relay	
Ethernet	TCP/IP	

통신 시스템의 데이터 표준화 과정을 통해 IMO, 조약, 선급 그리고 제조업체 간의 상호 의존 관계를 규명할 수 있고, IMO, 조약 그리고 선급은 통신 시스템에 관한 설치 및 관리 방법에 대한 일부만을 규정할 뿐 통신 시스템 자체에 대한 조항을 거의 지정하지 않음을 알 수 있다.

대부분 선박 통신 시스템은 표 11.2에 표시된 필수 장비에 포함되지 않는다. 통신 시스템 제조업체가 다른 시스템과의 인터페이스를 설정하거나 다른 시스템과 통합할 때 선급에서 특정 데이터 유형을 사용하도록 승인하지 않았다. 마찬가지로 TMS도 국제 표준인 IEC 또는 형식승인에 무관하게 개발되고 적용되었다. TMS는 여러 복잡한 기존 선박 통신 시스템을 통합하는 것이므로 독립적으로 구성되지 않으며 인터페이스를 통해 통신 시스템과 데이터를 교환하는 구조를 가진다. 데이터 전송은 TMS가 통신 시스템들을 제어하는 것을 의미하며, 이것이 TMS가 국제 표준이 되지 못한 주된 이유이다.

PAGA 및 VDR과 같은 필수 장비와 인터페이스하는 시스템은 형식승인을 받아야 하며 IEC 국제 표준을 준수해야 한다. 선박과 해양 플랜트는 IEC 요구 사항을 충족하고 TMS를 사용하려면 형식승인도 받아야 한다. TMS 기반 통신 시스템에 관한 표준화는 기본적으로 TMS가 모든 관련 IEC 요구 사항이 충족되고 형식승인을 획득했다고 가정하고 이루어진다. 제안된 통신 시스템에 포함된 장비는 운영 환경을 다루는 국제 표준 IEC 60945 등 여타 국제 표준을 충족한다. 즉, 통신 시스템 간의 다양한 인터페이스에 대한 IEC 61162-1 및 IEC 61162-2와 이더넷 상호 연결에 대한 IEC 61162-450을 충족한다.

4) 선박 통신 시스템 데이터 표준화 성과

기존 데이터 유형을 그대로 사용하는 기존 선박 통신 시스템과 비교하여 선박 통신 시스템을 위한 표준화 작업의 성과를 설명한다. 데이터 처리 시간과 시스템 성능을 기준으로 평가한다. 기존 통신 시스템은 다양한 데이터 유형을 처리하는데, 이를 위해 케이블 및 TIU와 같은 중간 매체가 필요하므로 설치 비용이 증가하면서 처리가 지연된다. 반면 표준화된 데이터를 쓰는 선박 통신 시스템은 기본적으로 표준화된 TCP/IP 데이터 유형을 사용한다. 선박 통신망(SAN Ship Area Network)은 TCP/IP 기반 통합 플랫폼을 근간으로 하고 있다.

데이터 평균 처리 시간 측면에서, 기존 시스템에서는 알람 발생 주기가 짧을수록 6개 데이터 유형 모두에 대해 처리 시간이 길어진다. 그리고 TIU가 데이터 유형을 TCP/IP로 변환하면 처리 시간이 늘어난다. 반면 표준화된 데이터 유형을 쓰는 통신 시스템에서는 평균 처리 시간이 줄어든다. 기존 통신 시스템과 달리 경보 발생 간격이 짧아지더라도 데이터 처리가 신속하고 안정적이다.

표준화 작업으로 성능이 개선된 성과를 보여주는 구체적인 결과를 소개한다. 그림 11.11은 데이터 유형에 따라 알람 발생 주기 별 평균 처리 시간을 보여준다. 이 결과에서 각 데이터 유형에 특정한 속성을 도출할 수 있다.

그림의 가로축이 알람 발생 간격을 나타내는데 2, 1 혹은 0.7초 간격으로 알람이 발생하면

TCP/IP가 기존-AO와 기존-DO를 처리하는 데 걸리는 시간보다 더 걸리는 것이 보이고, 다른 더 짧은 간격에서는 기존 데이터 유형보다 TCP/IP를 처리하는 데 걸리는 시간이 점점 더 짧아지는 것을 볼 수 있다. 그러나 이러한 알람 발생 간격의 차이에 의해 미세하게 처리 시간 성능의 순서가 바뀌지만, 거시적으로 보면 알람 발생 간격과는 무관하게 전체적인 성능이 데이터 유형에 따라 일정한 순서로 나타남을 알 수 있다. 결론적으로 선박 통신 시스템의 안정성과 성능을 위해 데이터 유형으로 TCP/IP, DO, AO, RS232, Wet contact, RS422 그리고 Dry contact의 순서대로 채택하는 것이 좋음을 보여준다.

한가지 주목할 사항은 TCP/IP 데이터 유형이 알람 발생 주기가 짧은 상황에서 기존의 데이터 유형보다 우수한 성능을 일관되게 유지한다는 점이다. 이 분석 결과는 표준화된 시스템이 평상시보다는 긴급한 상황에 성능 발휘가 잘 되는 것을 의미하고 응급 상황에 대비하여 TCP/IP 기반 망으로 대체 배치되어야 함을 시사한다.

선박 통신 시스템은 처리하고 공유하는 데이터의 양이 증가되는 상황에서 점점 더 중요한 역할을 할 것으로 예상된다. 선박에서는 품질 향상, 비용 절감 그리고 안정적인 성능을 위해 통신 시스템을 통합하고 데이터 등을 표준화할 당위성을 가진다.

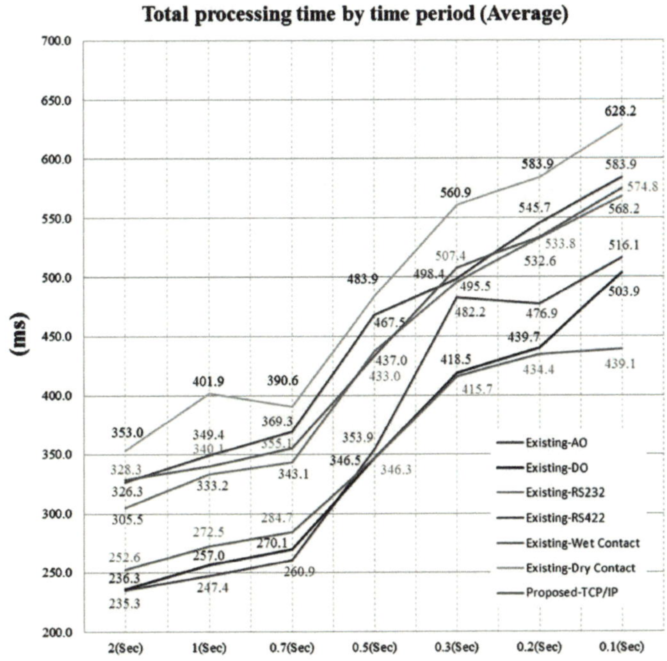

그림 11.11 모든 데이터 유형에 대한 평균 데이터 처리 시간 비교

12
CHAPTER

네트워크 계층 프로토콜 (IP 프로토콜)

ISO/OSI 7계층 프로토콜에서 제3계층인 네트워크 계층은 앞선 장에서 설명한 바와 같이 여러 하부 통신망(subnetworks)을 서로 연결하여 형성한 큰 통신망 환경에서 필요한 프로토콜이다. 여기서 가장 중요한 기능은 경로탐색(routing)이다. 그리고 한 번에 전송할 하부망의 MTU(Maximum Transmission Unit) 크기에 맞게 패킷을 쪼개는 분할(fragmentation)과 재조립(reassembly) 기능이 있다. 여러 하부망을 잇는 역할을 하는 통신 장비에서 발생할 수 있는 혼잡 현상을 제어(congestion control)하는 기능도 중요하다. 여기서 통신 장비는 1계층에서 3계층까지 기능을 주로 수행하는 장비이기에 L3 장비(layer 3 device)라고 하고 보통은 라우팅 기능이 가장 중요한 기능이어서 라우터(router)라고 한다.

무엇보다도 이런 다양한 여러 통신망을 하나로 묶어 형성되는 전체 통신망에 대한 기능을 수행하기 위하여 전체 망 전역에서 공통적으로 사용하는 주소 체계가 필요하다. 물리적으로 서로 다른 하부망들은 서로 다른 각기 나름의 고유한 주소 체계를 가지고 있어서 서로 연결되어 형성된 하나의 통신망에 적용하는 데는 많은 어려움이 있다. 그래서 아예 논리적으로 형성되는 하나의 망을 위하여 새로운 주소 체계를 만들어 모든 하부망들이 공통적으로 이용하는 것이 일반적이다. 이런 주소를 논리 주소(logical address)라고 한다.

인터넷에서 이런 기능을 수행하는 프로토콜이 IP(Internet Protocol) 프로토콜이다. ISO/OSI 7계층 프로토콜 구조로 봤을 때 제3계층 네트워크 계층의 통신 기능을 수행하는 IP 프로토콜은 TCP/IP 프로토콜 구조에서는 그림 12.1과 같이 제2계층이다.

IP 프로토콜은 인터넷에 연결되는 모든 장비에서 구동한다. 이 프로토콜이 작동하지 않는 장비는 인터넷에 연동할 수 없다. 그러나 인터넷에 붙어서 작동하는 장비에서 이 IP 프로토콜을 제외한 하위 프로토콜(1계층 NIC 계층 프로토콜)은 실제 어떤 하부망을 이용하는가에 따라 다른 프로토콜이

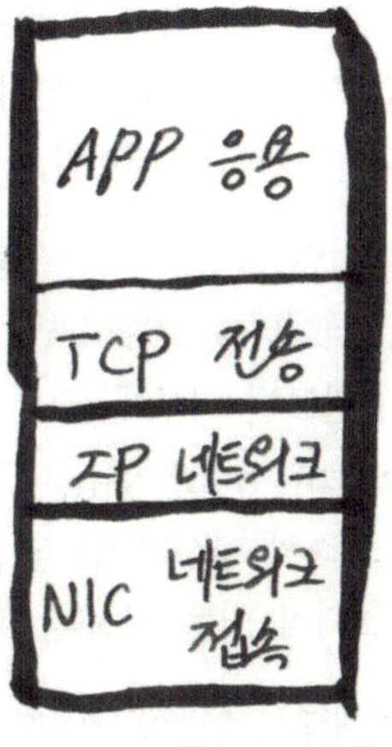

그림 12.1 TCP/IP 프로토콜 구조

작동하고, 상위 프로토콜(3 ~ 4계층 프로토콜)도 각기 특정 응용과 서비스의 성격에 따라 다른 프로토콜이 작동할 수 있다.

그만큼 IP 프로토콜은 전세계의 컴퓨터 망을 모두 묶어 하나의 인터넷으로 작동하게 하는 중추적인 역할을 하는 통신 프로토콜이다.

12.1 IP 프로토콜 특성

1) 비연결형 서비스(CL connectionless service)

IP 프로토콜은 탄생할 때의 역사적 배경에 의해 비연결형(CL connectionless) 서비스로 작동한다. 인터넷은 1960년대 세계가 냉전(cold war) 체계로 동서 간에 진영 싸움이 매우 치열하던 시절에 탄생했다. 그 당시 미국에서는 소련의 위협에 대비하는 새로운 데이터 통신망의 필요성이 대단했었다. 특히 그때까지 대부분의 데이터 통신망은 중앙집중식으로 관리, 제어 그리고 운영되는 망 체계였다. 그러나 이런 체계에서는 통신망의 제어를 담당하는 기계가 공격을 받아 파괴되면 모든 망이 일제히 먹통이 되는 사태가 발생한다. 미국에서는 소련의 공격을 어느 한 지점이 받아 파괴되더라도 통신망의 일부분만 피해를 입지만 그 부분을 제외한 나머지 통신망은 여전히 작동하는 통신망을 구축하기를 희망했다.

이런 새로운 통신망의 염원이 구현된 통신망으로 IP 프로토콜을 중심으로 형성되는 망이 제안되었다. 이 망에는 모든 망을 관장하는 관리 노드(manager node) 혹은 제어 노드(controller node)가 없다. IP 프로토콜에서 정의된 모든 통신 기능은 하부망들을 서로 이어주는 L3 장비에 내재되어 작동하고 이 장비들은 통신망 전체에 고르게 분산되어 설치되는 형태를 가지므로 전체 통신망은 완벽한 분산망(distributed network) 체계를 가지는 것이다.

이런 구조를 가능하게 하는 기본적인 특징이 비연결형 서비스이다. 통신을 하고자 하는 양끝단(end-to-end) 송수신자 노드 사이에 데이터를 보내고 받기 전에 물리적인 혹은 논리적인 연결 상태(connection state)를 만들고 통신이 완료된 이후에는 이 연결을 해지하는 과정을 수행하는 통신 서비스를 연결형(CO connection oriented) 서비스이다. 대표적인 예가 전화 서비스이다. 전화를 걸기 전에는 반드시 상대방 전화번호를 돌려서 회선(망)을 연결한 이후 통화한다. 통화 이후에는 수화기를 내리거나 종료 버튼을 눌러 연결되어 있는 회선을 해제하는 작업을 하는 것이다.

그런데 IP 프로토콜은 분산망 체제에서 생존능력(survival ability)을 높이기 위하여 통신을 위한 연결 설정과 해제 작업을 하지 않고 데이터 패킷을 즉각 주고받을 수 있도록 하였다. 그러면 미리 설정된 회선(경로)을 따라서 전달되는 연결형 서비스 형태를 따르지 않고, 통신망 내부를 통과할 때마다 그때의 조건과 상황에 맞는 경로를 선택해서 전달되는 형태를 가질 수 있다. 망의 상황에 유연하게 대처하는 이런 특성으로 앞서 언급한 냉전 시대에 대비한 새로운 통신망의 생존력이 크게 개선된 것이다.

2) 최선을 다하는(best effort) 전송

IP 프로토콜에는 데이터 전송상의 오류를 검증하거나 정정(복구)하는 메커니즘이 없다. 이는 앞서 설명한 비연결형 서비스 형태와 매우 연관이 깊다. 연결형 서비스는 양끝단 간의 연결로 인해 사실상 양끝단의 데이터 전송의 무결성(integrity)을 보장하는 특징을 내포한다. 다음 장에서 기술하는 인터넷을 위한 제3계층인 전송 계층의 한 프로토콜인 TCP(Transmission Control Protocol)가 이렇게 작동하는 것이다. 그러나 IP 프로토콜은 비연결형으로 작동하기에 통신망의 끝단에 있는 송수신자 노드 사이의 데이터 전송이 성공적으로 되었음을 파악할 수 없다. 그렇다고 해서 전송하는 패킷을 어떤 상황에서 의도적으로 버리거나 지연 전송하지 않고 모든 패킷을 공통적으로 일관되게 최적으로 전달이 되도록 최선을 다해 노력한다. 이런 특징을 최선을 다하는(best-effort) 전송 서비스라고 한다.

IP 프로토콜은 최선을 다하지만 오류 없는 전송을 보장하지 않는 형태로 작동한다. 그러면 인터넷을 통해 이루어지는 서비스 가운데 인터넷 뱅킹이나 온라인 쇼핑 등을 할 때 최종적인 판매자가 이용하는 소프트웨어와 소비자가 접속한 웹(앱) 사이트 사이에 전송의 신뢰성(reliability)은 어떻게 어디서 확보해 주는 것일까 궁금해진다. 이런 서비스의 데이터 전송의 신뢰성은 앞서 언급한 TCP/IP 프로토콜 구조상의 3계층인 TCP 프로토콜이 확보한다.

3) IP 주소 체계

인터넷의 다양한 개별적 특성을 가지는 하부망이 혼재되어 있는 구체성을 하나의 통신망으로 커버하는 데 가장 중요한 것이 전체적인 망에 연결된 모든 노드를 일관된 하나의 주소 체계로 식별하는 것이다. 그래야 노드가 소속된 하부망의 종류에 관계없이 한 노드에서 다른 노드로 데이터 전송이 원활해진다. IP 프로토콜이 이런 하부망을 통합하는 기능을 수행하는 프로토콜이므로 주소 체계도 IP 프로토콜의 중요 기능으로 포함된다.

앞서 언급한 바대로 인터넷에 연결되어 있는 구체적인 하부망들은 개별적으로 고유하게 정의된 주소 체계를 가진다. 이로써 독립적으로 작동하는 통신망에서 그것에 연결된 개별적인 노드를 식별할 수 있다. 이런 주소를 물리 주소(physical address)라고 하고 주로 ISO/OSI 7계층 프로토콜 가운데 2계층인 데이터링크 계층 프로토콜에서 정의되고 활용되기 때문에 2계층 주소(L2 address)라 하기도 한다. 그리고 2계층이 각 노드에 연결된 데이터링크(전송매체) 접속을 제어(MAC Media Access Control)하는 기능을 수행하고 이를 위해 활용되기 때문에 MAC 주소라고 하기도 한다.

대표적인 MAC 주소는 이더넷에서 쓰고 있는 6바이트(48비트) 체계로 된 주소이다. 일반적으로 16진수로 주소 값을 표기하는데 식별을 쉽게 하려고 16진수 두 자리 사이에 콜론(:) 기호를 넣어 구분한다. 예를 들면, 10:F1:F2:09:E3:92 이다.

이런 서로 다른 주소 체계를 가진 여러 하부망을 하나로 묶은 경우에도 서로 다른 하부망에 연결된 두 노드 간에 데이터를 주고받으려면 서로가 각기 다른 체계로 만들어진 자신의 MAC 주소를 이용할 수밖에 없다. 이렇게 작동하는 것도 불가능하지는 않다. 두 주소 체계 간에 주소 변환이 되면 가능하다. 그러나 그렇게 하려면 모든 라우터(L3 device)에서 특정 하부망과 하부망 간의 변환 기능을 포함해야 하고 그것도 지속적으로 갱신되어야 할 상황이 될 것이다. 왜냐면 4G 혹은 5G 등 새로운 하부망 기술이 지속적으로 세상에 등장하고 있기 때문이다.

하부망의 주소 체계를 그대로 쓰지 않고 아예 새로운 주소 체계를 IP에서는 그림 12.2와 같이 정의하였다. 이를 논리적으로 하나로 통합된 인터넷에서 개별적인 하부망과 개별적인 노드를 식별할 때 사용한다. 다음 절에서 구체적으로 IP 주소 체계에 관해 설명하지만 IP 주소는 크게 통신망을 식별하는 통신망 식별자와 통신망 연결되어 있는 개별적인 노드(host)를 식별하는 호스트 식별자로 구성된다. 이때 통신망 식별자가 인터넷에 연결된 개별적인 하부망 전체를 식별하는 것이다.

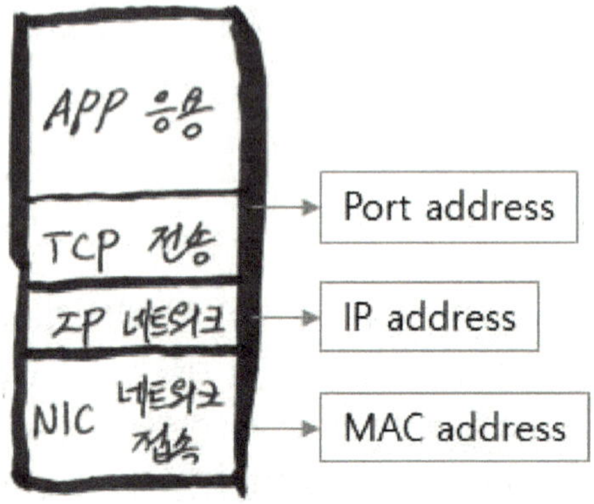

그림 12.2 인터넷에서 쓰는 세 가지 주소 체계

인터넷에서 주소 체계가 왜 이렇게 (현재까지 공부한 것에 한정 지어 생각할 때) 두 개의 체계로 되어 있음을 이해하여야 한다. 참고로, 인터넷을 위한 TCP/IP 프로토콜의 전체 프로토콜 계층 구조에서는 그림 12.2와 같이 모두 세 가지 주소 체계로 작동한다. TCP(혹은 UDP) 계층과 APP 응용 계층 사이에 정의된 포트(port) 주소에 대해서는 다음 장인 TCP/UDP 프로토콜을 설명할 때 자세하게 기술한다.

12.2 IP 주소

이 절에서 설명하는 IP 주소 체계는 기본적으로 현재까지 인터넷에서 작동하고 있는 IP 버전 4(IPv4)에서 규정한 것이다. 참고로, 6절에서 소개하지만 IPv4는 세월이 지나 설계 당시의 규모를 넘어서는 현재의 인터넷을 커버하기에 벅찬 한계에 이르렀다. 특히 새롭게 편입되는 네트워크(하부망)와 노드에게 할당할 IP 주소가 더 이상 남지 않아서 주소 고갈 문제가 가장 심각하다. 이를 해결하기 위하여 새롭게 만든 IP 프로토콜이 IP 버전 6(IPv6)이다. 이 버전은 미래의 인터넷을 위한 것이라 하여 다음 세대를 위한 IP(차세대 IP, IPng IP next generation)라는 별명을 가지고 있다.

그럼에도 IPv4 기준으로 IP 주소 체계를 보는 것이 IP 주소의 개념을 보다 명확하게 이해하는 데 유리하다. IPv4에서의 주소 체계가 구조적으로 IPv6에 비해 비교적 단순해서 개념 이해에 집중할 수 있기 때문이다.

1) IPv4 주소 체계

IPv4 주소는 4바이트(32비트) 체계이다. 여기에는 크게 세 개의 필드를 포함한다. 그림 12.3에 나타난 것과 같이 첫째는 주소의 클래스를 구분하는 클래스 유형(class type) 필드이다. 이것은 주소의 종류를 구분하는 식별자이다. IPv4 주소는 크게 다섯 종류의 주소(classful IP address)가 있는데 그 종류를 클래스라고 한다. 이 필드는 어떤 한 주소를 보았을 때 그것이 어떤 클래스에 속하는 것인지를 인식하기 위한 것이다.

앞서 설명한 바와 같이 IP 주소는 여러 다양한 하부망을 하나로 묶은 전체 망을 대상으로 별도로 구축한 논리적인 주소 체계이다. 좀 더 구체적으로 기술하면 IP 주소는 전체 망(인터넷)에 소속된 하부망 자체와 각 하부망에 소속된 노드(호스트)들을 식별하는 데 쓰인다. 이런 이유로 그림 12.3과

0 ... 31

Class type	Network identifier (netid)	Host identifier (hostid)

그림 12.3 IPv4 주소 체계

같이 두 번째 필드로 네트워크(하부망)를 식별하는 netid(network identifier)가 설정되어 있다. netid는 통합망 내의 구체적인 물리적인 하부망을 지칭한다. 마지막 필드로 각 하부망에 연결되어 있는 노드(호스트)를 개별적으로 식별하는 hostid(host identifier)가 있다. 이 hostid는 하나의 하부망 내에 있는 모든 노드에게 각기 다른 값으로 지정된다. 서로 다른 하부망 내에 있는 노드 가운데 동일한 hostid를 가지는 노드들이 있을 수 있다. 따라서 통합망에서 한 노드를 완전하게 식별하기 위해서는 (netid, hostid)와 같이 두 개의 식별자를 한꺼번에 기술해야 한다.

그런데 IPv4 주소에는 그림 12.3에서 보이는 class type과 netid 사이 그리고 netid와 hostid 사이에 있는 구분(경계)선이 실제 있는 것일까? 실제는 없다. 그러면 어떻게 클래스 유형과 netid를 구분하고, netid와 hostid를 구분하는 것일까? 답은 클래스 유형의 값에 있다. 클래스 유형의 값을 보면 클래스 유형 필드와 netid 필드를 쉽게 구분할 수 있다. 그리고 클래스 종류에 따라 netid의 길이와 hostid의 길이가 정해져 있어 클래스 유형만 인식하면 netid와 hostid를 구분할 수 있다.

따라서 결론적으로 인터넷에 연결되어 있는 어떤 노드를 식별하는 식별자로서 (class type, netid, hostid)의 세 가지 값이 모두 필요하고 이 모두를 IP 주소라고 통칭한다.

IP 주소의 netid와 hostid 필드의 모든 비트값이 0이거나 1인 경우는 특별한 의미를 가지는 것으로 정의되어 있다. 각 필드의 모든 비트값이 0이면 자기 자신(self)을 뜻한다. 그리고 각 필드의 모든 비트값이 1이면 전체(all)를 의미하는 필드 값이 된다. 예를 들어, netid의 전체 비트값이 0이면 노드가 소속되어 있는 자신의 하부망을 뜻한다. hostid의 전체 비트값이 0이면 노드 자신을 의미한다. 또 netid의 전체 비트값이 1이면 동일 클래스인 모든 하부망을 의미한다. hostid의 전체 비트값이 1이면 자신이 소속된 하부망에 연결된 모든 노드를 의미한다.

2) IP 주소 표기법

그림 12.3과 같은 32비트 IP 주소는 32개의 이진수 비트를 일렬로 나열한 이진수의 수열로 표현된다. 그런데 그림 12.4의 예와 같이 나열된 이진수 수열로 표현된 IP 주소를 일반 사람(엔지니어 등)이 기억하거나 말로 타인과 소통하는 데는 어려움이 있다. 이를 극복하기 위하여 이진수 수열 대신에 십진 표기법(dotted decimal)을 만들어 쓴다.

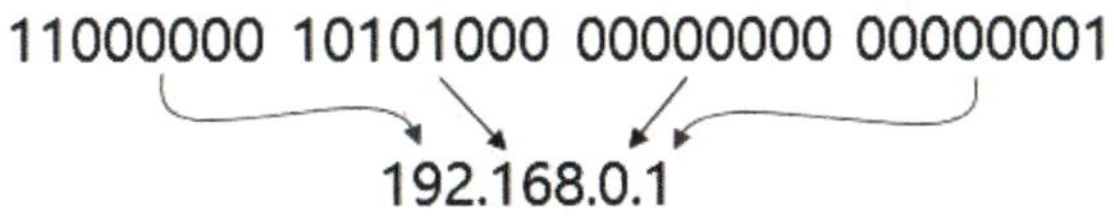

그림 12.4 IP 주소의 십진 표기법

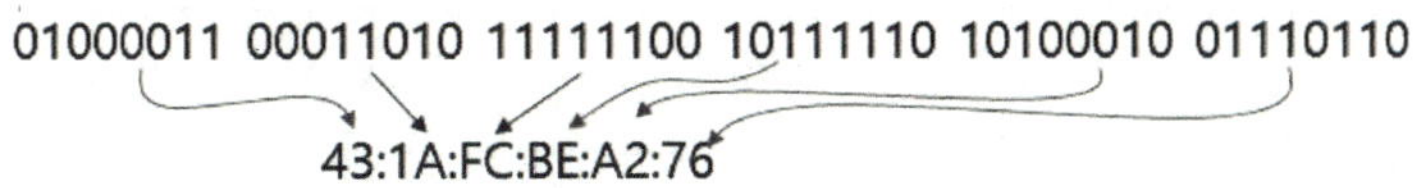

그림 12.5 무선 하부망 Wi-Fi의 MAC 주소 표기법

그림 12.4의 아래 수가 그 표현의 예이고, 32비트를 바이트 단위로 나누어 각 바이트에 해당되는 십진수 사이에 점(dot)을 찍어서 십진수 네 개를 서로 구분한다.

참고로, 인터넷의 하부망의 하나로 가장 많이 연결되는 무선망 Wi-Fi에서 이용하는 MAC 주소는 48비트(6바이트) 체계로 되어 있고 이것을 표현할 때 16진수로 수를 표현하며 바이트 단위로 :(콜론) 기호를 써서 서로 구분하게 되어 있다. 그림 12.5에 그 예가 있다. 여기서는 십진수가 아닌 16진수를 쓰고, 바이트 단위 구분을 . 이 아닌 : 로 한다는 점이 IP 주소 표기 방법과 다른 점이다.

3) IP 주소 클래스

IPv4 주소에는 다섯 종류의 클래스가 있다. 클래스는 크게 세 가지 목적으로 구분된다. 첫째는 하부망의 크기에 따라 구분해서 IP 주소를 할당하기 위해 클래스들이 구분되어 있다. 하부망의 크기는 그 망 내에 연결된 노드의 수에 의해 결정된다. 노드의 수가 많으면 크기가 큰 망이고, 노드를 식별하는 식별자(hostid)의 개수가 많아야 하는 망이다. 따라서 이런 망에는 hostid가 많은 IP 주소를 할당해야 한다. 반대로 연결된 노드의 수가 적으면 hostid의 개수가 적은 IP 주소를 할당하는 것이 맞다. 이렇게 IP 주소를 할당할 때 하부망의 규모에 따라 hostid의 수를 고려하기 위한 클래스 구분이다.

두 번째 클래스를 구분한 목적은 특별한 통신 형태를 위한 주소를 지정하기 위한 것이다. 여기서 특별한 통신 형태라는 것은 멀티캐스트(multicast)를 뜻한다.

멀티캐스트는 송신자 노드가 데이터를 송신할 때 수신자 노드를 지정하는 방식 가운데 하나이다. 그 방식에는 크게 네 가지가 있다. 첫째는 유니캐스트(unicast) 이다. 이 방식은 가장 일반적으로 이루어지는 송신 방식으로 송신자 노드가 하나의 수신자(single receiver) 노드에게 보내는 방식이다.

둘째는 방송(브로드캐스트 broadcast) 방식이다. 이 방식은 라디오 방송이나 TV 방송이 하는 것과 같이 송신자 노드가 통신망에 연결되어 있는 모든 노드에게 한꺼번에 데이터를 보내는 방식이다. 주로 재난문자 등을 보낼 때 적용된다. 셋째는 애니캐스트(anycast)이다. 이 방식은 특정 하부망에 연결된 노드 가운데 불특정 한 노드에게 보내는 방식이다. 즉, 송신자 노드가 어떤 특정 하부망에 있는 노드 가운데 특정 노드를 지정하지 않고 아무 노드라도 가장 빠르게 전달되는 노드에게 데이터를 보내는 방식이다. 데이터는 특정 하부망 내 하나의 노드에게만 전달되는 경우도 있고 여러 노드에게 전달되는 것도 가능하다. 예를 들어, 네임 서비스(DNS domain name service)를 하는 여러 서버들을 하나의 하부망으로 묶어서 서비스를 할 때 외부에서 이 서비스를 받기 위해 서버에 접속하는 경우 특정 서버를 지정하지 않고 이 서버들이 모여 있는 하부망을 목적지로 하는 애니캐스트로 접근하면 이 하부망에 있는 서버 가운데 송신자 노드에서 가장 가까운 특정 서버로 전달되게 하는 전송 방식이다. 넷째가 멀티캐스트(multicast)이다. 이 방식은 특정 하부망에 연결된 노드 가운데 특정 여러 노드에게 보내는 방식이다. 이는 애니캐스트와 달리 하부망 내에 있는 노드 가운데 하나 이상의 수신자 노드를 명시적으로 지정해서 전송하는 것이다. 주로 같은 음악 혹은 동영상을 스트리밍 서비스를 할 때 동일 음악이나 동영상을 동시에 수신하는 다수의 수신자 노드에게 한 번에 보낼 때 쓰인다.

바로 이 멀티캐스트 통신 방식을 위한 주소를 지정하기 위하여 별도의 클래스가 IPv4 주소 체계에 정의되어 있다.

세 번째 클래스 구분 목적은 미래를 위해 비워둔 주소 공간을 지정하기 위한 것이다. 이것은 사실상 쓰이지 않는 주소 공간으로 남아 있다.

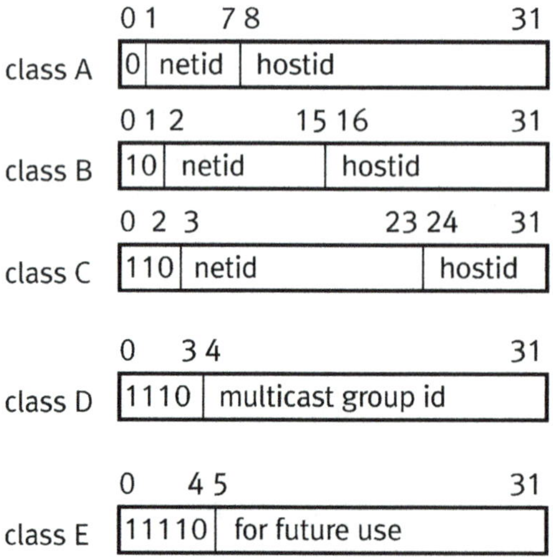

그림 12.6 IPv4 주소 클래스

이런 세 가지 목적으로 클래스를 구분하였는데 그림 12.6과 같이 모두 다섯 클래스가 정의되어 있다. 그림 12.6에 있는 클래스 A에서 E까지의 클래스 유형 값을 쭉 훑어보면 일관된 값의 형태를 볼 수 있다. 즉, 그림에서 클래스 유형 필드와 그 다음 필드인 netid를 구별하는 구분경계선이 클래스 유형 필드의 마지막 비트값인 0과 그 다음 비트 사이에 있는 점이다. 정확하게는 IP 주소의 클래스 유형은 IP 주소의 가장 왼편 비트부터 시작하여 0 값이 나올 때까지 1의 값의 개수를 세면 결정된다. 첫 비트값이 바로 0이면 클래스 A라는 뜻이고 1이 한 개 있고 다음이 0이면 클래스 B, 1이 두 개이고 다음이 0이면 클래스 C, 1이 세 개이고 다음이 0이면 클래스 D 그리고 1이 네 개이고 다음이 0이면 클래스 E이다. 그리고 모든 클래스 유형 필드의 끝은 첫 0인 비트이므로, 그 다음 비트가 다음 필드인 netid의 첫 비트가 된다.

(1) 클래스 A 주소

클래스를 구분하는 클래스 유형 값이 한 비트이고 값이 0인 경우다. 클래스 A 주소에서 netid 필드는 전체 32비트 주소에서 클래스 유형 다음 비트인 두 번째 비트(비트 1)에서 8번째 비트(비트 7)까지 모두 7비트를 차지하는 필드이다. 그리고 그 이후 9번째 비트(비트 8)부터 마지막 32번째 비트(비트 31)까지 24비트로 된 필드가 hostid 필드이다.

netid가 7비트 차지하므로 모두 128개(2^7개)의 하부망을 식별할 수 있다. 그런데 netid의 모든 비트값이 0인 경우와 1인 경우는 자신 하부망과 클래스 A의 모든 하부망을 지칭하는 것이므로 특정 하부망의 식별자로 할당할 수 없다. 따라서 클래스 A 유형의 IP 주소를 가지는 하부망은 전세계 인터넷에서 오직 126개 밖에 없는 셈이다.

그런데 hostid가 24비트를 차지하므로 하나의 하부망에 연결되어 식별이 가능한 노드(호스트)의 수는 16,777,216개이다. 그런데 여기도 모든 비트값이 0과 1인 경우는 노드 자신과 같은 하부망에 연결된 모든 노드를 뜻하는 특별한 hostid이므로 특정 노드에 할당할 수 없다. 따라서 클래스 A 유형의 IP 주소를 할당받은 한 하부망에 연결 가능한 최대 노드 수는 16,777,214개이다. 1천6백만개 이상의 호스트를 수용할 수 있는 통신망에서 쓸 수 있는 IP 주소 클래스이기 때문에 대규모 자체 통신망을 유지하는 IBM과 같은 대기업군이나 국가기관 혹은 행정, 국방 등 특정 목적으로 설치된 대규모 통신망에 배정된다. 인터넷이 태동하던 시절에 이미 대규모 기업군 등에 모두 배정되어 클래스 A IP 주소는 새롭게 배정하는 것이 불가능하다.

(2) 클래스 B 주소

클래스를 구분하는 클래스 유형 값이 두 비트이고 값이 10인 경우다. 클래스 B 주소에서 netid

필드는 전체 32비트 주소에서 클래스 유형 다음 비트인 세 번째 비트(비트 2)에서 16번째 비트(비트 15)까지 모두 14비트를 차지하는 필드이다. 그리고 그 이후 17번째 비트(비트 16)부터 마지막 32번째 비트(비트 31)까지 16비트로 된 필드가 hostid 필드이다.

netid가 14비트 차지하므로 모두 16,384개(2^{14}개)의 하부망을 식별할 수 있다. 그런데 netid의 모든 비트값이 0인 경우와 1인 경우는 자신 하부망과 클래스 B의 모든 하부망을 지칭하는 것이므로 특정 하부망의 식별자로 할당할 수 없다. 따라서 클래스 B 유형의 IP 주소를 가지는 하부망은 전세계 인터넷에서 16,382개이다.

그런데 hostid가 16비트를 차지하므로 하나의 하부망에 연결되어 식별이 가능한 노드(호스트)의 수는 65,536개이다. 그런데 여기도 모든 비트값이 0과 1인 경우는 노드 자신과 같은 하부망에 연결된 모든 노드를 뜻하는 특별한 hostid이므로 특정 노드에 할당할 수 없다. 따라서 클래스 B 유형의 IP 주소를 할당받은 한 하부망에 연결 가능한 최대 노드 수는 65,534개이다.

6만5천개의 호스트를 연결할 수 있으므로 이것도 사실은 작은 규모의 하부망은 아니다. 통상적으로 대학이나 대규모 기업, 연구 기관에게 적당한 수용 가능 노드 수를 지원하는 클래스이기 때문에 클래스 B IP 주소를 할당받기를 원하는 곳이 넘쳐났다. 그런 이유로 클래스 B IP 주소(엄격하게는 클래스 B IP 주소의 netid)가 1990년대 중후반에 이미 더 이상 새로운 하부망에 배정할 수 없을 정도가 되어 주소 고갈 현상이 심하게 빚어졌다.

(3) 클래스 C 주소

클래스를 구분하는 클래스 유형 값이 세 비트이고 값이 110인 경우다. 클래스 C 주소에서 netid 필드는 전체 32비트 주소에서 클래스 유형 다음 비트인 네 번째 비트(비트 3)에서 24번째 비트(비트 23)까지 모두 21비트를 차지하는 필드이다. 그리고 그 이후 25번째 비트(비트 24)부터 마지막 32번째 비트(비트 31)까지 8비트로 된 필드가 hostid 필드이다.

netid가 21비트를 차지하므로 모두 2,097,152개(2^{21}개)의 하부망을 식별할 수 있다. 그런데 netid의 모든 비트값이 0인 경우와 1인 경우는 자신 하부망과 클래스 C의 모든 하부망을 지칭하는 것이므로 특정 하부망의 식별자로 할당할 수 없다. 따라서 클래스 C 유형의 IP 주소를 가지는 하부망은 전세계 인터넷에서 2,097,150개이다.

그런데 hostid가 8비트를 차지하므로 하나의 하부망에 연결되어 식별이 가능한 노드(호스트)의 수는 256개이다. 그런데 여기도 모든 비트값이 0과 1인 경우는 노드 자신과 같은 하부망에 연결된 모든 노드를 뜻하는 특별한 hostid이므로 특정 노드에 할당할 수 없다. 따라서 클래스 C 유형의 IP 주소를 할당받은 한 하부망에 연결 가능한 최대 노드 수는 254개이다.

클래스 C IP 주소는 한 하부망에서 수용 가능한 호스트 수가 254개로 적다. 웬만한 중소기업이 운영하는 컴퓨터 대수를 고려하면 중소기업의 수요에도 미치지 못하는 수준이 된다. 따라서 인터넷의 초기에는 중소규모 회사에 할당되었으나 최근에는 그것조차 어렵게 되어 주로 소규모 회사에 배정되었다. 그런데 앞서 소개한 클래스 B 주소가 빨리 소진되어 많은 대학이나 기관들이 클래스 B 주소를 할당받지 못하는 사태가 벌어졌다. 그래서 클래스 B 주소를 받지 못하는 상황을 극복하는 대안으로 클래스 C를 배정하였다. 앞서 본 것과 같이 클래스 C는 전세계 인터넷에 2백만개 이상의 소규모 하부망을 식별할 수 있기 때문이다. 그런데 위에서 설명한 바와 같이 클래스 C는 하나의 하부망에 기껏해야 최대 254개 호스트를 수용하니 대학이나 기관에서 쓰기에는 턱없이 부족했다. 그래서 규모가 클래스 C 이상 되는 사이트에는 여러 개의 클래스 C 주소를 배정했다. 예를 들어, 만약 800대의 호스트를 수용해야 하는 대학이 있을 때 그 대학에게는 클래스 C IP 주소의 netid 4개를 할당하는 것이다. 그러면 모두 최대 254*4 = 1,016개의 호스트를 인터넷에 연결할 수 있게 된다.

이렇게 여러 개의 클래스 C IP 주소를 배정해서 클래스 B IP 주소에 대한 수요를 충족시켜왔다. 이런 상황에서 더 나아가 클래스 구분으로 인한 불편함과 비효율성으로 아예 클래스를 구분하지 않는 주소 체계를 부가적으로 정의하고 현재에는 이를 적극적으로 활용하고 있다. 이런 클래스 구분이 없는 주소(classless address)를 지원하는 체제에서 IP 주소 가운데 하부망을 식별하는 netid 부분을 프리픽스(prefix)라 하고, 노드를 식별하는 hostid 부분을 서픽스(suffix)라 부른다. 당연히 클래스 구분이 없기 때문에 이 주소 체계에서는 클래스 유형 필드는 있을 필요가 없다. 따라서 클래스 구분 없는 IP 주소는 (netid, hostid)로 구성된다. 과연 그렇다면 이 주소 체계에서 프리픽스와 서픽스를 어떻게 구분하는지 궁금해진다. 이를 위하여 별도의 정보를 추가해서 모든 노드가 가지게 하고 있다. 이것이 하부망 마스크(subnet mask)이다. 이를 포함하여 관련 기술에 관해 6절에서 설명한다.

(4) 클래스 D, E 주소

클래스 D는 클래스를 구분하는 클래스 유형 값이 네 비트이고 값이 1110인 경우다. 클래스 D는 앞서 설명한 멀티캐스트 전송 방식을 지원하는 클래스이다. 클래스 D IP 주소에서는 netid 필드와 hostid 필드 구분이 없다. 대신 클래스 유형 필드 다음 다섯 번째 비트(비트 4)부터 마지막 32번째 비트(비트 31)까지 28비트를 차지하는 멀티캐스팅 그룹 식별자 필드가 있다.

멀티캐스팅을 하기 위해서는 한 데이터를 동시에 받는 노드들을 그룹으로 묶어 그 그룹에 대한 식별 정보를 만든다. 그 식별 정보와 그룹의 노드 정보를 멀티캐스팅되는 데이터가 전달되는 경로에 있는 모든 통신 장비(라우터)에게 사전에 전달하여 라우터가 적절한 데이터 전달 기능을 수행할 수 있게 한다. 이때 서로 다른 하부망에 있는 노드들이 하나의 멀티캐스트 그룹에 있으면 그 갈림길에 있는 라우터는 해당 노드가 있는 모든 하부망으로 데이터를 전달하기 위하여 데이터를 복제

(replicate)하여 전달하는 작업도 수행한다. 이럴 때 활용되는 멀티캐스팅 그룹 식별자를 목적지 주소로 하려면 이 클래스 D IP 주소를 써야 하는 것이다.

클래스 E는 클래스를 구분하는 클래스 유형 값이 네 비트이고 값이 11110인 경우다. 클래스 E는 앞서 설명한 바와 같이 미래에 혹시 새롭게 생길 활용처를 위하여 쓰지 않고 비운 클래스(reserved class)이다. 그런데 사실상 이 클래스가 정의된지 40여 년이 지난 지금도 활용하지 않고 있다. 결국 이만큼의 쓸 수 있는 주소 공간을 버리고 있는 셈이 된다.

이상과 같이 클래스 A에서 클래스 E까지 구분되어 정의된 IPv4 주소 공간을 정리하면 표 12.1이 된다. 각 클래스에는 자신(0)과 모두(1)를 뜻하는 주소가 포함되어 있다.

표 12.1 클래스 구분이 있는 IPv4 주소

클래스	첫 주소	마지막 주소
A	0.0.0.0	127.255.255.255
B	128.0.0.0	191.255.255.255
C	192.0.0.0	223.255.255.255
D(멀티캐스트)	224.0.0.0	239.255.255.255
E(안 쓰임)	240.0.0.0	255.255.255.255

4) 특별한 IP 주소

앞선 3절에서 기술한 바와 같이 IP 주소에는 특별한 의미를 가지는 주소가 있다. netid와 hostid에서 모든 비트값이 0이면 자신(this)을 뜻하고, 1이면 모두(all)를 의미하는 것이 기본이다. 이를 바탕으로 IP 주소 가운데 특별한 의미를 띄는 주소를 정리하면 표 12.2와 같다.

표 12.2 특수 IP 주소

특수 IP 주소	netid	hostid
특정 하부망 주소	특정 값	모든 비트 값 0
직접 브로드캐스트 주소	특정 값	모든 비트 값 1
지역 브로드캐스트 주소	모든 비트 값 1	모든 비트 값 1
내 노드 자신 주소	모든 비트 값 0	모든 비트 값 0
내 노드가 속한 하부망 내에 있는 특정 호스트 주소	모든 비트 값 0	특정 값
테스트 용 루프백 주소	127	어떤 비트 값이어도 됨 통상적으로는 0.0.1 씀

(1) 특정 하부망 주소(a specific subnet address)

특정 하부망 주소(a specific subnet address)는 netid가 지칭하는 특정 하부망의 netid이고, hostid는 자신을 표현하는 의미로 모든 비트 값이 0인 주소이다. 이 주소는 인터넷에 있는 netid를 가지는 하부망 자체를 지칭한다.

예를 들어 그림 12.7 그림의 망을 보자. 이 망은 두 개의 하부망이 가운데에 있는 통신 장비(라우터)에 의해 연결되어 연동하는 하나의 통신망(인터넷)이다. 이때 왼편 하부망은 클래스 A의 IP 주소(netid 112)를 할당받은 망이고, 오른편 하부망은 클래스 B의 IP 주소(netid 180.12)를 배정받은 망이다. 왼편 망에 연결된 라우터를 비롯한 모든 노드(호스트) 각자의 IP 주소를 보면 모두 112.x.y.z라는 주소를 가지는 것을 알 수 있다. 즉, 112 다음의 세 바이트가 그 망에 연결된 노드가 가지는 hostid이고, 그것들은 그 망에서 고유한 값으로 구분된다. 따라서 왼편 망 전체를 하나의 IP 주소로 표현한다고 하면 그 망에 연결된 모든 노드에게 공통된 netid 112를 쓰고 나머지 hostid를 특정 값이 아닌 자신을 뜻하는 0 값으로 하면 될 것이다. 그렇게 만들어진 IP 주소 112.0.0.0이 왼편 하부망의 주소로 쓰인다.

오른편 하부망에 대해서도 동일한 규칙을 적용하면 클래스 B의 할당 가능한 netid 가운데 180.12를 배정받은 망이므로 그 망에 연결된 모든 노드는 공통적으로 노드의 IP 주소로 180.12.x.y 라는 주소를 가진다. 따라서 여기서도 오른편 하부망 자체를 하나의 IP 주소로 표현하려면 이 망에 연결된 모든 노드가 가지는 IP 주소의 공통부분인 netid 180.12를 쓰고, 나머지 hostid 부분은 자신을 표현하는 0 값으로 채우면 된다. 그러면 IP 주소 180.12.0.0이 오른편 하부망 전체를 지칭하는 IP 주소가 된다.

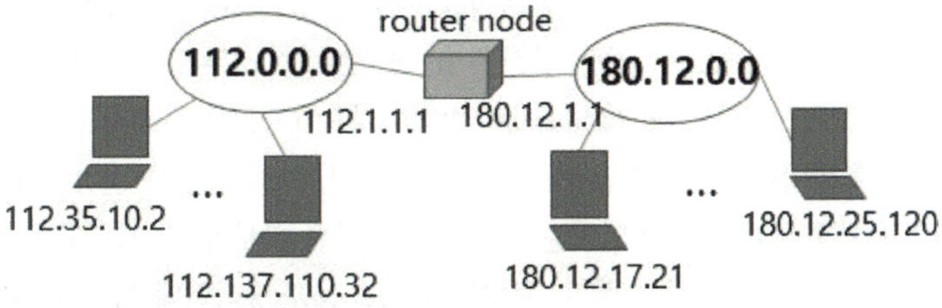

그림 12.7 두 하부망이 연결된 통신망

(2) 멀티 홈 호스트(multi-homed host)

그림 12.7의 예에서 두 하부망을 연결하는 라우터는 두 개의 연결 선로를 가지는데 하나는 왼편 하부망에 연결되고, 다른 하나는 오른편 하부망에 연결된다. 그런데, 왼편 하부망의 시각으로 보면

이 라우터도 왼편 하부망에 연결된 하나의 노드이다. 따라서 그것에 맞는 IP 주소인 112.1.1.1이 그 연결 선로에 해당하는 IP 주소로 지정되어 있다. 똑같은 방식으로 오른편 하부망의 측면에서도 이 라우터는 오른편 하부망에도 연결되어 있는 노드이다. 그것에 따라 오른편 하부망에 연결되는 부분에는 180.12.1.1 이라는 IP 주소가 주어져 있다.

결과적으로 이 라우터는 두 하부망에 모두 소속되는 노드이고, 각각 연결점에 대한 IP 주소를 각각 갖는다는 것을 알 수 있다. 각 IP 주소는 연결점에 해당하는 하부망의 주소로 지정된다. 그런데 여기서 연결점(connection point)이라는 용어가 보이는데 이 시점에서 엄격한 의미로 IP 주소는 통신망에 연결된 노드에 부여되는 주소가 아니라 그 노드가 통신망에 연결되는 점(인터페이스 interface)에 부여되는 주소임을 이해해야 한다. 보통은 PC, 노트북, 컴퓨터 기계 하나 당 하나의 IP 주소가 할당되는 것으로 이해하고 있지만 그렇지 않다. 특정 노드가 해당 하부망에 실질적으로 연결되어 있는 인터페이스마다 하나의 IP 주소가 지정되는 것이다. 따라서 라우터와 같이 서로 다른 하부망을 상호 연결하는 통신 장비인 경우에는 그 망들과 개별적으로 연결하는 인터페이스마다 하나의 IP 주소가 지정되므로 인터페이스의 수에 맞는 IP 주소들이 지정된다. 거기에다 연결되는 하부망의 netid는 모두 다르므로 각 IP 주소는 해당 하부망의 주소 클래스에 따라서 배정된 주소이다.

이렇게 라우터와 같이 하나 이상의 인터페이스로 연결된 노드를 멀티홈 호스트(multi-homed host)라고 한다. 하나의 IP 주소를 하나의 집이라는 관점으로 보았을 때 여러 IP 주소를 가지는 노드(호스트)는 여러 집이 그 노드 내에 있는 마치 다세대 주택과 같은 구조를 가지는 것이다.

(3) 직접 브로드캐스트(directed broadcast) 주소

브로드캐스트는 앞서 설명한 바와 같이 특정 하부망에 있는 모든 노드에게 일제히 보내는 전송 방식이다. 그런데 이 브로드캐스트 전송 방식은 IP 프로토콜에서는 두 가지로 세분화되어 있다. 그 첫째가 직접 브로드캐스트(directed broadcast) 방식이다. 이 방식은 어떤 호스트가 특정 하부망에 있는 모든 노드에게 데이터를 전송하는 것이다. 예를 들어, 그림 12.7 통신망에서 왼편 하부망에 연결되어 있는 IP 주소 112.35.10.2를 가지는 호스트가 오른편 하부망에 있는 모든 노드에게 데이터를 보내는 것을 직접 브로드캐스트라고 한다. 브로드캐스트 전송 방식인데 특정 하부망으로 향하는 '방향성(directed)'을 가지는 방식인 것이다.

이를 위한 주소가 직접 브로드캐스트 주소이고, 여기서 netid는 브로드캐스트되는 하부망의 netid가 되고, hostid는 전체를 의미하는 1 값이 모든 비트 값으로 채워진다. 그림 12.7에서 왼편 망에 있는 IP 주소 112.35.10.2를 가진 호스트가 오른편 하부망의 모든 노드에게 보내는 직접 브로드캐스트 주소는 180.12.255.255가 된다. 반대로 오른편 하부망에 있는 한 노드가 왼편 하부망에 있는 모든 노드로 데이터를 보낼 때는 IP 주소 112.255.255.255를 목적지 주소로 해서 보내면 된다.

(4) 지역 브로드캐스트(local broadcast) 주소

브로드캐스트 전송 방식의 두 번째 방식이 지역 브로드캐스트 방식이다. 여기서는 송신자 노드가 소속된 하부망에 연결된 모든 노드에게 전송하는 것을 말한다. 자신이 연결된 망에만 브로드캐스트 되기 때문에 제한된 브로드캐스트(limited broadcast) 방식이라고도 한다. 예를 들어, 그림 12.7에서 왼편 하부망에 있는 IP 주소 112.35.10.2를 가지는 호스트가 그 망에 있는 모든 노드에게 데이터를 보내는 것을 말한다. 이를 위하여 IP 프로토콜에서는 특수 IP 주소를 정의하고 있다. netid와 hostid에 있는 모든 비트 값이 1인 주소이다. 여기에는 클래스 유형을 구분하는 필드도 별도 없다. 그 말은 IP 주소를 이루는 32개 비트 모두가 1인 주소를 의미한다. 앞선 예와 같이 왼편 하부망에 연결된 IP 주소 112.35.10.2를 가지는 호스트가 그 망에 있는 모든 노드에게 데이터를 보내려면 목적지 IP 주소로 255.255.255.255를 설정하면 된다.

(5) 내 노드 자신(this host) 주소

나 자신 노드를 표현하는 IP 주소는 netid와 hostid에 있는 모든 비트 값을 0으로 하는 주소이다. 그러면 자기 자신(self)을 지칭할 수 있다. 여기서도 클래스를 구별할 필요가 없기 때문에 IP 주소 32개 비트 모두가 0인 주소가 된다.

(6) 내 노드 소속 하부망에 있는 특정 호스트(a specific host on this network)

나 자신 노드가 소속되어 있는 하부망에 있는 특정 호스트를 지칭하는 IP 주소는 netid의 모든 비트 값이 0이고, hostid는 그 특정 호스트의 hostid로 표현된다. 다시 말하면 자신과 같은 하부망에 연결되어 있는 다른 호스트를 표현하는 IP 주소를 의미하는 것이다. 예를 들어, 그림 12.7에서 오른편 하부망에 있는 IP 주소 180.12.25.120을 가지는 가장 오른편에 있는 호스트가 같은 망에 연결되어 있는 자신의 바로 왼편에 보이는 IP 주소 180.12.17.21을 가지는 호스트를 지칭하는 IP 주소는 128.0.17.21이다. 이는 클래스 B인 자신의 하부망에서 hostid로 17.21을 가지는 호스트를 지칭하는 것이다.

(7) 테스트 용 루프백(loopback) 주소

인터넷을 이용하는 응용 소프트웨어나 서비스를 개발할 때 통신망과 연관된 기능을 실험하기 위하여 실제 통신망을 거쳐 다른 노드와 실질적으로 데이터를 주고받아서 실험할 수도 있지만 그 단계 이전에 다른 노드를 가상적으로 설정하고 소프트웨어나 서비스 내의 통신 기능을 실험할 수 있다. 이렇게 가상적으로 통신망 인터페이스가 있다고 가정하고 실험할 때 쓰이는 IP 주소가 루프백(loopback) 주소이다. 사실상은 이런 환경에서 실험하면 통신망에 실제 전송되었다가 돌아오는 것이 아니라 실험하는 노드 내의 TCP/IP 프로토콜에서 다시 되돌아오는 형태로 데이터 송수신이 일어나기 때문에 루프백이라는 용어가 쓰인다.

IP 표준에서는 클래스 A의 IP 주소 가운데 netid가 127인 주소를 쓰도록 정의되어 있고, 나머지 hostid는 0.0.0~255.255.255 가운데 아무 것이나 가능하게 되어 있으나 일반적으로는 IP 주소 127.0.0.1을 루프백 주소로 주로 쓴다.

5) 사설망(private network) IP 주소

인터넷에 연결되어 연동하지 않고 단독으로 동작하는 사설망을 설치하고 운영하는 경우에는 굳이 앞서 설명한 외부 공인 기관으로부터 배정받아야 쓸 수 있는 '공인' IP 주소를 쓸 필요가 없다. 이 경우를 위하여 준비된 IP 주소가 사설망 IP 주소이다. 표 12.3에 표기되어 있듯이 클래스 별로 지정 가능한 주소 범위가 주어져 있다. 표에 있는 주소들은 TCP/IP 프로토콜의 표준을 담고 있는 RFC(request for comments) 문서 가운데 RFC 1918에 규정된 주소이다. 사설망 IP 주소를 배정받은 노드들은 자체적으로 서로 통신하는 것만 가능하고 외부 하부망과의 연계를 통해 인터넷에 접속하는 것은 불가능하다.

주로 공유기를 통해 여러 대의 단말 장치가 하나의 공인 인터넷에 접속하여 인터넷 서비스를 이용할 때 공유기에 연결된 단말 장치들의 IP 주소를 사설망 IP 주소로 설정한다. 주로 192.168.0.1 ~ 192.168.255.254를 지정한다.

이 사설망 IP 주소는 여러 하부망을 건너다니는 데이터 패킷의 출발지 주소와 목적지 주소로 쓰여서는 안 된다. 예를 들어 하나의 공유기에 연결된 PC와 노트북이 있을 때, 이 둘 사이에 패킷을 주고받을 때에는 위의 사설망 IP 주소를 데이터 패킷의 출발지 주소와 복적지 주소로 설정할 수 있다. 그러나 공유기 밖에 있는 노드와 통신할 때는 이 사설망 IP 주소를 출발지 혹은 목적지 노드 주소로 설정해서는 안되는 것이다.

표 12.3 사설망 IP 주소 (RFC 1918)

클래스	주소
A	10.0.0.0 ~ 10.255.255.255
B	172.16.0.0 ~ 172.31.255.255
C	192.168.0.0 ~ 192.168.255.255

그러면 일상적으로 집이나 사무실에서 공유기를 쓰는 상황에서 어떻게 공유기에 연결된 단말 장치가 외부 인터넷을 이용하는 것이 가능할까? 여기에 이런 문제를 해결하는 방법론이 공유기에 구현되어 있다. 즉, 공유기에 붙어 있는 (내부) 단말 장치가 외부의 다른 하부망(인터넷)에 있는 노드에게 패킷을 보낼 때는 우선 내부 단말 장치에서 공유기로 전달하는 과정이 있어야 한다. 이때 패킷 내의 출발지 노드 주소는 내부 단말 장치에 지정된 사설망 IP 주소이다. 그것을 공유기가 받아서 외부 인터넷으로 전송하기 전에 이 주소를 공인 IP 주소로 변환한 후 전송한다. 반대로 외부 인터넷에서 내부의 단말 장치로 패킷이 오는 경우에는 목적지 노드 주소를 실제적인 목적지 노드인 내부의 단말 장치의 사설망 IP 주소로 다시 변환하는 과정을 거친다. 그런 후 패킷을 공유기 내부의 해당 단말 장치로 전송한다. 이렇게 공유기가 자신을 중심으로 내외부로 넘어 다니는 패킷에 대해 출발지 노드 혹은 목적지 노드 주소를 공인 IP 주소와 사설망 IP 주소로 서로 변환하는 기능을 통신망 주소 변환(NAT network address translation) 기능이라 한다. 이 NAT 기능으로 사설망 주소를 가지는 공유기에 연결된 단말 장치가 무리 없이 외부 인터넷과 연동할 수 있는 것이다.

6) 서브넷팅(subnetting), 슈퍼넷팅(supernetting), CIDR(Classless Inter-Domain Routing)

앞선 3절에서 설명한 바와 같이 IPv4 주소에는 클래스로 구분하는 기준을 가지고 있다. 그런데 클래스로 주소 공간을 분리하다 보니 특정 클래스의 IP 주소에 대한 수요가 비정상적으로 몰리는 현상이 벌어졌고 이로 인해 그 클래스의 IP 주소 고갈 현상이 일찌감치 발생하였다. 그것은 클래스 B에서 가장 먼저 일어난 현상이었다. 그런데 이 현상으로 인해 클래스 C도 덩달아 수요가 폭증하게 되고 결국 IPv4 주소의 전반적인 주소 소진 현상이 2000년대 초반에 발생하였다. 그런 까닭에 이제는 더 이상 새로운 수요에 대해 새롭게 할당할 수 있는 공인 IP 주소는 남아 있지 않게 되었다.

그런데 클래스 B의 IP 주소를 할당받은 경우 6만5천개 이상의 호스트를 수용할 수 있는데 진작 이를 다 쓰지 않고 할당하지 않은 hostid를 가지고 있는 하부망이 늘어났다. 이는 전체적인 IP 주소 공간 측면에서는 더 이상 새로운 하부망에 주소를 할당하지 못할 정도로 고갈이 된 상황이지만 이전에 이미 할당받은 사이트(하부망)에서는 자신들에게 할당된 주소들을 다 쓰지 않고 썩히는(?) 경우들이 존재하는 모순적 현상이 발생한 것이다.

이러한 점들은 어떻게 보면 주소 공간을 클래스로 구분해서 분리해두고 클래스에서 규정한 하부망의 크기에 맞게 주소를 할당하는 데서 기인한 것이다. 실제 하부망의 크기와 할당된 클래스의 주소 공간 사이의 차가 늘 발생하기 때문이다. 이러한 모순과 문제점을 해소하기 위하여 IP 프로토콜에서는 클래스라는 개념을 없앤 새로운 주소 체계를 정의하여 현재 활용하고 있다. 이를 클래스리스

(classless) IP 주소라고 한다. 이 새로운 주소 체계가 정립하는 데는 그 이전에 클래스가 있는 IP 주소 체계에서 클래스 B 주소의 고갈 현상을 해소하려는 두 가지 노력이 크게 기여하였다.

첫째가 이미 할당받은 클래스 B 주소를 다 쓰지 않는 문제를 해결하여 좀 더 알차게 쓰는 방식으로 제시된 서브넷팅(subnetting) 기술이다. 이 기술에서는 클래스 B의 hostid 공간이 너무 커서 다 쓰지 못하는 현상을 줄이기 위하여 hostid를 세부적으로 다시 네트워크를 구분하는 식별자 부분과 그 네트워크 내부에 연결된 호스트를 구분하는 식별자 부분으로 나누는 것이다. 이때 네트워크는 이미 할당받은 하부망에 연결된 또 다른 하부망이라 볼 수 있다. 그래서 그 네트워크 식별자 부분의 공식 명칭이 subnetid(subnetwork identifier)이다. 그리고 이 기술은 서브넷팅(subnetting)이라 한다.

이것은 기존 클래스 B IP 주소를 할당받아 활용하던 사이트에 새로운 하부망의 수요로 하부망을 새롭게 설치하여 인터넷에 연동하려 할 때 기존 IP 프로토콜에 의하면 그 새로운 하부망을 위한 IP 주소를 그 하부망의 크기를 고려하여 새로운 IP 주소(엄격하게는 netid)를 할당받아야 했다. 그러나 서브넷팅으로 기존에 할당받은 클래스 B 주소에서 쓰지 않는 부분을 좀 더 알차게 쓰게 해서 새로운 하부망의 IP 주소 수요를 충족하게 하는 의미를 가진다.

둘째는 클래스 B 주소보다 상대적으로 많이 남아 있던 클래스 C 주소를 적절하게 할당하여 클래스 B 주소의 수요를 충족시키기 위한 기술로 등장한 슈퍼넷팅(supernetting)이다. 이 기술로 인하여 IPv4 주소에서 엄격하게 정의된 클래스에 의한 주소 공간 분리 원칙이 사실상 와해되는 현상을 맞는다. 클래스에 의해 엄격하게 고정된 netid와 hostid의 경계선 위치가 가변적인 성격을 가지게 된 것이다.

이와 같은 두 기술이 선행한 결과로서 완전하게 클래스 개념을 지운 클래스 없는 IP 주소 체계가 확고하게 정립된 것이다. 이 두 선행 기술에 대해 연속되는 절에서 설명한다.

(1) 서브넷팅(subnetting)

대상은 클래스 B IPv4 주소이다. 클래스 B IP 주소(엄격하게는 netid)를 할당받으면 그 주소로 식별(수용)할 수 있는 노드(호스트)의 수를 다시 상기하면 65,534개이다. 일반적으로 생각할 때 중소기업의 수요 규모에 비해 상당히 넓은 주소 공간이라 할 수 있다. 그런데 클래스 C IP 주소를 할당받으면 수용 가능한 호스트 수가 기껏해야 254개이므로 부족한 경우가 많을 것이다. 그러니 모자라는 것보다는 남아도 많은 것이 낫다는 인식하에 인터넷이 서서히 자리를 잡던 1990년대에 대부분의 기업체, 학교 그리고 기관에서는 클래스 B IP 주소를 너나없이 할당받기를 원했고 실제 할당을 받았다.

그러니 실제 클래스 B 주소를 할당받은 기업, 학교, 단체 그리고 기관에서 쓸 수 있는 주소 공간을 알차게 활용하는 경우가 거의 없을 정도가 되었다. 그러면서 전체적인 IPv4 주소는 급속하게 소진되었고 이제 더 이상 새롭게 할당할 주소가 남아 남지 않게 된 상태가 되었다. 이럴 때 이미 할당받았으나 다 쓰지 못한 클래스 B 주소 공간을 활용하는 방안으로 제시된 것이 서브넷팅 기술이다.

서브넷팅 기술은 클래스 B 주소의 hostid 부분을 다시 subnetid와 hostid로 나눌 수 있도록 해서 새로운 하부망의 등장으로 인하여 발생하는 새로운 IP 주소 수요를 기존에 할당받은 주소 공간을 활용하여 충족하게 하는 의미를 가진다.

그림 12.8에서와 같이 기존의 hostid가 subnetid와 hostid로 나뉜다. 그런데 이렇게 나눌 때 둘 사이의 경계선이 몇 번째 비트인지를 파악하여야 한다. 그렇게 해야 subnet으로 향하는 경로를 탐색하는 라우터가 망의 식별자를 정확하게 인식할 수 있기 때문이다.

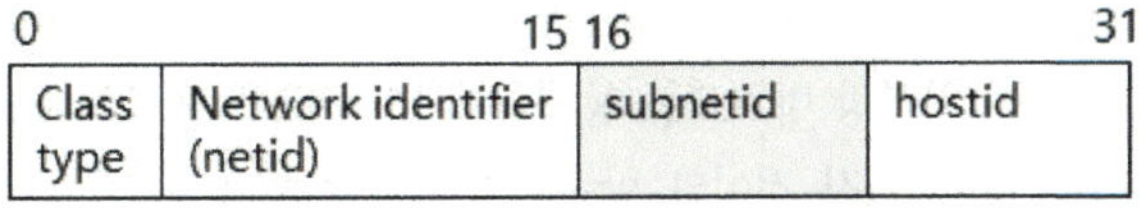

그림 12.8 서브넷팅된 클래스 B IPv4 주소

이 경계선 위치를 정하는 원칙은 클래스를 선택할 때 기준과 동일하다. 즉, 서브넷에 연결되는 노드(호스트)의 개수가 얼마나 되는지를 예측하고 이 수에 맞게 결정한다. 만약 수용할 노드의 수가 천개 내외라고 예측이 되면, hostid의 비트 길이는 10비트가 되어야 한다. 그러면 hostid는 IP 주소의 가장 왼편에 있는 비트부터 따질 때, 23번째 비트(비트 22)부터 32번째 비트(비트 31)까지 이어야 한다. 따라서 subnetid와 hostid의 경계선은 그림 12.9와 같이 22번째 비트(비트 21)와 21번째 비트(비트 22) 사이가 된다.

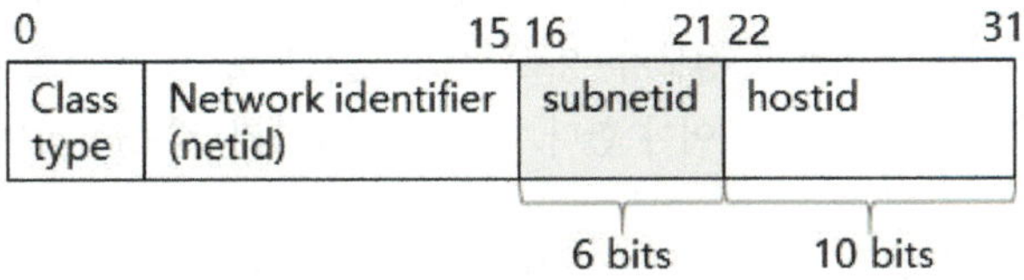

그림 12.9 서브넷팅 적용 예

그러면 subnetid를 위한 비트 크기는 6비트가 된다. 따라서 새롭게 수용할 수 있는 새로운 하부망의 개수는 62(2^6 - 2)개이다. 이렇게 구성된 새로운 클래스 B 주소 체계로 62개의 새로운 하부망을 수용할 수 있게 되고, 각 하부망마다 약 1천개 내외의 노드를 거느릴 수 있게 된 것이다.

그런데 이렇게 설정된 경계선 위치에 대한 정보는 IPv4 주소 어디에도 없다. 기존의 클래스 유형 필드에는 아무런 변화가 없기 때문이다. 그러면 이 경계선 위치를 알리는 방법을 찾아야 한다. 그래야 경로를 탐색하는 라우터와 같은 통신 장비가 제대로 일을 할 수 있기 때문이다.

(2) 하부망 마스크(subnet mask)

기존의 IPv4 주소 32비트 내에서 subnetid와 hostid를 구분하는 경계선 위치를 표현하는 공간을 찾는 것이 불가능하다. 따라서 이것을 표현하기 위하여 별도의 정보를 추가하게 되는데 그것이 하부망 마스크(subnet mask)이다. 여기서 마스크하는 용어는 일반적으로 우리가 어떤 부위를 보호하기 위해 커버와 같이 덮는 것을 말한다. 예를 들어, 요즘 많이 쓰는 코와 입을 보호하는(가리는) 마스크가 있다. 또 페인트 칠을 하기 전에 특정 부위에 페인트가 묻지 않도록 테이프를 붙여 그 부위를 보호하는데 이때 쓰는 테이프 이름도 마스킹 테이프이다. 이처럼 마스크는 어떤 특정 부위를 보호하거나 가리는 것이라 할 때, 이 하부망 마스크도 동일하게 IP 주소를 구성하는 32비트 가운데 하부망에 관련된 부분만 보호하는 값을 가진 것이라 할 수 있다.

정확하게 하부망 마스크도 IPv4 주소와 같이 32비트의 연속되는 이진수로 된 수이다. 이진수 가운데 1로 된 부분과 0으로 된 부분이 있는데, 1로 된 부분이 계속되다가 0으로 바뀌고 계속해서 0으로 마무리되는 형태를 가진다. 이때 1로 된 비트들에 해당되는 IPv4 주소 내의 비트들이 하부망을 식별하는 하부망 식별자 부분이고, 나머지 하부망 마스크에서 0으로 된 비트들에게 해당되는 IPv4 주소 내의 비트들이 노드(호스트)를 식별하는 호스트 식별자(hostid) 부분이다.

이때 클래스 B의 기존의 netid 부분도 하부망 마스크에서는 하부망의 상위 망이므로 해당 비트들은 모두 1 값을 가진다. 뿐만 아니라 클래스 유형 필드도 모두 1을 가진다. 그림 12.9 예에 해당되는 하부망 마스크를 제시하면 그림 12.10과 같다.

이 하부망 마스크 32비트 정보가 필요한 곳은 앞서 언급한 바 있지만 라우터에서 경로탐색을 할 때이다. 따라서 이 하부망 마스크 정보가 경로탐색의 결과물로 최적 경로 값을 저장하는 경로표(routing table)에 추가적으로 삽입되어야 한다. 그래야 라우터가 경로를 찾는 패킷 내의 목적지 IP

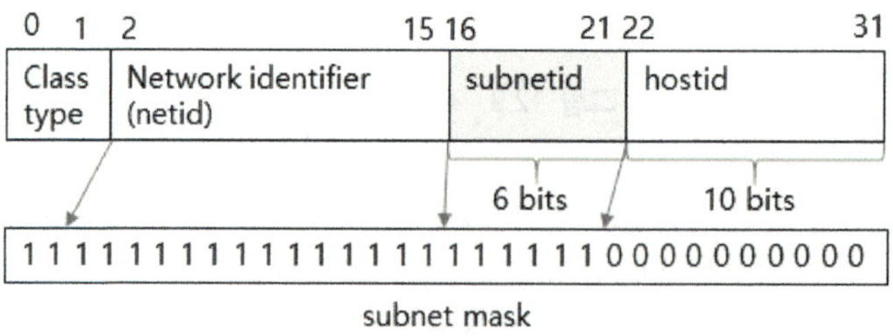

그림 12.10 하부망 마스크

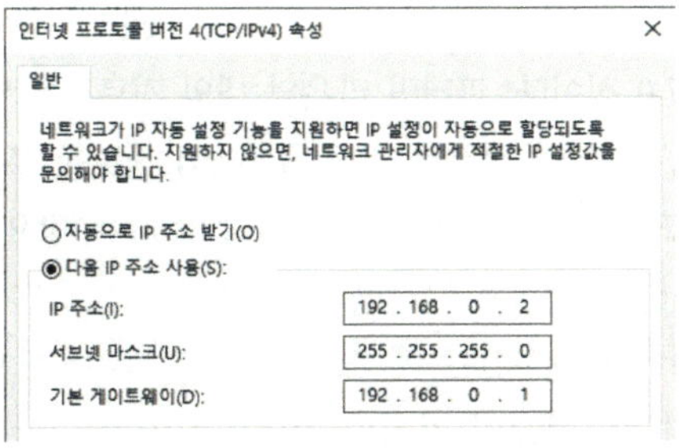

그림 12.11 윈도우 운영체제에서 IP 주소와 하부망 마스크

주소의 하부망과 호스트를 구분하고, 그 정보를 이용하여 경로표를 뒤져서 해당 최적 경로로 패킷을 내보낼 수 있기 때문이다.

이 하부망 마스크는 이제 클래스 B 주소를 쓰는 경우에만 필요한 것이 아니라 인터넷에 접속하는 모든 노드가 IP 주소와 함께 유지해야 하는 정보로 되었다. 그 이유는 이어지는 절에서 설명하는 슈퍼넷팅과 CIDR 기술로 인한 것이다. 참고로, 쓰고 있는 컴퓨터에서 네트워크 관련 정보를 보면 해당 기기의 IP 주소와 더불어 하부망 마스크가 있음을 알 수 있다. 그림 12.11은 윈도우 운영체계 컴퓨터에서 IP 프로토콜 주소 관련 정보를 보여준다.

(3) 슈퍼넷팅(supernetting)

클래스 B IPv4 주소의 고갈로 이에 대한 수요를 클래스 C 주소(엄밀하게는 netid)를 여러 개 배정하여 충족시켰다. 그런데 여러 개의 주소를 할당받은 사이트는 사실상 여러 개의 하부망을 가진 곳이 아니라 하나의 하부망인데 그 규모가 클래스 B를 받아야 수용이 가능한 망일 뿐이다. 이런 상황인데 클래스 C 주소를 여럿 할당받으면 마치 그 개수만큼의 하부망이 있는 것처럼 표현이 되고 이것이 결국 라우터가 경로탐색할 때도 그렇게 간주하게 되는 상황이 벌어진다.

그것은 라우터가 경로탐색때 참조하는 경로표에 사실상 하나의 엔트리로 있어도 되는 사이트인데 단지 클래스 B 주소 하나 대신에 여러 개의 클래스 C 주소를 받았다는 이유로 그 수만큼의 엔트리로 들어가 있게 됨을 뜻한다.

라우터가 특정 패킷의 목적지 노드로 가기 위해 경로탐색을 하는 첫 번째 작업이 경로표 내의 목적지 주소와 패킷의 목적지 주소를 비교하는 작업을 한다. 그때 위와 같이 되면 경로표 안에 있는 엔트리가 많아져서 비교하는 시간과 자원이 더 많이 들게 된다. 즉, 라우팅 성능이 저하되는 현상을 빚게 되는 것이다. 이를 개선하기 위하여 대두된 기술인 슈퍼넷팅(supernetting)이다.

우선 이 기술을 적용하기 위하여 한 사이트(하부망)에 클래스 C IP 주소를 여럿 할당할 필요가 있을 때 할당하는 클래스 C 주소들을 연속된 수로 된 netid로 할당한다. 예를 들어, 201.230.15.0, 201.230.16.0, 201.230.17.0 식이다. 그러면 라우터 내의 경로표에 일일이 세 개의 엔트리를 넣는 것이 아니라 (201.230.15.0, 3) 이런 식으로 카운트(count) 정보를 추가해서 특정 IP 주소부터 시작해서 카운트 개의 연속된 IP 주소는 하나의 하부망이고, 그 하부망으로 향하는 최적 경로는 동일하므로 하나의 엔트리로 표현하는 것이다. 그러면 단지 클래스 B 주소가 없어서 여러 개의 클래스 C 주소를 받은 하나의 하부망에 대해 경로표에 그 수만큼의 엔트리가 아니라 단 하나의 엔트리만 들어가게 되니 경로표를 유지하는 메모리 자원과 검색하는 시간도 단축시킬 수 있다.

여기에 한발 더 나아가 할당하는 클래스 C 주소의 개수를 2, 4, 8, 16개 이런 식으로 2의 승수에 맞추어 할당한다. 그러면 할당된 netid들의 비트값들을 서로 비교하면 서로 공히 같은 비트 값을 가지는 부분과 서로 다른 값을 가지는 비트 부분이 생긴다. 이때 공통적으로 같은 비트 값을 가지는 부분만을 netid로 간주하고, netid 가운데 나머지 다른 값을 가지는 비트 부분은 hostid의 일부분으로 편입시키는 방식을 쓴다. 예를 들어, 어떤 학교에서 네 개의 클래스 C IP 주소를 202.250.180.0, 202.250.181.0, 202.250.182.0 그리고 202.250.183.0 연속된 클래스 C IP 주소로 할당받았다고 하자. 이 주소들을 이진수로 모두 표현하면 그림 12.12와 같다.

여기서 공통된 비트들의 값을 가지는 netid 부분이 netid의 마지막 두 비트를 제외한 부분이다. 이를 하나의 공통 netid로 삼는다. 그리고 서로 다른 값을 가지는 netid는 hostid의 가장 큰 두 비트 값으로 간주하는 것이다. 이런 슈퍼넷팅의 결과에 따라 새롭게 만들어진 하나의 하부망을 위한 하부망 마스크가 그림 12.12에 그려져 있다.

이 방식은 두 가지 효과를 가져온다. 하나는 여러 개 할당받아 개별적으로 라우터의 경로표의 엔트리로 등재되어야 하는 상황에서 단 하나의 엔트리만 등재해도 되는 상황으로 바뀐다. 애초에는 서로 다른 여러 개의 netid를 받았지만 위의 계산에서 공통된 부분만 netid로 삼았기 때문에 netid가 하나로 통합되는 효과를 얻는다. 그 말은 라우터의 경로표에 하나의 엔트리로만 들어가도 됨을 뜻한다.

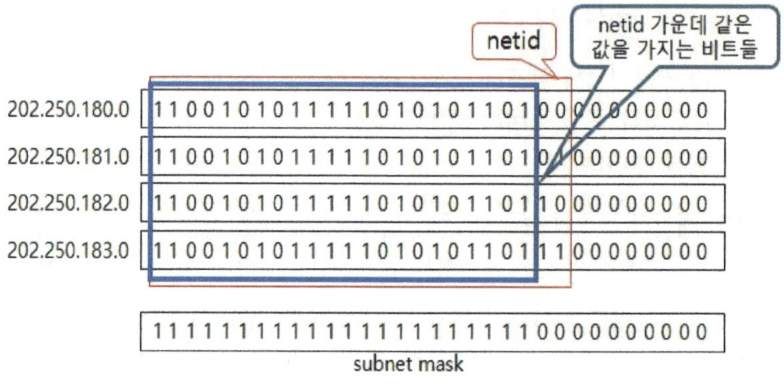

그림 12.12 슈퍼넷팅

두 번째 효과는 전체적인 IPv4 주소 32비트에서 netid 필드의 길이는 줄어들고, 대신 netid가 줄어든 비트 수만큼 hostid가 늘어나게 된다. 결국 hostid로 수용할 수 있는 노드의 수가 늘어나는 효과를 얻는다. 다시 말하면 하나의 netid로 수용할 수 있는 노드의 수가 늘어난 하부망에 수요를 맞출 수 있게 되어 수용 가능한 하부망의 크기를 키우는 효과를 얻는다. 그래서 이 기술의 이름이 슈퍼넷팅(supernetting)이라 된 사연이다.

(4) CIDR(Classless Inter-Domain Routing)

클래스가 있는 IP 주소 체제(classful IP address)로 인해 주소 고갈과 불균형 문제가 발생하였고, 이를 극복하는 기술로 서브넷팅과 슈퍼넷팅이 제시되었다. 그런데 이 두 기술은 전통적인 클래스가 있는 IP 주소 체계의 클래스 개념을 무력화시키는 결과를 가져왔다. 즉, 클래스에 의해 하부망 식별자와 그 하부망에 연결된 노드의 식별자를 구분하는 것에서 하부망 마스크 정보를 추가해서 그것으로 구분하는 것으로 이동한 것이다. 따라서 이제는 IP 주소에서 클래스는 별 의미가 없는 것으로 취급되고, 대신 하부망 마스크 정보가 이를 대신한다.

이렇게 IP 주소 체계에서 클래스 개념이 없어진 상황에서는 라우터가 패킷을 위한 경로탐색 작업을 할 때 목적지 주소의 netid 부분을 추출해서 읽어내야 하기 때문에 경로표에 최적 경로 정보를 넣을 때 목적지 주소 이외에 하부망 마스크 정보도 함께 넣어야 한다. 이 정보를 보고 패킷의 목적지 노드 주소의 netid 부분을 인식하여 해당 최적 경로가 있는지를 검색(lookup)할 수 있는 것이다. 이렇게 클래스에 의하지 않고 대신 하부망 마스크 정보를 활용하여 경로탐색하는 방식을 CIDR (Classless Inter-Domain Routing)이라고 한다.

이를 위한 경로표의 예가 그림 12.13에 있다. 여기서 주목할 것은 하부망 마스크 부분이다. 참고로 netid 부분을 IP 주소의 앞쪽에 있다고 해서 프리픽스(prefix)라고 한다. 물론 여기서는 나타나 있지 않지만 hostid 부분은 뒷부분에 있으니 서픽스(suffix)라고 한다.

목적지(prefix)	하부망 마스크	다음 홉	비용
202.250.180.0	22	123.20.20.0	3
203.221.210.0	23	201.232.82.0	6
121.28.120.0	20	120.30.0.0	8
197.35.71.0	24	20.221.34.0	4
120.38.0.0	15	212.210.4.0	6

그림 12.13 경로표

특정 노드를 목적지 주소로 가진 패킷이 이 그림 12.13 경로표를 가지고 있는 라우터에 도착하면, 우선 경로표의 가장 위에 있는 엔트리부터 하나씩 비교하여 동일 주소의 경로가 있는지 확인한다. 한 엔트리 경로 정보와 비교할 때 우선 패킷의 목적지 노드 주소를 해당 하부망 마스크로 마스킹한다. 그러면 패킷의 목적지 노드 주소 가운데 프리픽스(netid) 부분만 남고 hostid 부분은 0이 된다. 그 값과 해당 엔트리의 목적지 주소(prefix) 값과 비교한다. 그 값이 같으면 그 엔트리가 그 패킷의 최적 경로이다. 따라서 다음 홉에 있는 노드(만약 그 엔트리의 비용 값이 0이 아니면 사실은 다음에 가야할 라우터임)로 패킷을 보낸다.

그런데 여기서 하나 더 짚어야 할 사항이 있다. 경로표에 있는 목적지 정보와 다음 홉 정보에 프리픽스 즉 netid 정보만 있고 hostid 부분이 없음을 발견할 수 있다. 이 뜻은 라우터에서 경로탐색할 때 목적지 노드의 IP 주소 전체를 살펴보고 경로를 탐색하지 않는다는 뜻이다. 즉, 앞서 설명한 바와 같이 hostid가 0으로 된 주소를 보는 것이므로 하부망 주소만을 보고 탐색하는 셈이 되는 것이다.

경로를 찾아갈 때 가장 시급한 것은 최종적인 목적지 노드가 있는 하부망에 접근하는 것이다. 그 하부망과 직접 연결된 라우터까지만 가면 거기서는 라우터에서 그 하부망에 연결되어 있는 목적지 노드로는 한 번의 전송으로 전달이 가능하게 된다. 따라서 IP 프로토콜에서 라우터에 유지하는 경로표 내의 엔트리는 개별적인 모든 노드의 주소에 대한 최적 경로를 엔트리로 하지 않고 하부망 단위로 찾은 최적 경로를 엔트리로 삼는다. 이렇게 하면 인터넷에 있는 라우터가 유지해야 하는 경로표의 크기를 크게 줄일 수 있어 기억장치 혹은 저장장치의 자원을 아낄 수 있고, 실제 경로탐색할 때 경로표를 검색하는 시간도 크게 줄일 수 있다.

일반적으로 클래스 없는 IP 주소를 표현할 때 IP 주소와 하부망 마스크를 동시에 표현하는데 이를 위한 표기법은 다음과 같다.

(IP 주소) / (마스크에서 1의 개수)

앞선 예를 이용하면, 202.250.180.2/22 라고 하면 22개의 비트가 1인 하부망 마스크를 쓰는 IP 주소라는 뜻이다.

12.3 IP 데이터그램(datagram)

IP 프로토콜의 특징 가운데 하나가 비연결형 서비스이다. 이 뜻은 패킷을 전송할 때 한 송신자 노드에서 동일한 수신자 노드에게 연속적으로 전달되는 패킷일지라도 이들 패킷 간의 관계성을 전혀 고려하지 않는다는 뜻이다. 그렇기 때문에 그런 패킷들이 전달되는 경로도 시시때때로 달라질 수 있다. 이렇듯 IP 프로토콜에서는 전달되는 패킷의 상호 연관성을 완전히 배제하고 서로 독립적으로 처리하는 특성을 가진다. 이런 원칙으로 처리되는 패킷을 데이터그램(datagram)이라고 한다. 그래서 IP 프로토콜에서는 패킷을 별도로 이렇게 부른다. 마치 데이터링크 계층에서 패킷을 프레임이라는 별도의 이름으로 부르는 것과 같다.

IP 프로토콜이 다루는 데이터그램의 구조는 그림 12.14와 같다. 왼편에 0이라고 쓰인 부분이 가장 먼저 송신되고 수신되는 바이트 번호이다. 일반적으로 옵션이 없는 경우 IP 데이터그램의 데이터를 전송하기 위하여 부가적으로 붙여 보내는 헤더 정보의 크기는 20바이트이다. 옵션이 붙는 경우 최대 60바이트까지 늘어난다. 그리고 그 이후는 IP 프로토콜 입장에서 봤을 때는 데이터이다. 이 데이터 내에는 사실 상위 계층 프로토콜에서 만든 패킷이 들어있다. 예를 들어 IP 데이터그램을 만든 상위 계층 프로토콜이 TCP이면, 이 데이터 영역에 TCP 프로토콜이 만든 TCP 패킷이 들어있다. 그 말은 그 데이터도 자세히 분석하여 TCP 패킷의 헤더가 앞에 있고(그것도 통상 20바이트를 차지함), 그 이후 TCP의 데이터가 있는 것이다. 그림 12.14와 같이 IP 데이터그램은 헤더와 데이터를 포함해서 최대 길이가 65,536 바이트(바이트 번호로는 65,535)이다.

이제부터 IP 프로토콜이 자신의 통신 기능을 수행하는 데 필요한 부가 정보인 헤더를 자세히 분석한다. 그림 12.14의 데이터그램 구조 가운데 헤더를 확대하면 그림 12.15와 같다.

왼편에 있는 VER 필드부터 오른편에 있는 옵션 필드까지가 헤더이다. 물론 그림 12.14의 데이터그램 구조 그림은 옵션을 제외한 것으로 그렸으니 그것을 확대한 것은 오른편의 목적지 주소(desitnation IP address) 필드까지이다. 그런데 그림 12.15에 자세한 필드 이름과 각 필드의 비트 단위 길이를 명시했는데 그것들이 잘 보이는지 궁금하다. 이렇게 프로토콜 헤더의 자세한 필드와 그 구조를 설명하기 위해 그림을 그리는데 가로로 아주 긴 그림을 그려야 하고 또 그것을 한 페이지에 모두 담기 위해 축소하면 그 내용을 편하게 볼 수가 없게 된다. 그래서 일반적으로 컴퓨터 네트워크를 설명하는 책에서는 이를 적절하게 잘라서 몇 개의 줄로 나누어 배치한 그림으로 보여준다. 그렇게 그린 것이 그림 12.16이다.

그림 12.14 IP 데이터그램 구조

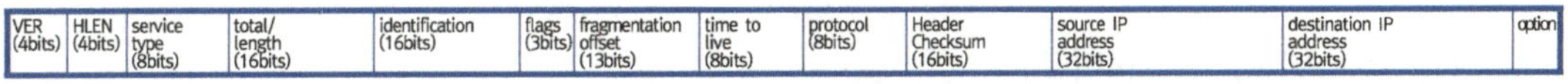

그림 12.15 IP 헤더 구조

<table>
<tr><td>VER
(4bits)</td><td>HLEN
(4bits)</td><td>service type
(8bits)</td><td colspan="2">total length
(16bits)</td></tr>
<tr><td colspan="3">identification
(16bits)</td><td>flags
(3bits)</td><td>fragmentation offset
(13bits)</td></tr>
<tr><td colspan="2">time to live
(8bits)</td><td>protocol
(8bits)</td><td colspan="2">header checksum
(16bits)</td></tr>
<tr><td colspan="5">source IP address
(32bits)</td></tr>
<tr><td colspan="5">destination IP address
(32bits)</td></tr>
<tr><td colspan="5">option</td></tr>
</table>

그림 12.16 IP 헤더 구조 (6줄로 나누어 그린 것)

그림 12.16는 그림 12.15의 실제 헤더 구조를 32비트(4바이트) 단위로 잘라서 한 줄씩 배치하여 모두 6개의 줄로 나누어 표현한 것이다. 이렇게 그려 놓으니 이제 겨우 헤더 내의 필드명과 크기가 제대로 보이는 것 같다. 그래서 거의 모든 통신 책에서 IP 프로토콜뿐만 아니라 모든 프로토콜의 헤더 구조를 설명하기 위하여 보이는 그림은 그림 12.15와 같은 원래의 모습이 아닌 이렇게 그린 것이다. 그런데 그림 12.15를 보여주지 않은 채 그림 12.16와 같은 그림만 보여주면서 헤더 구조를 설명하면, 학습하는 사람들은 그 구조 자체를 제대로 이해하지 못한 상태에서 헤더 내의 각 필드의 설명을 이해해야 한다. 이런 문제를 해소하기 위하여 여타 책에서는 거의 보이지 않은 그림 12.15를 보여준 점을 이해하기 바란다.

본격적으로 IP 데이터그램에 정의된 필드에 관해 설명한다. 다시 언급하지만 헤더 정보는 해당 프로토콜에서 정의된 통신 기능을 수행하기 위하여 필요한 부가적인 정보를 담고 있다. 따라서 IP 데이터그램의 헤더에도 IP 프로토콜의 기능과 관련 있는 정보가 있다. 앞선 장과 절에서 설명한 IP 프로토콜의 기능을 요약하면 다음과 같다.

- 패킷 분할(fragmentation)과 재조립
- 경로탐색(routing)
- 혼잡제어(congestion control)
- 논리 주소 체계(logical address, IP address)

(1) 버전(VER) 필드(4비트)

앞서 언급한 바 있지만 그림 12.15와 12.16에 표기한 헤더는 IP 프로토콜의 버전 4이다. 그래서 사실상 이 필드는 숫자 4가 들어가 있는 것이 맞다. 그런데 IP 프로토콜의 차기 버전이 현재 부분적으로 구현되어 버전 4와 동시에 작동하는 경우가 많아졌다. 버전 6이다. 차세대 IP 프로토콜(IPng)로 불리는 것이다. 이를 서로 구분하기 위하여 이 필드가 필요하다. IPng인 경우에는 이 필드 값은 6이다.

(2) 헤더 길이(HLEN) 필드(4비트)

IP 데이터그램의 헤더 길이를 담고 있다. 앞서 설명한 바와 같이 기본적으로 IP 데이터그램의 헤더 길이는 20바이트이다. 그래서 이 필드의 값이 20이라는 십진수가 들어가야 하는 데 문제가 있다. 이 필드의 길이가 네 비트밖에 되지 않는 것이다. 4비트로 표현할 수 있는 최대 십진수는 15이다. 그러면 20이라는 수를 어떻게 표현할까 궁금하다.

문제의 해결은 이 필드에서 표기되는 수가 의미하는 단위에 있다. 이 필드에서 1은 1바이트를 의미하는 것이 아니라 4바이트를 의미한다. 그래서 20바이트의 기본 IP 데이터그램의 헤더 길이를 표현하려면 5가 이 필드값으로 있으면 된다.

이렇게 하니 다른 문제가 다시 생긴다. 만약 헤더가 기본 크기가 아니라 옵션을 달고 있고 그 옵션의 길이가 10바이트이면 어떻게 될까? 총 헤더 길이는 30바이트인데 4의 배수로 30을 표현할 길이 없다. 따라서 이 헤더 길이 필드가 가지는 제약으로 IP 데이터그램의 헤더는 옵션을 모두 포함해서 4의 배수 길이가 되어야 한다.

(3) 서비스 유형(service type) 필드(8비트)

원칙적으로 IP 프로토콜이 작동하는 인터넷은 단일 서비스 유형만을 제공하는 통신망이다. 다름 아닌 '최선을 다하는(best-effort)' 서비스이다. 따라서 여기서 정의되어 있는 서비스 유형은 그다지 의미를 가지지 않는다. 실제 잘 활용하지도 않고 IP 데이터그램을 주로 처리하는 라우터에서 이 유형 값을 기본적으로 무시하기 때문에 더욱 그러하다.

그러나 IP 프로토콜 표준에 기술되어 있는 내용을 정리하면 다음과 같다.

- 비트 0 ~ 2 (3비트): 우선순위 (111 값이 가장 높은 우선순위로 처리할 것.)
- 비트 3(1비트 플래그): 0이면 지연(delay)에 대해 따로 신경 쓸 필요 없음.
1이면 지연시간을 짧게 처리할 것.
- 비트 4(1비트 플래그): 0이면 전송률에 대해 따로 신경 쓸 필요 없음.
1이면 전송률을 높게 처리할 것.

- 비트 5(1비트 플래그): 0이면 신뢰도에 대해 따로 신경 쓸 필요 없음.
  1이면 신뢰성 있게 처리할 것.
- 비트 6 ~ 7(2비트): 초기 IP에서는 미래 사용을 위해 비워두었으나 최근 이를 혼잡제어를 위한 ECN(explicit congestion notification) 필드로 활용함.

위의 마지막 비트 6 ~ 7을 명시적인 혼잡 알림(ECN) 용으로 활용한다. ECN을 쓰는 이유는 라우터에서 어떤 패킷으로 인하여 야기된 혼잡 현상을 직접 패킷을 보낸 송신 호스트에게 알릴 수 있는 방법이 없기 때문이다. 따라서 이를 송신자 노드에게 알리는 방법은 라우터가 이 패킷을 목적지 노드로 보낼 때 이 패킷의 ECN 용으로 규정한 위의 두 비트 값에 상황을 알리는 정보를 담아 보내는 것이다. 그러면 최종적인 수신자 노드가 이 정보를 받아 송신자 노드에게 확인 응답과 같은 성격의 패킷을 보낼 때 혼잡이 발생하였음을 송신자 노드가 알 수 있도록 정보를 담아서 보낸다. 이렇게 일단 최종 수신자 노드까지 패킷을 보내고 거기서 TCP 단대단 프로토콜이 작동하면서 이 프로토콜이 송신자 노드에게 혼잡 발생 상황을 알리는 것이다.

두 비트의 값에 따른 의미를 표 12.4에 정리하였다.

01과 10은 TCP에서도 이 기능이 활성화되어 있음을 알린다. 11이 라우터가 지금 혼잡을 경험한(CE congestion experienced) 것을 수신 호스트에게 알리는 것이다. 이것은 최종적으로는 혼잡을 야기한 패킷을 보낸 송신 호스트가 알도록 통지하는 셈이 된다. ECN에 의한 혼잡제어 메커니즘은 TCP 프로토콜을 설명하는 13장에서 자세하게 살핀다.

표 12.4 ECN 필드

두 비트 값	의미
00	IP 데이터그램에 ECN 기능을 쓰지 않음.
01 (ECT 1)	TCP 프로토콜이 ECN 기능을 지원함.
10 (ECT 0)	TCP 프로토콜이 ECN 기능을 지원함.
11 (CE)	라우터가 혼잡을 경험하고 이를 수신 호스트에게 알림.

(4) 전체 길이(total length) 필드(16비트)

IP 데이터그램 헤더와 데이터 영역을 모두 포함한 크기를 바이트 단위로 표현한 필드이다. 이 필드의 크기가 16비트인 것을 보면 IP 데이터그램의 최대 크기를 정확하게 알 수 있다. 16개의 비트로 표현할 수 있는 최대 수를 생각하면 된다. 2^{16} = 65,536바이트이다.

(5) 식별자, 플래그, 분할 오프셋 필드(16비트)

식별자 필드와 플래그 필드 그리고 분할 오프셋 필드 등 세 필드는 IP 기능 가운데 분할과 재조립을 위한 필드이다. 이에 관해서는 9.1절에서 자세하게 설명하였으므로 참조하기 바란다.

(6) 생존시간(time to live) 필드(8비트)

IP 데이터그램이 잘못된 경로배정으로 최종 목적지를 찾지 못하고 IP 통신망을 영원히 떠도는 현상이 발생할 수 있다. 구체적인 요인은 의도적이든 실수든 실제 존재하지 않는 IP 주소를 목적지 주소로 한 경우 실제 라우터에서는 그 목적지로 가는 길을 찾을 수 없어 데이터그램이 망을 벗어나지 못하는 상황이 발생하는 것이다. 이런 것을 대비하여 데이터그램이 최대로 거쳐 갈 수 있는 라우터의 개수를 생존시간 필드에 기록한다. 한 라우터를 거칠 때마다 이 값을 하나씩 감소하여 이 필드가 0이 되면 더 이상 데이터그램을 라우팅하지 않고 폐기한다.

(7) 상위 계층 프로토콜(protocol) 필드(8비트)

IP 계층의 상위 계층에는 대표적으로 TCP와 UDP 프로토콜이 있다. 이 두 프로토콜 가운데 어떤 프로토콜이 데이터그램과 연관 있는 것인지를 표기한다. IP 데이터그램을 만들어서 송신하는 입장인 호스트에서는 상위 계층의 프로토콜에서 만든 패킷을 데이터그램의 데이터 필드에 넣어 하위 계층의 프로토콜로 전송을 부탁할 것이다. 이때 데이터그램의 데이터 필드에 넣은 데이터를 상위 계층에 있는 어떤 프로토콜이 만든 것인지를 알려 주는 정보가 이 필드값이다.

만약 IP 데이터그램을 수신하는 노드인 경우에는 IP 계층에서의 처리가 성공적으로 완료되면 데이터 필드에 있는 데이터를 상위 계층으로 전달하여야 하는데 상위에 있는 어떤 프로토콜에 전달해야 하는지를 알려 주는 역할을 한다.

예를 들어 이 필드의 값이 06이면 상위 계층이 TCP 프로토콜임을 알리는 것이고, 17(16진수로 11)이면 UDP 프로토콜임을 알리는 것이다. 그 외에도 01이면 ICMP, 89이면 OSPF이라는 뜻이다.

(8) 헤더 체크섬(header checksum) 필드(16비트)

전송 과정에서 발생할 수 있는 오류를 검출할 수 있는 필드이다. 그런데 이 필드는 IP 데이터그램 전체를 대상으로 오류를 검출하는 것이 아니라 헤더에 대해서만 오류 검출이 가능하게 만든 것이다. 그 이유를 파악하려면 IP 프로토콜의 특징이 '최선을 다하는' 서비스라는 점을 상기해야 한다. 이 서비스는 최선을 다해 전달하기는 하지만 오류 없는 전달을 보장해 주지는 않는다. 즉, 데이터 영역까지 오류 제어를 할 필요가 없는 것이다. 이는 신속성을 확보할 수 있는 장점을 가진다.

오류 검출 알고리즘은 8장에서 다룬 기법 가운데 체크섬(checksum) 방식을 이용한다. 16비트 단위로 헤더를 분할해서 그 단위로 모두 더한 후 그 결과를 이 필드에 넣어서 전송하면 그것을 받은 수신자 노드가 동일한 연산을 통해 오류 여부를 판단한다. 헤더에 대해서는 오류 검출을 하는 이유는 헤더에는 IP 통신 기능과 직접적인 연관성이 높은 정보(예: 출발지, 도착지 IP 주소)가 들어있어 오류가 발생한 정보로 그 기능(예: 라우팅)을 수행한 경우 통신망에 커다란 문제를 야기할 수 있기 때문이다.

(9) 발신지 IP 주소(source IP address) 필드(32비트)

IP 데이터그램을 생성해서 망에 최초로 주입한 호스트의 IP 주소가 들어있다. IPv4 주소가 들어갈 수 있도록 32비트 크기의 필드이다.

(10) 목적지 IP 주소(destination IP address) 필드(32비트)

IP 데이터그램을 최종적으로 수신하는 호스트의 IP 주소가 들어있다. IPv4 주소가 들어갈 수 있도록 32비트 크기의 필드이다.

(11) 옵션(option) 필드(가변 길이)

이 필드는 주로 관리, 테스트 그리고 특수 목적을 위한 것이다. 헤더에 반드시 있지 않아도 되기 때문에 대부분 생략된다. 옵션 종류를 간략하게 소개한다.

- **무연산 옵션**: 여러 개의 옵션이 헤더에 포함되는 경우 옵션 시작 바이트가 2바이트 단위 혹은 4바이트 단위의 지점에서 시작할 수 있도록 중간에 빈 자리를 메우는 역할을 한다.
- **옵션 종료 옵션**: 헤더의 길이가 4바이트 단위로 표현되기 때문에 이 옵션으로 옵션 길이를 4바이트 단위로 맞추는 역할을 한다.
- **경로 기록 옵션**: 데이터그램이 거쳐온 라우터의 주소를 거쳐온 차례대로 수록할 수 있는 옵션이다.
- **발신지 경로 옵션**: 일반적으로 경로탐색은 망 내부에 있는 라우터를 거칠 때마다 라우터가 수행하는 일이고 그 결과에 따라 데이터그램의 경로가 결정된다. 그런데 발신지 경로(source routing) 옵션을 쓰면 발신지 노드가 아예 경로를 모두 지정할 수 있다. 발신지

노드에서 목적지 노드까지 경로상에 있는 모든 라우터의 IP 주소를 경로상 순서대로 데이터그램에 기록할 수 있게 하는 옵션이다. 이 옵션을 가진 데이터그램을 수신한 라우터는 자신의 경로표를 이용하여 경로탐색을 하지 않고 이 옵션에 있는 다음 라우터 정보를 읽어서 그곳으로 데이터그램을 내보낸다(forwarding).
이 발신지 경로 방식에는 두 가지가 있다. 첫째는, 발신지가 이 옵션을 통해 알려 준 경로 정보에 있는 '라우터만을 거쳐서' 목적지까지 가야 하는 엄격한 발신지 경로(strict source routing) 방식이다. 둘째는, 발신지가 알려 주는 경로 정보 이외 다른 라우터를 중간중간 거쳐 가면서 목적지로 갈 수 있는 느슨한 발신지 경로(loose source routing) 방식이다.

- **시간 기록 옵션:** 데이터그램이 거쳐온 라우터들의 정보를 기록할 뿐만 아니라 그 라우터의 방문 시각도 함께 기록(time stamp)하도록 하는 옵션이다. 이 기록을 통해 통신망의 상태를 점검할 수 있다.

13
CHAPTER

전송 계층 프로토콜 (TCP 프로토콜 특성)

ISO/OSI 7계층 프로토콜에서 제4계층인 전송(transport) 계층 프로토콜은 여러 하부 통신망(subnetworks)을 서로 연결하여 형성한 커다란 통신망 환경에서 한 하부망에 연결된 노드(호스트)에서 출발한 패킷이 3 ~ 1계층인 네트워크, 데이터링크 그리고 물리 계층 프로토콜의 도움으로 다른 하부망에 연결된 수신자 노드로 최종적으로 도착한 이후 작동하는 프로토콜이다. 첫 출발지인 송신자 노드에서 최종 수신자 노드에 도착하기까지 어떤 (무선 혹은 유선) 하부망들을 어떤 경로를 이용하여 어떻게 왔는지에 대하여 4계층 전송 계층 프로토콜에서는 따지지 않는다. 그 사항은 하위 계층인 3 ~ 1계층 프로토콜들이 열심히 각자 주어진 임무를 수행하여 달성한 결과이므로 4계층 전송 계층 프로토콜에서 다시 이를 따질 이유가 없는 것이다.

그러면 4계층 전송 계층 프로토콜에서 관심을 가지고 살펴보는 사안은 출발지 송신자 노드에서 만들어 전달하고자 하는 패킷 내용이 최종 도착지인 수신자 노드에 아무 탈 없이 잘 도착했는지에 관한 것이다. 이점을 확인하기 위하여 4계층 전송 계층 프로토콜에서 수행하는 구체적인 작업 내역은 흐름제어, 오류제어 그리고 혼잡제어이다. 즉, 통신망을 통과하여 온 개별적인 패킷을 통신망의 양 끝단에 위치하고 있는 그 패킷의 최초 송신자 노드와 최종 수신자 노드 관점에서 이들 작업을 수행하는 것이다. 4계층 전송 계층 프로토콜은 최초 송신자와 최종 수신자 사이에 필요한 작업을 수행하는 프로토콜이어서 종단간(end-to-end) 프로토콜이라 부른다. (그림 13.1)

그림 13.2와 같은 인터넷을 위한 TCP/IP 프로토콜 구조에서는 ISO/OSI 7계층 표준 프로토콜 구조에서 4계층 전송 계층 프로토콜이 수행하는 종단간 통신 기능을 3계층인 TCP(Transmission Control Protocol) 계층이 수행한다. 이 3계층의 일반적인 명칭으로 쓰이는 TCP 프로토콜은 독특한 특성을 가진 전송 계층 기능을 수행하는 인터넷을 위한 전송 계층 프로토콜의 한 종류이다. 말하자면 일반명사가 아니라 고유명사인 것이다. TCP/IP 프로토콜 구조의 3계층인 전송 계층 기능을 수행하는 프로토콜에는 UDP(User Datagram Protocol)라는 것도 있다. 이것도 TCP와 완전히 다른 독특한 기능적 특성을 가진 프로토콜이다. 그런데 TCP/IP 프로토콜이라는 인터넷을 관장하는 표준 프로토콜의 이름과 3계층 프로토콜 이름에서도 모두 TCP라는 특정 개별 프로토콜 이름이 등장한다. 그것은 TCP/IP 프로토콜이 탄생한 이래 여태까지 TCP가 전송 계층 프로토콜로 가장 많이 쓰이고 중요한 역할을 담당하는 프로토콜이기 때문이다.

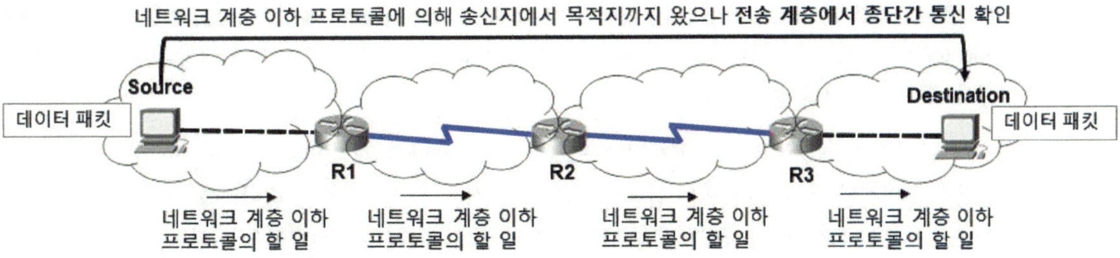

그림 13.1 전송 계층 프로토콜은 종단간 통신 프로토콜

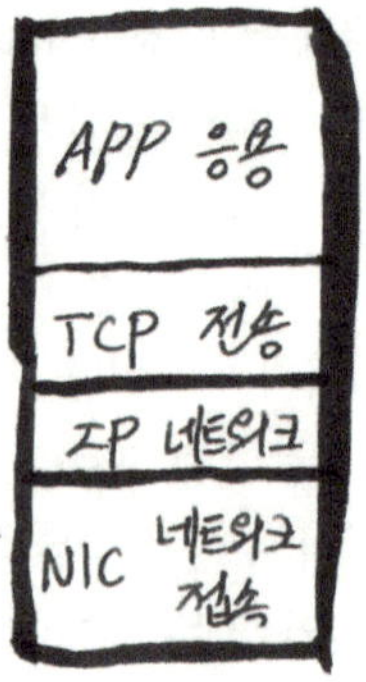

그림 13.2 TCP/IP 프로토콜 구조

그런데 최근 들어서는 인터넷 사용 경향이 크게 바뀌었다. 점차 TCP보다는 오히려 UDP가 더 많이 활용되는 추세가 되고 있다. UDP가 인터넷에서 동영상, 음악 등의 멀티미디어 데이터를 전송하는 데 이용되는 프로토콜이기 때문이다. 여담이지만 이런 추세로 가면 조만간 인터넷을 작동시키는 표준 프로토콜 명칭도 TCP/IP가 아니라 UDP/IP로 변경되어야 할 것으로 보인다.

이 장과 다음 장에 걸쳐 인터넷을 위한 전송 계층 프로토콜 가운데 TCP에 관해 상세하게 소개한다. 그리고 마지막 장에서는 TCP와 쌍벽을 이루는 UDP 그리고 그것과 연관된 프로토콜에 대해 살펴본다.

13.1 TCP 프로토콜 특성

1) 양끝단 프로세스 사이의 통신

TCP는 엄격하게 따지면 ISO/OSI 7계층 표준 프로토콜 구조의 5계층인 세션 계층의 일부 기능을 포함한다. 3절에서 자세하게 다루겠지만 TCP의 통신 서비스 특성이 연결형(CO connection oriented)이기 때문에 세션 계층에서 규정한 세션(session)과 유사한 논리적 연결상태를 유지한 상태에서 종단간 데이터 통신이 이루어진다.

이때의 종단(end)은 IP 계층에서의 노드(호스트)와는 다른 개념이다. 일반적으로 노드라고 하면 인터넷에 연결된 통신 장비 혹은 컴퓨터 기기를 일컫는다. 그리고 주로 데이터를 생성하거나 소비하는 노드는 PC 혹은 스마트폰과 같은 컴퓨터 기기이다. IP 계층 프로토콜은 이런 기기 자체를 기준

으로 전달 단위로 삼는다. 그런데 전송 계층에서의 종단 개념은 IP 계층에서의 호스트 단위가 아니라

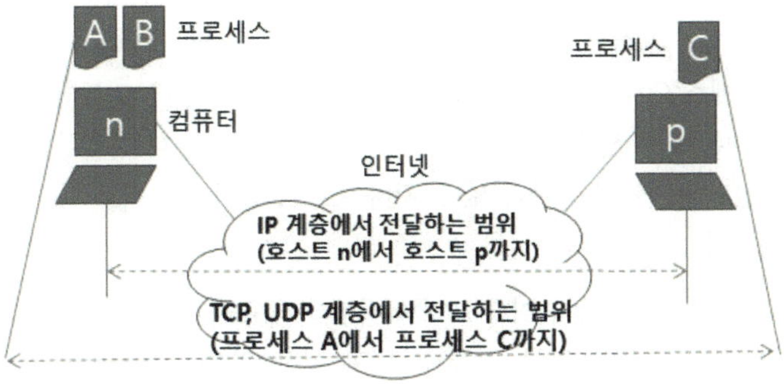

그림 13.3 전송 계층(TCP, UDP) 프로토콜의 양끝단 개념

그 호스트에서 통신망 서비스를 이용하면서 실행하고 있는 컴퓨터 프로그램이다. 컴퓨터공학에서는 현재 실행하는 컴퓨터 프로그램을 프로세스(process)라는 용어를 써서 표현한다. 따라서 TCP와 향후 배우게 될 UDP 모두에서 최초 데이터를 만들어 전송하고 최종적으로 데이터를 수신하여 처리하는 양끝단은 프로세스인 것이다.

그림 13.3에서 보듯이 IP는 호스트 n과 호스트 p까지 전달하는 것이 자신의 임무이다. 그러나 TCP와 UDP에서는 그것에서 더 나아가 실제 데이터를 생성해서 보낸 호스트 n 내의 프로세스 A와 데이터를 수신하는 최종 프로세스인 컴퓨터 p 내의 프로세스 C가 데이터를 전달하는 양끝단이 되는 것이다.

따라서 그림 13.2의 TCP/IP 프로토콜 구조에서 TCP 계층의 상단에 있는 응용 계층은 프로세스들이 작동하는 계층이다. 프로세스들은 동시에 여럿이 한 컴퓨터에서 작동하는 것이 가능하므로 이 응용 계층에도 동시에 여러 프로세스가 실행하는 것이 자연스럽다. 결국 TCP와 UDP는 프로세스와 프로세스 간에 이루어지는 양종단간 통신을 담당하는 것이다.

2) 포트 번호(port number)

그러면 TCP와 UDP는 이 종단점이 되는 프로세스를 어떻게 인식할 수 있는지 궁금하다. 여러 프로세스가 동시에 자신(TCP 혹은 UDP)의 통신 서비스를 이용하고 있다고 가정하면 더욱 혼란스럽다. 다시 말하면 TCP 혹은 UDP의 전송 계층 통신 서비스를 이용하여 인터넷을 통해 다른 컴퓨터에서 실행하고 있는 프로세스와 통신하는 프로세스들을 서로 식별하는 방법이 있어야 하는 것이다. 이를 위한 주소 체계가 전송 계층에 수립되어 있다. 이를 TCP/IP 프로토콜 구조에서는 포트 번호

(port number)라고 한다. 이 포트 번호는 TCP 혹은 UDP가 데이터를 최종적으로 전달받고 전달하는 양끝단인 프로세스를 식별하는 번호이다. 그림 13.3의 예에서 왼편 컴퓨터 n에서 실행 중인 프로세스 A와 B가 있는데 이들에게 각기 다른 포트 번호가 할당되는 것이다. 그리고 오른편 컴퓨터 p에서 실행 중인 프로세스 C에게도 포트 번호가 할당된다. 당연히 같은 컴퓨터 내부에서 실행 중인 프로세스들은 서로 다른 포트 번호로 지정되어야 한다. 그러나 서로 다른 컴퓨터 내부의 프로세스들은 서로 같은 포트 번호를 가져도 문제가 없다. 각자 호스트가 가지는 서로 다른 IP 주소로 서로 식별할 수 있기 때문이다.

비견하자면 외항 선박의 선장이 미국 LA항에서부터 해도의 부산항 위치(IP 주소)를 참조하여 가장 경제적이고 안전한 항로(optimal route)를 타고 부산 외항에 도착하면 부산 외항에서 도선사(pilot)가 선박에 올라와 선장 대신 부산항 내의 특정 부두(port 번호)로 배를 도선하는 것과 유사하다. 이때 선장은 IP 기능을 수행한 것이고, 도선사가 TCP 혹은 UDP 기능을 수행한 것이다. 그리고 지도의 부산항 위치는 목적지 IP 주소이고, 부산항 내부의 실제 선박이 정박해야 하는 부두가 포트 번호라고 할 수 있다.

(1) 잘 알려진 포트 번호(well-known port number)

포트 번호는 16비트로 표현되므로 최대 65,535까지 가능하다. 그런데 0번에서 1,023번까지는 이미 특정 프로세스(응용 프로그램)에게 할당되어 있다. 이 응용 프로그램들은 일반적으로 잘 알려진 것들이기 때문에 잘 알려진 프로그램에 지정된 포트 번호라는 의미로 잘 알려진(well-known) 포트 번호라고 한다. 대표적인 예로 7 ECHO, 13 DAYTIME, 20 FTP(file transfer protocol), 25 SMTP (simple mail transfer protocol) 그리고 80 HTTP(hypertext transfer protocol) 등이 있다.

ECHO(포트 번호 7)는 원하는 호스트와 TCP를 통한 통신이 가능한지를 확인하기 위하여 보내는 메시지를 메아리처럼 그대로 되돌려 주는 서비스이다. DAYTIME(포트 번호 13)은 현재 날짜와 시간을 되돌려 주는 서비스이다. 이 또한 인터넷에서 TCP를 이용하여 통신이 가능한지 여부를 파악하기 위한 용도로 많이 쓰인다. 이 두 응용 서비스는 UDP에도 동일한 포트 번호로 정의되어 있어 UDP를 이용하면서도 동일 포트 번호를 써서 위의 서비스를 이용할 수 있다.

참고로, UDP도 동일한 개념으로 종단간 프로세스 사이의 통신 서비스를 제공하기에 포트 번호를 프로세스의 식별자로 그대로 쓴다. 그러나 구체적으로 UDP에서 특정 프로세스에 지정된 포트 번호와 TCP 포트 번호와는 서로 연관성이 전혀 없다. 다시 말하면, 서로 지정된 번호가 겹치기도 하고, TCP에만 정의된 것도 있고, UDP에만 정의된 것도 있는 등 지정 방법은 서로 별개이다.

FTP(포트 번호 20)는 저장되어 있는 파일을 인터넷을 통해 전송할 때 사용한다. 지금은 FTP 대신 전자 메일의 첨부파일 형식으로 더 많이 파일을 서로 주고받기 때문에 명시적으로 이 프로토콜

(사실은 서비스)이 쓰이는 경우가 드물다. SMTP(포트 번호 25)는 전자 메일 서비스를 위한 응용 프로토콜이다. SMTP는 주로 메일을 보낼 때 쓰고, 메일을 받을 때는 포트 번호 143을 쓰는 IMAP (Internet message access protocol)이나 포트 번호 110을 쓰는 POP3(post office protocol 3) 프로토콜을 쓴다. 그리고 웹 서비스를 위한 HTTP(포트 번호 80)가 있다. 이 웹 서버가 웹 브라우저에게 웹 페이지를 담은 데이터를 보낼 때 쓰는 프로토콜이다.

그런데 이런 잘 알려진 포트 번호에 대해 한 가지 유의할 것이 있다. 처음 포트 번호라는 개념을 배우고, 잘 알려진 포트 번호가 있음을 알게 되면 지정된 서비스를 위한 모든 프로세스에 그 포트 번호가 부여되는 것으로 오해하는 점이다. 예를 들어, 웹 서비스를 통해 네이버 홈페이지에 접속하는 경우, 내가 쓰는 컴퓨터 노드에는 크롬(chrome)과 같은 웹브라우저 프로세스가 실행하고, 그 상대인 네이버 사이트에는 네이버 웹 서비스를 담당하는 웹 서버가 실행할 것이다. 이때 내 노드의 크롬 프로세스도 포트 번호 80을 써서 식별되고, 네이버 웹 서버도 포트 번호 80을 써서 식별되는 것으로 이해하게 된다. 여기서 잘 알려진 포트 번호는 우리가 알고 있는 인터넷 (프로토콜 혹은) 서비스를 제공하는 서버에서 실행하는 서버 프로세스에 접속할 때 필요한 번호임을 인식하여야 한다.

네이버 웹 서버는 기본적으로 포트 번호 80을 자신의 웹 서비스 제공 프로그램(IIS 혹은 아파치 등)을 식별하는 번호로 쓴다. 그래야 어떤 웹 브라우저라도 기본적으로(default) 알려진 이 번호를 통해 웹 서버에 접속이 가능할 것이기 때문이다. 그렇다면 웹 브라우저 자신은 어떤 포트 번호를 쓸까? 이것이 주로 오해하는 문제의 핵심이다. 서버에 접속하는 클라이언트(예: 웹 브라우저) 프로세스는 이 포트 번호를 쓰지 않는다. 대신 임의의 번호를 iOS와 같은 운영체제(OS)로부터 할당받아 그 번호로 자신을 식별하게 된다. 그림 13.4에 그림으로 잘 나타나 있다.

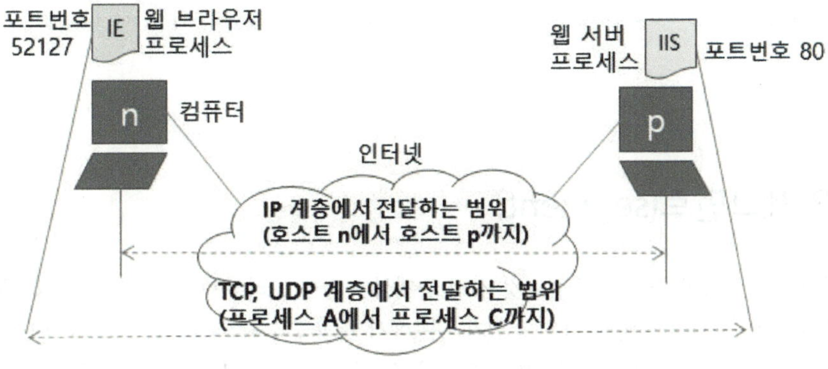

그림 13.4 웹 서비스를 위한 프로세스와 포트 번호

(2) 등록된 포트 번호(registered port number)

포트 번호 1024번에서 49,151번까지는 등록된 포트 번호이다. 이 포트는 인터넷 할당 번호 관리 기관(IANA Internet Assigned Numbers Authority)에 등록되어 있는 번호를 뜻한다. 이 번호로 접근할 때 root(슈퍼 유저) 권한을 가지고 있지 않아도 되는 점이 잘 알려진 포트 번호와 다른 점이다. 참고로, IANA는 IP 주소와 com, net 그리고 org 등과 같은 최상위 도메인 이름(TLD Top-Level Domain Name)을 관리하는 단체이었다. 1998년 이후에는 국제 인터넷 주소 관리기구(ICANN Internet Corporation for Assigned Names and Numbers)가 관리하고 있다. 예를 들어, 포트 번호 3306은 MySQL 데이터베이스에서 사용한다. 포트 번호 9100은 네트워크 프린팅 프로토콜로 직접 컴퓨터에 연결된 프린터가 아니라 인터넷에 연결된 프린터에서 인쇄할 때 쓰이는 포트 번호이다.

(3) 동적 포트 번호(dynamic port number)

포트 번호 49,152번부터 65,535번까지는 호스트에서 현재 쓰고 있지 않는 한 언제든지 누구나 이용할 수 있는 포트 번호이다. 앞서 웹 서비스 예를 다시 들면 웹 서버는 반드시 포트 번호 80을 이용하여 자신을 식별하게 한다고 했다. 그러면 클라이언트인 웹 브라우저 프로세스는 어떤 번호로 식별할까? 이전에 설명한 대로 임의의 번호를 운영체제로부터 할당받아 쓴다고 하였다. 그림 13.4 예에서는 IE 웹 브라우저가 포트 번호 52,125번을 배정받아 자신을 식별하도록 하고 있다.

이때 임의의 번호라는 것이 이 동적 포트 번호 가운데 임의의 한 번호라는 의미이다. 그런데 운영체제가 이 범위 내의 한 번호를 임의로 선택할 때 이미 다른 프로세스에 할당되어 사용 중인 동적 포트 번호는 제외하고 선택한다. 이렇게 해서 동시에 실행 중인, TCP를 활용하여 인터넷 통신 서비스를 이용하는 응용 프로세스는 서로 다른 포트 번호로 자신을 식별하게 된다.

13.2 TCP 세그먼트(segment)

IP 프로토콜은 전달하는 패킷과 패킷 간의 관계성을 전혀 고려하지 않고 서로 완전히 독립적인 패킷으로 취급한다. 그래서 비록 같은 송신자 노드에서 출발해서 같은 수신자 노드로 전달되는 연속적인 패킷들도 서로 다른 경로를 이용해서 전달될 수 있다. 이런 점에서 IP 프로토콜이 다루는 데이터 패킷의 명칭은 데이터그램이다. 그런데 TCP 프로토콜은 그 특징 가운데 연결형 서비스를 하는 점이 매우 크다. 이 특징은 양끝단의 프로세스 관점에서 어떤 데이터의 흐름이 연속적으로 맥락이 이어지는 방식으로 이루어짐을 말한다. 따라서 응용 프로세스 관점에서는 TCP를 이용해서 행해지는 데이터 전송이 하나의 맥락을 가지는 데이터 뭉치(data chunk) 단위로 다른 프로세스에게 전달하는 것이 된다. 예를 들어, 파일 전송 프로토콜(FTP)을 이용하여 파일을 다른 프로세스에게 전송하는 경우 전송하고자 하는 하나의 파일이 TCP를 이용하는 프로세스 입장에서 전달하는 하나의 데이터 뭉치이다.

그런데 TCP에서는 그 하위 계층에서 진행되는 것과 동일하게 커다란 데이터 뭉치를 한꺼번에 인터넷에 밀어 넣어 전송하지 않는다. 오류의 우려가 커지고 라우터 등의 통신 장비의 버퍼 등 자원을 대규모로 유지해야 하는 문제가 있기 때문이다. 따라서 TCP에서도 하나의 맥락을 가진 데이터 뭉치를 여러 개로 쪼개어 전송한다. 이때 쪼개진 데이터 단위를 세그먼트(segment)라고 한다. 전송하는 하나의 큰 데이터 뭉치의 일부분이라는 의미를 가진다.

연속되는 앞뒤 세그먼트들은 인터넷을 통해 전달될 때 서로서로 깊은 연관성과 순서가 있는 것들이다. 서로의 관계성을 유지해야 하는 것들이다. 그런데 IP 프로토콜에 의해 하부망들을 호핑(라우터에서 다른 라우터로 건너감)할 때는 이들은 IP 데이터그램으로 캡슐화(encapsulation)되어 비록 앞뒤로 연속해서 전달되는 상황이더라도 IP에서는 그 연관성이 전혀 고려되지 않은 채 전달이 되는 것이다.

그림 13.5에 TCP의 데이터 단위인 세그먼트의 헤더가 있다. 물론 온전한 세그먼트는 이 헤더에 연이어 데이터 필드를 달고 있다. 이런 점은 IP 데이터그램의 구조와 동일하다. 이 그림도 IP 데이터그램의 헤더를 설명할 때와 마찬가지로 헤더 내부의 필드들을 자세하게 보기 쉽게 하기 위해 32비트(4바이트) 단위로 잘라서 여러 줄로 표현한 것이다. 실제 TCP 세그먼트가 전송될 때는 가장 상단 줄의 가장 왼편에 있는 비트부터 차례로 전송된다. 수신할 때도 마찬가지이다. 그 줄이 완료되면 그 다음 줄의 가장 왼편 비트가 전송되는 순서이다. 이렇게 해서 헤더의 마지막 필드인 옵션과 패딩 필드가 전송되면 연이어 데이터 필드의 첫 비트부터 마지막 비트까지 계속해서 전송된다.

<table>
<tr><td colspan="3">source port address (16 bits)</td><td>destination port address (16 bits)</td></tr>
<tr><td colspan="4">sequence number (32 bits)</td></tr>
<tr><td colspan="4">acknowledgement number (32 bits)</td></tr>
<tr><td>HLEN
(4 bits)</td><td>reserved
(3 bits)</td><td>9 flags
(9 bits)</td><td>window size (16 bits)</td></tr>
<tr><td colspan="3">checksum (16 bits)</td><td>urgent pointer (16 bits)</td></tr>
<tr><td colspan="4">options & padding</td></tr>
</table>

그림 13.5 TCP 세그먼트 헤더

그림 13.5에 나타난 것처럼 한 줄이 32비트(4바이트)이므로 옵션과 패딩 필드를 제외하면 20바이트를 헤더가 차지한다. 이는 IP 데이터그램의 옵션 없는 기본 헤더의 크기와 동일한 것이다. 다음에 각 필드에 관한 설명이 있다. 구체적으로 그 필드들이 어떤 상황에서 어떤 목적으로 어떻게 쓰이는지에 대해서는 이어지는 연결형 서비스, 흐름제어, 오류제어 그리고 혼잡제어에서 구체적으로 설명한다.

1) 출발지 포트 번호(source port address): 16비트

세그먼트를 최초로 만들어 TCP를 이용하여 전송하는 프로세스의 포트 번호 필드이다. 출발지 포트 번호 필드의 길이가 16비트이므로 최대 포트 번호는 65,535이다. 이 번호를 통해 TCP는 현재 실행 중인 여러 프로세스 가운데 어떤 프로세스가 해당 세그먼트를 생성해서 보낸 것인지를 알 수 있다.

2) 목적지 포트 번호(destination port address): 16비트

세그먼트를 최종적으로 TCP를 이용하여 수신하는 프로세스의 포트 번호 필드이다. 이 목적지 포트 번호 필드의 길이도 16비트이므로 최대 포트 번호는 65,535이다. 이 번호를 통해 TCP는 현재 실행 중인 여러 프로세스 가운데 어떤 프로세스에게 해당 세그먼트를 넘겨주어야 하는지를 알 수 있다.

3) 순서번호(sequence number): 32비트

세그먼트는 송신자 프로세스가 전송하는 순서대로 수신자 프로세스에 전달되어야 한다. 따라서 이 순서를 알 수 있는 방법이 있어야 하는데 이 순서번호 필드가 그 역할을 한다. 이 번호는 세그먼트 단위로 부여하는 것이 아니라 세그먼트 내에 있는 데이터 바이트 단위로 번호가 매긴다. 만약 첫 번째로 보내는 세그먼트의 데이터의 순서번호를 5부터 하기로 수신자 노드의 TCP와 약속하였다면 첫 세그먼트의 순서번호는 당연히 5이다. 이때 데이터를 10바이트 보냈다면 그 다음에 보낼 때 세그먼트의 순서번호는 15가 된다. 이때 보낸 데이터 크기가 23바이트라면 다음 세그먼트의 순서번호는 38이 되는 식이다.

즉, 세그먼트에 실려 나가는 데이터의 첫 바이트가 연결이 성립된 이래 몇 번째 바이트에 해당되는가를 따져 순서번호로 삼는다. 정확하게는 첫 번째로 보낸 데이터의 첫 바이트 순서번호에다 그동안 보낸 데이터의 길이(바이트 단위)를 더한 숫자가 순서번호로 된다. 이때 첫 번째 세그먼트의 데이터에 대한 순서번호는 수신자 노드의 TCP와 약속한 숫자로 한다. 이 약속은 TCP가 본격적으로 데이터를 송수신하기 전에 반드시 수행하는 연결 설정(connection establishment) 과정에서 서로 적정한 숫자로 지정한다. 이에 관한 자세한 과정은 다음 장에서 소개한다.

이 순서번호를 이용하여 혹시 순서에 맞지 않게 뒤죽박죽으로 온 세그먼트들이 있으면 수신자 노드의 TCP에서 이를 순서번호에 맞게 세그먼트의 순서를 맞추는 작업을 한다. 이를 순서 제어(sequence control)라 한다. 이런 현상이 일어나는 것은 하위 계층인 IP 프로토콜이 송신자 노드가 보내는 세그먼트들을 IP 데이터그램으로 만들어 전송할 때 상호 간에 전혀 연관성과 관계성을 고려하지 않고 따로따로 취급하기 때문이다. 단적인 예가 동일한 송신자 노드에서 동일한 수신자 노드로 향하는 데이터그램일지라도 상황에 따라 서로 다른 경로를 타고 전송되기도 하는 점이다. 이는 결정적으로 실제 도착 순서가 출발 순서와 달라지는 요인이 된다.

4) 확인응답 번호(acknowledgement number): 32비트

순서번호인데 수신자 노드가 잘 받았다고 송신자 노드에게 확인해주는 데이터그램(마지막 바이트의 순서번호 + 1)이다. 예를 들어 세그먼트를 보낼 때 순서번호가 5이고, 데이터 길이가 10바이트라 하자. 이 세그먼트를 수신자 노드가 오류 없이 잘 수신하였다면 이에 대해 수신자 노드가 송신자 노드에게 세그먼트를 보낼 때 그 세그먼트의 확인응답 번호를 15로 해서 보낸다. 이것은 송신자 노드가 보낸 순서번호 5 ~ 14까지 10개 바이트 데이터를 잘 받았다는 의미를 가진다.

사실상 이 확인응답 번호는 수신자 노드가 송신자 노드로부터 다음에 받기를 기대하는 세그먼트의 순서번호를 의미하게 된다. 즉, 이 예에서 다음에 송신자 노드가 20개 바이트 데이터를 연이어 보낸다면 그 세그먼트의 순서번호는 15이다. 그리고 또 이 세그먼트를 수신자 노드가 잘 받았으면 수신자 노드가 송신자 노드에게 세그먼트를 보낼 때 그 세그먼트의 확인응답 번호는 35가 된다.

순서번호와 확인응답 번호는 앞서 설명한 슬라이딩 윈도우 흐름제어를 구현한 메커니즘이다. 이를 통해 양끝단 사이의 데이터 흐름을 제어하는 것이다. 그리고 한 가지 유의할 것은 TCP 프로토콜에는 수신한 데이터에 오류를 발견했을 때 보내는 네거티브 확인응답(NAK)에 대한 정의가 없다. 따라서 만약 수신자 노드가 수신한 세그먼트에 문제를 발견하였을 때 대응법은 이 확인응답 번호를 보내지 않는 것이다. 그러면 송신자 노드가 세그먼트를 보내면서 작동시킨 타이머에 의해 시간초과(time-out) 이벤트가 발생하고 그것으로 송신자 노드는 직전에 보낸 세그먼트에 문제가 발생했음을 인식하게 되어 보냈던 세그먼트를 다시 한번 재전송(re-transmission)한다. 즉, TCP에서 세그먼트 수신 오류를 처리하는 방법은 시간초과에 의한 재전송 방식이다.

5) 헤더 길이(HLEN header length): 4비트

헤더와 옵션 그리고 패딩(padding) 필드를 모두 포함한 부분의 길이를 4바이트 단위로 표현한 필드이다. 필드 자체 길이는 4비트이다. 따라서 TCP 헤더 최대 길이는 60(=15×4)바이트이다. 길이를 4바이트 단위로 표현하기 때문에 옵션 등을 모두 포함한 TCP 헤더 길이는 4의 배수로 맞추어야 한다. 옵션이 없는 기본적인 헤더 길이가 20바이트이므로 옵션이 4의 배수 길이에 맞지 않는 경우가 생기면 이를 4의 배수 길이로 맞추어야 한다. 이를 위하여 옵션 뒤에 덧붙이는 필드가 패딩 필드이다.

6) 쓰지 않음(reserved): 3비트

이 필드는 현재까지 특별한 용도로 쓰지 않고 비워두고 있으며 향후 활용하기 위한 필드이다. 길이는 3비트이다. TCP 프로토콜이 처음 정의될 때는 6비트가 미래를 위한 필드로 비워둔 상태였는데 최근에 혼잡제어를 위한 플래그로 3비트를 할당하여 이제 3비트만 남은 상태다.

7) 9개 플래그(flags): 각각 1비트

1개 비트마다 특별한 의미가 부여된 플래그 비트 데이터들이다. 모두 종류는 9종이다. 명시적 혼잡 알림(ECN) 관련 플래그인 NS(ECN nonce sum for concealment protection) 플래그를 포함하는 3종의 플래그(CWR congestion window reduced, ECE ECN echo)는 애초에는 없다가 2003년에 추가된 것이다.

(1) NS(ECN nonce sum for concealment protection) 플래그

명시적 혼잡 알림(ECN explicit congestion notification)에 의해 특정 TCP 연결의 일환으로 받은 세그먼트가 인터넷 내의 라우터 등의 통신 장비에서 혼잡을 일으키는 요인이 되었음을 수신자 노드가 알게 된다. 이 명시적 혼잡 알림은 12장에서 설명한 IP 프로토콜의 데이터그램 헤더 내에 있는 서비스 품질 유형 관련 플래그 필드 가운데 두 비트의 ECN 필드를 활용한다. ECN 필드를 10 (ECN 0) 혹은 01 (ECN 1)이라고 넣은 데이터그램은 명시적 혼잡 알림 메커니즘을 활성화해서 적용하겠다는 의미를 가지고 이 플래그 값을 확인한 수신자 노드는 이에 대해 확인응답을 할 때 1비트 크기의 NS(ECN nonce sum) 플래그를 계산방식에 따라 설정해서 송신자 노드에게 보낸다. 그러면 송신자 노드는 자신이 가지고 있는 NS 값과 비교해서 같은지 여부를 확인한다. 같으면 송신자 노드가 보낸 세그먼트에 대해 수신자 노드가 '빠짐 없이' 회신하고 있음을 파악할 수 있다.

만약 ECN 필드가 활성화된 IP 데이터그램을 전달하는 라우터에 혼잡 현상이 발생하면 라우터는 이 ECN 필드에 11(CE congestion experienced) 값을 넣고 수신자 노드에게 전달한다. 그러면 수신자 노드가 이 필드 값으로 11을 확인하게 되고 이에 대해 다음에 소개하는 ECE 플래그를 1로 세팅한 확인응답 세그먼트를 송신자로 보낸다. 이때 NS 필드 값은 기존에 수신자 노드가 유지하고 있는 마지막 NS 값을 그대로 넣어서 보낸다. 확인응답을 받은 송신자 노드는 NS 플래그 값과 ECE 플래그 값을 확인하여 통신망 안에서 발생한 혼잡에 대해 '빠짐 없이' 수신자 노드가 알려 주고 있음을 확인할 수 있다. NS 값 설정 방법은 다음과 같다.

① 최초에 송수신자 노드는 모두 현재 NS = 1 로 초기값을 가진다.

② 송신자 노드가 ECN 메커니즘을 적용하는 세그먼트를 보낼 때 랜덤하게 ECN 0 (10) 혹은 ECN 1 (01) 두 개 가운데 하나를 선택한다.

③ 선택한 ECN 두 비트 플래그를 IP 데이터그램 헤더에 넣어 전송한다. 이때 송신자 노드는 자신의 현재 NS 값을 직전 NS 값으로 백업하고, 현재 NS 값을 ④와 같이 업데이트한다.

④ 수신자 노드가 데이터그램의 ECN 필드를 보고

ECN 0이면 NS = (NS + 0) mod 2
ECN 1이면 NS = (NS + 1) mod 2
CE이면 NS = (NS + 0) mod 2

⑤ 수신한 세그먼트에 대해 확인응답을 하는 세그먼트의 NS 플래그에 ④에서 계산한 NS 값을 넣는다. 그리고 앞서 ECN 필드가 CE이었으면 ECE 필드를 1로 하여 송신자 노드에게 회신한다.

⑥ 송신자 노드가 수신자 노드로부터 확인응답이 들어있는 세그먼트를 수신할 때 ECE 플래그가 0이면(혼잡 미발생) 세그먼트의 NS 플래그를 자신이 유지하고 있는 현재 NS 값과 비교한다. 같으면 수신자 노드가 '빠짐 없이' 자신이 보낸 세그먼트에 대해 확인응답을 할 뿐만 아니라 혼잡에 관해 알림 회신을 잘 하고 있음으로 확인한다. 만약 다르면 수신자 노드가 의도적이든 실수로든 혼잡 관련 정보가 누락되었음을 인식할 수 있다.

⑦ 송신자 노드가 수신자 노드로부터 확인응답이 들어있는 세그먼트를 수신할 때 ECE 플래그가 1이면(혼잡 발생) 세그먼트의 NS 플래그를 자신이 유지하고 있는 직전 NS 값과 비교한다. 같으면 수신자 노드가 '빠짐 없이' 자신이 보낸 세그먼트에 대해 확인응답을 할 뿐만 아니라 혼잡에 관해 알림 회신을 잘 하고 있음으로 확인한다. 만약 다르면 수신자 노드가 의도적이든 실수로든 혼잡 관련 정보가 누락되었음을 인식할 수 있다.

송신자 노드가 수신한 확인응답 세그먼트의 NS 플래그와 자신이 유지하고 있는 NS 값을 비교했을 때 같다는 것은 송신자 노드가 랜덤하게 설정한 ECN 값을 가지고 수신자 노드가 NS 값을 제대로 계산해서 그 값으로 매번 성실하게 확인응답하고 있음을 말해 준다. 그러나 서로 다른 값으로 송신자 노드가 받았다는 것은 수신자 노드가 좋지 않은 의도로 혹은 실수로 ECN 값에 대해 반응을 제대로 송신자에게 보이지 않고 있음을 알리는 뜻이 된다. 만약 통신망의 세그먼트가 전달되는 경로상에 혼잡이 발생하여 그 경로상의 라우터가 ECN 필드 값을 CE(혼잡 발생) 값으로 변경했을 때 이를 수신한 수신자 노드 입장에서 이를 성실하게 송신자 노드에게 알리면 현재 형성된 연결(connection)에 대해 앞으로 송신자 노드가 전송률을 현저하게 낮추어 자신에게 세그먼트를 보낼 것이라는 것을 알게 된다. 그러면 수신자 노드 입장에서는 수신해야 하는 데이터를 이전보다 느리게 받게 되는 셈이 되니 응용 측면에서는 성능이 좋지 않은 방향으로 작동될 것으로 예상할 수 있다.

이런 예상을 근거로 수신자 노드가 명시적 혼잡제어 규칙을 무시하거나 무단으로 변경해서 송신자 노드에게 통신망 경로상에 발생한 혼잡 상황을 제대로 알려 주지(echo) 않을 수 있다. 이런 상황을 위와 같은 NS 플래그를 통해 송신자 노드가 확인할 수 있게 해서 이를 미연에 방지하는 효과를 얻을 수 있는 것이다. 사실 송신자 노드 관점에서 수신자 노드가 제대로 ECN 프로토콜을 수행하고 있는지를 확인할 수 있는 확률은 50%이다. 만약 수신자 노드가 혼잡이 발생했음을 인지했는데도(CE 플래그를 1로 수신함) 의도적으로 송신자 노드를 속이려고 ECE를 보내지 않으려면 NS 플래그 값을 제대로 알아야 한다. 그렇기 위해서는 라우터가 CE 플래그로 바꾸기(overwrite) 이전에 송신자 노드가 랜덤하게 선택해서 IP 데이터그램 ECN 필드에 넣은 ECN 종류를 알아야 제대로 계산할 수 있다. 그것을 모르는 상황에서 송신자 노드를 속이기 위해 ECE 플래그는 0으로 하고, NS 값으로 50% 확률로 0 혹은 1 가운데 하나를 선택하여 확인응답 세그먼트를 보낼 것이다. 그러면 송신자 노드가 유지하고 있는 NS 값과 맞을 확률이 50%가 되는 것이다. 결과적으로 송신자 노드가 수신자 노드의 명시적 혼잡 알림 역할 수행에 대한 확인은 50% 확률로 이루어진다고 할 수 있다.

그림 13.6에 NS 작동 예가 보인다. 그림에서 예를 들어 -- 1 ECT(0) → 의미는 송신자 노드가 보내는 세그먼트의 순서번호가 1이고, ECT(0)을 랜덤하게 선택해서 IP 데이터그램에 넣어 보내는 것을 뜻한다. 반대로 ← ACK 4, NS = 1 -- 의미는 확인응답 번호가 4이고(이전 세그먼트 내의 데이터 크기가 3바이트임을 알 수 있음), NS 비트가 1인 확인응답 세그먼트를 수신자 노드가 송신자 노드에게 보냄을 말한다.

그림 13.6에서 송신자 노드가 보낸 8 ECT(1) 세그먼트에 대해 라우터에서 혼잡 발생 알림(CE)을 실어서 수신자 노드에게 보내는 장면을 볼 수 있다. 거기에 대해 수신자 노드가 정상적으로 송신자 노드에게 혼잡이 발생했음을 알리는 세그먼트가 그 아래 ACK 12, ECE, NS = 0이다. 이것을 보내

```
Sender                Receiver
                          initial sum = 1
   -- 1 ECT(0) ----> NS = 1 + 0 = 1
   <---- ACK 4, NS=1 ---
   -- 4 ECT(1) ----> NS = 1 + 1 = 0
   <---- ACK 8, NS=0 ---
   -- 8 ECT(1) -- CE --> NS = 0 + ? = 0
   <---- ACK 12, ECE, NS=0 --
   -- 12 ECT(1) ---> NS = 0 + 1 = 1
   <---- ACK 16, NS=1 --
```

그림 13.6 NS(nonce sum) 플래그 예[59)]

지 않고 만약 수신자 노드가 혼잡이 일어나지 않았다고 속이려면 ACK 12, NS=1을 보내야 한다. 왜냐면 직전 송신자 노드가 보낸 세그먼트의 ECT가 1로 선택되어 전송되었기 때문이다. 그런데 이 ECT(1)은 중간에 라우터에 의해 CE 값으로 바뀌게 되었으니 수신자 노드는 원래의 ECT가 ECT(0)인지 ECT(1)인지를 알 수 없게 된다. 그런 상태에서 수신자 노드가 송신자 노드를 속이는 것은 50% 확률로 되는 셈이 되는 것이다.

(2) CWR(congestion window reduced) 플래그

ECE 플래그가 1로 된 세그먼트를 수신한 송신자 노드(프로세스)가 혼잡이 해당 연결의 경로상에 발생했음을 인지하고, 한 번에 보낼 수 있는 최대 데이터 크기를 담고 있는 혼잡 윈도우(congestion window)의 크기를 줄인 후 줄인 사실을 수신자 노드에게 알리기 위한 플래그이다.

(3) ECE(ECN echo) 플래그

세그먼트가 거쳐온 통신망의 경로상에 있는 라우터가 혼잡을 발견하고 이를 알리기 위해 해당 세그먼트를 싸고 있는(encapsulate) IP 데이터그램의 헤더의 ECN 필드에 CE(congestion experienced) 값 11을 넣어서 보낸다. 이를 수신한 수신자 노드(프로세스)는 이 사실을 즉각 이 세그먼트를 보낸 송신자 노드에게 알리는데 이때 ECE 플래그를 1로 세팅하고 확인응답 한다.

(4) URG(urgent) 플래그

데이터 필드에 있는 데이터 가운데 시급하게 수신자 노드(프로세스)가 받아야 하는 데이터가 있는 경우 이 URG(urgent) 플래그를 1로 세팅한다. 이 플래그가 1로 세팅되면 응급 데이터는 데이터 필드의 첫 바이트에서 시작하고 TCP 세그먼트의 헤더 필드 가운데 응급 데이터 오프셋(urgent pointer)이 가리는 곳까지 시급한 데이터가 존재한다.

(5) ACK(acknowledgement) 플래그

ACK(acknowledgement) 플래그가 1로 되어 있어야 앞서 설명한 확인응답 번호(acknowledgement number) 필드에 있는 값이 실제 확인응답 번호이다. ACK 플래그가 0이면, 확인응답 번호 필드에 있는 값은 의미가 없는 값이 된다.

(6) PSH(push) 플래그

TCP 프로토콜은 세그먼트의 크기가 일정 크기 이상이 되어야 실제 전송을 위해 IP 프로토콜로 내려 보낸다. 그런데 그 크기에 못미치지만 바로 상대방에게 보내서 회신을 받아야 하는 경우에는 세그먼트 크기를 채워서 보내지 않고 바로 IP 프로토콜로 내려 보낼 수 있는데 이때 쓰이는 플래그가 PSH(push) 플래그이다.

(7) RST(reset) 플래그

TCP 프로토콜은 양끝단 송수신자 프로세스끼리 데이터를 주고받기 전에 논리적인 연결을 형성하고 그 연결 상태가 유지되는 동안 데이터를 주고받기를 다하고 나면 연결을 해제하는 과정을 거친다. 이때 어떤 이유에서인지 모르지만 연결이 되어 데이터를 주고받던 두 프로세스 간에 새롭게 인자 인수들을 설정할 필요가 생기기도 한다. 이를 위해 연결을 재시작(reset)하게 하는 플래그가 RST(reset) 플래그이다. 이때 SYN 플래그에 의해 양끝단의 연결이 성립될 때 서로 약속하는 최대 세그먼트 크기(MSS max. segment size), 윈도우 크기 그리고 순서번호 등을 새롭게 약속해서 설정한다.

(8) SYN(synchronization) 플래그

앞서 설명한 대로 TCP 연결이 설정(connection establishment)될 때 사용되는 플래그이다. 양끝단 프로세스 사이에 세그먼트를 주고받기 위하여 최대 세그먼트 크기(MSS Maximum Segment Size), 윈도우 크기 그리고 순서번호 등을 서로 맞추는(synchronization) 작업을 하기 때문에 SYN 플래그라고 한다.

최대 세그먼트 크기는 연결의 양 끝에 있는 프로세스가 받을 수 있는 최대 세그먼트 크기를 상대방에게 알려 준다. 이를 위해서는 TCP 세그먼트 헤더에 첨가되는 옵션 가운데 하나인 MSS 옵션을 연결 설정 시기에 써서 서로 약속한다. MSS 옵션은 옵션 번호(코드)가 2이고, 길이는 8바이트(옵션의 길이 필드는 1바이트이고 그 값이 8), 지정하는 MSS가 차지하는 길이가 4바이트이다. 그러므로 정할 수 있는 최대 MSS는 65,535바이트까지 가능하다.

SYN 플래그가 연결 설정 과정에서 쓰이는 자세한 내용은 다음 장에서 소개한다.

(9) FIN(finish) 플래그

양끝단 프로세스 사이에 데이터를 모두 주고받았고 연결을 끊고자 할 때 이 FIN(finish) 플래그를 쓴다. 연결의 어느 한 쪽 프로세스가 연결을 끊으려면 FIN 플래그를 1로 한 세그먼트를 상대방에게 보낸다. 그러면 상대방은 이를 받아 이 연결을 이용하고 있는 프로세스에 알린다. 프로세스는 이에 대해 그간 완전하게 수신 처리되지 않은 데이터를 신속하게 처리하고, 여태 쓰던 각종 자원을 사용해제(release)하는 등의 일을 수행한다. 이를 연결 해지(connection teardown)라고 하고 4 단계로 이루어진다. 이에 관한 자세한 내용도 다음 장 TCP 연결형 서비스에서 다룬다.

8) 윈도우 크기(window size): 16비트

자신이 현재 상대방으로부터 수신할 수 있는 데이터의 최대 크기를 윈도우 크기 필드에 넣어서 상대방에게 알려 준다. 그러면 상대방은 이 윈도우 크기 내의 데이터를 언제든지 보낼 수 있다. 확인응답을 받지 않은 상태에서 전체적으로 윈도우 크기만큼의 데이터를 보낼 수 있는 것이다. 즉, 여기서 '윈도우 크기' 개념은 슬라이딩 윈도우 흐름제어 기법에서 유래된 것인데 자신이 상대에게 받은 데이터에 대해 확인응답해주지 않은 상황에서 상대방으로부터 받을 수 있는 최대 데이터 크기를 말한다.

그런데 앞서 SYN 플래그를 통해 연결을 설정할 때 TCP 헤더 옵션을 통해 최대 세그먼트 크기(MSS)를 설정할 수 있고, 서로 상대방에게 알려 주는 MSS 값은 자신이 수신할 수 있는 한 세그먼트 최대 크기를 의미한다. 즉, 상대방이 내게 보낼 수 있는 세그먼트의 최대 길이이다. 만약 연결 설정 시에 MSS를 서로 설정하지 않으면 기본값(default)은 536바이트이다. 이는 IP 데이터그램의 기본 크기인 576바이트에서 IP 헤더와 TCP 헤더 크기 20바이트씩을 뺀 데이터 길이이다.

결론적으로 연결이 성립된 이래 실제 데이터를 상대방에서 보낼 때 한 번에 보낼 수 있는 가장 큰 데이터 크기는 연결 설정 때 상대방 프로세스가 알려 준 자신의 MSS 크기와 상대방으로부터 수신된 세그먼트에 들어있는 최근 윈도우 크기 가운데 작은 것이다. (식 13.1 참조.)

(한 번에 상대방에게 보내는 최대 데이터 크기) = min(상대방 MSS, 상대방 윈도우 크기) (13.1)

9) 체크섬(checksum): 16비트

TCP는 데이터 송수신에서 발생하는 오류를 모두 검출하고 오류 없는 송수신을 보장하는 프로토콜이다. 따라서 헤더에 있는 체크섬 필드는 이 기능을 수행하는 데 가장 중요한 필드이다. IP 데이터그램에 있는 체크섬 필드는 IP 헤더를 대상으로 체크섬을 통해 헤더 무결성을 확인하는 반면 TCP 헤더 내의 체크섬 필드는 헤더는 물론이고 데이터 필드까지 모두를 대상으로 한다. 그뿐만 아니라 의사 헤더(pseudoheader)라는 것까지 만들어서 그것도 체크섬하는 대상으로 포함시킨다. 의사 헤더는 실제 TCP 세그먼트의 구성요소가 아닌데도 불구하고 TCP의 체크섬 대상이 되는 특별한 헤더이다. 이것은 실제 TCP 세그먼트 내에서 상대방에게 전달되는 내용도 아니다. 그런데 오류 검출의 대상이 되는 것은 이 정보가 TCP 프로토콜의 무결성을 확보하는 데 매우 중요하기 때문이다.

의사 헤더는 주로 IP 프로토콜에서 활용되는 정보이다. IP 데이터그램의 헤더 내에 있는 필드 가운데 중요한 것을 재차 체크섬을 통해 TCP 계층에서 확인할 수 있게 한 것이다. 의사 헤더 내용이 그림 13.7에 나와 있다.

IP 데이터그램의 송수신자 노드의 IP 주소가 우선 포함된다. 두 주소가 변경되면 전혀 엉뚱한 노드가 이를 받아서 처리할 것이므로 이를 다시 한번 TCP에서 확인하는 것이다. 프로토콜 필드는 IP 프로토콜의 상위 프로토콜 가운데 어떤 프로토콜에 의해 IP 데이터그램의 데이터 필드가 만들어졌는지 기록한다. TCP는 6이다. 마지막으로 TCP 세그먼트(헤더와 데이터 모두 포함하는) 전체 길이가

<table>
<tr><td colspan="3">source IP address (32 bits)</td></tr>
<tr><td colspan="3">destination IP address (32 bits)</td></tr>
<tr><td>binary 0 (8 bits)</td><td>protocol (8 bits)</td><td>TCP total length (16 bits)</td></tr>
</table>

그림 13.7 TCP 헤더 체크섬 대상 중 하나인 의사 헤더

바이트 단위로 들어간다. 이 값은 IP 헤더 내의 전체 길이 필드 값에서 IP 헤더 길이 필드 값을 뺀 값(IP 데이터그램의 데이터 필드 길이)으로 구할 수 있다.

이렇게 구성된 의사 헤더를 16비트 단위로 체크섬 계산을 하고 연이어 TCP 헤더도 16비트 단위로 체크섬 계산한다. 이때 체크섬 필드는 모두 이진수 0으로 채워서 계산한다. 마지막으로 TCP 데이터 필드도 계속해서 모두 16비트 단위로 체크섬 계산한다. 연산의 결과를 체크섬 필드 16비트에 넣어 상대방 프로세스에게 전달하는 것이다.

그러면 상대방 프로세스도 체크섬을 이용하여 오류 검출을 하기 위하여 자신의 IP 프로토콜로부터 입수한 그림 13.7의 의사 헤더 정보를 이용하여 체크섬 구하고, TCP 헤더, 데이터 필드 등으로 연속해서 체크섬을 구했을 때 최종값이 0이 되면 오류 없이 잘 도착한 것임을 알 수 있다.

10) 긴급 데이터 위치(urgent pointer): 16비트

앞서 플래그 가운데 URG 플래그가 1로 세팅되어 있을 때 데이터 필드의 첫 바이트에서 이 필드 값의 위치까지 수신자 프로세스가 응급하게 처리해야 하는 데이터가 들어 있다. 즉 이 필드 값은 응급 데이터의 마지막 바이트 순서번호와 일치한다. 이 필드 값이 0이면 세그먼트 내에 응급 데이터가 없음을 뜻한다.

11) 옵션과 패딩(option & padding): 가변적 크기

TCP 세그먼트 헤더의 옵션은 첫 번째 바이트에 있는 코드 값으로 구분한다. 옵션에는 크게 단일 바이트 크기를 가지는 것과 여러 바이트 크기를 가지는 것이 있다. 단일 바이트 크기를 가지는 옵션 가운데 무동작(no operation) 옵션(코드 1)은 자리를 채워 각 옵션의 시작과 끝이 4바이트의 배수 크기로 맞추는 데 활용된다. 즉, 옵션의 처음 몇 자리가 비는 경우 그 자리를 우선 무동작 옵션으로 채우고 실제 옵션 데이터를 그 뒤에 나열하는 식이다. 옵션의 끝이 4바이트 단위로 끝나지 않으면 그 끝에 1~3개의 무동작 옵션을 채워서 해당 옵션의 크기가 4바이트의 배수가 되게 한다. 다른 단일 바이트 크기 옵션은 더 이상 옵션 목록이 없을 때 옵션의 끝을 나타내는 옵션 필드 끝(EOL end of option) 옵션(코드 0)이 있다.

여러 바이트로 구성되는 옵션으로 MSS 설정, 윈도우 크기 확장 그리고 타임 스탬프 옵션이 있다.

(1) MSS(maximum segment size) 설정 옵션 (코드 2)

양끝단의 두 프로세스가 TCP 프로토콜을 이용하여 데이터를 송수신하기 위하여 논리적인 연결을 설정해야 한다. 이 연결 설정을 할 때 자신에게 보낼 수 있는 최대 세그먼트 크기(MSS)를 상대방에게 알려 준다. 이 값은 연결이 지속되는 동안 변하지 않고 그대로 유지되고, 주로 양끝단 각 노드가 직접 연결된 하부망의 MTU(Maximum Transmission Unit) 크기에 맞추어 설정된다. 연결 설정 때 파악되는 상대방이 알려 준 상대방의 MSS 값과 연결이 설정된 이후 실제 세그먼트를 주고받으면서 상대방이 알려 주는 윈도우 크기 값을 비교해서 둘 중에 작은 값으로 한 번에 보내는 세그먼트 크기가 결정된다. 데이터를 주고받을 때 파악하는 상대방의 윈도우 크기는 상대방이 유지하는 버퍼 활용 상황에 맞추어 동적으로 수시로 변하는 값이다.

그림 13.8에 MSS 설정 옵션 관련 필드 모양이 보인다.

code 2 (1 byte)	length 4 (1 byte)	MSS (2 bytes)

그림 13.8 MSS 설정 옵션

(2) 윈도우 크기 확장 옵션 (코드 3)

상대방 프로세스에게 알릴 수 있는 최대 윈도우 크기는 헤더 내의 윈도우 크기 필드 길이가 16비트이므로 65,535까지이다. 그런데 이를 확장할 수 있는 방법으로 윈도우 크기 확장 옵션이 있다. 그림 13.9에 나와 있는 윈도우 크기 확장 옵션 필드 가운데 마지막에 있는 확장인자(scale factor) 필드가 유효한 값이다. 이 값을 이용하여 헤더의 윈도우 크기를 확장할 수 있다. 확장된 윈도우 크기 값은 식 (13.2)와 같이 구한다.

$$(\text{확장 윈도우 크기}) = (\text{TCP 헤더의 윈도우 크기}) * (2^{\text{확장인자}}) \tag{13.2}$$

예를 들어 현재 TCP 헤더 내의 윈도우 크기가 100 값으로 되어 있고 아래 옵션의 확장인자 값이 3이면 확장된 윈도우 크기는 $100 * 2^3 = 800$바이트가 되는 것이다. TCP 헤더 내의 윈도우 크기 값과 이 옵션으로 최대로 설정할 수 있는 윈도우 크기는 $2^{16} * 2^{16} = 2^{32}$ (약 4G) 바이트가 된다. 이는 순서번호 필드의 값과 동일한 값이다.

code 3 (1 byte)	length 3 (1 byte)	scale factor (1 byte)

그림 13.9 윈도우 크기 확장 옵션

(3) 타임스탬프(timestamp) 옵션(코드 8)

전체 옵션 길이가 10바이트를 차지한다. 양끝단 프로세스 간의 TCP 연결에 대한 세그먼트가 한 쪽 끝단의 프로세스에서 출발하여 다른 쪽 상대방 프로세스에 도착한 이후 다시 자신으로 돌아올 때까지 시간을 측정할 수 있는 옵션이다. 이를 왕복시간(RTT round-trip time)이라 한다. 인터넷에서 TCP 프로토콜을 이용하는 통신 서비스에서 왕복시간은 매우 중요한 의미를 가진다. 앞서 설명한 바와 같이 TCP는 기본적으로 오류가 발생한 세그먼트에 대한 오류제어 방법이 시간초과(time-out)에 의한 재전송 방식이다. 이때 송신자 노드가 보낸 세그먼트에 대해 어느 정도를 기다리면 시간초과로 판단할 것인지가 매우 중요하다.

이 시간을 너무 길게 하면 오류가 이미 발생한 상황에서 재전송하는 데 걸리는 시간이 길어지는 결과를 낳아 전체적인 통신망의 전송률 등의 성능에 좋지 않은 영향을 미친다. 그렇다고 너무 짧게 하면 수신자 노드(프로세스)가 보낸 ACK 확인응답 세그먼트가 미쳐 송신자 노드(프로세스)에 도착하기 전에 시간초과로 성급하게 판단하는 결과를 초래할 수 있다. 그러면 제대로 세그먼트를 보냈었는데도 불구하고 다시 보내게 되는 불필요한 전송이 이어지게 된다. 이것도 통신망의 전체적인 성능을 저하시키는 요인이 된다.

따라서 이런 재전송을 위한 시간초과 값을 적절하게 설정하는 것이 매우 중요하다. 그런데 이 시간초과 값의 기본 근거가 되는 것이 이 옵션을 통해 측정하는 왕복시간이다. 이 왕복시간을 기준으로 보통 2배의 시간을 시간초과 값으로 삼는 경우가 많다. 그러나 이 값은 실제 TCP의 여러 버전에 따라 다른 값으로 구현되어 있다.

그림 13.10에 있는 타임스탬프 값(TSval timestamp value)은 이 옵션을 포함하는 세그먼트를 보내는 순간의 시각을 기록한다. 이를 왕복시간의 시작 기점으로 삼는다. 그리고 다음 필드인 타임스탬프 에코 응답 값(TSecr timestamp echo reply)은 수신자 노드가 이 세그먼트에 대해 확인응답을 보내는 순간의 시각을 이 필드에 채워서 회신한다. 그리고 마지막으로 송신자 노드가 이 확인응답 세그먼트를 수신할 때 시각을 파악하면 정확하게 왕복시간을 측정할 수 있다. 왕복시간 전체시간도 알 수 있을 뿐만 아니라 가는 시간과 오는 시간으로 구분해서 얼마나 걸렸는지도 확인할 수 있다.

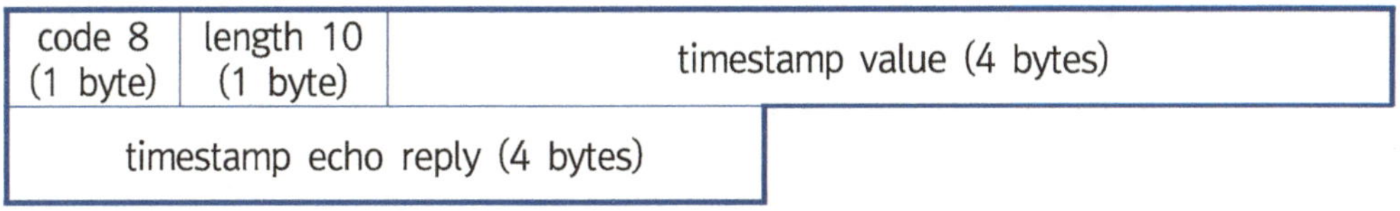

그림 13.10 타임스탬프 옵션

14
CHAPTER

전송 계층 프로토콜 (TCP 프로토콜 기능)

ISO/OSI 7계층 프로토콜에서 제4계층인 전송(transport) 계층 프로토콜은 여러 하부 통신망(subnetworks)을 서로 연결하여 형성한 커다란 통신망 환경에서 한 하부망에 연결된 노드(호스트)에서 출발한 패킷이 3 ~ 1계층인 네트워크, 데이터링크 그리고 물리 계층 프로토콜의 도움으로 일반적으로 다른 하부망(같은 하부망이기도 함)에 연결된 수신자 노드로 최종적으로 도착한 이후 작동하는 프로토콜이다. 첫 출발지인 송신자 노드에서 최종 수신자 노드에 도착하기까지 어떤 (무선 혹은 유선) 하부망들을 어떤 경로를 이용하여 어떻게 왔는지에 대하여 4계층 전송 계층 프로토콜에서는 따지지 않는다. 그 사항은 하위 계층인 3 ~ 1계층 프로토콜들이 열심히 각자 주어진 임무를 수행하여 달성한 결과이므로 4계층 전송 계층 프로토콜에서 다시 이를 따질 이유가 없는 것이다.

그러면 4계층 전송 계층 프로토콜에서 관심을 가지고 살펴보는 사안은 출발지 송신자 노드에서 만들어 전달하고자 하는 패킷 내용이 최종 도착지인 수신자 노드에 아무 탈 없이 잘 도착했는지에 관한 것이다. 이점을 확인하기 위하여 4계층 전송 계층 프로토콜에서 수행하는 구체적인 작업 내역은 흐름제어, 오류제어 그리고 혼잡제어이다. 즉, 통신망을 통과하여 온 개별적인 패킷을 통신망의 양끝단에 위치하고 있는 그 패킷의 최초 송신자 노드와 최종 수신자 노드 관점에서 이들 작업을 수행하는 것이다. 4계층 전송 계층 프로토콜은 최초 송신자와 최종 수신자 사이에 필요한 작업을 수행하는 프로토콜이어서 종단간(end-to-end) 프로토콜이라 부른다.

위의 설명은 13장에서 소개한 것과 동일하다. ISO OSI 7계층 표준 프로토콜 구조에서 4계층인 전송 계층의 일반적인 특성과 기능을 소개한 내용이어서 여기서 다시 반복해서 언급하였다. 그런데 이번 장에서는 인터넷에서 작동하는 전송 계층 프로토콜인 TCP/IP 프로토콜 구조에서 3계층에 해당되는 TCP 프로토콜의 기능에 관해 자세하게 설명한다. 지난 13장에서는 TCP 프로토콜의 특성과 전송 단위인 세그먼트의 헤더 구조를 통해 TCP가 수행하는 통신 기능의 특성을 자세하게 소개하였다. 이번 장에서는 TCP가 현재 전세계에서 작동하고 있는 대표적인 전송 계층 프로토콜로서의 핵심 기능인 연결형 서비스, 흐름제어, 오류제어 그리고 혼잡제어를 소개한다.

14.1 TCP 연결형 서비스

TCP 프로토콜은 양끝단(end-to-end)에서의 전송 성공 여부를 최종적으로 따지는 기능을 수행한다. 이 양끝단이라는 용어는 실제 인터넷에 접속해서 TCP를 이용하여 데이터를 주고받는 노드(호스트)의 프로세스(실행 중인 프로그램)를 지칭한다. 인터넷에 연결되어 데이터 통신을 수행하는 모든 노드는 단말(end device)이 될 수 있다. 물론 통신 장비이거나 전송 장비인 경우는 단말 기능이 주 기능이 아니므로 단말로 작동하는 것은 매우 예외적인 경우이니 제외한다. 이렇게 노드가 단말이 될 수 있는 것은 그 노드 내의 프로세스가 데이터를 생성하여 인터넷에 데이터를 주입하거나 인터넷을 통과한 데이터를 수신해서 노드의 프로세스가 데이터를 소비할 수 있음을 뜻한다. 그런 상황에서 그 노드는 양끝단의 한쪽 끝이 되고 데이터를 주고받는 상대방은 다른 한 끝이 되는 것이다. 다시 말하면 양끝단이라는 용어는 고정된 두 노드를 지칭하는 것이 아니고 실제 데이터를 주고받는 특정 상황에서의 특정 두 노드를 지칭하는 것이다.

이런 양끝단 사이에서 일어나는 데이터 송수신은 어떤 순간 내지는 기간동안에 특정 두 노드 사이의 데이터 송수신을 의미한다. 이렇듯 TCP에서 처리하는 양끝단 사이의 데이터 송수신에서 보장되는 무결성은 그 둘 사이에 보이지 않지만 분명히 존재하는 연결성(connectivity)을 기반으로 하고 있다. 그 연결성은 특정 두 노드 사이에 특정 시점에서 형성되고 그 연결이 지속되는 동안 데이터를 서로 주고받는다. 그리고 데이터를 더 이상 주고받을 필요가 없을 때 연결은 해제된다.

이런 연결(connection)을 기저에 깔고 데이터 송수신을 하는 통신 방식을 연결 위주(CO connection -oriented) 서비스라고 한다. TCP 프로토콜이 수행하는 단대단(양끝단 용어와 동일한 의미로 사용하는 용어 end-to-end) 통신 기능이 이런 연결을 기초로 이루어진다. 이를 위해 TCP 프로토콜은 마치 우리가 전화를 걸 때 상대방과 통화하기 전에 다이얼링을 하고 상대방이 받을 것을 기다리는 등 실제 연결을 만드는 작업을 하는 것과 동일하게 데이터를 주고받기 전에 연결을 설정하는 작업(connection establishment)을 수행한다. 그리고 데이터 송수신을 마치면 그 연결을 해제하는 작업(connection tear-down)도 수행한다.

TCP에서 수행하는 연결 설정과 연결 해제에 관해 자세히 살펴본다.

1) 연결 설정(connection establishment)

TCP에 의해 설정되는 연결을 세션(session)이라는 용어를 써서 표현하기도 한다. 세션은 논리적인 연결이라는 의미를 내포한다. 즉, 물리적으로 뭔가가 바뀌거나 변하는 것이 없이 논리적으로 두 양끝단 노드의 프로세스 사이에 연결성이 생긴다는 뜻이다.

이때 논리적으로 연결하는 시점에서 양끝단의 프로세스들이 서로 파악하는 정보가 있다. 아마도 TCP에서 데이터 송수신 전에 이런 연결 설정 과정을 둔 이유가 이 정보들을 서로에게 주어서 상대방의 상황에 맞는 데이터 송수신 환경을 만들기 위한 것이 아닐까 생각된다. 13장 TCP 세그먼트 헤더 포맷에서 본 것과 같이 연결 설정을 하는 시점에서 필요한 필드와 주고받는 정보를 담는 필드가 있다. 이를 상기하면서 설명한다. 두 양끝단의 프로세스가 서로 알려 주는 정보는 다음과 같다.

① **순서번호(sequence number)**: 상대방에게 자신(당해 노드의 프로세스)이 보내는 데이터의 첫 순서번호를 알려 준다. 상대방은 이 번호를 받아서 한 세그먼트 내의 데이터가 전반적인 연결 내에서 어떤 위치에 해당되는 데이터인지를 파악한다.

② **윈도우 크기(window size)**: 현 시점에서 상대방으로부터 받을 수 있는 데이터의 최대 크기를 의미한다. 실제는 자신이 현재 가지고 있는 수신 데이터를 위한 버퍼 가운데 비어있는 크기를 말한다. 그것을 상대에게 알려 다음에 자신에게 보낼 세그먼트의 크기를 조절하도록 한다. 이 값은 현재의 프로세스가 유지하는 버퍼의 상황에 따라 커지기도 하고 작아지기도 하는 것이다. 따라서 이 정보는 연결 설정할 때만 주고받는 것이 아니라 데이터 세그먼트를 주고받으면서 수시로 상대방에게 알려 주는 상시적인 정보이다.

③ **최대 세그먼트 크기(MSS Maximum Segment Size)**: 자신 노드가 소속되어 있는 하부망의 MTU(Maximum Transmission Unit)의 크기에 맞추어 자신이 수신할 수 있는 세그먼트의 최대 크기를 연결되는 상대방 프로세스에게 알린다. 그러면 상대방 프로세스는 자신에게 데이터를 보낼 때 세그먼트의 크기를 이 MSS와 동적으로 바뀌는 윈도우 크기에 맞추어 조절한 후 보낸다. 당연하게 MSS와 윈도우 크기 가운데 작은 값에 맞추어 세그먼트를 만든다.

이 세 가지 정보는 TCP 연결 설정 작업 과정에서 서로 주고받는데 이때 이 과정이 양끝단 간에 세 번 세그먼트를 서로 주고받음으로 이루어지기 때문에 3-way handshaking(세 번 악수함) 방식의 연결 설정이라고 한다. TCP 세그먼트의 SYN(synchronization) 플래그가 1로 세팅되면 연결 설정 중임을 서로 간파한다. 과정은 그림 14.1과 다음과 같다.

① TCP를 통해 통신하기를 원하는 한 노드가 통신의 대상인 다른 노드에게 연결 설정 세그먼트를 보낸다. 이 연결 설정 세그먼트는 SYN 플래그가 1로 되어 있고, 순서번호 필드에 자신이 상대방에게 보내는 첫 데이터의 순서번호를 실어 보낸다. 이 순서번호는 0에서 65,535 사이 수 가운데 임의로 선택된 수이다.

그림 14.1의 예를 보면, 왼편의 IE(인터넷 익스플로러, 웹브라우저)가 오른쪽 웹 서버 프로세스(IIS)와 연결을 시도하는 장면이다. 이때 IE 프로세스가 연결 설정 3-웨이 핸드 세이킹의 첫 번째 핸드 세이킹으로 IIS 프로세스에게 세그먼트를 하나 보내는데 그 헤더의 SYN 플래그가 1이고, 순서번호가 100으로 되어 있다. 이는 IE 프로세스가 보내는 데이터의 첫 순서번호가 100부터 시작함을 IIS에게 알리는 것이다. 그리고 윈도우 크기를 1,500바이트로 알린다. 그러면 IIS는 이것을 기반으로 IE에 보내는 데이터의 크기를 조절한다.

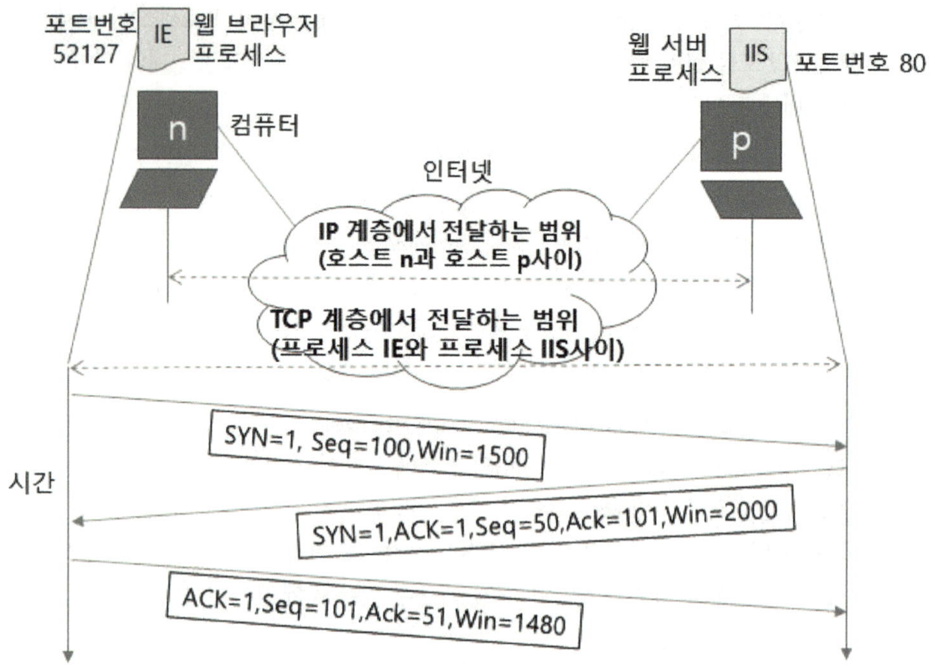

그림 14.1 TCP 연결 설정

② 그러면 그것을 받은 IIS 서버 프로세스는 이 IE 프로세스가 원하는 연결을 허용하는 확인응답을 해준다. 이것이 3-웨이 핸드 세이킹 가운데 두 번째 핸드 세이킹(악수)을 하는 것이고 그 장면이 두 번째 IIS에서 IE로 가는 세그먼트이다. 여기에는 SYN 플래그가 1이고, 앞서 받은 첫 세그먼트에 대한 회신(확인응답)임을 알리는 ACK 플래그가 1이다. 그리고 자신이 상대에게 보내는 데이터의 첫 순서번호가 50임을 알려 준다. 마지막으로 앞서 받은 첫 세그먼트를 잘 수신하였고 긍정적인 확인응답함을 알리는 의미에서 확인응답 번호 필드에 101을 넣어 보낸다. 이 번호는 앞서 IE가 보낸 세그먼트의 첫 데이터 순서번호 (100)에 대한 확인응답이다. 이 연결 설정 때는 실질적인 데이터는 주고받지 않지만 1바이트를 잘 받았다고 서로 간주하여 그 다음 순서번호를 확인응답 번호로 해서 회신한다. 다음 세그먼트는 순서번호 101을 가지고 있기를 기대함을 상대에게 알리는 셈이다. 마지막으로 윈도우 크기를 2,000바이트로 하였다. 그것은 IE 프로세스가 보내는 데이터 수신을 위해 IIS 프로세스가 확보한 버퍼의 크기를 알려 주는 것이다. 이것과 별도 옵션으로 IIS가 알려 주는 MSS를 고려하여 향후 IE가 IIS로 데이터를 보낼 때 크기를 조절한다. 거듭 언급하지만 이 윈도우 크기는 데이터 송수신이 활발하게 진행되면서 지속적으로 변하는 값이므로 이를 항상 주시하여 다음 보낼 데이터의 크기를 결정해야 한다.

③ 마지막 3-웨이 핸드 세이킹 연결 설정 과정은 다시 첫 세그먼트를 보낸 IE 프로세스가 두 번째 세그먼트 수신에 대해 확인응답하는 과정이다. 그림 14.1에 ACK 플래그 필드를 1로 해서, 상대방이 보낸 두 번째 세그먼트에 대한 확인응답이 들어 있음을 알린다. 이 세그먼트의 순서번호는 앞서 두 번째 상대로 받은 세그먼트의 확인응답 번호인 101이다. 그리고 두 번째 세그먼트를 잘 받았고 처리했음을 상대에게 알리는 의미로 확인응답 번호가 51로 되어 있다. 이는 두 번째 세그먼트에서 IIS 프로세스가 설정한 첫 순서번호가 50이었기 때문이다. 그리고 윈도우 크기를 1,480바이트로 알리고 있다. 이는 이전 작업에 의해 20바이트가 쓰이고 있고, 나머지 바이트가 IIS로부터 오는 데이터를 수신할 수 있는 여유 공간 크기임을 IIS에게 알린다. IIS는 이 세그먼트를 받으면 다음에 IE에게 보낼 데이터가 있을 때 이 값과 별도로 파악된 MSS를 비교하여 작은 값을 크기로 하는 세그먼트를 만들어 IE에게 송부할 것이다.

그림 14.1의 연결 설정 예에는 최대 세그먼트 크기(MSS)를 지정하는 과정이 보이지 않는다. 즉, 헤더 옵션으로 서로 그 값을 주고받지 않은 것으로 예는 설정되어 있다. 만약 이 예와 같이 MSS 헤더 옵션으로 그 값을 서로 알려 주지 않으면 서로 상대방의 기본적인(default) MSS를 536바이트로 간주한다.

2) 연결 해제(connection tear-down)

데이터 송수신이 이루어지고 이제는 더 이상 주고받지 않을 것으로 보이면 연결을 해제(connection release)한다. 양끝단 프로세스 사이에 세션(session)을 끊는 것이다. 이는 두 프로세스가 유지하고 있는 연결을 위한 자원을 다른 연결을 위해 쓸 수 있도록 자원의 사용 권한을 운영체계(OS)에게 돌려주는 의미가 있다.

연결 해제 과정은 4-way handshaking(4-웨이 핸드 세이킹) 과정으로 이루어진다. 세그먼트 헤더 내의 FIN 플래그가 1로 세팅되어 있으면 연결 해제를 위한 세그먼트임을 알 수 있다. 그림 14.2에 그 과정이 그려져 있다.

① TCP 연결을 통해 더 이상 데이터를 보낼 일이 없는 노드의 프로세스가 연결의 상대방 프로세스에게 연결 해제 요청 세그먼트를 전송한다. 이 연결 해제 요청 세그먼트는 FIN 플래그 값을 1로 가지는 세그먼트이다.

그림 14.2에서 FIN 플래그를 1로 해서 IE가 IIS에게 연결 해제 요청을 한다. 이때 그 직전에 IIS로부터 받은 데이터에 대해 확인응답(확인응답 번호=17532)을 함께 하고 있다.

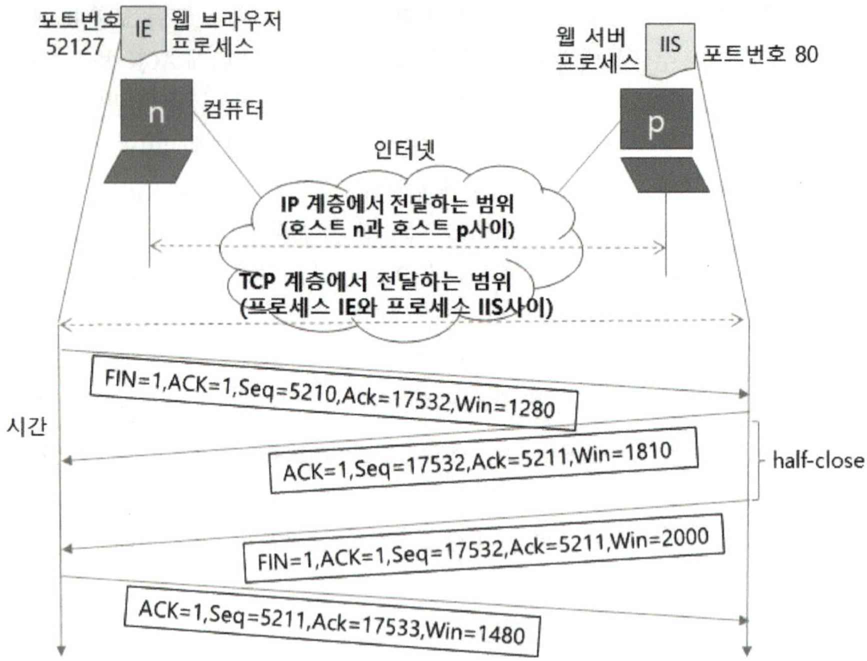

그림 14.2 TCP 연결 해제

이때 IE가 가지는 윈도우의 크기는 1,280바이트이다. 그런데 이 윈도우 크기 버퍼는 이제 곧 IE 프로세스가 실행되고 있는 운영체계(OS)에게 돌려줄 버퍼의 일부분이 될 것이다.

② 이에 대해 상대방 프로세스는 우선 연결 해제 요청 세그먼트를 잘 받았음을 확인응답한다. 그리고 내부적으로 자신 프로세스가 처리해야 하는 일이 있는지를 확인하고 마무리한다. 수신한 데이터 가운데 미처 처리하지 못한 데이터가 있으면 처리하고 저장할 것은 저장하고 버릴 것은 버린다.

이런 과정에 시간이 필요하기 때문에 연결 해제 요청 세그먼트를 받은 프로세스가 바로 해제 관련 응답을 보내지 못한다. 이 마무리 작업을 하고 있는 기간은 완전하게 연결 해제가 되지 않고 절반 정도 연결이 닫혔다고 해서 이런 상태를 절반 닫힘(half-close) 상태라고 한다.

그림 14.2에서 IIS 프로세스에서 내보내는 두 번째 세그먼트에 IE로부터 받은 연결 해제 요청에 대해 우선 회신하는 내용이 있다. 여기서도 이전에 받은 연결 해제 요청 세그먼트에 데이터가 전혀 없는 것을 가정하고 있는데, 그럼에도 확인응답 번호 필드가 앞 세그먼트의 순서번호 5210보다 1 많은 수인 5211로 되어 있음을 볼 수 있다. 이점은 연결을 설정할 때 상황과 동일하다.

③ 절반 닫힘 상태로 IIS 프로세스가 자신이 처리해야 하는 일들을 모두 마치면 비로소 그때 세 번째 세그먼트로 상대방이 보낸 연결 해제 요청 세그먼트에 대해 회신한다. 이때 FIN 플래그를 1로 해서 그것에 대한 회신임을 상대에게 알린다. 그림 14.2의 세 번째 세그먼트에 FIN 플래그가 1이고, 다른 값들은 이전 세그먼트와 거의 같은 세그먼트가 IE 프로세스에게 전달됨을 볼 수 있다.

④ 연결 해제 과정의 마지막 4번째 핸드 세이킹 과정으로 앞서 받은 연결 해제 요청에 대한 회신을 잘 받았음을 상대방에게 알려 완전하게 연결이 성공적으로 해제되었음을 알린다. 그림 14.2에서 네 번째 세그먼트가 그 의미를 가진다.

이렇게 TCP는 연결을 설정하고 연결을 해제하면서 양끝단 프로세스들이 데이터를 송수신할 수 있게 한다. 이는 TCP 관점에서는 연결 시작 시점부터 종료 시점까지 양방향으로 데이터의 흐름이 연속적으로 이어지는 물줄기 같은 성질을 가지는 것으로 인식함을 알 수 있다. 따라서 TCP 프로토콜의 전송 단위인 세그먼트는 그 흐름(data flow) 가운데 어떤 위치에 해당되는 데이터의 부분이라는 개념을 가지는 것이다. 전송 단위 이름이 세그먼트인 이유가 여기서 다시 한 번 파악된다.

14.2 TCP 흐름제어

TCP 프로토콜에서 흐름제어는 앞서 설명한 슬라이딩 윈도우 흐름제어 원칙을 따른다. 송신할 세그먼트의 크기를 세그먼트를 주고받을 때 수시로 상대방이 알려 주는 사용 가능한 버퍼(available buffer) 크기인 윈도우 크기와 연결 설정 시에 상대방이 알려 주는 최대 세그먼트 크기(MSS)를 참조하여 결정한다.

슬라이딩 윈도우 흐름제어 기법에서 언급되는 열린 윈도우가 세그먼트 헤더 내의 윈도우 크기만큼의 상대방 버퍼이다. 이만큼 상대방으로부터 확인응답을 받지 않은 상태에서 데이터를 상대방에게 보낼 수 있는 것이다. 상대방 프로세스가 세그먼트를 받아 데이터를 가용 버퍼에 넣은 후 처리하기 전에 회신을 한다면, 방금 받은 데이터 크기만큼 가용 버퍼의 크기가 줄어든 상황을 윈도우 크기에 담아 확인응답 세그먼트로 보내 알려 올 것이다. 만약 받은 데이터를 다 처리 완료하고 버퍼에서 지운 후 회신한다면 가용 버퍼 크기에는 변화가 없을 것이므로 동일한 윈도우 크기를 담은 확인응답 세그먼트로 회신할 것이다.

이런 윈도우 변화 움직임에 대한 메커니즘은 8장 흐름제어에 자세히 기술되어 있으므로 참조하기 바란다. 그림 14.3을 통해 실제 TCP 흐름제어가 데이터 송수신 중에 이루어지는 장면을 볼 수 있다.

그림 14.1에서 보이는 연결 설정이 된 이후 처음으로 IE 프로세스가 만들어 연결된 상대방인 IIS 프로세스에게 보내는 500바이트의 데이터를 담고 있는 세그먼트가 전달되는 모습을 그림 14.3에서 볼 수 있다.

그림에서 연결 설정된 이후 IE 프로세스가 보내는 세그먼트의 첫 순서번호 101은 연결 설정의 마지막 확인응답 세그먼트에 있는 값과 동일하다. IE 프로세스가 확보한 가용 버퍼의 크기인 윈도우 크기는 여태 IIS 프로세스로부터 받은 데이터가 없으므로 연결 설정 시에 IIS에게 알린 값과 동일한 크기인 1,480바이트로 보낸다.

이에 대해 IIS 프로세스가 이 500바이트 데이터를 IE로부터 수신하여 이를 자신의 가용 버퍼에 담고 처리를 시작함과 동시에 우선 IE 프로세스에게 데이터를 잘 받았음을 두 번째 세그먼트를 통해 확인응답한다. ACK 플래그가 1이고, 확인응답 번호 값이 601이다. 이는 순서번호 101부터 시작하는 IE 데이터 500바이트를 잘 받았고, 다음에 IE로부터 기대하는 데이터의 첫 바이트 순서번호는 601임을 알리는 것이다. 확인응답을 함과 동시에 IIS 프로세스는 IE 프로세스에게 300바이트의 데이터를 함께 실어 보낸다. 그 데이터는 IIS에서 IE에게 전달되는 첫 데이터이므로 순서번호 51을 가진다. 이 번호는 연결 설정 과정에서 IIS 프로세스가 보낸 연결 설정 세그먼트에 대한 IE 프

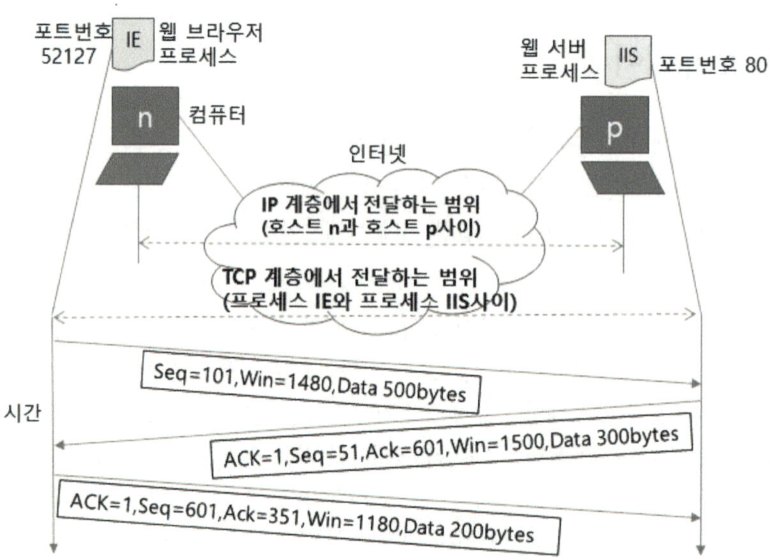

그림 14.3 TCP 흐름제어

로세스의 확인응답 세그먼트에 새겨진 순서번호와 일치한다. 그리고 IIS 프로세스가 받은 IE 데이터 500바이트를 담느라고 쓴 버퍼를 제외한 가용 버퍼의 크기가 1,500바이트가 되어 그 값을 IE 프로세스에게 알린다.

마지막으로 IE 프로세스는 두 번째 세그먼트를 수신하고 데이터 300바이트를 가용 버퍼에 저장한다. 그러면 IE 프로세스의 가용 버퍼 크기는 1,180(= 1,480 - 300)이 되어 이를 세 번째 세그먼트를 통해 상대방 IIS 프로세스에게 알린다. 세 번째 세그먼트는 두 번째 세그먼트에 실린 300바이트 데이터를 잘 수신하였음을 알리는 뜻에서 확인응답 번호가 351로 되어 있다. 물론 이 필드에 있는 번호가 유효한 것임을 알리는 ACK 플래그도 반드시 1로 되어야 한다. IE 프로세스는 이 확인응답 세그먼트를 보내면서 동시에 데이터 200바이트를 추가적으로 상대방 IIS 프로세스에게 보냄을 볼 수 있다.

만약 연결의 양끝단 프로세스 가운데 가용 버퍼가 남아 있지 않을 때는 상대에게 확인응답 세그먼트를 보낼 때 윈도우 크기를 0으로 세팅하고 보낸다. 그러면 상대방은 이 값이 0보다 큰 값으로 바뀐 또 다른 세그먼트가 올 때까지 보낼 데이터가 있더라도 기다려야 한다. 이런 상황이 그림 14.4에 나타나 있다.

그림 14.4에 IIS 프로세스가 IE 프로세스로부터 512바이트의 데이터를 받았는데 버퍼가 꽉 차는 바람에 IE 프로세스에게 더 이상 데이터를 담을 버퍼가 없을 알리는 확인응답 세그먼트를 보낸다. 여기에 윈도우 크기가 0 임을 주목하자. 이 세그먼트를 받은 IE 프로세스는 추가적으로 보낼 데이터

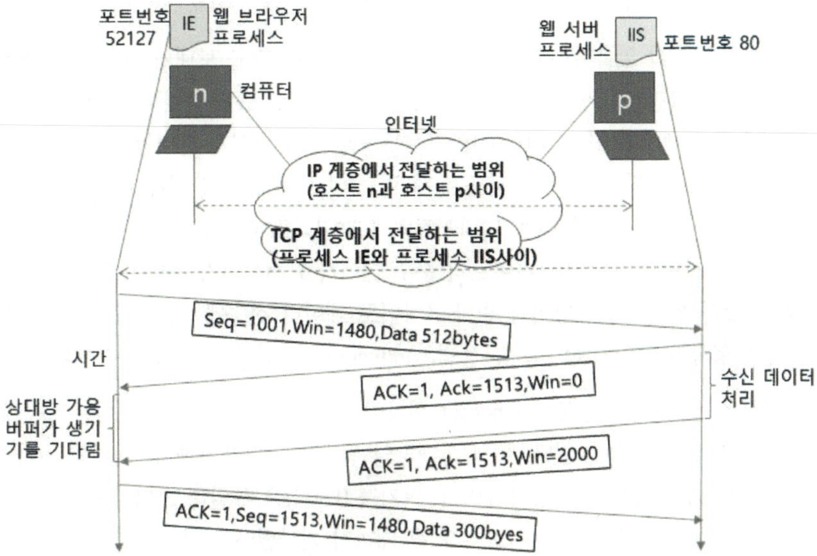

그림 14.4 TCP 흐름제어(윈도우 크기 0 경우)

가 있더라도 IIS 프로세스로부터 윈도우 크기가 0 이상인 확인응답 세그먼트가 오기를 기다려야 한다. 그리고 이후 IIS 프로세스에서 수신한 데이터를 모두 처리하고, 버퍼에서 2,000바이트를 비워서 가용 버퍼로 확보하였다. 이 상황을 세 번째 세그먼트로 IIS 프로세스가 IE 프로세스에게 알린다. 이 세그먼트의 윈도우 크기가 2,000바이트로 되어 있음을 확인한다. 그러자 이 세그먼트를 받은 IE 프로세스는 지체없이 추가적으로 보내야 하는 데이터 300바이트를 IIS 프로세스에게 네 번째 세그먼트로 보내고 있다.

이렇게 TCP 프로토콜에서의 흐름제어는 윈도우 크기를 수시로 상황에 맞게 조절함으로써 이루어진다.

1) 실리 윈도우 현상(silly window)

양끝단 프로세스 사이에 데이터를 주고받을 때 한 쪽 프로세스에 여유 버퍼가 없어진 상태에서 (윈도우 크기 = 0) 그 프로세스가 데이터를 처리하는 속도가 느린 경우 상대방 프로세스에게 가능한 빨리 자신의 버퍼에 여유 공간이 생긴 상황을 알리면서 발생하는 바람직하지 않은 상황이 있다.

그림 14.5를 보면 앞서 그림 14.4의 예와 달리 IIS 프로세스가 수신한 데이터를 처리하면서 (극단적인 예를 듦) 1바이트만 처리가 완료되었을 때 바로 상대방 IE 프로세스에게 1바이트의 여유 버퍼가 생겼음을 윈도우 크기 1로 알리는 장면을 볼 수 있다. 이것을 받은 IE 프로세스는 추가적으로 보낼 데이터 가운데 오직 1바이트를 담은 세그먼트를 만들어 IIS 프로세스에게 전송하고 있다.

여기에 어떤 문제가 있을까? 문제는 단지 1바이트의 데이터를 보내기 위하여 IE 프로세스는 적어도 21바이트의 세그먼트를 만들어야 한다. 기본적인 헤더 정보를 붙여서 보내야 하기 때문이다. 이를 하위 계층인 IP 프로토콜로 보내면 IP 프로토콜은 다시 자신의 헤더를 덧붙일 것이고 그러면 기본적으로 41바이트가 된다. 다시 이것을 실제 링크(선로)로 보내기 위해 데이터링크 계층으로 내려보내면 거기서 다시 자신의 헤더로 14바이트와 트레일러로 4바이트를 앞뒤로 붙인 프레임을 만든 후 실제 선로로 보낸다. 그러면 1바이트의 순수 데이터를 전송하기 위하여 만들어진 데이터 뭉치는 모두 59바이트가 된다. 이런 낭비가 없다. 1바이트 데이터 전송에 58바이트의 전송 제어 데이터가 붙어 나가는 형국이니 인터넷의 전송 능력(bandwidth capacity)을 엄청나게 낭비하는 셈이다.

이런 현상을 실리 윈도우(silly window) 현상이라 한다. 이 현상을 제거하는 방법으로 양측에서 각각 수행할 수 있는 방식이 있다. 우선 상대방의 윈도우 크기가 0 이상 되기를 기다리는 프로세스가 취할 수 있는 방식이다. 상대방이 윈도우 크기를 0 이상으로 알려 오더라도 즉각적으로 데이터를 보내는 것이 아니라 특정 크기의 윈도우가 될 때까지 기다렸다가 큰 데이터를 보내게 하는 방식이다. 이를 Nagle 알고리즘이라 한다. 그림 14.5의 예에서 IE 프로세스가 수행하는 알고리즘이다.

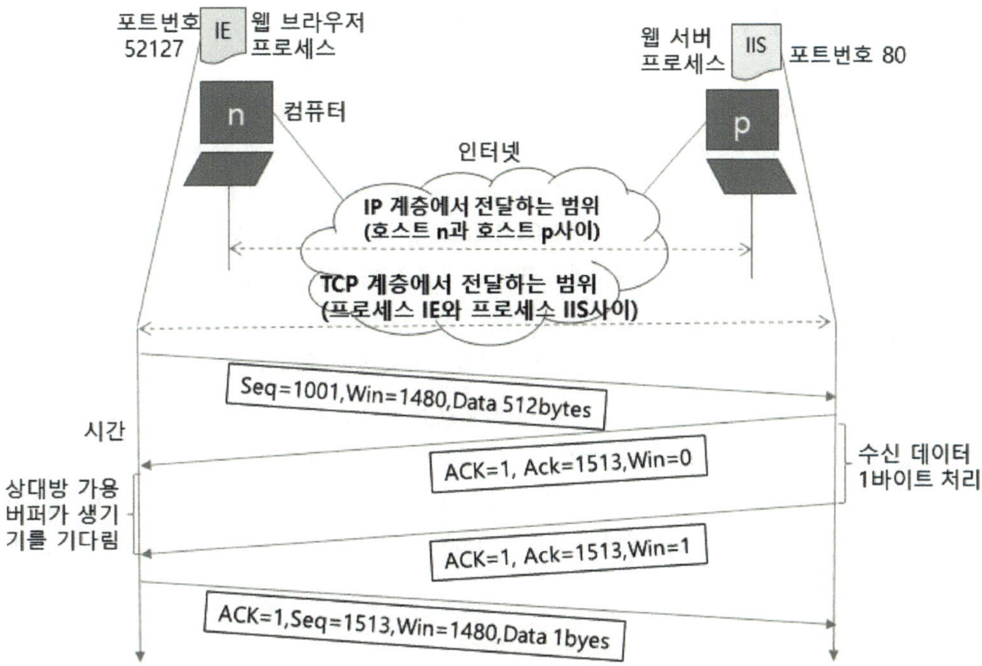

그림 14.5 실리 윈도우 현상

IIS 프로세스가 보낸 윈도우 크기 1인 확인응답 세그먼트를 비록 받더라도 바로 그 1바이트의 윈도우 크기에 맞는 1바이트짜리 데이터를 보내는 것이 아니라 일정 크기 이상의 윈도우 크기로 IIS 프로세스가 알려 올 때까지 기다리는 것이다.

두 번째는 자신의 윈도우 크기가 0이 되어 그것을 상대에게 알리는 프로세스가 수행하는 방식이다. 이 방식에서는 충분한 여유 공간이 생기거나 적어도 전체 버퍼의 반 이상의 공간이 여유 가용 공간으로 빌 때까지 상대방에게는 윈도우 크기를 0으로 알려 주는 것이다. 그렇게 하면 작은 윈도우 크기에 맞추어 상대가 보내는 일이 없게 된다. 이 방식을 Clark 알고리즘이라 한다. 그림 14.5의 예에서 IIS 프로세스가 수행하는 알고리즘이다. IIS 프로세스는 자신의 버퍼가 일정 크기 내지는 전체 버퍼의 절반 이상 빌 때까지는 상대방 IE 프로세스에게 윈도우 크기를 0으로 보고한다. 그러면 IE 프로세스는 (만약 위의 Nagle 알고리즘이 작동하지 않는다고 가정할 때) 보낼 데이터가 있더라도 윈도우 크기가 0 이상이 될 때까지 기다리므로 작은 데이터를 보내는 낭비를 막을 수 있다.

14.3 TCP 오류제어

TCP 프로토콜은 양끝단 프로세스 사이의 신뢰성 있는 데이터 송수신을 '보장(guarantee)'한다. 이 특성은 우리가 인터넷을 통해 인터넷 뱅킹, 인터넷 트레이드, 인터넷 쇼핑, 메일 송수신 그리고 카카오톡 등과 같이 정확한 데이터 송수신을 기반으로 하는 서비스를 이용할 수 있게 하는 것이다. 그런데 이 특성이 상당히 특이한 점이다. TCP 프로토콜은 인터넷의 양끝단 사이에 데이터를 전송하는 데에 실질적으로 하위 계층 프로토콜인 IP 프로토콜을 이용한다. 그런데 문제는 이 IP 프로토콜은 전송 신뢰성을 전혀 보장하지 않는 프로토콜인 점이다. 말 그대로 송수신에 "최선을 다하는(best effort)" 프로토콜이라서 전송의 정확성을 보장하지는 않는다는 것이다.

그런 하위 계층 프로토콜을 이용하면서 어떻게 TCP 프로토콜은 자신의 뚜렷한 특성인 "신뢰성 보장"을 확보할까? 그것이 특이성의 핵심이다. 이를 이해하기 위하여 TCP 프로토콜에 내재되어 있는 오류제어 기능을 살펴볼 필요가 있다. 13장에서 세그먼트의 헤더 필드를 설명하면서 오류제어와 관련 있는 몇 가지 헤더 필드를 살펴보았다. 여기서는 그 필드를 활용하는 TCP 오류제어 메커니즘을 자세하게 설명한다.

1) 오류 검출과 정정

TCP에서 세그먼트 내의 데이터에 전송 중에 오류가 발생하였음을 발견하는 방법은 헤더 필드 가운데 체크섬(checksum) 필드를 이용한다. 이 체크섬은 13장에서 기술한 바와 같이 매우 특이한 점을 가지고 있다. 이 체크섬의 대상이 TCP 헤더와 데이터 필드를 모두 포함하는 것은 물론이고, 실제 존재하지도 않는 의사 헤더(pseudo-header)를 정의하고 이를 체크섬 대상 범주에 포함한 것이다. 이 의사 헤더에는 IP 프로토콜의 전송 단위인 데이터그램의 헤더에 포함된 출발지 IP 주소, 도착지 IP 주소와 상위 프로토콜 코드값(TCP = 06)과 TCP 세그먼트의 총 길이를 포함한다. 그림 14.6에 13장에 소개한 의사 헤더를 다시 나타내었다.

<table>
<tr><td colspan="3">source IP address (32 bits)</td></tr>
<tr><td colspan="3">destination IP address (32 bits)</td></tr>
<tr><td>binary 0 (8 bits)</td><td>protocol (8 bits)</td><td>TCP total length (16 bits)</td></tr>
</table>

그림 14.6 TCP 헤더 체크섬 대상 중 하나인 의사 헤더

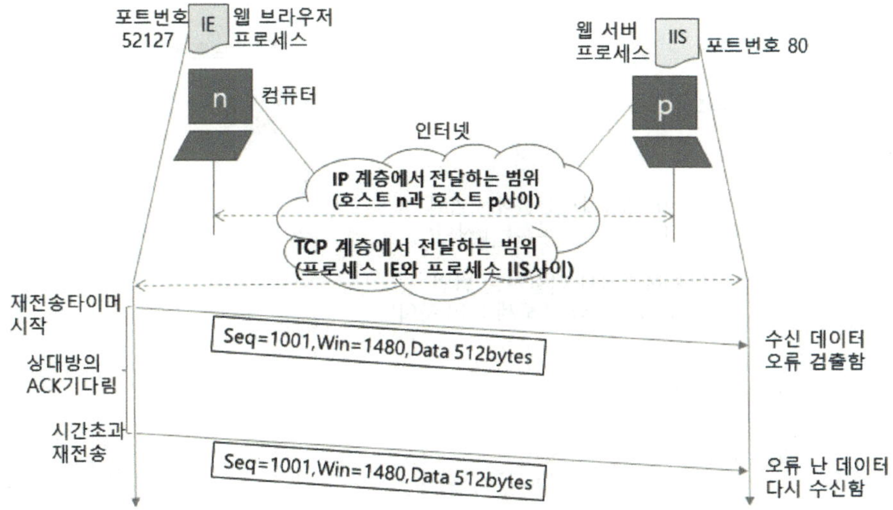

그림 14.7 TCP 오류제어 (시간초과에 의한 재전송)

데이터를 수신한 노드와 프로세스가 데이터를 처리하기 전에 오류를 확인함으로써 송신자 노드와 송신자 프로세스가 보낸 그대로가 맞는지를 최종적으로 확인할 수 있다. 그 뿐만 아니라 IP 프로토콜의 데이터그램의 헤더 필드에 있는 체크섬은 헤더만을 대상으로 하는 반면 이 TCP 체크섬은 데이터 필드까지를 모두 포함하기 때문에 최끝단까지 온 세그먼트 전체가 오류 없이 도착하였음을 확인할 수 있게 한다.

TCP 프로토콜은 수신된 세그먼트에 오류가 없음을 체크섬을 통해 확인이 되면 상대방 프로세스에게 확인응답(ACK positive ACKnowledgement) 세그먼트를 보내 잘 받았음을 알린다. 즉, ACK 플래그 필드가 1이 되고, 받은 데이터의 순서번호에 데이터 크기를 더한 값을 확인응답 번호 필드에 넣어 상대방 프로세스에게 회신하는 것이다. 그런데 문제는 오류가 있음을 확인한 경우 이에 대해 상대방 프로세스에게 오류가 났다고 명시적으로 확인응답하지 않는다는 점이다. 즉, TCP 프로토콜에서는 네거티브 확인응답(NAK Negative AcKnowledgement)을 상대방에게 회신하지 않는다.

그러면 이런 상황을 데이터를 송신한 프로세스는 어떻게 알 수 있을까? 이를 위해 활용되는 메커니즘이 시간초과(time-out) 이다. 데이터 세그먼트를 보내는 프로세스는 보내는 순간에 자신이 가지고 있는 재전송 타이머(retransmission timer)를 세팅하여 작동시킨다. 자신이 보낸 데이터에 대한 회신이 오기를 기다리는 시간이 얼마나 남았는지를 재는 것이다. 일반적으로 기다리는 시간은 양끝단 프로세스 사이를 세그먼트가 왕복하는 데 필요한 시간(RTT Round Trip Time)의 두 배이다. 이 왕복시간은 양끝단 프로세스들이 서로 데이터를 주고받으면서 세그먼트 헤더의 타임스탬프 옵션을 이용하여 수시로 측정한다.

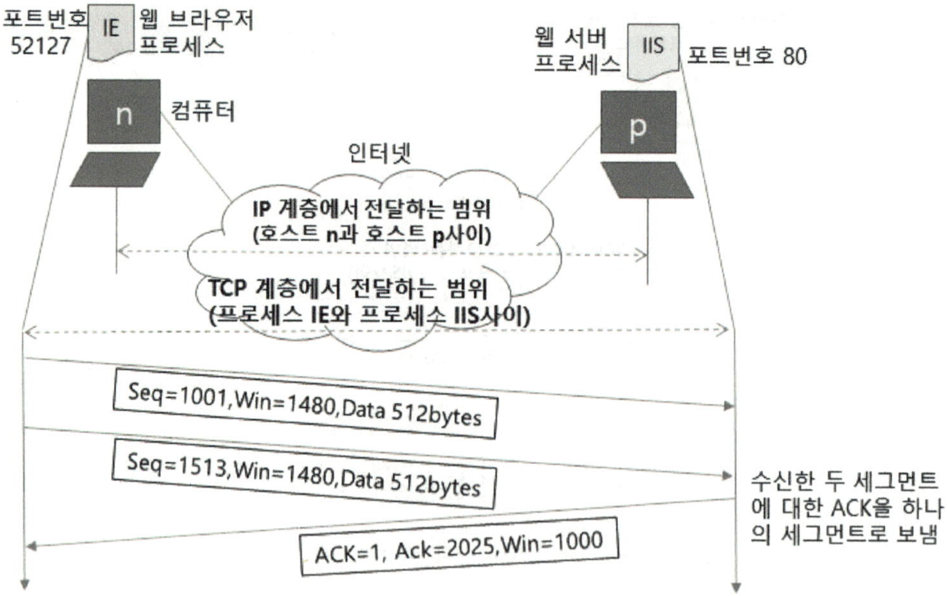

그림 14.8 TCP 누적적 확인응답(cumulative ACK)

TCP 프로토콜에서 확인응답(ACK)은 상대방이 보낸 모든 세그먼트에 대해 각각 확인응답 세그먼트를 만들어 회신하는 방식으로 보내지 않는다. 대신에 앞서 받은 데이터 세그먼트들에 대해 한꺼번에 하나의 확인응답 세그먼트를 써서 모두에 대한 확인응답(ACK)을 회신하는 방식을 쓴다. 이를 두고 TCP의 확인응답(ACK)은 누적적인(cumulative) 의미를 가진다고 한다. 그림 14.8에 그 예가 있다. 그림에서 IE 프로세스가 순서번호 1001로 시작하는 데이터 512바이트를 IIS 프로세스에게 처음 보낸다. 그리고 IIS 프로세스로부터 그에 대한 확인응답(ACK)을 기다리지 않고 연이어 순서번호 1513으로 시작하는 데이터 512바이트를 재차 IIS 프로세스에게 보낸다. 이 두 세그먼트를 연이어 받은 IIS 프로세스는 이 두 세그먼트 각각에 대해 확인응답을 위한 세그먼트를 만들어 회신하지 않고, 대신에 확인응답 번호 2025를 붙인 확인응답(ACK) 세그먼트 하나를 IE 프로세스에게 보낸다. 이 확인응답 세그먼트가 이전에 받은 두 세그먼트 모두에 대한 확인응답으로 작동하는 것이다.

TCP 프로토콜에서 확인응답 세그먼트를 회신할 때 예외적인 상황에서는 유의할 점이 있다. 즉, 예외적인 상황에 대한 처리(exception handling)에 관한 것이다. 크게 두 가지 경우에 대해 대처하는 방법을 규정한다.

(1) 중복되는 세그먼트를 수신한 경우

세그먼트가 중복되어 수신되는 상황은 주로 확인응답(ACK) 세그먼트가 회신되는 도중에 인터넷에서 분실되는 경우이다. 이 경우에는 세그먼트를 보낸 프로세스가 재전송 타이머가 시간초과가 되도록 그 세그먼트에 대한 확인응답 세그먼트를 받지 못할 것이다. 그러면 그 프로세스는 다시 동일 세그먼트를 재전송하게 된다. 그런데 수신 프로세스 입장에서는 이 세그먼트를 두 번 받는 결과가 되는 것이다. 이럴 때는 단순하게 두 번째 수신한 세그먼트에 대해 확인응답(ACK) 세그먼트를 보내고 그 세그먼트 자체는 폐기한다.

(2) 순서가 뒤바뀐 세그먼트를 수신한 경우

이 경우는 세그먼트가 IP 프로토콜에 의해 서로 다른 경로를 타고 오기 때문에 발생할 수 있다. 이 경우에는 데이터 세그먼트들을 수신하는 프로세스는 이전에 와야 하는 세그먼트(순서번호가 이른 세그먼트)가 모두 오기 전에는 확인응답(ACK) 세그먼트를 회신하지 않는다. 이렇게 확인응답을 회신하지 않음으로 데이터를 보낸 프로세스는 재전송 타이머에 의한 시간초과 상황을 맞을 수도 있다. 그러면 데이터를 보낸 프로세스는 재차 해당 세그먼트를 재전송한다. 데이터를 수신하는 프로세서는 수신되는 세그먼트를 검토하여 중복해서 수신한 세그먼트는 버리고 그렇지 않은 세그먼트만 수신한다. 그리고 순서번호 상으로 이전에 와야 하는 모든 세그먼트가 다 도착하였을 때 비로소 전체 세그먼트에 대한 확인응답(ACK) 세그먼트를 보낸다. TCP의 확인응답(ACK) 세그먼트가 누적적 의미를 가지므로 하나의 확인응답 세그먼트로 순서가 뒤바뀌어 들어온 여러 세그먼트에 대한 확인응답이 가능하다.

2) TCP에서 유지하는 타이머

앞서 설명한 TCP 오류제어에서 오류가 났을 때 사용하는 재전송 타이머를 비롯하여 TCP 프로토콜에서 유지하는 타이머는 크게 네 종류이다.

(1) 재전송(retransmission) 타이머

TCP 오류제어에서 전송한 데이터 세그먼트에 대한 확인응답(ACK)이 오기를 기다리는 시간을 알려 주는 타이머이다. 시간초과가 되면 해당 세그먼트를 재전송해서 오류 정정을 한다. 그리고 타이머는 초기화하고 작동시킨다. 만약 타이머가 끝나기 전에 확인응답(ACK)이 오는 경우에는 타이머를 소멸시킨다. 이때 기다리는 시간은 일반적으로 양끝단 프로세스에서 인터넷을 거쳐 세그먼트가 왕복하는 시간(RTT)의 두 배이다. 이 왕복시간은 데이터 세그먼트를 보내고 해당 세그먼트에 대한 확인응답(ACK) 세그먼트가 도착하는 데 걸리는 시간을 지속적으로 재어 현재의 인터넷 상황에 맞게 조정한다.

그런데 데이터 세그먼트에 대해 시간초과가 되어 재전송한 상황에서 그 이후에 수신한 확인응답(ACK) 세그먼트가 애초에 전송한 세그먼트에 대한 확인응답인지 아니면 두 번째 재전송한 세그먼트에 대한 확인응답인지 구별하지 못한다. 그런데 이 상황에서 다음과 같은 두 가지 경우로 계산되는 왕복시간은 인터넷 상황을 제대로 파악하지 못하는 결과를 초래한다.

첫째, 이 확인응답 세그먼트가 실제는 두 번째 재전송한 데이터 세그먼트에 대한 확인응답 세그먼트이면 실제 왕복시간 t_1은 (확인응답 세그먼트 도착시각 - 재전송 시각)으로 계산된다. 그런데 이를 첫 번째 보낸 데이터 세그먼트에 대한 확인응답으로 오해하면 파악되는 왕복시간 t_2는 (확인응답 세그먼트 도착시각 - 첫 데이터 전송 시각)으로 계산된다. 따라서 파악되는 왕복시간 $t_2 > t_1$이 되어 재전송 타이머 시간이 실제보다 길게 설정되는 결과를 낳는다.

둘째, 반대의 경우이다. 여기서는 실제 도착한 확인응답 세그먼트가 첫 번째로 보낸 데이터 세그먼트에 대한 것이었는데 시간초과가 된 이후 도착하였다. 그런데 이를 두 번째 재전송한 세그먼트에 대한 확인응답으로 간주하면, 실제 왕복시간보다 더 짧은 시간을 왕복시간으로 삼게 된다. 따라서 재전송 타이머의 시간이 실제보다 짧아지는 결과를 낳는다.

이 두 경우 모두 재전송 이후에 왕복시간을 잘못 파악하는 경우이다. 이를 해소하기 위하여 Karn 알고리즘에서는 재전송을 한 경우에는 왕복시간을 계산하지 않아 재전송 타이머 시간 갱신에 활용되지 않도록 한다.

(2) 영속(persistence) 타이머

윈도우 크기가 0이 되는 경우를 처리하기 위한 타이머이다. 데이터 세그먼트를 수신한 프로세스가 윈도우 크기를 0으로 상대방에게 회신하면 송신자 프로세스는 데이터를 더 보내려면 0보다 큰 윈도우 크기의 확인응답 세그먼트가 오기를 기다리게 된다. 그런데 이런 상황에서 앞서 윈도우 크기를 0으로 회신한 수신자 프로세스가 윈도우 크기를 0보다 큰 값으로 한 확인응답 세그먼트를 다시 보냈는데 그 세그먼트가 인터넷상에서 분실이 되었다. 이러면 두 프로세스가 서로 상대방 프로세스로부터 세그먼트가 오기를 기다리지만 영원히 오지 않는 상황이 계속된다. 즉, 데이터 세그먼트를 보낸 송신자 프로세스는 윈도우 크기가 큰 값을 가진 세그먼트를 계속해서 기다리고, 그것을 만들어 이미 보낸 수신자 프로세스는 상대방으로부터 다음 데이터를 담은 세그먼트가 오기를 기다리는 것이다.

이런 교착상태(deadlock)를 깨기 위해 영속 타이머가 쓰인다. 윈도우 크기가 0보다 큰 값을 가진 확인응답 세그먼트를 보낼 때 영속 타이머를 개시한다. 그리고 타이머가 시간초과가 될 때까지 상대방으로부터 다음 데이터 세그먼트가 오지 않으면 다시 한번 직전에 보낸 윈도우 크기가 0보다 큰 값을 가진 확인응답 세그먼트를 재전송한다.

(3) 킵어라이브(keep-alive) 타이머

양끝단 프로세스 사이에 설정된 연결에서 두 프로세스 사이에 일정 시간동안 데이터 주고받음이 없는 상황을 제어하기 위한 타이머이다. 다시 말하면, 연결은 지속되고 있는데 일정 시간동안 실제 데이터 주고받음이 없으면(휴지 상태 idle state) 그 연결을 어떤 조건에서 강제로 종료시키기 위한 것이다.

세션이 휴지 상태를 두 시간 이상 계속되면 75초 간격으로 상대방 프로세스에게 10개의 탐지 메시지를 담은 세그먼트(probe message)를 보내고 상대방 프로세스로부터 회신이 없으면 상대방 프로세스가 다운(down)되었다고 간주하고 강제로 연결을 종료시킨다.

(4) 시간-대기(time-waited) 타이머

TCP에서 데이터 송수신을 종료하는 연결 해제(connection tear-down)를 수행할 때, 절반 닫힘(half-close) 상태가 일정 시간 이내에서만 가능하도록 제어할 때 쓴다. 상대방에게 FIN 플래그를 1로 하고 연결 해제 요청 세그먼트를 송신했는데 그에 대한 확인응답 세그먼트를 받았지만 연결 해제에 대한 상대방의 FIN 플래그가 1로 된 회신 세그먼트가 (시간-대기 타이머를 이용하여) 일정 시간동안 없으면 다시 한번 연결 해제 요청 세그먼트를 송신한다.

14.4 TCP 혼잡제어

TCP 프로토콜에는 하위 계층 IP 프로토콜과 연합하여 인터넷 중간에서 발생하는 혼잡 상황(congestion)을 제어할 수 있는 메커니즘이 있다. 그런데 TCP 프로토콜은 인터넷 내부에서 일어나는 데이터그램 전송과 관련된 일련의 상황에 대해서는 전혀 알 수 없는 구조이다. 그리고 사실은 인터넷 중간에서 발생하는 혼잡 현상도 양끝단 프로세스 사이에 수행되어야 하는 통신 기능을 수행하는 전송 계층 프로토콜인 TCP 프로토콜이 관심을 가질 필요가 없다. 이 문제는 하위 계층인 IP 프로토콜에서 모두 해결해야 하는 문제인 것이다. 그런데 TCP 프로토콜에 이 인터넷의 혼잡 문제를 해결하는 메커니즘이 포함된 것이다.

일반적으로 통신망에서 발생하는 혼잡을 가장 효과적으로 제어하는 방식은 혼잡을 발견한 통신 장비(라우터)가 혼잡을 유발하는 패킷을 보낸 노드에게 혼잡이 발생하였음을 알리고, 동시에 상황이 개선될 동안 패킷 전송을 유보하거나 좀 느린 속도로 보낼 것을 요청하는 방법이다. 그런데 IP 프로토콜에는 데이터그램을 생성해서 인터넷에 주입한 송신자 노드에게 이러한 패킷을 바로 직접 보낼 방법이 없다. 이런 이유로 TCP 프로토콜의 도움을 받아서 인터넷 내부의 혼잡을 제어하는 것이다.

1) 명시적 혼잡 알림(ECN Explicit Congestion Notification)

TCP 혼잡제어 기법을 명시적 혼잡 알림(ECN explicit congestion notification) 이라 한다. 이를 위하여 IP 데이터그램의 헤더에 서비스 유형 필드에서 사용하지 않던 두 비트(헤더에서 14~15번째 비트)를 ECN을 위한 필드로 재정의하였다. 12장에서 보여준 것과 같이 표 14.1에 ECN에 관한 IP 헤더 두 비트값이 정리되어 있다.

데이터 세그먼트를 보내는 프로세스가 작동하는 노드의 IP 프로토콜에서 세그먼트를 IP 데이터그램으로 캡슐화할 때 위의 두 비트 값을 이용하여 이 데이터그램이 경로상에 있는 라우터들을 거치면서 인터넷을 통과하는 사이에 혼잡이 발생할 때 ECN 방식을 써서 제어할 것인지 지정할 수 있다. 00이면 ECN을 작동시키지 않겠다는 뜻이므로 이 데이터그램을 전달하는 라우터에서 혼잡이 발생할지라도 이에 대해 ECN 방식의 제어를 적용하지 않음을 라우터에게 알리는 것이다. 10이나 01이면 ECN 방식의 제어를 라우터가 관여해서 수행하라는 의미를 전달하는 것이다. 라우터가 한 데이터그램을 받았는데 혼잡 현상이 발생하였고 그 데이터그램의 ECN 필드가 이 두 값 가운데 하나이면 라우터는 이 필드에 11 값을 쓰고(overwrite) 이 데이터그램을 계속해서 수신자 노드까지 전달한다.

표 14.1 ECN 필드

두 비트 값	의미
00	IP 데이터그램에 ECN 기능을 쓰지 않음.
10 (ECT 0)	TCP 프로토콜이 ECN 기능을 지원함.
01 (ECT 1)	TCP 프로토콜이 ECN 기능을 지원함.
11 (CE)	라우터가 혼잡을 경험하고 이를 수신 호스트에게 알림.

ECN 필드를 11로 하는 것은 라우터가 혼잡을 경험하였고 이 사실을 이 데이터그램을 송신한 노드에게 알리겠다는 의미를 가진다. 그런데 라우터가 이 사실을 바로 송신자 노드를 향해 데이터그램을 되돌려 보냄으로써 직접 송신자 노드에게 알리는 것이 최단 시간에 가장 효과적으로 혼잡 상황을 해소하는 방법이 될 것이다. 그런데 라우터는 이렇게 하지 못한다. 데이터그램을 최적의 경로로 전달하기 위하여 라우터가 가지고 있는 경로표는 각 엔트리가 단방향 성격을 가진다. 즉, 목적지 노드만 있지 출발지 노드로 향하는 경로에 대한 정보를 가지고 있지 않다는 의미이다. 물론 되돌려 보내기를 원하는 데이터그램의 출발지 노드를 목적지 노드로 바꾸고 자신 IP 주소를 출발지 노드로 하면 될 것으로 보이지만 불행하게도 혼잡을 감지한 라우터 자신으로부터 애초에 데이터그램이 출발한 송신자 노드까지 경로가 있다는 보장이 없다는 점을 상기해야 한다. 송신자 노드에서 출발하여 그 라우터까지 가는 경로가 있었으므로 반드시 역방향 경로인 그 라우터에서 송신자 노드로 가는 경로가 반드시 있는 것은 아니기 때문이다. 인터넷 IP 프로토콜이 생성하는 경로는 단방향 경로에 대한 정보라는 점을 생각하면 이해가 된다.

이런 이유로 ECN 필드에 11을 넣은 라우터는 이 데이터그램을 송신자 노드에게 직접 되돌려 주지 못하고 계속해서 이것을 예정되어 있는 수신자 노드까지 전달한다. 그러면 최종 수신자 노드에서 수신한 IP 데이터그램을 검토할 때 ECN 필드가 11임을 발견하게 되고, 그러면 이 사실을 상위 계층 TCP 프로토콜에게 알린다.

TCP 프로토콜이 IP 프로토콜과 합심하여 ECN 기법에 의한 혼잡제어를 하는 데 필요한 TCP 세그먼트 헤더 필드가 정의되어 있다. NS(ECN Nonce Sum) 플래그, ECE(Explicit Congestion notification Echo) 플래그 그리고 CWR(Congestion Window Reduced) 플래그이다. 이 플래그 필드에 대한 정의와 활용 방식은 13장에 잘 설명되어 있다. 이 플래그들을 이용하여 혼잡제어가 작동하는 순서는 다음과 같다.

① IP 프로토콜로부터 데이터그램이 인터넷을 통과하는 와중에 혼잡이 발생하였음을 통보받으면, TCP 프로토콜은 ECE 플래그 값을 1로 하는 확인응답(ACK) 세그먼트를 만들어 송신자 노드에게 회신한다.

② 송신자 노드의 송신 프로세스가 ECE 플래그가 1임을 확인하면 자신이 이전에 보낸 데이터 세그먼트로 인해 인터넷(정확하게는 그 세그먼트가 거쳐온 경로상에 있는 적어도 하나의 라우터)에 혼잡이 발생한 사실을 인지하고 상대방에게 보내는 세그먼트 크기를 결정하는 윈도우 크기를 줄여 보내는 속도를 줄인다. 그리고 이렇게 조치한 내용을 다음에 상대방 프로세스에게 보내는 세그먼트의 CWR 플래그 값을 1로 해서 알린다.

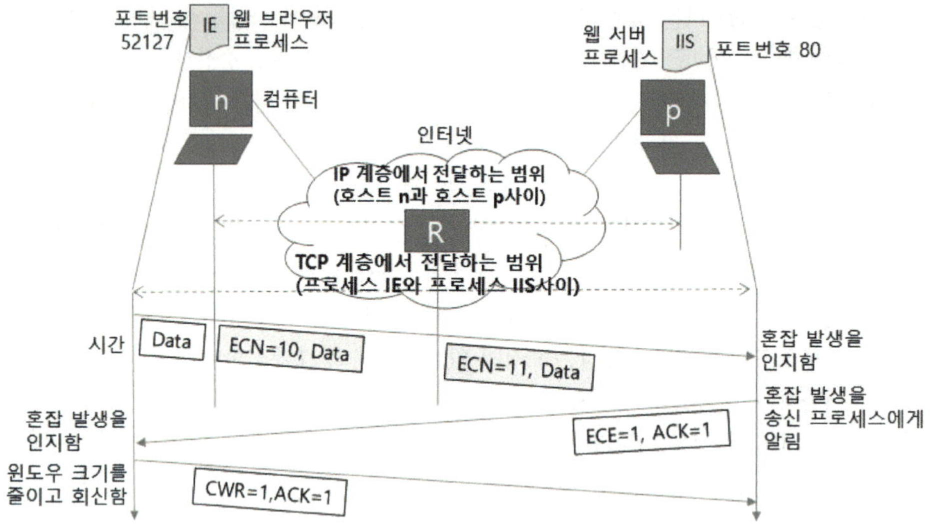

그림 14.9 TCP ECN 기법에 의한 혼잡제어

이런 순서로 작동하는 ECN 기법의 예가 그림 14.9에 그려져 있다. 그림에서 IE 프로세스가 데이터 세그먼트를 IIS 프로세스에게 보내면 그 하위 IP 프로토콜이 캡슐화를 통해 데이터그램으로 만드는데 이때 데이터그램의 헤더 내의 ECN 필드를 01 혹은 10으로 만든 후 이를 인터넷에 전송한다. 그 데이터그램이 인터넷 내의 최적 경로를 찾아가다가 어떤 라우터 R에 이르렀을 때 이 데이터그램으로 인해 혼잡이 발생하였다. 그러면 라우터 R은 이 데이터그램의 ECN 필드를 11로 바꾸어 혼잡 발생을 송신 프로세스에게 알리는 노력을 한다.

그 데이터그램이 최종적으로 IIS 프로세스가 있는 노드 p에 도착하였을 때 노드 p의 IP 프로토콜이 ECN 필드가 11임을 보고 데이터그램이 전송되는 와중에 경로상에 있는 라우터에서 혼잡이 발생하였음을 인지하게 되고 이를 바로 상위 계층 프로토콜인 TCP에게 알린다. TCP는 이를 송신 IE 프로세스에게 알리기 위해 ECE 필드를 1로 하는 확인응답 세그먼트를 만들어 IE 프로세스에게 보낸다. 그러면 IE 프로세스는 직전에 자신이 보낸 데이터 세그먼트로 인하여 인터넷 경로상에 혼잡이 발생하였음을 인지하게 되고 이에 대한 조치로 윈도우 크기를 줄인다. 그리고 이런 조치 사항에 대해 CWR 플래그를 1로 한 확인응답 세그먼트를 다시 IIS 프로세스에게 보내 알린다. 이때 줄이는 윈도우는 송신 프로세스가 유지하고 있는 혼잡 윈도우(cwnd congestion window)라는 것이다. 혼잡 윈도우를 참조하여 송신 프로세스는 상대방 프로세스로부터 확인응답을 받지 않고도 보낼 수 있는 데이터 크기를 결정한다. 이는 기본적으로 상대방 프로세스의 MSS와 수시로 세그먼트를 통해 알리는 가용 버퍼 크기인 윈도우 크기 범위 내에서 그 크기가 유지된다. 이에 관한 자세한 사항은 2절에서 설명한다.

NS 플래그를 이용하여 중간 라우터에서 발생한 혼잡 상황을 실수이든 의도적이든 수신자 프로세스가 송신자 프로세스에게 성실하게 알리지 않는 경우를 방지한다. 이에 관한 자세한 내용은 13장의 세그먼트 필드 설명에서 찾을 수 있다. 그림에서 음영처리된 바탕색을 가진 패킷은 세그먼트를 IP가 캡슐화해서 만든 데이터그램을 뜻한다. 무색 바탕 패킷은 TCP가 만든 세그먼트를 뜻한다.

2) 느린 시작(slow start) 기법

ECN 기법에 의해 혼잡을 확인하면 송신 프로세스가 자신이 유지하고 있는 혼잡 윈도우(cwnd) 크기를 줄이고 그것에 맞게 데이터를 담은 세그먼트를 보내게 된다. 이때 줄이는 cwnd 크기를 어떻게 정하는가 하는 문제가 남는다. TCP 프로토콜은 혼잡제어와 관련된 cwnd 크기 조절하는 기법을 가지고 있는데 이를 통칭하여 느린 시작(slow start) 기법이라고 한다.

천천히 시작하는 기법이라는 것인데 양끝단 프로세스가 TCP를 이용하여 상호 연결을 맺은 이후 실제 데이터를 서로 주고받기 시작할 때 데이터 세그먼트를 작게 해서 보내기 시작한다는 의미를 가진다. 일반적으로 데이터 세그먼트를 일정 크기 이상으로 만들면 오류 발생 확률이 높아지기 때문에 세그먼트를 일정한 크기(예: MSS)로 한다고 가정하면 이 느린 시작 기법에서 조절하는 것은 몇 개의 세그먼트를 상대방 프로세스로부터 회신되어 오는 확인응답(ACK) 없이 보낼 것인가 하는 점이다. 이때의 세그먼트 개수를 cwnd라고 정의한다.

느린 시작 기법에서는 TCP가 그간 작동한 경험(그간 측정한 왕복시간 등)을 바탕으로 인터넷의 현재 상황에 비추어 혼잡이 발생할 가능성이 있는 cwnd 크기를 미리 산출하고, 이를 혼잡 발생 경계치(ssthresh slow start threshold)로 설정한다. 물론 이 경계치는 인터넷의 통신 상황에 따라 지속적으로 변경된다.

그림 14.10과 같이 느린 시작 기법이 작동한다. 그림 14.11에 느린 시작 기법이 작동하는 예가 있다. 그림에서 ssthresh는 초기에 8로 설정되어 있다. 그리고 가로축에 보이는 전송 횟수에서 한 번 보낼 때마다 cwnd = 1에서 시작해서 2, 4, 8까지 증가하는 것을 볼 수 있다. 즉, cwnd가 ssthresh 아래 있을 때는 2배씩 세그먼트 수를 증가해서 전송한다는 뜻이다. 그런데 cwnd = 8 = ssthresh 이 된 5번째 전송 때는 혼잡이 이후 발생할 여지가 높아진다고 보고 혼잡 회피 모드(congestion avoidance)로 들어가 이때부터는 cwnd를 1씩 증가해서 그 수만큼 세그먼트를 보낸다. 따라서 5번째 전송 때는 9개의 세그먼트를 수신 프로세스의 확인응답 없이 연속적으로 송부한다. 그러다가 8번째 (cwnd=12개의 세그먼트 송부) 전송 이후 혼잡을 감지한다.

① 연결이 성립되면 cwnd = 1 로 초기화한다.
② 데이터 세그먼트를 cwnd 개수만큼 전송한다.
③-1 혼잡이 감지되지 않으면
- 만약 cwnd < ssthresh 이면, cwnd = min(2 * cwnd, ssthresh) 로 한다
  그렇지 않으면(혼잡 회피 모드), cwnd = cwnd + 1 로 한다.
- 단계 ②로 간다.

③-2 혼잡이 감지되면(ECE = 1, 수신 세그먼트의 순서 맞지 않음 혹은 누락 현상 발견)
- ssthresh = cwnd / 2 로 줄인다.
- cwnd = 1 로 줄인다. (TCP Tahoe 버전)
  혹은 cwnd = ssthresh 로 줄인다. (TCP Reno 버전)
- ECN 기법에 의해 수신 프로세스가 보내온 ECE = 1로 된 세그먼트를 보고 혼잡을 감지하였으면, CWR = 1로 한 확인응답 세그먼트를 수신 프로세스에게 보낸다.
- 단계 ②로 간다.

그림 14.10 TCP 느린 시작 혼잡제어

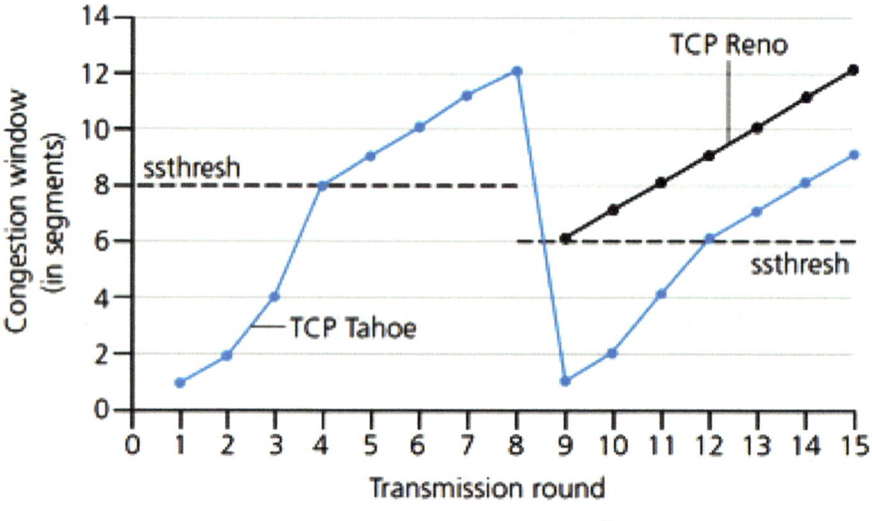

그림 14.11 TCP 느린 시작 작동 예[60)]

TCP에서 혼잡이 발생하였다고 판단하는 때는 앞서 설명한 ECN 기법에 의해 상대방 프로세스로부터 ECE 플래그가 1로 된 확인응답 세그먼트를 수신하거나, 수신되는 세그먼트들의 순서번호가 뒤죽박죽이거나 혹은 수신된 세그먼트들에서 누락된 순서번호 세그먼트가 발견될 때이다.

이럴 경우 ⓷-⓶ 단계에 들어가서 혼잡을 해소하기 위한 제어작업을 수행한다. 두 가지 조치를 취하는데, 첫째는 혼잡 발생 경계치(ssthresh) 값을 현재 cwnd의 절반으로 줄여 혼잡 발생 감수성을 높인다. 이에 따라 향후 진행될 때 혼잡 회피 모드로 일찍 진입하게 한다. 이러면 혼잡 회피 모드 이전에 cwnd를 2배씩 증가하던 것을 cwnd를 1씩 증가시켜 세그먼트를 보내는 전송률 증가 속도를 조기에 낮추는 효과를 얻는다.

두 번째 혼잡 해소 조치는 TCP 프로토콜의 버전에 따라 약간씩 다르다. TCP가 현재 지구상에서 구현되어 실행되는 버전이 상당히 많다. 그 가운데 가장 많이 쓰이는 버전인 Tahoe에서는 cwnd를 1로 초기화하고, Reno 버전에서는 cwnd를 위에서 낮추어진 ssthresh값으로 한다. 그림 14.11에서 두 버전별로 혼잡이 발생한 상황에서 그것을 해소하는 조치가 각각 이루어진 모습을 볼 수 있다.

3) 빠른 재전송(fast retransmission) 기법

TCP는 기본적으로 오류가 발생한 상황에 대한 네거티브 확인응답 메커니즘이 없다. 따라서 오류에 대해 정정은 항상 시간초과 방식을 쓴다. 그런데 시간초과 방식은 그 기다리는 시간(재전송 타이머)동안 양끝단 프로세스가 아무 것도 주고받지 않는 상황이 될 가능성이 높아서 전체적인 인터넷 전송 성능에 악영향을 끼친다. 이런 상황을 개선하기 위하여 TCP에서는 문제가 발생한 상황을 좀 더 빨리 타개하는 빠른 재전송 기법을 정의하였다.

빠른 재전송 기법이 작동하는 상황은 수신 프로세스가 순서가 제대로 맞지 않는 세그먼트를 수신하거나 중간 누락이 된 채 세그먼트가 도착하는 경우이다. 이때 수신 프로세스는 문제가 되는 세그먼트 이전에 제대로 된 순서번호를 가지는 세그먼트에 대한 확인응답 번호를 넣은 확인응답 세그먼트를 연속해서 두 번 송신 프로세스에게 보낸다. 그러면 이를 받은 송신 프로세스는 이전에 받은 바 있는 동일한 확인응답을 두 번 다시 받게 되는 셈이다. 총 3번의 동일 확인응답 번호를 가지는 확인응답 세그먼트를 받는 것이다. 이러면 송신 프로세스는 수신 프로세스가 이 확인응답 번호를 가진 데이터 이전의 데이터까지만 잘 받았고 그 이후는 어떤 문제가 발생했음으로 인지한다. 그래서 송신 프로세스는 확인응답 번호로 시작하는 데이터를 담은 세그먼트를 즉각 재전송(fast retransmission)한다. 이렇게 하면 결국 문제를 발견하고 재전송을 받기까지 걸리는 시간을 시간초과에 의한 것보다 줄일 수 있다.

빠른 재전송 기법이 작동하는 상황인 데이터 세그먼트가 순서가 뒤바뀌어 오거나 누락되어 오는 상황은 인터넷의 내부에서 혼잡이 발생하였을 때 생기는 현상이라고 TCP는 판단한다. 따라서 이 경우도 혼잡을 감지한 상황 가운데 하나로 인지하고 앞서 설명한 느린 시작 기법을 이용하여 혼잡 해소 조치에 들어간다.

15
CHAPTER

전송 계층 프로토콜 (UDP 프로토콜)

ISO/OSI 7계층 프로토콜에서 제4계층인 전송(transport) 계층 프로토콜은 여러 하부 통신망(subnetworks)을 서로 연결하여 형성한 커다란 통신망 환경에서 한 하부망에 연결된 노드(호스트)에서 출발한 패킷이 3~1계층인 네트워크, 데이터링크 그리고 물리 계층 프로토콜의 도움으로 일반적으로 다른 하부망(같은 하부망이기도 함)에 연결된 수신자 노드로 최종적으로 도착한 이후 작동하는 프로토콜이다. 첫 출발지인 송신자 노드에서 최종 수신자 노드에 도착하기까지 어떤 (무선 혹은 유선) 하부망들을 어떤 경로를 이용하여 어떻게 왔는지에 대하여 4계층 전송 계층 프로토콜에서는 따지지 않는다. 그 사항은 하위 계층인 3~1계층 프로토콜들이 열심히 각자 주어진 임무를 수행하여 달성한 결과이므로 4계층 전송 계층 프로토콜에서 다시 이를 따질 이유가 없는 것이다.

위의 설명은 13장과 14장에서 전송 계층 프로토콜로 대표적인 TCP 프로토콜을 설명하기 위한 도입으로 소개한 글이다. 이를 다시 옮긴 것은 ISO OSI 7계층 프로토콜에서 4계층 전송 계층 프로토콜의 관심사를 다시 한 번 환기하기 위한 것이다. 그런데 이번 장에서 설명하는 UDP(User Datagram Protocol)는 TCP와 동일한 전송 계층 통신 기능을 수행하는 프로토콜이지만 TCP와는 완전히 다른 특성을 가진다.

TCP는 양끝단 사이의 신뢰성 있는 통신을 위한 흐름제어, 오류제어 그리고 혼잡제어 등의 기능을 열심히 수행한다. 반면에 UDP는 신뢰성과는 거리가 먼 특성을 보인다. 다시 말하면 하위 계층인 IP 프로토콜의 특징인 '최선을 다하는' 전송특성에 한 발자국도 전진하지 않은 전송 방식이다. UDP는 송신 프로세스에서 수신 프로세스까지 전달된 데이터가 제대로 수신되었는지 오류 없이 잘 왔는지에 대해 확인도 하지 않는다. 그러면 왜 UDP가 또 다른 전송 계층 프로토콜로 정의되었고 지금도 쓰이고 있는지 궁금하다. 아이로니컬하게 최근의 경향이 인터넷에서 전송 계층 프로토콜로 TCP가 쓰이는 데이터 전송보다 UDP를 이용하는 데이터 전송의 경우가 점점 많아지고 있다. 따라서 아무 기능도 하지 않는 것처럼 보이는 프로토콜이 많은 일을 수행하는 프로토콜보다 선호되는 모순적인 현상이 벌어지고 있는 것이다.

그러면 UDP는 과연 어떤 특성을 가지고 어떤 기능을 수행하는지에 대해 자세하게 소개한다.

15.1 UDP 프로토콜 특성

UDP도 TCP와 동일하게 인터넷의 양끝단 프로세스 사이의 데이터 송수신을 담당하는 전송 계층 프로토콜이다. 그런데, TCP와 달리 양단간에 연결을 하지 않고도 데이터 송수신이 가능한 특성을 가진다. 즉, UDP를 사용하면 송신 프로세스가 다른 (혹은 매우 드물게 동일) 노드의 프로세스에게 보낼 데이터가 있으면 연결을 설정하는 과정 없이 바로 데이터 패킷을 만들어 하위 계층인 IP 프로토콜에게 전송을 의뢰한다. 데이터 전송 전에 연결 설정 과정이 없으니 일련의 데이터 전송이 마무리되고 난 후 연결을 해제하는 과정도 필요 없다. 이렇게 데이터 송수신이 연결 하에 이루어지지 않는 전송 방식을 비연결형(CL ConnectionLess) 전송 서비스라고 한다.

비연결형으로 전송하다 보니 송신 프로세스가 동일한 수신 프로세스에게 일정 크기의 데이터를 패킷으로 나누어 연속적으로 전송하는 상황에서 이 패킷들 상호간의 관계성을 전혀 고려하지 않는다. 마치 IP 프로토콜이 패킷을 데이터그램으로 취급하는 것과 동일하다. 그래서 UDP에서도 데이터 전송 단위를 IP와 동일하게 데이터그램(datagram)이라고 부른다. UDP 프로토콜의 이름이 사용자 데이터그램 프로토콜인 이유가 여기에 있다. 그러면 UDP가 하는 일은 무엇일까?

송신 프로세스가 만들어 보내는 데이터그램이 1 ~ 2계층인 NIC와 IP 계층 프로토콜이 수행하는 통신 기능으로 목적지 노드에 도착하면 그 노드의 UDP 프로토콜이 하위 IP 계층 프로토콜로부터 데이터그램을 넘겨받는다. 그러면 이때 UDP가 수행하는 유일한 기능이 작동한다. 그것은 수신된 데이터그램을 상위에 있는 여러 UDP를 이용하는 프로세스 가운데 어떤 프로세스에게 전달하는지를 확인하고 그 프로세스에게 수신한 데이터그램을 전달하는 역할만 수행하는 것이다.

그림 15.1에서 왼편의 곰 플레이어 프로세스가 UDP를 이용해서 데이터를 유튜브 서버 프로세스에게 전송한다면 연결 설정 없이 바로 데이터그램을 만들어 노드 n의 IP 프로토콜에게 보낸다. 그러면 그것이 1 ~ 2계층 프로토콜의 역할에 힘입어 노드 p까지 도달한다. 그리고 그 노드의 IP 프로토콜은 상위에 있는 전송 계층 프로토콜 가운데 하나인 UDP 프로토콜로 데이터그램을 올려준다. 그것을 받은 UDP 프로토콜은 이 데이터그램의 최종적인 끝단이 어딘지를 찾는다. 그것이 UDP를 이용하는 여러 프로세스 가운데 유튜브 서버 프로세스임을 알게 되고 바로 그 프로세스에게 수신한 데이터그램을 전달한다. 이로써 유튜브 서버 단에 있는 UDP 프로토콜의 임무는 완료된다.

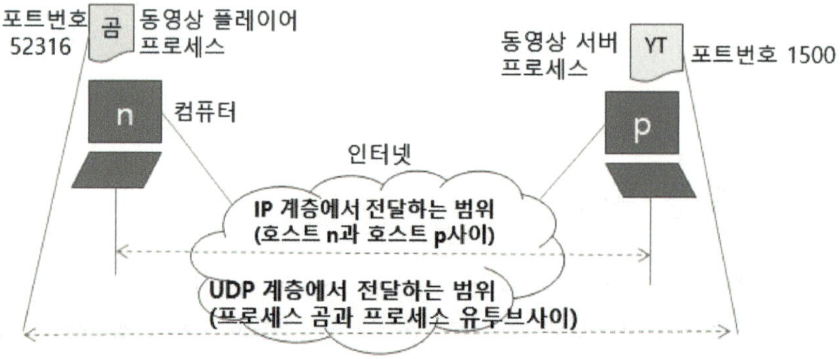

그림 15.1 UDP 비연결형 전송 범위

따라서 UDP 프로토콜에 의해 수신 프로세스에게 전달된 데이터그램은 송신 프로세스가 보낸 순서대로 전달되지 않을 수도 있다. 이것은 IP 프로토콜에 의해 각 데이터그램이 전달되는 경로가 서로 다를 수 있기 때문이다. 데이터그램이 도중에 분실되거나 오류가 발생해도 정정하지 않는다. 기본적으로 순서제어나 오류제어 메커니즘을 가지고 있지 않기 때문이다. 흐름제어도 하지 않는다. 따라서 최종단 수신 프로세스가 마련한 수신 데이터용 버퍼가 넘쳐나도 UDP는 이를 고려하지 않는다.

1) UDP 포트 번호

UDP 프로토콜이 자신의 임무를 수행하는 데 필요한 유일한 정보는 UDP 프로토콜을 사용하는 상위 프로세스들 가운데 어떤 프로세스가 최종적인 프로세스인지를 파악하는 정보이다. 이것은 TCP 프로토콜 경우에서도 중요한 기능 가운데 하나이기 때문에 동일한 이름을 가진 정보를 활용한다. 포트(port) 번호이다. 이 포트 번호로 상위의 프로세스와 인터페이스를 식별하고 최종적인 끝단을 정확하게 인식하게 되는 것이다.

UDP에서 쓰이는 포트 번호도 TCP와 거의 동일한 체제로 구성되어 있다. 다만, TCP에서의 동일 포트 번호가 UDP에서도 쓰이지만 둘 간에는 전혀 다른 포트 번호 의미를 가진다. 예를 들어, TCP에서의 80번과 UDP에서의 80번은 서로 번호가 같더라도 전혀 다른 포트 번호로 서로 다른 것을 의미한다. 이점은 어쩌면 당연한 것이라 볼 수 있다. 왜냐면 기본적으로 포트 번호는 특정 한 전송 계층 프로토콜이 작동하는 환경 하에서의 한 포트를 지칭하는 것인데, 프로토콜이 서로 다르면 동일 번호 포트도 당연히 다른 것을 의미한다는 것이다. 비근한 예를 들면, 부산항에 있는 제1부두와 인천항에 있는 제1부두는 1번이라는 동일 식별자를 가지지만 전혀 다른 부두인 것이 자명한 것과 유사하다.

UDP에서의 포트 번호 체계를 설명하면 다음과 같다. 우선 0 ~ 65,535번까지 지정할 수 있다. 포트 번호를 위한 필드의 크기가 16비트이기 때문이다. 그 가운데 0 ~ 1,023번은 이미 잘 알려진 프로세스(프로그램 혹은 소프트웨어)에 할당되어 고정적으로 쓰이기 때문에 이를 '잘 알려진(well-known) 포트 번호'라고 한다. 이 번호는 임의대로 다른 프로그램에 부여해서 활용하면 안된다.

그리고 1,024 ~ 49,151번 포트 번호는 IANA에 등록된(registered) 포트 번호로서 이것 또한 임의로 활용할 수 없다. 활용할 수 없다는 뜻은 내가 만약 UDP 프로토콜을 이용하는 새로운 응용 서비스를 개발했다고 가정하면 그 서비스 프로그램이 UDP와 인터페이스할 때 이 등록된 번호 가운데 하나를 임의로 쓰게 하지 못한다는 것을 의미한다.

그러면 어떤 번호를 내가 개발한 프로그램이 활용할 수 있을까? 이를 위해 마련된 번호가 49,152 ~ 65,535번이다. 이는 임의로 할당해서 쓸 수 있으나 혹시 다른 프로그램도 동일 번호로 작동할 수 있기 때문에 프로그램이 실행 초기에 반드시 할당된 포트가 다른 프로그램이 쓰고 있는지를 확인하는 과정이 필요하다.

UDP의 잘 알려진 포트 번호 가운데 대표적인 것은 7번 ECHO, 53번 Nameserver, 123번 NTP 그리고 161번 SNMP 등이다. 우연히도 ECHO 기능은 TCP에서도 동일 포트 번호에 할당되어 있다. 그것은 ECHO 기능은 TCP로 구현해도 되고, UDP로도 구현이 가능하다는 의미이다. 53번을 쓰는 Nameserver는 이름으로 IP 주소를 찾아주는 기능을 수행하는 서비스이다. 123번을 쓰는 NTP (Network Time Protocol)는 네트워크 내에 시각을 알려 주는 서버가 있고 그 서버로부터 시각을 알아내기 위해 필요한 프로토콜이다. 마지막 예는 161번 잘 알려진 포트 번호를 간단 통신망 관리 프로토콜(SNMP Simple Network Management Protocol)에 할당되어 있다. 이 프로토콜은 통신망의 운영상황을 모니터링하거나 과금을 하기 위한 망관리 프로그램이 따르는 프로토콜이다.

2) UDP의 양끝단(end-to-end)

UDP에서 내가 쓰고 있는 컴퓨터에서 실행 중인 프로세스와 통신 대상 컴퓨터에서 실행 중인 프로세스를 고려하였을 때 양끝단을 표현하는 요소는 크게 다섯 가지가 있다. 이는 TCP에게도 동일하게 적용된다. 이 다섯 가지 요소를 나열한다.

① 프로토콜: 양끝단 프로세스 간에 사용하는 프로토콜. UDP 혹은 TCP이다.

② 자신 호스트: 내가 쓰고 있는 컴퓨터(호스트, 노드)의 IP 주소

③ 자신 프로세스: 내가 쓰고 있는 컴퓨터에서 실행 중인 ① 항목의 프로토콜을 활용하는 프로세스의 포트 번호

④ 상대 호스트: 통신 상대 프로세스가 실행되는 컴퓨터의 IP 주소

⑤ 상대 프로세스: 자신 프로세스와 동일한 프로토콜을 활용하는 통신 상대 프로세스의 포트 번호

이를 요약하면 다음과 같은 5-tuple 값으로 표현된다. 그리고 이를 양끝단을 표현하기 위한 5-tuple 값이라 한다.

(protocol, 자신 IP 주소, 자신 port #, 상대 IP 주소, 상대 port #)

이렇게 UDP는 IP 기능에서 단 한 가지 역할만을 추가한 것이다. 수신 노드에서의 수신 프로세스에게 데이터그램을 전달하는 역할이다. 그런데 이렇게 단순한 기능을 수행하는 UDP는 과연 어떤 상황에서 활용되는 것일까? UDP의 역할이 워낙 단순하기 때문에 전송 계층 프로토콜로서 가장 가벼운 프로토콜이다. 다시 말하면 UDP 수행으로 인한 시간 지연이 거의 없다는 장점을 가진다. 따라서 UDP는 신속한 전송 계층 기능을 요구하는 응용 서비스에 적합하다. 그러면서 데이터 전송에 대한 신뢰성을 요구하지 않는 서비스에 안성맞춤이다. 가장 대표적인 응용 서비스가 VoD(Video on Demand) 서비스이다. Netflix나 유튜브 서비스와 같은 것이다. 인터넷을 통한 TV 서비스(IPTV)에도 적합하다. 이렇듯 TCP가 가지지 못하는 UDP만의 특성으로 전송하는 데 시간적인 제약성(time sensitivity)을 가지는 멀티미디어 데이터 전송에 활용된다.

15.2 UDP 데이터그램

UDP가 자신의 유일한 기능인 송신 프로세스로부터 데이터그램을 받아서 IP 프로토콜로 보내고, IP 프로토콜로부터 수신한 데이터그램을 최종단 수신 프로세스에게 전달하는 임무를 수행하기 위하여 UDP의 데이터 전송 단위인 데이터그램 헤더에 관련 정보가 정의되어 있다.

그림 15.2에 데이터그램 헤더 필드가 그려져 있다. UDP 헤더는 8바이트를 차지한다. 그 가운데 첫 2바이트와 두 번째 2바이트는 TCP와 마찬가지로 데이터그램을 생성하고 소비하는 양끝단 프로세스를 지칭하는 출발지 포트 번호와 도착지 포트 번호 필드이다. 이 두 필드가 앞서 설명한 UDP의 유일한 임무를 수행하는 데 필요한 정보이다. 그리고 그 다음 2바이트로 된 총 길이 필드는 헤더와 데이터를 모두 포함하는 데이터그램 전체의 크기를 바이트 단위로 표현한 값이다. 마지막으로 체크섬 필드가 2바이트 차지하고 있다. 이 체크섬 필드는 TCP와 동일한 구조의 의사 헤더(pseudo-header)를 포함하고 UDP 헤더 그리고 데이터 필드까지 모두를 범위로 하여 계산한 체크섬 값을 가진다. 그런데 UDP에서 이 체크섬은 계산되지 않거나 무시된다. 다시 말하면 UDP의 고유 기능에 신뢰성을 반드시 보장할 필요가 없기 때문에 그렇다. 따라서 이 필드는 사실상 유명무실한 것이다.

source port # (16 bits)	destination port # (16 bits)
total length (16 bits)	checksum (16 bits)

그림 15.2 UDP 데이터그램 헤더

UDP 특성에서 언급한 바와 같이 수신 프로세스에 도착하는 UDP 데이터그램은 송신 프로세스가 보낸 순서대로 오지 않을 수 있다. 이것은 UDP 데이터그램 헤더 내에 순서번호가 없기 때문이다. 따라서 전달되는 UDP 데이터그램 간의 앞뒤 관계를 파악할 길이 없다. 순서만이 아니라 중간에 누락되더라도 확인할 방법이 없다. 물론 같은 데이터그램이 여러 번 수신되는 경우도 파악이 불가능하다.

그런데 UDP 프로토콜을 주로 사용하는 멀티미디어 데이터는 시간에 민감하다. 즉, 단위 시간에 특정 데이터 분량(예: MPEG 동영상은 기본적으로 1.5 Mbps 전송률이 보장되어야 함)이 반드시 송수신이 되어야 원하는 동영상 혹은 음악이 제대로 재생(playback)될 수 있다. 이것이 충족되지 못하면 동영상인 경우 갑자기 멈추는 현상이 순간적으로 나타나거나 화면이 모자이크처럼 보이는 현상이 발생한다. 이런 시간에 민감한 데이터를 전송하는 데 UDP는 지연 시간을 최대로 짧게 해주기 때문에 매우 유용한 프로토콜이다. 그러나 위에서 언급한 바와 같이 데이터그램에 대한 기본적인 오류나 순서에 대한 기능조차 없기 때문에 멀티미디어 데이터 송수신에 불편한 점도 있다. 이를 보완하기 위하여 제안된 프로토콜이 RTP(real-time protocol)이다.

15.3 RTP(Real-Time Protocol)

RTP 프로토콜은 UDP 프로토콜 위에서 작동하게 정의된 프로토콜이다. 이를테면 UDP가 직접 최종 수신 프로세스에게 데이터그램을 바로 전달하지 않고 중간에 또 다른 프로토콜을 더 두어 UDP가 하지 않는 일을 수행하게 한다.

UDP에는 없는 순서제어(sequence control)가 추가된 기능을 수행하여 송신 프로세스가 보낸 순서대로 수신 프로세스에게 전달하는 기능과, 정해진 시간에 맞게 데이터그램을 항상 전송하게 하여 멀티미디어 데이터가 가지는 시간 제약성을 충족하게 하는 등시성(isochronous) 전송 기능이 포함된다. 이를 위하여 RTP에는 연속적으로 도착하는 데이터그램들이 수신 프로세스에 전달되는 시간 간격을 일정하게 유지하는 기능이 포함된다. 이는 네트워크 계층에서 수행하는 혼잡제어 기법 가운데 하나인 리키 버킷 기법과 유사한 버퍼링 기능을 통해 완수된다. 그림 15.3에 리키 버킷 기법을 활용한 RTP에서 등시성 데이터그램 전달을 위한 작동 모습이 보인다. UDP가 전달하는 데이터그램은 그 시간 간격이 불규칙적일 수밖에 없다. 이를 그대로 수신 프로세스인 곰 플레이어에게 전달하면 곰 플레이어 내부의 버퍼가 차서 넘칠 때도 있고 텅 빌 때도 발생하기 때문에 동영상 재생의 품질이 떨어진다. 즉, 동영상이 가지는 시간 제약성을 따르는 등시성 전송이 되지 않기 때문에 발생하는 문제이다.

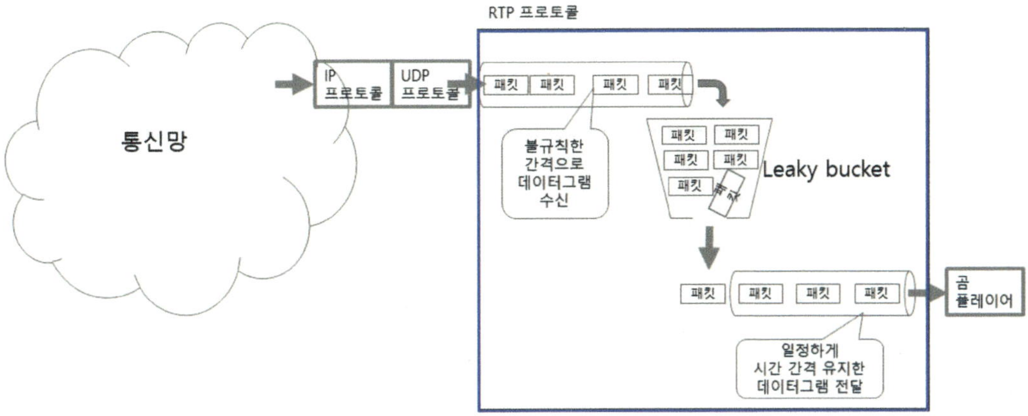

그림 15.3 RTP의 등시성 전송을 위한 버퍼링 기능

RTP에는 수신 프로세스의 멀티미디어 재생 능력에 맞는 품질의 멀티미디어 데이터를 전송하도록 해서 적절한 서비스 품질(QoS Quality of Service)을 확보하는 기능도 포함된다.

RTP 프로토콜이 멀티미디어 데이터를 위한 이런 기능이 제대로 수행하기 위하여 부가적으로 필요한 추가적인 프로토콜도 정의되어 있다. 그림 15.4에 RTP와 관련 프로토콜의 구조가 보인다. 첫째가 RSVP(ReSource reserVation Protocol)이다. 인터넷의 최적 경로를 찾아 그것을 통해 데이터그램을 전송하는 IP 프로토콜에는 멀티미디어 데이터가 요구하는 시간에 대한 제약조건이 전혀 고려되어 있지 않다. 시간 고려 요소가 프로토콜 자체에 존재하지 않는다. 따라서 일반적인 IP 프로토콜에 의해서만 멀티미디어 데이터를 전달하면 시간 제약을 벗어난 전송을 제어할 방법이 없다. 이를 보완하기 위하여 RSVP 프로토콜은 멀티미디어 데이터를 IP 망에 전송하기 전에 미리 최적 경로상에 있는 모든 라우터에게 이 데이터를 위한 자원을 미리 확보(resource reservation)하게 하고, 최적 경로도 미리 찾아두게(cashing) 한다. 실제 이 멀티미디어 데이터의 데이터그램이 미리 설정한 최적 경로상의 라우터에 진입하면 미리 확보한 자원을 이용하여 처리되고 그것도 미리 찾아둔 경로 정보를 이용하여 최단 지연시간으로 라우터를 벗어날 수 있게 하는 것이다.

둘째는 RTCP(Real-Time Control Protocol)이다. 이는 RTP에 의해 전달되는 멀티미디어 데이터에 대한 흐름제어 기능을 수행한다. 수신 프로세스에 여유 버퍼가 어느 정도 있는가를 감지하고 이를 근거로 송수신 노드 간에 데이터그램 전송 속도를 조절하는 것이다. 그뿐만 아니라 멀티미디어 데이터를 수신하는 프로세스(예: 곰 플레이어)에서 재생을 일시 중지(pause) 한다든지 재생하는 속도를 변경한다든지 혹은 재생하는 위치를 변경하면(VCR 제어기능) 이에 맞추어 송신 프로세스에게 멀티미디어 데이터를 적절하게 전송할 수 있도록 알려 주는 기능도 포함된다.

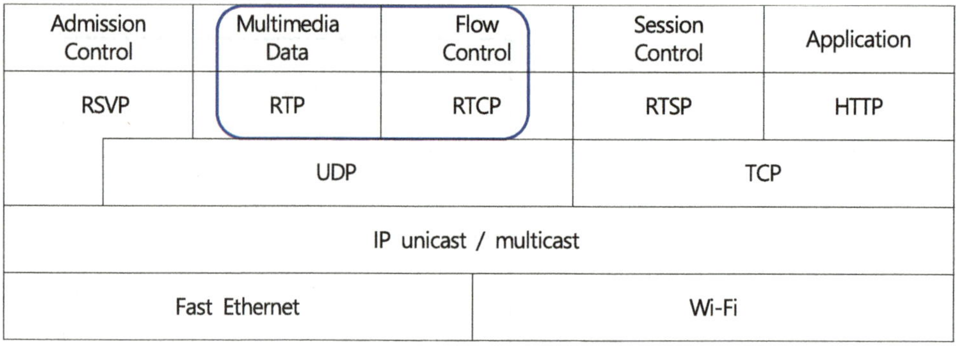

그림 15.4 RTP 프로토콜 구조

찾아보기

ㅊ

ㅋ

ㅌ

참고도서

1) 윌리엄 스탈링스, 데이터통신 및 컴퓨터통신, Prentice-Hall, 2011
2) ~ 4), 21) ~ 24), 26) ~ 27), 29) ~ 32), 34) ~ 53) Wikimedia Commons
5) 손주영, "소프트웨어 관점의 NMEA2000 표준 해상통신 프로토콜 상세분석", 2013
6) NMEA, "NMEA2000 Past, Present, and Future," RTCM 2009 Annual Conference, 2009
7), 8), 10), 12), 15), Zinos, "Shipboard Network & Interface 최신기술동향", 2012
9), 11), 14), 16), 17), NMEA, "NMEA0183 - Standard for Interfacing Marine Electronic Devices," ver.4.0, Standard Document, 2008
13) hppt;//hem.bredband.net/stafni/developer/CAN.htm#Message%20formats
18) http://www.myboatsgear.com/newsletter/2008628.asp
19) IEC, "Maritime Navigation and Radiocommunication Equipment and Systems - Digital Interfaces: Part 450 Multiple talkers and multiple listeners," 2010
20) Digital Ship, "NMEA2000 표준 인프라 발표(OneNET)", 2012.8.6.
25) 통신방송정책연구실, "밀리미터파 개념과 동향", 2006
28) Raymond Spekking, Wikipedia
33) T & M
54) 윌리엄 스탈링 저, 데이터통신과 컴퓨터통신
55) Jungwoo Kim, and Jooyoung Son, "An implementation of standardization for telecom systems on ships and offshore plants based on the TMS," Telecommunication Systems, Online First (vol. / no.) pp.1-13, Springer Nature, Oct. 2019, (SCIE) ISSN 1018-4864
56) Jungwoo Kim, and Jooyoung Son, "Design of a new integrated system based on e-TMS for improving navigation and communication systems on Ships," Journal of Marine Science and Technology, Online First (vol. / no.) pp.1-12, Springer Japan, Feb. 2019, (SCIE) ISSN 1437-8213
57) NORSOK T-100
58) HHI
59) IETF RFC3540
60) 여재영, "전송율 예측을 통한 버퍼관리 및 조기혼잡 제어에 대한 연구", 서강대학교, 2002

데이터통신과 해양정보통신망

2021년 8월 20일 초판 인쇄

2024년 8월 01일 3 쇄 발행

저 자 손주영, 김정우

발 행 인 송기수

발 행 처 도서출판 GS인터비전

편 집 처 도서출판 GS인터비전

인 쇄 처 더블비

등록번호 제 25100-2016-000050 호

I S B N 979-11-5576-349-0(93560)

주 소 서울 은평구 증산로 15길 69 2층

전 화 02-976-7898

팩 스 02-6468-7898

홈페이지 gsintervision.kr

E-Mail gsinter7@gmail.com

정 가 38,000 원